PRIMO 普锐马®

液压扳手全球领导品牌

法兰连接完整性管理

客户名称	
2018年上海赛科石化有限公司全厂大检修	3000对法兰
2018年中海石油大榭石化公司全厂大检修	3000对法兰
2018年大连恒力石化有限公司2000万吨/年项目安装	20000对法兰
2019年镇海炼化260万吨/年沸腾床渣油加氢项目安装	16000对法兰
2019年浙江石化4000万吨/年炼化一体化一期项目安装	42000对法兰

典型业绩

镇海炼化项目部　　　　　　　　　工厂一瞥

工程部拥有2000部液压扳手，1000台拉伸器　　　浙江石化现场机具库房

上海舜诺机械有限公司

设备腐蚀与安全监、管、控专家

中科韦尔致力于为石油、石化企业提供设备腐蚀与安全监、管、控一体化解决方案。为此，中科韦尔开展了四个版块的业务：

- 腐蚀在线监测产品
- 装置停工腐蚀检查
- 脉冲涡流隐患扫查
- 驻厂腐蚀检测、评估与管控服务

目前，中科韦尔用户遍及中国石油、中国石化、中国海油、中国化工及民营炼化企业，为其有效开展腐蚀管控提供了先进服务技术和产品，为企业安全长周期生产发挥着重要作用。

沈阳中科韦尔腐蚀控制技术有限公司
Shenyang Zkwell Corrosion Control Technology Co, Ltd.

地址：沈阳市浑南新区浑南四路1号5层
邮编：110180
电话：024-83812820/83812821/24516448
全国服务网点：见公司网站
网址：www.zkwell.com.cn

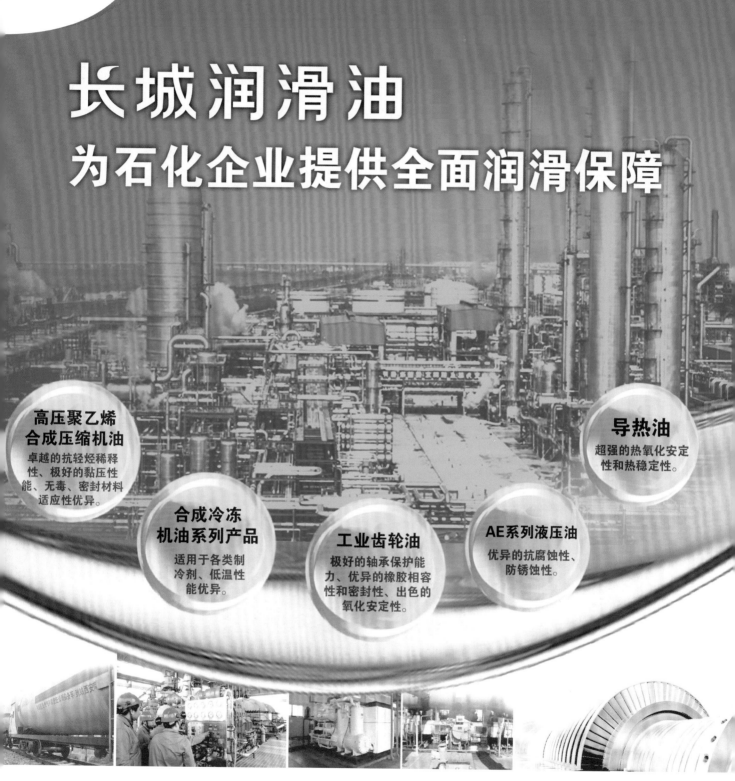

EAGLE PRO®

高效、节能、环保、安全的服务与产品

▶▶▶ 润滑油成套系统

易普提供完整的成套润滑油系统，包括API标准系统及其他标准润滑油系统。除新建润滑油系统外，易普还提供老旧润滑油系统的改造、升级设计及售后服务。目前运行中的老旧油站，包括一些超期服役的几十年前的润滑油站，大多存在漏油、温度控制不稳定、水汽含量过高、油量不稳定、油压波动、油气排放超标、振动噪音大等问题。这些问题通常会导致生产线效率降低、设备故障率增加、设备维修率上升、维修成本增加、人员工作效率下降、环保排放超标，甚至发生安全事故。针对这些问题，易普的专业团队可根据不同的需求对老旧油站进行优化升级与改造。易普的润滑油系统及改造服务包含石油、化工、煤炭、冶金、电力等行业，并支持任何品牌的润滑系统，易普更可为用户提供外包的整套润滑油管理与控制服务。

易普的润滑油系统提供从设计、制造、施工至后期运营保养的完整服务。改造、升级服务的流程为老旧油站现场问题勘测-现场增项续期去调查-改造升级方案设计-方案提交与讨论-签署合作协议-现场施工-定期回访。

▶▶▶ 油雾分离器

油雾分离器产品是易普公司为润滑油系统设计，用于油雾分离、净化排放空气的装置。通过油雾分离器处理可对油气中低至0.3μm的油雾颗粒进行分离与回收，处理效率高达99.97%，使排放的空气不再带有油雾，符合国家环保排放法规、职业健康与安全标准。使用油雾分离器后可有效降低因油雾的长期吸入而导致的职业病风险，改善因油雾积液造成的现场滑到、火灾、爆炸等事故，并可保证润滑油站的运行良好，回收润滑油液，节能减排。易普的油雾分离器产品规格齐全，已服务于石油、化工、煤炭、冶炼、电力等行业。

◎ 油雾分离器将通过高效聚结滤芯的油雾颗粒捕获，聚结成较小直径的油滴；

◎ 较小直径的油滴聚合成大直径的油滴，油滴直径足够大时克服重力掉落；

◎ 易普研发的聚结分离技术是一种深度分离，具有复杂的混合机理。油雾粒子在惯性力、液压力或布朗运动（分子运动）作用下，首先与孔隙流道壁相接触，然后粒子附在孔隙流道壁上，或者粒子在范德华力或其他表面力作用下彼此附聚在一起。

▶▶▶ 法兰紧固系统

易普拥有丰富的法兰零泄漏工程经验，是全球领先的法兰连接安全管理专家。可提供法兰连接的螺栓预紧力计算、科学工具的选型、SOP标准化作业流程的定制、现场标签管理、设备运行期间法兰紧固状态的定期巡检、数据的记录、零泄漏风险评估、法兰零泄漏管理等服务。可提供液压拉伸系统、液压扭矩系统、螺母劈开器、法兰分离器、液压油缸、液压拉马、液压压床、动力泵站等附属配套产品。

易普的法兰零泄漏管理已遍及石化、电力、核能、冶金、船舶、水泥、重型工业设备等行业。

浙江易普润滑设备制造有限公司
TEL：0571-63486000
www.eagleprogroup.com

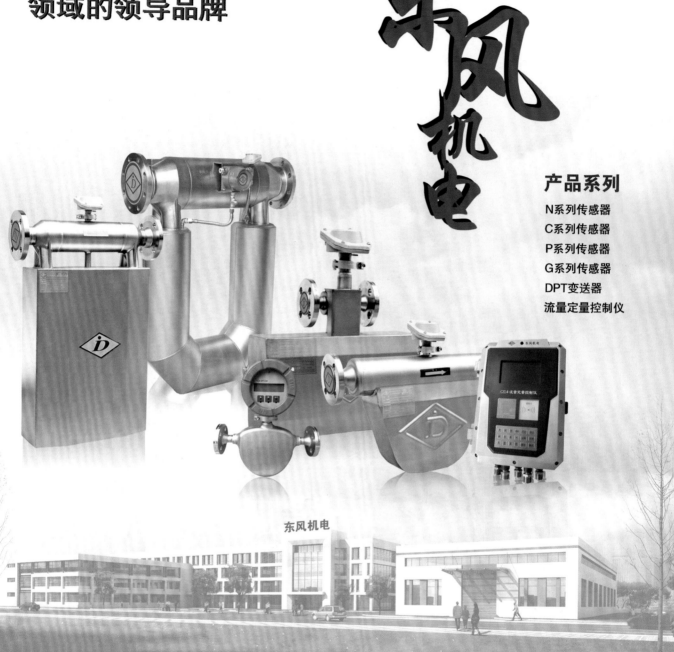

天津固特炉窑工程股份有限公司

天津固特

"隔热耐磨衬里" "医生＋保姆" 服务的践行者

公司是国内较早从事筑炉衬里工程的专业施工队伍，具有丰富的施工经验，先后承建了百余项国家和地方重点工程的炉窑、锅炉、炼油催化装置的筑炉衬里工程，均以工期短、质量优、服务周到、负责到底赢得了用户的一致好评。2017年开始，公司首先提出为客户的设备衬里提供"医生＋保姆"服务。

衬里医生：

1. 提供隔热耐磨衬里检查、检测服务。

2. 提供隔热耐磨衬里专业技术方案。

3. 提供隔热耐磨衬里材料选型推荐服务。

4. 提供隔热耐磨衬里问题诊断、风险评估报告。

隔热耐磨衬里检测服务

衬里保姆：

1. 定期检查　公司为客户提供每年不少于一次的免费设备衬里回访检查。

2. 全天候响应　公司有24小时客户服务热线，随时为客户服务。

工程案例：

主要客户：

中国石化天津石化
中国石化海南炼化
中国石化茂名石化
中国石化扬子石化
中国石油大港石化
中沙（天津）石化
寿光联盟石化
神华宁煤烯烃分公司
中国石化青岛炼化
中国石化广州石化
中国石化沧州石化

天津固特节能环保科技有限公司

天津固特

NEW 新型密闭式节能看火门、防爆门

产品介绍

新型节能看火门，通过独特的专有技术，很好地解决了看火门的漏风和散热问题，消除了原有看火门存在的安全隐患，解决了由于看火门周围温度过高而导致加热炉衬里寿命缩短的问题。

产品结构

产品优点 安全、寿命、节能、简便

- 降低看火门因高温引起烧伤和烫伤的风险。
- 防止局部高温引起看火门及炉壁钢板变形导致加热炉衬里寿命缩短。
- 降低看火门的表面温度，减小加热炉的热损失。
- 操作简便。

使用效果

新型密闭看火门表面温度比老式看火门表面温度降低60~200℃。

节能看火门红外热像图　　　　一般看火门红外热像图

产品用户

中国石化天津石化　　　　中国石化海南炼化
中国石化燕山石化　　　　中国石化茂名石化
中国石化扬子石化　　　　中国石油大港石化
中海油惠州石化　　　　　中沙（天津）石化
恒力（大连）石化　　　　山东京博石化
寿光联盟石化　　　　　　中国石化青岛炼化
中国石化北海炼化　　　　……

律师声明：

　　天津固特节能环保科技有限公司（以下简称"固特公司"）授权天津满华律师事务所黄咏立律师就知识产权事宜发表以下声明：

　　一、"节能看火门"系列产品是固特公司自主研发设计的节能产品，并已取得实用新型专利权，受到《中华人民共和国专利法》的保护：

　　1. 专利名称：侧开密闭型节能看火门，专利号：ZL 2012 2 0105228.3
　　2. 专利名称：垂直升降型节能看火门，专利号：ZL 2012 2 0104901.1

　　二、固特公司未向任何单位或个人转让或许可使用上述专利权。
　　请尊重和保护知识产权、侵权必究！
　　特此声明。

天津满华律师事务所

黄咏立　律师

地址：天津市滨海新区育才路326号
网址：www.tjgtcl.com
电话：022-63310566
E-mail：tjgtcl@126.com
公司法律顾问：天津满华律师事务所

LULUTONG

杭州大路实业有限公司
HANGZHOU DALU INDUSTRY CO.,LTD.

始创于1973年，主要设计制造石油化工流程泵、无泄漏磁力传动泵、大流量循环水泵、军核工用泵、液力透平驱动泵机组、工业驱动汽轮机与汽轮机驱动泵机组等产品。广泛应用于石油与天然气、石油化工、煤化工、化肥、冶金、电力、海洋工程、国防军工等领域输送高温、高压、易燃、易爆及腐蚀性等介质。

杭州大路工程技术服务简介

公司注册成立杭州大路工程技术有限公司，主要为各类进口或国产机泵设备(包括离心泵、磁力传动泵、蒸汽透平、液力透平、压缩机、阀门等)、压缩机等提供开车、维护保运、检维修、配件国产化、节能改造、远程监测与故障诊断等；服务形式包括：技术支持、驻点服务、定期服务、远程监测诊断等，也可提供定制服务。

公司先后为鄂尔多斯联化提供64台套机泵再制造服务；为大庆石化、越南宁平煤制化肥、内蒙古博大、内蒙古亿鼎等单位提供高压甲铵泵、高压液氨泵机组检维修及配件国产化；为镇海炼化、独山子石化、巴陵石化、大庆石化、神华集团等单位提供进口磁力泵国产化无缝替代、机械密封泵无泄漏改造、JSW进口挤压机检维修、压缩机检维修等，得到用户高度好评。

石油、石化与煤化工机泵供应商单位
通过军工科研生产与核安全资格认证

**围绕高效节能、无泄漏与可靠性设计
确保装置长周期、安全稳定运行**

中国浙江省杭州市萧山区红山

销售热线：0571-82600612,83699301
工程技术服务专线：4001002835
传真：0571-82699410
Http://www.chinalulutong.com
E-mail：server@chinalulutong.com

基于物联网工业设备远程监测与专业诊断服务

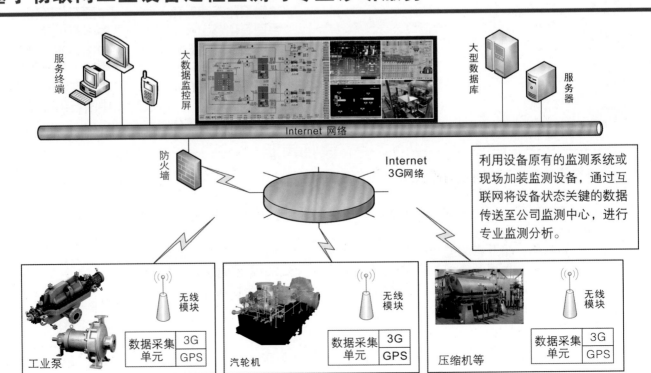

利用设备原有的监测系统或现场加装监测设备，通过互联网将设备状态关键的数据传送至公司监测中心，进行专业监测分析。

工业泵专业技术服务

杭州大路实业有限公司利用其在炼油、乙烯、煤化工、化肥等装置研制的高压液氨泵、加氢进料泵等高端关键设备的设计开发、制造与过程控制创新技术和在国产化机泵过程中所积累的经验，专业为石油与天然气、石油化工、煤化工、化肥等用户提供高端石油化工流程泵（高压液氨泵、高压甲铵泵、加氢进料泵、高压切焦水泵、辐射进料泵、裂解高压锅炉给水泵等）的工程技术服务。

同时公司利用其在无泄漏磁力传动技术和磁力泵方面的技术优势，为石油与天然气、石油化工、煤化工、化肥、冶金、海洋工程、国防军工等用户提供普通流程泵无泄漏改造、进口磁力泵国产化、进口磁力泵技术支持、检维修、配件供应、节能改造等。

越南宁平30/52高压甲铵泵检维修

内蒙古博大50/80高压甲铵泵检维修

内蒙古亿鼎30/52高压甲铵泵检维修

大庆石化45/80高压甲铵泵检维修

大庆石化45/80高压液氨泵检维修

独山子石化急冷水泵国产化改造

广西石化减底泵国产化改造

磁力泵国产化替代或配件国产化

工业驱动汽轮机、压缩机、挤压机等专业技术服务

公司从事工业汽轮机设计制造已经10余年，凭借其优势技术，为顾客提供工业汽轮机专业技术服务，主要包括进口汽轮机开车、装置维护、检维修、进口汽轮机或配件国产化改造、局部系统改造、机组或系统节能改造等。同时公司结合人力资源专业聚焦优势、引入专业制造厂家技术，为顾客提供国内外制造的各种型式压缩机（离心式与往复式）、挤压机、风机、燃气轮机等产品的工程技术服务。

独山子石化进口汽轮机服务

广西石化进口汽轮机服务

进口汽轮机检修前后

进口汽轮机检修前后

JSW挤压机螺杆专业检维修

空气压缩机检维修服务

进口汽轮机配件国产化

阀门工程技术服务

CJPCE

湖北长江石化设备有限公司
HUBEI CHANGJIANG PETROCHEMICAL EQUIPMENT CO., LTD.

耐腐蚀材料的摇篮
高效换热器的基地

- 中国石化集团公司资源市场成员
- 中国石化股份公司换热器、空冷器总部集中采购主力供货商
- 中国石油天然气集团公司一级物资供应商
- 全国锅炉压力容器标准化技术委员会热交换器分技术委员会会员单位
- 中国工业防腐蚀技术协会成员
- 美国HTRI会员单位

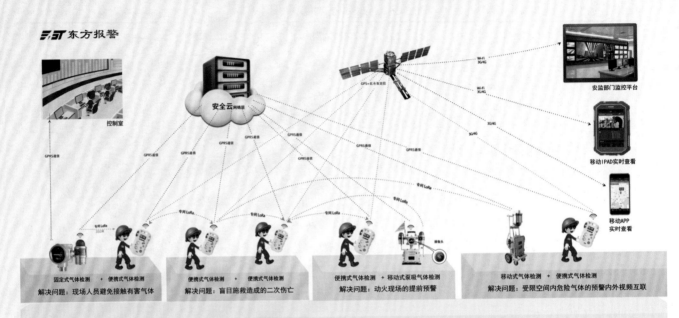

成都一通密封股份有限公司
ChengDu YiTong Seal Co.,Ltd.

诚信唯一　睿智百通

打造节能环保产品　发展民族密封工业

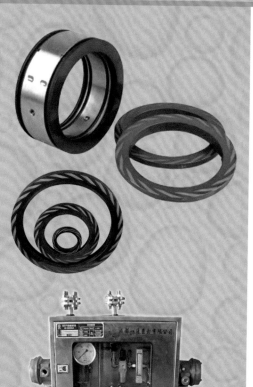

　　成都一通密封股份有限公司成立于1999年，是一家以设计制造干气密封、高速离心压缩机密封为主的高新技术企业。公司主要产品为高速离心压缩机、离心泵、反应釜等旋转设备用的机械密封、干气密封及其控制系统。公司年产离心压缩机、离心泵、反应釜等各类旋转设备用密封近3万余套。产品广泛应用于石油、化工、化纤、化肥、炼油、造纸、核电、火电、冶金、食品、医药等行业。

　　2006年6月，公司搬入成都经济技术开发区，占地面积63亩。目前公司在职职工280余名，其中一级教授一名、博士一名、硕士五名、大专学历以上职工一百余名。中国流体密封行业的权威专家顾永泉教授为本公司的总工程师。公司下设销售部、技术部、研发部、生产部、采购部、质检部、装配部、财务部、办公室、人力资源部、后勤服务部等十一个部门，其中，销售部管辖分布全国的19个办事处。

　　公司主导产品为具有自主知识产权（专利号：03234764.2）的高新技术产品——干气密封，该产品具有节能、环保、长寿命的优点，目前已经在国内各大石油化工企业获得应用，并产生了良好的经济效益和社会效益。公司拥有完备的加工、试验、检测设备。转速达36000r/min的密封试验台可以对该转速范围内的机械密封、干气密封进行模拟试验。公司研制出的干气密封动压槽加工设备，可在包括SiC、硬质合金等材料表面加工出任何槽形、任何深度的动压槽。同时，公司具有极强的研发能力，为公司新产品开发奠定了坚实的基础。

地址：四川省成都市经济技术开发区星光西路26号　　邮编：610100　　网址：www.cdytseal.com
电话：028-84846475　　　　　　　　　　　　　　传真：028-84846474　　邮箱：cdyt@cdytseal.com

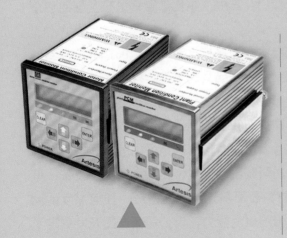

石油化工设备维护检修技术

Petro-Chemical Equipment Maintenance Technology

（2020 版）

中国化工学会石化设备检维修专业委员会　组织编写

本书编委会　编

中国石化出版社

内 容 提 要

本书收集的石油化工企业有关设备管理、维护与检修方面的文章和论文,均为作者多年来亲身经历实践积累的宝贵经验。内容丰富,包括:设备管理、状态监测与故障诊断、检维修技术、腐蚀与防护、润滑与密封、节能与环保、新设备新技术应用、工业水处理、仪表自控设备、电气设备等 10 个栏目,密切结合石化企业实际,具有很好的可操作性和推广性。

本书可供石油化工、炼油、化工及油田企业广大设备管理、维护及操作人员使用,对提高设备维护检修技术、解决企业类似技术难题具有学习、交流、参考和借鉴作用,对有关领导在进行工作决策方面,也有重要的指导意义。本书也可作为维修及操作工人上岗培训的参考资料。

图书在版编目(CIP)数据

石油化工设备维护检修技术:2020 版/《石油化工设备维护检修技术》编委会编. —北京:中国石化出版社,2020.4
ISBN 978-7-5114-5746-2

Ⅰ.①石… Ⅱ.①石… Ⅲ.①石油化工设备-检修-文集 Ⅳ.①TE960.7-53

中国版本图书馆 CIP 数据核字(2020)第 046910 号

中国石化出版社出版发行

地址:北京市东城区安定门外大街 58 号
邮编:100011 电话:(010)57512500
发行部电话:(010)57512575
http://www.sinopec-press.com
E-mail:press@ sinopec.com
北京科信印刷有限公司印刷
全国各地新华书店经销

*

889×1194 毫米 16 开本 34.25 印张 32 彩页 922 千字
2020 年 4 月第 1 版 2020 年 4 月第 1 次印刷
定价:198.00 元

《石油化工设备维护检修技术》
编辑委员会

杨帆	杨宇	杨宥人	杨晓冬	吴文伟	吴伟阳
吴尚兵	邱东声	邱宏斌	何可禹	何承厚	沈顺弟
沈洪源	宋运通	宋晓江	张华平	张军梁	张迎恺
张国相	张国信	张继锋	张维波	陈志明	陈岗
陈兵	陈金林	陈彦峰	陈雷震	陈燕斌	陈攀峰
邵建雄	苗一	苗海滨	范志超	郭绍强	易拥军
易强	罗辉	金强	周卫	周文鹏	孟庆元
赵亚新	赵勇	郝同乐	胡红叶	胡佳	侯跃岭
施华彪	袁庆斌	袁根乐	莫少明	粟雪勇	贾朝阳
夏翔鸣	顾雪东	钱广华	钱义刚	徐文广	徐际斌
高金初	高峰	高海山	谈文芳	黄卫东	黄绍硕
黄梓友	黄琦	黄毅斌	崔正军	康宝惠	章文
盖金祥	梁国斌	隋祥波	彭乾冰	董玉波	董雪林
蒋文军	蒋利军	蒋蕴德	韩玉昌	焦永建	舒浩华
曾小军	谢小强	赖少川	赖华强	蔡卫疆	蔡培源
蔡清才	臧庆安	翟春荣	潘传洪	魏冬	魏治中
魏鑫	瞿滨业				

固三基　谋创新　强化设备管理
为打造世界一流奠定物质基础 *
——代《石油化工设备维护检修技术》序

石油化工是技术密集、资金密集、人才密集的行业，其中设备(包括机、电、仪等)占总资产70%以上！设备是石油化工行业的物质基础。随着国民经济和社会的发展，石油化工行业的设备管理也面临着新要求、新环境、新挑战，我们必须继承创新相结合，适应新常态，提出新思路，采取新举措，重点在以下方面开展工作。

1. 切实提高企业"三基"工作的水平。

一是抓好基层队伍的建设。基层队伍是设备管理的根本，基层队伍不仅是设备管理人员，还包括车间操作人员，要牢固树立"操作人员对设备耐用度负责"的理念。二是基础工作要适应新形势的变化，要利用现代化的信息技术提升设备管理效率和水平。基础工作的加强是永恒的主题。三是员工基本功的训练要加强，"四懂三会""沟见底、轴见光、设备见本色"等优良传统要恢复和传承。

2. 强化全员参与设备管理。

为了延长设备使用寿命，不断降低使用成本，最大限度地发挥好每一台设备的效能，只有在实际工作中做到全员参与到设备管理中去，才能真正地使设备管理上升到一个新的水平。一是要加强领导，落实设备管理责任。要建立单位一把手积极支持、分管设备领导主管、全员广泛参与的设备管理体系，做到目标定量化、措施具体化。二是要强化专业训练和基层培训。设备管理人员不仅自己通过培训学习提升技能，还要帮助他人特别是操作人员掌握设备管理和设备技术知识，提高全体员工正确使用和保养设备的管理意识，使每台设备的操作规程明确，设备性能完善，人员操作熟练，设备运转正常。三是完善全员设备管理规章制度，建立具有良好激励作用的奖惩考核体系，激励广大员工用心做好设备管理工作。

3. 重视应用新技术、新工艺加强设备管理。

一是加强设备腐蚀、振动、温度等物理参数状态变化的监测分析。随着大型装置的建设和原料物性的复杂化以及长周期高负荷生产，近年来设备表现出来的问题都会以振动、温度、压力和材料的腐蚀等物理特征来表现出来。各企业要结合自己的特点，充分利用动设备状态监测技术、特种设备检测和监测技术等各种技术手段确保生产装置的安全可靠运行。二是加强新材料、新装备的推广应用。石化装备研究部门要加强开发适应石化要求的新材料和新装备；物资供应部门要探索新材料和新装备的供应渠

---

*选自时任中国石油化工股份公司高级副总裁戴厚良同志在2015年中国石化炼油化工企业设备管理工作会议上的讲话，有删节。

I

道，优选新材料和新装备；设备管理部门对于已经经过验证是有效解决问题的新材料和新装备要积极采用。三是加强新技术和新工艺的推广应用。近年来，各企业在改造发展方面的投入很大，应用新技术、新工艺的积极性很高。乙烯装置裂解炉综合改造技术，使得裂解炉效率提高到95%以上。一大批污水深处理回用技术使得炼油和化工取水单耗大幅降低，部分企业甚至走到了世界的前列。大型高效换热器的推广应用使石化装置的能耗大幅下降。我们要加强系统内相关技术的总结、提升和推广。

4. 不断深化信息化技术在设备管理中的应用。

一是信息化系统建设应统一。目前在总部层面已经上线和正在建设的、与设备管理相关的系统有：设备管理系统(简称EM系统)、设备实时综合监控系统、设备可靠性管理系统、智能故障诊断与预测系统、检维修费用管理系统、智能管道系统等，还有企业自己开发建设的腐蚀监测、泵群监测等系统。在设备管理业务领域的信息系统建设，存在业务多头管理，重复建设，相互之间业务集成不够，部分系统存在着功能重叠，应用不规范，基础数据质量有待进一步提高等问题。二是设备管理信息系统开发要坚持"信息化服务于设备管理业务"的原则，以设备运行可靠性管理为核心，建设动、静设备的状态监测、检维修管理平台、修理费管理分析等模块，并实现各模块的系统集成和数据共享，使设备管理上一个新台阶。在当前形势下，设备管理智能化发展很快，值得关注，在体制机制上我们也要积极创新，例如对乙烯大型机组进行集中监控，在线预测，提供分析数据，进行预知维修，科学判断检修时间。

5. 规范费用管理，推进电气仪表隐患整治。

一是规范使用修理费。当前炼化板块的效益压力大，各项费用控制得紧。各企业要认真对有限的检维修费用的支出进行解剖，严格控制非生产性支出；技改技措等固定资产投资项目也要严控费用性支出。同时，要提高检维修计划的准确性和科学性，减少不必要的检查或检维修项目，做到应修必修，不过修，不失修，确保检修质量，同时要严格检维修预结算工作，对工程量严格把关，对预算外项目严格审批，把有限的检维修费用到刀刃上。二是推进电气仪表的隐患整改。电气仪表一旦发生故障，波及面广，影响范围大，造成的损失也比较大。针对近期出现的电气故障，我们将有针对性地采取电气专项治理。

6. 强化对承包商的规范化管理。

一是重视承包商在检修过程的安全管理。从近几年检修过程中的安全事故来看，很大一部分是由于承包商违反安全规定、违章操作引起的，这一方面与承包商安全意识薄弱、人员流动性大、对石化现场作业管理规定不熟悉、安全教育流于形式和责任心不强有很大的关系。另外，也与我们企业自身的管理密不可分，"有什么样的甲方，就有什么样的乙方"，同样的承包商在不同企业有着截然不同的表现。因此，在加强对承包商教育、考核的同时，还要从企业自身的管理找原因，切实保证检修安全。二是建立承包商管理机制。要严格执行对承包商的相关规定，进一步规范外委检维修承包商市场的管理，完善承包商准入机制，对承包商承揽的工程严禁转包和非法分包。抓好承包商的日常管理和考核评价，建立资源库动态管理机制。加强对承包商安全、质量、服务、进度、文明施工等各环节管理情况的检查、监督和考核，每年淘汰一部分承包商。三是严格规范执行承包商选用机制。各企业要按照有关规定，结合承包商近年来的业绩及考核情况，为运行维护、大检修等业务选用安全意识浓、有资质的、技术力量雄厚、有诚信的、技术水平高的、责任心强的专业队伍。

当前我们面临的形势非常严峻，低油价、市场进一步开放的影响逐步增强。但是不管风云如何变幻，炼油和化工企业作为高温高压流程制造工业，加强设备管理，强化现场管理，是我们企业永恒的主题。炼油化工企业全体干部员工要认真学习贯彻集团公司工作会议精神，稳住心神，扑下身子，以"三严三实"的态度，立足长远抓当前，强本固基练内功，打好设备管理的基础，为集团公司调结构，转方式，打造世界一流能源化工企业奠定基础，作出应有的贡献。

编 者 的 话

（2020 版）

　　《石油化工设备维护检修技术》2020 版又和读者见面了。本书由 2004 年开始，每年一版。2020 版是本书出版发行以来的第十六版，也是本书出版发行的第 16 年。

　　《石油化工设备维护检修技术》由中国化工学会石化设备检维修专业委员会组织编写，由中国石油化工集团有限公司、中国石油天然气集团有限公司、中国海洋石油集团有限公司、中国中化集团有限公司和国家能源投资集团有限责任公司（原神华集团有限责任公司）有关领导及其所属石油化工企业设备管理部门有关同志组成编委会，全国石化企业及为石化企业服务的有关科研、制造、维修单位，以及有关大专院校供稿参编，由中国石化出版社编辑出版发行。

　　本书为不断加强石油化工企业设备管理，提高设备维护检修水平，不断提高设备的可靠度，以确保炼油化工装置安全、稳定、长周期运行，为企业获得最大的经济效益，并以向石油化工企业技术人员提供一个设备技术交流的平台为宗旨，因而出版发行十多年来，一直受到广大石油化工设备管理、维护检修人员以及广大读者的热烈欢迎和关心热爱。

　　每年年初本书征稿通知发出后，广大石油化工设备管理、维护检修人员以及为石化企业服务的有关科研、制造、维修单位和广大读者积极撰写论文为本书投稿。来稿多为作者多年来亲身经历实践积累起来的宝贵经验总结，既有一定的理论水平，又密切结合石化企业的实际，内容丰富具体，具有很好的可操作性和推广性。

　　为了结合本书的出版发行，使读者能面对面地交流经验，由 2010 年开始，中国石化出版社先后在苏州、南昌、西安、南京、大连、宁波、珠海、长沙、杭州及海口召开了每年一届的"石油化工设备维护检修技术交流会"。交流会每年 6 月中旬召开，会上交流了设备维护检修技术的具体经验和新技术，对参会人员帮助很大。在此基础上，成立了中国化工学会石化设备检维修专业委员会，围绕石化设备检维修管理，突出技术交流，为全国石化、煤化工行业相互学习、技术培训等提供了一个良好的平台。

　　本书 2020 版仍以"状态监测与故障诊断""腐蚀与防护""检维修技术"栏目稿件最多，这也是当前石化企业装置长周期运行大家关心的重点。本书收到稿件较多，但由于篇幅有限，部分来稿未能编入，希望作者谅解。本书每年年初征稿，当年 9 月底截稿，欢迎读者踊跃投稿，E-mail：gongzm@ sinopec. com。

　　编者受石化设备检维修专业委员会及编委会的委托，尽力完成交付的任务，但由于水平有限，书中难免有不当之处，敬请读者给予指正。

目　录

一、设备管理

二、状态监测与故障诊断

三、检维修技术

四、腐蚀与防护

五、润滑与密封

六、节能与环保

七、新设备、技术应用

八、工业水处理

九、仪表自控设备

十、电气设备

炼油装置长周期运行管理技术

王建军　吕　伟

（中国石油化工股份有限公司炼油事业部，北京　100728）

摘　要　炼油装置从"三年一修"到"四年一修"有较大难度，尤其是全厂或系列装置整体实现"四年一修"更是需要全方位、多角度强化设备管理。本文总结提炼了多项有效提升设备管理水平、延长装置运行周期的管理方法和管理技术。从设备及管道的腐蚀防护、外委检维修队伍规范、大检修、专业管理以及四新技术应用等方面分析问题、制定措施，提升设备管理水平、保障装置长周期运行。

关键词　炼油；装置；设备；长周期；运行

炼油装置长周期运行是企业综合管理水平的体现，更是设备管理水平的综合体现。从20世纪60年代我国炼油行业发展开始，炼油装置一直按照"一年一修"的模式进行停工大修。90年代开始学习西方发达国家炼油先进技术和管理经验，炼油装置逐步出现了"三年两修""两年一修"的势头，到20世纪末基本实现了"两年一修"。21世纪头10年炼油装置追求更长周期运行成为重要的运行指标，"十二五"末中国石化炼油装置基本全部达到了"三年一修"。伴随着我国经济技术的不断发展，炼油装置的长周期运行越来越接近世界先进水平。中国石化炼油板块从2012年开始，在部分企业试点开展"四年一修"长周期运行以来，取得了很大的进步。至2017年底，济南炼化、青岛炼化、天津石化、武汉石化、金陵石化、镇海炼化、海南炼化、北海炼化、广州石化、洛阳石化等10家企业全厂炼油装置整体实现了"四年一修"。武汉石化、镇海炼化、海南炼化将向"五年一修"挺进，标志着中国石化炼油装置长周期运行水平达到一个新高度，实现国内行业领先。

1　长周期运行是企业实现效益的有效途径

装置安全稳定长周期运行是炼油企业保增长、保市场的前提，是提升市场竞争力的基础，是充分发挥炼化一体化优势的保障，是降本增效的有效手段，更是炼油实现世界一流的迫切要求。以中国石化2.7亿吨/年原油加工能力测算，同"一年一修"相比，炼油装置整体实现"三年一修"和"四年一修"分别可避免加工能力

放空1600万吨/年和2000万吨/年。多年来长周期运行一直是中国石化炼油板块持续追求的目标，在设备运行管理上不断创新、不断进步，形成了很多行之有效的管理方法和管理技术。

2　多措并举、对症下药，遏制设备腐蚀多发势头

"十二五"期间在高油价下加工高硫、高酸原油争取更好的经济效益成为多数企业的选择，但是很多企业炼油装置的适应性远远不能满足经营者需要，因此一段时间以来炼油装置因腐蚀问题带来的非计划停工、泄漏着火事故时有发生。

2.1　修编制度、规范，出版指导书籍

中国石化为应对装置腐蚀问题，组织设计单位先后编制了《加工高硫、高酸设备选材指导意见》《炼油企业工艺防腐蚀指导意见》等文件，在设计源头提升设备腐蚀防护能力；组织编写了13类典型装置的《炼油装置防腐蚀策略》一书，分发到所有企业装置技术人员手中，指导企业有效应对设备腐蚀带来的问题。

2.2　加强设备防腐蚀管理工作

一是设立装置设防值理念，组织中国石化青岛安全工程研究院对问题较多的企业开展炼油装置原油适应性评估和硫、酸设防值评估工作，明确各企业炼油装置的设防能力，并严格

作者简介：王建军（1962—），男，山东人，1984年毕业于华东石油学院化工机械专业。现任中国石化集团公司高级专家，教授级高级工程师。

按照各企业装置的硫、酸设防值进行原油采购和加工计划配置。

二是提升装置防腐蚀能力，利用各企业大修对老旧装置设备和管线进行材质升级，消除设备防腐蚀流程瓶颈。

三是工艺技术方面增上工艺防腐以及全厂管网瓦斯脱硫等措施，从生产源头减少腐蚀介质。

四是在镇海炼化等企业实施了原油调和措施，确保原油进装置前性质均衡。

2.3　开展设备腐蚀在线监测体系建设

为了更加有效监测设备、管线的腐蚀情况，从2015年开始在燕山石化等22家企业重点装置逐步建设以在线腐蚀探针、在线定点测厚、在线水冷器泄漏监测等为主要技术手段的腐蚀监测体系。至2017年底，累计投入专项建设资金约2.7亿元，静设备腐蚀在线监测体系基本建成，包含在线测厚3675支、腐蚀探针428套、FSM电场矩阵219套、pH计159支、水冷器泄漏监测563套等。腐蚀在线监测体系运行以来，成效显著。除了有效指导注水、注剂等工艺防腐手段外，已累计发现了79起腐蚀减薄和泄漏隐患，避免了泄漏着火事故。

2.4　积极组织，沉着应对突发腐蚀事件

一是妥善应对高氯原油加工冲击，2013年5月齐鲁石化、济南炼化等10家企业加工胜利高含有机氯原油导致25套装置发生57次停工，给加氢装置高压换热器、高压空冷器、高压管道等设备带来了严重腐蚀泄漏问题。中国石化炼油板块及时组织召开专题讨论会，研究加工方案和防范措施，并根据相关调研结果、专题研究结论、企业成功经验和科研单位的研究成果，编制印发《高氯原油加工指导意见》，成功化解突发设备腐蚀危机。

二是针对近几年炼油临氢装置设备腐蚀故障多发、频发问题，2014年组织召开了专题分析会，邀请系统内专家对典型设备腐蚀故障进行分析并制定措施，遏制故障多发势头。

通过以上管理手段和技术措施，目前在炼制原油硫含量平均达到1.14%、酸值达到0.6mgKOH/g、API达到29.35的情况下，因腐蚀带来的非计划停工及着火事故基本得到了遏制。

3　建立资质认证长效机制，规范外委检维修队伍

随着中国石化股份公司改制以来，炼化企业检维修队伍发生了较大变化。在炼化企业设备管理体系中，检维修施工由内部工作变为外委承包。2010年前后由于炼化企业外委的检维修队伍过多、过乱、过杂等因素影响，炼化企业直接作业环节安全问题、质量事故频发。为此，中国石化炼油板块2011年结合集团公司效能监察项目，会同监察部门、化工板块对炼化企业外委检维修队伍开展规范清理。

3.1　委托第三方进行能力评定

委托中国特种设备检测研究院第三方技术机构研究、制定标准，对检维修单位开展科学的能力评定。依据评定结果设置检维修资源市场的准入门槛，并对进入门槛的检维修企业实行分级、分类管理。

3.2　制定检维修能力评定标准及规范

针对炼化设备检维修种类，制定了12大类56小类的《检维修能力评定技术规范》，在系统内先后分区域进了6次宣贯和数十次培训。依据规范，对自愿申请进入中国石化检维修市场的承包商进行能力评定。与此同时，编制下发了《炼化企业外委检维修承包商资源库管理办法》和《炼化企业外委检维修管理指导意见》。

近七年来，炼油板块与中国特种设备检测研究院依据《检维修能力评定技术规范》，共计组织994批2312人次的专家，对796家自愿申请的检维修承包商开展能力评定。截至目前，炼化企业外委检维修承包商已从5484家削减为2586家。其中达到总部级的有254家，企业级的有2332家，淘汰了约57.5%的不合格承包商，规范了检维修队伍，净化了检维修市场，保障了检维修质量，降低了直接作业环节的安全风险。

4　狠抓检修管理，确保装置安稳长运行

4.1　规范管理流程、组织内部交流，提升检修管理水平

优质的大检修是装置长周期运行的先决条件。近几年炼油企业发展变化较大，技术人员持续减少，新建装置不断增加，因此企业处室

和装置人员调整比较频繁。装置在长周期运行后的大检修工作中，"不会停""不会管""不会开"的现象在各企业都不同程度地存在。因开停工及大检修组织不力带来的安全、质量问题时有发生。

一是针对"不会管"的问题，炼油板块根据优秀企业大检修的做法，组织编写了《炼油企业检修管理指南》。从检修策划、检修准备、检修实施、后期管理等四大部分提出了标准和方法，涵盖大检修工作各方面的内容，并附有 39 种各类设备的检查、确认模版和表格，有效地指导了企业大检修管理工作。

二是针对"不会停""不会开"的问题，首先组织下半年停工大修的企业，派出技术人员和操作人员赴上半年停工大修的企业同类装置观摩学习开停工；第二年上半年停工的企业到本年度下半年停工的企业观摩学习。自 2014 年至目前，共计组织 16 批次 31 家企业进行了观摩学习。其次还编制印发了《炼油装置开停工指导意见》，规范了装置开停工流程。

4.2　持续开展全流程、全专业检修技术服务

组织专家在企业停工检修前和检修中进行技术服务，检查企业停工大修的准备和实施情况，对于困难和问题企业还要多次进行指导服务。2014 年高桥石化全厂停工大修时，根据当时企业的实际情况，先后 7 次组织专家进行管理、技术指导服务。至 2017 年底，已组织了 28 次 15 家企业检修技术服务，派出专家 110 多人次，提出各类建议 1800 多项。

4.3　积极推广信息应用，提升管理效率

在燕山石化等 13 家企业积极推广《大检修管理信息平台》。检修信息网上发布，随时掌控关键项目和主要装置的进展，实现了问题及时协调，违章及时曝光，有效提升了检修质量和管理效率。

4.4　编制设备隐蔽检查标准

针对长周期运行后设备内构件剩余寿命的判断不易掌握的问题，组织编制印发了《催化裂化反再系统设备隐蔽项目检查标准》《常减压隐蔽项目检查标准》《加氢装置隐蔽项目检查标准》，其他主要装置的隐蔽检查标准正在陆续编写中。

5　深化专业管理，积极采用四新技术，提升装置运行平稳性

5.1　引入推广 RBI 技术，化解特种设备长周期运行矛盾

针对炼油装置长周期运行与特种设备法定检验周期的矛盾，积极推动国家技术监督部门在压力容器和安全阀的管理上采用 RBI（基于风险的检验）技术。2002 年率先委托合肥通用机械研究院在金陵石化一套装置进行试点。2006 年国家质检总局正式授权合肥通用机械研究院、中国特种设备检测研究院在中国石化开展 RBI 试点工作。经过多年试点总结，目前 RBI 技术已经列入国家法规，作为法定检验的手段有条件替代定检，有效地解决了特种设备及附件长周期运行与法定检验周期不匹配的矛盾。目前炼油企业已有 320 多套装置进行了 RBI 检验，有力保障了特种设备的长周期安全运行。

5.2　做好装置隐患管理与治理工作

一是开展第二轮电力系统隐患治理。在 2008 年第一轮电气隐患专项治理后，2015 年大面积停电事故又开始频繁出现，严重影响着装置长周期安全稳定运行。因此 2016 年开始进行第二轮持续 3 年的电气隐患专项治理工作。此次治理重点主要是主网架构的优化、故障后停电范围的抑制以及如何快速恢复等三大方面。通过上述措施，大面积停晃电势头得以遏制，对生产运行的影响也大幅减少。从大面积停电次数看，2015 年发生 9 起，2016 年发生 11 起，2017 年发生 5 起，治理工作已初步取得成效。

二是开展高温油泵密封专项治理。2010 年炼油装置高温油泵密封泄漏着火事故频繁发生，为此炼油板块开展了为期 3 年的专项治理。此次专项治理共对 1966 台高温油泵密封进行了技术升级改造，应用油雾润滑、泵群在线状态监测等 9 项新技术建设 82 个示范泵区。从改造后的情况看，高温油泵密封泄漏着火事故得到遏制。

5.3　大力推广仪表自控率提升技术

较高的自控率是装置平稳运行的基础和保障，从设备大检查的统计数据来看，炼化企业装置仪表自控率的实际平均水平在 76% 左右。为此 2015 年在海南炼化全厂实施了仪表自控率

提升技术。实施完成后，全厂仪表实际自控率达到了98%以上，操作人员的调整操作次数大幅降低。其中，连续重整装置5天操作次数由优化前平均3364次降到269次，报警数量由1637次降到58次。装置平稳率大幅提升，连续运行四年后故障率仍然保持较低的水平。2017年在高桥石化、荆门石化、石家庄炼化部分装置扩大试点，均实现了自控率95%的目标。其中高桥石化四套装置实施后，仪表自控率由63%提高到96.8%。2018年将继续在高桥石化、石家庄炼化、天津石化、金陵石化、齐鲁石化等企业推广实施。

5.4　普及动设备状态监测技术

从2010年起，大力推广动设备状态监测技术，尤其是将状态监测技术从压缩机监控推广到高温油泵和其他油泵上。状态监测系统从最初的离线状态监测到有线传输的在线状态监测，再到无线传输的状态监测，走过了逐步发展进步的三个阶段。在役离心压缩机状态监测系统主要有S8000、BH5000C、SG8000等产品；在用的往复机械状态监测系统主要有BH5000R等产品；机泵用状态监测技术也是各有特点。目前所有的大机组和高温油泵均做到状态监测系统全覆盖，可实时掌握大机组和高温油泵的运行状态，预测其未来运行故障。状态监测曲线的分析也随着应用经验的积累，目前各企业均培养出一批能够读懂状态监测数据语言的专业管理人员。

5.5　全面应用干气密封技术

相比传统机械密封，干气密封的密封面能在非接触状态下运行，具有辅助系统简单、密封气体耗量小、连续运行寿命长、维护费用低、可靠性高、经济实用性好等特点，还避免了工艺气体与密封油相互污染的问题。近年来，中国石化离心压缩机全面采用干气密封技术，新建装置离心压缩机密封形式全部选用干气密封，在用离心压缩机也普遍完成了干气密封改造工作。干气密封技术的全面推广应用，提升了密封可靠性，延长了压缩机运行周期，降低了维修费用，减少了机组非计划停车。

5.6　推广油雾润滑技术

油雾润滑技术能解决润滑油膜不均匀、机泵轴承磨损快的问题，具有轴承摩擦热量易带走、外界灰尘等杂质不易进入摩擦副部位、延缓轴承磨损、减少操作人员劳动强度、提高轴承寿命的特点。1998年第一套进口油雾润滑系统在燕山石化投用成功；2003年在安庆石化对油雾润滑系统进行了国产化。2007年中国石化对其国产化成果进行鉴定后，在各企业进行大力推广。目前已有超过100套装置使用了油雾润滑系统，覆盖机泵超过3200台。

5.7　提升烟机运行水平，保障催化裂化装置平稳运行

针对催化裂化装置近几年出现的催化剂细粉含量高、烟机易结垢问题，联合设计、制造单位开展技术攻关，采用动静叶栅流速亚音速设计、静叶围带与动叶围带同角度设计、新的轮盘冷却蒸汽设置等防止结垢措施，取得了较好效果。近几年烟机运行水平不断提高，故障停机次数和时数总体呈下降趋势。2017年47台烟机故障停机只有11次，停机时间2929小时，同步运行率达到98.6%以上。有效保障了催化裂化装置长周期运行。

5.8　强化大机组管理，减少非计划停机

在持续落实好大机组"机电仪操管"五位一体的特护管理制度的同时，不断提升大机组状态检测手段和监测技术。针对部分企业干气密封管理认识不到位、操作不精心、脱液措施不完善的问题，及时印发《大机组干气密封运行管理指导意见》，制定了增加分液罐、密封采用"硬对软"型式、优化保温等一系列措施，督促按期进行整改，并要求对照转化完善操作规程，有效防止了干气密封事故重复发生。针对大机组联锁设置不合理、联锁误动作多等问题，出台了《炼化企业大机组联锁设置指导意见》。

5.9　全面推广法兰螺栓定力矩紧固技术

2017年海南炼化全厂装置大修中，9299对高风险法兰首次全面应用该技术；2018年高桥石化全厂38套装置、塔河炼化2#系列15装置、镇海炼化27套装置大修中先后应用该项技术，均取得了较好的效果，成功实现了"大锤不进装置、气密一次通过、热紧环节取消、VOCs小于200ppm"的目标。

5.10 推广示范加热炉经验，加热炉热效率创历史纪录

2007年将多项新技术集中在高桥石化常减压装置应用，建成了首台热效率达到92%的工艺样板示范加热炉后，经过十年努力，炼油企业900多台加热炉按照样板示范炉，全部进行了改造。到2017年底，炼油企业加热炉平均热效率由2007年的87.8%提升到92.0%，创历史最高水平。

6 创新设备大检查模式，提升设备管理水平

中国石化坚持每年4月开展集团公司设备大检查工作。大检查由总部有关部门及石化企业设备管理领导，以及有关技术专家组成若干检查组，分赴石化企业，依据制度和规范以及大检查细则和打分标准，从综合管理、动设备、压力容器和压力管道、锅炉、电气、仪表、储罐等8个方面，对企业设备管理情况进行检查。通过检查，总结经验，发现不足，提出改进意见和建议，并对检查企业按照A、B、C、D四个等级进行排队，有力促进了企业的积极进步。大检查的过程，也是企业互相学习、互相促进的过程。通过大检查，提升设备管理水平，夯实了装置长周期运行的基础。

7 开展特色培训，打造多层次设备管理人才

在设备管理培训上，坚持开设常规和特色培训课程。除了开展设备各专业培训班以外，还定期举办常减压、催化裂化、加氢、重整等装置设备主任培训班。2017年开始，连续两年开设长达10个月的炼化企业设备管理复合型人才培训班。通过邀请院士和行业内的顶尖专家授课，同时组织培训学员参加设备大检查、企业大检修、企业设备管理服务等多种实践活动，为企业培养一批高端设备管理人才。与此同时，还定期开展动、静、电、仪等四个专业技术人员的竞赛活动，促进基层设备管理人员学习专业知识，从中也发掘和培养了一批设备专业技术骨干。

8 结束语

通过强化设备专业管理，采用先进的技术手段和管理方法，提高设备管理水平，提升设备可靠性，夯实了炼油装置长周期运行的基础，对炼油装置长周期运行水平提升起到有效促进作用。2018年8月中国石化发布了炼化企业设备完整性体系文件(V1.0版)，该体系将国际上先进的资产管理体系、机械完整性管理与中国石化传统设备管理方法相结合，形成具有中国石化特色的设备完整性管理体系，将在齐鲁石化等9家企业推广实施，进一步助力中国石化设备管理水平提高，以确保炼化企业装置安全稳定长周期运行。

新型炼化企业设备管理模式实践与探索

章　文

（中国石化海南炼油化工有限公司，海南洋浦　578101）

摘　要　本文介绍了中国石化海南炼油化工有限公司在新型炼化企业架构下设备管理模式的变化过程，对其设备管理特色进行总结，通过实践对应用效果进行阐述，探索改进的方向，为新型企业设备管理模式发展进步提供参考。

关键词　新型；设备管理模式；实践；改进

1　前言

近十几年以来，新型炼化企业不断涌现，新的设备管理模式应运而生，伴随着企业发展，"人员精简、管理扁平化、服务社会化"逐渐形成了其主流特色，但由于地域、资源的不同以及历史传承的区别，新型炼化企业设备管理模式的顶层设计也不尽相同，企业设备管理模式也在不断变化、改进。

中国石化海南炼油化工有限公司（简称海南炼化公司）是中国石化在21世纪初整体建成的一套800万吨/年原油加工能力的新型炼化企业（后续建成200万吨/年芳烃），2006年9月建成投产，管理机构及人员均按照国际先进企业的模式设置，公司定员500人，至今仍未突破。十几年来，公司设备管理模式历经了创建、发展、再学习、再调整的过程，在企业发展的推动下，我们进行了不懈的实践和探索，有经验也有教训，随着设备管理向着完整性、精益化方向发展，设备管理模式还需要进一步探索完善。本文试图进行阶段性的小结，以求拓展思路，共谋发展。

2　海南炼化设备管理模式

2.1　设备管理模式的历程

海南炼化公司2004年建厂初期，管理模式设置为"公司+部门"的一级扁平化管理，设备管理定员20人，检维修业务全部外包，设备部门的工程师既负责专业管理，又负责装置现场管理。2006年9月开工正常以后，该模式一直延续到2008年初，总体体现了人员精简、管理流程高效的特点，但缺陷也比较明显，设备管理主要的精力放在了现场维护与抢修，与运行管理脱节，专业管理提升陷入瓶颈。2008年，公司经过综合考虑，要求生产部门成立独立的单元（车间），设置装置设备工程师，归属生产部门管理。设备管理归口机动部，以专业管理为主，电气仪表管理仍维持一级管理不变，历经发展，形成了现有的模式。

2.2　人员组织架构与职责划分

现阶段，海南炼化公司设备管理部门为机动部，部门负责人3名，公司级专家2人，设有静设备、动设备、电气、仪表、综合管理及施工管理六个科室，共计35人；生产运行部门分别为炼油部、芳烃部及公共服务部，下辖11个进行单元，11个运行单元设有专职或兼职设备副主任及设备工程师，共计26人。机动部对各运行部生产单元的设备工作进行垂直业务管理；电气仪表专业直接管理检维修，实行一级管理。

公司的检维修业务全部外包，目前主要由六家中石化系统内改制分流的检维修单位按照区域划分负责检修维护，同时电梯、起重机具、专业仪表、空调等少量业务按专业外委。

2.3　机制运行特点分析

海南炼化公司现阶段的设备管理模式总体上继承了中石化的传统模式，在此基础上还结合新型炼化企业和地域的实际条件有所创新改进。机动部门不但负责专业管理，同时还负责所有检维修作业的工单审查、施工方案审批、作业签证等工作，业务覆盖面广，管理深度大，侧重于专业统筹优化和检修方案管控；运行单元主要是集中精力做好设备运行的操作调整、状态监控、数据统计以及直接作业环节的属地管理等，侧重于现场把控、求精求细。电气、仪表工程师以分区域管理为主，部分专业设专人管理，管理环节少，人员精简，工作效率高，对管理人员技术水平、协调能力等方面要求较高。检维修单位按属地区域配齐人力资源，各有侧重，按合同约定开展巡检、维护、技改、保洁等业务，对运行单元和机动部负责。

实践下来，我们认为该模式下分工明确，职责清晰，业务流程简便，信息传递迅捷，专业决策统筹高效，取得了一定的实效，克服了人员少、技术资源匮乏等困难，历经了装置长周期安全生产的考验，设备管理水平持续发展进步。

3　设备专业管理的特色实践

3.1　优化状态监测，推行预知维修

近几年来，设备专业不断升级完善大型机组在线监测系统，将工艺数据与监测系统进行整合，部分机组轴承箱振动实现在线监测，每月委托专业公司对机组运行状态进行一次全面分析评估，保障了大型机组安全长周期运行；全公司74台重要机泵的195个测点实施在线监测，通过微信和短信实时报警；对639台一般机泵的1896个测点每月2次离线监测，通过频谱分析机泵运行状况，出具分析报告，提出运行建议；对所有运行机泵每天2次采集轴承振动、温度、LQ值，生成历史趋势，方便查阅、对比、分析，实现趋势、变化率等预警。通过这些措施，每年发现隐患50余起，连续多年未发生机泵抱轴事故，滚动轴承平均使用寿命达到47600小时，机械密封平均寿命达到39800小时，往复式压缩机平均大修周期为14000小时，实现了从故障维修到预防维修到预知维修的转变。

3.2　实施定力矩紧固，应用效果显著

海南炼化2017年大检修期间决定全面实施法兰螺栓定力矩紧固技术，经过反复研究，细致分析，从法兰分级、管理模式、机具管理等方面开展方案策划，从组织机构、培训宣贯、管理流程、力矩值推荐等方面做足前期准备工作，从数据复核挂牌、螺栓清洗检查、法兰检查修复、螺栓紧固校验、资料整理归档等方面做好实施过程中的质量管控，并成立了专业定力矩紧固团队、"检查小锤队"，通过这些方式保障了首次定力矩紧固全面应用的成功实施。

2018年1月全公司生产装置开工气密一次合格，升温过程没有进行热紧，开工时间缩短1~2天；2018年度LDAR检测数据表明，全厂8.3万个VOCs法兰密封点总排放量较2017年下降69%；一年多的生产运行，历经台风暴雨袭击和生产波动，未发生物料外漏事件。通过现场机具查验表明，高温部位法兰螺栓没有松动，各生产装置区内没有明显异味，螺栓定力矩紧固技术的应用取得显著成效，为装置的安全环保、节能降耗奠定了良好基础。

3.3　法兰信息数据化，现场标识挂牌

近期，海南炼化充分利用信息化技术，对高风险部位的设备管道法兰开展了数字化信息标识系统技术开发与应用，即将法兰相关信息如法兰标准、法兰规格、紧固件(规格、材质、紧固力矩值)、垫片型式、工艺介质(名称、设计参数、操作参数)、定力矩检修记录等建立法兰数据库，制作现场标识牌，标识牌带有二维码，现场扫描二维码就能显示法兰详细信息。第一批5100对法兰已安装应用。

开展设备管道法兰信息化标识挂牌，在提高法兰信息的完整性的同时，降低了查询工作量，有效提高了工作效率；施工现场扫描二维码标识，可避免人为指挥失误，导致法兰检修、流程动改出现错修错拆而造成安全事故，从而增强了本质安全。同时，保障了定力矩紧固等精细化管理活动的推进。

3.4　采用计量叠加技术，节约用电成本

海南炼化公司生产装置的电费包括电度电费和基本电费，其中基本电费采用最大需量方式计收。原有的最大需量计量方式是将两台关口计量表的每月需量进行相加，这种方式不能消除由于生产装置的负荷调整和变压器检修、运行方式调整时出现的需量重复计算，造成每月基本电费虚高。对此，电气专业通过调研，

并与电网公司据理力争，对关口计量装置进行改造，增上基本电费最大需量实时叠加系统，消除了最大需量计量中存在的重复计算部分，大大降低了每月的基本电费。该技术在中石化各企业中首次采用，投用以来，每年为公司节约电费达1000余万元，经济效益显著。

3.5　实施自控提升技术，提高管理效率

海南炼化自2013年9月开始对全厂22套主要生产装置实施了仪表自控提升技术试点项目，项目实施内容主要是建立全厂自控平稳率监控系统，对公司自控率与运行平稳率进行实时监控和历史数据查询，同时进行了控制方案优化、报警梳理、关键阀门限位设置，总计修改控制方案74项，涉及控制回路141个；该项目还建设了静屏系统，实时检测装置在不同工况下的报警和操作情况，直观展现装置自动控制的水平和质量，对判断装置的稳定性和抗干扰能力具有重要的参考意义。

项目完成后，经过了一段时间的运行管理，效果良好甚至超出预期：一是实现了自控平稳率的实时监控，且平均自控率由原来不足50%提高到98%以上；二是实现了全流程的自动操作，工艺指标明显提高，尤其是复杂控制回路投用效果良好；三是部分装置实现较长时间的静屏操作，如70万航煤装置最长静屏时间6天，极大降低了操作人员劳动强度，总体操作频率降低90%以上。

为稳固自控提升项目的成果，2018年10月开始启动装置DCS报警管理系统项目，梳理约3.3万过程报警点，建立全厂统一的报警管理平台，消除装置的无效报警，增加偏差报警及其他必要报警，同时完善合理化过程报警、建立报警变更审批管理模块。目前项目正在实施中，已取得初步成效，自控率进一步提升至99%以上，全厂装置日报警平均次数减少70%以上。

4　检维修管理模式的探索

4.1　新模式、共发展、创和谐

海南炼化装置的维护保运任务由中石化改制的六家检维修单位负责。在新厂、新机制下，如何管好、用好检维修队伍，使其完全融入海南炼化的日常管理，我们进行了持续的改进和探索。

首先是改变思想观念，建立起"一家人、一条心、一个目标"的理念，要成为"一家人"，就是把他们真正作为海南炼化自己的队伍来管理，要求检维修单位必须按期参加公司的HSE会议、生产调度会、设备例会、运行单元交接班会等各类重要会议，有关文件也在第一时间分发检维修单位，使得海南炼化各项管理工作要求能够及时传达到检维修单位，同时鼓励检维修单位积极参加海南炼化党政工团的各项活动，让他们感受一家人的温暖；"一条心"就是形成荣辱与共，心往一处想，认真做好检维修管理工作，保证检修质量，确保装置的安稳长生产；"一个目标"就是共同发展的理念，只有母体企业海南炼化创效、发展壮大，检维修企业才会得到更好的发展，形成互惠互利的合作关系。

4.2　重合同、定制度、严考核

海南炼化按照市场化运作、合同化管理的原则，修订了检维修维保合同，对检维修单位及其外协队伍的管理和技术人员的技术水平以及在厂服务时间提出了严格要求，制定了维保单位人员外出请假、调整、轮换等制度；对外包业务明确了主包单位和分包队伍的法律关系和职责分工，较好地保证了外包业务的管理受控。合同中明确提出了检修管理工作要求及相应的考核条款，2017~2018年，对维保单位考核处罚金额共计13.6万元，解除违章作业的分包单位一家。

4.3　抓安全、严要求、控质量

在检修管理上，为严格直接作业环节管理，保障现场施工安全，首先将检维修单位纳入海南炼化HSE体系统一管理，实行一体化管理和考核，每年签订《HSE管理协议书》，明确现场安全管理的内容和责任。建厂至今，检维修单位以及下属分包队伍未发生过重大施工安全事故。其次严把检修质量关，根据设备重要等级建立相应的施工方案审批程序，明确作业内容和验收程序，检修人员必须按照检修作业指导书程序逐级签字确认，严格按照标准试车、验收合格后才能交付运行。三是建立完善应急体系。日常维护中，六家检维修单位各有分工，

各负其责；特殊情况下，六家检维修队伍能够做到精诚合作、资源共享、势互补，形成海南炼化区域内维护保运的"合力"，出现紧急情况时，由海南炼化统一指挥，接到抢修指令后，20分钟内人员、机具即可到达现场，确保紧急抢修不过夜。同时，检维修单位也是海南炼化抗台应急的中坚力量。

4.4　盯人员、稳队伍、保素质

"盯紧人头"，明确规范了检维修人员流动的各项审批规定，力求做到合理流动，总体受控；新进厂人员必须试用一个月合格后才能上岗；班组主要技术人员（班长、副班长等）的更换应提前一个月申请，经相应专业组批准后才能离厂；主要技术人员和专业经理，必须提前三个月向机动部提出调换申请；检维修单位副经理以上人员休假，必须提前办理申请，经机动部批准后才能离岗。通过建立检维修单位的调换、请假制度和激励措施，有效控制了检维修人员频繁流动带来的不利影响。

5　长周期运行的设备管理保障

海南炼化2006年9月28日打通全流程，投入商业运行，分别于2009年12月、2013年11月、2017年11月进行了三次停工大检修，三个周期安全满负荷运行分别为39个月、46个月、49个月，设备管理成果得到了长周期的检验。

5.1　重视设备前期管理

公司设备管理始终坚持在管设备运行、维护、修理的同时，必须高度重视设备的前期管理。无论是公司的大型项目、设备更新，还是小型技改技措，专业人员都全过程参加到设备选型、采购技术条件编制、采购策略的制定、设备制造出厂验收、到货检验、安装质量监督、单机试运等前期过程管理中，力保设备先天基因优良，做到源头管控。一是合理选择设备结构类型，确保设备长周期可靠运行。如在公司催化烟气脱硫项目中氧化风机的类型选择时，专业人员根据分析和调研论证，认为用多级离心风机替代设计选择的罗茨风机更为合理，实际运行也证明了离心式氧化风机具有噪音低、配件消耗少、长周期的优点。二是认真制定设备采购技术标准，合理编制招标采购限制性条

件，把劣质设备拒之门外。如在公司二套芳烃项目离心泵采购中，根据介质温度、流量等参数，将所有离心泵划分为A、B两类。A类泵以进口合资品牌和其中最苛刻泵的应用业绩作为限制，B类泵以泵厂取得API的Q1认证和其中最苛刻泵的应用业绩作为限制；将振动≤2.8mm/s、轴承温升≤28℃作为限制。最终招标结果，A类泵都选择了一家供应商，B类泵选择了两家框架供应商，单机试运结果，所有泵都满足振动、温度验收要求。三是积极参加重要、关键设备的出厂验收，参与所有设备的安装和试运，确保设备高标准移交运行。严把设备出厂验收关，做到所有问题在出厂前解决；参与安装、试运关键节点的质量监督验收，组织大型机组的单机、联动试运，确保设备完好交付生产。自公司建厂以来，机动部始终如一地坚持管设备必须管前期的理念，设备前期管理得到了有效管控。

5.2　"双巡检"制度得到落实

公司一直以来坚持"发现问题比解决问题更重要"的理念，日常的巡检质量是装置长周期运行的基本保证，为加强巡检力量，在与检维修单位签订检维修合同时，明确规范检维修人员的巡检职责，专门增加日常专职巡检人员的编制，六家检维修单位共增加专职巡检人员90余人。操作员熟悉操作状况，检修维保人员专业性较强，海南炼化建立了三修维保人员与操作人员交叉巡检的体系，发挥出各自的长处，多角度、多层次地进行巡检，合理设定专业巡检路线，确保每小时一次巡检的频次，提高巡检质量。同时改进了巡检发现事故隐患的奖励机制，对于发现隐患的检维修人员和操作人员同等奖励，最高金额奖励达1万元，对于发现重大隐患的单位和个人进行大会表彰宣传，有效调动了巡检人员的责任心和积极性，一些重大安全、设备隐患均在早期就得到了及时发现。

5.3　持续开展保温层下腐蚀治理

海南炼化公司地属热带海洋性气候，年降雨量大于1000mm，年平均相对湿度大于80%，保温层下低温腐蚀是重点防范风险之一。我们根据《保温和防火材料下的腐蚀控制系统方法的标准做法》（NACE SP0198—2010），针对容易产

生保温层下腐蚀的 10 种类型的设备/管道系统制定了排查方案。2018 年 10 月份，委托专业单位对常减压、MTBE、气分、双脱、连续重整等 5 套装置开展保温层下腐蚀检查治理工作，累计完成 589 条管道的 6978 个部位，203 台设备的 1654 个部位的检查，其中管道和设备小接管部分 1658 个部位；共计发现严重腐蚀部位 45 个、减薄穿孔的危险部位 5 个，这些部位均得到了及时有效治理，避免了突发事件的发生。保温层下腐蚀已经严重影响到安全长周期生产，2019 年，我们将按整体计划推进第二批次装置的保温层下腐蚀检查治理。

5.4　增加第三电源，防控重大风险

海南炼化公司供电系统采用 220kV 电源，原有 2 条 220kV 电源线路都采用架空线路，其中一条(炼三线)为和其他公司共用的线路，自 2005 年公司建成投产以来，由于恶劣天气和人为因素的影响，多次出现线路故障造成全厂供电波动，严重影响生产的稳定，甚至造成较大经济损失。2014 年 9 月 24 日，在洋炼线停电检修的情况下，炼三线受人为因素影响(线路下施工)跳闸，造成全厂大停电、生产装置停工，给公司造成巨大的经济损失。

综合得失，评估风险，海南炼化下决心增上第三电源。在当地政府的协调下，经过和电网公司反复协商，为海南炼化争取到第三条 220kV 电源线路，并在 2017 年全厂停工大检修期间建成投用。第三电源采用电缆线路，与其他两条电源线路并列运行。在三电源供电方式下，若任何一路检修或跳闸，仍能维持双电源的安全供电模式，供电可靠性大大增强。另外海南炼化地处多雷区，台风、暴雨等恶劣天气也频繁出现，对架空线路影响极大。第三电源由于采用电缆线路，运行基本不受恶劣天气及雷电的影响，弥补了架空线路的不足。自 2017 年第三电源投运至今，海南炼化未出现单电源供电的危险状况，在几次台风和雷暴天气中，三条电源运行稳定，全厂供电未受到影响。第三电源的投运大大增强了装置的供电可靠性。

6　不足与改进方向

6.1　管理模式还有待改进

近几年，随着公司装置规模不断增加扩大，

现阶段的设备管理模式为：机动部与炼油(芳烃)等部及其下属的单元(车间)管理关系，已接近了大型企业的三级管理，由于炼油(芳烃)等部门没有专业设备科室进行管理，这种模式下存在管理层级不够清晰、人员不够精简的问题，使得机动部门专业管理、协调工作量不断增加，管理效率有所下降，单元(车间)管理受两重领导也不够高效。如何实现更高效的管理，需要进一步探索和研究。

6.2　检维修技术力量不足

类似海南炼化公司这样的新型企业，检维修业务均采取外包模式，这种模式对于企业来说辅助业务社会化，能增强赢利能力，但对于设备专业管理来说，检维修业务外包存在着人员流动大、技术力量流失等不稳定问题，直接影响企业设备管理综合力量。十几年来，这些队伍的技术骨干几乎每一至二年就要进行一次调换，优秀的被提拔到其他单位担任经理、主管带队伍，而新调换的人员又要开始适应新环境、锻炼、成长然后离开，这一过程不断循环，使得企业的检维修技术力量一直处于中、低水平，难以提升，在突发设备故障判断、快速处理问题、重大检修方案制定等方面的技术能力严重不足，给企业设备管理带来了很大的压力和风险。如何改变这种现象，提高检维修队伍的技术能力，是目前乃至将来都需要持续考虑和面对的问题。

6.3　设备管理基础弱化

随着企业的管理水平和装备质量的不断进步，装置的平稳率及长周期运行能力也在不断提升，四年一修已成为很多企业生产周期的常态，有的企业已做到了五年一次大修，同时企业追求人员机构精简、效益最大化，一些基础工作如机泵盘车加油、卫生清扫、现场巡检等工作进行了外包，使得基层技术人员和操作人员的实操锻炼机会大大减少，设备基础管理、运行操作、故障判断、应急处理能力急剧下滑。在实际运行中，经常发现操作员不懂设备的一般运行操作、切换，进而造成设备损坏；对大机组开停机操作程序不熟悉，没有设备主任或机动部专业工程师到现场指挥不会开，应急事故处理和故障判断能力明显不足。这些情况反

映出基层人员精简后，重工艺轻设备的现象较普遍，需要引起警惕和重视。

7 结束语

海南炼化公司是一个正在发展中的炼化企业，具有机构精简、人员少的特点，设备管理模式需要适应企业发展的需要，在发展中不断改进和完善，但无论怎样的模式设备管理工作本质内涵是不变的，我们在今后的工作中还需潜心探索、深挖不足、学习先进、赶超标杆，以设备完整性管理要求为标准，改进和优化设备管理模式，提升设备管理水平，实现装置"安稳长满优"运行，为建设世界一流能源化工公司作出应有的贡献。

新建煤制烯烃项目离心式、轴流式压缩机组试车问题分析及应对措施

蒋利军[1]　李海根[2]

（1. 中国石化广州分公司，广东广州　510725；
2. 中安联合煤化有限公司煤气化部，安徽淮南　232000）

摘　要　对煤制烯烃装置离心式、轴流式机组试车过程进行总结，提出问题产生原因的分类方法。将问题按装置、机型类别进行统计，对出现的问题进行归类、逐项分析，对典型问题按厂家制造、工程设计、现场安装、操作管理四个方面分析产生的原因，并提出在前期管理、制造过程、现场安装、试车操作不同责任主体的预防对策。对今后同类装置工程建设、机组试车有指导、借鉴意义。

关键词　离心式压缩机；试车问题；原因分类；问题分析；改进措施

1　概述

煤制烯烃项目即煤基甲醇制烯烃，是以煤为原料合成甲醇后再通过甲醇制取乙烯、丙烯等化工原料。其包括煤气化、合成气净化、甲醇合成、甲醇制烯烃、烯烃聚合五个部分。工艺流程是：空气制氧，煤、氧、蒸汽发生气化反应制粗煤气，粗煤气经变化、净化、合成制甲醇，甲醇转化制烯烃，烯烃分离出乙烯、丙烯，将乙烯、丙烯聚合反应制成塑料颗粒。

压缩机的试车工作从 2018 年 6 月 15 日空压站第一台空压机试车开始至 2019 年 5 月 22 日空分第三台气体膨胀机试车成功，历时近一年时间。试车过程中未出现任何人身伤害和设备事故，从试车结果看设备总体性能良好，装置全面转入实物料开工阶段。现将离心式、轴流式压缩机组试车过程中发现、处理的问题进行总结，分析问题产生的原因，提出防范措施，供今后的新建装置在设计、制造、安装、试车中参考、借鉴。

1.1　离心式、轴流式压缩机统计

本项目共有 22 台（见表 1）离心式、轴流式、膨胀压缩机组；驱动机：透平 10 台、膨胀机 3 台、烟气轮机 1 台、电动机 9 台。

1）机组的分布情况

安装离心机组的装置是：空压站、空分、煤气化、净化、甲醇合成、MTO、分离、聚乙烯、聚丙烯 9 套装置。压缩机：空分有 3 台气体膨胀压缩机，MTO 有 2 台轴流风机，其他为离心式压缩机；驱动机：空分 3 台、净化 4 台、合成 1 台，分离有 2 台蒸汽透平，MTO 有 1 台烟气轮机，其他为电动机。

2）机组的制造厂家

空分 3 台空气压缩机为德国西门子整体齿轮离心压缩机及凝汽透平；3 台膨胀、压缩一体式离心机组由法国克瑞斯达制造。空压站 3 台空压机选用齿轮压缩机，电动机驱动；其中 2 台 3000Nm³/h 为美国埃理奥特制造，1 台 6000Nm³/h 为韩华公司制造。MTO 2 台鼓风机为陕鼓轴流式风机，主风机为渤海兰炼烟气轮机+电动机联合驱动，辅助风机为电动机驱动。11 台工艺气、丙烯、氮气压缩机都是由沈鼓制造，其中 8 台为多级压缩机，7 台为透平驱动，1 台为电机驱动；3 台单级压缩机由电动机驱动。

1.2　试车整体情况

22 台机组按工程建设试车程序的要求，进行了逐台设备实物料或替代介质试车，以检验设备制造、安装质量。通过试车发现、解决了设计、制造、施工、操作等存在的问题，确保了机组运行状态安全、可靠，保证了装置一次开车成功。

作者简介： 蒋利军，教授级高工，现就职于中国石化广州分公司，长期从事石化设备、工程建设管理工作。

表1　离心式、轴流式压缩机统计（台）

序号	装置	压缩机制造厂						驱动机制造厂					
		沈鼓	陕鼓	西门子	埃理奥特	韩华	克瑞斯达	杭汽	兰炼	西门子	南洋	佳木斯	ABB
1	空压站			2	1								3
2	空分			3			3			3			
3	煤气化	1									1		
4	净化	4						4					
5	合成	1						1					
6	MTO		2						1		2		
7	分离	3						2			1		
8	聚乙烯	1											1
9	聚丙烯	1										1	
合计		11	2	3	2	1	3	7	1	3	4	1	4

　　试车中业主单位以我为主，全力以赴为试车提供条件，组织设计配合、提供技术支持、落实保运单位解决设备问题、细化试车条件，并进行资源统筹优化，为试车提供保障。但也反映出一些问题：水、电、汽、风等试车用动力、公用工程装置问题多，无法满足试车条件；机组施工中各专业施工进度不同步，须采取临时设施来保证试车条件；部分设备因现场存放时间长，发生锈蚀、老化问题，增大了试车难度；总包单位试车方案编制不细，材料、备件准备不充分，造成部分工作不落实，进度受到影响。

2　试车问题统计

　　22台机组试车中发现的问题经归类分析、统计共26类问题（见表2），这些问题主要反映在设计条件提供、制造技术及过程控制、安装规范管理、设计水平和生产准备等环节。

表2　离心、轴流式压缩机及驱动机组典型问题统计

序号	设备类别及问题描述及分析
1	空分机组齿轮轴式空压机一级出口管线振动，振动烈度大于20mm/s，测得振动由与叶轮叶片数相同频率气流共振引起。目前还无解决办法，监控运行。
2	汽轮机热态开车时厂家未提供升速曲线趋，按冷态升速曲线时，发生排气温度高联锁跳车。在热态开车时，通过调整盘车暖机时间，将汽轮机喷淋水联锁温度调低喷淋，升速正常
3	空分机组盘车装置静态启动盘车电机超电流跳车、停车后盘不动车。分析为盘车电机启动电流联锁设置过低，启动时过电流保护。且盘车电机齿轮啮合有空挡，造成冲击过载，通过手工盘车消除间隙
4	合成机组低压缸、丙烯压缩机共有10条支腿螺栓无法安装就位，是因猫爪孔与支座螺栓孔加工偏心造成，将紧固螺栓螺杆处外径车由φ72mm加工为φ70mm再紧固到位；高压缸端联轴器靠背轮中间距小于设计值，将汽轮机整体外移0.5mm，达到设计要求
5	汽轮机单试危机保安遮断器与汽轮机缸体连接处垫片、温度探头引出口处、非联轴器端进轴瓦减压阀漏油，汽轮机主汽门堵头。
6	压缩机高低压缸推力盘推力盘与轴颈配合处大轴端漏油、间隙中有杂质造成拆卸过程轴向划伤；压缩机轴瓦间隙超标，试车时轴瓦超温，轴瓦返厂开油隙；增速箱位移报警值设定错误，未考虑止推盘轴向间隙发生报警，修改为报警值、联锁值
7	主电机拆开接线盒调相时，发现两个接线柱的压盖有裂纹，并举一反三进行排查该厂设备，又发现同样问题
8	机组厂家制造的入口大小头过渡短节焊缝存在超标缺陷，且法兰和机组入口工艺管线法兰不对中
9	压缩机副推力轴承供油管线比设计尺寸大，单台油泵运行时，总管油压无法满足压缩机正常运行

续表

序号	设备类别及问题描述及分析
10	机组试机时，首次冲转时主汽门开度>30%转速为零，触发联锁停车。按设计达到"主汽门开度>30%，转速≤500r/min"条件触发联锁停机的设置不合理，将联锁变更为"主汽门开度>50%，转速≤500r/min停机"，重新开机后机组启动
11	压缩机油站油泵出口安全阀定压值低，切换时易跳车；自力式调节阀最大设定压力无法满足机旁供油总管设计油压，需稍开副线保压。要调高泵出口压力，改安全阀定压值，并更换或改造自励阀
12	机组启动后，润滑油系统润滑油供油温度逐渐上升，超设计供油温度，检查为进油冷却器温控阀设定温度过高，降低温控阀设定温度，保证供油温度
13	原试车方案没有验证压缩机空负荷运行状态、"Ⅲ型终止"状态下事故电机是否能成功启动、事故电机启能否和主电机啮合成功、事故电机带动主电机运行状态、离合器运行状态、MEPS投用试验要求，存在运行过程中发生联锁，甚至发生投料后无法运行的可能。完善《试车方案》解决
14	空分机组厂房巡检通道、平台设置不合理，没有联合平台、缺少盘车平台，不能满足正常操作、巡检监盘需要。将汽轮机、空压机、增压机三台设备平台通道连通，增加了盘车操作平台
15	机组现场振动和位移的仪表延伸电缆线无铠装保护易造成老化、失灵以及损伤；压缩机组一段入口阀和防喘振阀法兰与管线不匹配；压缩机高压缸非驱动端排油口少一根DN40回油线；压缩机高压缸干气密封管线驱动端和非驱动端发现工艺配管与现场仪表显示盘错误；透平4台凝液泵密封设计冲洗方案为PLAN14+32，现场缺少自冲洗线等设计问题
16	K2001压缩机机组联锁目前采用振动(二取一)、温度(一取一)等，停机风险过高，应改成二取二联锁；压缩机组盘车电机操作柱厂家要求带反转功能，现场操作柱不符合要求
17	机组润滑油箱液位在润滑油加热后油箱液位远传数值不断下降、供油速关阀实际阀位与显示不一致、压缩机单试时出口温度远传显示不变化、凝汽器液位计显示不准、现场转速表不显示、轴封蒸汽压力表头显示为绝压而CCS上显示为表压等多项问题，是由于设计错误、接线错误、联调不全面等方面造成的
18	超高压蒸汽管线积液包内有金属颗粒，造成吹扫一靶片合格、下一靶片不合格的情况，将所有积液包打开检查并进行清理
19	空分机组长时间存放，内窥镜检查增速齿轮锈蚀较为严重，将空压机揭盖进行除锈处理。空压站齿轮轴式空压机振动大停机，拆检对叶轮清洗，转子重新做平衡
20	K-4003、C-401、PK301、PK401等大机组在机体油运前进行揭盖、检查、清理，发现轴承箱等因现场存放时间较长，发现多处锈蚀
21	1#空分机组油运长时间不合格，由于原油冷器、油站系统脏，采取整机系统油循环冲洗，流程长、流速低、相互污染，且回油滤网采用平面滤网，脏物堵塞导致滤网多次冲破。将回油滤网更换为正式的Y型过滤器，调整方案将油箱、油冷器、机组建立小系统分别油运，其他机组油运时间减少20多天
22	超高压蒸汽供应量不满足、压力不稳定，空分机组试车4次启动均因临界区加速度未达程序要求，造成联锁跳车，且超速试验时蒸汽压力大幅下降，导致升速失败
23	启动电机电流保护时间设定太短，超电流保护跳车；烟机轴承箱探头座选型错误，无法适应现场的高温条件；主、备风机位移探头型号选用、安装位置不合适，测量值不准确
24	复核测量叶片顶隙、轴承间隙、油气封间隙等参数，发现烟机有16处数据超差，经厂家核实满足使用要求，让步接收
25	MTO装置烟机ITCC控制系统风机振动联锁一选一设计，可靠性低，改振动联锁为"二取一"模式
26	MTO装置主备风机组齿轮箱盘车电机设计未按厂家条件设计软启动系统，无法试机

3　试车问题产生的原因分类

工程建设项目机组单机试车中发现问题产生的原因可归纳为：厂家制造与技术控制、工程设计管理、现场安装规范管理与质量控制、设备保护与操作管理等四类。

3.1　厂家制造与技术控制

制造方面：设备制造、装配、安装尺不符合标准，设备安装、接线、逻辑、调试错误，设备存在缺陷、损坏、损伤等。

技术方面：设备设定值错误、提供的控制程序不能保证设备运行、设备无法达到设计要求、运行超实际指标等。

3.2　工程设计管理

设计出现漏项、配套设备未设计、未按设备条件设计、控制与设备参数不匹配等。

3.3　现场安装规范与质量控制

设备、管线、电缆安装错误，设备、仪表、电气未按要求设定、调试或调校错误，安装不符合规范、安装中造成设备等损坏、安装后未清理、保护不到位等。

3.4　设备保护与操作管理

设备保护方面：设备在现场发生锈蚀、损坏，未按设备保护要求落实措施造成设备故障、保护不到位造成设备检修等。

操作管理方面：提供的试车条件无法满足设备要求，在试车前未对系统清理、检查、确认，设备系统进行调试、设定或校对存在漏项，试车方案错误、漏项或未按方案执行等。

4　典型问题归类分析

试车发现的问题在各环节上有所不同，主要体现在制造、安装、设计、操作等方面管理不到位、技术水平不高两个方面。通过在制造质量、安装规范、工程设计水平、试车操作细致等方面分析原因、查找到不足，为项目建设改进、提高确定了目标。

4.1　制造质量问题综合分析

设备制造质量整体受控，试车过程未发生次生事故。但是制造中部分设备的质量问题较多，表现在沈鼓的离心式压缩机组、兰炼的烟机制造问题较多，电气、仪表设备参数的设置偏差大次之。

1）厂家制造原因

轴瓦配合尺寸不符合标准、装配过程质量控制不严问题最多。如净化、分离压缩机。

机组与底座定位尺寸偏差大、机组与驱动机定位不准确较多。如合成离心压缩机联轴节安转位置不够、猫爪与底板螺孔不对正等问题，

反映出在加工误差控制、装配尺寸测量上没有控制好。

安装时方法不当、部件表面清理不干净或过程污染，造成部件损坏。如合成离心压缩机推力盘安装不到位、法兰不对中等。

未按要求试车或试车后未按规范检查，将问题带到现场。如循环气压缩机等电机接线压板开裂、温度传感器设定值太高等。

2）厂家制造技术原因

电机启动电流、过载联锁保护设置不符合要求。如轴流风机油泵电机联锁停机、机组启动连锁时间设置不合理，无法满足启动条件等。

设计结构存在缺陷。如烟气轮机存在冷态下间隙超标准。

设计操作参数错误，不能满足设备运行要求。如分离压缩机组油系统油压低，空分机组热态开车时，按冷态曲线无法操作等。

辅助设备、仪表等选型错误。如 MTO 主风机联锁保护、探头选型不能满足要求。

4.2　现场安装、工程设计问题综合分析

设备试车中暴露的问题主要集中在设备安装、工程配套设计、调试及组态问题。施工中离心压缩机仪表安装问题较多。工程设计中空分机组平台、MTO、分离系统仪表问题较多。

1）现场安装原因

单调、联调不全或调试不到位、接错线问题最多。如净化离心机组信号指示错误、部分信号未连接等。

未按标准、技术规范施工问题多。如蒸汽线积液包施工中焊渣等积存。

2）工程设计原因

设计错误、漏项问题最多。如没有空分空压机机组检修平台、操作平台，MTO 盘车电机未设计软启动控制柜等。

设计与制造厂对接不到位问题较多。如工艺气压缩机干气密封仪表线接错、少设计一条回油线，离心压缩机机组供油压力达不到厂家要求。

选材、设计规范执行问题多。设备润滑油箱采用碳钢，空分蒸汽线热电偶插入深度不够，机组联锁采取"一取一"存在安全风险。

4.3　设备保护、试车操作问题综合分析

在试车中的设备保护问题主要是机组齿轮

箱、转子锈蚀影响最大，电气柜锈蚀、电机绝缘低问题较多。操作上机组油运遇到问题最多，工艺条件提供不足影响较大。

1）停工保护问题

设备在现场存放保护不到位、方法不得当、存放条件不满足，造成设备锈蚀。如空分空压机齿轮箱锈蚀、空压站机组转子结构引起不平衡等。

2）操作管理问题

公用工程条件不满足、能力不够，参数设定不合理。如空分机组因蒸汽、冷却水能力不够或参数低，造成多次试车中断。

试运方案、方法不当。如油运方法不当，使得机组长期油运不合格。

5　试车发现问题防范及改进措施

试车中出现的问题涵盖了工程建设的全过程，反映出从前期设计、选型管理，制造过程、监督控制，到安装标准、规范管理、设施保护、生产准备等环节有不到位的情况。要避免、减少问题的发生，需加强管理、主动防范。

5.1　前期管理上

1）设计单位

设计提供订货的设备参数要齐全、技术要求明确、制造标准齐全、有效，供货范围、交货形式、文件资料要明确。

设计应对大型机组、机泵签订技术协议，保证采购参数完整、指标先进、要求齐全、质量合规；要明确在制造设计完成后，反馈工程设计需要的条件内容，并按厂家条件、制造文件完成设计。

2）制造厂

应按协议要求，对辅助设备、配套仪器仪表应有明确的要求，特殊部件要提出选材要求，试运、试验内容、记录、验证要求明确。

5.2　制造过程中

1）制造厂

严格按工程设计条件、标准重新设计，不能以企业自身设计文件、标准直接制造；要求提交设计文件给设计单位、业主确认后再开始制造。

要牵头组织制造开工会，对制造设计进行审查，制造条件设计必须以文件形式确认。要严格工程设计、制造设计变更管理，必须保证制造、设计、业主变更文件交换、确认的落实；制造厂发生变更时，工程设计要在设计图纸上及时变更修改，保证图纸的准确性。

向配套设备、辅机厂提出明确、一致的技术要求，保证严格执行设计条件、技术协议。

要严格按制造标准制造、组装、验收，不能有错漏；注重每个备件、每个装配环节的质量检验和验收，并作好记录；加强材料、配件、附属设备的质量检查、验收，将问题件排除在设备组装之前。

对于机体支脚与底座之间加工偏差大的问题，要制定保证质量的方案；设备出厂后要有保护方案，避免设备二次损坏。

要按规范、技术协议要求在工厂进行备件测试、辅机调试、主机机械运转、主辅机组联合性能测试，测试范围尽可能齐全，测试后要按方案对轴承等进行检查、监测。

2）业主（EPC）

要派遣监造方住厂监造，编写监造大纲，且要将协议要求纳入监造范围；监督或参加出厂试验、验收，制造文件的执行情况和过程记录文件的确认是重点。

5.3　现场安装过程中

1）施工单位

设备进厂检测和验收必须落实到位，要对设备、附件、主要材料的完好性进行确认；要避免或减少安装错误，做好部件、设备的保护，严格按规范自检和监理监督检查；施工过程中设备、部件的保护、清洁要落实到方案中，要保证工程产品的洁净，为试车创造好的条件。

严格按图纸、规范施工，对有特殊要求的设备、管道安装要加强技术管理；要加强仪表调校和控制系统的联合调试，做到应调必调，以此来暴露问题并在试车之前解决。

2）业主（EPC）

安排监理对安装过程进行监督，针对调校、联试、吹扫等薄弱环节要做好检查、验收。

5.4　试车过程中

试车方案的科学性、完整性、可实施性是试车的关键，方法得当可以保证试车高效、按期完成。

试车中物料、公用工程参数、能力的保证，是试车的必要条件，否则无法保证试车。

要做好现场设备的保护，无论是未安装和已安装设备，且保证满足试车条件。

6　结论

通过试车，对离心式、轴流式机组进行了全面检验，发现解决了制造、安装、设计和操作管理的方面的问题，为保证机组安全、平稳开工提供保证。为保证试车工作高效、有序进行，减少、避免问题的发生，在制造过程中应按规范、设计文件制造，在设计上确保设计文件、图纸要齐全、准确，在安装过程中要合规、检测到位，试车方案应科学、有效，试车条件须充分保证。

煤化工设备设计、采购与装置检维修

万国杰

（国家能源集团煤制油化工公司，北京　100011）

摘　要　本文讨论了现代煤化工企业检维修管理体系建立的理论基础及其发展的两个阶段。传统的检维修管理体系建立在设备的劣化及恢复工作之上；现在的检维修管理体系建立在投资回报以及价值最大化的基础之上。设备管理需要全面参与项目管理和工程设计。

关键词　煤化工装置；设计；采购；检维修

中国现代煤化工在近二十年的时间里，在工艺技术研发、装备研制、项目建设、生产管理、产品开发等方面取得了迅速发展和瞩目成就。煤化工已经成为支撑国民经济的重要和成熟产业。其中装置的检维修已经从最初的每年停车全厂大修，普遍发展到现在的两年一次大检修，有的煤化工企业已经实现了三年一次大检修。装置在高负荷稳定运行的周期普遍优于设计值。操作波动和非计划停车显著减少，有的企业基本消除。

这些成绩进一步凸显了煤化工产业投资的价值。煤化工企业已经成为中国基础化工品市场上具有竞争力的一支重要力量。

生产运行"安稳长满"相对来讲，比较容易实现。而"优"化运行是煤化工企业永恒的主题，优化运行最终要落实到装备系统与工艺参数的匹配状态上。

十多年来，煤化工企业在项目建设、生产运行和设备管理的过程中，不断总结和探索。已经认识到，传统的装置检维修以设备和检维修作业作为设备管理的对象，在生产运行期间，可优化的空间是有限的。装置的运行优化和检维修管理，必须从源头开始、从工程设计开始、从设备采购开始，必须体现投资的目标和价值。

1　检维修管理的基础

传统的设备管理认为：设备在使用过程中，由于外部负荷、内部应力、磨损、腐蚀、自然侵蚀等因素的影响，或者由于操作不当、设备技术状态劣化，使得设备的功能和精度难以满足产品产量和质量的要求，甚至发生故障和事故。所以需要对设备进行维护和检修，以保持和恢复规定的性能和精度。

设备检维修是指为保持、恢复和提升设备技术状态进行的技术活动。很多企业检维修管理正是基于这一理论基础，建立了相应的管理制度和流程（管理的对象是设备和作业）。

基于这一理论基础，发展出了设备状态监测、预知维修、分级检修、点检定修等设备检维修的管理技术和理论。各种高精度、高可靠度和智能化的监测装备不断被开发研制出来，为主动设备管理提供了技术手段和物质基础。

随着对企业的价值和经营目标理解得越来越清晰，对装置检维修管理的认识也逐步深化。企业投资的目的是获得较高的回报。工程项目、工厂、产品都是获取回报的载体，项目管理、生产管理和检维修管理是获取回报的过程，检维修管理的目标是获取较高的投资回报（管理的对象是价值）。

现在，把检维修放在整个项目的寿命周期来考察。装置检维修管理的不再局限于设备和活动，而是企业的价值创造；检维修不仅仅是一项技术活动或施工作业，而是整个企业管理体系中不可分割的有机组成部分；检维修不是企业生产管理的配角和下游环节，而是优化运行的保障和指南；检维修不仅仅是生产管理的内容，也是工程设计的主要内容，更是主要的设计原则和设计目标；检维修管理的目标是商务策划和采购合同的基础。

2　工程设计与检维修

企业投资建设一个工厂，需要为工程设计

设定目标体系，其中检维修模式是主要目标之一。例如，是采用联合装置还是独立装置（包括是热联合还是冷联合）、是分装置检修还是全厂检修、设备备用原则及备用率、检维修方式及储备原则、检维修周期及物流设施、水系统划分的原则、换热系统划分的原则等。这些装置检维修的目标和原则必须体现在工程设计中。

工程设计一般分为总体设计、基础工程设计和详细工程设计。总体设计和基础工程设计是项目定义阶段的工作，主要完成项目的平衡设计、总图设计、系统配置设计、方案设计、设备选型设计等。

在总体设计和系统配置设计中，必须要综合考虑如何落实检维修原则和目标，比如检维修设施的布置、检维修空间与检维修设施设计、全厂物流及水平垂直运输设施设计等。比如高大框架上重型备件和大型阀门的拆装、换热器管束和管箱的拆装与清洗、大型反应器和塔器内件的拆装等。

在设备选型设计中，除了考虑设备的工艺操作参数和性能参数外，必须考虑设备的可检维修性。比如在工艺参数和性能要求相近的情况下，尽量统一设备的型号。

可检维修性要在满足投资目标和价值原则的前提下，根据项目和企业的具体情况，形成具体技术指标、技术方案和设计原则。比如汽化炉的低压煤浆泵，在性能指标和可靠性相当的情况下，尽量选择离心泵，而不是选择往复泵；汽化炉烧嘴选用套管式比选用盘管式，可以大大提高检修效率，降低检修费用；激冷环与渣口的设计选型，要适应原料煤煤质的分析数据，而不能套用以前的设计；换热器选材与流速设计要匹配水系统水质指标和换热系统，而不能机械地套用设计规范。

在设计审查的计划中，应将可检维修性审查列入计划。一是要通过审查，评审设计文件落实装置检维修的目标、指标和原则的情况；二是通过三维的虚拟装置环境，能够更直观地检查装置可检维修性，从而完善、指导工程设计。

3 采购与检维修

传统的做法是：工程项目建设和工厂运行划分为两个泾渭分明的部分。项目管理和企业的运行管理各有其专业特点，两种管理有不同的目标、不同的管理技术和不同的管理流程。用项目管理的方式管理生产不行；用生产管理的模式管理项目也不适用。因此项目建完后移交给工厂，似乎顺理成章。设备及其相应的服务和备件本来是一个完整的事物，被人为地分割成两个独立的部分。

这样就带来一系列衍生问题。项目管理的目标只是一些"物理指标"，也就是我们以前常说的基建指标，比如投资、进度、质量、安全、文明施工等。

工程设计和项目管理由于对装置运行和操作了解不多，也缺乏和生产操作人员的有效沟通，对于生产管理的要求反映得较少。即使有生产的人员参与了项目管理，由于缺少有效的沟通流程，这些人员更多的是发挥个人作用，很难发挥企业的作用。其结果往往是挂一漏万。

装置检维修的原则、目标和指标，除了要体现在工程设计中，还需要通过在采购合同中以契约的形式明确。

现在很多设备制造企业已经具备提供设备制造及检维修一揽子服务方案的能力。所以在项目商务策划时，企业需要根据自己的情况，设计装置检维修的原则和方案。这些原则和方案需要落实到设备的采购合同中。比如大机组尽量将类型相同的划分为一个标的，招标范围既包括设备制造，也包括检维修服务，甚至包括备品备件。这样采购的标的就不仅仅是一台设备，而是一个具备特定功能的全寿命的运行状态。

其他装备也可以采用同样的采购策略。比如阀门、仪表和控制系统等。

这样装备制造企业的责任期限就不仅仅是质保期结束，而是合同期结束。

对于主要部件，比如汽化炉的烧嘴和激冷环，在策划采购方案时，同样可以将产品、服务和备件作为一个标的。这样的采购策略，选择的是一个整体解决方案。

这样的商务和采购策略，从全寿命周期拥有成本看，是最低的。也就意味着对应的投资回报最大，对应的项目管理和设备管理的价值最大。

4 智能工厂检维修思考

在智能煤化工中，智能目标具体体现为设备本身的智能化，包括智能化运行和智能化维护，以及人的智能化，包括智能分析、计划与智慧决策。

智能煤化工建设中，智能装备和数字化基础平台是智能煤化工建设的关键技术支撑，是实施智能煤化工的基础。

煤化工建设中智能装备，重点包括智能仪表、传感器、控制器、计量设备、现场作业智能机器人、巡检机器人、身份识别、定位及轨迹监测设备、数据输入和显示设备等。

人工智能技术和通信技术的发展和普及，已经为智能煤化工准备好了物质基础。以智能PID为核心的工程设计已经实现了数字化交付。有些煤化工企业已经尝试让机器人在重大火灾和设备事故中发挥作用。用机器人进行巡检，也可以稳定地传回可靠的数据。

作为煤化工企业的检维修管理，已经面临着管理理念、管理方式、管理体系和管理架构的转变。

在检维修的管理理念上，要适应、学习和使用智能化、互联化的思维方式。以前很多靠人的经验判断的工作，可能很快会被人工智能取代。很多人工作业也将被机器人代劳。人所需要做的可能主要是分析决策。

这就决定了检维修的管理方式，要适应这种变化。检维修管理可能会收到来自在线或者离线的智能监测结果，甚至可能会提供推荐的实施方案和建议。设备管理人员需要根据这些结果、方案和建议作出决策。

相应地，检维修管理的体系和架构，就需要在这种管理方式的基础上进行重构。

5 几点建议

（1）煤化工企业应该做好顶层设计，在项目建设的前期阶段，为装置策划设备运行目标和检维修模式；

（2）设备管理人员应该尽早全面参与工程项目的全过程管理，将这些目标落实到工程设计中；

（3）设备管理人员应该全面参与项目的商务策划和采购方案编制，以实现从购买装备到购买整体方案的目标。

乙烯装置三机国产化创新

唐汇云　赵忠生　刘传云

（中化泉州石化有限公司，福建泉州　362000）

摘　要　乙烯三机是乙烯装置核心关键设备，用于KBR工艺路线的乙烯装置三机组又有一些特殊性，如裂解气压缩机的四段设计、乙烯机外部抽加气设计等。在乙烯三机国产化开发过程中，通过树立汽轮机压缩机协同设计理念、对压缩机气动模型优化、采用新的加工工艺、对压缩机汽轮机采用差压保护等逻辑优化手段进行创新优化，将有助于进一步提升国产化乙烯三机的运行经济性和可靠性。

关键词　乙烯三机；国产化；创新；差压保护

1　引言

　　乙烯工业是石油化工产业的核心，乙烯产品占石化产品的75%以上，在国民经济中占有重要的地位。同时乙烯产量被看作是衡量一个国家石油化工发展水平的重要标志之一。乙烯装置所用的压缩机——乙烯压缩机、丙烯压缩机、裂解气压缩机（简称乙烯三机）及其驱动机是整个乙烯装置乃至化工流程的心脏设备。用于KBR工艺路线的乙烯装置三机组又有一些特殊性，如裂解气压缩机的四段设计、乙烯机外部抽加气设计等。在乙烯三机国产化开发过程中，通过汽轮机压缩机协同设计、对压缩机气动模型优化、汽轮机采用轮室压力与抽汽压力的差压保护、油系统逻辑优化等手段进行创新

优化，提升了国产化乙烯三机的经济性和可靠性。

2　创新情况介绍

2.1　针对KBR工艺流程特点优化机组选型设计

2.1.1　裂解气压缩机

　　裂解气压缩机的主要特点是四段压缩和高压缸高压缩比。相对于其他工艺路线裂解气压缩机的五段压缩（见表1），四段压缩裂解气压缩机前三段出口温度相对较高，介质中的不饱和烃如1-3丁二烯和异戊二烯等容易聚合，并且不均匀地黏结在压缩机叶轮上，致使转子不平衡增大，并最终导致机组振动持续增大，严重者甚至堵塞管道，影响了裂解气压缩机长周期运行。

表1　国内百万吨乙烯三机裂解气压缩机对比

	泉州裂解气压缩机	天津裂解气压缩机	惠州裂解气压缩机
选择机型	DMCL1204+2MCL1204+MCL907	DMCL1404+2MCL1405+2MC908	DMCL1404+2MCL1405+2MCL1207
装置规模/（10^4t/a）	100	100	120
出口温度/℃	89.9~91.7	82.6~96.7	78.1~88.4
分段情况	四段	五段	五段
额定转速/（r/min）	4490	3659	3824
轴功率/kW	55439	55683	62520

　　针对以上特点，该机组设置了注水、注油流程。通过注水来降低压缩机出口裂解气温度，以防止叶轮结焦，特别是在机组内部回流弯道

处也设置了注水，以防止压缩机内部级间结焦。同时通过注入洗油来润滑叶轮和流道表面以减少聚合物附着，另一方面因洗油的组分主要是

加氢 C_8，它也可以溶解已形成的聚合物。在设计过程中，沈鼓优化了基本级的选择。基本级优化后，低压缸壳体尺寸减小，由 1300mm 降为 1200mm，中压缸减少 2 级，高压缸减少 1 级。基本级优化后，单级模型级做功效率提高的同时力学性能也有所提高。对低压缸进气蜗室进行 CFD 分析，优化蜗室结构，并在一级叶轮入口设置静止导叶。

2.1.2　乙烯压缩机

乙烯压缩机的主要特点是三段压缩，一次加气和一次抽汽，加气方式为内部加气。此外，乙烯机为低温机组，入口温度为 -101.8℃，为国产化第一台百万吨级乙烯制冷压缩机（见表 2）。

表 2　国内百万吨乙烯三机乙烯压缩机对比

	泉州乙烯	惠州乙烯	武汉乙烯
选择机型	3MCL706	3MCL806+3MCL804	3MCL807+3MCL804
装置规模/(10^4t/a)	100	100	80
进口温度/℃	-101.8	-100.9	-101.7
分段情况	三段，一次加气，一次抽气	四段，两次加气，一次抽气	四段，两次加气，一次抽气
额定转速/(r/min)	6890	5171	5058
轴功率/kW	10912	16900	12622

该机组的转子和机壳毛坯件采用了进口低温材料。在设计中，沈鼓对压缩机进气室、排气室、抽气室、加气室等定子部件中气流的流动机理进行了充分研究，通过对数值分析与流场测试结果进行对比，合理优化各蜗室的结构，从而减少流动损失，在增加加气流场稳定性的同时提高整机效率；在压缩机级间、轮端及平衡盘处采用可磨密封减小密封间隙，减少容积损失；优化了一次平衡气管的连接位置（见图 1），将压缩机出口一次平衡气管接到加气口，降低压差，减少泄漏量能，降低机组的内泄漏损失，提高机组效率，降低耗功。

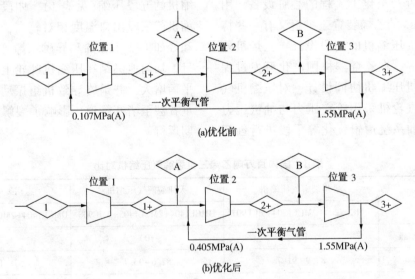

(a)优化前

(b)优化后

图 1　乙烯压缩机平衡管返回位置优化

2.1.3　丙烯压缩机

丙烯机的主要特点是三段压缩，两次加气。此外，丙烯机为低温机组，入口温度为 -40℃。设计中的主要优化是通过合理的转速选择，实现了压缩机和汽轮机的协同优化，降低了蒸汽耗量（见表 3）。

2.2　压缩机汽轮机协同设计进一步降低能耗

国产乙烯三机的压缩机和汽轮机分别由沈阳鼓风机集团有限公司和杭州汽轮机股份有限公司设计制造，沈鼓作为成套商。而国外乙烯三机供货商的压缩机和汽轮机均为一个公司协同设计，在能耗和效率上有一定的协同优势。在本次国产化项目中，项目组明确提出了压缩机汽轮机协同设计的概念，在实际设计过程中取得突破，进一步降低了能耗。

表3　国内百万吨乙烯三机丙烯压缩机对比

	泉州乙烯	镇海乙烯	惠州二期
选择机型	3MCL1406	3MCL1506	3MCL1305
装置规模/(10^4t/a)	100	100	100
最终流量/(kg/h)	1052200	781712	949478
分段情况	三段，两次加气	四段，两次加气，一次抽气	四段，三次加气
额定转速/(r/min)	2998	2977	3592
轴功率/kW	37871	35486	43300

主要的协同设计方向是压缩机转速的选择。同样的型号系列，压缩机和汽轮机转速有一个浮动选择范围。对压缩机来说，考核工况的转速选择影响到叶轮直径、叶轮出口马赫数、干气密封的直径、效率等。同样的条件下，较高的转速选择可以减少叶轮直径，增大叶轮出口马赫数。为了流场的稳定性，出口马赫数需要控制在合理范围。对汽轮机来说，转速的选择同样会改变其效率。经过反复选择对比，最终选择了合理的转速(见表4)。

表4　丙烯机协同设计优化过程

序号	型号	转速/(r/min)	轴功率/kW	压缩机效率/%	超高压蒸汽消耗/(t/h)
第一版	汽轮机 EHNK63/80 压缩机 3MCL1406	2914	33639	86.2	200.2
第二版		2884	33391	86	198.1
最终版		3124	33244	85.9	192.6

通过对比数据可以发现，第二次优化压缩机的轴功率仅降低了147kW，与第一次优化相差不大，但是蒸汽消耗量却减少了5.9t/h，远大于第一次优化的2.1t/h。其主要原因就是第二次优化把转速提高了360r/min，使得汽轮机的工况点落在了高效区。

按照年运行8400h粗略计算，最终版较第一版减少超高压蒸汽消耗量63840t/a，每年直接经济效益1276.8万元。经过协同设计，其他两台机组的汽耗量也有一定减少。

2.3　压缩机气动模型优化拓宽稳定运行范围

2017年12月，业主审查发现喘振富裕度(预期喘振流量开始点与入口流量的百分比)过高的问题。这一问题存在于裂解气压缩机的1~3段和丙烯压缩机的1段，预期的喘振流量与入口流量的百分比分别为92%、85%。其中最严重的工况下，压缩机组防喘振阀在装置负荷降至92%时就要打开，造成装置操作弹性过小，装置平稳性和经济性差(见图2)。

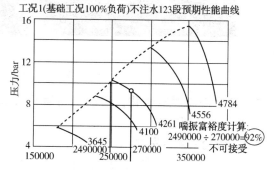

图2　裂解气压缩机性能曲线及喘振富裕度计算

经过优化设计，裂解气压缩机组机型由原DMCL1204 + 2MCL1204 + MCL1005 变更为DMCL1204+2MCL1204+MCL907，即高压缸机型降低1档、叶轮个数增加2个；喘振富裕度从约92%降低至74.8%，四段从77.7%升高至80.5%，整机效率没变(见表5)。丙烯压缩机机型未变，喘振富裕度从85%降低至83.6%，整机效率没变。

表5　优化前后裂解气压缩机1~3段喘振富裕度对比

		1段	2段	3段	4段
Case1 Normal 工况-不注水					
预期喘振流量/(m³/h)	原始	291714	—	—	20984
	优化后	249186	126563	53448	21728
喘振富裕度（预期喘振流量与入口流量比）	原始	约92%	—	—	77.7%
	优化后	74.8%	78.9%	79.3%	80.5%
单段功率/kW	原始	11179	11901	11223	14829
	优化后	11146	11890	11433	14663
整机功率/kW	原始	49132			
	优化后	49132			
转速/(r/min)	原始	4261			
	优化后	4397			

2.4　采用先进加工技术进一步提高机组效率

在常规采用五轴联动加工中心加工叶轮的基础上，在本项目中采用了特种加工手段——磨料流技术，提高叶轮加工质量（见图3）。降低叶轮流道部分表面粗糙度，提高叶轮的工作效率。

(a)加工前

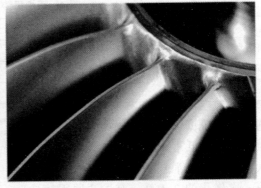
(a)加工后

图3　经磨料流特种工艺加工后的叶片表面前后对比

2.5　机组控制逻辑优化，增加机组运行可靠性，减少非计划停车

2.5.1　汽轮机差压保护

在抽汽凝气式汽轮机的设计中，为避免高压室叶片承受压降过大，通常设置抽汽压力低联锁保护停机。在实际运行时，在抽汽管网背压降低时如果主蒸汽压力同时也降低，这时汽轮机运行依然是安全的。在本次创新设计中，对汽轮机的保护采用了轮室压力与抽汽压力差压保护的方式，可以扩宽汽轮机运行区域，减少非计划停车。

但是汽轮机高压室叶片在不同轮室压力下，对差压的承受力也是不同的。所以在差压保护中针对三段不同压力，不同轮室压力对应了不同的差压保护设定值，这样进一步拓宽了汽轮机运行区域。如图4所示，阴影部分 DEHI 是传统的抽汽压力低保护逻辑下安全运行区域，而不规则多边形区域 ABCDEFGHI 是创新的差压保护逻辑下的安全运行区域。

2.5.2　润滑油站油泵 ABC 模式

由于乙烯三机单次停机损失过大和乙烯装置蒸汽管网特殊性等原因，乙烯三机的润滑油站润滑油泵均为一汽两电设计。本次创新点在于通过设置三台等量油泵 ABC 模式，使得在传统的备泵 B 自启保护外增加了备泵 C 二次自启保护，进一步增加了润滑油站的可靠性。除了

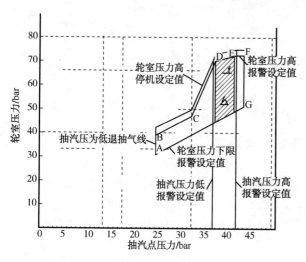

图4　汽轮机差压保护示意图

ABC 模式外，还有 AB、AC、BC 三种模式，保证了油站在任意一台泵检修时均有备泵，减少因油压低联锁停机的风险。

润滑油泵 ABC 模式具体逻辑说明如下：

（1）润滑油站油滤器后压力低于 0.95MPa 时，触发联锁启动 B 泵。延时检测 B 泵电机继电器回讯，如未收到回讯，代表 B 泵启动失败，此时立即启动 C 泵。

（2）第一步延时检测继电器回讯成功后，第二个延时检测 B 泵电机电流反馈值，如该电流低于 LL 值，则判断 B 泵运行故障或动力电掉线，此时立即启动 C 泵。注：B 泵和 C 泵为等量油泵，且动力电缆分别在两条独立母线上。

3　结论

综上所述，在 KBR 工艺路线乙烯三机国产化立项开发过程中，参研单位密切配合，通过树立汽轮机压缩机协同设计理念、对压缩机气动模型优化、采用新的加工工艺、对压缩机汽轮机采用差压保护等逻辑优化手段进行创新优化，将进一步提升国产化乙烯三机的运行经济性和可靠性。

标准化检修现场管理的探索与实践

赵 晟

（中国石化上海石油化工股份有限公司腈纶部，上海 200540）

摘 要 腈纶部金阳装置为迎接日益严峻的生产安全形势，满足当前装置安全、规范检修的迫切需要，通过对标准化检修在装置实际应用中的介绍和探讨，围绕检修准备、检修过程、检修收尾三个方面，探索建立一套便于实施、高效的检修现场标准化管理模式，进一步提高装置的标准化管理水平，创造出最佳的业绩。

关键词 标准化；检修现场；安全；规范；管理

1 前言

1.1 标准化检修作业是石油化工化纤企业安全检修的迫切需要

石油化工化纤行业普遍面临着工作条件差、安全风险高、高温、高噪声、有毒、易爆等高危环境，而金阳装置作为化工化纤企业设备的一部分，正处于这样的高危环境。如何保障设备检修过程中的安全管理受控，保护检修人员和相关人员的生命财产安全是我们发展的迫切需要。通过标准化检修作业现场管理能很好地实现对检修安全的有效管控。

1.2 标准化检修作业是保证检修过程和质量受控的迫切需要

我公司是腈纶生产的领头企业，产品的质量稳定一直是我们保持和追求的目标。而我公司金阳装置已经运行近二十五年，设备已经老化，设备新度系数较低，相对于部分先进装置已经比较落后。如遇到设备隐患不能及时消除，设备故障不能快速处理，将给装置的生产带来很大威胁。因此我们在日常检维修过程中需要努力做到质量到位，不失修，不过修。而通过标准化检修作业现场管理能给予检修队伍指导，实现对检修质量的有效管控。

1.3 标准化检修作业是促进检修人员习惯养成、素质提升的迫切需要

我们的检修队伍人员结构复杂，以外来务工人员为主，人员素质参差不齐，如何保证检修技术水平，将外来务工人员培养成合格的检修工人是一直是企业面临的一项难题和迫切需求。而通过标准化检修作业现场管理，可以规范检修人员日常工作，强化劳动过程管理和促进好的检修行为习惯养成，提升人员的整体素养。

2 内涵

现场管理是指用科学的管理制度、标准和方法对现场各要素进行合理有效的计划、组织、协调、控制和检测，使其处于良好的结合状态，达到优质、高效、低耗、均衡、安全、文明生产的目的。

标准化是指制定标准，而后依据标准付诸行动。

标准化检修现场管理就是让装置检修装置通过树立起规范化、精细化、科学化的检修现场工作标准，将这些标准深入人心，使检修人员充分认识到了现场标准化检修对安全、环保、质量、效益等方面发挥的积极作用，从而在工作思路上实现了"思想破冰、行动突围"，认真开展现场标准化检修，有效促进日常管理、现场管理、检修质量管理等各项工作，使装置的设备基础得到夯实，各项经济技术指标再创辉煌。

3 标准化检修实施的基本原则

坚持以安全为基础，杜绝各类违章，确保人身和设备安全。

严格执行检修作业指导书，全面贯彻各种质量验收规定。

结合本企业设备状况评估结果，合理安排检修，做到"应修必修"。

积极采用状态诊断技术，不断积累、总结经验，有计划、有步骤地以消除影响设备安全经济的重大隐患和缺陷为重点，安排检修项目。

要制定检修全过程管理的整体目标，采用先进的管理手段，做好安全、质量、工期、作业环境、费用等方面的工作，实现全优工程。

4 检修全过程管理基本要求

从检修准备工作开始，制定各项计划和具体措施，做好施工、验收管理和修后评估工作。

结合设备的具体情况，认真编制检修计划、施工组织措施及技术措施、实施方案等，防止过维修和欠维修。

在检修前建立组织机构和质量管理体系，重点项目推行工序管理，实现过程控制。

制定检修过程中的环境保护和安全作业措施，做到文明施工，清洁生产。要求检修现场设备、材料和工具摆放整齐有序，现场实行定置管理，安全措施到位、标志明显，并做到工完料尽场地清。

明确各部门在检修方面的责任，实现检修全过程管理工作的系统化、规范化、科学化。

5 实施标准化检修的关键

标准化检修实施的基本原则，全部与装置设备管理人员有关，并且主要由装置设备管理人员来策划、完成。

坚持以安全为基础，杜绝各类违章，确保人身和设备安全，是装置现场管理人员开展各项工作的基础。

编制检修作业指导书，按照作业指导书上的质量标准进行质量验收，是装置设备管理人员的职责。

结合本装置设备状况评估结果，合理安排检修，做到"应修必修"，是装置设备管理人员作为设备主人的具体体现。

积极采用状态诊断技术，不断积累、总结经验，有计划、有步骤地以消除影响设备安全经济的重大隐患和缺陷为重点，安排检修项目，是装置设备管理人员日常工作业绩好坏的体现。

制定检修全过程管理的整体目标，采用先进的管理手段，做好安全、质量、工期、作业环境、费用等方面的工作，是装置设备管理人员开展工作的基本方法。

6 具体做法

金阳装置以 2018 年 10~11 月的设备大检修为试点，从检修前期准备、检修过程、检修结束后这 3 个主要方面入手，来探索和验证检修现场标准化后整个大检修的情况。

6.1 检修准备

前期通过状态监测，针对设备运行周期计划，安排了金阳装置大检修 20 个项目并进行了重点项目和一般项目分类，其中重点项目 1 项，一般项目 19 项。重点项目编制施工方案和施工作业指导书，一般项目则编制施工作业指导书（见图 1），辅以统一格式。

根据检修内容在大检修前进行停工检修现场双向交底确认，辅以统一确认格式。

建立大检修现场管理人员组织结构图。

这些工作首先明确了检修人员组成，使现场人员管理得到便利；其次检修人员对自己的检修内容、涉及特殊作业和周围环境辨识情况得到了解，使他们的安全意识得到提高；再有明晰了装置人员组织领导，充分发挥各级组织的作用，形成职能部门各司其职、全员共同参与的推进格局，确保后面检修过程中标准化检修现场推进工作取得实效。

6.2 检修过程

6.2.1 看板管理

检修作业点展板包括：项目名称、施工单位、施工人数、工作负责人、责任部门、现场负责人、施工进度图、安全技术交底等。

工作票、检修文件包、个人施工许可证等资料放置在可收纳展板上，保证施工期间上述资料放置在检修现场。

重点设备检修时，现场宜放置一块板，可记录每天当班工作安排、现场风险提示、下一班工作计划等。

6.2.2 施工现场布置

检修区域划分时原则上不占用通道，必须占用时，在通道两端有明显提示，并保证有其他通道通行，通道处搭设脚手架时，留出门形通道，门形通道上方必须采取必要的防护措施。

记录格式编号:金-1	GSHSH-R-JL-SB-131-2014	
检修(清洗)作业指导书		
检修项目(清洗)名称		检修(清洗)项目编号	
地点		作业时间	
项目负责人		施工作业单位	
主要检修(清洗)设备位号		检修时可能发生的危害事件	
作业内容			

一、危害识别:

作业特点	可能存在的危害因素	控制措施
受限空间作业	中毒窒息	
登高作业	登高坠落	
起重作业(手拉葫芦)	物体砸伤	

二、应急预案:

三、作业人员签名:

图1　施工作业指导书

检修前策划时应对设备两侧主平台进行策划,制作定置图,根据定置图编制设备检修区域定置图。

无定置要求的项目,基本布置原则为不妨碍正常人员通行,无高空落物危险区域,尽量远离氢、油、配电柜、事故按钮等危险位置。

电机、阀门等检修可设置集中检修区域,集中检修区域宜选择在安全风险低、离运行设备远、光照充足、防风防雨且不影响其他设备检修的位置。

检修现场合理设置临时休息点,并配备一定数量的桌椅和垃圾箱。休息点应做好隔离,并有明确标识。

主要设备检修区域应用围栏隔离出主检修区域。主检修区域再划分成若干功能区,如检修区、备件区、工具区等,并绘制符合现场实际的定置图。

主设备检修区域、受限空间作业区域人口处可设置物品存放点,防止遗漏在设备内部。

进入检修现场应按照制定路线行进,避免穿越运行区域。机组检修宜从本机组区域的大门进入。如必须穿越运行区域时,可在通道两侧设置警戒线或围栏进行隔离。

吊装作业或高空作业下方应设围栏或警戒线"严禁靠近"的警告牌,吊装区域内严禁人员逗留或通行。

小型作业点视情况设置小围栏进行隔离。

围栏应安全稳固,在整个检修过程中保持整齐。

检修现场所采取的所有隔离措施不得影响

运行人员的巡检和操作。

保温、脚手架等材料可统一进行规划,按照其数量合理布置存放点,尽量选择在不影响设备检修和人员通行的位置。

6.2.3 现场定置管理

施工现场工具、构件、材料按照规定的位置进行摆放。

材料存放区应用围栏进行隔离,存放区内物料整齐摆放。

检修现场临时放置的保温材料下面铺设塑料布。室外放置的保温材料有防风、防雨、防潮措施。

脚手架和架板应整齐放置在搭设好的架子上,并按照种类分开放置。

施工检修现场管口使用布等进行封堵,绑扎牢固。

施工现场拆卸下来的小零件或备件逐层铺设木板、塑料布、胶皮(黑色,不小于3mm)。大件直接摆放到软垫上面,牢固摆放。对于长时间摆放的备件及材料用塑料布盖好。

检修现场做到"三无""三净""三齐""三不乱""三条线""三不落地"。

小型作业场所放置物品时,对地面或设备进行防护,文件资料、工具盒零部件可分区有序放置。

检修现场设置工具箱放置检修用工器具和材料。各作业区域内的工具箱和集装箱尽量放置在角落,以不影响设备检修和行人通行为原则。

工具箱内部定置要求各种工具、测量仪表、记录图纸要等分区定置,易燃品禁止放置在检修工具箱内。

6.2.4 施工机具摆放和使用

工具箱摆放在使用操作方便之处。

工具箱存放的物品是每日要用的物品或日常工作使用频率高的物品。

将工机具进行分类,分为:通用工具——扳子、钳子、螺丝刀、六方搬手等各种通用坚固工具;专用工具——专门用于特殊工作的专用坚固工具;刀具——标准工具手册规定的刀具和特定尺寸自磨的刀具;量具——标准工具手册规定的通用量具和专用量具;辅助用品——压板、螺栓、螺帽、垫块、垫片等;其他辅助用品——砂纸、油石、棉布、油壶、抹布、毛刷等以及不能归属于已规定类别的物品。

工具箱内物品摆放形式原则上要求为单件平放,目的是保证使用的物品及时取出,快捷方便,放回时准确迅速;工具箱内存放的通用工具,有防止窜动的措施;工具箱内刀具、无盒的量具有防止磕碰、窜位混位措施。螺栓类零件数量过多时,采用在盒内根据尺寸不同分格存放形式,各格内存放物品规格要有标识说明。

存放在格上的物品,存放时方向一致。如尺寸允许,采用前后方向直放,大件的辅助用品摆放可不采取防止窜动措施。

工具箱维护要求工具箱内、外部要保证经常性的洁净、无油污、无灰尘,不能有损坏及油漆脱落现象,不能有影响美观或易造成污染的物品,如抹布、油壶、铁屑刷等;要将易造成污染的部分套在盒或袋内;精密仪器、量具要注意防污、防尘、防锈蚀。

6.3 检修结束后

6.3.1 卫生管理

检修班组每天清晨检查设备时,同时对设备及自己检修区进行清扫和擦拭。

装置班组每天下班前要对装置除检修区域外其他区域卫生进行清扫。

检修后的设备要做到三不落地和工完、料净、场地清。大、小修期间要做好措施,防止油、用过的破布、拆下的设备和工具等直接与地面接触。所拆除的保温要随时清除,不得污染周围设备和地面。当日检修完后必须经装置班组负责人验收合格后,方可办理结束。办理结束后,卫生仍不合格由运行人员负责清扫和擦拭。

检修完成后主、辅机设备、各类专用屏、盘、柜等见本色,表面无积灰、积垢、积油,铭牌标志齐全、规范。管道保温完整,标志清楚、规范,管道无积灰。

每日检修结束后各开关柜、箱门关闭严密,内无积灰,无油污。

6.3.2 验收

根据检修前计划对现场检修内容进行核实,

是否消除了设备上存在的缺陷和隐患。

根据《石油化工设备维护检修规程》相关内容，检查现场主要技术指标是否达到了设计值或比检修前有提高。

确认单机运行是否正常，活动部分是否灵活。

确认自动装置和保护装置是否齐全。

确认现场施工设施和电气临时接线是否拆除。

填写相关确认表。

7　结束语

装置通过在大检修中根据标准化检修现场管理的实施，从装置所面临的检修标准化几个主要方面为切入点，探索了如何将标准化理论和方法应用到工区检修标准化管理中，大检修各项均十分圆满，开车一次成功，获得肯定。同时通过标准化检修现场管理工作健康、持续发展，现场检修的管理也更加规范，检修安全事故也基本杜绝，广大员工安全意识从被动的"要我安全"转到了主动的"我要安全"。检修队伍的不良习惯也在转变，整体素质提升，日常专业线检查评比也屡获佳绩。现场标准化检修的实践帮助提高了装置的标准化管理水平。

炼化企业标准化泵区建设提升
装置本质安全环保水平

刘剑锋　钱广华　杨　超　吕　垚

（中国石化天津分公司，天津　300271）

摘　要　通过指定炼化标准化泵区标准和建设工作的开展，确定具体改善内容并按照时间进度节点完成，装备面貌得到了彻底改善，设备故障明显下降。装置现场设备完好水平较高，获得了集团公司设备大检查、安全大检查和质量大检查的高度评价。一年来，通过抓"三基"各项设备管理指标均有所提升，实现了装置安全、环保、稳定、经济运行，全年未发生上报集团公司级非计划停工，发现各类设备问题232项，减少设备故障13次，创效320万元以上，为2018年创造利润2.73亿元作出了贡献。

关键词　标准化泵区；建设标准；标准化作业

为进一步提高炼化生产装置面貌和作业现场的管理水平，结合企业"强三基、治隐患，筑牢安全生产根基"的具体要求，2018年里，全面开展了标准化泵区建设工作，装备管理水平得到了显著提升。通过标准化泵区建设的职责落实，编制标准化泵区建设管理标准并严格执行，坚持检查、考核、整改、落实的闭环管理，较好地改善了生产装置的面貌，提升了设备的运行水平，为作业部完成全年利润2.73亿元作出了贡献。

1　标准化泵区建设的前提

1.1　改善装置面貌提升设备基础管理的需要

实施炼化标准化泵区建设是保证生产装置面貌改善减少设备故障的迫切需要，同时也提升全员参与设备管理的水平。石油化工企业的生产装置都具有高温高压、易燃易爆的特点，保证装置的安全稳定运行首先要保证动设备的稳定运行就成为了重中之重。特别是随着经济的发展和时代的进步，全社会对安全生产工作的重视和关注度达到了前所未有的高度，企业保证安全、环保生产的内外部压力不断增大。开展标准化泵区建设工作，加大了对生产装置、作业现场的管理力度，消除设备缺陷和隐患，是实现安全生产工作的根本保障。

1.2　落实"三基"改善现场面貌的需要

实施炼化标准化泵区建设是推动基础管理责任落地生根的有效举措。当前，集团公司、

公司均高度重视"三基"工作。"三基"工作是石油、石化企业的"传家宝"和"压舱石"，对企业管理职责的落实提出了更高的要求，需要采取针对性措施，加大管理的力度。生产装置规范化达标管理通过明确管理职责，严格管理要求，建立约束和激励机制，形成规范管理的文化氛围，强化"设备是职工饭碗"的理念，引导各部门、各层级、各岗位落实管理职责。

1.3　推动基础管理提升创建绿色企业的需要

实施炼化标准化泵区建设是推进世界一流绿色企业建设的需要，是企业消除安全隐患的催化剂。党的十九大提出"培育具有全球竞争力的世界一流企业"的指导思想，集团公司也明确提出了"打造世界一流能源化工公司"的目标。一流的企业，就要有一流的管理、一流的面貌、一流的现场，这成为了摆在国有企业面前的新课题，要有切实可行的方案、具体的措施，才能不断提升企业的管理水平，不断向着一流企业的方向迈进，实施炼化标准化泵区建设可以作为实现这一目标的第一步。

2　炼化标准化泵区建设的主要内容

炼化标准化泵区建设管理的内涵是以装置本质安全和环保为目标，实现装置设备完好、

作者简介：刘剑锋，男，山东潍坊人，高级工程师，现就职于在中国石化天津分公司化工部，从事设备管理工作。

无缺陷、绿色环保。标准化泵区建设管理基本内容是：以改善装置面貌为目标，以标准化泵区建设为载体，全面落实现场基础管理责任，细化标准化泵区建设标准，强化现场实施、检查与考核，确保提升基础管理水平及设备安全稳定运行。

2.1 建立组织体系，落实管理责任

（1）确立组织，突出效率。炼化标准化泵区建设是一项专业任务，是改善装置面貌消除设备缺陷的基础工作，需要各专业科室、基层车间与检维修读物的协同、配合。为此，我们成立了以作业部的副经理为组长的领导小组，成员由大芳烃车间、设备科、生产科、安环科和施工单位组成。确立时间节点，界定标准化泵区建设区域范围。明确标准化泵区建设管理职责，确定了各阶段的管理任务。

（2）明确标准，突出可持续性。标准化泵区建设工作不是新增一项管理体系，而是对现场管理工作的提升，从选定区域、明确标准、达到目标等方面入手，把实施过程的标准化做到严细化和持续化，实现装置面貌彻底改善，促进设备本质安全的提升。我们将标准化泵区建设纳入一体化管理体系，编制了《标准化泵区建设现场管理标准》，内容涵盖设备本体、基础、附属设施等，为标准化泵区建设提供了制度保证。

（3）做出样板，积累经验，逐步推广。为了做好标准化泵区建设，我们首先进行调研，以石家庄分公司和镇海炼化分公司现场泵群管理规范为基础，制定《标准化泵区建设标准》，按照时间节点，把所确定的每一台泵的标准化泵区建设都做成样板。严格按照标准、制度来做，营造标准化泵区建设的氛围，积累经验，逐步推广。

2.2 确定标准化泵区建设范围，起到示范引领作用

按照天津石化的标准泵区建设安排，选定化工部大芳烃车间泵区为标准化泵区示范点，开展标准化整治工作。主要内容：标准泵区主体设备、辅助系统、仪表类设备、附属管线及管件、保温防腐、边沟地漏、现场标识、物品摆放及区域划分等内容，均按照相关标准进行整改，并达到规范化、清晰化、便操作、易维护的目的，消除"跑、冒、滴、漏"现象，从源头遏制隐患的发生，利于装置设备安稳长周期运行。以示范点全面带动标准化本区建设。

2.3 确定标准化泵区建设内容，起到消除隐患安全的作用

确定 2# 芳烃标准化泵区为建设重点，涉及A、B、C 及热力站四个泵区，共 138 台机泵。整改时间跨度两个月。

（1）消除各机泵区漏点，主要包括机泵动密封点、机泵本体静密封点、冷却系统密封点、工艺管线漏点、仪表接头漏点。共计消除 62 个漏点，解决机泵本体问题 108 项。

（2）泵区保温治理，主要包括泵头整体保温及泵体进出口管线的整体更换，同时对机泵进出口管线重新喷涂标识，如图1~图4所示。

图1　大芳烃现场保温治理

图2　机泵进出口阀门更换保温

图3　机泵进出口管线新保温

图4　标识喷涂

（3）泵区地漏治理，以往泵区地漏为水泥排水槽，坑洼不平，角度不佳，容易造成排污堵塞，现用水泥找平破损面，并铺设光滑瓷砖，如图5所示。

（4）泵台治理，对涉及的138台机泵的泵台重新铺设了瓷砖，泵台边角使用不锈钢材质进行保护，如图5所示。

(a)

(b)

(c)

(d)

图5　泵台瓷砖及排污边沟统一铺设光滑瓷砖

（5）油视镜及冷却水视镜整治。本次对堵塞或不清视镜及不便于观察的视镜进行改造，换装密封效果好的新型油杯和视镜，以及视窗更大、观测明显的循环水视镜。新循环水视镜材质使用304不锈钢，不易腐蚀且便于拆装维修，视镜镜片紧固采用外螺纹，便于清理镜片及冲洗冷却水管线，内置流通显示叶轮，便于观察是否畅通，并且叶轮支架采用焊接形式不易损坏，如图6~图8所示。

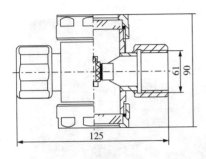
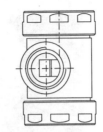
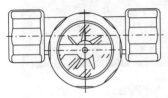

图6　新型循环水视镜结构

图7　现场循环水视镜更换作业

图8　新款视镜更便于观察

（6）油冷器治理。本次对油冷器进行了全面疏通工作，对堵塞严重、冷却效果欠佳、无使用价值的冷却器进行了更换。

（7）密封油罐治理。本次对高危泵附带的密封油罐进行了仪表上下限报警功能的排查，并对模糊不清、无法观察液位的条形玻璃板进

行了更换。

（8）电机增加注脂器，试装在C区机泵。

（9）机泵护罩治理。本次对涉及泵区建设的机泵护罩进行了全面排查，对变形、破损、开裂的联轴器护罩进行更换，更换率90%。

（10）泵区统一进行刷漆，机泵本体整洁，泵体、轴承箱统一刷银灰漆，银灰色统一选用（74　B04色卡）。设备电机外表面刷苹果绿漆（28　G01色卡）。计量泵、屏蔽泵电机部分和泵头部分全部刷苹果绿漆(28　G01色卡)。

2.4　严格标准化作业，规范全员参与的行为

2.4.1　全员包机覆盖考核

所有机泵按照维护难度逐台梳理打分、重新分配、定期轮换，形成公平、透明、积极的包机环境。全员包机与党员区岗相结合，党员承包高难度关键设备，创建党员先锋泵，突出党员先锋引领作用(党员共承包68台关键机泵)。创新检查形式、统一检查标准，每周全覆盖进行检查考核，保证包机效果。

2.4.2　全程摄录达标检修

检修施工全过程，从现场拆除及厂房内检修，再到现场回装，全程视频摄录，所有检修关键节点可追溯，督促参检人员严格执行检修标准.

2.4.3　纳入保运有章可依

将标准化泵区中所有与巡检、检修等相关的内容进行梳理，纳入2019年保运协议，使泵区的持续维护有章可依。

2.4.4　立体巡检预知维护

采用岗位巡检、日常点检、定期点检的形式，分操作人员、管理人员、保运人员三个执行层面，形成多层次立体巡检，并由专人分析整理巡检数据，给预知维护提供保障。

2.4.5　合理使用可靠运行

从机泵的运行状态和机泵的运行环境两个方面入手，抓维护成效、抓异常工况，助推设备完整性管理建设，实现机泵安全、可靠、经济运行。

2.4.6　持续培训人人过关

充分利用副班学习、在岗空闲、车间例会等契机，围绕管理制度、四懂三会等内容，对全员进行持续培训，提升全员管理、操作、维

护技能。

2.5　持之以恒，维护标准化泵区建设完整完好

标准化泵区建设完成后，设备科、车间、检修单位共同制定了化工部机泵检修保护措施条令，为今后检修工作提供了参照标准。

（1）检修前首先检查设备是否断电，在泵台贴砖处铺橡胶板后，再拆除护罩和联轴器或链条、皮带等传动件，准备清洗滤网或检修设备。

（2）检修设备拆除的保温材料集中存放，并有防吹散及防雨、防潮措施；未拆除保温的管道和设备，严禁野蛮绑扎吊装带或钢丝绳扣，采用钢丝绳扣吊装时，与设备、管道接触区域要采取隔离措施，设备的棱角要有隔离垫等防剪切措施。

（3）根据现场条件准备接油的槽或桶，检查设备降温、泄压情况，检查排放线是否通畅，确认具备检修条件后方可拆除设备接管和部件，拆除前做好标记和编号。

（4）拆除过程中发生物料溅落或清理出堵塞物料、油泥等应及时清理；因阀门不严而漏料的管口必须用盲板或管堵堵塞；拆除后用背心布绑扎开口部位防止异物进入设备。

（5）拆除过程禁止踩踏周边设备、设施，架设脚手架或吊架的立柱垫板尽量不要安放在泵台贴砖上，必须安放在泵台时要用 30mm 以上木板隔离保护，谁损坏谁修复。

（6）拆卸的零部件按顺序摆放整齐，下要垫，上要盖，并做好标记，严格执行检修现场文明施工标准化要求"三净、三条线、三不见天、三不落地、五不乱用、五不准"等。

（7）车间已购置叉车臂用于吊装机泵等部件，现场空间允许必须使用叉车臂吊装，一要避免搬运过程磕碰周边设备设施，二要避免用现场管道做吊点；注意叉车移动过程要加强监护防止损坏周边设备设施；安放设备时要有足够高度的垫板，避免依靠到周边设备设施。

（8）设备运输回厂房检修时，要有固定防滚动措施，托盘要干净避免污损设备外表面；油箱内的废润滑油、液压油等要收集处理，设备清洗后产生的含油垃圾要集中处理，清洗后的设备及部件要用压空吹扫或面粘干净；组装前要保证设备内外表面都洁净，机封轴承等安装时要使用一次性手套。

（9）设备运回现场安装前要再次做好外表面卫生，检修完毕对设备本体及时补漆，消除影响外观的标记和数字记号。

（10）通知相关设备管理人员及包机人对设备验收并交接。

"三净"：停工场地净；检修场地净；开工场地净。

"三条线"：工具摆放一条线；配件零件摆放一条线；材料摆放一条线。

"三不见天"：润滑油不见天；清洗过的机件不见天；铅粉不见天。

"三不落地"：使用工具、量具不落地；拆下来的零件不落地；污油脏物不落地。

"五不乱用"：不乱用大锤、管钳、扁铲；不乱拆、乱卸、乱拉、乱顶；不乱动其他设备；不乱打保温层；不乱用其他设备零附件。

"四不施工"：任务不清、情况不明、图纸不清楚不施工；安全措施不健全的不施工；质量标准、安全措施、技术措施交底不清楚的不施工；上道工序质量不合格，下一道工序不施工。

"五不准"：没有火票不准动火；不戴安全帽不准进入现场；没有安全带不准高空作业；没有检查过的起重设备不准起吊；危险区没有警示栏杆(绳)无人监护不准作业。

3　成效

3.1　实现炼化标准化泵区建设，促进设备全员参与管理的水平提升

通过炼化标准化泵区建设工作的开展，提升了现场管理水平，设备故障明显下降。装置设备现场管理水平的提升，在集团公司设备大检查、安全大检查和质量大检查中均获得了高度评价。一年来，通过抓"三基"各项设备管理指标均有所提升，实现了装置安全、稳定、经济运行，全年未发生上报集团公司级非计划停工，发现各类设备问题 232 项，减少设备故障 13 次，创效 320 万元以上，为 2018 年装置安全环保运行和创造利润 2.73 亿元作出了贡献。

3.2 现场管理更加规范，自觉改善设备面貌能力提高

通过炼化标准化泵区建设，带动了对管理细则、规定和规范等进行了有针对性的梳理，明确了更加清晰的管理责任，自觉改善设备面貌能力得到了相应的提高。形成了作业部、专业科室、基层车间的三级联动，各司其职紧密协作的"一盘棋"，提高了管理效率。

3.3 炼化标准化泵区建设为整体推进装置现场管理创了条件

通过炼化标准化泵区建设的实施，有了摸得到、看得着的参考样板，为进一步全面铺开创造了条件；为各部门、各专业横向对比找不足、查问题提供了平台，逐步消除了影响装置安全、平稳、高效的瓶颈。

3.4 提高了全员管理意识，管理职责进一步落地生根

炼化标准化泵区建设工作取得了阶段性的成果，让每一名职工都充分认识到了此项工作的重要意义，装置运行的安全、环保、效率、效益与每一位职工的积极性和主动性相关联，使岗位职责真正落地生根还有进一步的工作要做。

芳烃联合装置抽提系统存在问题分析及解决措施

郭秀梅　钱广华　刘晓彬

（中国石化天津分公司化工部，天津　300271）

摘　要　针对抽提系统存在的塔盘堵塞、换热器堵塞、管束腐蚀及应力泄漏等问题，从腐蚀、结构、安装等方面进行分析，并根据分析确定了引起问题的原因，制定了稳定工艺操作、换热器结构改进等相对应的处理措施，较好地解决了频繁检修影响生产的问题，为装置长周期、安全、稳定和高效运行提供了保障。该解决措施对同类装置具有较大的参考价值。

关键词　换热器；环丁砜；腐蚀；堵塞

某芳烃联合装置是以石脑油为原料，生产对二甲苯的石油化工联合装置。装置采用美国环球油品公司（UOP）的专利技术，包括九个生产单元及其配套的公用工程部分，即预加氢、重整、再生、抽提、BT、二甲苯分馏、歧化、吸附和异构化和公用工程。其中抽提单元以重整脱庚烷塔顶为原料，分离出抽余油和抽出物，抽余油作为产品外供乙烯，抽出物为BT分馏单元提供原料。芳烃抽提单元采用SHELL SULFOLANE工艺，以环丁砜为溶剂。该工艺主要由抽提塔、水洗塔、汽提塔、回收塔、水汽提塔和溶剂再生塔组成。针对抽提系统存在的塔盘堵塞、换热器堵塞、管束泄漏等问题，从腐蚀、结构、安装等方面进行了深入分析，并根据分析确定了引起问题的原因，制定了相对应的处理措施，较好地解决影响生产的问题，为装置长周期、安全、稳定和高效运行提供了保障。该解决措施对同类装置具有较大的参考价值。

1　抽提工艺原理及回收塔系统存在问题

1.1　抽提工艺原理

装置采用的液夜抽提工艺主要是利用环丁砜对烃类各组分的溶解度不同和对相对挥发度影响的不同，从烃类混合物中分离出纯芳烃。当溶剂和原料油在抽提塔接触时，溶剂对芳烃和非芳烃进行选择性溶解形成组分不同和密度不同的两个相。由于密度不同，使两相能在抽提塔内进行连续逆流接触。两相组分不同，一相是溶解芳烃的溶剂相（分散相），另一相是非芳烃为主的抽余油相（连续相）。所得溶剂相进入汽提塔，在该塔中将芳烃与非芳烃彻底分离，汽提塔顶底分别得到回流芳烃和含高纯度芳烃的富溶剂；回流芳烃返回抽提塔底，富溶剂则进入回收塔内进行汽提蒸馏后得到高纯度的混合芳烃和贫溶剂；抽余油相则进入抽余油水洗塔内进行水洗后得到非芳烃产品。

环丁砜溶剂又名二氧化四氢噻吩，分子式为 $C_4H_8O_2S$，是无色透明液体，相对密度为 1.2614，沸点为 287.3℃，凝固点为 27.4～27.8℃，闪点（开杯）为 166℃，是一种溶解性极强、选择性好的溶剂，可与水混溶，也溶于丙酮、甲苯、甲醇硫、乙醇硫，加热至 220℃ 时部分分解。

1.2　回收塔系统存在问题

抽提回收塔 C-304 的作用是通过减压和水蒸气汽提，将汽提塔底来的不含非芳的富溶剂分离，塔顶得到不含溶剂的抽出物和水，塔底得到贫溶剂，水和贫溶剂分别作循环使用。回收塔系统主要设备有回收塔 C-304、塔顶空冷器 A-302、中间换热器 E-305、顶后冷器 E-307、塔底再沸器 E-306、抽空器冷凝器 E-308、中部循环泵 P-313 等。抽提回收塔系统流程如图 1 所示。

装置开车投入运行以来，抽提装置多次因回收塔系统出现问题，特别是自 2016 年以来，两次导致装置无法正常运转而进行停车检修。

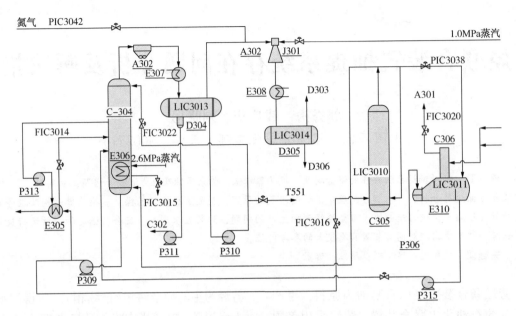

图1　抽提回收塔流程简图

1.2.1　回收塔等堵塞

2016年2月因回收塔C-304发生剧烈波动,虽降低负荷,仍无法恢复正常运转,判断C-304塔系统出现堵塞,抽提装置停车检修。检修时发现在C-304第19#和20#塔盘中间清理出很多杂质异物。塔内部分溢流堰小孔发生了堵塞,溢流堰内有积水且杂质较多,部分浮阀出现了卡涩的情况,塔内部普遍存在表面剥落腐蚀。对回收塔中间加热器E-305检修时,E-305C/D两台换热器芯子抽出后,发现壳程有大量黑色杂质,造成换热器壳程堵塞。水压试验过程中,E-305A/B发现有25根列管出现了泄漏,管板焊口也出现了开焊泄漏的情况,小浮头密封面有两处轻微损伤,E-305C/D没发现有泄漏情况。对回收塔塔顶空冷A-302管束进行吹扫,发现A-302F台空冷出现很明显泄漏。在回收塔抽空器冷凝器E-308检修时,壳体发现很多的结垢,导致E-308发生堵塞现象。

1.2.2　回收塔再沸器泄漏

2017年2月在C-304顶抽出物产品中发现水含量增加,判断回收塔再沸器E-306泄漏,随着E-306泄漏量增大,大量的蒸汽直接进入塔内,导致塔顶抽出物中环丁砜含量超标,塔底环丁砜水含量超标,造成抽提单元停车检修。检修时发现换热器管束泄漏,从回收收塔内抽

出管束进行打压查漏,最终确认E-306管束10根裂纹泄漏,对管束检查发现管束表面腐蚀也比较严重,其中有4根换热管断裂,同时在检修中发现C-304积液槽挡板出现了撕裂状裂纹。

1.2.3　溶剂pH值降低

从2016年大修开车以后,抽提单元溶剂pH值一直低于5,正常控制指标pH值为5~8,车间工艺通过加单乙醇胺的方式提高pH值,最终效果都不是很好。11月中旬排查出塔顶后冷器E-307换热器泄漏后,对溶剂中氯含量进行取样分析,发现溶剂中氯含量超过50×10^{-6}以上(正常情况下溶剂中氯含量小于10×10^{-6}),导致系统中pH值较低。将E-307切出系统,对系统内溶剂中氯离子加样,氯离子含量为35×10^{-6},已经有明显下降。2月10日,抽提E-307检修后,彻底解决了系统内氯离子影响。

1.2.4　E-306管箱法兰泄漏

回收塔再沸器E-306管箱法兰每次开车后均泄漏,需带压打卡子堵漏。

2　影响因素分析

2.1　腐蚀原因分析

抽提回收塔系统塔盘、换热器堵塞,管束腐蚀泄漏的主要原因是由系统中的环丁砜劣化造成的,环丁砜劣化分解生成的酸性物质导致

了腐蚀，同时环丁砜中累积的氯亦加剧了对设备的腐蚀。而引起设备堵塞、腐蚀的原因主要有以下几个方面。

2.1.1　氧气

环丁砜在无氧和正常温度的情况下操作，其分解速度很慢，产生的腐蚀非常小，但在有氧存在的条件下，环丁砜就会缓慢氧化逆向降解生成 SO_2、H_2S 和弱酸强腐蚀性聚合物，聚合物又会以固体状态析出，这样就会造成环丁砜老化降解，当 pH 值低时，就会形成 $SO_2+H_2S+H_2O$ 的腐蚀以及聚合物的腐蚀，从而对系统造成腐蚀，所以氧气对环丁砜溶解的稳定性有很大影响。

2.1.2　杂质

环丁砜中存在环丁烯砜杂质，环丁烯砜受热产生 SO_2，SO_2 与水形成 SO_3^{2-} 或经氧化后与水形成 SO_4^{2-}。环丁砜虽然热稳定性较好，但在 $180℃$ 也会缓慢放出 SO_2，在抽提工艺下还会开环水解形成磺酸，酸对环丁砜开环水解起催化作用，环丁砜中环丁烯砜含量越高，分解出的 SO_2 越多，溶剂的酸性越强，环丁砜的劣解越严重，产生酸性腐蚀性物质越多，造成的设备腐蚀越严重。

2.1.3　温度

环丁砜的劣化速度与温度关系密切，环丁砜高温下易于分解，在 $220℃$ 以下时，分解速度比较慢，在 $230℃$ 以上会加快分解，超过 $240℃$ 高温时会使环丁砜降解产生大量的 SO_2，$240℃$ 释放的 SO_2 是 $220℃$ 时的 8 倍。所以温度越高，环丁砜降解越严重，产生的腐蚀性介质越多。

2.1.4　含水量

高含水量造成环丁砜劣化加剧，纯环丁砜的凝固点为 $26℃$，为运输和操作方便，一般在环丁砜中掺入 1%～2.5% 水，使其凝固点降至 $5℃$ 左右，环丁砜中含水量越高，环丁砜的热稳定性越差，当环丁砜中含水量超过 3% 时，环丁砜的劣化速度迅速增大，劣化产生的酸性物质增多，设备腐蚀加剧。

2.1.5　氯含量

连续重整装置补充的四氯乙烯在反应过程中一部分以氯离子的形式随重整产物进入下游环丁砜抽提装置，根据《腐蚀数据手册》，Cl^{-1} 对绝大多数材质腐蚀严重。氯在环丁砜抽提系统中累积，不但加剧了抽提系统的设备腐蚀，还降低了环丁砜的 pH 值，增加了体系的酸性，加剧环丁砜开环水解生成磺酸。所以应除去环丁砜中累积的 Cl^{-1}，降低因 Cl^{-1} 累积造成的环丁砜劣化和设备腐蚀。

2.2　换热器结构影响

再沸器 E-306 是为回收塔提供热源的是插入式换热器，以回收塔 C-304 塔体为壳体，管束直接装入塔内，壳程介质为环丁砜和水，管程介质为 2.6MPa 蒸汽，工作温度为 $226℃$。插入式的热交换结构，使回收塔内靠近管束处温度较高，汽化量和流速增加，受这种设备结构的影响，气流在高速提升过程中就会对管板、管束表面产生冲蚀，由于热交换温差大，气流中会产生大量气泡，气泡受到周围液体的挤压发生破裂，形成小的空穴，周围液体迅速向空穴冲来，对金属表面产生冲击，破坏其金属保护膜，同时由于环丁砜降解产生的硫化物的腐蚀介质对其不断的侵蚀，最后形成明显的腐蚀坑。

2.3　塔内固定抱卡影响

E-306 管束在回收塔内固定抱卡设计不合理，未形成捆绑固定而造成振颤，特别是负荷变化较大，形成了变化的冲击力，又导致管箱法兰泄漏。

3　解决措施

3.1　工艺系统控制

（1）控制环丁砜溶剂循环过程中的氧含量，切断氧进入抽提系统。系统漏氧的主要原因是回收塔负压系统存在泄漏，因此，应防止容器、换热器、空冷管束泄漏，尤其是保证负压操作系统的密封性，严格控制氧进入环丁砜抽提系统，降低环丁砜溶剂的溶解速度。

（2）减少环丁砜溶剂中的杂质，降低环丁砜中环丁烯砜的含量，减少硫化物的形成，监控贫溶剂的 pH 值，定期取样观察循环溶剂的颜色和含有的杂质，来判断溶剂是否劣化。当发现贫溶剂 pH 值偏低时，可通过注入单乙醇胺中和生成的酸性化合物，来调节系统内 pH 值，减缓环丁砜进一步劣化，降低对设备的腐蚀。

（3）控制工艺操作温度，加热介质温度不能超过 220℃，并保持操作温度平稳，以防止因温度超高造成环丁砜裂解速度加快。为了使环丁砜溶剂在较低的温度下与芳烃分离，回收塔采用负压操作，但如果塔底的温度过低会造成热交换时温差过大，局部汽化量就会相应增大，对再沸器管束的冲蚀加剧。因此在保证抽出物产品合格的情况下，优化工艺参数，调整溶剂比和水洗比，降低抽提汽提塔和溶剂回收塔底温度，降低溶剂循环量，减少溶剂降解情况，避免环丁砜降解导致腐蚀。

（4）控制环丁砜中的水含量，当溶剂中水含量超过 3% 时，其热稳定性就会变差，劣化速度就会增加，因此要严格控制贫溶剂的含水量。

（5）稳定环丁砜树脂脱氯系统的运行，利用树脂脱除溶剂中的氯离子，根据环丁砜中氯离子含量，定期对环丁砜脱氯树脂进行碱洗再生，时刻保持其活性。

（6）溶剂再生塔是净化循环溶剂的关键设备。它在除去降解产物的同时，还能去除原料中所带的 Na^+、Cl^- 和铁盐等固体颗粒，加强对溶剂再生塔的操作，控制再生温度，提升再生效果，定期将再生塔底无法再生的废环丁砜排出系统，保证再生质量，防止环丁砜降解。

3.2　再沸器 E-306 管束加固改造

（1）针对管束腐蚀问题，将 E-306 换热管、折流板等材质升级，采用了 304L 材料，从耐腐蚀和强度方面综合考虑管板采用 304 材料。原 16Mn 管板的名义厚度为 110mm，改为 304 材质后的计算厚度为 104mm，加上各种裕量后的名义厚度为 115mm，比原来厚了 5mm。如管板增加厚度会使管箱安装困难，综合考虑腐蚀裕量、现场使用条件等因素，304 管板保持原图纸厚度是可行的，不会对设备运行造成影响。

（2）为减小管束的震动，从提高管束自身刚性角度考虑，采取了增加折流板数量、拉杆、纵向拉筋、尾部支撑短节等捆绑措施。

①增加折流板数量，减小换热管的无支撑跨距。原管束采用的是 3 片环形支持板，间距

分别为 1000mm 和 600mm。更改后增加至 5 片支持板，且为整片形式，间距分别为 560mm 和 400mm。管束支撑点增加，换热管的无支撑跨距减小，故管束整体刚度得到加强。

②增加管束中拉杆数量。原管束为 8 根拉杆，均匀分布在管束外圈。现保持原拉杆位置不动的情况下，在管束中心位置增加 2 根拉杆，以达到增强管束刚度的目的。新的拉杆布置数量、位置如图 2 所示。

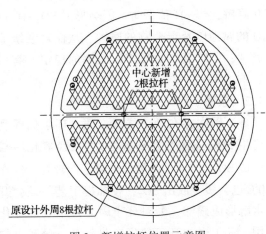

图 2　新增拉杆位置示意图

③支持板间增加纵向拉筋。原管束各支持板间无纵向拉筋，管束在安装和抽出过程中由于摩擦力容易造成折流板的倾斜和变形。现在支持板上下位置无布管区域内增加了 4 条纵向拉筋，贯穿整个管束长度。此结构一方面减小了折流板抽拉过程中的变形，一方面也能够起到增加管束整体刚度的目的。各折流板间增加纵向拉筋位置如图 3 所示。

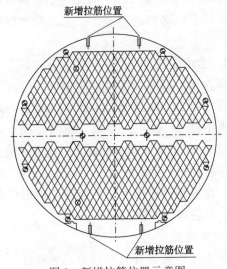

图 3　新增拉筋位置示意图

④管束尾部增加支撑短节。原管束在塔体内采用钢带与支撑导轨捆扎固定方式。该方式每次安装或抽出管束时，需进入塔内，人工进行捆扎或拆除，加之操作空间狭小，不便于施工。现改为在管束尾部最后一块折流板位置增加一支撑圈，起到限制管束震动的作用。该支撑圈短节宽200mm与原有支撑导轨相焊。短节筒体内径为802mm，厚度为10mm。为保证不破坏原支撑导轨，支撑圈短节在导轨处断开。在短节的外径焊80mm宽的加强圈，以起到固定形状和增加强度的作用。短节与导轨施焊应牢固，且应将阻碍折流板穿过的多余焊高打磨去除。为方便管束的插入，在短节靠近管束穿入端作出30°锥面。支撑圈焊接示意图如图4所示，在塔体内的安装位置如图5所示。

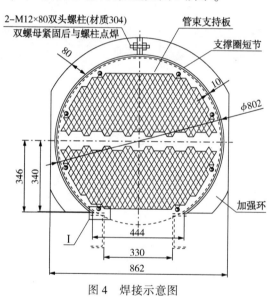

图4　焊接示意图

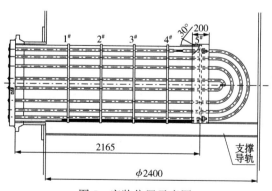

图5　安装位置示意图

（3）管板与换热管的焊接方式采用自动焊，焊接接头为角焊缝，换热管伸出管板端面4mm

（见图6）。连接形式为强度焊+贴胀，先对管头进行焊接（两道），焊接完成并检验合格后，再进行贴胀。焊接时要求焊缝平整圆滑、收弧处无凹陷、表面无气孔、夹渣和裂纹；胀接应从距管板端面15mm部位开始，胀接长度不得延伸至壳程侧的管板端面，距该端面至少3mm。换热管的胀接部分与非胀接部分圆滑过渡，不得有急剧变化的棱角。

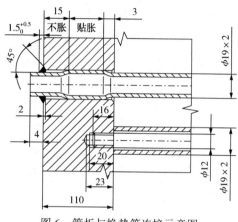

图6　管板与换热管连接示意图

（4）经现场测绘，管束的支撑导轨有变形，作为支撑导轨的两槽钢间距为330～348mm不等。靠近两端处间距为330mm左右，靠近中间位置间距最大处为348mm。原设计此处间距为310mm。为保证管束的滑道能在导轨面上，现已将管束上滑道的间距由原设计值340mm改为间距360mm。另外可以调整两槽钢的变形，将中间较大间距处调整至330mm，并在两槽钢间焊接连接板，固定间距。

4　结论

（1）针对原来工艺负荷波动较大未引起足够重视的问题，从工艺上进行了改进，升温降温严格按照工艺操作规程规定的曲线执行，避免了温度大幅度升降造成热胀不均匀而出现的泄漏现象，提升了操作的平稳率，增加了设备的可靠性，同时亦降低了环丁砜的劣化分解速率，降低了系统的腐蚀。

（2）通过近一年半的运行检验，对E-306再沸器的处理措施较好，一直未发现泄漏等问题，运行平稳满足工艺要求，较好地解决了E-306再沸器频繁检修影响生产的问题，充分证明采取的措施正确有效。E-306再沸器的问题解决经验对同类设备具有较大的参考价值。

（3）为了较好地解决同类再沸器出现的管束损坏、管板法兰泄漏等问题，重新修订了较严格的参数控制范围，对相关工艺规程进行专项培训，确保操作规程的严肃性，强化了操作稳定性和可靠性。

参 考 文 献

1　顾侃英，芳烃抽提中环丁砜的劣化及影响［J］．石油学报，2000，16（4）：19-25.

2　左景伊．腐蚀数据手册［M］．北京：化学工业出版社，1985.

应用沈鼓云在线监测系统实现设备预知性维修

倪　锋　张　旭

（沈阳鼓风机集团测控技术有限公司，辽宁沈阳　110869）

摘　要　近年来，大型机组、辅机、机泵群远程在线监测及故障诊断系统已广泛应用于石油、化工、矿山、冶金、电力、煤矿等各行各业。随着物联网技术的发展、状态监测系统的普及，越来越多的企业将设备维修方式从计划性维修向预知性维修逐步发展，这种方式不但确保了设备的运行安全，同时也最大限度地避免了不必要的停机损失。本文以沈鼓云监测平台及系统为例，结合实际案例，介绍使用状态监测系统如何实现预知性维修及其重要意义。

关键词　沈鼓云；在线监测系统；设备；预知性维修

1　沈鼓云在线监测平台及系统简介

目前，沈鼓云在线监测平台及系统根据工厂装置不同的设备以及设备的重要程度，提供的系列产品有：①大型旋转机械状态监测和诊断系统 SG8000；②机泵群精密诊断和分析系统 SG5000；③机泵群无线状态监测系统 SG2000；④电机在线监测和故障诊断系统 MCM；⑤腐蚀在线监测系统 SG6000。本文将详细介绍目前在石化企业广泛应用的大型旋转机械和机泵群监测系统，以及其应用案例。

SG8000 大机组在线监测和诊断系统是一个多功能信息采集、分析和数据处理的系统（见图 1）。其系统实现方式为：现场监测分站 DA8000 从二次仪表处获取振动原始缓冲输出信号，对机组的振动、键相、过程量等信号进行实时采集、分析，通过 LAN 局域网将监测分站的数据上传至中心服务器 DS8000，服务器将对机组的数据进行存储、管理和网上传输与发布，并能生成丰富的专业诊断图谱。同时利用互联网将中心服务器的数据，上传至沈鼓云数据中心（部署在阿里云上），并通过沈鼓云数据中心进行信息管理和数据的发布，可以实现在任何地方、多种方式的远程浏览和分析机组实时运行状态。

图 1　SG8000 大机组在线监测和诊断系统

SG2000 机泵群监测系统主要包括三部分：智能物联传感器、智能网关和中心服务器（见图 2）。其中智能物联传感器是一款集中了 X、Y、Z 三个方向的振动和温度的一体化传感器。用户通过电脑或手机，就可以远程获得设备的振动和温度的参数，更及时获知设备状态变化。使用 SG2000 监测系统，可降低现场人员的巡检、点检次数和频率，提高现场人员的工作效率，助力预知性维修，从而保障设备安全运行。

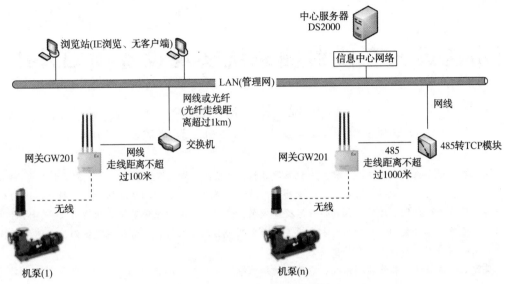

图2　SG2000 机泵群监测系统

2　利用 SG8000 在线监测系统实现机组预知性维修案例

2.1　设备概述

某厂空分机组构成如图3所示，由汽轮机驱动压缩机空压机和增压机，其中空压机型号为 MCO1004，增压机型号为 3BCL457。汽轮机额定工作转速为 6900r/min，设计流量为 127300Nm^3/h，额定功率为 10663kW，进口压力为 0.099MPa（A），出口压力为 0.65MPa（A），两端支撑轴承为可倾瓦，其间隙要求为 0.22~0.268mm，轴振动报警值为 63.5μm，轴振动停机值为 88.9μm。

图3　空气压缩机组

2.2　机组运行状态描述

机组在运行过程中，各设备振动趋势均比较平稳，其中汽轮机振动低于 20μm，空压机振动低于 25μm，齿轮箱振动低于 20μm，增压机振动低于 35μm，总体来说机组振动幅值不高。

但从沈鼓云 SG8000 监测系统上，空压机进气侧两个通道仪表的间隙电压出现了持续缓慢变化的趋势（见图4）。近一个月的时间内，间隙电压值分别从刚运行时的-9.15V 和-10V 变化为-9.6V 和-11V 左右，变化量最大达 1V 左

右。而在此期间，空压机排气侧及其他设备各振动通道间隙电压值基本未改变，机组运行转

速、润滑油温和机组工艺方面均未做调整。

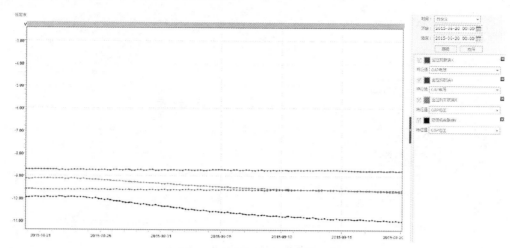

图4　空压机 GAP 电压趋势图

2.3　机组异常分析

对该机组的振动监测使用的是电涡流位移传感器，其工作原理为传感器的输出电压（也叫间隙电压）与探头和转子之间的间隙成正比。从该空压机进气侧 GAP 电压值的变化趋势上来看，其表现为转子逐渐远离传感器探头，即转子出现了下沉的现象。而从一段时间内的轴心位置（见图5）变化来看，进气侧转子的轴心位置逐渐向下，且变化范围较大，佐证了该侧转子出现下沉的判断。

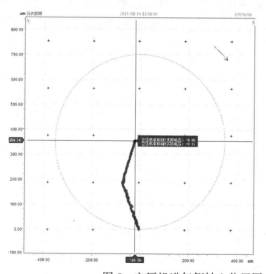

图5　空压机进气侧轴心位置图

由此可以判断，空压机进气侧转子出现了下沉的现象，推测为该侧轴承轴瓦出现了磨损现象。轴承上的巴氏合金磨损，导致轴承间隙变大，转子下沉。鉴于当前机组运行时振动幅值不高，趋势平稳，判断可以在监护下继续运行。但需调整润滑油温度至技术要求下限，以增加润滑油膜厚度和阻尼，避免转子与轴承间出现边界摩擦的现象。另外，因为该压缩机首

级叶轮为半开式叶轮，对支撑轴承来说负荷较重，轴承出现了异常磨损现象可能与轴承承载能力不足有关。对此问题，远程监测中心组织了专家会诊，经过设计人员的重新核算，对轴承进行了改造，并按新图纸准备了轴承备件。

在随后的运行中，该侧间隙电压值仍存在缓慢变化的趋势，但通过油温调整变化率明显降低。机组一直平稳运行至2016年5月份。在

这段时间内，进气侧间隙电压值分别变化至 12.10V、-13.25V，与运行之初相比，总计变化了 3V 左右，如图 6 所示。

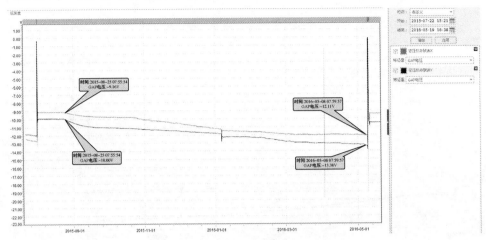

图 6　空压机进气侧间隙电压趋势图

2016 年 5 月 3 日，空压机振动出现了异常大幅波动的现象，幅值最高时已接近联锁门限，我们立即建议用户对机组进行停机抢修。由于之前已经做了相关的检修预案，用户听从我方建议于 5 月 4 日停机。对空压机进气侧拆检后，发现该侧轴承瓦块出现了明显的磨损现象，通过对瓦块厚度的测量，磨损量最大已达到 0.80mm，由此验证了我们之前的分析结论准确。

在更换了备件轴承后，机组与 5 月 6 日重新启机运行。随后机组运行过程中，振动趋势重新趋于平稳（见图 7），观察间隙电压未再出现持续变化的现象，至 2018 年 6 月再次停机拆检时，该机组轴承未出现磨损现象。

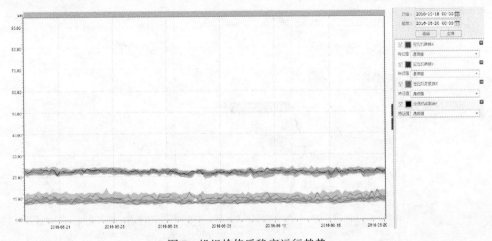

图 7　机组检修后稳定运行趋势

3　应用 SG2000 监测系统实现机泵预知性维修案例

某厂在 2018 年 1 月份投用 SG2000 机泵群无线云监测系统，并正式开始试运行。该泵一直运行良好，振动值低于 1.5mm/s，系统采集到的数据和巡检数据都保持一致，如图 8 所示。

但在 2018 年 5 月 1 日 13：38 分，泵非驱动端轴承温度突然升高，水平方向振动也突然上升超过 C 区门限，然后有所回落，这次突然升高人工巡检很难实时监测到；随后非驱动端温度再次走高，振动也突破 D 区门限；现场人员虽接收到了 SG2000 系统的报警，但由于生产原因及设备未到检修期，现场并没有及时将设备停下来。一直到在 21：40 时，轴承抱轴，设备才被迫停机。监测系统报警数据如图 9 所示。

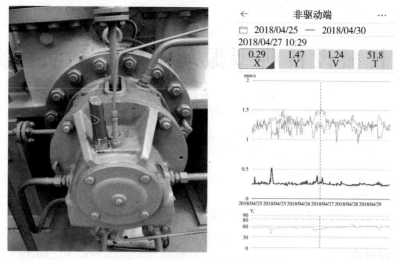

图 8　机泵监测系统正常系数据

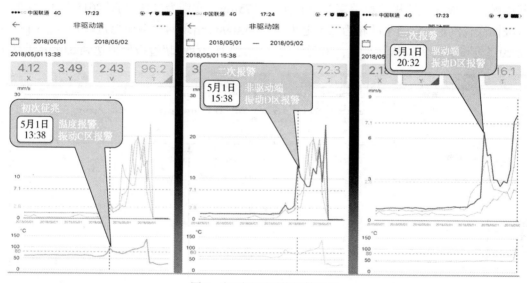

图 9　机泵监测系统报警数据

在设备拆检后，发现油封变形、口环碰磨、止推轴承、支撑轴承损伤严重，主轴碰磨并有翘动 70 道。机组因没有及时停机，损坏严重。

4　结束语

通过上述两起案例，可以看出安装沈鼓云状态监测系统对于实现设备预知性维修起到了关键作用。在第一起案例中，由于该机组安装了 SG8000 在线监测系统，在机组振动未表现出明显异常的情况下，通过专业诊断工程师的准确的分析和诊断，提前获知了轴承存在磨损的现象，并通过对油温的调整，最大限度地延长了机组运行的时间，获得了充裕的准备时间，提前做出了应对方案。当机组异常停机时，对症处理，避免了盲目的检修，最大限度地缩短

了停机时间，节省了大量的人力、物力，从而大幅减少了企业的经济损失。而第二起案例中，虽然 SG2000 监测系统已监测到设备异常，但由于现场人员考虑未到检修周期，并未将机泵及时停机，造成了设备更严重的损伤，反而增加了设备停机检修时间。

开展状态监测，了解设备实时运行动态，在确保设备及装置安全运行的同时，也大幅缩短了设备的检修周期，提升了设备的运行效率。同时，实现设备的预知性维修，为优化备件管理提供有力保障，最大限度地帮助企业提高经济效益。

常见机械设备典型振动故障诊断实例分析

李　政　苟尉勇　王建龙

（神华宁夏煤业集团煤制油化工部，宁夏银川　750411）

摘　要　利用 GE-Bentley 在线监测 S1 系统对大型机组运行状态和故障原因进行分析诊断，为生产安全稳定运行进行决策。

关键词　压缩机；透平；在线监测；油膜涡动；油膜震荡；放电；频率叠加；拍振

1　压缩机透平油膜涡动

1.1　故障现象

某甲醇厂合成气压缩机是德莱赛兰公司生产的多级抽汽式汽轮机，透平叶轮为二十七级。

在 2015 年 6 月份大检修开车后，出现汽轮机轴承（VISA0962/VISA0961）振值高、振动值频繁报警等现象（报警值为 50μm，联锁值为 75μm，联锁为二选二）。2015 年 12 月 29 日 VI-SA0962 出现两次振值超过联锁值，同时另一测点 VISA0961 超过报警值达到 63μm（见图 1）。

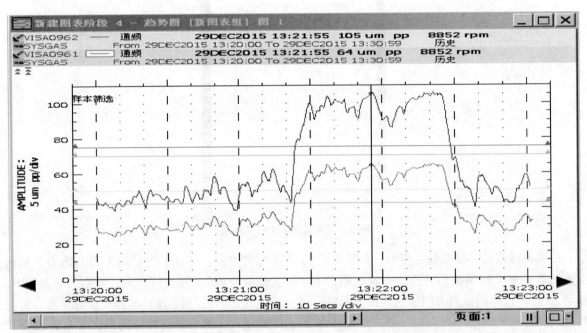

图 1　合成气压缩机透平 VISA0962/VISA0961 振值趋势图

1.2　原因分析

检修后出现透平振值频繁波动，说明转子运行在相对不稳定状态，而不稳定状态又是随机的，图 2 是取了一定时间段的振动趋势图（12 月 29 日 18：54~18：59 汽轮机振动趋势），从趋势图可以看出透平振值波动较大、波动频率较高。

通过 2014 年 8 月 5 日至 2015 年 12 月 30 日对透平 VISA0962 振值趋势的比较，明显看出 2015 年 5 月大修以后转子振值加大而且不稳定，波动较大（见图 3）。

从图 3 中可以看出在 2015 年 7 月 15 日至 10 月 22 日期间，汽轮机后支撑轴承振值虽在 30μm 至 60μm 之间波动，但振值大幅波动次数较少，振动平均值在 33.86~47.48μm 之间。

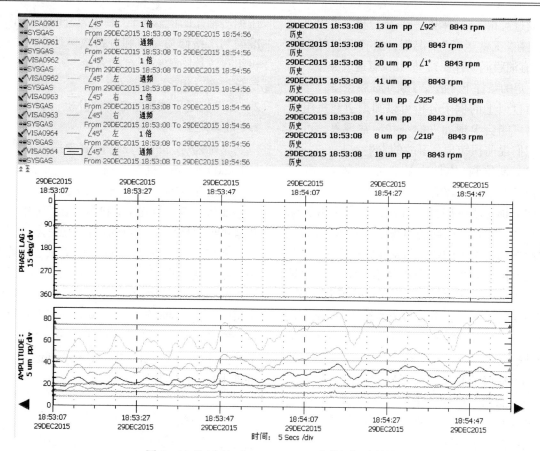

图2　12月29日18：54~18：59汽轮机振动趋势

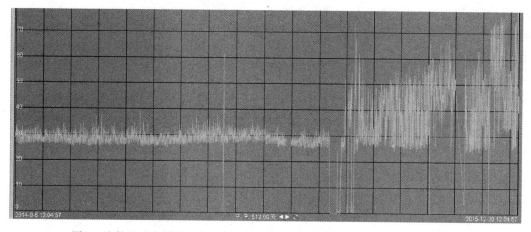

图3　汽轮机后支撑轴承检测点VISA0962（2015年大检修前后振值趋势对比）

2015年11月19日对压缩机透平进行检修，检修内容包括轴承检查、透平转子更换。检修中对后支撑轴承做了数据检测、研磨，但开车后，振动值有所增加，甚至有时达到了联锁值，表现出强烈的油膜涡动和油膜振荡特征。

在压缩机负荷变化时，振动幅值表现出与压缩机负荷有明显的关联性，如在2015年12月15日，负荷增加至71000Nm³/h时，振值有所下降（基本能处于40μm以下），但在负荷波动时，振值出现较大波动时。

从工艺方面分析看，汽轮机用量大小直接影响到机组前支撑轴承的振动大小，2015年大检修后蒸汽用量在22t/h以上VISA-0962会出现高于50μm的振值，而在汽轮机蒸汽用量增加时（如在23~24t/h或小于20t/h）或减少到一定值的工况下振值较低且相对稳定。

通过对相关频谱图的进一步分析，可以得出该机组在"正常运行"情况下，虽有低倍频出现（可能有油膜涡动存在），但并没有造成激振，只是在一定的条件下才激发了机组油膜振荡。

通过以上的例子分析可以知道引起机组油膜振荡可能会出现如下的一些异常现象，可以帮助我们提前预知预测事故的发生：

（1）低倍频（本例中是 0.42 倍频）比较明显，而且低倍频比较活跃，波动比较大。

（2）轴心轨迹图比较混乱，表现出由于油膜涡动和油膜振荡引起的不规则轴心运行轨迹，和油膜振荡时引起的转子与轴瓦的碰撞。

（3）由于剧烈的油膜振荡引起的转速测量失速，引起了自动控制调速系统的不断振荡，使调速阀频繁开关，引起系统的波动（直观表现为调速阀不断开关、转速变化大、透平进汽量不断波动）。

（4）造成油膜振荡时对轴承径向瓦的处理并不一定能消除问题。主要是造成油膜振荡的各种因素有一定的随机性，很多情况是各种因素叠加后造成了油膜振荡。

问题原因判断后通知该公司对合成气压缩机透平转子轴瓦进行更换，更换轴瓦后频谱图中的低倍频消失，经过一年多的运行机组运行正常。

通过对本次机组故障分析，总结如下经验，一是对检修质量的控制环节要有必要的检验手段，特别是对一些肉眼无法辨别的故障缺陷（如压缩机轴瓦的检修等），利用先进的技术手段来准确判断检修质量、和分析故障原因。二是大机组在线故障诊断系统的普及与应用在一些基层单位还有很多工作要做。

2　压缩机透平轴瓦放电案例分析

2.1　故障现象

某烯烃分公司空分装置 1# 空压机是西门子 SST - 600 型透平机组，额定功率为 79538kW，额定转速为 3256r/min，透平级数为 20 级。

2015 年 9 月煤化工大机组状态监测中心在做日常机组运行状况情况检查时，发现公司 1# 空压机透平转子 VXE7211、VYE7211 点轴心轨迹图谱中连续出现不规则的毛刺信号（见图 4~图 8），通过与以前图谱进行对比分析，从轴心轨迹图谱中可以看到在轴心轨迹上一段时间内多次出现典型的突出毛刺，但正弦波图上的波形比较平滑，分析其原因可以判断正弦波上没有其他频率段的叠加干扰，说明其他频段比较正常。

2.2　原因分析

通过对图 4~图 8 的一段时间轴心轨迹图形进行分析，在较短的时间（分别在 2015 年 9 月 6 日 08：10：31、14：22：34、16：24：47、23：19：16 和 9 月 7 日 10：19：42）内捕捉到了六次不规则出现毛刺的图谱信号，信号出现在轴心轨迹图谱上的不同点位上，出现时间为随机信号，基本可以判断为由转子轴瓦放电信号造成的，而不是由其他信号造成的。

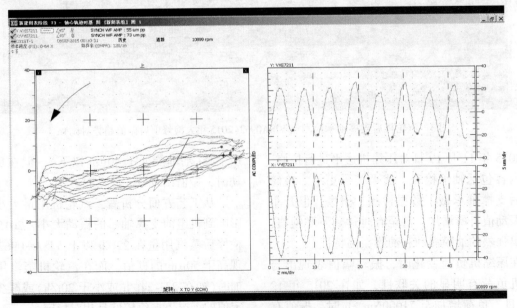

图 4　轴心轨迹图

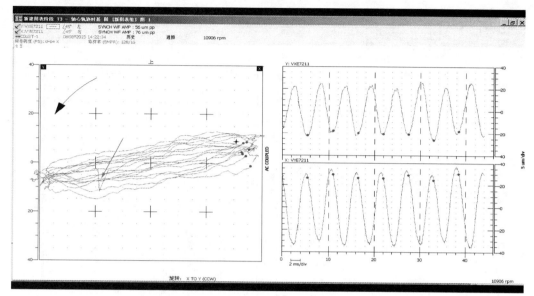

图 5　轴心轨迹图

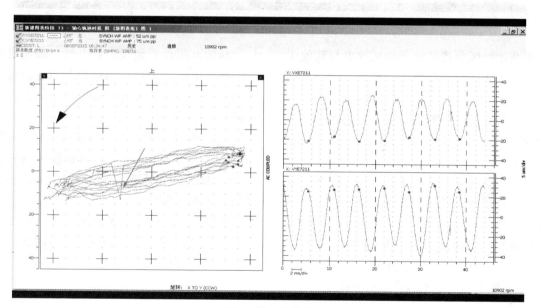

图 6　轴心轨迹图

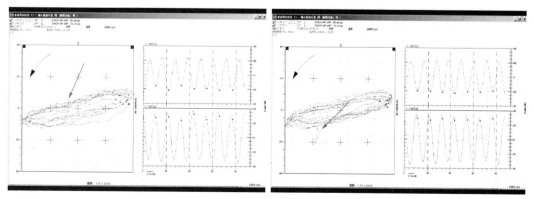

图 7　轴心轨迹图

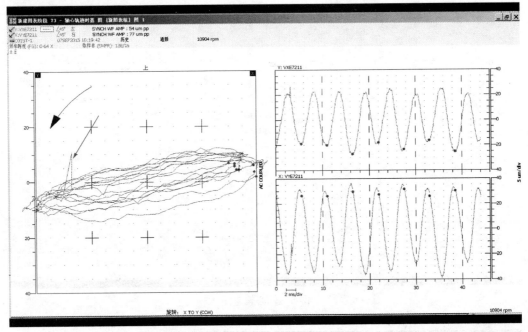

图8　轴心轨迹图

那么如何区分透平转子轴瓦放电与其他干扰信号呢？如区分轴瓦放电与轴径面凹凸点的干扰信号，凹凸点干扰信号引起的轴心轨迹的变化一般是连续不间断的信号，引起轴心轨迹图形的异常是一个连续凸点，而不是随机毛刺式的图形。

通过图谱的分析，通知空分车间检查1#空压机透平转子轴端电刷，通过检查发现透平转子释放静电的电刷已经因磨损损坏，更换转子电刷后轴心轨迹图谱正常，从而避免了透平转子轴瓦巴氏合金因转子放电而损坏。

3　皮带运输机"拍振"的故障实例分析

3.1　故障现象

某装置皮带运输机，自开车以来电机及减速机振值一直较高，通过一些措施后仍不能消除。

该电机为355kW，转数为1490r/min（型号：YB2-4501-40WF1）。配置减速机输入转数$n_1 = 1480$r/min，输出转数$n_2 = 74.75$r/min。

通过以上数据可以得到电机及减速机输入端通频为24.83Hz，减速机输出端通频为1.25Hz。

3.2　原因分析

对设备进行实测后得到如下相关数据，现就将有关数据进行分析。

从图9可以看到锤击后电机与减速机端支架的测得通频为25Hz，与电机与减速机输入端一倍频（为24.83Hz）极为接近，是引起设备共振的主要原因。

从图10可以看到锤击后减速机端支架的测得通频为2Hz，与电机与减速机输入端一倍频（为1.25Hz）较为接近，叠加后是引起设备共振的另一个主要原因。

从图11和图12图谱中可以看到电机实测一倍频为24.92Hz，与24.83基本吻合，是振动幅值最大的频率（3.2~17mm/s之间）。

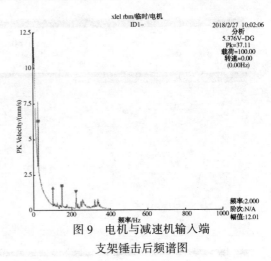

图9　电机与减速机输入端
支架锤击后频谱图

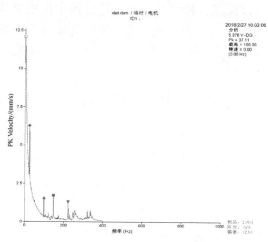

图 10 减速机输端侧支架锤击后频谱图

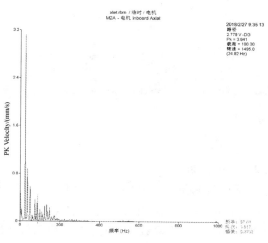

图 11 电机实测频谱图

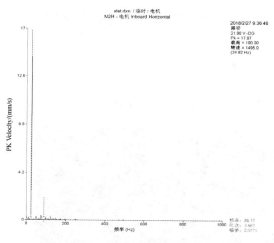

图 12 减速机实测频谱图

在图 13 的图谱中我们可以看到有一个 102Hz(幅值约为 0.7mm/s),是通频 1.25Hz 的 100 倍左右,在与 1.25Hz(或 2Hz 实测值)在数

个周期后重叠后形成了较为典型拍振。

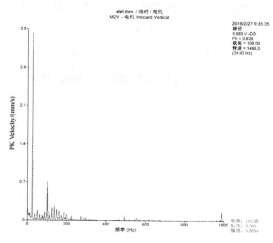

图 13 减速机实测频谱图

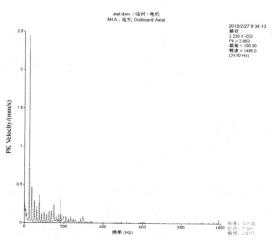

图 14 电机实测频谱图

在图 14 的频谱中可以看到有多个 1.25Hz 或 2.0Hz 频谱的不同倍数的频率,造成了设备的拍振现象。

从这个案例我们可以看到,设备输出端基础结构的通频与输入端基础结构的通频与设备产生的频率形成了不同阶次倍数的重叠,导致某一频段的拍振产生。

4 中分式内缸压缩机内缸串气故障实例分析

4.1 故障现象

某公司合成气压缩机是 GE-辛比隆公司生产的离心式压缩机,透平型号为 SAC1-10 为抽汽凝汽式,压缩机为 2BCL608/N 离心式压缩机。

2010 年投入运行,在 2015 年 6 月份大检修开车后,出现汽轮机轴承(VISA0962/VISA0961)

振值高、振动值频繁报警(报警值为 50μm，联锁值为 75μm，联锁为三选二)，2015 年 12 月 29 日 VISA0962 出现两次振值超过联锁值，同时另一测点 VISA0961 超过报警值达到 63μm，2015 年 6 月该压缩机检修后，在运行过程中出现缸体温度升高，负荷严重不足(在原负荷的 70%左右)，并且运行中出现机组振值波动运行不稳定(见图 15)。

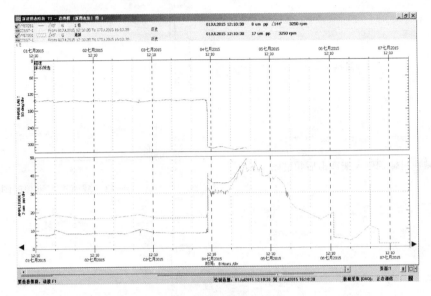

图 15　压缩机振动趋势图

4.2　原因分析

　　由于压缩机内缸中分面漏气，导致高压侧合成气通过外缸体向低压侧泄漏，缸体高压端与低压端串气，引起上下缸体的振动，造成缸体中分面损坏，并引起压缩机缸体温度升高，同时压缩机内缸泄漏时会引起外缸排放气流量增大。

5　空分增压机增速机齿轮断齿故障实例分析

5.1　故障现象

　　某公司空分装置，空分压缩机为 $9 \times 10^4 m^3$ 压缩机机组，2015 年 6 月在开车过程中，出现了增压机一段轴承振值突然增加，出现频谱主要成分为一倍频。

5.2　原因分析

　　增压机参数：大齿轮数为 354，转速约为 1500r/min、1&2 级齿数为 48，转速约为 10900r/min；3 级齿数为 39，转速约为 13420 r/min；4&5 级齿数为 42，转速约为 12450r/min。

　　通过计算可以知道 1&2 级齿轮啮合频率为 8715Hz。

　　比较发现更换新 1&2 级齿轮轴后，8125Hz 的振动幅值明显下降，但是 2362Hz 的信号幅值却有所上升，如图 16~图 19 所示。

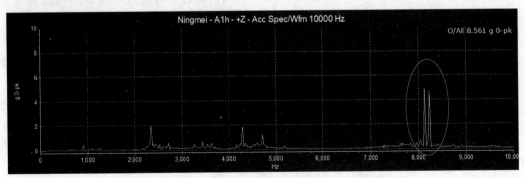

图 16　断齿轴(1&2 级)更换前水平方向的振动

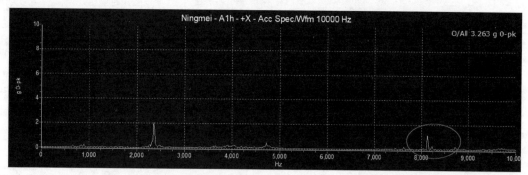

图 17　断齿轴(1&2级)更换后水平方向的振动

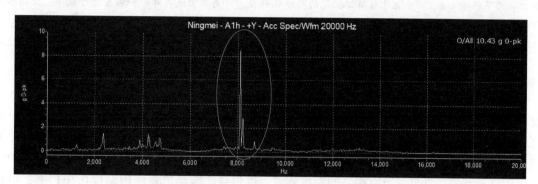

图 18　断齿轴(1&2级)更换前垂直方向的振动

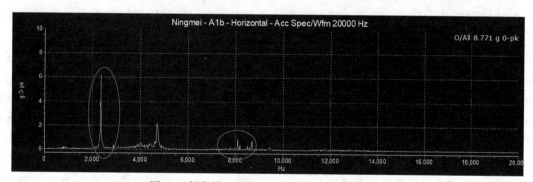

图 19　断齿轴(1&2级)更换后垂直方向的振动

通过上例图谱分析可以得到，当压缩机齿轮断齿后产生了较为高幅值的一倍频，并且其他频域的频率幅值都有所变化，但主要幅值为一倍频。当检修更换齿轮后一倍频大幅度降低，但其他频域的幅值都会有相应的改变。其中2362Hz 的信号幅值有所上升(说明涡动引起了相对较低频率2362Hz 的幅值上升为 0.27 倍啮合频率的倍数)。

红外监测技术在乙烯装置裂解炉上的应用

齐明禄

(中韩(武汉)石油化工有限公司，湖北武汉　430070)

摘　要　中韩石化乙烯装置于2013年建成投产，其中乙烯产能为80万吨/年，乙烯装置共有裂解炉8台。为了保障安全生产、优化裂解炉操作的精细化程度、提高炉管使用寿命和装置运行效率、提高热效率，2016年5月在H-006号裂解炉安装了6套RS-SH-Ⅱ型裂解炉炉管表面温度红外监测与分析系统。该系统2016年7月中旬调试完毕并投入使用，为了验证该系统的应用效果，对安装前后裂解炉(H-006)运行数据进行了标定、分析。

关键词　热效率；红外温度监测技术；裂解炉炉管

1 前言

自然界一切温度高于绝对零度的物体都在以电磁波的形式向外辐射能量，其中包括0.7~1000μm的红外光波。红外光具有很高的温度效应，这是红外热像测温技术的基础。

红外热像测温技术是当今迅速发展的高新技术之一，已广泛地应用于军事、准军事和民用等领域，并发挥着其他产品难以代替的重要作用。美国、德国、英国、法国等发达国家非常重视红外热像测温技术的研究与应用，掌握热像测温技术的发展进程、应用领域和发展趋势，有利于启发科学、合理的发展思路，为热像仪的优化发展提供方向性的支持。

2 红外监测系统的介绍及实际应用情况分析

2.1 红外监测系统的技术措施及技术原理

RS-SH-Ⅱ型裂解炉炉管表面温度红外监测与分析系统是基于近红外热像技术及光谱分析原理，实现炉内工况监视及炉管表面温度检测的产品，对实时监视炉管温度变化、掌控炉管表面温度分布、监测炉管结焦状况、指导乙烯裂解炉安全、稳定运行具有重要的应用价值。系统采用防爆模块化设计，确保设备安全。图像清晰、测量精度高、使用寿命长、安装维护便捷。

红外监测探头通过密封连接机构直接安装在炉体侧墙或炉顶(根据工艺要求选择合适的安装位置)，通过防爆推进装置将监测探头推入炉膛，获取大范围的炉管红外辐射图谱，经光缆送至控制室数据处理与分析系统。实时、准确得到炉管表面温度分布信息，并以可视化方式予以显示；定时记录所有监测范围内的炉管温度信息，构建炉管使用温度历史档案；可设定炉管温度安全阈值，一旦超温将及时报警；通过对历史和当前数据的分析形成炉管温度安全运行的预测曲线。

红外监测系统采用红外比色测温的方法可较好地消除环境及发射率的影响，有效地提高测温精度。该方法受被测物体比辐射率的影响小，针对被测物体的辐射特性，合理地选择两个工作波段可以大大减小因被测物体比辐射率变化而引起的测量误差。采用红外双波段比色测温法，根据热辐射物体在两个红外波长下的光谱辐射亮度之比与温度之间的函数关系来测量温度。设温度为T的目标在波长λ_1和λ_2下的光谱辐射亮度之比为$B = L(\lambda_1, T)d\lambda/L(\lambda_2, T)d\lambda$，利用维恩公式可得出非黑体的光谱辐射亮度之比与其温度之间的关系式：

$$\frac{1}{T} = \frac{\ln B - \ln \varepsilon(\lambda_1, T)/\varepsilon(\lambda_2, T) - 5\ln\lambda_2/\lambda_1}{c_2(1/\lambda_2 - 1/\lambda_1)}$$

2.2 红外监测系统温度测量精度检测与设备运行情况

乙烯装置裂解炉H-006辐射室烟气温度高达1200℃，炉管表面局部温度甚至也高达1080℃，在此温度下，炉管极易变形甚至断裂，引发严重事故。而目前只能操作人员用简易测温仪进行局部测温，因此需要对炉管表面温度进行在线监控，将每根炉管的表面温度引入到室内DCS屏幕上，进行实时、全方位监测，同时，还可以监控炉膛燃烧器燃烧情况和炉管是否泄漏等。

2016年5月在H-006号裂解炉安装了6套RS-SH-Ⅱ型裂解炉炉管表面温度红外监测与分析系统。该系统2016年7月中旬调试完毕并投入使用，红外测温系统安装调试完成后，对炉管表面温度进行了连续测量，并与乙烯装置日常所用测温枪测量结果进行了现场对比。对比所用测温枪为Raytek Raynger3I，型号为RAYR3I1MSC，使用波长为1.6μm，温度测温范围为400~2000℃，距离系数比为250:1，测量精度为0.5%。对比测量日期为2016年7月17日和18日，测点位置包括炉体两侧和中间各位置，测点覆盖炉膛内各位置高温管和低温

管，对比统计结果如图1所示。由图1可见：二者温度测量结果一致性好，离散温度点线性拟合斜率为0.998，最大相差为10℃，平均相差为0.15℃，标准差为4.4，测温范围为956~1096℃，温度测量精度优于0.5%。

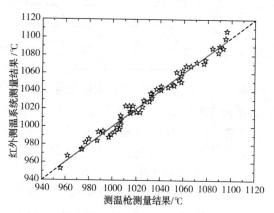

图1　测温枪与红外测量系统测量结果对比

1）2016年7月17日数据

炉膛西侧数据（℃）：

型　号	1	2	3	4	5	6
RAYTEK RAYNGER3I	977	992	1007	1023	1066	1078
红外系统测温数据	982	993	1012	1016	1068	1075

炉膛中间数据（℃）：

型　号	1	2	3	4	5	6
RAYTEK RAYNGER3I	974	988	1007	1015	1027	1051
本系统测温数据	975	994	1002	1017	1028	1047

炉膛东侧数据（℃）：

型　号	1	2	3	4	5	6
RAYTEK RAYNGER3I	956	962	992	1031	1033	1056
本系统测温数据	953	967	995	1028	1037	1052

2）2016年7月18日数据

炉膛西侧数据（℃）：

型　号	1	2	3	4	5	6
RAYTEK RAYNGER3I	987	1006	1015	1032	1090	1095
本系统测温数据	984	997	1015	1037	1090	1099

炉膛中间数据（℃）：

型　号	1	2	3	4	5	6
RAYTEK RAYNGER3I	974	997	1020	1026	1047	1062
本系统测温数据	974	988	1016	1029	1044	1068

炉膛东侧数据(℃)：

型　号	1	2	3	4	5	6
RAYTEK RAYNGER3I	980	1004	1017	1052	1058	1077
本系统测温数据	986	999	1023	1046	1057	1071

自2016年7月17日设备调试完成正常运行至2016年12月12日，共4个月零25天，设备运行正常，温度测量数据准确、稳定、可靠，可用于指导安全生产、优化操作工艺、节能增效。

3　生产安全及运行优化

乙烯裂解炉管炉管温度安全监测与分析系统在乙烯裂解炉上的应用可以实现对炉管表面温度进行实时连续监测，超温报警，实现对炉管在整个运行周期的温度分布和变化趋势进行分析、预测等，保障裂解炉安全、稳定、长周期运行。

3.1　炉管表面温度可视化显示与测量

根据探测器像元所接收的目标红外辐射，计算炉管和炉壁表面温度，实时显示炉管炉壁表面温度分布，可实时查询炉管任意点处温度，设定报警阈值，实现超温报警（见图2）。根据炉管表面温度分布情况，有助于及时了解炉管表面温度变化和燃烧波动情况，提高裂解炉操作的精细化程度。

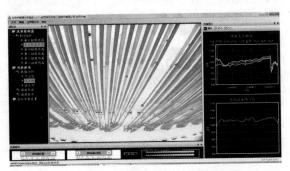

图2　炉管表面温度可视化显示及分析

3.2　温度报表输出

在炉管任意部位设定虚拟热电偶，直观显示温度，重点监测高温出口管温度变化，可根据需要任意设置虚拟热电偶位置，监测需要重点关注区域，还可设定温差阈值，实现温差报警；定时输出温度报表和热点温度，并绘制每根炉管最高温度柱状图（见图3）和所有炉管热点温度（TMT）曲线图（见图4），有助于直观掌控炉管实际运行状况，确保运行安全。

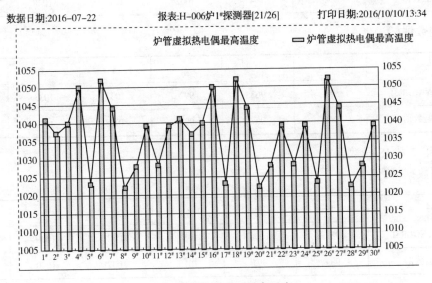

图3　每根炉管表面最高温度

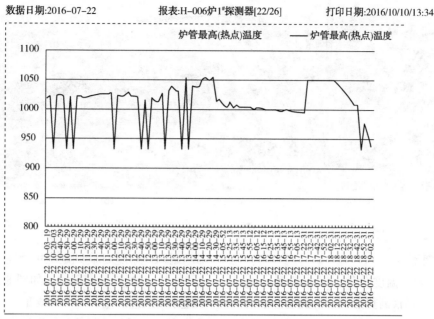

数据日期:2016-07-22 报表:H-006炉1#探测器[22/26] 打印日期:2016/10/10/13:34

图4 热点温度(TMT)变化趋势图

3.3 炉管运行历史数据分析查询

可查询分析任意时间段内温度历史数据和原始红外图像数据,有助于分析裂解炉温度历史变化,掌握运行规律,诊断故障原因,促进裂解炉运行操作的优化与改进(见图5和图6)。

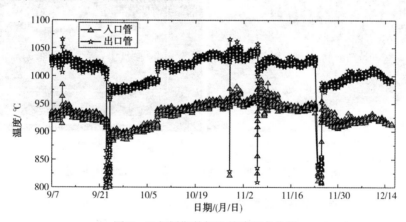

图5 运行周期数据及故障现象分析

图6 运行周期数据在线实时分析

3.4 炉管结焦状态分析

管内结焦是裂解炉运行过程中的普遍现象,是最大的安全隐患,同时也是困扰裂解炉不能长周期运行的关键技术难题,结焦位置、结焦厚度、结焦形态等无法获知。利用红外测温系统实时获取炉管表面温升情况(见图7),根据温差信息直观判定结焦位置、结焦厚度和结焦形态,采取相应的应对措施,提高装置运行效率。

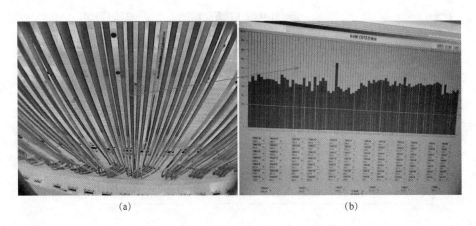

(a)　　　　　　　　　　　(b)

图 7　炉管堵塞超温与对应 COT 温度

3.5　运行周期预测

将炉管与炉壁温度分离，提取炉管表面温度，获取炉管表面最高热点（TMT）温度，根据热点形态、大小、温度高低结合管内流量、压差、COT 温度等信息综合判定烧焦周期，延长装置运行时间，提高装置利用率。如图 8 所示，图（a）红色标记是热点，图（b）绿线是对应热点温度变化趋势，粉色线是炉管整体温度变化趋势。

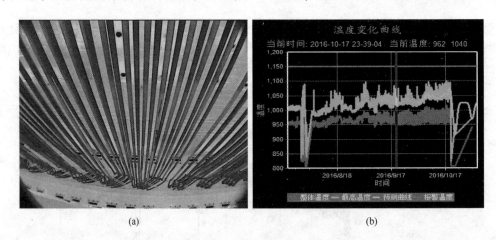

(a)　　　　　　　　　　　(b)

图 8　热点位置、形态与相应温度变化，判断运行周期

4　优化、改进工艺操作过程，提高装置利用率

利用可视化界面及数据测量结果可对一些工艺操作过程进行有效的优化和改进，提高装置利用率，延长装置使用寿命，节能增效。

4.1　烧焦过程的优化与改进

烧焦过程是炉管清焦的重要阶段，但烧不尽和烧焦不彻底则是烧焦过程最常见和不可避免的现象，特别是对于堵塞较严重的炉管，若采用常规的烧焦程序更是难以达到彻底清焦的结果（见图 9 和图 10）。

利用可视化技术连续追踪烧焦过程（所有数据均来自现场实际连续采集过程）。由烧焦过程可见，热点的移动进程标志着炉管由堵塞逐渐烧通的过程，但热点过后局部温度依然很高，表明炉管内部虽然烧通但局部焦层还是很厚，放热反应仍然在剧烈地进行中。因此，若能根据温度测量结果适当延长反应时间，并相应增加蒸汽和空气含量，或适当增加炉管烧焦温度等，都可以使炉管烧焦更彻底、更干净，进一步提高炉管使用寿命和装置运行效率。

另外，实时温度测量与控制还可保障炉管烧焦过程的安全性。

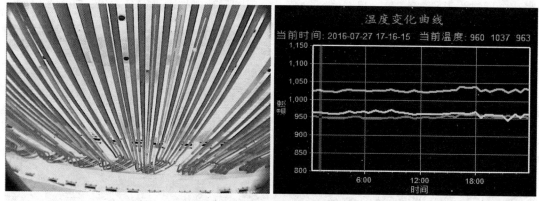

图9　中间绿色点标记炉管温度高出相邻炉管70℃以上

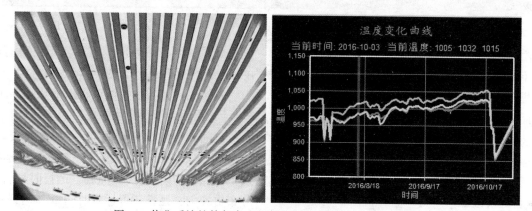

图10　烧焦后该炉管仍高出相邻炉管17℃以上，烧焦不彻底

4.2　配风的实时监测与控制

恰当的燃料与空气配比可以使燃烧过程接近理想状态，主要产物是 H_2O 和 CO_2，H_2O 和 CO_2 在红外波段有透射窗口，利用此窗口可以滤除烟气使炉管炉壁清晰可见。而燃料与空气配比不当时则会产生大量的炭黑与颗粒，影响红外光透射效果，如图11所示。

图11　烧嘴局部配风不好和整体配风不好

因此，利用红外测温系统可以实时监测烧嘴燃烧状况，调整燃料与空气配比，使燃烧器始终运行在最佳燃烧状态，提高热效率，实现节能降耗。

4.3　炉管运行状态的监测与改进

炉管长期处于高温燃烧环境中，且管内时刻进行着大量剧烈、复杂的化学反应，因此，管内不停地有热蠕变应力的产生和释放，导致炉管在运行过程中会有轻微的摆动，但是如果连续摆动幅度过大甚至扭绞在一起，就会给装　　置的运行过程带来安全隐患，如图12所示。

图12　一个运行周期中连续扭绞4~5次

由图12可见：这两根炉管不仅扭绞幅度大且频率高，超出正常热蠕变应力产生与释放摆动的程度，应从设计、安装、材质及运行负荷等方面综合分析判断，优化改进排除安全隐患，提高装置运行的稳定性、可靠性与安全性。

应用红外测温系统还可有效监测炉管轻微泄漏与破裂故障。

5　综合经济效益

在保持裂解炉运行条件不变的情况下，应用本产品所产生的综合经济效益主要体现在以下几个方面：首先，根据炉管表面温度测量结果，调节燃烧强度使表面温度分布更均匀，减少高温热点，减少管内结焦和渗碳，消除安全隐患，保障设备安全、稳定、长周期平稳运行，可为企业带来极大的社会经济效益；其次，利用可视化技术优化和改进操作工艺，提高精细化操作水平，提高热效率，减少污染物排放，延长烧焦周期和炉管使用寿命，不仅具有较高的社会效益还具有较大的直接经济效益。

直接经济效益主要体现在以下几个方面。

5.1　长周期运行所产生的直接经济效益

以前6#裂解炉运行周期一般在70天以内，使用红外测温系统以后最近一个周期的运行周期是80天，并且清焦更彻底、运行时炉管温度分布更均匀，延长装置运行时间10%达到90天烧焦周期是完全有保障的。以每年360天每次烧焦2天，可少烧焦1次多运行2天，按照现在每吨原料边际效益1500元来计算（中韩石化提供），由此带来的直接经济效益：

1500元×2天×24小时×50吨/小时＝360万

烧焦每小时平均耗费2万元：

2×24小时×2万/小时＝96万

合计：360万+96万＝456万

计量期间	烧焦周期/天	燃料气用量平均值/(Nm³/h)	石脑油进料平均值/(t/h)	燃料气消耗总量/(10⁴Nm³)	石脑油加工总量/t	单耗/(Nm³燃料气/t石脑油)
2015.12.13~2016.02.20	70	10940.90	47.902	1838.07	80475.36	228.402
2016.08.02~2016.10.20	80	10511.74	47.639	2018.25	91466.88	220.654

5.2　燃烧器热效率提高所产生的经济效益

燃气消耗是乙烯装置的主要能耗之一，节能降耗的主要方法就是提高热效率，以燃烧更充分、温度分布更均匀节能降耗0.3%计，装置年平均运行时间8000小时，每小时消耗天然气7吨，天然气每吨价格3300元，所产生的直接经济效益：

7吨/小时×8000小时/年×0.33万/吨×0.3%＝55.4万元

总计：每年可实现直接经济效益456万+

55.4 万＝511.4 万。

6　结语

裂解炉炉管表面温度红外监测系统操作简单，可切换测温各组炉管画面，分别监视炉内炉管温度，具有超温报警功能，可使我们及时发现和分析炉管温度异常造成可能爆管的安全隐患。

（1）该系统可在炉管上任意设置虚拟热电偶，导出温度数据报表，以及炉管上的最高温度变化趋势，同时具有炉管温差报警功能，对生产过程调整具有重要指导意义。

（2）该系统的数据分析功能，对我们及时了解炉管的结焦趋势，定位炉管结焦严重区域有重要意义。通过分析可掌握炉管任意一点在某个运行周期内温度随时间的变化，以及炉管上下温度曲线，供生产参考。

（3）运行周期预测功能，可根据温度数据对本生产周期的烧焦时机作出预测，并与选定的某周期温度数据进行比较，供我们在生产实践中参考，为安全运行和延长烧焦周期积累经验。

（4）该测温探头还可以监视炉膛内燃烧器燃烧情况，炉管振动、泄漏等，让主操和技术人员能及时了解炉膛内实际情况，对调整燃烧器、避免发生重大安全事故具有重大意义。

（5）该系统经长期运行比较，测温精度满足生产需求，可取代人工对裂解炉炉管温度的监测。为我们改善工艺和保持安全、稳定、长周期生产运行提供了科学依据。

综上所述，裂解炉炉管温度安全监测与分析系统在我单位的实施使用，在乙烯裂解炉的工艺操作、设备运行等各方面均取得了理想效果，不仅可以保障设备安全、稳定、长周期运行，对裂解炉操作工艺的优化与改进还具有积极的促进作用。同时，还具有较大的社会、经济效益，项目实施后 1 年内便可收回投资成本，故建议推广应用。

参 考 文 献

1　孟和平．非接触式测温仪的选型研究．中国仪器仪表，2010(2)：66-68.

2　李云红，孙晓刚，廉继红．红外热像测温技术及其应用研究．现代电子技术，2009(1)：112-115.

3　章许云．管式加热炉炉管结焦分析．石油和化工设备，2010(5)：51-53.

4　胡颜邦．加热炉问答［M］．北京：冶金工业出版社，1985.

5　万书宝，张永军，汲永钢，刘剑．抑制乙烯装置裂解炉炉管结焦的措施．石油炼制与化工，2012，43(2)：97-102.

基于全域监测的储罐底板腐蚀多声源辨识方法研究

邱　枫　李明骏　屈定荣　黄贤滨　许述剑

（中国石化青岛安全工程研究院，山东青岛　266000）

摘　要　针对储罐底板腐蚀过程中声源较多且状态复杂，影响声源识别准确性的问题，开展基于全域监测的储罐底板腐蚀多声源辨识方法研究。基于相关分析方法对同源信号进行聚类，结合储罐底板腐蚀声发射全域监测方法，根据声波相位阵列原理，建立短基线平面网格拓扑阵列，对多声源进行识别。该方法可以实现对储罐底板不同强度声发射源的所属网格区域识别从而对声源辨识，为判断事件集中度提供依据。

关键词　储罐底板；声发射；声源；识别；全域监测

1　前言

大型原油储罐底板腐蚀是影响和决定储罐服役寿命的关键问题。据统计，储罐泄漏爆炸的事故中，底板腐蚀状态是影响储罐安全运行的主要因素之一。建设过程中遗留的腐蚀性沉积水含有大量氯离子、硫酸盐和厌氧微生物，在储罐底部聚集，使罐底长期处于沉积水浸没状态的强腐蚀环境，持续腐蚀储罐底板；服役过程中生产注液或清洗对储罐底板冲刷而造成的防腐层脱落，检修清罐对防腐层进行打磨重新喷涂部位脱落，地基沉降导致防腐层开裂。储罐底板在运行环境和生产工况变化的影响下，在化学腐蚀和电化学腐蚀共同作用下，会形成腐蚀损伤，一旦腐蚀穿孔导致储罐内置介质发生泄漏，将引起严重灾害和环境污染，对环境和人民生命财产安全构成重大威胁。声发射法利用储罐腐蚀时发出的弹性波信号进行损伤判别，无需停产开罐，在罐外适当布置传感器即可实现对整个储罐监测，具有实时、动态、在线检测评估储罐底板腐蚀状态的严重程度从而指导维修决策的优点，在石油化工行业的常压储罐底板腐蚀状态检测方面得到广泛应用。

开罐检查时发现，储罐底板腐蚀不是呈现均匀腐蚀，而是局部区域出现腐蚀坑，如图1所示。低碳钢在酸性环境中发生均匀腐蚀，而在 pH 值为 7~8 的溶液中易发生钝化。对能够

钝化的金属，杂质则会使其更容易钝化，如低碳钢中的碳元素会促进铁的钝化。凡是表面上有钝化膜或保护膜的金属，当其在与含有 Cl^- 离子或含氯成分的化合物的腐蚀介质溶液相接触时，点蚀是有可能发生的。以 Cl^- 为例来看点蚀的发生过程，Cl^- 会优先与金属钝化膜发生吸附作用，氧原子被挤出后，钝化膜中的阳离子会与 Cl^- 结合从而形成可溶性物质，从而金属表面露出新的底基金属，即蚀核。在较多情况下，随着蚀核的不断长大，宏观蚀孔逐渐形成，声发射信号不断产生。该种蚀孔则具有继续深挖的特性，蚀孔内金属基体表面电位较负且一直处于活性状态。反之，蚀孔外的金属表面则电位较正处于钝态。从而在蚀孔凹坑内外处，有一个活态–钝态微电偶腐蚀电池存在。该电池的面积比结构呈大阴极小阳极，蚀孔深入速度很快。又由于保护层的阻断，相对孔外介质来说孔内介质呈滞留态，外部的溶解氧不容易进来，且金属阳离子又不容易向外扩散。由于孔内阳离子浓度继续增加，氯离子不断迁入，氯化物溶液也就在孔内形成了，从而使孔内的金属表面一直处于活性状态。但由于氯化物会水解，孔内介质增加酸度的同时则会使阳极溶解的速度也随之增加，声发射撞击率增加，又加上介质之间存在重力的相互影响，蚀孔继续加深，严重时导致穿孔，如图2所示。

图 1　储罐底板不均匀分布的腐蚀坑

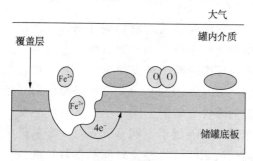

图 2　腐蚀源

　　一个腐蚀坑形成一个大的声发射源，储罐底板则存在多个这样的声发射源，表现为多源化。这些不同腐蚀源发出的声波触发声发射传感器，可能间隔时间很短，容易将来自不同声源的信号划分为同一事件组。因此，声源识别前需进行多源信号的分组，即判别哪些传感器收到的信号来自同一声源，且为同一事件，否则可能会出现事件缺失或重复计算事件的现象，不能准确地识别声发射源。

2　基于相关分析的同源信号聚类

　　要实现多目标声发射事件的信号辨识，区分出不同声发射源的信号，可以依据某种属性把一类事物和其他类型的事物区分。在多目标声发射事件的数据辨识过程中，不同的声发射事件就是"模式"，每个传感器检测到的声发射信号中提供了不同模式的属性。在一个初始声发射事件的信号集合中，目标声发射事件的模式和数量均是未知的。聚类的原理是把数据集合中相似的对象分成不同的组别或者更多的子集，这样让在同一个子集中的成员对象都有相似的一些属性。各传感器接收到的同一声发射源信号应该具有比较高的相似性。根据这一特点，可以利用聚类分析将传感器接收到的信号按相似性进行分

类，每一类信号对应着一个声发射事件。即要准确地识别声发射源，需要判断哪些信号来自同一事件，属于同一声源。互相关系数法可以实现对同一声源信号进行聚类分析。设 $x=(x_1, x_2, \cdots, x_N)$，$y=(y_1, y_2, \cdots, y_N)$ 为被判定的两个信号序列，其相关函数为：

$$R_{x,y}(m) = \frac{1}{N}\sum_{n=1}^{N-m} x(n)y(n+m)$$
$$(m = 0, 1, \cdots, N) \qquad (1)$$

　　互相关函数是两个不同信号 $x(n)$ 和 $y(n)$ 之间的乘积，这两个被去除均值的信号之间存在共性部分（确定量）和非共性部分（随机量），共性部分的相乘总是取相同符号，使得该部分得到累积加强，而非共性部分由于其随机性相乘后有时取正号有时取负号，经过平均运算后趋于相互抵消。因此，两个信号的互相关运算能够将其共性部分提取出来并抑制掉非共性部分，互相关函数的最大值反映了两个信号之间的相似性的程度。由于互相关函数的最大值是绝对量值，与信号幅值有关，不便于统一度量。因此，对 x、y 的最大值进行归一化处理，得到两个信号的互相关系数。

$$\rho_{x,y} = \frac{\max(R_{x,y})}{\sqrt{\sum_{n=1}^{N} x^2(n) \cdot y^2(n)}}. \qquad (2)$$

　　互相关系数的值越接近 1，表明两信号之间相似程度越高，来自同一个声源的可能性越大。在聚类融合过程中，根据两个信号之间的互相关系数是否超过阈值来确定其是否属于同一个聚类。属于同一聚类的信号则被判定来自同一声源，为一个声发射事件。这样用相关系数法可以判断两个信号是否来自同一声源。平均相关系数为：

$$\rho(x, C) = \frac{1}{n'}\sum_{i=1}^{n'} \rho(x, y_i), \quad y_i \in C \qquad (3)$$

式中　n'——聚类 C 中的信号数量。

　　$\rho(x, C_1)$ 的意义在于判断目标信号与已知聚类的相关性。设在事件定义时间内 i 号传感器接收到的撞击信号集合为 $H_i = \{h_{i1}, h_{i2}, \cdots, h_{in}\}$，$n=3, 4, 5, \cdots$，$H$ 中的信号按时间顺序排列，信号类别数量未知。选取 h_{11} 信号为基准，分别与 h_{21}，h_{22}，$\cdots$，h_{2n} 中的信号做相关

系数计算，取相似度最大的那个信号（假定为 h_{2k}）与 h_{11} 信号共同构成 C_1 聚类。接着将信号 h_{31}，h_{32}，…，h_{3n} 与 C_1 进行平均相关系数运算，取平均相关系数最大的那个（假定为 h_{3m}），可判定 h_{3m} 属于聚类 C_1。这样 h_{11}、h_{2k}、h_{3m} 属于聚类 C_1。依次类推，可知以 h_{12} 信号为基准的聚类 C_2。最终可以得到 C_1，C_2，…，C_n，这样就得到了所有聚类集合。

3　基于全域监测的储罐底板腐蚀多声源识别方法

储罐底板中心区域是检测的重点部位，而传统储罐声发射监测方法易存在中央区域声源信号的缺失现象。前期研究表明在底板中央区域布置传感器可以提高监测的灵敏度和可靠性。本文基于储罐底板腐蚀声发射全域监测方法，提出储罐底板腐蚀声源短基线网格识别方法。

3.1　短基线平面网格拓扑阵列

对于一个声发射源，其强度不同发出的声波触发传感器数量也不同。声波按照由近及远的顺序，依次触发声发射传感器。并且距离越近的传感器接收到的信号幅值越大，距离越远的传感器接收到的信号幅值越小。直到距离达到一定程度，声波的幅度无法越过门槛。这种触发时间和信号参数的差异性即可提供有关声源归属区域、强度、活度的信息。

依据声波相位阵列原理，与一声源距离相等的传感器接收到同一事件声信号的时间相同，强度相等。如图3所示，若声源在两传感器的中垂线上，即 $r_1=r_2$ 处，由于声波到达两传感器的距离相同，到达两传感器的时间相同，信号强度相同；当声源与两传感器距离 $r_1<r_2$，声波先触发1号传感器，且信号强度更高；当声源与两传感器距离 $r_1>r_2$，声波先触发2号传感器，且信号强度更高。因此，对同一声源发生的同一声发射事件，若1号传感器先接收信号到且强度更高，则该声源离1号传感器更近；反之，离2号传感器更近。可以两传感器连线中垂线为网格拓扑的依据。值得注意的是，如果只有1号传感器收到信号，而2号传感器未收到信号，则该声发射源应处于以1号传感器所在位置为圆心，以 a 为半径的圆形区域；若仅有2号传感器收到信号，则该声发射源应处

于以2号传感器所在位置为圆心，以 a 为半径的圆形区域。

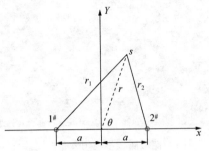

图3　声源与两传感器相位阵列图

采用更为灵活的短基线阵列系统，每个基阵由包括一个以上的传感器构成。将接收到同一声源发生的同一声发射事件信号的传感器划分为一个基阵中的基元，可见基元的归属是由声发射事件决定的，同一个声发射传感器在不同事件中可能属于不同基阵。对一个基阵中传感器接收到的信号触发时间和参数特征进行两两比较，任意两个传感连线的中垂线所划分形成的区域即为声源判别归属区域，进而形成储罐底板短基线平面网格拓扑阵列（简称"网格阵列"）。通过对基阵中多组传感器接收到的同一声发射事件的信号的判别，可以缩小该声发射事件的所属区域，更加准确地识别声源的归属网格，识别声发射源。储罐内部放置不同传感器数量，将形成不同的网格阵列，例如罐外布置6个传感器，罐内中心布置1个传感器，即形成1-6阵列，如图4所示；也可形成其他传感器阵列方式，对传感器进行坐标表示，见表1，底板半径设为 R_0，由外至内进行编号，第一层传感器总数为 n_1，第二层传感器总数为 n_2，第三层传感器总数为 n_3，传感器编号为 i（$i=1$，2，3，…，n），中心坐标为（0，0）。

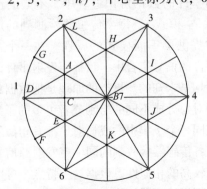

图4　1-6储罐底板短基线平面网格拓扑阵列

表 1　传感器坐标

传感器层	不同阵列传感器坐标		
	1-6, 1-12	1-3-6, 1-6-6, 1-6-12, 1-6-24	1-6-12-24
1	$x=-R_0\cos\left(\dfrac{i-1}{n_1}\cdot 2\pi\right)$ $y=R_0\sin\left(\dfrac{i-1}{n_1}\cdot 2\pi\right)$	$x=-R_0\cos\left(\dfrac{i-1}{n_1}\cdot 2\pi\right)$ $y=R_0\sin\left(\dfrac{i-1}{n_1}\cdot 2\pi\right)$	$x=-R_0\cos\left(\dfrac{i-1}{n_1}\cdot 2\pi\right)$ $y=R_0\sin\left(\dfrac{i-1}{n_1}\cdot 2\pi\right)$
2	$x=0$ $y=0$	$x=-\dfrac{1}{\sqrt{3}}R_0\cos\left(\dfrac{i-n_1-1}{n_2}\cdot 2\pi-\dfrac{\pi}{6}\right)$ $y=\dfrac{1}{\sqrt{3}}R_0\sin\left(\dfrac{i-n_1-1}{n_2}\cdot 2\pi-\dfrac{\pi}{6}\right)$	$x=-\dfrac{1}{2}R_0\cos\left(\dfrac{i-n_1-1}{n_2}\cdot 2\pi-\dfrac{\pi}{6}\right)$ $y=\dfrac{1}{2}R_0\sin\left(\dfrac{i-n_1-1}{n_2}\cdot 2\pi-\dfrac{\pi}{6}\right)$
3	—	$x=0$ $y=0$	$x=-\dfrac{1}{4}R_0\cos\left(\dfrac{i-n_1-n_2-1}{n_3}\cdot 2\pi-\dfrac{\pi}{6}\right)$ $y=\dfrac{1}{4}R_0\sin\left(\dfrac{i-n_1-n_2-1}{n_3}\cdot 2\pi-\dfrac{\pi}{6}\right)$
4	—	—	$x=0$ $y=0$

3.2　基于全域监测的储罐底板多声源识别

时差定位方法的应用情况：即一个声发射事件需 3 个及 3 个以上传感器收到声发射信号才可以形成定位，没有形成定位的声发射源事件便被丢失，而腐蚀信号较弱，声发射波仅触发一个传感器的情况较多；并且由于声波传播的复杂性，定位点不能准确反映声源位置，仅是对于储罐底板腐蚀状态的评估具有参考意义；以及区域定位对于同一声发射源事件的重复定位问题。基于全域监测的短基线平面网格拓扑阵列声发射源识别方法，综合多声源信号辨识方法，考虑腐蚀声发射信号特性，鉴于声源强度不同导致的声波触发传感器的几种情况，实现声发射源的全面识别。以图 4 中 1-6 阵列为例。

1) 声波触发 1 个传感器

若某一声发射源强度较低，发出的声波仅触发 7 号传感器，则该声发射源与其他 1~6 号传感器的距离均较 7 号传感器远，则该声发射源属于 AHIJKE 区域；同理，若某一声波仅触发 1 号传感器，说明该声发射源与 2~7 号传感器的距离较 1 号传感器远，则该声发射源属于 GAEF 区域。

2) 声波触发 2 个传感器

若某一声源强度稍低，发出的声波仅触发 1 号和 7 号传感器，说明该声发射源与 2~6 号传感器的距离较 1 号和 7 号传感器远，应在被触发传感器之间的区域。则当 1>7 时，该声发射源属于 AED 区域；当 7>1 时，该声发射源属于 ABE 区域。同理，若某一声波仅触发 1 号和 2 号传感器，说明该声发射源与 3~7 号传感器的距离较 1 号和 2 号传感器远，应在被触发传感器之间的区域。则当 1>2 时，该声发射源属于 ADG 区域；当 2>1 时，该声发射源属于 AGL 区域。由两个传感器判别形成的声源识别区域较一个传感器的范围缩小了，因此当声发射波触发 n 个传感器，组成多组判别时，声发射源的所在区域将被限定在更小的范围，实现更精细的识别。

3) 声波触发 n 个传感器

对于强度较高的声发射源，发出的声发射波会触发 n 个传感器，通过判别，可以将声发射源识别在某一网格。储罐底板腐蚀全域监测的传感器阵列方式不同，基阵中基元对网格内声源的识别逻辑不同，平面网络拓扑结构的识别能力也不同。一个网格的判别由围成该网格的中垂线的传感器所接收的信号决定。对平面网格拓扑阵列的识别能力进行分析，识别比例 $P=S_{网格}/S_{储罐底板}$，识别比例越小，能够识别的网格区域面积越小，识别精度越高，所达到的识别效果越好；反之，识别比例越大，所识别的网格区域面积越大，识别精度越低。由于网格由传感器的中垂线围城，识别逻辑即为这些传感器接收到的信号强度的判别。根据传感器坐标，储罐底板半径 R_0，可以求出所识别网格面积为关于 R_0 的表达式，从而求出识别比例。最大识别比例与最小识别比例的比为该阵列的识别不均匀系数 k，$k=P_{max}/P_{min}$。

1-6 阵列可以识别出的最小网格为 ABC，其中 AB 边为 1 号和 2 号传感器连线的中垂线上的线段，因此该网格属于 1>2 的区域；BC 边为 2 号和 6 号传感器连线的中垂线上的线段，该网格属于 2>6 的区域；CA 边为 1 号和 7 号传感器连线的中垂线上的线段，该网格属于 7>1 区域。这样 ABC 通过 1>2&7>1&2>6 的逻辑判别即可限定，也可以认为，满足该逻辑判别的声发射事件可以识别位于 ABC 网格内。$S_{ABC}=\dfrac{R_0^2}{8\sqrt{3}}$，$S_{储罐底板}=\pi R_0^2$，即可得到最小识别比例 $P_{min}=0.023$。同理，该阵列可以识别出的最大网格为 DEF。DE 边为 6 号和 7 号传感器连线中垂线上的线段，该网格属于 6>7 的区域，EF 边为 1 号和 6 号传感器连线中垂线上的线段，该网格属于 1>6 的区域。DEF 通过 6>7&1>6 的逻辑判别即可限定，也可以认为，满足该逻辑判别的声发射事件可以识别位于 DEF 网格内。$S_{DEF}=\dfrac{\pi R_0^2}{12}-\dfrac{R_0^2}{4\sqrt{3}}$，$S_{底板}=\pi R_0^2$，即可得到最大识别比例 $P_{max}=0.060$。不均匀系数为 2.61。

可以通过适量增加传感器数量来提高识别效果。但并不是越多越好，数量的增加可能会导致不均匀系数变大。同时，对于不同声源，接收到信号的传感器数目增加，会导致多声源辨识的难度增大。可根据实际情况选择阵列。首先要进行储罐底板腐蚀多声源辨识，对同源

信号聚类，再利用短基线平面网格拓扑阵列，将储罐底板划分成若干网格，从而基于全域监测的储罐底板腐蚀声源识别方法，对同源同事件声发射信号进行判别，可为储罐底板的腐蚀声源找到归属网格，实现声发射源的识别。

该方法解决了储罐底板腐蚀声发射信号较弱、声发射信号难以获取、声源所在位置难以确定的问题。不会存在声源的漏识别现象，针对声发射波触发传感器数量的不同情况，实现声源所属区域的判别，为储罐底板维修决策提供更可靠的依据。

4　模拟储罐底板多声源辨识实验

4.1　实验对象和实验系统

采用常压立式储罐底板常用材料 Q235 碳素结构钢所制成的圆形钢板，其直径为 900mm，厚度为 8mm；选用美国 PAC 公司生产的 DP3I 型传感器，以及集成化更高、更适用于压力容器检测的第 3 代全数字化系统。结合本文实验所采用的材料及结构尺寸，经过多次实验测试，最终设定系统有关参数 PDT 为 300μs，HDT 为 600μs，HLT 为 1000μs。由于本实验的定位声源来自 2H（0.5）断铅模拟声源，因此检测门槛设为中灵敏度范围的 40dB。

采用 1-6 阵列，将 6 个传感器均匀耦合在圆板外围，与此同时，在圆板中心耦合 1 个传感器，按图 4 的传感器阵列方式，传感器布置如图 5 所示，各传感器坐标如表 2 所示。在储罐底板上表面随机断铅 3 次，记录并保存各次断铅位置及各传感器接收到的信号幅度，如表 3 所示。

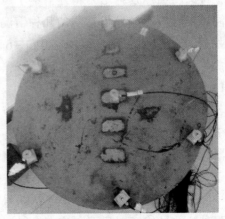

图 5　模拟储罐底板传感器布置方案实验图

表2　各传感器坐标表

传感器号	1	2	3	4	5	6	7
坐标/mm	(−400, 0)	(−200, 346)	(200, 346)	(400, 0)	(200, −346)	(−200, −346)	(0, 0)

表3　3次断铅位置及各通道接收信号幅度

断铅位置	各通道接收信号幅度/dB						
	1	2	3	4	5	6	7
1#(−180, 56)	97	96	95	94	94	95	98
2#(−300, −127)	98	96	95	94	94	97	97
3#(−180, −56)	97	95	94	93	94	96	98

4.2　实验结果与分析

设3次断铅声源信号最先收到信号、第二收到信号、第三收到信号的前3个传感器接收信号集合分别依次为{aa, ab, ac}、{ba, bb, bc}、{ca, cb, cc}，利用相关系数法进行相关分析，其相关性如图6和图7所示。

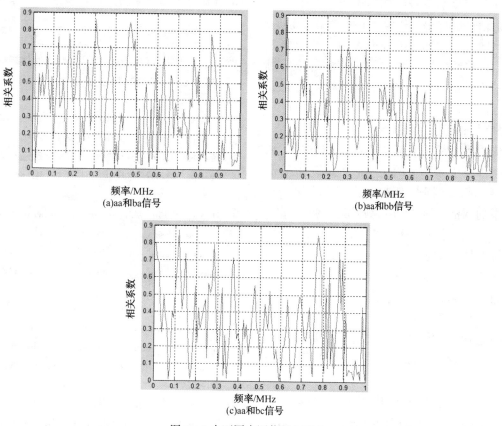

图6　3个不同声源信号相关性

通过对信号进行谱分析发现，断铅信号在30kHz处功率谱密度最大。由图6可知aa和ba信号在30kHz处相关系数最大，即相关性更大，故把aa和ba信号归于同一聚类C_1，即aa、ba$\in C_1$。

同理，由图7可知ab和bb信号相关性更大，故把ab和bb信号归于同一聚类C_2，即ab、bb$\in C_2$。显然ac和bc信号归于聚类C_3，即ac、bc$\in C_3$。然后再进行3通道信号集合{ca, cb, cc}的判别，经分析{aa、ba、ca}$\in C_1$，{ab、bb、cb}$\in C_2$，{ac、bc、cc}$\in C_3$。

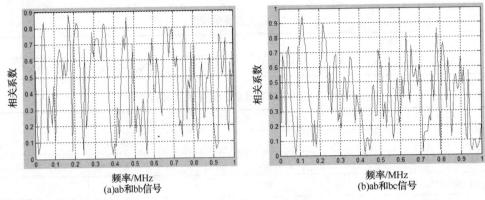

图7　2个不同声源信号相关性

应用相关分析将三组断铅信号成功分离，表明该方法可以将同一声源发出的同一声发射波形成的声发射信号划分为一类，实现储罐底板腐蚀同源声发射信号的同源聚类。对采集到的声发射信号进行相关分析，根据功率谱密度，将相关系数最大的即相关性最大的信号划分为一类，即可将特定时间内的同一声源信号聚为一类，形成一个事件。多声源信号聚类的完成表明该方法可以实现多声源的辨识，这为声源的识别和评估提供了基础。

再应用短基线平面网格声源识别方法，确定每个事件发生于哪个网格。对分成3组的信号进行网格归属判别，依据网格识别方法，对照图4中的网格阵列，1#声源归属于网格ABC，2#声源归属于网格DEF，3#声源归属于网格BCE。与声源位置完全一致。

5　小结

储罐底板腐蚀声发射信号属于弱信号，针对底板中央区域腐蚀声源信号难以获取、声源识别漏判或误判的问题，提出基于全域监测方法储罐底板腐蚀多声源信号辨识方法、声源识别方法，得到如下结论：

（1）建立基于相关分析的同源信号聚类方法，该方法可以实现储罐底板腐蚀多声源信号的辨识，即判断哪些信号来自同一声源，为基于声发射全域监测的储罐底板腐蚀短基线平面网格声源识别提供依据。

（2）建立短基线平面网格拓扑阵列，基于声波相位阵列原理，综合多声源信号辨识方法，形成基于全域监测的储罐底板腐蚀声源网格识别方法。该方法能够实现对储罐底板不同强度声源(强度不同的声源，发出的声波触发传感器数量不同)的有效识别，可对储罐底板进行更为精细的网格化管理，对判断声源集中度具有一定意义，为储罐底板腐蚀严重度评估提供依据。

参 考 文 献

1　刘栓，王娟，程红红，等. 大型原油储罐内壁底板腐蚀机理及防护措施[J]. 表面技术，2017，46（11）：7-54.

2　申晓丽. 浅谈大型金属储罐检测技术及应用[J]. 中国新技术新产品，2016，24（03）：59-60.

3　蒋林林，韩文礼，徐忠苹，等. 储罐底板声发射在线检测技术的研究现状[J]. 腐蚀与防护，2016，37（05）：375-380.

4　H. Xu，X. Liu，Z. Guo. Comparison between acoustic emission in-service inspection and nondestructive testing on aboveground storage tank floors[J]. Advance in Acoustic Emission Technology，2014，158（02）：451-457.

5　DONG J Y，YAO Q，PLACID M F，et al. Dynamics control and performance analysis of a novel parallel-kinematics mechanism for integrated，multi-axis nano-positioning[J]. Precision Engineering，2008，32（3）：20-33.

6　王伟魁，曾周末，杜刚，等. 基于聚类分析的罐底声发射检测信号融合方法[J]. 振动与冲击，2012，31(17)：181-185.

7　陈骁，吕云波，武院生，等. 液晶光学相位阵列的电压-相位曲线标定方法[J]. 微处理机，2015，37（6）：50-52.

8　李壮. 短基线定位关键技术研究[D]. 哈尔滨：哈尔滨工程大学，2013：4-6.

PTA 装置旋转叶式过滤机的故障原因与对策

雷　凯　刘广宇　刘璐璐

（中国石化天津分公司化工部，天津　300271）

摘　要　本文通过对 PTA 装置旋转叶式过滤机频繁出现的故障进行总结与分析，结合工艺参数调整与设备结构改造，总结出稳定旋转叶式过滤机运行的有效措施，延长旋转叶式过滤机的运转周期，对今后旋转叶式过滤机的优化调整提供指导。

关键词　旋转叶式过滤机；积料；填料；冲击；同心度

1　引言

中国石化天津分公司化工部精对苯二甲酸（PTA）装置，采用三井石油化学株式会社（MPC）的专利技术，2000 年竣工投产。PTA 装置的旋转叶式过滤机由日本 IHI 公司制造，型号为 CFR25-10-50，处理 PTA 单元产生的带固体废水。该设备运行自 2003 年 10 月起，经常发生皮带断、振动高、填料泄漏和过载等现象。经过多次检修和操作参数变更，有效果但维持时间都不长，作为精制单元残渣系统的关键设备，一旦出现问题，直接影响残渣系统的运行。对装置的能耗物耗都有直接影响，经济效益损失惨重。

2　旋转叶式过滤机原理

旋转叶式过滤机 PM-901 设计处理量 67.1t/h，过滤面积为 25m²，规格为 1200×4112×6/8，操作温度为 50～80℃，操作压力为 0.294MPa。离心机分离后得到的废母液进入到 PD-403 母液罐，在 0.4 MPa 的压差下进入到常压罐 PD-404，经过输送泵进入到 PW-901 空冷塔，通过通入 100000Nm³ 的冷空气把废母液温度由 100℃降到 65～68℃。由于温降，废母液中少量的 CTA、P-TA 等有机物析出。然后，通过输送泵进入到 PM-901，废母液在 PM-901 的叶片上预膜、过滤、形成滤饼，随后通入加热的 7N 进行干燥，最后，启动 PM-901 把附着在叶片上的干滤饼抖落，通过螺旋推料器输送到 PZ-903 接料斗。而滤液则通过叶片进入到中心管排至地沟，进入到废水系统。精制残渣系统流程如图 1 所示。

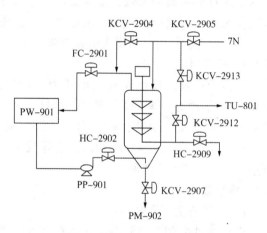

图 1　精制残渣系统流程图

3　旋转叶式过滤机常见故障及原因

3.1　皮带断裂

3.1.1　皮带老化

过滤机的传动方式为皮带传动，由于旋转叶式过滤机为间歇性开停，当设备由停止到启动时，瞬时力对设备造成多次冲击。长时间重复启停，频繁的冲击会造成皮带产生疲劳从而断裂。

3.1.2　负载过大

过滤机进料量为 67.1t/h，过滤机上游为旋转真空过滤机，当真空过滤机滤布有破损时，过滤机系统进料的固含量就会增加，但下料时间一定，每批次就会有残留物料，导致每一批

作者简介： 雷凯（1988—），男，2011 年毕业于辽宁石油化工大学材料成型及控制工程专业，学士学位。现任中国石化股份有限公司天津分公司化工部 PTA 车间副主任，工程师。

的物料增加，超过过滤机设计负荷，超负荷运行会导致设备过载停机，引起皮带断裂。

3.2　外部泄漏

3.2.1　填料失效

旋转叶式过滤机填料为成型填料/115.8×100×7.9四氟，由于设备频繁启停，填料受到冲击后会引起变形，运行过程中需要频繁紧固填料，却无法达到较好的密封效果。

3.2.2　轴套O形密封圈失效

轴套密封靠 VITON 材质的 O 形密封圈实现。由于设备老化，备件之间的配合尺寸有所改变，加上橡胶材质本身受冲击的能力差，导致轴套处 O 形密封圈失效，泄漏量增大还会导致设备无法升压到位，致使残渣湿含量大，更容易引起设备积料而负荷增大引起过载。

3.2.3　子口泄漏

旋转叶式过滤机本体连接形式为子母口，依靠 36 个活动的吊耳式螺栓紧固，密封垫采用的是波齿复合垫片垫片，密封面材质为四氟。当螺栓预紧力不均或分布不均时，会导致子母口垫片受力不均产生泄漏。

3.3　振动较大

3.3.1　框架固定不良好

设备所处框架为依附装置主体框架的一个三层独立框架，框架稳固性不好，之前已经对框架进行加固，增加斜拉梁四处，支撑梁八处，但当设备运行时还是会有很严重的晃动。

3.3.2　滤叶变形

旋转叶式过滤机的中空轴上有 40 个用来固液分离的滤叶，当设备运行一段时间后，在物料挤压和氮气加压的作用下，导致部分滤叶产生变形。下部的滤叶变形较多一些。当滤叶发生变形后，一旦积料就会使转子转动不平衡，从而产生较大振动。

4　解决对策

（1）从皮带本身入手，采用进口皮带型号为窄 V 带/5V－1600－1600 RMA IP22 皮带，其抗磨和抗冲击性能更优越。

（2）当 PTA 日产量有所减少和过滤机过载同时或相近发生时，要关注压滤机运行状态，检查压滤机滤布情况，一旦发现滤布有破损须及时对滤布进行处理，避免旋转叶式过滤机进料固含量过高，引起设备超负载运行。

（3）选用尺寸、材质适合的成型填料，巡检时关注填料状态，如发现泄漏，及时对填料进行紧固，对于新更换的填料采取多次紧固的方式，避免一次紧固过实，使填料与轴之间摩擦力过大而磨损主轴。

（4）多次检修发现轴套底部 O 形密封圈频繁损坏，经多次摸索，发现原来的橡胶材质 O 形密封圈抗冲击性较差，虽将 VITON 材质的 O 环改成四氟环，增加了抗冲击能力。

（5）叶式过滤机子口复位时，使子口的活动吊耳螺栓均匀分布，检查波齿复合垫是否有偏斜或没压上的情况。

（6）当设备运行时观察框架松动的地方并加以固定，避免框架与设备产生共振而加大设备晃动。

（7）检修时检查滤叶平整度，对变形较大和有破损的滤叶进行调平、更换，确保运行期间不会产生不平衡的离心力，造成设备振动大。

5　总结

转动设备的故障，与自身平衡和承受载荷密切相关，通过更改轴套 O 形密封圈的材质，在可以起到良好密封的前提下，即不增加设备载荷又适应频繁启动造成冲击的运行环境。目前设备已经连续运转七个月之久，提高了设备的运行周期，减少了维修费用。此次改造同样适用相同运行工况的同类设备，为转动设备故障问题的解决开创了新的方向。

CFB 锅炉屏式过热管爆管失效分析

吴建平

(中韩(武汉)石油化工有限公司设备管理部，湖北武汉　430070)

摘　要　某热电装置 CFB 锅炉屏式过热管发生了开裂失效。通过断口宏观和微观形貌及显微组织观察、化学成分检测、金相分析及能谱分析等方法，对过热管开裂失效原因进行了分析和研究。分析结果表明，过热管的开裂破坏是在材料韧性下降的情况下，由于管子表面受损应力增加及表面裂纹引起的应力集中所造成的脆性断裂。

关键词　ASME SA213T22；失效分析；屏式过热管；表面裂纹；脆性断裂

某热电装置安装有 3 台额定蒸发量为 360t/h 的循环流化床锅炉。自 2012 年 12 月份投入运行。装置运行 34 个月后，1# 锅炉内屏式过热器上过热管发生爆管。过热管材质为 ASME SA213 T22，直径为 38.1mm，壁厚为 5.45mm，管外介质为烟气，烟气温度为 900~1000℃，管内介质为蒸汽，蒸汽温度为 500℃，压力为 11.8MPa。

经检查发现过热管在靠近炉膛壁测中间位置发生轴向破裂，为了查清楚过热管失效的原因，对失效炉管行了化学成分分析、金相组织分析、微观形貌分析及能谱分析。

1　理化检验及结果

1.1　宏观形貌

过热管失效情况如图 1 所示，表面材料破坏较为严重。管上焊有连接板，连接板的一侧

图 1　屏式过热管开裂失效图

为破裂侧，另一侧为完好侧，如图 2 所示。破裂侧有数条深度不一的轴向表面裂纹，完好侧

表面未发现类似的裂纹。管子的开裂源于一条较深的轴向表面裂纹。从截面 D 和截面 E 可以观察到完好侧管子厚度较为均匀，为 6mm。破裂侧从连接板到裂口处厚度逐步减薄，最薄处小于 1mm。开裂之前管子的塑形变形较小，可以初步判断屏式过热管的开裂为脆性开裂。

图 2　屏式过热管截面图

1.2　化学成分

屏式过热管设计材料为 ASME SA213 T22，用化学法对其成分进行分析，结果见表 1。参照对应标准，材料满足标准的要求。

表 1　过热管化学成分分析　　%

材料	C	S	P	Si	Mn	Mo	Cr
分析结果	0.089	0.005	0.012	0.24	0.43	0.84	2.02
标准	0.05~0.15	0.025	0.025	0.5	0.3~0.6	0.87~1.13	1.9~2.6

1.3　微观组织

检验结果如图所示，屏式过热管在破裂侧和完好侧金相组织均为铁素体(见图3和图4)，在界内和晶界分布有碳化物，球状氧化物夹杂D0.5级，单颗粒球状类DS0.5级，铁素体晶粒度均为9.5级。

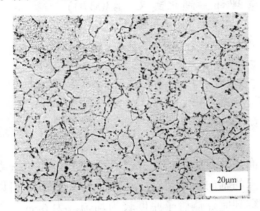

图3　屏式过热管破裂侧材料金相组织

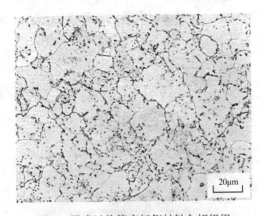

图4　屏式过热管完好侧材料金相组织

1.4　断口分析

1.4.1　断口形貌

利用扫描电镜及能谱仪对图5中的几个观测点进行断口微区形貌分析及能谱分析，微观形貌图如图6~图8所示。

从屏式过热管3#、4#、5#点扫描电镜图中发现管子材料有晶间开裂情况发生，且沿厚度方向有明显分层现象。

1.4.2　能谱分析

能谱分析如图9~图11所示。在4#点扫描电镜图中发现了材料表面有针状类物质，在对应点的能谱分析中发现了过量的Cl元素，在3#和5#点对应的能谱分析中也有很微量的Cl元素，其他元素表现并无异常。

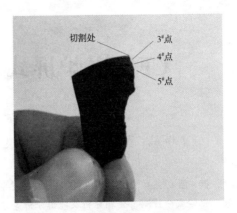

图5　试样及观测点示意图

图6　3#点扫描电子显微镜图

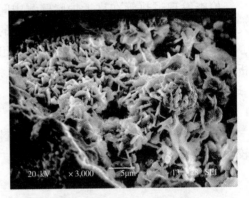

图7　4#点扫描电子显微镜图

图8　5#点扫描电子显微镜图

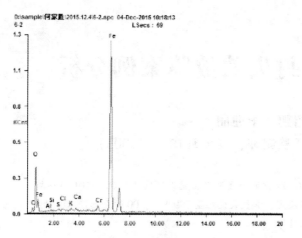

图9　3#点化学成分能谱分析

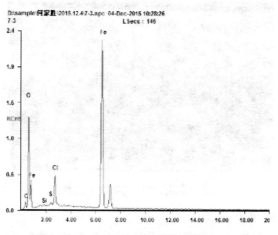

图10　4#点化学成分能谱分析

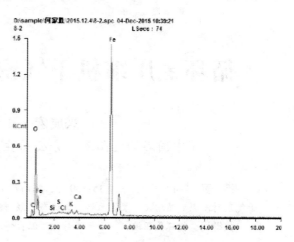

图11　5#点化学成分能谱分析

2　综合分析

从屏式过热管材料化学成分分析看，各化学成分基本满足相关标准的要求，屏式过热管金相组织为铁素体，在晶内及晶界分布有碳化物。屏式过热管破裂侧 C 区域表面破坏严重，该区域内管子厚度减小；在外界环境的影响下，屏式过热管破裂侧表面产生了数条深度不一的轴向裂纹。管子的开裂源于一条较深的轴向裂纹。从破裂处所取试样扫描电镜分析中看到材料有微观晶间开裂情况发生，且管子沿厚度方向有明显的微观分层现象，这些情况会导致材料韧性下降。

综合分析表明：屏式过热管的开裂破坏是在材料韧性下降的情况下，由于管子表面受损导致应力增加及表面裂纹引起的应力集中所造成的脆性断裂。

循环氢压缩机干气密封失效故障案例分析

兴成宏　　王绍鹏　　李迎丽

（中国石油辽阳石化分公司生产监测部，辽宁辽阳　111003）

摘　要　2018 年 1 月 8 日 15：30 时，炼油厂 130 万吨/年加氢裂化装置循环氢压缩机 C1101 驱动端干气密封泄漏突然增大，装置面临停工状态。经研究决定，加氢裂化装置于 9 日 8：00 时开始停工检修。

关键词　循环氢压缩机；干气密封；泄漏；停工检修

1　设备简介

加氢车间加氢裂化装置循环氢压缩机 C1101 是 AC 公司生产的 VH-307 型离心式压缩机，流量为 343350m³/h，额定转数为 10066r/min，介质为循环氢，原厂配备的轴端部密封为浮环密封，2013 年停产检修期间该机组将密封改造为干气密封。机组形貌如图 1 所示。

图 1　机组形貌图

2　相关工艺参数及图谱

联锁停机时的各项工艺参数如图 2 所示，检修前 7 天振动趋势图如图 3 所示。

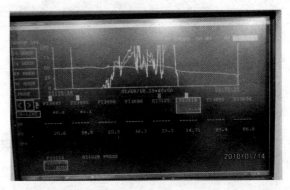

图 2　联锁停机时的各项工艺参数

3　原因分析

判断此次密封失效原因为干气密封轴套部件中心线与轴中心线形成一定角度，引起轴套在运行过程中发生摆动，转子每旋转一周，导致一级密封静环辅助推环动态补偿密封环与静环座接触面摩擦频率和幅度大大增加，最终损坏。

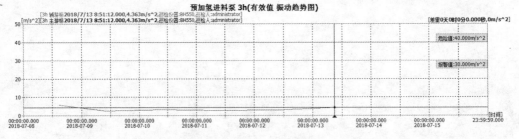

图 3　检修前 7 天振动检测情况，机泵振动无明显变化，无报警

4　检修情况反馈

静环和推环结构及两家生产的干气密封的定位轴肩不同。安装过程中，一通公司在安装干气密封时将螺母锁至最紧，使干气密封紧紧贴靠在定位轴肩处，机组运转时，干气密封的转动部件与轴的同轴度靠定位轴肩来实现；福斯公司在安装干气密封时，锁紧螺母不锁至最

作者简介：兴成宏（1972—），男，辽宁辽阳人，博士，高级工程师，现任中国石油辽阳石化分公司机动设备处副总工程师，从事旋转机械故障诊断及管理工作。

紧，力度靠安装人员经验把控，机组运行时，机体内介质向外推干气密封，干气密封主要依靠锁紧螺母定位，干气密封的转动部件与轴的同轴度也由锁紧螺母内端面跳动决定。由于一通公司人员安装修复福斯密封时，锁紧螺母上得过紧，导致轴套定位点与轴定位台肩紧密接触，在这种情况下，易导致接触点变形，进而引发轴套中心线与轴中线发生偏斜，最终导致密封损坏。

5　整改措施

严密监控目前在用的干气密封的运行状况，加强脱液并保证密封气近期温度、流量，保持工艺操作的稳定性；停产检修期间，将两套转子送专业厂家进行检测，将两个干气密封厂家

的定位轴肩进行垂直度和跳动值的检测，不合格的进行维修；利用转子，在专业维修厂家测量干气密封锁紧螺母内端面垂直度和跳动值；将已经拆除的两套福斯生产的干气密封返回福斯苏州工厂进行维修，而且现有锁紧螺母轴向尺寸略小，螺纹数只有五道，在定位和抵抗形变方面略显薄弱，所以，委托福斯公司重新设计和制造两件干气密封锁紧螺母。

参 考 文 献

1　沈庆根，郑水英. 设备故障诊断[M]. 北京：化学工业出版社，2007.

2　杨国安. 机械设备故障诊断实用技术[M]. 北京：中国石化出版社，2007.

乙烯压缩机轴振动爬升的故障机理及分析

李迎丽　兴成宏　王绍鹏　韩忠诚

（中国石油辽阳石化分公司生产监测部，辽宁辽阳　111003）

摘　要　在高速、高压离心压缩机组或蒸汽汽轮机机组等旋转机械中，为了提高效率，常常把轴封、级间密封、油封间隙和叶片顶隙设计得较小，以减小气体泄漏。但是，过小的间隙除了会引起流体动力激振之外，还会发生转子与静止部件的摩擦。一般可分为两种情况：径向碰摩和轴向碰摩。

关键词　乙烯压缩机；滑动轴承；轴向振动；故障机理

1　滑动轴承故障机理

滑动轴承：在滑动摩擦下工作的轴承。滑动轴承工作平稳、可靠、无噪声。在液体润滑条件下，滑动表面被润滑油分开而不发生直接接触，还可以大大减小摩擦损失和表面磨损，油膜还具有一定的吸振能力。但启动摩擦阻力较大。轴被轴承支承的部分称为轴颈，与轴颈相配的零件称为轴瓦。为了改善轴瓦表面的摩擦性质而在其内表面上浇铸的减摩材料层称为轴承衬。轴瓦和轴承衬的材料统称为滑动轴承材料。滑动轴承应用场合一般在高速轻载工况条件下。

2　滑动轴承常见故障

滑动轴承故障主要有轴承过热、疲劳破裂、磨损及刮伤、穴蚀、电蚀等。

3　案例分析

3.1　机组简图

机组概貌如图1所示。

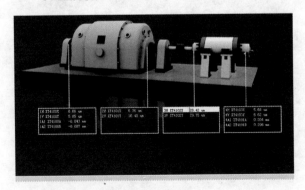

图1　机组概貌图

3.2　故障现象及原因分析

2019年4月14日8：00时左右，乙烯压缩机驱动端轴振动由9μm缓慢下降，至21：00时，振动值达到最低值5μm。与此同时，该侧轴瓦温度大约上涨1℃。之后振值虽然逐渐上涨，但上涨速度趋于缓慢。至4月17日，轴振动稳定在约35μm。在此过程中，径向轴瓦温度大约上升了6℃，达到了80℃，并维持稳定。现场人员降低了乙烯压缩机的转速，并降低油温至38℃，但振值并未发生变化。乙烯压缩机波动前，压缩机各测点径向、轴向振值趋势平稳，无明显波动，并且远低于报警值（压缩机报警值为38μm，联锁值为76μm）。主要表现为工频幅值升高，轴心轨迹为标准椭圆形，系统显示为反进动（振动异常之前也为反进动）。通过DCS显示以及现场了解的情况得知，随着振值的不断升高，轴瓦温度增长6℃。将各测点的振值进行比较，只有XT4102X/Y测点出现了明显的振值升高现象（见图2）。从波形频谱图（见图3）上可以看到，频率以工频占主导，振动变化时，工频占主变。分析认为引起机组发生振动异常的原因为：XT4102X/Y测点处轴瓦损伤。间接原因：自2016年8月份，乙烯压缩机解体大修以来，由于其他原因已经多次停机。机组开、停机过程中，在低转速下，径向轴承的动压效应降低，最下部瓦块处于混合摩擦状态，难免与轴颈发生磨碰。在多次开停车过程

作者简介：李迎丽（1972—），女，辽宁辽阳人，硕士，高级工程师，现任中国石油辽阳石化分公司机动设备处设备监测中心科长，从事旋转机械故障诊断及管理工作。

中，瓦块合金层产生疲劳、脱落，在高转速下，　　轴瓦进入异物，产生磨损。

图 2　XT4102X/Y 测点近一周振动趋势图

图 3　振动异常后 XT4102X/Y 测点波形频谱图

图 4 为测点轴系轨迹图，图 5 为测点全频谱图。

图 4　振动异常后 XT4102X/Y 测点轴系轨迹图

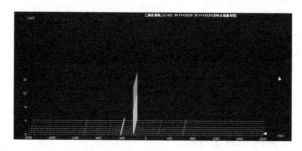

图 5　振动异常后 XT4102X/Y 测点全频谱图

4　现场反馈

2019 年 6 月，机组下线解体检修，下部瓦块有轻微磨损，轴颈相应部位有微量结焦物，未见磨损及划痕，轴承间隙超标（见图 6）。现场人员更换了两侧径向轴瓦，将转子及内缸组件送检，转子进行几何精度检查，并进行高速动平衡校验。回装后机组开车，振值恢复到正常水平。

图 6　解体照片

参 考 文 献

1　沈庆根，郑水英. 设备故障诊断[M]. 北京：化学工业出版社，2007.
2　杨国安. 机械设备故障诊断实用技术[M]. 北京：中国石化出版社，2007.

往复压缩机余隙缸液压油管断裂故障分析及改进方案

陈青松

(中韩(武汉)石油化工有限公司设备技术支持中心，湖北武汉　430070)

摘　要　简要介绍了干气提浓装置往复压缩机余隙改造情况，及其出现的液压油管断裂故障的后果。总结了该故障所暴露出来的问题和隐患，并提出相应的改进方案及整改建议。

关键词　余隙调节；余隙缸；液压油管；故障分析；改进方案

1　机组简介

干气提浓压缩机 K8201A、B 为四列三级对称平衡式 M 型压缩机，型号为 4M32-238/0.07- 7.5-13/7.5-28。气缸为无油润滑双作用水冷式，采用双层布置方案，机组开一备一。机组主要参数见表1。

表1　干气提浓压缩机 K8201A、B 机组主要参数

参数	值	单位符号
排气量(吸入状态)	238/13	m^3/min
各级吸气压力(G)	0.007/0.203/0.75	MPa
各级排气压力(G)	0.203/0.751/2.8	MPa
各级吸气温度	40/40/40	℃
各级排气温度	101/100/115	℃
压缩机转速	333	r/min
轴功率	1513	kW
活塞行程	320	mm
各级气缸直径	1000/800/410	mm
机组外形尺寸(长×宽×高)	8810×11200×5800	mm
传动方式	刚性直连	
介质	半产品气	

机组三级压缩分布方式如图1所示。

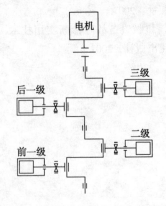

图1　干气提浓压缩机组布置简图

2017 年 2 月，对该机组 B 机进行改造，增上了余隙调节系统。该余隙调节系统采用液压油控制余隙缸活塞行程，可实现气量 60% ~ 100% 范围内的无级调节。改造后的余隙缸结构示意图如图2所示。

2　余隙改造后运行效果

2017 年进行余隙改造后，于 3 月 7 日开机运行，该机组运行电流从 160A 降至 100A 左右，功率从 1700kW 降低至 1100kW，年可节电 4.8×10⁶kW。截至 2018 年 4 月 5 日，该机组已连续运行 9400h，期间机组运行平稳，余隙调节液压系统正常。

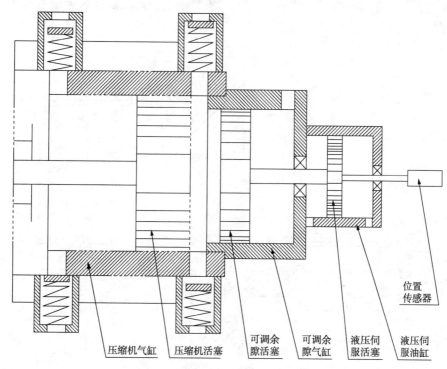

图 2　可调余隙调节执行机构示意图

3　故障过程现象

2018 年 4 月 5 日晚，干气提浓压缩机 K8201B 前一级余隙缸液压油管线发生断裂。液压油泄漏，导致余隙活塞位置不能保持，余隙缸内撞击声明显。车间操作人员在发现报警后及时将机组切换至 A 机运行。次日检修 K8201B。

经检查，压缩机本体无异常，前一级余隙缸解体后发现气缸内壁磨损，有镀层脱落现象；位移传感器电子仓震坏；活塞杆镀层脱落；密封组中的 Y 形圈有磨损；活塞杆卡环磨损，与活塞杆卡槽间隙变大。

4　故障过程分析

一级缸控制油管路断裂后，油缸活塞失去控制油，油缸活塞失去两侧液压油"夹持"，余隙活塞则随着压缩机活塞的吸气、压缩过程作往复运动，余隙活塞将直接撞击余隙缸凸台端面或余隙缸盖，引起较大振动，严重时执行机构位移传感器被振坏。

4.1　液压油管线断裂

液压油管线为 $\phi6$ 的仪表管，承压等级为 16MPa，液压油工作压力为 13MPa。该机在运行过程中，液压油管线存在振动，而该接头为

螺纹头引出，卡套连接，后接卡套式引压阀。在螺纹与卡套之间的 $\phi6$ 管承受整个管路的振动，容易出现疲劳断裂(见图 3)。

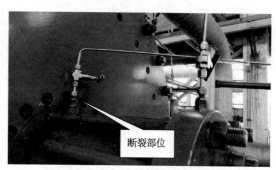

断裂部位

图 3　液压油管线断裂部位

4.2　余隙活塞卡环磨损

该机一级进气压力为 0.007MPa，一级进气时，余隙活塞背压(图 4 中 C 腔)是微正压(火炬系统压力)，由于压缩机入口压力低和气体进入气缸经过进气阀时有一定的压力损失，一级气缸(D 侧)内极有可能出现负压(尤其是在入口气阀故障、堵塞时)，会出现余隙活塞向压缩机轴侧(图 4 中右侧)运动的趋势；一级排气时，一级气缸内压力远大于常压(设计排气压力 0.3MPa)，会出现余隙活塞向压缩机盖侧(图 4 中左侧)运动的趋势。故该余隙缸在正常工作情

况下，液压油在 A 侧只能实现单方向推力，气缸侧（D 侧）则缺少压力的支撑，不能实现完全

夹持锁位。余隙缸在这种极低压力的气缸端相对较为"松动"。

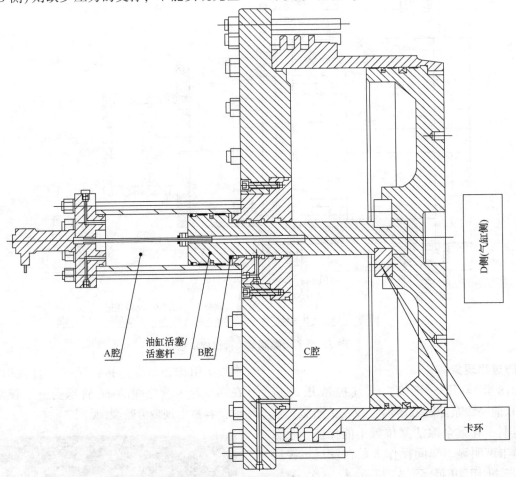

图 4　余隙缸结构图

A腔　油缸活塞/活塞杆　B腔　C腔　D侧（气缸侧）　卡环

由于这种"松动"的客观存在，我们怀疑液压油管没有断裂的后一级缸也存在卡环的磨损现象，立即联系厂家将后一级余隙缸拆解检查，证实了我们的判断。后一级余隙缸活塞杆卡环存在与前一级类似的磨损状态（见图 5）。后一级缸卡环的磨损说明了该余隙缸在低压缸设计过程中使用卡环连接的方式存在不合理性。

4.3　位移传感器电子仓振坏

液压油管线断裂后，余隙缸失去了液压油的支撑，在气缸吸气排气的交变力作用下来回震荡撞击，将位移传感器撞击，最终导致传感器及电子仓、电路板等零件损坏（见图 6）。

撞击磨损出来的槽痕

图 5　前一级缸（左）及
后一级缸（右）卡环磨损情况

图 6　撞击后的位移传感器电子仓破损

5　整改措施方案及建议

5.1　液压油管线断裂

液压油管线断裂是该事故发生的直接原因，其主要原因为液压油管线强度不高，配管不合理，需加强液压油管线接头的强度。目前采取对断裂部位的螺纹接头和卡套接头连接后再堆焊一圈的方式进行加固。建议厂家配置角型阀直接与液压缸连接（见图7），减少管路接头，可有效避免管接头的振动。

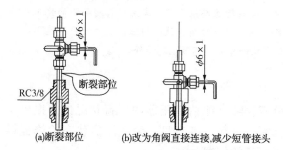

RC3/8　断裂部位　$\phi 6\times 1$

(a)断裂部位　(b)改为角阀直接连接，减少短管接头

图7　液压油管线与余隙油缸连接整改建议

5.2　液压活塞杆卡环磨损

活塞杆与余隙缸采用卡环连接的方式存在缺陷，经与厂家协商沟通后，决定先在该磨损部位增加垫片消除间隙。下次更换活塞杆时改进该活塞杆的连接方式。厂家给的改进方案如图8所示。

将原来的两半卡环改为整体法兰，该法兰与活塞杆之间是螺纹连接和端部焊接，使得余隙活塞与活塞杆成为刚性的一体，有利于余隙活塞的稳定，同时消除了原来两半卡环与活塞杆之间的配合间隙。原来活塞杆与油缸活塞是整体，改为螺纹连接，并增加防松紧定螺钉。

5.3　液压油泄漏自保

液压油泄漏后，余隙活塞不能保持，会发生撞击风险，撞击产生后如不能及时停机会对余隙缸造成不可预估的损失。从锁住液压油的方向来考虑，可考虑在液压油进油缸根部增加单向阀。具体实施方案为：

（1）将油站上2个一级缸的液控单向阀移到执行机构上。

（2）在每个一级执行机构上安装一个液压自保集成块。

（3）拆卸原油站上2个一级手动换向阀和相应的2个液控单向阀，改造原三位四通电磁换向阀，将三位四通电磁换向阀改造为三位四通电磁/手动一体换向阀。

除此之外，我们可以考虑增加自保联锁停机，增加液压油油压低低联锁停机的设计，这方面还需进行工艺影响评估。

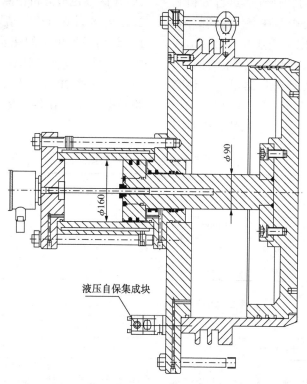

$\phi 90$　$\phi 160$　液压自保集成块

图8　厂家改进的余隙缸设计

浅析油色谱分析在变压器故障诊断中的应用

石　鑫

（中韩(武汉)石油化工有限公司，湖北武汉　430000）

摘　要　变压器开展油中溶解气体色谱分析检测项目，可以在设备不停电的情况下，对变压器内部某些潜伏性缺陷或故障进行有效的早期诊断，相当于是对变压器的状态检修。本文主要针对某石油化工企业在进行110kV主变压器溶解气体色谱检测过程中的检测结果进行分析，试运用三比值法、产气速率分析等诊断方法评估变压器的运行状态，并提出诊断意见，从而指导变压器状态检修。

关键词　变压器；油色谱分析；总烃

1 引言

变压器在电力系统中起着非常关键的作用。对变压器的故障诊断应综合应用多种检测手段和方法，并对检测结果进行综合分析，可以实现对变压器的状态检修。因其在运行过程中，变压器的绝缘油在放电、过热等故障的作用下极易产生故障特征气体，而且这些故障特征气体的含量、成分以及增长速率等与变压器内部故障的类型和故障的严重程度有着密切的关系。通过对变压器油中溶解的特征气体进行分析和检测，可以判断变压器是否存在潜伏性的故障。本文主要阐述了某石油化工企业在开展110kV变压器溶解气体色谱分析检测（以下简称油色谱分析）时，检测到油中总烃含量结果超出注意值，最终通过运用三比值法、产气速率等油中气体故障诊断方法对总烃含量超标的原因进行

分析，综合评估变压器的运行状况，并提出了诊断意见和处理意见，为变压器状态检修提供了可靠的依据。

2 油中溶解气体检测情况

第一变电站1号主变压器是容量为40MVA的三圈有载调压变压器，型号为 SFSZ11－40000/110，变比为 110/38.5/6.3 kV，为保定天威变压器厂制造，于2007年6月开始投运，目前已正常运行9年。针对该台主变压器的一次/年的油色谱分析检测数据如表1所示，发现2015年8月6日检测结果总烃含量为420.5μL/L，超出规程规定的注意值（150μL/L）近3倍，除总烃外，其他气体含量未超过规程规定的注意值。并将2014年与2015年的两组油色谱分析数据对比，其各气体含量的增加倍数如表2所示。

表1　1号主变油色谱分析数据对比　　　　　　　　　　　　μL/L

检测日期	H_2	CO	CO_2	CH_4	C_2H_4	C_2H_6	C_2H_2	总烃
2012.03.01	18	351	558	22.6	22.4	3.9	0.1	49
2012.12.11	24	792	1297	41.7	41.7	7.9	0.2	87.4
2014.05.06	21.44	867.98	2277.36	65.68	65.68	10.74	0.31	131.24
2015.08.06	62	1002	2847	216.7	216.7	29.2	1.3	420.6

表2　2015年较2014年数据增加倍数

气体	H_2	CO	CO_2	CH_4	C_2H_4	C_2H_6	C_2H_2	总烃
增加倍数	2.89	1.15	1.25	3.3	3.3	2.72	4.19	3.2

如表1所示，油中溶解气体分析对发现变　　　压器内部的潜伏性故障非常有效，其诊断方式

主要有基于注意值的判断、基于三比值法的判断以及油中气体产气速率分析等方法。下面分别运用这几种方法对 1 号主变油中气体含量进行分析。

3 油中气体含量分析方法

3.1 注意值分析法

注意值分析法就是将油中气体检测分析结果中的 H_2、ΣCH、C_2H_2 等几项主要指标与《变压器油中溶解气体分析和判断导则》中所规定的如表 3 中所示的气体含量注意值进行比较。当所检测的油色谱数据中的任一项气体含量超过该表中的注意值时，就应该引起注意。

表 3 变压器油中气体含量的注意值 μL/L

气体组分	H_2	CH_4	C_2H_4	C_2H_6	C_2H_2	总烃
含量	150	60	70	40	5	150

将 2015 年所检测的油色谱分析气体含量与表 3 中的注意值进行比较，可明显发现 1 号主变压器的总烃含量（420.6μL/L）已远远超过注意值（150μL/L）。但不能仅以超过注意值就对变压器有故障下定论，因为我们的油色谱分析是离线检测，也存在外来因素干扰而引起总烃数据较高的可能性，不一定是变压器本体故障所致，注意值并不是判断设备有无故障的唯一准则，还应结合其他分析方法进行综合判断。

3.2 三比值分析法

三比值法就是利用 C_2H_2/C_2H_4、CH_4/H_2、C_2H_4/C_2H_6 三项比值的大小按照一定的编码规则来判断变压器存在的故障类型。编码规则和故障类型判断方法是依据《变压器油中溶解气体分析和判断导则》（GB/T 7252—2001）中的标准要求。利用三比值法对第一变电站 1 号主变压器在 2015 年 8 月 6 日的油色谱分析数据进行分析判断，结果见表 4。

表 4 三比值法诊断结果

计算过程	判据	取值	故障诊断
$C_2H_2/C_2H_4 = 1.3/216.7 = 0.006$	<0.1	0	
$CH_4/H_2 = 216.7/62 = 3.49$	>3	2	三比值编码为 022，诊断为高温过热
$C_2H_4/C_2H_6 = 216.7/29.2 = 7.42$	>3	2	

依据三比值的故障类型的判断方法，022 的三比值编码对应的故障类型是高温过热。所以，初步诊断该台变压器的故障性质可能为高温过热，但不能因此判断该台变压器存在故障，还应结合各气体的产气速率的情况进行综合分析。

3.3 产气速率分析法

产气速率分析法有相对产气速率和绝对产气速率两种方法，一般认为绝对产气速率更能够较好地反映出设备的故障性质以及发展的程度。其绝对产气速率的计算公式如下：

$$\gamma_a = \frac{C_{i2} - C_{i1}}{\Delta t} \times \frac{G}{\rho}$$

式中：γ_a——绝对产气速率，mL/d；

C_{i2}、C_{i1}——第 1 次和第 2 次取样所测油中某气体浓度，μL/L；

Δt——两次取样时间间隔中设备的实际运行时间（日），d；

G——设备总油量，t；

ρ——油的密度，t/m³。

取 1 号主变在 2015 年 8 月 6 日和 2014 年 5 月 6 日的两组气体数据进行计算，其 1 号主变的总烃含量的绝对产气率计算如下，其余气体参照计算。计算结果如表 5 所示。

$$总烃绝对产气率 = \frac{(420.6 - 131.24)}{457} \times \frac{24.48}{0.895}$$
$$= 17.32 mL/d$$

将表 5 计算数值与表 6 进行对比，发现总烃产气速率（17.32mL/d）大于注意值

（12mL/d），并且为注意值的1.44倍，同时，总烃含量值为420.6μL/L，虽大于注意值（150μL/L）但是小于注意值的3倍，可按照表7的经验判断对变压器的状态进行诊断。

表5　1号主变绝对产气速率的计算值　mL/d

气体组分	总烃	C_2H_2	H_2	CO	CO_2
绝对产气速率	17.32	0.05925	2.428	8.0211	34.093

表6　绝对产气速率注意值　mL/d

气体组分	开放式	隔膜式
总烃	6	12
乙炔	0.1	0.2
氢	5	10
一氧化碳	50	100
二氧化碳	100	200

表7　经验判断

序号	判据	变压器状态
1	总烃的含量小于注意值，总烃的产气速率小于注意值	变压器可正常运行
2	3倍的注意值＞总烃的含量＞注意值，总烃产气速率小于注意值	变压器可能存在故障，发展缓慢，可继续运行，并注意观察
3	3倍的注意值＞总烃的含量＞注意值，总烃产气速率为注意值的1~2倍	变压器可能存在故障，应该缩短检测周期，加强监视故障发展的趋势
4	总烃含量大于3倍的注意值，总烃产气速率大于3倍的注意值	变压器可能存在严重故障，且发展迅速，应该及时采取必要的措施，有条件可进行吊芯检修

表8　1号主变油色谱分析跟踪检测数据

检测日期	H_2	CO	CO_2	CH_4	C_2H_4	C_2H_6	C_2H_2	总烃
2015.8.6	62	1002	2847	216.7	216.7	29.2	1.3	420.6
2015.10.28	47	984	2706	161.8	215.7	35.1	1.3	413.9
2016.1.20	45	1055	2169	161.3	197.4	31.1	1.1	390.9
2016.3.15	43	1060	2435	150.2	193.9	30.4	1.1	375.6

针对以上分析数据结果，分别计算1号主变的总烃气体绝对产气速率，其计算结果如表9所示，并与绝对产气速率注意值进行对比。

表9　1号主变总烃绝对产气速率统计表

检测日期	2015.8.6	2015.10.28	2016.1.20	2016.3.15	注意值
总烃绝对产气速率	17.32	-2.24	-7.58	-7.6	12

判断变压器有无故障，要综合考虑气体的含量和产气速率，如果产气速率超过10%的注

对照表7的经验判断，诊断该台变压器目前可能存在缺陷，需要缩短试验周期，密切注意故障的发展趋势。

4　处理措施

4.1　缩短检测周期

通过运用以上故障诊断方法对1号主变油中气体含量现有的检测数据进行分析，初步诊断该台变压器可能存在高温过热的缺陷，因为变压器处在运行状态，短期内无法停电，只能采取密切监视、缩短采样周期的办法进一步关注1号变压器各特征气体增长的速度，即绝对产气速率。经过缩短检测周期后，每间隔两个月对1号主变进行油色谱分析检测的数据如表8所示。

意值时，才能判断为存在故障。发现采取缩短检测周期的办法后，总烃气体含量呈下降的趋势（如表8所示），虽然大于注意值（150μL/L），但是小于注意值的3倍，其绝对产气速率也呈下降的趋势（见图1），且小于注意值（12mL/d），并未超出注意值的10%，可根据表7的经验判断该台变压器可能存在故障且发展缓慢，可以继续正常运行，但应注意加强观察。

4.2　分析及处理方法

依据《变压器油中溶解气体分析和判断导

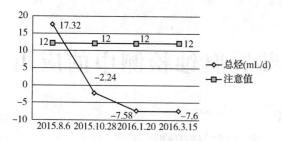

图1　总烃气体产气速率趋势图

则》（GB/T 7252—2001）中的相关规定，引起该台变压器存在高温过热的缺陷的原因，可能是变压器内部存在接地不良或绝缘不良的现象，也有可能是变压器套管伸入本体箱内的紧固件松动，或是因变压器有载油串入本体油造成变压器油质变差等多个原因。若排查缺陷，需要对该台变压器进行吊芯检修，因该台主变压器目前不具备吊芯检修的条件，因此暂时采取对该台变压器进行停电及本体试验的方法进行综合分析，按照《电力设备预防性试验规程》的要求，对该台变压器进行了测量绝缘电阻和吸收比、绕组直流电阻、铁芯绝缘电阻、交流耐压、泄漏电流、套管 tgδ 等试验项目，针对试验结果进行分析，发现各项试验数据均符合试验规范要求，且本次试验结果与上次试验结果对比，试验数据基本一致、相差不大。所以，对该台变压器采取持续运行，但宜注意加强观察的处理方法。

5　结语及建议

根据注意值、三比值法和绝对产气速率等诊断方法对 1 号主变的检测数据进行综合分析，判断该台变压器总烃含量超注意值可能存在高温过热的缺陷，对比补充检测数据分析，该缺陷无发展扩大的趋势，建议需要密切加强对变压器的监视，择机针对该台变压器进行真空滤油分析，观察运行一段时间后再进行油色谱分析检测，继续采取缩短检测周期的方法对变压器油色谱数据进行跟踪监测。或者更换油色谱分析检测机构，对比分析检测数据再进行综合判断，以便多手段实时掌握油中气体含量的变化，评估变压器的运行情况。若采取以上措施后，效果仍不明显，建议如果具备条件应对该台变压器进行吊芯检修。

参 考 文 献

1　操敦奎. 变压器油中气体分析诊断与故障检查［M］. 北京：中国电力出版社，2005.

2　GB/T 7252—2001　变压器油中溶解气体分析和判断导则.

3　DL/T 596—1996　电力设备预防性试验规程.

脉冲涡流扫查技术在炼油装置腐蚀检测中的应用

卢晓龙

（中国石化沧州分公司，河北沧州　061000）

摘　要　本文主要介绍了脉冲涡流扫查技术的基本原理、相对定点测厚的优势及其在炼油装置中的防腐蚀检测应用。通过检测数据及技术分析总结发现，脉冲涡流扫查技术能够精确发现设备腐蚀减薄问题，为制定修改腐蚀监测计划和开展静设备预知性维修提供依据，有利于总结分析腐蚀原因，对提高防腐蚀管理工作和提高装置安全运行具有重要意义。

关键词　脉冲涡流；无损检测；防腐蚀

1　前言

定点测厚是炼油厂普遍采用的腐蚀监测技术，它采用超声波测厚方法定期、定点检测设备、管道的壁厚，从而计算设备、管道的腐蚀减薄量和腐蚀速率。超声测厚只能逐点检测壁厚，查找腐蚀减薄最严重的部位具有盲目性，因此装置设备、管道腐蚀泄漏时有发生。

为了提高检测的准确性和工作效率，需要有新技术来加强设备管道的腐蚀检测。随着对检测要求的提高，出现了一种新的无损检测技术，即脉冲涡流扫查技术。与传统的电涡流技术不同，电涡流是采用正弦电流作为励磁电流，而脉冲涡流是采用具有一定占空比的方波作为励磁电流，脉冲涡流比电涡流的检测参数多，可同时测量出距离和厚度，具有结构简单、成本低等优点。同时将脉冲涡流扫查与超声波测厚结合使用，能够精确、高效地发现并评价设备、管道的腐蚀减薄情况，提升了装置的腐蚀监测水平。

2　脉冲涡流精确扫查技术简介

2.1　技术介绍

脉冲涡流扫查技术是通过特定传感器对设备、管道进行的扫查，快速准确获取被测区域壁厚变化情况，准确找到腐蚀最严重的部位，然后利用超声波测厚可以得到准确的壁厚数据。因此在实际检测中脉冲涡流扫查与超声波测厚结合应用，确保准确、高效地找到设备、管道腐蚀最严重部位和壁厚值。

2.2　原理

通过在探头加载瞬间关断电流，激励出快速衰减的脉冲磁场，脉冲磁场在管道中产生脉冲涡流，涡流会产生二次磁场，探头的接收线圈中输出这个感应电压。如果设备、管道的壁厚不同，则会影响加载管道上脉冲涡流状况，继而影响接收传感器上的感应电压。通过解析接收线圈收到的反馈信息，即可得到设备、管道的壁厚信息。通过对所测位置连续移动扫查，就可以将壁厚成像的信息清晰地反应在接受数据分析仪上，形成连续的图像，说明设备、管道的壁厚变化情况。

2.3　特点

超声波测厚是传统的测厚技术，能够准确测量设备、管道的壁厚，但是只能进行点检测，很难准确找到腐蚀最严重的区域或部位。脉冲涡流扫查技术同为无损检测技术，可进行连续移动检测，形成一条扫查检测线，实现从点到线的检测提升，检测线具有一定宽度，扫查长度理论上可以无限长，受现场条件的影响可分段检测，发现腐蚀减薄严重的部位，可以提高扫检测查线的密度，实现面检测。相比于超声波测厚，脉冲涡流扫查技术不受设备、管道外防腐涂层的影响，被测部位无需表面处理，不使用耦合剂，检测效率明显提高。脉冲涡流扫查技术也有一些缺点，如因现场设备、管道受成分、制造工艺等因素影响，磁导率发生变化，脉冲涡流扫查技术检测得到的壁厚数值与实际壁厚值存在偏差，此缺点可结合超声波测厚解决；与超声波测厚检测厚度范围比，脉冲涡流扫查对于碳钢的检测厚度范围是<40mm，无法检测壁厚超过40mm的设备、管道，具有一定局限性。

与射线检测相比，脉冲涡流扫查技术不使用放射源，不会对检测人员健康造成负面影响。脉冲涡流的励磁电流使用具有一定占空比的方波作为励磁，可调节励磁频率，在励磁线圈中允许存在高的电流而不会由于能量的持续耗散而损坏线圈，可实现较大的瞬时功率作用于被检测物体，感应磁场变化更大，使得检测线圈上瞬态感应电压变化更为明显，检测灵敏度更高。

3　实际应用

3.1　现场试用

2018年催化装置先后发生了分馏塔顶循系统管道腐蚀泄漏、分馏塔塔盘结盐、分馏顶循泵故障等问题，具体情况如下：2018年8月17日分馏顶循泵P1204A拆卸检修，叶轮上有大量结盐，叶轮变形，叶片腐蚀严重；2018年9月12日顶循油-热媒水换热器E1204顶循油跨线泄漏，超声波测厚发现漏点周围存在较大面积减薄，焊接堵漏、补强；2018年10月11日分馏顶循泵P1204/B入口阀前扫线蒸汽与主管连接焊口泄漏，焊接堵漏；2018年10月分馏塔顶塔盘结盐，对分馏塔进行在线洗塔。针对顶循系统腐蚀问题突出，2018年11月使用脉冲涡流精确扫查技术对催化装置顶循系统管线进行了检测。

应用脉冲涡流扫查与超声波测厚结合的方式检测分馏塔顶循抽出线。沿分馏塔顶循抽出线短节进行周向扫查，现场及扫查检测线如图1所示，得到顶循抽出线短节周向壁厚情况，扫查结果如图2所示，图中横坐标表示测点位置，与管道检测时标记的数值对应，方便对应查找减薄最严重的部位，纵坐标表示扫查得到的壁厚数值。从图2发现抽出线短节底部腐蚀减薄最严重，超声波测厚短节底部壁厚最小值为5.62mm。查管道台账，分馏塔顶循抽出管道为2001年投用，已使用17年，原始壁厚为11mm，与设计壁厚比顶循抽出短节减薄率为48.9%，腐蚀速率为0.316mm/a。同时对腐蚀

不严重的部位进行测厚，最大值为10.43mm，与设计壁厚比减薄率为5.18%，说明此短节为底部局部腐蚀减薄严重。

图1　顶循抽出管道

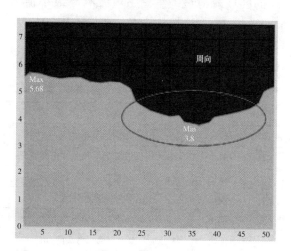

图2　顶循抽出管道短节周向脉冲涡流扫查图像

沿短节后第一个弯头的顶部、两侧和底部进行4次扫查，发现弯头底部腐蚀较顶部和两侧严重，得到顶循抽出线第一个弯头底部轴向壁厚情况，扫查结果如图3所示，同时确定在弯头与弯头前短节焊缝附近部位腐蚀最严重，超声波测厚数据为6.01mm。管道原始壁厚为11mm，与设计壁厚比减薄率为45.4%，腐蚀速率为0.294mm/a。对腐蚀不严重的部位进行测厚，最大值为10.13mm，与设计壁厚比减薄率为7.91%，弯头说明底部较其他部位腐蚀减薄严重。

顶循抽出第一个弯头后直管存在腐蚀减薄，扫查找到壁厚最小部位后，超声测厚最小值为8.64mm，与设计壁厚比减薄率为21.5%。

另外，发现顶循返塔线在分馏塔7层和9

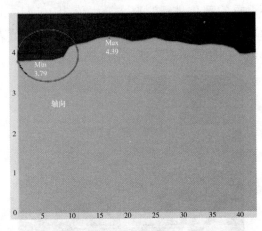

图3　顶循抽出弯头轴向脉冲涡流扫查图像

层平台间的管道腐蚀严重，管道原始壁厚为10mm，脉冲涡流扫查确定周向靠近分馏塔侧1/4的区域减薄最严重，超声波测厚最小值为5.84mm，减薄率为41.2%。顶循泵P1204B出口第一个弯头腐蚀严重，管道原始壁厚为10mm，脉冲涡流扫查确定外弯减薄最严重，超

声波测厚最小值为5.68mm，最大减薄率为43.2%。

对催化装置顶循系统管道腐蚀减薄进行分析后，对腐蚀减薄超过40%的部位进行补强，提高了管道的安全性能，避免了催化装置顶循系统再次发生腐蚀泄漏。

3.2　应用推广

脉冲涡流扫查技术在催化装置应用效果很好，在公司范围内进行推广使用。2019年依据检测公司在其他企业发现的腐蚀减薄问题和装置发生过的腐蚀问题，结合各装置的生产运行实际情况，组织在常减压、催化裂化、气体分馏和汽柴油加氢精制等装置等进行推广应用。共检测150处，发现腐蚀减薄超过20%的部位26处，其中腐蚀减薄超过40%的部位1处、腐蚀减薄在20%~40%的部位25处。26处腐蚀减薄问题统计如表1所示。

表1　脉冲涡流扫查检测问题统计表

序号	装置	位置	介质	设计壁厚/mm	测厚最小值/mm	减薄率/%
1	常减压	顶循抽出短节	常减压顶循油	8	4.7	41.25%
2	催化	分顶空冷E1202出口集合管西侧封头	分馏塔顶油气	11	7.34	33.27
3	催化	顶循返塔控制阀后短节	催化顶循油	9.5	7.6	20.00
4	催化	顶循返塔控制阀后弯头	催化顶循油	8	5.93	25.88
5	催化	顶循环泵出口第五弯头	催化顶循油	10	7.7	23.00
6	催化	顶循环泵入口第二弯头前直管	催化顶循油	11	8.33	24.27
7	催化	顶循环泵入口第二弯头后直管	催化顶循油	11	8.21	25.36
8	催化	顶循环泵出口第七弯头	催化顶循油	10	7.54	24.60
9	催化	顶循环泵出口第七弯头后直管	催化顶循油	10	6.33	36.70
10	催化	顶循返塔线阀后第七弯头前直管	催化顶循油	10	7.54	24.60
11	催化	顶循返塔线阀后第七弯头	催化顶循油	10	6.88	31.20
12	催化	顶循返塔线阀后第七弯头后直管	催化顶循油	10	7.35	26.50
13	催化	顶循返塔线阀后第三弯头前直管	催化顶循油	10	6.56	34.40
14	催化	催化顶循至气分管排线弯头	催化顶循油	10	7.32	26.80
15	气分	催化至气分E1502入口后第十三弯头	催化顶循油	11	7.37	33.00
16	气分	气分至催化E1503出口第十一弯头	催化顶循油	11	7.76	29.45
17	气分	气分至催化E1503出口第九弯头前直管	催化顶循油	11	8.73	20.64
18	气分	气分至催化E1503出口第九弯头后直管	催化顶循油	11	8.61	21.73
19	气分	催化至气分E1502入口后第十弯头	催化顶循油	11	8.34	24.18
20	气分	气分至催化E1503出口第八弯头	催化顶循油	11	7.85	28.64
21	气分	气分至催化E1503出口第八弯头前直管	催化顶循油	11	8.66	21.27

续表

序号	装置	位　置	介质	设计壁厚/mm	测厚最小值/mm	减薄率/%
22	气分	气分返催化 E1503 出口第八弯头后直管	催化顶循油	11	7.47	32.09
23	气分	T1402 进料控制阀后直管	液化气	7	4.78	31.71
24	气分	T1402 进料控制阀后弯头	液化气	7	4.68	33.14
25	气分	T1402 进料控制阀后第三弯头	液化气	7	5.08	27.43
26	气分	富液总线去硫磺西管排弯头	富液	10	6.54	34.60

　　通过对表 1 中问题的分析，腐蚀减薄超过 40% 的部位是常减压装置顶循抽出短节，腐蚀减薄在 20%~40% 的 25 处部位中有 21 处为催化顶循系统管道，3 处为气分装置液化气进料系统管道，1 处为气分装置富液总线，对所有测厚最小点进行标记，作为定点测厚部位，定期、定点监测。鉴于催化装置分馏塔顶循抽出和常减压装置顶循抽出管道底部腐蚀减薄情况，下一步计划对焦化装置分馏塔顶循抽出短节进行检测。催化分馏塔顶循系统管道累计发现 25 处腐蚀减薄超过 20% 的部位，计划下次大修进行整体更换，消除安全隐患。

4　结论

　　脉冲涡流精确扫查技术是一种无损检测技术，具有设备简单、检测方便、效率高、查找问题准等优点，能够及时、高效、准确地查找设备、管道腐蚀最严重部位，确保装置安全平稳运行。同时能够为制定修改腐蚀监测计划和开展静设备预知性维修提供依据，有利于总结分析设备、管道的腐蚀原因，对提高防腐蚀管理工作和提高装置安全运行具有重要意义。

参 考 文 献

1　武新军，张卿，沈功田，等. 脉冲涡流无损检测技术综述[J]. 仪器仪表学报，2016(9)：1698-1712.
2　熊军伟，付跃文. 包覆层管道内壁腐蚀脉冲涡流检测[J]. 无损探伤，2013，37(1)：13-15.
3　蔚道祥，杨宇清，司俊，等. 基于圆台型传感器的带包覆层铁磁性管道脉冲涡流检测研究[J]. 化工装备技术，2017，38(5)：12-14.

4# 焦炭塔安全阀入口管线焊缝开裂原因分析

吴秀虹

(中国石油化工股份有限公司沧州分公司设备工程处,河北沧州　061000)

摘　要　沧州炼化焦化装置 4# 焦炭塔安全阀入口管线焊口 2018 年 11 月 18 日发生泄漏,本文从焊口焊接及检测情况、管线运行状况、腐蚀机理、结构应力等方面进行了开裂原因分析。

关键词　焊缝;开裂;铬钼钢

1　事件经过

2018 年 11 月 18 日沧州炼化 4# 焦炭塔安全阀入口管线 11# 焊口泄漏(位置见图 1),检查发现裂纹,该焊缝为三通与法兰连接焊缝,裂纹位置靠近三通侧熔合线,该裂纹为纵向贯穿性裂纹,开裂长度约为 80mm。11 月 19 日公司组织对裂纹进行修复,同时对 4# 塔其他焊缝及具有相同结构的 3# 焦炭塔安全阀入口管线焊缝进行检测,检测结果为 4# 焦炭塔 10#、12# 焊口出现裂纹(见图 2),3# 焦炭塔安全阀入口管线焊缝未发现缺陷。对缺陷的焊口位置进行硬度检测,硬度值为 216HB,光谱分析合金元素含量合格。

图 2　开裂焊口位置

2　管道相关情况

2.1　基本参数

4# 焦炭塔安全阀入口管线 RV-4101(见图 3),介质为油气(S 含量 3%),使用压力为 0.19MPa,使用温度为 60~125℃,材质为 1Cr5Mo,规格为 $\phi325×10$,该管线 2017 年 12 月安全阀接管上部三通腐蚀穿孔,周边 200×200 范围内出现减薄,2018 年 1 月公司对 3# 塔、4# 塔安全阀入口管线整体进行了更换。

图 1　11# 焊口裂纹靠近三通熔合线处

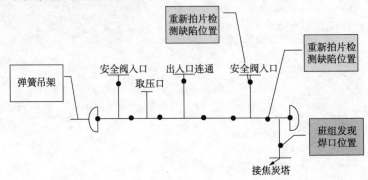

图 3　4# 焦炭塔安全阀入口管线 RV-4101

2.2　运行情况

现焦炭塔生焦周期为 20h，正常生产时，塔顶温度为 420℃，生产塔处理时塔顶温度从 420℃ 降低到 90℃ 除焦，除焦完成后塔顶温度从 60℃ 升高至 400℃ 换塔，由于安全阀入口线处为盲区，最高温度在生产塔时为 125℃ 左右，在除焦塔时为 60℃ 左右。

2.3　材料检测情况

对 4# 焦炭塔入口线母材、焊缝进行光谱检测（见表 1）及硬度测试（见表 2），结果符合要求。

表 1　光谱分析结果

编号	检件名称	Cr	Mo	编号	检件名称	Cr	Mo
1	封头	4.12	0.48	11	直管	4.69	0.53
2	三通	4.13	0.49	12	焊缝	4.55	0.52
3	焊缝	4.16	0.48	13	法兰	4.23	0.49
4	法兰	4.25	0.47	14	焊缝	4.22	0.48
5	焊缝	4.69	0.52	15	直管	4.20	0.51
6	直管	4.58	0.56	16	焊缝	4.58	0.50
7	焊缝	4.78	0.59	17	三通	4.69	0.53
8	接头	4.36	0.56	18	焊缝	4.48	0.57
9	焊缝	4.25	0.54	19	法兰	4.36	0.52
10	直管	4.89	0.56	20	焊缝	4.78	0.48

表 2　硬度检测结果

12#焊口	焊缝	156	157	158	157	153
	母材	147	148	149	146	143
	母材	148	142	143	147	143
10#焊口	焊缝	155	156	157		
	母材	149	150	151		
	母材	146	148	146		
11#焊口	焊缝	154	159	153	158	
	母材	154	158	159	153	
	母材	157	156	153	159	

2.4　焊接及安装情况

查 2018 年 2 月的焊接工作记录、热处理记录、焊口探伤底片（见图 4）、探伤报告，该管线采用低氢型 R507 焊条，焊前预热焊后热处理，焊口进行了 100%γ 源探伤，全部合格。开裂焊口 10#、11#、12# 无超标缺陷，未进行返修，焊口及热影响区硬度符合规范要求，光谱检测合格，10 号焊口内部余高较高。

图 4　2018 年 2 月 12# 焊缝 γ 源探伤底片

2.5　焦炭塔位移及弹簧吊架动作情况

通过观察焦炭塔升温时位移量，焦炭塔向上膨胀量为 12.5cm，弹簧吊架动作正常。

3　开裂原因分析

3.1　焊接因素的影响

（1）1Cr5Mo 钢材具有较大的淬硬性，焊后为淬硬的马氏体组织，在局部应力集中的条件下，易发生脆性断裂；

（2）1Cr5Mo 材料焊接对焊条烘干、焊后后热及热处理等环节有严格要求，该管段在寒冷的冬季焊接，焊接后热尤其重要。后热的主要目的是消除氢，防止氢致裂纹，若后热不及时，溶解在焊缝中的氢原子在温度急剧下降的情况下来不及逸出，会在焊缝内部处于过饱和状态，形成裂纹源。通过查阅资料及与经验丰富的焊工交流，在极端温度下焊接且保护措施不够时，铬钼钢管线在运行一段时间甚至几个月后出现裂纹，在工程实践中时有发生。

（3）焊缝余高尺寸较大造成焊趾处截面突变，不仅产生较高的残余应力，同时在受力过程中会产生高的应力集中，过渡形状过于尖锐，焊趾裂纹产生后在内侧焊缝的粗晶区扩展，沿融合线逐渐发展成穿透性裂纹。

（4）γ 源探伤精度低于 X 射线，焊缝中的缺陷检出率也低，虽未检出超标缺陷，但不排除焊缝中存在细小裂纹、气孔等微观缺陷。

（5）1Cr5Mo 焊接容易出现延迟裂纹，虽然规范要求焊后 24h 探伤，但延迟裂纹也有可能在超过 24h 甚至几天后产生，这种现象在之前焦化检修 1Cr5Mo 管线焊接时曾经出现过。

3.2　腐蚀环境

该管线运行温度为 60~125℃，介质中含硫化氢、水，属湿硫化氢腐蚀环境。在应力较大或有微观缺陷部位易产生氢致裂纹，造成应力腐蚀开裂。

3.3 应力分析

该管段焊口集中且直径较大（DN300），存在一定的结构应力和焊接残余应力；安全阀出口与系统火炬管线相连，焦炭塔垂直方向热位移时随塔体自由移动受到火炬线约束，产生伸缩应力；管线在运行过程中冷热交替频繁，温度压力产生周期性变化，存在疲劳应力；该管段全部预制安装，现场无固定口，预制精度不够会产生安装应力。综上，整个管系运行过程中处于较大应力状态中。

4 结束语

综合以上分析，该管线阶段性处于湿硫化氢腐蚀环境，焊缝余高较高且后热处理不到位造成应力较大，形成应力腐蚀裂纹，在交变应力、温差应力、结构应力、安装应力等作用下进一步扩展、延伸，最终形成穿透性裂纹。3#塔相同结构但并未出现缺陷，应该与焊缝原始质量有关，不排除4#塔在组对过程中由于预制精度不够出现强力组对现象。

反应釜驱动轴断裂分析及对策

郎建国

（中国石化北京燕山分公司合成树脂部，北京　102500）

摘　要　某厂聚丙烯装置反应器驱动轴发生断裂失效，通过对端口形貌的宏观观察，具有典型的疲劳断裂特征，取样分析轴的机械性能，包括拉伸实验、抗冲击实验、硬度测试表明，材料本身符合要求。通过强度校核及理化分析，驱动轴断裂的主要原因为应力集中处发生高周疲劳断裂，驱动轴双键位置为轴的薄弱区域，通过改造驱动轴传递扭矩形式，将键连接改造为胀紧套连接形式，从本质上解决了因应力集中产生的疲劳断裂问题，改造后反应器运转良好。

关键词　轴断裂；高周疲劳；应力集中；改造；胀紧套

1　引言

某厂聚丙烯装置采用美国 Amoco 工艺技术，在高效催化剂的作用下，以气相本体法进行丙烯聚合，两反应器串联操作。能生产均聚物、无规共聚物和抗冲共聚物，囊括注塑、纤维及薄膜类的产品共 55 个牌号。Amoco 气相法工艺采用水平式，搅拌床式反应器。反应器的设计提供了一种活塞流式的反应，这种反应形式有助于提高产品性能，减少过渡时间。该装置采用的催化剂是由 Amoco 提供的具有高活性、高选择性的 CD 催化剂。因此说，Amoco 气相法独有水平式反应器加上高活性、高选择性的 CD 催化剂，可生产出高质量产品。由于 Amoco 聚丙烯生产工艺中不含有大量液烃类物质，因此它还是一种安全的工艺。

反应器制造厂商为比利时 COEK，1998 年投用，反应器的尺寸是 2743mm（ID）×13700mm（T-T）；反应器和搅拌的材质均为碳钢，这一材质在 Amoco 其他装置上已经证明是可行的。反应器中的循环气要通过两个穹顶来控制细粉带出量。第一个穹顶位于距反应器入口末端约 3350mm 处，第二个穹顶位于距入口末端约 10600mm 处。穹顶直径为 3050mm，这一数值是依据限定反应器循环气流速在约 60mm/s 下计算而得。每个穹顶的总容积约是 29.6m³。注意：两个穹顶的总容积约是反应器容积的 64%，每一个穹顶的底座被制成和垂直方向成 15°角，这样可使沉降下来的粉料返回到反应器中。反应器工艺流程如图 1 所示。

由于粉料床层的混合不均匀可导致温度控制困难和聚合物细丝和块料的生成。应器搅拌器的设计提供混合均一的粉料床层，这样可以避免这些问题的发生。搅拌桨叶采用平桨片，带有支撑力，形成 T 形交错结构。沿搅拌轴上每一桨叶位置处的两个桨叶方向相反。其他桨叶之间间隔为 45°角。由于安装热电偶原因，桨叶上带有缺口，可以让热电偶通过不致被碰到。搅拌轴和桨叶均由碳钢制造，这一点在其他 Amoco 装置上已得到充分证明。搅拌器配有固定转速电机（450kW），轴转速为 15r/min。

反应器驱动轴通过联轴节与减速机输出端连接，由驱动轴上得双键传递扭矩，驱动轴与搅拌通过螺栓连接，带动搅拌正常运转。2015 年 9 月 7 日 15 时 30 分，装置外操人员巡检发现第二反应釜输入端釜侧联轴节处有较大的裂纹，随即报告设备人员，设备人员确认是反应釜输入端半轴开裂，立即紧急停车，2min 后反应釜输入端半轴彻底断开，断裂位于半轴的键槽部位，断裂端面有明显的贝壳状花纹，且断裂面与轴呈 45°。

作者简介：郎建国（1989—），男，黑龙江人，2012 年毕业于东北石油大学过程装备与控制工程专业，设备管理副主任师，工程师，现从事装置设备管理工作。

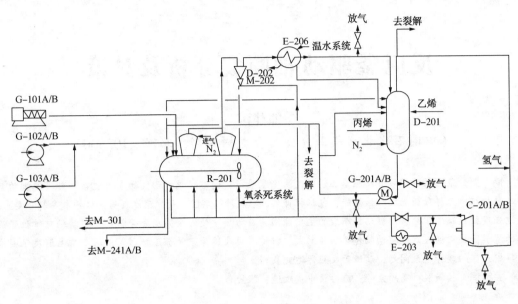

图1　反应器工艺流程图

2　化验及分析

2.1　宏观观察

半轴断裂部位及断口形貌如图2所示。由图2可见，断裂面与轴约成45°夹角，具有较典型的扭转疲劳断口特征。根据疲劳纹路扩展方向判断断口的启裂部位基本位于键槽的根部。

样品中的启裂部位明显已被损坏，由启裂处沿着圆周向前扩展，扩展区可观察到疲劳辉纹，最终断裂区见图中指示区域内。轴的旋转方向见图中箭头所指方向。断口主要位于最终断裂区，该区域仅占总断口面积的4%左右。

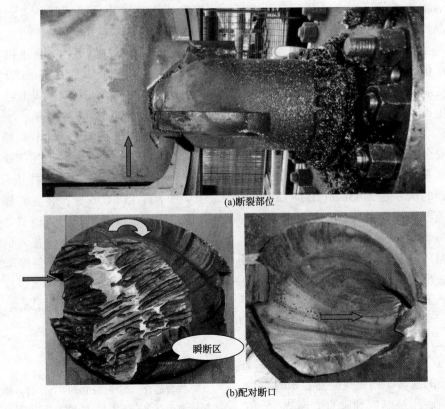

(a)断裂部位

(b)配对断口

图2　断裂部位及断口的宏观形貌

2.2　化学成分分析

分别对驱动轴的中心、1/2 半径及近外壁位置取样进行化学成分分析，分析结果表明，如表 1 所示。

表 1　化学成分表

元素 取样	C	Mn	Si	P	S	Cr	Ni	Mo
1#（轴中心）	0.381	0.403	0.389	0.0063	0.0026	1.73	3.82	0.304
2#（轴 1/2 半径）	0.372	0.401	0.389	0.0062	0.0029	1.72	3.80	0.299
3#（轴边缘）	0.380	0.402	0.383	0.0065	0.0027	1.74	3.84	0.310
UNI 7845 34NiCrMo16	0.31~0.38	0.30~0.60	0.15~0.40	≤0.035	≤0.035	1.6~2.0	3.7~4.2	0.25~0.45

半轴的化学成分满足 UNI 7845 欧标材料化学成分和性能中对 34NiCrMo16 材料的要求。

2.3　机械性能分析

2.3.1　拉伸试验

分别对半轴的中心、1/2 半径及近外壁位置取样进行拉伸试验，取样方向为轴向，试验结果（见表 2）表明，从心部至边缘的拉伸试验结果未见有明显的变化，较均匀，半轴的抗拉强度均高于 UNI 7845 中对 34NiCrMo16 材料要求值的上限，屈服强度和延伸率满足 UNI 7845 中对 34NiCrMo16 材料的要求。

表 2　拉伸试验结果

试　样	屈服强度 $R_{p0.2}$/MPa	抗拉强度 R_m/MPa	延伸率 A/%
1#（轴中心）	1098	1220	11.5
2#（轴 1/2 半径）	1103	1226	13.0
3#（轴边缘）	1041	1225	13.0
UNI 7845 34NiCrMo16	≥785	980~1180	≥11

2.3.2　冲击试验

分别从断裂半轴的中心、1/2 半径及近外壁位置沿轴向取样进行冲击试验，冲击缺口分别为 U 型和 V 型，试验结果（见表 3）表明，从心部至边缘的冲击功未见有明显的变化，冲击功均满足 UNI 7845 中对 34NiCrMo16 材料的韧性要求。

表 3　冲击试验结果

试　样	KU_2/J	KV_2/J	取样方向
1#（轴中心）	74、70、80	64、64、64	轴向
2#（轴 1/2 半径）	74、80、78	65、64、66	轴向
3#（轴边缘）	77、78、74	66、63、63	轴向
UNI 7845 34NiCrMo16	KU_2≥25		

2.3.3　硬度测试

分别对半轴的不同部位进行硬度试验，试验部位和结果见表 4，从表中可见，从心部至边缘的硬度也未见有明显的变化，硬度较均匀。

表 4　硬度测试结果

测试部位	HV（10）
轴的中心	367.2、365.6、370.8/367.9
轴 1/2 半径	366.2、376.4、380.6/374.4
距外壁边缘约 25mm	367.9、373.2、372.0/371.0
轴的近外壁边缘处	367.2、378.2、381.5/375.6

2.4　金相检验

选取断口附近部位轴的中心、1/2 半径及近外壁边缘位置进行金相分析，分析结果见图 3，由图中可见，无论是轴的心部还是轴的边缘，其金相组织和晶粒大小基本相同，金相组织均为回火索氏体，表明驱动轴的最终热处理效果较好。

图 3　断口附近金相组织

2.5　静强度校核

2.5.1　按扭转强度条件校核

根据轴所受的扭矩来计算轴的强度，当轴上还作用较小的弯矩时，断面为双键槽位置，并且为危险截面，扭转强度条件为：

$$\tau_T = \frac{T}{W_T} \approx \frac{9550000 \frac{P}{n}}{\frac{\pi d^3}{16} - \frac{bt(d-t)^2}{d}} \leq [\tau_T]$$

式中　T——轴多受的扭矩，N·mm；

W_T——轴的抗扭截面系数，mm^3；

n——轴的转速，r/min；

P——轴传递的功率，kW；

d——计算截面处轴的直径，mm；

b——键槽宽度，mm；

t——键槽深度，mm；

$[\tau_R]$——许用扭转切应力，MPa。

$[\tau_R]$值按轴的不同材料选取，由 UNI 7845 可知$[\tau_T]=780$MPa，经计算得：

$$\tau_T = \frac{T}{W_T} \approx \frac{9550000 \frac{P}{n}}{\frac{\pi d^3}{16} - \frac{bt(d-t)^2}{d}} = 204.6\text{MPa}$$

$$\tau_T < [\tau_T]$$

2.5.2　按扭转强度条件校核

按第三强度理论的计算应力公式：

$$\sigma_{ca} = \sqrt{\sigma^2 + 4\tau^2}$$

式中　σ——对称循环变应力，MPa；

τ——扭转切应力，MPa。

为了考虑两者循环特性不同的影响，引入折合系数α，则

$$\sigma_{ca} = \sqrt{\sigma^2 + 4(\alpha)^2\tau}$$

$$\sigma_{ca} = \sqrt{\left(\frac{M}{W}\right)^2 + 4\left(\frac{\alpha T}{2W}\right)^2} = \frac{\sqrt{M^2 + (\alpha T)^2}}{W}$$

式中　$\tau = \frac{T}{2W}$；

$$w = \frac{\pi d^3}{16} - \frac{bt(d-t)^2}{d}。$$

经计算得：$\sigma_{ca} = 242$MPa $< [\sigma]$，故满足条件。

3　断裂失效原因分析

通过对半轴的中心部位、1/2 半径部位及近外壁部位进行化学成分分析、力学性能试验及金相分析结果表明，从半轴的中心部位至外壁边缘的化学成分、力学性能及金相组织较均匀，驱动轴的静强度校核满足安全条件。金相组织属正常的回火索氏体，断口具有较典型的扭转疲劳断口特征，启裂部位位于键槽根部，最终瞬断区占断口面积比很小（约4%），可以确定搅拌驱动轴断裂为扭转疲劳断裂，疲劳裂纹萌生于轴的危险截面应力集中部位。导致搅拌驱动轴发生扭转疲劳断裂的因素主要有以下几方面：

（1）危险截面的应力集中情况（应力集中条件）：虽然从键槽根部成型情况来看，加工成型较规范，圆弧过渡较圆滑，没有产生严重应力集中的几何不连续，该部位还是存在一定的应力集中，属于搅拌轴上的危险截面。

（2）负荷（峰值应力，交变应力幅）大小：峰值应力由最大工作载荷和危险截面应力集中条件所决定（取决于设计和加工），交变应力幅和搅拌驱动轴的工况条件有关。峰值应力和交变应力幅的大小均对轴的疲劳寿命有影响，当存在过载现象时，轴的疲劳寿命会缩短。当轴在运行过程中由于环境影响使表面出现可能会导致应力集中的因素（如腐蚀麻坑或裂纹等），轴的寿命也会受影响，特别是麻坑或裂纹出现在危险截面上时，影响更为显著。

（3）材料的疲劳强度：材料的疲劳强度与材料强度、组织及性能均匀性及微观冶金缺陷等因素有关。在不考虑设计、加工及操作等因素的前提下，材料中的微观冶金缺陷（特别是非金属夹杂物）对材料疲劳强度具有决定性的影响。

4　结论

该反应器驱动轴已经累计运行约15年，按搅拌驱动轴的正常运行转速 15r/min 计算，搅拌驱动轴共计转动了约 $1.18×10^8$ 转，经历的交变循环次数还需要再乘上搅拌桨叶的数量，应该超过了 10^9 次，属于高周疲劳破坏。使用过程中经常有块料卡涩搅拌浆叶严重变形，导致驱动轴瞬态扭矩巨增，促进了危险截面裂纹的萌生并加速裂纹扩展，反应釜搅拌驱动轴断裂为扭转疲劳断裂；导致搅拌驱动轴发生扭转疲劳

断裂的原因是断裂搅拌驱动轴根部属高应力集中处，在交变载荷作用下裂纹在该部位萌生，并扩展直至断裂。

5　改进措施及对策

由于驱动半轴结构上存在应力集中区域，通过将联轴节键传动改为胀紧套传递扭矩，轴断裂失效问题得到了有效解决。胀紧套连接传递扭矩的方式，轴和孔不像过盈配合那样要求很高制造精度来保证过盈量，是通过给传动轴孔施加径向的压力而传动扭矩。其安装简单，无需加热、冷却等设备。胀紧套的使用寿命长，胀紧套对被连接件没有键槽削弱，也无相对运动，工作中不会产生磨损。胀紧套连接拆卸方便，且具有良好的互换性。由于胀紧套能把较大配合间隙的轴毂结合起来，拆卸时将螺栓拧松，即可使被连接件很容易拆开。胀紧时，接触面紧密贴合不易产生锈蚀，也便于连接拆卸。胀套在严重超载时，将失去联结作用，可以保护设备不受损害。

干气提浓装置碱洗塔泄漏原因分析

吕　威

（中国石化北京燕山分公司炼油部，北京　102500）

摘　要　对炼油部干气提浓装置的碱洗塔外壁泄漏原因进行了分析，通过宏观检测、化学成分分析、金相分析、硬度测试、断口分析等试验分析结果，并结合材料及设备运行工况条件判断，裂纹性质为碱应力腐蚀开裂。

关键词　碱应力腐蚀；焊缝；裂纹

中国石化北京燕山分公司炼油部干气提浓乙烯装置采用变压吸附分离等先进技术，处理炼油部两套催化裂解装置副产的干气，生产富含 C2+组成的气体，以补充 66 万吨/年乙烯装置的原料。

2018 年 1 月干气装置外操巡检时发现碱洗塔（T302）外壁泄漏，扒开保温层后发现泄漏部位，泄漏位置位于下塔（下段）的上部，接近 d3 人孔对面，高度基本与 d3 人孔齐平，装置临时进行外贴板以及处理（见图 1）后继续运行。2018 年 4 月停工检修，通过 d3 人孔发现泄漏部位内表面开裂严重（见图 2）。开裂部位（圆形）在设备制造时曾是挖错的圆孔，后采取镶嵌一块圆形钢板进行补焊，焊缝未要求热处理。

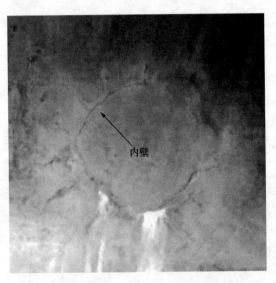

图 2　内壁开裂情况

1　碱洗塔基本情况

碱洗塔（T-302）规格为 φ800×24/20/16（失效部位厚度为 20mm），主体材质为 16MnR，投用日期为 2004 年 5 月，操作介质为碱洗液/碱液（上段/下段），工作温度为 45℃，最高工作压力为 3.5 MPa，设计压力为 3.7MPa，设计温度为 60℃。失效部位的碱液浓度有时达到 20%以上，近 2~3 年温度最高达到 70~80℃。

碱洗塔（T-302）上部为二段碱洗，下部为三段碱洗。二段碱洗底部排出的中强碱液，经二段碱液循环泵加压并经流量计计量后，再返回碱洗塔上部循环使用，进行二段碱洗。三段

图 1　外壁贴板处理

作者简介：吕威（1978—），女，辽宁营口人，2006 年毕业于辽宁石油化工大学，硕士，工程师，现从事静设备管理工作。

碱洗后的弱碱液一部分从碱洗塔底部排出，经三段碱液循环泵加压并经流量计计量后，再返回碱洗塔下部循环使用，进行三段碱洗，另一部分弱碱液含1%的NaOH作为废碱液，经调节阀排出界外废液处。

2 碱应力腐蚀机理

金属及合金材料在碱性溶液中，由于拉应力和腐蚀介质的联合作用而产生开裂。它是应力腐蚀破裂的一种类型（也称为碱脆）。碱脆主要发生在锅炉水因软化处理带来碱性并在锅炉缝隙里浓缩造成的锅炉破裂，也发生在接触苛性碱的碳钢、低合金钢、奥氏体不锈钢设备上。

钢的碱脆，一般要同时具备3个条件：一是要具有较高浓度的NaOH溶液，试验指出，浓度大于10%的碱液足以引起钢的碱脆；二是要具有较高的温度，碱脆的温度方范围较宽，但最容易引起碱脆的温度是在溶液的沸点附近；三是要具有拉伸应力，可以是外载荷引起的应力，也可以是残余应力，或者是两者的联合作用。拉伸应力的大小虽然是碱脆的一个影响因素，但更重要的因素是应力的均匀与否，局部的拉伸应力更容易引起碱脆。

3 泄漏部位材质和性能的检验

从碱洗塔泄漏部位截取了一块试件作为样品部位进行分析，样品呈圆形，直径约为150mm，全厚度试样。

3.1 宏观检测

对样品的内壁进行磨光和抛光后并用化学试剂对其表面进行侵蚀，可观察到呈圆环状的焊缝，裂纹大部分位于焊缝金属上，也有延伸到母材上的（见图3）。裂纹形状有纵向也有环向，还有与焊缝呈一定角度的。焊缝内的圆板直径约为φ66mm，焊缝宽度约为16mm；将焊缝内的圆板母材编号为M1，焊缝外的母材编号为M2。

3.2 化学成分分析

分别对焊缝及两侧母材取样进行化学成分分析，分析结果见表1。结果表明：焊缝和母材的化学成分均满足相关标准的要求。

表1 化学成分分析结果（质量分数） %

分析样品	化学成分				
	C	Si	Mn	P	S
焊缝金属	0.094	0.510	1.25	0.018	0.013
M1母材	0.155	0.407	1.51	0.013	0.015
M2母材	0.151	0.409	1.52	0.014	0.017
GB/T5117 E5015	—	≤0.75	≤1.60	≤0.040	≤0.035
GB/T6654 16MnR	≤0.020	0.20~0.55	1.20~1.60	≤0.030	≤0.020

3.3 金相分析

3.3.1 裂纹金相

沿垂直于焊缝截取全厚度焊接接头金相试样，试样的宏观形貌见图4，裂纹主要沿焊缝和圆板M1侧热影响区开裂，位于打底焊的根部有明显的焊接缺陷（未熔合），从裂纹光学和电子微观形貌（见图5）看出，裂纹以沿晶开裂为主，呈树枝状，具有较典型的应力腐蚀开裂特征。

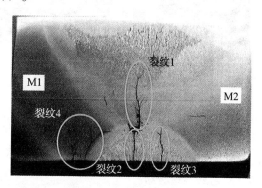

图4 裂纹宏观形貌

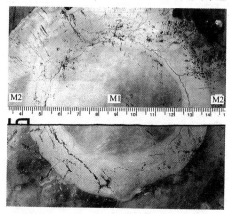

图3 样品内壁宏观形貌

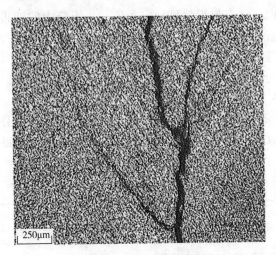

图5　裂纹微观形貌

3.3.2　金相组织

对焊接接头进行金相组织观察，焊缝金属为先共析铁素体+针状铁素体+珠光体，母材为铁素体+珠光体，热影响区局部出现淬硬马氏体组织。

3.4　硬度测试

对焊接接头金相试样进行硬度测试，测试部位及结果(见图6)表明：除内壁打底焊的焊缝金属和热影响区硬度偏高外，其他测试部位的硬度基本属正常。

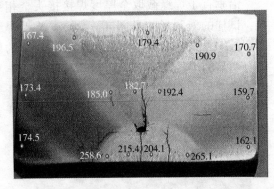

图6　硬度测试部位及结果(HV)

3.5　断口分析

分别对焊缝内母材断口和焊缝外母材上断口的裂纹打开进行分析，发现断裂面凹凸不平，有明显的腐蚀迹象。

3.6　X射线能谱分析

分别对焊缝内母材断口和焊缝外母材上断口进行能谱分析，分析结果表明，焊缝内母材断口上检测到有较高含量的O元素；焊缝外母材断口上不仅检测到有较高含量的O元素，还

检测到有较高含量的Na元素。

4　泄漏原因分析

根据裂纹出现在焊缝区域，且焊缝热影响区硬度较高、金相组织中出现淬硬马氏体组织，裂纹宏观形貌有明显分叉、微观形貌呈树枝状沿晶开裂，断口呈沿晶断裂特征及断口表面检测到有较高O和Na等试验分析结果，并结合材料及设备运行工况条件判断，裂纹性质为碱应力腐蚀开裂。

从碳钢碱应力腐蚀开裂敏感性(见图7)可知，在浓度为20%左右、温度为45℃时，碱的敏感性较小，但此台碱洗塔近2~3年运行过程操作工况存在较大波动，碱液浓度有时达到20%以上，温度最高达到70~80℃，远远超出设计运行条件，碱脆开裂敏感性大大增加，由于补焊区域相对设备其他正常焊缝部位存在苛刻的拘束条件，补焊部位未进行焊后消除应力热处理，使焊接残余应力也会更大，这也是仅补焊焊缝出现应力腐蚀而正常焊缝部位未发生开裂的主要原因。

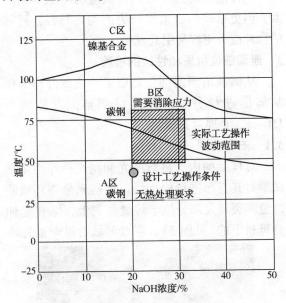

图7　碳钢碱应力腐蚀开裂敏感性

往复式压缩机止回阀失效分析及改进措施

刘 帅

（中国石化北京燕山分公司机械动力处，北京 102500）

摘 要 高压聚乙烯装置二次压缩机为超高压压缩机，是高压聚乙烯装置的核心设备。自从装置开始生产 EVA 以来，二次压缩机频繁发生气缸止回阀开裂泄漏故障。本文从现用止回阀结构及止回阀内部油使用情况入手，与中国特种设备检测研究院共同做失效实验，详细分析了造成止回阀失效的原因。有针对性地制定了止回阀内部油使用的一些改进措施，分别从材料方面、热处理工艺方面、结构设计方面提出了一些改进止回阀备件的措施，解决了压缩机止回阀频繁发生故障的问题。

关键词 压缩机；止回阀；裂纹；失效分析

1 前言

高压聚乙烯装置二次压缩机为超高压压缩机，由功率为 6400kW 的同步无刷励磁电机驱动，排气量为 38.1t/h，转速为 200r/min，系两级八缸卧式对置平衡型大型压缩机。

二次压缩机分为两段，一段最高工作压力为 110MPa，二段最高工作压力为 260MPa。一段有 4 个气缸，每个气缸上有 2 个止回阀。二段也有 4 个气缸，每个气缸上有 3 个止回阀。二段缸工上的 3 个止回阀安装位置如图 1 所示，有一个止回阀安装在正上方，另外两个止回阀与正中止回阀成 30℃对称分布。

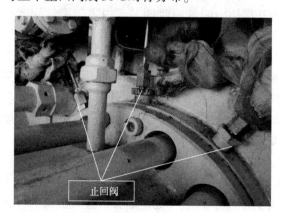

图 1 压缩机二段止回阀安装位置图

2 压缩机止回阀故障情况

2.1 止回阀故障统计

二次压缩机自 2009 年开始进行 EVA 改造，后于 2010 年 1 月份重新开车生产聚乙烯。2010年 5 月份，为配合生产 EVA，压缩机停车更换内部油。自从开始生产 EVA 以后，频繁发生气缸止回阀开裂泄漏故障，截至 2010 年 6 月底，2 个月之内止回阀已发生泄漏 5 次（见表1），且发生泄漏故障的止回阀多数为气缸正上方位置。

表 1 压缩机止回阀故障统计表

日期	故障部位	停机时间
5 月 8 日	2-1A 止回阀泄漏停车	8h
5 月 10 日	2-2A 止回阀泄漏停车	2h
5 月 17 日	2-2B 止回阀泄漏停车	9h
6 月 17 日	2-1B 止回阀泄漏停车	11.5h
6 月 23 日	2-2B 止回阀泄漏停车	8.5h

通过表 1 可以看出故障都发生在压缩机二段，并且每个二段气缸都发生了故障。这几次泄漏严重地影响了装置的正常运行，并给装置的使用维护带来了极大的安全隐患。因此，找出止回阀的失效原因，进而解决止回阀的失效问题极为必要。

2.2 止回阀结构

止回阀部件如图 2 所示。

将泄漏止回阀拆卸后初步外观观察，发现

────────────

作者简介：刘帅（1982—），男，山东淄博人，2005年毕业于中国石油大学（华东）过程装备与控制工程专业，工程师，现在燕山石化公司机械动力部从事设备管理工作。

3 号垫座和 6 号中间件上发现明显裂纹(见图 3 和图 4)。裂纹位置在 3 号垫座与 6 号中间件的对接面上。

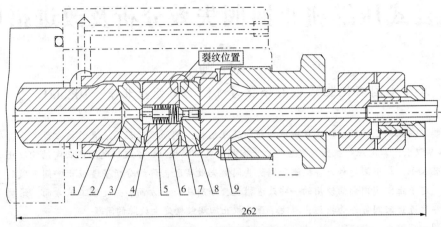

图 2　止回阀部件图

1—管式球面垫；2—导套；3—垫座；4—弹簧座；5—弹簧；
6—中间件；7—阀芯；8—阀座；9—连接件

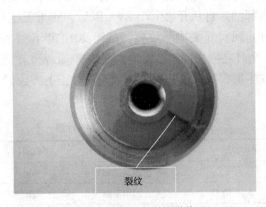

图 3　3 号垫座裂纹形貌

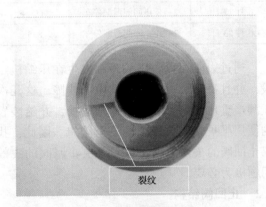

图 4　6 号中间件裂纹形貌

2.3　止回阀内部油使用情况

压缩机止回阀内部油牌号为 CL 1000-EU，其中添加 2% 的 BHT(抗氧化剂)，使得油的黏度降低。在检修更换故障止回阀时，发现止回阀安装部位比较脏，有铁锈状杂质。

对内部油新油油样分析性能如表 2 所示。

通过油品分析，可以认定内部油本身品质没有问题。

分析杂质其主要来源有：①新内部油管线制造安装过程中滞留的杂质，如焊渣、铁锈、铁屑等；②系统运转，流体变质生成的杂质；③系统在检修或补油的过程中带入的杂质。

3　失效止回阀实验

将失效后的止回阀与中国特种设备检测研究院共同做实验，研究失效原因。

涡流分析结果认为，泄漏的止回阀垫座没有开裂，中间件裂纹明显，内表面裂纹深度约为 13mm，可以认为该止回阀主要是由于中间件开裂导致的泄漏。残余应力分析显示，中间件和垫座表面主要呈压应力状态。化学分析结果显示，中间件和垫座部分元素成分与 40CrNi2MoA 有偏差，硬度值比 40CrNi2MoA 硬度上限高。

断口分析结果认为，中间件裂纹具有明显的起裂源，起裂源位置在内表面离端面倒角大约 5mm 处，起裂源处能谱分析有大量氧的存在显示裂纹源处有氧化物。可以看到裂纹起源后向外辐射扩展，裂纹扩展具有明显的疲劳特征。同时从裂纹尖端部位部分位置明显因为摩擦而变平的痕迹来看，也可以确认裂纹扩展过程中具有明显的疲劳特征。但从裂纹扩展过程中部分穿晶、部分沿晶的断口来看，不能排除腐蚀对疲劳扩展的推动作用。

表 2　内部油样分析性能参数

	规定值	试样分析值
二次压缩机内部油（CL 1000-EU）	动力黏度@40℃：170~210mm²/s；方法：ASTM D 445	黏度@40℃：194mm²/s
	黏度@100℃：18~21mm²/s	黏度@100℃：20mm²/s
	密度@20℃：0.86~0.88（水=1）	密度@20℃：0.871（水=1）
	闪点：最低200℃	闪点，PMCC：230℃
	酸值：1.8~2.5mgKOH/g	酸值：2.2mgKOH/g
	Saybolt 色度：最小+22	Saybolt 色度：+26

通过内表面细致的扫描电镜观察结果认为，在加工过程中，内表面存在明显的机械划痕缺陷。同时，在内表面发现有几簇裂口密集区，裂口密集区附近有明显的腐蚀痕迹，裂口密集区能谱分析显示表面主要为氧化物。中间件裂纹起源位置处于其中一簇裂口密集区。

金相分析结果发现材料内部有夹杂物和带状偏析缺陷。垫座和中间件靠近内表面处有大量凹坑。裂纹扩展和断口扫描电镜观察结果吻合，为沿晶、穿晶扩展。

4　压缩机止回阀失效分析

当油压在110~260MPa范围内波动时，止回阀中间件承受着脉动载荷的作用，显然内表面的轴向拉应力最大。在脉动载荷产生的周向拉应力的作用下，原来内表面存在缺陷的部位容易产生裂纹起源，并在疲劳载荷作用下发生裂纹扩展，直至断裂。从裂纹扩展的形式和裂纹尖端处磨平的痕迹都可以判断此断口具有疲劳特征。同时，在裂纹起源位置发现的氧化物确认了疲劳裂纹起源于缺陷处。此类缺陷是在部件加工制造过程产生的还是使用过程中产生的有待进一步分析。由于中间正向止回阀比两侧斜向止回阀的脉动应力更大，导致中间止回阀开裂可能性更大。

油中的固体颗粒物杂质也会导致止回阀的磨损，磨损产生的固体颗粒物使油质进一步劣化，如此恶性循环，会使油质急剧下降，止回阀加速磨损。另外由压缩机填料处微泄漏过来的酸性物质（醋酸）造成的腐蚀，会加剧止回阀裂纹的发展。

综合以上分析初步得出如下结论，本次止回阀泄漏主要是由于中间件开裂引起的，失效原因主要是由于起裂源附近存在缺陷。在交变载荷的作用下，在缺陷位置萌生疲劳裂纹，而杂质的磨损和醋酸腐蚀对疲劳裂纹起源和扩展起了加速推动作用，最终导致中间件发生开裂失效。中间件开裂失效后，高压流体从垫座与中间件缺口处泄出，在垫座上划上一条与中间件裂纹位置相对的痕迹。

5　避免压缩机止回阀失效的措施

5.1　止回阀内部油改进措施

针对压缩机止回阀介质内部油中可能含水、含杂质的情况，我们采取了以下措施：

（1）提高系统的密封性，主要是提高油桶的吸油口盖和油储罐上的入口管线法兰等处的密封，防止污染物侵入油系统。

（2）防止油系统内部生成污染物，主要措施是对油管道等进行防锈处理，适时往油中添加抗氧化剂和防锈剂。

（3）增加滤油设备，在油桶吸油管上加设过滤网。

（4）提高油系统的检修工艺，在油系统设备的检修过程中，检修人员必须严格按检修规程办事，重视零部件的清洁问题，防止杂质进入油系统，造成二次污染。

（5）控制新油的质量，购买的新油应按新油的质量标准进行严格验收，杜绝使用原本就不合格的新油。

（6）定期对润滑油进行分析，确保水含量、杂质含量及酸值不超标。

5.2　止回阀备件改进措施

在对失效止回阀失效原因充分分析的基础上，从原材料的控制和选材、热处理工艺的改进和设计型式的优化等方面提出相关措施，以保证止回阀能够满足机组工况条件下长周期安全稳定运行的需要。

5.2.1　材料方面

通过对失效止回阀裂纹的微观形貌和金相组织进行观测和分析，确定材料的夹杂较为严重。研究表明，钢中非金属夹杂物对钢的承载能力、塑性、冲击韧性及耐蚀性等都产生不利影响，尤其是显著降低钢的疲劳强度，往往作为裂纹源而成为钢产品产生疲劳破坏的原因。因此，一些重要钢制零部件产品，需要对钢中非金属夹杂物的含量加以限制。

对于材料的控制措施主要是对在用材料增加必要的检验手段和使用新型材料，以提高质量标准。

1）增加检验手段

止回阀材料中的夹杂主要是非金属为主，可以参考 GB/T 10561—2005《钢中非金属夹杂物含量的测定　标准评级图显微检验法》标准（该标准中明确说明，"本标准适用于压缩比大于或等于 3 的轧制或锻制钢材中非金属夹杂物的评定"），对材料锻件进行非金属夹杂的检验和评定，以保证原材料的质量。

2）使用新型材料

通过与相关超高压零部件供应商的交流和相关资料的查询，了解到苏尔寿公司在用的很多备件都是使用 36CrNiMo16 材料制造的。该材料是一种德国 DIN 标准的结构钢材料，多用于大截面高强度钢，具有良好的综合机械性能。其与 4340 的化学成分对照见表 3。相同的热处理调质后，与 4340 机械性能实测数据对照见表 4。

表 3　化学成分对照表　　　　　　　　　　　　　%

化学成分	碳 C	锰 Mn	磷 P	硫 S	铬 Cr	镍 Ni	钼 Mo
4340	0.38~0.43	0.60~0.80	≤0.035	≤0.04	0.70~0.90	1.65~2.00	0.20~0.30
36CrNiMo16	0.34~0.38	0.40~0.70	≤0.003	≤0.003	1.50~1.80	3.75~4.25	0.25~0.35

表 4　机械性能对照表

机械性能	屈服强度/MPa	拉伸强度/MPa	延长率/%	断面收缩率/%	硬度（HRC）
4340	866	1133	16	57.5	38
36CrNiMo16	1090	1190	16	65	40.7

36NiCrMo16 材料与 4340 材料相比，Cr 和 Ni 含量明显提高。Ni 在钢中可以显著提高韧性（在高强度时具有较高的韧性），也就大大提高了其抗疲劳强度，随着 Cr 含量的增加，合金的抗拉强度和硬度也显著上升，而 S、P 含量越低，就越减小产生裂纹的可能性。相同的热处理调质后，36NiCrMo16 的综合机械性能要好一些。

5.2.2　热处理工艺方面

通过对工况条件下止回阀的受力分析和机组运行参数分析，止回阀的各项力学性能都比较高，而这些指标都是靠热处理来获得的，同时热处理工序也是保证止回阀内部质量、避免产生较大的残余应力、满足性能要求的关键环节。

在原有热处理工艺基础上，可以增加以下热处理工艺：

（1）在锻件粗加工后，可以对表面残余应力进行测试，必要时进行去应力退火，最大限度地清除零件锻造后存在的残余应力。

（2）渗氮用钢是适用可渗氮处理并能获得满意效果的钢材。凡含有 Cr、Mo、V、Ti、Al 等元素的低、中碳合金结构钢、工具钢、不锈钢（不锈钢渗氮前需去除工件表面的钝化膜，对不锈钢、耐热钢可直接用离子氮化方法处理）、球墨铸铁等均可进行渗氮。由止回阀材料的化学成分看，Cr、Mo 含量高，可以对止回阀表面进行渗氮化学热处理。同时在较低的温度下渗氮，不仅没有相变，变形很小，而且渗氮层有较高的硬度、耐磨性和抗疲劳强度。

5.2.3　结构设计方面

通过与压缩机主机生产商日本日立公司交

流，了解到日立公司已经研制出了新型的止回阀(见图5)，于2011年8月份大检修时安装新

型止回阀试用，目前使用情况良好，没有再出现泄漏故障。

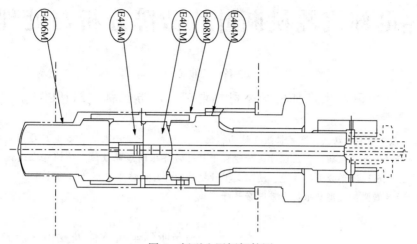

图5　新型止回阀部件图

E406M—插口垫；E414M—中间件；E401M—阀座；E408M—导套；E404M—连接件

对比新旧两种型式的止回阀发现，主要有两处不同：①去掉了旧阀垫座(图2序号3)这个部件；②把圆弧形压紧面由止回阀出口后的管式球面垫(图2序号1)上移到了止回阀入口前面的连接件(图5序号E404M)上。

新型止回阀减少了一个部件，相应地减少了两个密封面，这就降低了止回阀的失效风险。采用这种新型止回阀，从理论上讲，也减少了止回阀的失效故障。

6　结束语

本文主要对高压聚乙烯装置二次压缩机的止回阀失效情况及工况作了一些说明，并结合中国特检中心的一些实验数据，对失效原因进行了详细分析，分别从内部油使用和止回阀备件方面制定了一些消除故障的措施，为最终消除止回阀故障，起到了一定的指导作用。

参 考 文 献

1　北京石油化工总厂．高压法聚乙烯．北京：化学工业出版社．1979.

2　周玉．材料分析方法．北京：机械工业出版社．2004.

3　孙维连，陈再良，王成彪．机械产品失效分析思路及失效案例分析．材料热处理学报，2004．(1)：69-73.

4　余建宏，吴汉香．36CrNiMo16钢失效分析．新技术新工艺，2007(12)：67-68.

热电部汽轮机断叶片故障分析与处理

徐 驰

（中国石化仪征化纤公司热电部，江苏仪征 211900）

摘 要 CC60 型单缸双抽凝汽式机组在炼油、化工、造纸、化纤企业的自备电厂应用较广。由于该类机组末两级动叶设计存在缺陷，出现过运行过程中动叶片齐根断裂的故障。为消除上述设备隐患，需要对该类型机组低压通流部分进行改造，使用叉型叶根的动叶片代替原 T 型叶根的叶片。

关键词 叶片断裂；叉型叶根；自带围带动叶

1 概述

某热电厂 4# 汽轮机为上海汽轮机厂生产的单缸、冲动、具有两级调整抽汽、抽汽冷凝式、单排汽口汽轮机，于 1988 年投产，机组主要用于供应石油化工装置热、电负荷。该机组原为 50MW 等级机组，2002 年进行了增容改造，由原制造厂家对最后四级（13、14、15、16 级）叶片进行了更新改造，机组型号变为 CC60-8.83/4.12/1.47，改造后设备投运正常。

2015 年 8 月，4# 汽轮机组运行过程中突然出现次末级（第 15 级）一动叶片齐根断裂的故障（见图 1），导致紧急故障停机事故发生。断裂的叶片造成该机组其他通流部件受损，机组无法投入运行。

班员听到 4# 机本体处发出一声异响，随后该机组振动上升，1# 瓦水平振动值达到 0.12mm，3#、4# 瓦水平值均达 0.10mm，其余各向振动值达 0.05mm 左右，超过规定值，现场值班根据设备运行规程于立即进行紧急停机操作。4# 汽轮机冷却至 8 月 31 日进行揭缸检查，发现转子上第 14 级一叶片根部断裂（见图 1），并造成相邻部件损坏。随后，4# 汽轮机按原设计图纸修复后，于 2015 年 9 月继续投运。2016 年 8 月 4 日，4# 汽轮机运行过程中再次发生次末级动叶片断裂事故（见图 2），机组再次被迫紧急故障停机。

图 1 次末级叶片断裂且造成邻近叶片严重损坏

图 2 动叶片修复后再次断裂

2 故障及处理情况

2.1 故障情况

2015 年 8 月 26 日热电厂汽轮机装置运行值

作者简介：徐驰（1983—），男，江苏仪征人，2005 年毕业于太原理工大学热能与动力工程系，高级工程师，现任热电部汽机装置安全总监，从事汽轮机专业运行保障工作。

2.2　故障处理情况

热电部于 2016 年 8 月开始编制 4# 汽轮机低压部分通流改造方案，计划对该机组末两级动叶、隔板、叶轮等设备进行更新改造。2016 年 12 月确定改造厂家为哈汽电站设备有限公司，该公司采用自带围带以及叉型叶根的动叶（见图 3）替代原有的 T 型动叶。现场设备安装于 2017 年 4 月完成（见图 4），5 月改造完成 4# 汽轮机启动，运行至今无异常。

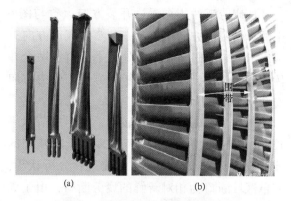

图 3　叉型叶根和自带围带的动叶

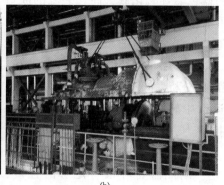

图 4　汽轮机低压通流部分改造安装施工现场

3　故障原因分析

4# 汽轮机次末级叶片断裂的原因主要从设计结构、材质选用、监造检验、工艺操作等方面进行排查，同时通过与其他石化企业自备电厂技术交流获知，同类型 50MW 和 60MW 抽凝式汽轮机上也多次发生次末级叶片运行中突然断裂的事故，最终确认为设备制造厂家在设计制造过程中该型叶片存在设计安全余量不足，叶根之间易出现松动是动叶断裂的主要原因。

3.1　设计结构分析

根据叶片设计图纸得知，叶根结构为外包凸肩双 T 型叶根（见图 5）。叶片与叶轮为切向装配，即叶片逐个从叶轮卡槽开口处装入滑紧，最后一支末叶片装入后打入销子并锁死。根据尺寸估测，断面位置为图中虚线处，即叶根过渡圆角区，该区域易产生应力集中。

3.2　宏观断口分析

根据断口形貌判断（见图 6），根部断裂为单向弯曲疲劳，在疲劳扩展后期，出现反向疲劳弧线，说明断面外缘应力集中较严重，可能为 T 字拐角处圆弧过渡质量较差，亦可能为该

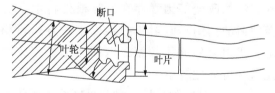

图 5　双 T 型叶根结构图

处摩擦挤压导致损伤。

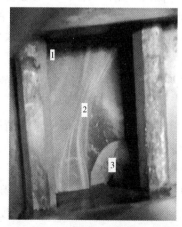

图 6　原始断口形貌
1—裂源；2—疲劳扩展区；3—快速断裂区

从疲劳弧线方向看，开裂方向大致与图6中的卡槽两侧方向一致，亦与蒸汽流动方向一致，卡槽与叶根T字拐角处两平行直边贴合并传导弯曲载荷，因此疲劳扩展方向与受力方向吻合。

快速断裂区所占面积较小，说明载荷水平较低，属于低应力高周疲劳，断口上的清晰的疲劳纹路为裂纹阶段性扩展痕迹；分析认为，蓝色区域断口为相对新鲜的疲劳断口，由于表面光滑，在高温下且有充足氧气时（开缸后）会形成很薄的蓝色磁性氧化膜，而含裂源的断口左侧区域可能已断开很长时间，长期运行后表面呈深灰色氧化膜，快速断裂区由于表面粗糙形成新鲜白亮断口。

3.3　断裂原因分析

（1）运行中转子高速旋转时，叶片的离心力引起拉应力，蒸汽流动的压力造成叶片的弯曲应力和扭转应力，这三种应力都会传递到叶根处，因此需要叶根有足够的强度，当叶片恒速稳定旋转时，这三种应力都属于静载荷，不会造成本案例中的疲劳断口。但是如果有机组频繁启动、气流异常扰动、电网周波的改变等因素存在，叶根处将承受交变载荷的作用，但4#机投运以来一直运行稳定，机组启停并不频繁，电网频率稳定，因此这种可能性较小。

（2）叶片断裂的另一种常见断裂原因为激振力，当激振力引起叶片共振时，叶片将剧烈振动，如果为等截面叶片，往往在叶根处断裂，如果为不等截面叶片，则可能在叶身处断裂。造成激振力的原因有很多种，如转子平衡不好、转子低频运行、叶片损坏等，本案例结合运行及定期检查情况看，因激振导致叶片断裂的可能性较小。

（3）分析叶片原材料及热处理质量的情况：叶片材料为2Cr12MoV，为马氏体不锈钢，GB/T 8732《汽轮机叶片用钢》规定了其牌号成分、冶炼方法及力学性能，其力学性能靠淬火+高温回火热处理来保证，该材料叶片有两个强度级别，对应不同的热处理温度。如果原材料存在缺陷，或热处理质量不佳，都会导致叶片高温

强度不足，使其使用寿命缩短，但从两次断裂情况来看，叶片加工制造工艺一致，原材料和热处理验收均合格，且断裂的叶片具有随机性很强的特点，所以因原材料及热处理质量不合格导致叶片断裂的可能性较小。

3.4　断裂原因确认

综合以上分析结果，造成叶片根部断裂的原因最有可能为动叶片叶根设计结构不合理，设计余量不足且加工和装配质量不合格。

根据宏观断口分析，叶片为长期疲劳破坏，其叶根处承受了交变弯曲应力，叶片发生了前后方向上的振动，这个方向与叶轮卡槽和叶根贴合方向一致，因此，动叶片叶根设计结构不合理导致端角处、圆弧过渡处等位置应力集中倾向更大，促进裂纹的萌生及扩展，断口形貌亦证明了其应力集中程度较大。

另外，叶根处加工不良（或叶轮卡槽内壁加工不良），尺寸精度差，不仅会导致应力分布变化，还会使叶根与卡槽不能紧密配合，导致叶根松动，叶片振动加剧且叶根亦参与振动亦造成情况恶化，促使叶片断裂。

4　改进措施

鉴于4#汽轮机原T型叶根设计不合理，易导致运行过程次末级动叶片断裂，热电部对该机组进行低压部分通流改造，更新其末两级（第15、16级）动叶片、叶轮、隔板等缸内部件。通过与改造厂家技术交流，以及对兄弟单位同类型汽轮机组改造经验的总结，改造措施如下：

将该汽轮机末两级第15、16级动叶片改造成自带围带型叶片（见图3），增加叶片的刚性，从而改变叶片的频率特性和应力状态，还可减少从叶顶处的漏气损失。将外包凸肩双T型叶根改为叉型叶根（见图7），这种型式的叶根连接强度高，加工制造简单，常用于大型汽轮机的末几级叶片。隔板顶部子午面也采用斜通道，形成光滑的子午面通道，可以减少流道流动损失。末级静叶改造为后加载高效静叶叶片型线，最大气动负荷在叶栅流道的后部。该型叶栅通道前段压力面与吸力面的压差减小，削弱了通道二次流的强度，使叶栅总的二次流损失大为

降低。另一方面，叶片尾缘较薄，能够减少尾缘损失。该措施彻底解决了低压末两级叶片安全问题，提高了机组的安全可靠性，同时，因改造后，末两级流道更合理，动静叶片叶型得到了改进，末两级的通流效率也提高约2%。汽轮机末两级叶片、隔板等部件改造前后流通部分结构对比如图8所示。

4#汽轮机机组改造完成后于2017年5月投入运行，机组运转稳定，各项工艺参数指标均在规定范围内。到目前为止机组运行时数已超过15000h，低压通流部分叶片无故障，设备运行平稳。

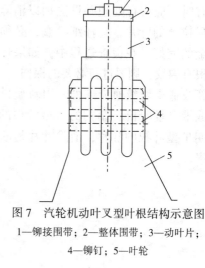

图7　汽轮机动叶叉型叶根结构示意图
1—铆接围带；2—整体围带；3—动叶片；
4—铆钉；5—叶轮

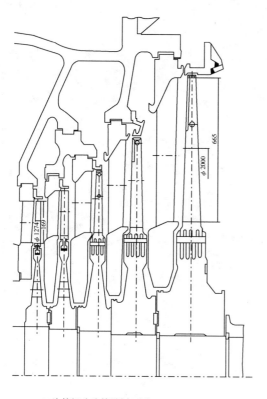

(a)汽轮机改造前纵剖面图

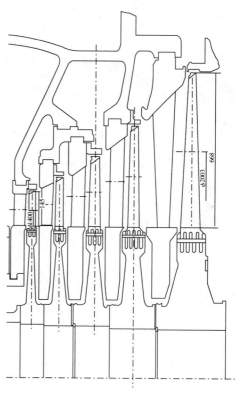

(b)汽轮机改造后纵剖面图

图8　汽轮机末两级叶片、隔板等部件改造前后流通部分结构对比

5　结束语

抽凝供热式汽轮机是整个企业的供电、供热负荷的关键装置，当设备发生叶片断裂的重大故障时，机组只能被迫停运，对整个供热、供电系统产生重大影响，并且，叶片断裂后检修时间长，工作量大，导致汽轮机组长期处于失备状态，降低了设备完好率，严重影响热电厂的安全稳定运行，因此，为防止汽轮机叶片断裂事故的重复发生，热电部总结应对措施如下：

汽轮机机组大修过程中必须对叶片的振动特性进行全面测定。对不调频叶片，要检验频率分散率；对调频叶片，除分散率外，尚需鉴定其共振安全率。对调频叶片，若发现叶片落入共振状态，应尽快采取措施，按实际情况进行必要的调整，检修中认真仔细地对各级叶片及其拉金、围带等进行检查。发现有缺陷或怀疑缺陷有时，应进行处理并设法加以消除。对具有阻尼拉金的叶片，要仔细检查，必须保证阻尼拉金的完好。在检查过程中，如果怀疑叶片或叶根有裂纹，则要进行必要的探伤。

更新改造末两级通流部件，用新型枞树型或叉型或带自紧(自锁)结构的 T 型叶根的叶片替代早期 T 型叶根的叶片，消除叶片易断裂的安全隐患。

加强叶片质量检测管理，在新动叶片换装、拆卸过程中要对叶片的制造、安装质量做出鉴定。为进一步分析损伤原因，应对断面和裂纹做出金相、硬度检验，必要时进行材料分析和机械性能试验，以确定裂纹和材质状况。

改善机组运行条件，避免汽轮机在超负荷、低负荷下运行，消除共振、低压缸水击等；改善蒸汽品质，降低蒸汽的含氧量，消除对叶片的疲劳腐蚀。

水煤浆气化装置高压煤浆泵故障处理及措施

孙　欣

（中国石化镇海炼化分公司，浙江宁波　315207）

摘　要　概述了高压煤浆泵的发展历程及结构特点，详细描述了高压煤浆泵在运行过程中发生软管破裂、蓄能器失效等故障，对故障原因进行了分析并制定了相应的处理措施。

关键词　高压煤浆泵；蓄能器失效；软管；故障原因；措施

1　高压煤浆泵概述

高压煤浆泵是水煤浆加压气化工艺的核心设备，镇海炼化水煤浆气化装置共分三个系列，每个系列对应一台高压煤浆泵，采用德国FELUWA Pump有限公司制造的高压煤浆泵，型号为TGK250-3DS100多安全双软管-隔膜泵，三缸单作用，主要用来输送磨煤机出来的58%浓度的煤浆，加压至8.4MPa，送至气化炉内与氧气进行反应，额定流量为58.5m³/h，转速为42r/min。

高压煤浆泵经过50多年的发展，历经三代变革，从最早期的普通隔膜泵发展到第二代软管隔膜泵，直至第三代隔膜泵采用双软管结构，其显著特点就是煤浆与驱动液之间由两层软管隔开，两层软管之间注入定量的润滑液，起到液力耦合的作用，软管之间设有压力开关报警，当任何一层软管破裂后触发压力开关报警，为故障判断提供依据，在一层软管破裂期间另一层软管仍然能够保持泵的运行，液压腔内液压油可以由补排气阀来自动补充，不需要外部系统的补充。

2　高压煤浆泵故障现象、原因及相应措施

由于高压煤浆泵的特殊双软管结构和煤浆输送工况恶劣的特点，在实际运行过程中往往出现软管破裂、单向阀卡死或磨损等故障。下面介绍高压煤浆泵在镇海炼化水煤浆气化项目运行过程中遇到的一些问题及相应措施。

2.1　蓄能器故障

2.1.1　故障经过

2019年2月20日12P101开始运行时便有规律的撞击声，但声音较小，此时蓄能器的压力表显示为5.1MPa，运行观察，2019年3月12日13：15左右现场发现高压煤浆泵有规律的撞击声，且较前段时间的撞击强度有所增加，并加强运行观察，3月13日上午撞击声依然存在，当时的蓄能器表值显示为4.6MPa，初步怀疑是蓄能器的压力降低导致缓冲效果不佳所致。对高压煤浆泵蓄能器在线处理进行讨论和分析，决定对蓄能器进行在线处理，3月13日14：30对蓄能器进行了冲压，首次冲压后发现蓄能器的压力迅速上升并很快冲压到6.3MPa，但是泵的声音依然没有得到缓解，我们对蓄能器进行了放压，发现压力很快就被泄放至0，判断并没有对蓄能器内部进行冲压，仅对导压管段进行了冲压。

首先拆除139.16导压管，再拆除139.15转接弯头，露出一个顶针，由于该顶针的存在导致蓄能器只能往里面冲压，而不能将缓冲压力释放出来，对蓄能器连接压力表上显示为8.1MPa。

对蓄能器的压力进行了释放，当压力表显示为6.5MPa时泵的撞击声消失了，判断蓄能器开始起作用了，随后对压力释放到6.1MPa。

2.1.2　故障原因

从蓄能器异常来看应该是厂家在安装调试阶段没有将顶针拆除导致蓄能器引出管显示假值，并且再调试的时候蓄能器压力冲得过高，将专用工具安装到蓄能器的时候显示的值为

作者简介：孙欣（1985—），男，本科，工程师，主要从事设备技术管理工作。

7.1MPa，按照泵当时的状态，应该是双软管压力（泵的出口压力）与蓄能器的压力处于一个平衡状态，导致双软管大力撞击单向阀（见图1），单向阀发出撞击的声响。

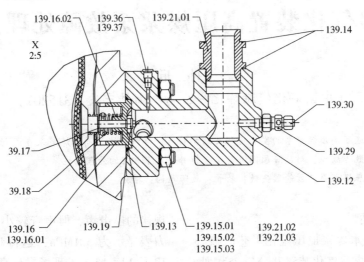

图1　结构图中部件39.17与139.16.02发生了撞击

2.1.3　排除措施

蓄能器的故障属于偶发事件，由于导压管与蓄能器是后期安装的，在安装导压管的同时需要去除顶针，才能起到连通的效果，在单机试车阶段对蓄能器的压力表进行检查，随泵出口压力有波动即该处连通。

2.2　软管破裂

2.2.1　故障经过

4月22日10点按操作票启动12P301进行煤浆循环，12点31分投料，期间发现高压煤浆泵2号缸高位油槽液位偏低，对高位油槽进行了补油处理。23日23时左右，班长巡检发现泵液压缸侧有异音，高位油箱的温度较1、3号缸高约10℃。24日早上现场确认隔膜已破裂，少量煤浆已进入液压油系统，期间软管隔膜破损报警没发出。

2.2.2　故障原因

1）软管破裂原因

高压煤浆泵液压腔加油量为恒定，在泵投用初期工况尚未稳定期间需打开液压油防路阀，避免补油过度等异常。泵拆检后发现，在隔膜距出口端约8cm的位置出现一条长约6cm的横向裂纹（见图2），裂纹已经穿透两层隔膜。从裂纹的形态可以排除异物划伤的可能，分析认为：该泵投用初期出现了较大真空导致大量补油，在液压腔中的超量液压油没有返回油槽的情况下关闭了旁通阀，导致软管出现超量甚至不规则形变。运行期间出口侧相对变形最大，是隔膜的薄弱部位，运行中首先破裂。

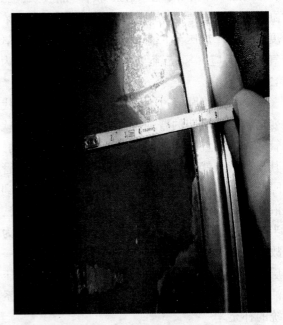

图2　6cm的横向裂纹

2）压力开关未报警原因

拆检发现压力开关的排气通道、单向阀等位置均有较大量煤浆，煤浆堵塞了压力开关，导致无法正常报警。

2.2.3　排除措施

单系列停机后，必须对进出口管线、泵体内单向阀、软管等部位进行彻底清洗。单系列开机前，需启动高压煤浆泵走清水对管线、泵体内单向阀、软管等部位进行清水循环清洗。开机前需打开液压油旁通阀，待泵运行稳定后再关闭旁通阀，由清水切向煤浆后需密切关注高位油槽液位及运行情况；如运行中出现油位明显下降时需将旁通阀打开，待油位恢复正常后再关闭旁通阀。运行期间内操关注隔膜破裂报警。如出现隔膜破裂报警，现场打开压力开关接头顶部排气堵头，如报警未消除，立即联系仪表处理；如报警消除，且有液压油或者煤浆排出，则报告技术人员确定下一步处理方案。设备运行过程期间，巡检观察高位油箱油质情况，如出现发黑现象，则立即联系技术员。确认高位油箱的液位处于中间位置，防止大量补油的情况。将高压煤浆泵隔膜破裂报警压力开关变更为压力变送器，方便运行观察。

3　结束语

高压煤浆泵是气化装置的核心设备，双软管的非正常破裂会对装置的稳定运行造成巨大影响并带来重大的安全隐患和经济损失，通过对软管破裂原因的分析，寻找正确的操作方法及处理问题的方法，有助于减少同类事故的发生频率，提高装置的稳定运行能力。

溴化锂机组蒸发器管束缺陷排查及原因分析

张建波

（中国石化北京燕山分公司机械动力处，北京　102500）

摘　要　本文以燕山石化溴化锂机组蒸发器换热管束泄漏排查为例，证明了常规涡流检测技术在铜、不锈钢等非铁磁性管束缺陷检测中的重要作用。通过常规涡流检测技术可对非铁磁性换热器管束缺陷进行定性和定量识别，提前处理，从而降低换热器管束泄漏率，极大地提升了换热器运行周期。

关键词　溴化锂；涡流检测；非铁磁性；换热器；管束；泄漏

1　溴化锂机组工作原理

　　溴化锂机组又叫溴化锂吸收式制冷机组，是以溴化锂溶液为吸收剂，以水为制冷剂溶液，利用水在高真空中蒸发吸热达到制冷的目的。在溴化锂机组中，经过蒸发后的冷剂水蒸气会被溴化锂溶液吸收，溶液逐渐变稀，这一过程是在吸收器中发生的，然后以热能为动力，将溶液加热使其水分分离出来，而溶液变浓。这样在发生器中得到的蒸汽在冷凝器中凝结成水，经节流后再送至蒸发器中蒸发。如此循环达到连续制冷的目的。

2　涡流检测工作原理

　　涡流就是旋涡状电流，由高频交变磁场感应产生。涡流又产生自己的磁场，试图抵消或削弱激励磁场的变化（见图1）。两者相位基本相反，正常状态下能达到某种平衡，线圈阻抗值不变。随着探头的移动，当探头经过缺陷上方时，涡流流动路径发生改变，涡流磁场的强弱和相位也跟着发生变化，引起探头（线圈）阻抗的变化（见图2）。经仪器处理，缺陷的大小深浅等试件内部信息便可以被测量出来，阻抗图上，幅值代表缺陷大小，相位代表缺陷深浅（见图3）。

　　涡流检测技术根据检测对象的材质及结构不同可分为常规涡流、近场涡流、远场涡流、阵列涡流等，本文检测的换热器管束为黄铜，故采用常规涡流检测技术。

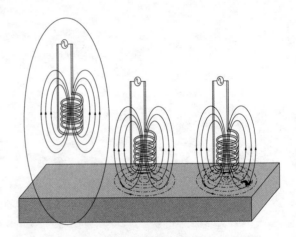

图1　涡流基本原理

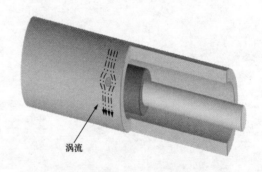

涡流

图2　涡流检测到缺陷后的变化

3　溴化锂机组蒸发器管束缺陷检测分析

3.1　检测前准备工作

3.1.1　换热器管束规格及仪器探头选型

　　燕山石化行政事务中心溴化锂制冷机组中

作者简介：张建波（1987—），男，北京人，2010年毕业于北京化工大学自动化专业，现任北京燕山石化公司机械动力处静设备科高级业务主管，工程师，从事特种设备相关技术和管理工作。

蒸发器在运行中发生了泄漏（见表1），为了确保机组的长周期运行，查明管壁损伤减薄情况，预防隐蔽缺陷导致再次泄漏，决定对溴化锂制冷机组蒸发器进行一次全面的在役常规涡流检测。

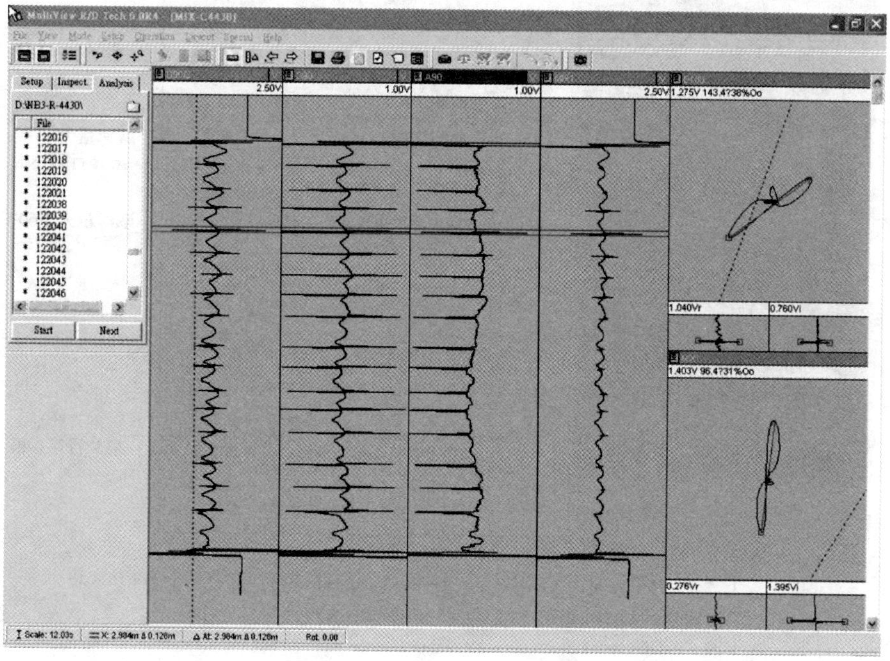

图3　上位仪器显示的缺陷状况

表1　溴化锂机组蒸发器参数

设备名称	溴化锂机组蒸发器		
蒸发器管规格	*DN*19×0.8mm	蒸发器管根数	714根
蒸发器管长度	6096mm	材质	黄铜
结构区域	管程	壳程	
工作介绍	冷剂水	溴化锂	

检测按照NB/T 47013.6—2015《承压设备无损检测　第6部分：涡流检测》规程的要求进行。使用一台进口的奥林巴斯MS5800型专业涡流仪并根据管道内径选取直径为17.5mm的检测探头（填充系数为92.1%）。

3.1.2　常规涡流检测样管制作

常规涡流检测需要制作专用样管，样管与被测对象材质和规格必须完全一致，通过在样管上创造人工缺陷（通孔）并确定通孔初始幅度和相位来与被测换热管内壁缺陷幅度和相位进行比较，从而准确地判断缺陷的大小和深浅。由于本次检测的管束为翅片铜管，管子较为特殊，无法及时制作检测样管。检测前利用蒸发器中原泄漏铜管，制作简单的样管（ϕ1.3mm的通孔），确保换热管内壁缺陷检测质量。

3.1.3　常规涡流检测区域划分

溴化锂制冷机组中蒸发器为方形换热器，根据端盖形貌将换热器定为一片区域，定义区域自上而下为行，从左往右依次计数（见图4）。圆形封头换热器可根据管束排布定义4个区域，便于标识被检测换热管。

3.1.4　缺陷评级原则

（1）检测结果显示换热管缺陷深度19%以下，说明该换热管可在现有工况下继续长期使用。

（2）检测结果显示缺陷深度在19%～39%之间的换热管定义为中低风险换热管，说明该换热管存在较低程度的腐蚀，可在现有工况下监控使用。

（3）检测结果显示缺陷深度在39%～59%之间的换热管定义为中风险换热管，说明该换热管存在较高程度的腐蚀，建议择机封堵处理，不建议长期使用。

（4）检测结果显示缺陷深度在59%～79%之间的换热管定义为中高风险换热管，说明该换热管存在比较严重的腐蚀，建议停止使用，封堵处理。

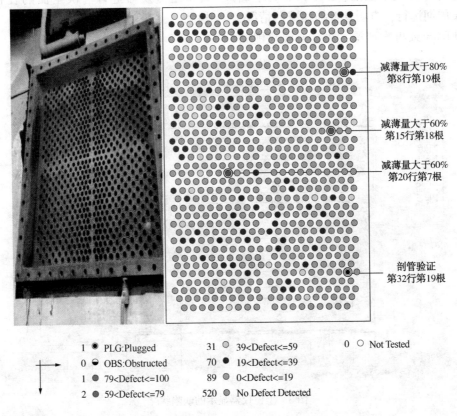

减薄量大于80%
第8行第19根

减薄量大于60%
第15行第18根

减薄量大于60%
第20行第7根

剖管验证
第32行第19根

1	● PLG:Plugged	31	◔ 39<Defect<=59	0	○ Not Tested
0	◓ OBS:Obstructed	70	● 19<Defect<=39		
1	● 79<Defect<=100	89	◕ 0<Defect<=19		
2	● 59<Defect<=79	520	◑ No Defect Detected		

图 4　常规涡流检测管束区域示意图

（5）检测结果显示缺陷深度在 79%~100% 之间的换热管定义为高风险换热管，说明该换热管存在非常严重的腐蚀，濒临失效，建议立即停止使用，封堵处理。

3.2　检测过程及结果

2019 年 7 月 31 日下午 13 时对蒸发器换热管内壁冲洗干净后开始检测。截至 7 月 31 日 21 时该蒸发器共计 714 根换热管全部完成检测（见图 5）。其中正常无缺换热管 520 根，缺陷深度在 19% 以内的中低风险换热管 89 根，缺陷深度在 19%~59% 之间的中等风险换热管 101 根，缺陷深度在 59%~79% 之间的中高风险换热管 2 根，缺陷深度在 79%~100% 之间的高风险换热管 1 根，泄漏换热管 1 根。

3.3　信号分析及现场剖管验证

从常规涡流检测结果分析，蒸发器第 32 行第 19 根管束共发现两处缺陷。检测结果显示缺陷 1 位于换热管尽头，根据幅值和相角判断，缺陷较深，疑似泄漏（见图 6）。缺陷 2 位于换热管检测起始部位到末端 4m 处，根据幅值和相角判断，疑似腐蚀减薄缺陷（见图 7）。

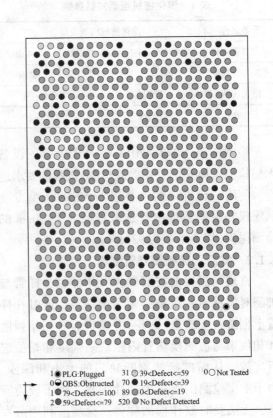

1	● PLG:Plugged	31	◔ 39<Defect<=59	0	○ Not Tested
0	◓ OBS:Obstructed	70	● 19<Defect<=39		
1	● 79<Defect<=100	89	◕ 0<Defect<=19		
2	● 59<Defect<=79	520	◑ No Defect Detected		

图 5　常规涡流检测结果分布图

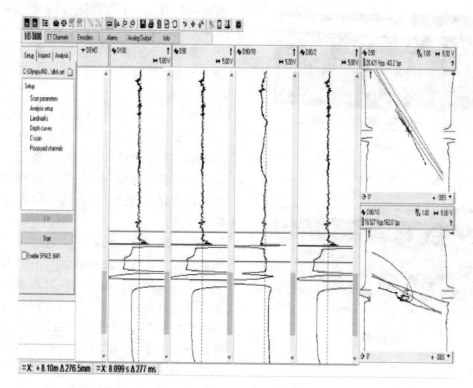

图 6　疑似泄漏位置检测信号

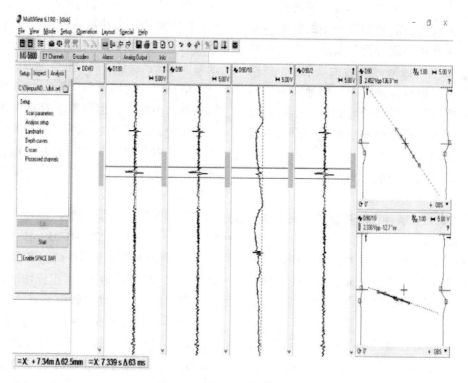

图 7　疑似缺陷位置检测信号

对该换热管进行剖管验证后发现，换热管尽头翅片与平管接触部位发现腐蚀穿孔的缺陷（见图 8），符合涡流检测的泄漏位置检测信号。

换热管检测起始部位到末端 4.1 m 处发现内表面腐蚀缺陷（见图 9），符合涡流检测的缺陷位置检测信号。

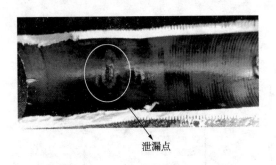

泄漏点

图 8　检测信号中的泄漏部位剖管验证

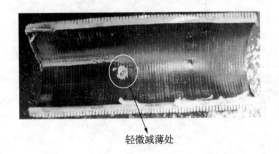

轻微减薄处

图 9　检测信号中的缺陷部位剖管验证

根据以上常规涡流检测的分析结果和实际剖管验证结论对比，可以肯定常规涡流检测技术在黄铜换热管内表面缺陷检测中的准确性和有效性。本次常规涡流检测共发现有 3 根换热管存在 59% 以上腐蚀减薄等较大缺陷，1 根换热管出现泄漏。根据检测结论对腐蚀减薄缺陷59% 以上的换热管进行堵管处理，投用后机组正常。现场技术人员对泄漏换热管抽出后进行剖管处理，观察泄漏形貌，并根据使用单位的操作参数和设备使用环境分析泄漏原因，初步判定为脱锌腐蚀和吸氧腐蚀。

4　溴化锂机组蒸发器存在的腐蚀机理及腐蚀原因分

4.1　腐蚀机理

燕山石化行政事务中心溴化锂制冷机组蒸发器换热管主材质为黄铜。黄铜出现的腐蚀机理主要有三种：应力腐蚀开裂（SCC）、脱除合金元素以及吸氧腐蚀。

黄铜在拉应力和氨环境共同作用下极易发生应力腐蚀开裂（SCC）。

黄铜在大气中腐蚀很慢，在淡水中腐蚀速度也不大，约为 0.0025～0.025mm/a；在海水中腐蚀稍快，约为 0.0075～0.1mm/a；在含氯离子、氧、氨的水中腐蚀速度明显加快；在含 Fe^{3+} 的溶液中极易腐蚀；在 HNO_3 和 HCl 中严重腐蚀；在 H_2SO_4 中腐蚀速度较慢；在 NaOH 溶液中耐蚀。

黄铜在水溶液中不会发生析氢腐蚀，但是会发生吸氧腐蚀。

4.2　原因分析

首先应力腐蚀开裂必须满足下列三要素：金属的敏感性、拉应力、腐蚀环境。溴化锂制冷机组蒸发器换热管工作压力较低，无明显拉应力和氨腐蚀环境，且剖管后观察到的腐蚀形貌不符合应力腐蚀开裂，故排除应力腐蚀开裂的可能性。

其次脱除合金元素主要发生在海水中，例如黄铜脱锌。在中性溶液供氧不足以及酸性溶液中亦会发生脱锌腐蚀，同时高温、低流速或水中氯化物含量高时会加速黄铜脱锌。溴化锂制冷机组蒸发器换热管腐蚀侧为管道内表面，管程内介质主要为消防水，水中沉积物附着在铜管内表面限制氧的进入从而形成氧的差异充气电池，该部位就会形成脱锌腐蚀环境。脱锌腐蚀的形貌主要为垂直金属表面的方向产生脱锌后疏松的铜残渣，水冲刷后容易形成较深的蚀孔，现场铜管内壁腐蚀形貌符合脱锌腐蚀，故脱锌腐蚀为该蒸发器换热管内表面腐蚀原因之一。

最后因从使用单位了解到，该机组在停用后内部水不排空，但因系统存在漏水点，在下次使用前会适当补水。因管内流失消防水而进入氧气，内部存在吸氧腐蚀的机理，而吸氧腐蚀的必要条件为金属的电位要比氧还原反应的电位负。即：$E_M < E_{O_2}$。

经相关推导，氧的平衡电位与溶液 pH 值的关系为：$E_{O_2} = 1.229 - 0.059pH$。

实际检测溴化锂制冷机组蒸发器换热管内部消防水 pH 值约为 8，机组停用时内部温度约为常温，代入计算换热管内部氧的平衡电位 $E_{O_2} = 1.229 - 0.059pH = 0.757V$。经查表得知 Cu 的标准电极电位为 0.337V，Zn 的标准电极电位为 -0.763V，黄铜的标准电极电位远远负于换热管内部氧的平衡电位，故吸氧腐蚀也是该蒸发器换热管内表面腐蚀重要原因之一。

5　结论

（1）换热器管束的缺陷从生成到最终穿透泄漏，有一个发展过程，需要较长的时间才能形成漏点。然而在涡流检测技术应用之前，换热器管束的各种减薄现象却很难通过技术手段鉴别到，现场对换热器管束的处理大部分是封堵发生泄漏的换热管，这就造成了部分缺陷严重但尚未泄漏的换热管未及时得到处理，为下次泄漏埋下隐患。根据常规涡流检测技术在燕山石化行政事务中心溴化锂机组蒸发器换热管检修中的应用，我们可以利用不同的涡流检测技术对各个类型和材质的换热器管束进行失效定量分析，提前对高风险管束进行预堵，可以有效地降低换热器在运行中泄漏的风险。

（2）溴化锂机组蒸发器管束为黄铜材质，在正常运行工况下，内部充满消防水，含氧有限，但消防水中杂质等附着物较多，容易形成脱除合金元素腐蚀条件，建议更换冷剂水水质，使用洁净的脱盐水。机组停车期间，蒸发器管束内消防水不满管，大量氧气进入，容易形成吸氧腐蚀环境，建议机组停车期间将水倒空并用压缩空气吹干系统，确保管束洁净、干燥备用。

参 考 文 献

1　刘永辉，张佩芬. 金属腐蚀学原理. 北京：航空工业出版社，1993.

聚焦生产技术难题，助力企业绿色发展

朱铁光

（岳阳长岭设备研究所有限公司，湖南岳阳　414012）

摘　要　安全和节能环保，事关企业效益乃至企业生命。多年来岳阳长岭设备研究所一直坚持"做设备主动管理的深度参与者，做绿色环保技术的先行探索者"的发展思路，一方面积极开发先进的动静设备监测诊断技术和在线治理技术，提前预知预警设备运行状态，为企业设备的预知维修、设备完整性管理和长周期运行提供强有力的技术支撑；另一方面针对企业节能环保的突出难题，大力开发实用的设备节能新技术和高效的环保新技术，取得了显著的成效。多项特色技术为石化等企业绿色发展作出了应有的贡献。

关键词　设备；监测；诊断；维修；节能；环保；清洗

1　前言

随着炼油化工装置日益向大型化、智能化、长运行周期化方向发展，对设备运行的安全性、可靠性提出了越来越高的要求；同时随着国家对能效提升和排放提标的要求越来越严，对装置运行节能和环保的要求也越来越高。如何保障装置的长周期安全运行和节能环保的要求，是每个企业都要面临的重要的课题。

岳阳长岭设备研究所脱胎于中国石化长岭炼化，是中国石化唯一一家整体改制的企业级设备研究所。从1980年建所伊始，我们一直秉承"立足石油石化行业，解决生产技术难题，为石化主业排忧解难"的工作方针，针对企业生产技术难题，做技术转化与应用研究的桥梁。近年来，企业设备管理更突出主动管理的思想，同时对设备经济运行提出了更高的要求。在此情况下，我们提出了"做设备主动管理的深度参与者，做绿色环保技术的先行探索者"的发展思路。一方面积极开发先进的动静设备监测诊断技术和在线治理技术，提前预知预警设备运行状态，为企业设备的预知维修、设备完整性管理和长周期运行提供强有力的技术支撑；另一方面针对企业节能环保的突出难题，大力开发实用的设备节能新技术和高效的环保新技术。经过近40年的积淀和发展，逐渐形成了四大核心技术能力，即：涵盖动设备监测诊断、塔器等工艺设备监测诊断、腐蚀监（检）测与评估、

带压作业等设备长周期运行相关技术；以节能监测诊断、余热回收、新型保温技术为特色的节能相关技术；以环保监测、纳米气浮、高效污油脱水、污泥干化等为特色的环保相关技术；涵盖高压水射流清洗和化学清洗，特别是新型特殊设备的特色清洗相关技术。这些技术和产品的研制开发，为企业解决了大量的生产技术难题，为企业绿色发展作出了应有的贡献。

2　做设备主动管理的深度参与者

设备预防性维修包括三种方式，即定期维修、状态维修和主动维修；定期维修是在传统的预防性维修，状态维修是对设备进行状态监测和分析的基础上，以设备的运行状态发展情况为依据进行的预防性维修；主动维修则是结合设备设计制造特点、历史运行情况及当前运行状态变化特点和趋势而主动控制的维修方式，它是主动采取一些事前的维护维修和在线状态调控措施，将导致故障的因素控制在一个合理的水平或者强度内，以预防系统设备进一步地发生故障或者失效。设备监测诊断及预报是主动维修实施的技术基础，真正找到设备故障产生的根本原因和适用的状态预报技术是主动维修模式实施的前提。

2.1　设备主动维修对设备监测诊断技术的要求

设备监测诊断技术在石化行业已得到普及应用，从现场应用的角度看，监测诊断技术工作大致可分为以下几个层次：

（1）监测层次：判断设备运行状态是否正常；

（2）诊断层次：如果设备运行不正常，则分析出故障部位、性质、原因和严重程度；

（3）预报层次：对设备状态进行定量化分析评估，预测设备状态变化趋势，以确定设备还能否继续运行，还能运行多长时间；

（4）调控层次：能否在不停工的情况下，通过调整操作，改善设备运行状态或避免状态进一步急剧恶化，延长设备运行周期，避免不必要的非计划停工，从而直接用于指导生产，真正实现监测—诊断—预报—治理一体化。

在大多数情况下，目前普遍还只能定性地回答"设备运行是否正常""故障原因是什么"等问题，还停留在上述的监测、诊断两个层次，虽然可以一定程度地实现按状态维修，但仍不能完全达到深入分析、准确预报、主动指导设备运行状态调控和维护维修的要求。

提升设备监测诊断技术的应用水平，实现设备主动管理、主动维修的要求，可发挥以下几方面的作用：一是提前预知设备状态变化，对设备状态进行预报预警，提前做好备品备件准备和生产计划调整准备；二是准确诊断设备故障深层次原因，有针对性地采取适合的状态调控措施，改善设备状态，延长运行周期；三是最大限度地降低故障影响；四是发现设备先天不足，改进设计和制造，提升设备本质安全。

2.2　设备主动维修的实践和成效

20世纪80年代初，我们开始动设备状态监测、腐蚀监测、水质监测等监测诊断工作，为适应设备主动维修的要求，近年来我们特别重视监测—诊断—预报—调控—治理一体化的主动设备管理理念，重点做了以下几个方面的工作：

一是拓展监测诊断涵盖的设备范围。原来的设备监测诊断主要针对动设备的振动故障和静设备的腐蚀故障，目前监测诊断范围已扩展至塔器监测、换热器监测、反再系统监测、加热炉监测、储罐监测、管道监测等。

二是扩展监测分析目的。以前的监测分析以安全为主要目的，主要为了防止发生泄漏、设备事故、非计划停工等。目前已经扩展至以提升设备能效、提高产品质量等运行经济性为目的。例如对加热炉的监测诊断可以找到加热炉能效提升的办法，采用伽马射线监测技术对塔器等进行诊断可以找到产品分布不好、产品质量欠佳的原因，等等。

三是提高分析诊断准确性。一方面加强多种监测分析手段的融合，从不同侧面综合分析，提升诊断准确性。例如，对转动设备的诊断，除常用的振动分析手段以外，还辅以润滑油铁谱分析与清洁度分析、温度场分析、烟气粉尘浓度和粒度分析等，相互印证，提高诊断结论的置信度。另一方面采用更新更先进的监测分析方法和手段。此外，通过建立设备监测诊断案例库，从大数据中挖掘故障特征，不断积累诊断经验。

四是开发应用设备状态预报预警技术。除传统的单参数、线性的趋势分析方法以外，不断开发多参数、非线性的更适合于设备特性的状态预报和预警方法，例如人工神经网络预测技术、灰色理论预报技术等，不断提升预报精度。

五是归纳总结设备状态在线调控方法。设备状态异常的原因多种多样，除自身设计上导致的先天不足以外，大体上可分为以下两大类：一类是因为设备运行操作参数不当而造成的设备功能或运行状态异常，如动设备的喘振、共振、油膜涡动、壳体热变形、流体冲击和介质抽空等，由于设备本身状况良好，因此大多数情况下无需停机检修，只需重新调整操作参数，设备运行状态就可以恢复正常；另一类是设备本身零部件功能失常，如转子不平衡、不对中、动静摩擦、部件松动等，这种类型的故障虽然在绝大多数情况下需要停工后进行解体检修，才能恢复其正常功能，但有时也是因为操作不当而造成的设备损伤，只要能调整操作，也有可能改善或控制运行状态的恶化。

六是开发应用降低故障影响的先进维修手段。例如对设备和管道泄漏、腐蚀减薄等故障，采用带压堵漏、带压开孔、带压封堵、带压断管、碳纤维补强等不停工在线故障维修手段，对机组转子不平衡采用在线动平衡校验等。

2.3　目前具备的主要监测诊断和主动维修手段

经过四十年的技术积淀和发展，我们具备

了涵盖动设备监测诊断、塔器等工艺设备监测诊断、腐蚀监（检）测与评估、水质监测分析、能效监测分析、带压作业等设备长周期运行相关技术能力，并具备了振动在线治理、噪声治理、带压在线作业等在线调控和维修能力。

2.3.1　转动设备监测诊断与治理技术

（1）在线与离线、远程与现场振动分析：采用时域、频域、时频域分析、全息谱技术、轴心轨迹趋势分析、PeakVue技术、声发射技术、神经网络状态预报技术等，可准确诊断、预报大机组、机泵等设备故障，并提出在线状态调控的措施建议。

（2）润滑油铁谱分析与清洁度分析：可分析机组磨粒尺寸、形貌、成因、部位等，准确判断机组状态及润滑油清洁度。

（3）烟气粉尘浓度与粒度分析：可提供催化三旋出入口烟气粉尘离线密闭采样，并准确分析烟气粉尘浓度和粒径分布，评价三旋粉尘分离效率，并辅助判断烟机结垢和磨损状态，为烟机安全运行和生产决策提供重要依据。

（4）现场动平衡：可快速、免拆卸对风机及部分机泵和机组进行现场动平衡校验，降低设备振动。

（5）噪声监测与治理。

2.3.2　腐蚀监测与腐蚀调查技术

（1）腐蚀监测：可及时检测、评价常减压装置及二次加工装置的硫含量和酸值变化情况，了解油品腐蚀性质的变化及分布规律，提出原油混炼方案、指导装置防腐工作；可提供常减压装置整体腐蚀控制设计方案，包括电脱盐管理整体方案设计、塔顶腐蚀控制设计等；可在装置易腐蚀部位安装挂片探针及腐蚀在线监测设施，分析塔顶含硫污水中腐蚀介质含量，指导装置工艺防腐参数的调整，控制设备腐蚀，实现装置长周期运行。

（2）腐蚀调查：采用现代物理监测手段对炼油化工生产装置检修期间设备腐蚀形貌、腐蚀范围、腐蚀程度、腐蚀产物、腐蚀原因进行调查和分析，对装置整体腐蚀状况进行全面、系统的评估，对设备更新、下周期检修项目、工艺及材料防腐蚀措施等提出建议，为企业领导层的决策提供重要依据。

（3）防腐保温衬里防火工程监理：可对石油化工建设项目中的防腐、保温、衬里、防火工程进行全过程质量管理，包括施工方案、质量计划审查审核，承包商及专业管理人员资质审查，原材料的检验及比选，施工过程质量控制，工程竣工验收等，确保每道工序、每个质量控制点都受到有效管理和监控，提高施工质量。

（4）阴极保护：可为储罐、水冷器提供阴极保护技术服务，包括方案设计、材料供货、现场施工等，减缓设备的腐蚀。

（5）失效分析：可提供腐蚀介质含量分析、金相组织检测、腐蚀产物分析（EDX、XRD）以及断口扫描电镜（SEM）等现代物理检测技术，分析失效原因，提出相关防腐措施。

近三年来完成了中石化、中石油、中海油50多家企业的300多套装置的设备腐蚀调查与评估。

2.3.3　炉管与衬里监测诊断技术

（1）高温炉管监测诊断：采用短波红外技术监测高温炉管运行状态，根据红外热像温度场分布特点可准确判断炉管结焦、氧化掉皮、高温蠕变、堵塞等常见故障，保障炉管运行安全。

（2）衬里监测诊断：通过红外热像分析，可准确判断衬里裂纹、冲刷、脱落等故障。

2.3.4　塔器等工艺设备监测诊断技术

（1）伽马射线监测诊断技术：对于塔类设备可诊断运行过程中由于工艺介质的腐蚀、结垢以及操作的波动等造成塔内件损坏、堵塞等故障现象。对于管道设备（高温油气管线等）等，可诊断管内结焦或结垢堵塞故障。

（2）烟气露点监测：监测烟气露点温度，避免露点腐蚀。

2.3.5　循环水监测诊断与查漏技术

（1）循环水监测与水质异常原因分析。

（2）循环水系统泄漏监测与查找。

2.3.6　带压作业技术

包括带压堵漏技术、带压开孔技术、带压封堵技术、带压剪管技术、碳纤维修复补强技术等设备在线修复与故障治理技术，它们都是避免装置停工和安全事故非常实用的技术。

以碳纤维修复补强技术为例。它是利用碳纤维材料在纤维方向的高强度特性，依靠热固性树脂基体增强，采用湿铺工艺在服役管道外包覆一个复合材料修复层，与管道形成一体，分担管道承受的内压，降低含缺陷处管道的应力水平，从而达到对管道补强的目的，以恢复管道的正常承载能力。

3　做绿色环保技术的先行探索者

节能环保已上升为国家发展战略，国家对企业能效提升和排放提标的要求和标准越来越高。发展初期企业对节能和环保工作普遍不够重视，因此当前面临的节能和环保压力巨大。近年来我们适应企业需求，大力发展实用高效的节能环保新技术，取得了较好的成效。

3.1　节能技术开发突出针对性和实用性

设备节能问题就是在现有的工艺条件下如何最大限度地发挥设备效能，降低设备能耗。设备节能主要包括节能测试与评价、节能改造、传热性能修复等三个环节。一是要对主要用能设备进行全面深入的节能测试和评估，摸清设备当前的能效状况，找到存在的主要问题。二是要针对存在的问题进行必要的操作调整和节能改造。三是必要时进行在线的或离线的节能性能修复。

为适应企业能效提升的要求，近年来我们重点做了以下几个方面的工作。

3.1.1　找准企业节能的短板和突破口

加热炉的能耗、设备管道的保温散热损失在石化装置能量损耗中占有极大的比重，而且以前各企业对加热炉和保温的能效管理普遍不够重视。对多个企业的管道保温性能测试结果表明，70%以上的管道保温性能不达标，近一半的管道保温散热损失超标50%以上，超过20%的管道散热损失超标100%。加热炉热效率也有很大一部分达不到行业标准。因此我们将提高加热炉热效率、减少保温散热损失作为我们节能技术开发的两个主要方向。

3.1.2　提升节能测试诊断的能力和水平

设备节能首先要了解设备当前的能耗状况、存在的主要问题，它是节能工作的基础。节能测评技术就是利用先进的测试仪器，对设备的能效状况进行测试，对被测对象进行节能状况评价，分析存在影响能效的主要问题及原因，分析节能潜力，提出有针对性的操作和维修、改造建议，制订改造技术方案，进行投入产出分析等。

因此提升节能测试诊断的能力和水平就显得非常重要。近年来我们投入节能测试的技术装备近千万元，并培训充实节能监测技术人员30多人，为提高节能测试和节能诊断的能力和水平奠定了坚实的基础。

目前我们已经具备加热炉综合热效率标定测试、锅炉热效率试验、设备及管道保温性能测试与评价、汽机凝汽器性能试验与评价、燃烧效率与烟气主要成分测试、衬里监测与散热损失标定、烟气露点监测、压缩机及机泵等动设备能效测试、换热器能效测试等能力。

近年来，我们作为中石化节能测评中心，负责中石化炼油事业部、化工事业部、资产管理公司以及中海油等单位的加热炉、裂解炉、锅炉、凝汽器、管道保温等检查和测试评价工作，每年进行设备节能测评800余台次。通过测试评价，了解了设备的能效现状，并提出了有针对性的操作和检维修建议与改造总体方案，为企业降低能耗、提高经济效益发挥了积极的作用。

3.1.3　开发了系列加热炉能效提升实用技术

针对影响加热炉热效率的主要因素，开发了以长效热管技术为核心的余热回收系统改造技术，以降低排烟温度，并延长热管使用周期；开发了加热炉外壁纳米保温喷涂技术，以降低散热损失；开发了加热炉漏风精确查找与堵漏技术，以降低排烟氧含量，其中后两项技术可在不影响装置正常运行的条件下在线实施。

（1）长效热管技术：开发了在线消除不凝气的热管延寿技术，可延长热管使用寿命3~5年，保障1~2个运行周期不失效。

（2）组合式空气预热器技术：单一型式的预热器均存在一定的应用局限性。因此，空气预热器的发展方向，是通过多种预热器进行合理组合，以适应现场不同的要求，例如热管与扰流子的组合、热管与搪瓷管的组合、热管与板式预热器的组合等。

3.1.4　开发了新型保温修复技术和产品

（1）管道保温在线修复技术：针对保温改

造施工工作量大、影响生产、旧保温材料带来大量固废难以处理等特点，开发了在线纳米涂料保温修复技术。该技术的核心是研制了一种保温隔热性能优异、施工方便快捷的保温隔热材料——"纳米保温涂料缠绕带"，施工时无需拆除原有保温，只需将它按一定的规范缠绕在管道保温的外表面，即可大大降低热力管道散热损失。

（2）新型阀门保温套：传统的阀门保温套存在易导致法兰泄漏引起安全事故、保温性能不达标、装拆不便易损坏等问题。针对这种情况，我们开发了系列新型安全型、易装拆、高效阀门保温套。

3.1.5　开发了系列能效修复化学清洗技术

任何热能设备，随着运行时间的延长，其换热性能均会出现不同程度的劣化。加热炉、换热器等设备运行一段时间以后，换热表面通常会产生结垢、结焦等现象，随着运行时间的延长，这种现象会更加严重。一方面灰垢常常会导致设备腐蚀，甚至造成设备事故；另一方面会显著影响其传热效率，导致能耗大幅升高。因此，设备运行一定时间以后，必须对其换热性能进行修复，以恢复其传热性能。最有效的换热性能修复方法是对换热表面进行清洗。在很多情况下，化学清洗无需拆卸设备，甚至不需要停工，且清洗效果好。

近年来，我们结合生产现场需求，大力开发实用的化学清洗技术，目前对炼油化工装置系统钝化及除臭清洗、超级清洗、蒸汽管网及新建装置系统清洗、加热炉（裂解炉）对流段化学清洗、大型全焊板换热器及各类进口板式换热器清洗、各类型纤维膜清洗、各类型滤芯清洗、空冷清洗、各类型填料清洗、各种工业塔、换热器、反应釜、燃烧炉、锅炉等工业设备及中央空调等清洗方面均具有独到的技术。其中以传热性能恢复为目的的清洗技术主要有：加热炉对流段外表面化学清洗、余热锅炉化学清洗、炉管化学清洗、重质油垢化学清洗、锅炉省煤器化学清洗、换热器清洗、空气预热器清洗等。绝大多数情况下，化学清洗对换热性能的修复率可达到90%以上，有时甚至能100%恢复，其节能效果非常显著。

3.2　环保技术开发重视高效实用和资源化利用

环保问题关系到企业的生命。各企业在污水排放、固废处置、废气达标、VOC治理、粉尘治理等各个方面均面临很大的压力。

污水排放面临提标的压力，同时应考虑如何减排，做好污水回用的工作；固废处置以前很多企业均是外委处理，费用高，而且运输、处理资质、最终处置等方面面临法律风险。

近年来我们结合现场需求，一方面加强环保监测能力建设，另一方面加大环保新技术开发和应用力度。重点做了以下几方面的工作。

3.2.1　加强环保监测力量和能力建设

环境治理工作离不开环境监测。我们承担了长岭分公司的VOC监测、外排废水、废气、环境空气、环境水体、环境噪声、污水分级控制及污水处理过程、环境应急监测、饮用水检测、职业卫生相关检测以及其他与环境保护和职业健康有关的业务。近年来我们不断充实环境监测力量，完善环境监测装备，提升环境监测资质。建立了40多人的环境监测人员队伍，拥有环境监测分析装备原值1000多万元，具备环境监测CMA资质等。

3.2.2　突出解决难点热点环保问题

高难度含油污水处理、污泥浮渣等固废处理、污油脱水处理、高浓度含盐污水处理、污水回用等是企业普遍面临的难点热点问题，我们结合生产实际，重点在这些方面集中攻关，开发了以下几项环保相关技术：

（1）纳米气浮高效除油技术：通过纳米气泡提升气浮效率和除油效果，一级气浮除油率一般可达98%以上，硫化物去除率也达75%以上，同时对苯丙芘等去除率达90%以上。可有效解决焦化焦炭塔顶吹气冷凝水含油高、恶臭等问题。

（2）污泥浮渣等减量化资源化利用技术：采用除油脱水+蒸汽干化的工艺，可将水、油、渣的完全分离，污泥浮渣含水率降至30%左右，减量率达90%，干泥可进CFB或固废焚烧炉焚烧。以较低的费用实现了浮渣、油泥的减量化、稳定化、无害化处置，且全过程均在企业内部进行，危废不再出厂处置，风险可控，大大降低了企业的环保风险。

（3）高效污油脱水净化技术：可快速一次性实现污油中的"油、水、泥"的分离。该技术处理效率高（处理周期一般<72h），成本低，操作简单，节能降耗。处理后的污油含水率可从50%降至1%以下，固含量可从20%降至1%以下，处理后的污油与原油性质较类似，完全达到回炼要求。

（4）催化剂等粉料包装粉尘治理技术：如催化剂生产的干胶粉包装车间，粉尘泄漏大，车间粉尘浓度超过100mg/m³，经治理后，粉尘浓度降至2mg/m³以下，达到国家环保要求。

（5）环氧丙烷等高浓度污水处理技术。

（6）污水回用技术等。

3.2.3　突出资源化利用

污水、污油、油泥中均含有可供利用的资源，我们开发的环保处理技术特别注重在处置的过程中一定要最大限度地做到资源化利用。例如，油泥浮渣等减量化资源化利用技术，采用"调制改性"+"除油"+"新型机械脱水"+"桨叶式蒸汽干化"+"CFB锅炉掺烧"的工艺，先对油泥调质改性将油泥中绝大部分的含油分离出来，经简单处理后可进行回收回炼；经干化后的干泥还具有一定的热值，可进CFB锅炉与煤掺烧等。

4　部分特色技术简介

经过近年来的工作，我们逐渐形成了动静设备监测、诊断与治理一体化，节能监测诊断、节能技术开发、节能设备研制和节能维修服务一体化，环保监测、环保技术开发与高效环境治理设备设施一体化，清洗配方和清洗工艺开发、清洗施工技术服务一体化，并形成了40多项专利，其中伽马射线扫描诊断技术、碳纤维修复补强技术、纳米保温修复技术、纳米气浮技术、高效污油脱水技术、污泥减量化资源化利用技术、大型板换化学清洗技术、过滤芯清洗技术、纤维膜清洗技术等高效实用，具有行业领先地位。下面简单介绍其中几项特色技术。

4.1　伽马射线扫描诊断技术

石油化工装置塔设备在运行过程中由于工艺介质的腐蚀、结垢以及操作的波动等情况，造成塔设备出现塔内件损坏、堵塞等故障现象，导致产品质量下降，塔设备不能正常运行，从而影响装置的长周期、稳定运行。对这类故障以前没有合适的检测诊断技术。

1）技术原理

我们开发的伽马射线扫描诊断技术被誉为工业CT，其检测原理是：伽马射线透过物体后的辐射强度，与物体的厚度、密度及物质对γ射线的吸收系数有关。在塔设备的检测过程中，当塔径、塔壁厚为固定值时，射线穿过塔设备后的辐射强度只与塔内的混相的密度相关。正常运行的塔设备其内部密度分布是有一定规律的，如塔内件有明显的损坏、堵塞等情况，则塔内的气液相分布势必会出现异常。塔设备的射线扫描检测，就是利用射线扫描得到塔内介质密度变化情况的扫描图谱，分析塔内气液相分布情况，找出气液相运行的异常现象与位置等，诊断塔器出现故障的原因。

2）检测示意图

如图1所示，在塔器检测过程中，射线源与辐射信号接收探头分别布置在塔顶两侧，确保射线源与探头在同一水平高度（如图1左侧所示）。检测时，根据塔器的直径、塔盘间距等内部情况，选择合适的步距，放射源与探头自塔顶至塔底同步向下移动，同时采集射线穿过塔器后的辐射强度数据，汇总所有数据，即可形成射线穿过塔器垂直方向截面后的检测图谱（如图1右侧所示）。

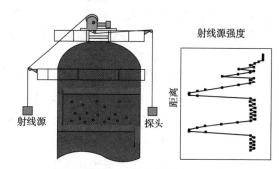

图1　塔器伽马射线扫描检测示意图

3）适用范围

板式塔：塔盘漏液、雾沫夹带、液泛（淹塔）、偏流等故障现象，分析出塔设备设计缺陷、结垢堵塞和内件损坏的具体位置。

填料塔：填料层内物料分布不均、偏流等故障现象，分析出填料层的结焦、腐蚀与塌陷等情况的具体位置。

4) 主要优势

伽马射线监测诊断技术能准确地检测塔器等设备的故障原因与故障位置，为设备的故障处理、操作优化及消除瓶颈等提供依据。该技术获得了国家专利，通过了中国石化集团公司的技术鉴定。近年来，我们对该技术不断提升完善，该技术在各石化企业得到了越来越多的应用，累计检测塔设备超过 300 台次，取得了丰富的检测、诊断经验，为石化用户解决了大量难题。

4.2　纳米涂料管线保温修复技术

1) 管道保温现状

热力管道的散热损失是石化企业能耗的重要组成部分。对多个企业的管道保温性能测试结果表明，70%以上的管道保温性能不达标（评价准则：GB/T 8174—2008《设备及管道绝热效果的测试与评价》），近 60%的管道保温散热损失超标 50% 以上，相当一部分散热损失超标 100%。

对保温性能不达标的管道进行改造，其经济效益将十分显著。以工艺介质温度 410℃、表面热流密度 441.4W/m²（达标值为 207.2W/m²，超标率为 100%）、长度 1000m、管径 φ300mm、保温厚度 120mm 的热力管道为例，如果经保温修复后，散热损失达到 GB/T 8174—2008 中的规定，将年节约标油 260t，约合 78 万元。因此保温修复的节能潜力非常巨大。

但是如果对保温性能不达标的管道进行保温更换，会有很多难题难以克服。一是大量拆下来的保温材料作为固废难以处理；二是施工工作量大，而装置检修期很短，留给保温更换的时间非常有限，若在装置正常生产期内施工，一方面很多管线因温度高不能在线施工，另一方面大量保温材料装拆影响正常生产；三是很多保温管道间间隙很小，没有增大保温厚度的空间。

2) 纳米保温修复技术的优势

针对上述难题，我们自主研发了一种"热力管道在线保温修复技术"，该技术可以很好地解决上述问题，并使管道散热损失达到标准的要求。

该技术的核心是研制了一种保温隔热性能优异、施工方便快捷的保温隔热材料——"纳米保温涂料缠绕带"，它是将高性能的纳米保温涂料浸渍在特种多孔纤维材料上复合而成。该材料外观呈带状，尺寸为 1000mm×100mm×2mm 和 1000mm×200mm×4mm 两种规格。施工时无需拆除原有保温，只需将它按一定的规范缠绕在管道保温的外表面，再涂刷防水保温涂料即可（也可在外表面再包裹一层铝箔进行进一步的防护）。

该技术具有如下优势：

（1）可在线施工，不影响正常生产；

（2）无需拆除原有保温，不产生固废，施工现场整洁，施工方便快捷；

（3）保温厚度基本不增加，适用于狭小空间；

（4）密闭性能好，不进雨水；

（5）保温不塌陷；

（6）保温性能优良，两层保温缠绕带一般可降低散热损失 40%~50%；

（7）成本较低，可节约保温材料及施工成本约 40%；

（8）投资回收周期短，大都在半年至一年之内。

4.3　纳米气浮高效除油技术

"隔油+气浮"是目前各石化企业污水除油的主要手段。其中，气浮浮选技术可去除水中的乳化油。影响气浮除油效率的因素较多，其中气泡粒径的大小、分布、黏附性能是衡量气浮工艺处理效果的关键。目前，各石化企业基本采用"涡凹气浮"和"溶气气浮"两种方式，当来水油含量超标时，很难做到出水含油量达标，从而给下游的生化处理系统带来较大的影响。为此，我们研究开发了高效纳米气浮污水处理技术。

1) 技术原理

该技术的核心是"微纳米气泡发生装置"，该装置产生的气泡粒径小（微纳米级），密度大，能耗低，操作简单。在此基础上，结合"全流程气浮"+"共凝聚气浮"的最新设计理念，研制了成套的"微纳米气泡气浮除油技术"，其主要处理流程如图 2 所示。

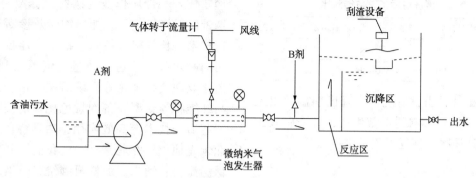

图2　纳米气浮污水处理流程示意图

含油污水加入絮凝剂后通过污水泵（或管道混合器）混合，此时，污水中将产生含油小矾花颗粒，再通过微纳米气泡发生器，产生大量直径为50~500nm的微纳米气泡，已形成的小矾花颗粒吸附大量微纳米气泡，起到良好的"共凝聚气浮效应"。然后进入到气浮机反应区，微纳米气泡与水中形成的较大絮体相互黏合，一起进入分离区。在气泡浮力的作用下，絮体与微气泡一起快速上升至液面，形成浮渣层，实现渣、水分离。浮渣由刮渣机刮至浮渣区，下部清水排出。

2）与传统气浮性能对比情况

针对某石化公司电脱盐污水系统，我们采用新型纳米气浮技术与现有的"溶气气浮工艺"处理效果进行对比，对比分析结果见表1。

表1　与加压溶气气浮效果比较　mg/L

序号	进水油含量	出水油含量		
		加压溶气气浮（一级）	加压溶气气浮（二级）	微纳米气泡气浮（一级）
1	1175.2	786.1	154.7	16.10
2	2017.5	1635.0	877.9	20.40
3	4082.5	3562.8	1574.2	82.80
4	388.8	205.6	41.5	13.43
5	425.0	257.6	43.3	19.60
6	142.4	48.6	16.7	18.76

由此可见，新型纳米气浮技术除油效果显著优于两级加压溶气气浮，进水油含量在2000mg/L以内时，出水油含量一般可控制在20mg/L以下。

3）主要优势

（1）除油效果优异，特别是在高浓度含油污水处理上表现尤为突出。在污水油含量<1000mg/L时，出水油含量可稳定达到<20mg/L的要求，满足下游生化处理的要求；在污水油含量>10000mg/L时，出水油含量可稳定达到<150mg/L，去除率达到98%以上。

（2）气浮方式实现了"全流程气浮"，可直接用含油污水来产生微气泡，无需"溶气气浮"用处理后清水回流产生微气泡方式，单台气浮机污水处理量更大，操作更为简单，且不需要在气浮机池底放置气泡释放器，避免了常见的释放器堵塞问题。

（3）设备能耗低，不再使用气浮泵或涡凹气浮机来产生气泡，只需通入少量压缩风来发生气泡，且微气泡发生器可多组设置，抗冲击能力强。

4.4　纤维膜在线清洗技术

纤维膜分离技术最先应用于液态烃脱硫醇，后来由于其良好的分离、浓缩和提纯特性，逐渐扩大到脱盐类工艺中，现应用范围有继续扩大趋势。其结垢后清洗难度很大：一是污垢包含碳酸钙沉淀、硫酸钙沉淀、金属（铁、锰、铜、镍、铝等）氧化物沉淀、硅沉积物、有沉积混合机物、微生物（藻类、霉菌、真菌），种类繁多；二是纤维丝细小、量多，一般是捆扎式，清洗空间极小，附着物相当难以清除。我公司采用分步清洗、分类除垢的方法，解决了这一难题。

应用实例：2017年4~5月，我公司完成了某企业多台液态烃脱硫醇纤维膜组件清洗任务，清洗效果明显：清洗后的纤维丝光亮、洁净、无断丝，清洗操作简单，不需要拆卸纤维膜组件。清洗前后工艺数据对比情况见表2。

表 2　清洗前后工艺数据对比

装置名称	设计压降/kPa	清洗前压降/kPa	清洗后压降/kPa
脱硫装置	≤50	70~80	17~19
精制装置	≤150	350~400	120~150

由表 2 可看出，清洗前压降已明显超出工艺设计范围，并影响到正常生产，清洗后其压降低于设计压降，恢复了正常生产。

5　结语

建所 40 年来，我们一直坚持"聚焦生产技术难题，助力企业绿色发展"的指导思想，从生产现场找课题、向难点热点问题挑战，特别是近年来，我们明确了"做设备主动管理的深度参与者，做绿色环保技术的先行探索者"的角色定位，坚持"加快人才梯队建设，加速技术和机制创新，加强产业转化和市场拓展"的经营方针，已经建立起一支 240 人的科研和技术服务团队，逐渐形成了动静设备监测、诊断与治理一体化系列技术，节能监测诊断、节能技术开发、节能设备研制和节能维修服务一体化系列技术，环保监测、环保技术开发与高效环境治理设备设施一体化系列技术，清洗配方和清洗工艺开发、清洗施工技术服务一体化系列技术，并形成了 40 多项专利。其中转动设备监测诊断技术、腐蚀监测与腐蚀检查技术、伽马射线扫描诊断技术、带压作业与碳纤维修复补强技术、纳米保温修复技术、加热炉能效诊断与提效改造技术、长效热管技术、纳米气浮技术、高效污油脱水技术、污泥减量化资源化利用技术、硫化亚铁气相钝化等系统清洗技术、大型板换与纤维膜等新型装备的特色化学清洗技术、过滤芯清洗技术等高效实用，独具特色，具有行业领先地位。在此基础上，我们还开发了纳米保温涂料、纳米保温修复缠绕带、纳米气浮设备、污泥减量化资源化利用成套撬装设备等技术装备。

这些技术和装备已经在石化、煤化、电力、造纸、冶金等行业得到越来越广泛的应用，设备监测诊断及带压作业技术先后在中石化武汉石化、镇海石化、长城能化，中海油惠州炼化、大榭石化，中石油庆阳石化，以及华菱钢铁、中化泉州石化等大型企业设立长期服务点，节能监测诊断及节能环保产品在国内 100 多家企业得到广泛应用，装置腐蚀调查技术、热管修复技术、清洗技术等检修相关技术在国内各行业 200 多家企业推广应用，清洗等技术还多次走出国门，为苏丹、马来西亚、越南等石化企业提供服务，受到用户广泛好评。

催化裂化再生器主风分布器损伤分析及措施

杨宝宏

（中国石化济南分公司，山东济南 250101）

摘 要 再生器主风分布器的损伤会造成主风分布不均，导致反再流化异常、催化剂跑损等影响装置长周期运行的问题。本文通过故障案例分析，阐述催化裂化装置再生器主风分布板、主风分布管等主风分布器的损伤形式、失效机理及危害分析，并对主风分布器损伤隐患的防范与检修措施提出了建议。

关键词 催化裂化；主风分布器；损伤；危害；检修

催化裂化装置再生器的主风分布器是使主风沿整个床层截面均匀分布不产生偏流，促使气、固的均匀接触，保证床层催化剂处于稳定流化状态的重要内构件，同时起到支承整个催化剂床层，防止催化剂漏料的作用。主风分布器运行正常与否至关重要，分布器的运行状态直接影响着再生器内气流的分布和稀相的浓度分布，从而影响再生器的再生效率和催化剂跑损率，严重制约着装置的长周期安全平稳运行。

1 主风分布器的种类

再生器的主风分布一般采用主风分布板或主风分布管，结构主要有大孔分布板、树枝状分布管、环状分布管等。其主要作用是使主风沿整个床层截面均匀分布，促使气、固的均匀接触，使催化剂良好流化，同时起到支承整个催化剂床层，防止催化剂漏料的作用。为减少磨损，主风分布管上采用耐磨损的喷嘴，直管及分支管外衬以高耐磨衬里。

1.1 主风分布管

主风分布管主要有同心圆主风分布管、树枝状分布管和环形分布管等形式，目前常用的主要是树枝状分布管和环形分布管居多。

同心圆主风分布管一般是在主管上方焊接数根支管，支管之间有环向支管，目前采用的很少。

树枝状分布管由主管、支管和分支管组成（见图1），在主管上方焊接有十字形布置的四个支管，支管两侧有垂直于支管的分支管，分支管一端与支管焊接，另一端封堵盲死，喷嘴斜向下45°均匀分布在分支管上，目前树枝状分

布管采用得较多。

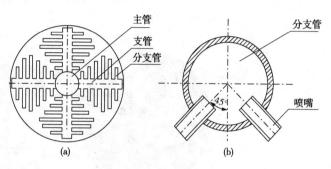

图1 树枝状分布管简图

环形分布管一般由一个或是两个同心布置的圆环作为分配总管，环上按不同方向和角度焊接有很多的喷嘴，有的喷嘴向上，有的斜向下，下部还有排凝口（见图2）。

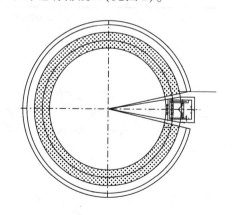

图2 环形分布管简图

1.2 主风分布板

主风分布板主要有凹形、拱形等形式，分布孔采用耐磨材料短管喷嘴，耐磨喷嘴硬度不低于 HRC64，要求耐高温（800~1000℃）和抗

氧化性，表面应光滑，目前常用的为拱形分布板(见图3)。随着催化裂化装置的大型化，再生器的内径也越来越大，因此分布板的尺寸也越来越大，由于再生器操作介质温度达700℃，在长时间的高温下往往会因蠕变而发生变形，致使气流分布变差，检修难度较大，尤其是大直径的分布板。由于分布板的材料为奥氏体不锈钢，而与其连接的部分为碳钢材料，两种材料的热膨胀系数差别较大，因此两种材料的变形存在不同，从而产生很大的应力。同时分布板裙座与锥体连接焊缝处也存在较大应力。

图3　拱形分布板简图

2　主风分布器的损伤形式

目前催化裂化再生器的主风分布器的使用寿命因各催化裂化装置的不同有很大差异，主要取决于损伤情况。

2.1　损伤原因情况统计

2009~2017年中石化系统内34套催化裂化装置近三次检修周期中主风分布器损伤情况统计如图4所示。

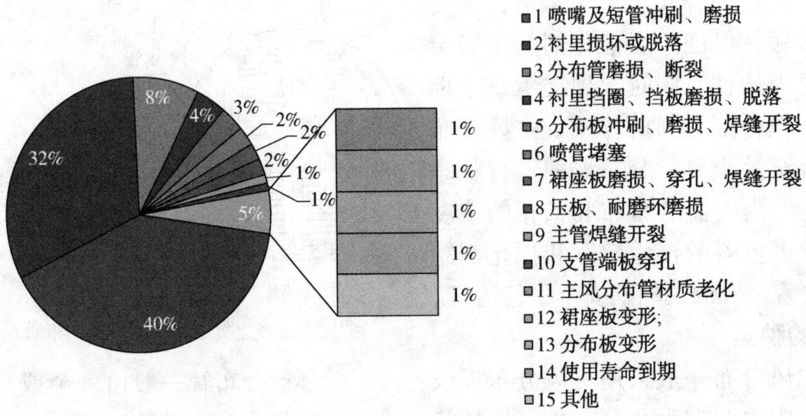

- 1 喷嘴及短管冲刷、磨损
- 2 衬里损坏或脱落
- 3 分布管磨损、断裂
- 4 衬里挡圈、挡板磨损、脱落
- 5 分布板冲刷、磨损、焊缝开裂
- 6 喷管堵塞
- 7 裙座板磨损、穿孔、焊缝开裂
- 8 压板、耐磨环磨损
- 9 主管焊缝开裂
- 10 支管端板穿孔
- 11 主风分布管材质老化
- 12 裙座板变形;
- 13 分布板变形
- 14 使用寿命到期
- 15 其他

图4　主风分布器损坏原因情况统计

2.2　主风分布器的典型损伤案例

案　例	相关情况	图　片
喷嘴及短管冲刷、磨损	催化装置主风分布管喷嘴及短管冲刷、磨损情况，有个别少数喷嘴磨损的，也有喷嘴磨损数量较多的，有轻微磨损的，也有较为严重磨损的	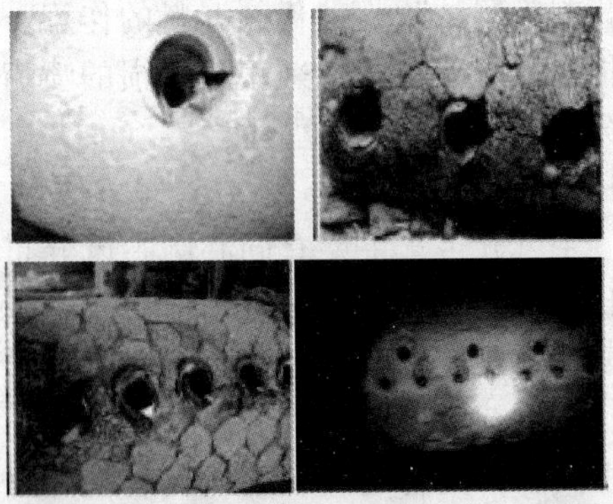
分布管磨损穿孔、断裂、端板脱落	催化装置主风分布管冲刷穿孔，分布管主管外端板脱落，分布管断裂，主风将管壁衬里冲刷脱落，导致再生器壁冲刷减薄泄漏，导致装置停工	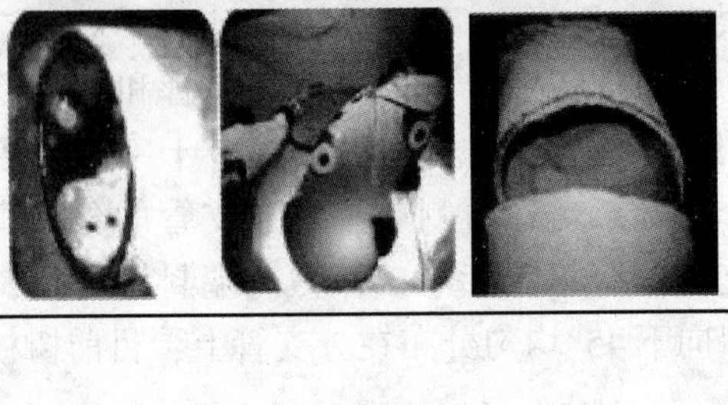

续表

案　例	相关情况	图　片
分管主管损坏、部分分支管脱落	××催化装置 2012 年开工时，由于操作不当，辅助燃烧室严重超温，装置停工检修。检查发现主风分管主管损坏、部分分支管脱落	
衬里损坏、脱落	××催化装置 2016 年检修发现分布管部分主管和支管衬里松动、鼓包、冲刷脱落情况	
衬里挡圈、挡板磨损、脱落	××催化装置 2013 年检修发现部分分布板耐磨短管内部耐磨衬里及衬里挡圈磨蚀，部分分布板耐磨短管底部挡板掉落	
分布板分布孔冲刷磨损	××催化装置 2013 年检修发现待生斜管松动风管断开，主风分布板部分分布孔冲刷磨损变大	
分布板、裙座板变形，焊缝开裂	××催化装置 2014 年检修发现二反分配器整体变形移位，断裂位置在分配器与支撑板的搭界焊缝位置。因下部无法进行衬里敲出及焊接，采取在上部贴板。考虑单边焊强度低，建议下次停工大修将衬里敲除后重新定位，然后双面焊接加固	
压板、耐磨环磨损	××催化装置，2018 年检修发现主风分布板耐磨环部分磨损，上下压盖存在磨损，检修时对损坏的耐磨环及上下压盖进行更换	

3　分布器主要损坏因素分析及处理情况

通过对系统内多家单位催化裂化装置再生器主风分布器的使用及损伤检修情况的分析统计来看，冲刷磨损是主要原因，发生的概率也比较大。但从会造成后果的严重程度上来说，分布管出现脱落、断裂或是局部脱落倾斜，更是关键，可能将会导致装置非计划停工。其次是施工质量问题。以下围绕几点主要因素说一下分析、处理措施及带来的危害。

3.1　分布管、喷嘴冲刷磨损

3.1.1　原因分析

喷嘴的磨损形态比较复杂，主要集中在喷嘴管内的侧壁和出口部位，多数情况在某一侧面磨损十分严重，出现穿孔或缺口现象，有催化剂颗粒严重冲蚀的痕迹，喷嘴损坏部位，基本是内孔扩大，外孔保持不变。磨损严重的喷嘴，有被磨断的，也有被磨平的。

喷嘴磨损的主要原因是由于喷嘴设置不合理。分支管末端喷嘴有负压操作现象，从而使催化剂由分支管末端喷嘴进入分布管内，再随主风由分支管前端的喷嘴高速喷射出来，因此对分布管支管和喷嘴磨损严重。

主风分布器的内部本应该是纯气体流动，而分布管的磨损主要是发生在分布管的内部，说明有催化剂颗粒倒流入分布管的内部。主风分布管管内风压高于管外系统压力，催化剂还能进入风压高的支管内部，需要从流体力学上分析原因：气体从压力较高的主管进入支管时具有高流速，进入支管开始的一段区域为高流速区，当支管流通横截面积与该支管喷嘴横截面积比值较小时，进入支管中的气体压力尚未稳定，气体尚未分配均匀，气体已经被支管高流速区的喷嘴全部喷出，此时支管中、末端的喷嘴出口处有高速气流流过，从而将气体通过喷嘴带入支管中形成内吸气，随之将再生器中的催化剂颗粒吸入支管内，催化剂颗粒在气体的冲击力作用下沿着支管流动，最终从其他喷嘴中喷出，如此反复循环，对分支管和喷嘴不断磨损，或是沿着主风分支管进行直线冲刷，使支管内壁磨出沟、槽痕迹；或是在喷嘴根部形成涡流冲刷减薄、穿孔；严重时将整个喷嘴磨平或是磨断，一旦有一处磨穿或磨断，这一

路阻力将减少，导致主风重新分配，这样可能会促使另外一处的加剧磨损，分布管损坏到一定程度，会形成比较稳定的状态，此时，主风分布效果变差，分布管磨损速度减缓。因此，内部冲蚀磨损是造成分布管及喷嘴损坏的主要原因。

此外，催化装置反再操作波动、主风量的波动、主风中断事故等，都可能会造成催化剂倒流进入主风分布管，在恢复正常操作时，这些催化剂在高速气流的带动下会强烈冲刷分布管及喷嘴，磨损程度会更加严重。

3.1.2　检修处理措施

对于少量个别喷嘴短管磨损的情况，可以局部更换喷嘴短管，如果很轻微则可以再运行一周期，等下次检修提前备好材料进行更换。如果分布管支管、喷嘴损伤严重，则需要按照原图纸进行整体更换。更换时分布管铰链必须严格按设计角度安装，偏差不得超过±3°，安装后灵活转动，内、外分布环应同心，中心距偏差不大于10mm。所有管嘴应严格按照型号就位，其间距、偏角和斜角应严格控制，其间距偏差为±2mm，偏角偏差为±1°，斜角偏差为±1°。做好固定件的检查，焊接要牢固，螺栓背帽要焊上，防止螺母松动脱落，保证合适的预留膨胀间隙，并作好数据记录，便于下次检修比对分析。

3.2　分布管断裂、端板脱落

3.2.1　原因分析

分布管断裂的主要原因是盘管安装时对接焊缝没有坡口，焊缝没有全焊透，焊缝强度不够，在运行期间，因冲刷磨损和流化振动造成开裂。

分布管焊缝处断裂、分布管端板脱落的主要原因是制作安装时焊接质量不合格，而且焊缝处没有坡口处理，焊缝没有满焊，焊缝强度不够。在运行期间，因冲刷磨损和流化振动造成开裂。

另外催化装置在开工时，如果操作不当，辅助燃烧室严重超温，对设备的损伤程度将会更大。因超温对设备材质的性能影响较大，严重超温重者将会烧毁分布管等设备，轻者因材质疲劳损失，使用寿命缩短，后期也会出现主

风分管损坏、部分分支管脱落的情况。

3.2.2　检修处理措施

焊缝处坡口后焊接，检查焊接质量合格后，增加耐磨衬里，减少冲刷磨损影响，延长使用寿命。如果是超温造成的设备问题，则需要考虑整体更换。施工后的质量按照要求做好检查验收。

3.3　衬里损坏、脱落

3.3.1　原因分析

衬里出现松动、鼓包、冲刷脱落情况，主要与衬里施工质量及衬里烘干有关。锚固钉密度不够，焊接不结实，龟甲网及接口焊接不规范，强度不够，衬里存在空鼓、不实等问题以及开工时没有严格按照升温曲线进行升温，这些情况都是造成衬里出现问题的根源。

3.3.2　检修处理措施

检修时对冲刷损坏的衬里进行修复处理，适当增加锚固钉密度及焊接强度，锚固钉必须做到逐个敲击检查，衬里要求均匀平滑过渡，不得有突然改变截面和凹凸不平的现象，无松动、鼓包情况，要严格按照升温曲线进行升温，并做好衬里烘干后的再次检查，确保施工质量。

4　分布器损伤的危害

（1）分布器损伤后，会导致气体分布不均匀，或是造成局部流化死区，或是产生偏流现象，从而影响催化剂的流化效果，会造成再生器床层密度分布不均匀，流化质量下降，床层内温度分布不均，催化剂表面碳的燃烧不完全，烧焦效果变差，再生剂含碳量增加，从而影响催化裂化反应过程，使产品分布变差，影响装置的经济效益。目前来看，如果只是个别少数喷嘴及短管磨损，对装置的运行影响一般不大。

（2）分布器损伤后，再生器内流化不好，床层密度变化较大，床层料位不稳定，一是会造成再生斜管流化不好，催化剂输送出现异常，影响反再两器或是三器的正常循环，严重时会造成非计划停工；二是会造成旋风分离器入口浓度增加，影响旋风分离器分离效率。如果分布管磨损位置处于料腿排料区域，还会影响旋风分离器料腿下料，造成催化剂跑损增加，三级旋风分离器负荷相应增加，如果三级旋风分离器分离效果不满足要求，则对烟机和脱硫脱

销的运行也会造成影响。

（3）如果分布管出现脱落、断裂或是局部脱落倾斜情况，造成再生系统流化不正常、催化剂跑损严重，影响反再两器或是三器的正常循环的概率更大，严重时会造成非计划停工。如果主风出现偏流冲向再生器器壁，衬里将会逐渐被冲刷脱落，器壁局部出现热点，最终导致再生器壁冲刷减薄泄漏，导致装置非计划停工。因此，分布管出现脱落、断裂或是局部脱落倾斜情况，对装置安全运行的影响更大。

综上所述，主风分布器的损坏是一个重要隐患，虽然喷嘴短管部位损伤概率最高，但是局部的轻微损伤对生产的影响不是很明显，只有大面积损伤，严重影响再生器内流化，造成再生系统流化不正常，催化剂跑损严重时，才会导致装置停工。而分布管出现脱落、断裂或是局部脱落倾斜，导致再生器壁冲刷减薄泄漏，对装置的安全运行影响更大。

5　防范措施

催化裂化再生器分布器的损伤造成主风分布不均，降低再生器烧焦效率，增加催化剂损耗，对工艺操作造成影响，不利于装置的安全运行，甚者会造成装置停工。根据主要损伤特征，采取以下几方面防范措施。

5.1　选用合适的材质

在支管、分支管及喷嘴选材上，选用具有硬度高、耐磨性好的材质，喷嘴最好选用带衬耐磨陶瓷的喷嘴，提高耐磨性能，降低冲刷磨损，延长使用寿命。因为喷嘴的磨损较为普遍，概率比较高，建议检修前提前按照5%~10%适当备料。

5.2　做好耐磨衬里检查验收

主风分布器、分布板都有耐磨衬里，特别是支管与分支管、分支管与喷嘴、分布板与孔短管间的焊接部分必须保证耐磨衬里完好，无空鼓或脱落问题，有问题及时修补，面积比较大时，要重新做衬里，开工时要严格按照升温曲线进行升温，并做好衬里烘干后的再次检查，局部问题作好记录，有必要时需要重新施工。耐磨衬里施工期间，管壁打磨、锚固钉焊接数量、密度及质量、龟甲网焊接及错口对接、衬里料的配置及填充捣实要做好阶段性关键节点

的把关验收工作，确保施工质量。

5.3 加强焊接质量，防止断裂、脱落

主风分布管焊接形式多为单面焊，尤其是喷嘴与分支管的焊接多数无坡口，或是坡口处焊接不实，不能全焊透，强度不足，标准不高。其次，对于分布器支撑的焊接也要做好全面检查，保证支撑部位焊接牢固，防止因支撑件的问题导致分布器的脱落、倾斜。因此，技术协议一定要按照最严格标准签订，严把制造过程监督、产品验收关。

5.4 加强工艺操作管理

优化生产，合理调整操作，禁止超负荷运行，提高操作人员技能，严格按照工艺指标操作，禁止出现大幅波动，防止超温超压现象，防止主风压力波动，有效减少主风分布器的磨损。对于超温超压的时间要作好台账记录，做好跟踪分析。

5.5 设计上

选择合理的分布管压降及分布管尺寸，合理布置喷嘴，在设计上严格计算好喷嘴的合适角度，控制好喷嘴出口线速，适当提高支撑件的设计强度。

6 结束语

主风分布器对催化装置的安全长周期运行至关重要，因此，从设计选型、制作安装到监造验收、操作使用各方面都要严格把关，作好相应的跟踪记录，不断优化，进一步加强分布器损伤隐患防患与治理，提高分布器的使用寿命，减少维修工作量，降低成本。为催化装置的安全长周期运行提供保障。

参 考 文 献

1 谭敏，黄卫东，林雪原. 再生器内主风分布管喷嘴材质改进 [J]. 石油化工设备，2008，37（3）：77 -79.

2 杨光福，孙文勇. 重油催化裂化装置再生器主风分布管的磨损及其危害分析 [J]. 安全，2010（10）：11-14.

3 卢世忠，曹清浩，卢忠海. 催化裂化装置主风分布管磨损原因及改进措施 [J]. 河南石油，1999（3）：42-43.

催化裂化外取热器常见故障及检修策略

黄　辉

（中国石化上海高桥分公司，上海　200137）

摘　要　催化裂化装置外取热器常见故障是管束泄漏、衬里失效以及其他内构件损坏，外取热器因设计、结构、运行工况等不同因素，其故障频次有着较大差异，检修时还需要综合考虑历史运行数据、检验检测情况等多方面因素，制定合理的检修策略，特别是外取热器管束的更换，涉及较大的制造、施工费用和严格的质量管理要求，既要满足装置长周期运行和设备可靠性，也要合理控制检修成本。

关键词　外取热器；管束；故障；更换周期；衬里

1　概述

催化裂化装置外取热器主要用于再生器内热量平衡，通过再生催化剂与汽包炉水热交换而产汽，作为一个独立于再生器外的流化床，其以增压风作为流化介质，催化剂不断进行循环以及传热。在这样一个对流传热设备中，催化剂高速频繁地冲刷着取热管、内构件等设备，且在高温热交变环境下取热管材质裂化，时有发生因管束泄漏造成装置生产异常，特针对外取热器做该项指导意见，旨在进行更为科学的检修，避免装置因外取热器故障造成非计划停工或生产异常。

外取热器按照催化剂流动状态不同分为上流式、下流式、返混式和气控式等，结构上或有无气相返回线和催化剂返回滑阀，按照水汽压力为中压或低压，管束结构可以分为蛇管式、集箱式、多分支套管式和翅片套管式。不同形式的外取热器设备使用状况及劣化趋势水平不尽相同，需要进行区别对待。

外取热器最主要部件是取热管束，检修修理项目主要是管束更新、衬里修理其他内构件修理或更换等，其中，管束更新涉及费用和施工量最多，应综合考虑长周期运行和经济性因素合理安排更换周期。以下就各部件根据不同的结构形式、使用状况作检修策略分析，并提出相应的延长使用寿命的一些观点。

2　外取热器管束

2.1　管束故障及分析

外取热器管束与催化剂接触的高温外管材

质为 15CrMo 或 20G，催化剂温度最高约为 700℃，中压水汽压力约为 3.5～4.5MPa、温度约为 250℃，低压水汽压力约为 1.3MPa、温度约为 200℃。管束最常见的故障是取热管泄漏，综合原因分析主要体现在：

（1）水汽化过程造成取热管产生热交变应力，产生裂纹，水汽停留时间越长，产生的伤害越大，当产生泄漏后在高压水汽作用下漏点迅速扩大，如图 1 所示。

图 1　取热管热疲劳破坏泄漏

（2）生产波动及超温造成管束与支撑件、导向支架的牵制应力，支架或管束损坏。

（3）管束制造质量控制不当，如翅片焊接控制不好造成原始裂纹以及电流控制不当造成的变形。

（4）催化剂冲蚀，特别是在局部催化剂流速较高位置，如流化风管附近、底封头。

（5）催化剂流化不均匀，在高温流化入口

图2 外取热器管束局部过热鼓包

处，取热管热负荷出现偏差，产生管子局部过热，产生鼓包变形或泄漏故障，如图2所示。

外取热器管束出现泄漏故障后，检修中采取的措施是进行更新，也有个别企业出于装置长周期运行考虑进行预防性更换。统计中石化2012年之前投产的28套催化裂化装置外取热器管束使用情况，平均约8.3年进行更新，按照"四年一修"计划，实际平均更新周期为2个生产周期，更换原因见表1。

表1 外取热器管束更换原因分析

原因	次数	占比
管束泄漏故障	10	35.7%
超过使用寿命和预防性更换	6	21.4%
设备改造管束更新	5	17.9%
管束变形严重及机械伤害	4	14.3%
冲刷减薄	3	10.7%
共计	28	100%

2.2 管束更新对策

管束更新涉及大型吊机以及较长的施工和质量检验周期，需要针对不同的设备运行状况和立式数据进行综合评定，对管束作出较为合理的更新时间判断。根据《催化裂化装置反再系统隐蔽项目检查标准》，外取热器管束更换周期不少于2个大修周期，但实际情况需要区别对待，具体如下。

管束热交变应力对管子的使用寿命产生较大的影响，其大小取决于多种因素，最主要的有管束内水汽比、取热负荷、蒸汽压力和催化剂流化分布状况等。对于低压蒸汽外取热器，

相对于中压蒸汽来说，取热管设备壁厚较薄，饱和蒸汽温度较低，管子管壁内外温度梯度大，产生热应力较大；对于自循环取热管束，水汽流动较强制循环慢，气泡滞留时间长，热交变产生将更加频繁。综合考虑使用状况和故障情况等历史数据，容易发生泄漏故障的，建议每1个周期进行更换，状态情况较好的，需要检修时做详细检测，在底封头、焊缝和翅片焊缝处抽样做表里裂纹检测，并根据检测情况决定是否更新或继续使用。

催化剂上流式外取热器，催化剂循环整体流速较高，约1~1.5m/s，属于快速流化床范围，而下流式取热器线速仅为0.3~0.5m/s，催化剂对管束外表面的冲刷磨损较严重；或无气相返回线外取热器管束上表面局部催化剂湍流，对管束磨损较快。检修时应对管束进行厚度检测和局部外表面检查，且根据历史数据，管束泄漏情况较为频繁和厚度减薄至设计的计算厚度以下时，考虑1~2个检修周期后更换管束，同时，应对结构不合理的情况进行整治，进行适当的改造，延长管束使用寿命。

对于正常使用的外取热器管束，更换周期为2~3个检修周期，具体要根据管束外部检查、材质检验以及水压试验情况、历史运行数据、超温超压服役状况等进行综合评定。运行状态和检修鉴定情况良好，未曾发生管束泄漏的，可酌情考虑3个检修周期进行更新，一般的使用2个检修周期。

2.3 延长管束使用周期对策

对于自循环取热管束，若经常发生热疲劳失效，从工艺上，将管束内流体流动方式改为强制循环，不仅可以通过加快取热管内流体流速或变饱和水为不饱和水，以提高管束内水汽比来减少汽蚀以及热疲劳破坏，也可以使得取热管间的流量均匀，各取热管温度均匀分布，减少应力和振动。

更新管束制造应严格按照设计图纸和压力容器制造及验收要求，有严格的质量保证体系，重要质量验收环节由专业人员或监造单位进行确认，对焊接工艺、焊前预热及热处理、无损检测报告、管束组装情况和水压试验情况等进行严格审定和过程控制，运输前包装好，安装

过程中严格审查方案，避免管束受损。

3 壳体及衬里

外取热器壳体及与再生器连接管道发生问题主要表现在衬里失效、金属壁磨损、过热等，而往往在外取热器连接管道部位，由于流速高，催化剂冲刷磨损严重，极为容易使设备受到损坏，产生外取热器或连接管道局部过热、泄漏故障。因此，对外取热器连接管道金属内壁状况以及衬里情况需仔细鉴定、修理。

外取热器连接管道是催化剂循环通道或是流化风、烟气流通通道，截面小、流速快、局部结构复杂，在实际操作中，在管道与设备连接部位，催化剂流动紊乱，气固两相流动快速且无固定方向，极易将衬里掏空，进而损坏管壁。因此，对龟甲网双层隔热耐磨衬里结构，即使耐磨层衬里完好，依然要对内部隔热层和器壁进行检查，采取敲击或局部衬里敲除、鉴定的方式。发现衬里损坏或管壁磨损，应立即更换、修理。

对于经常发生连接管道故障的情况，需要对该部位进行详细、深入的分析和改进，如外取热器设计、结构、衬里结构、铆固钉排布、施工质量等方面，对突出问题进行整改。一是在管道与设备的连接部位，应适当密布 Ω 型铆固钉，使衬里紧密贴合器壁，在衬里挡板上密布 Y 型铆固钉，使衬里侧边紧靠挡板；二是衬里施工时应将隔热耐磨混凝土充分填满并振捣密实，圆角刮平；三是相贯线部位衬里结构改为整体性较强的结构，单、双层衬里采用阻气圈进行分割，确保局部衬里结构统一，施工质量得以保证。

此外，外取热器及催化剂进出管道为再生系统盲段，检修更换的衬里在开工过程中很难将烘衬温度控制到所需温度，使得衬里得不到较好的烘干养护，在开工后产生问题。因此，在开工过程中需要进一步设法提高外取热器内烘衬里温度，也可在装剂升温过程中适当予以考虑提高此处温度。

4 流化风分布管和其他内构件

外取热器其他内构件主要有流化风分布管、催化剂输送风分布器、管束导向架、松动风管、仪表引出管等。根据检维修规程对相关内构件进行鉴定、修理，其中，流化风分布管最容易产生冲刷磨损，并产生磨损穿孔后对管束和器壁造成不均衡的流动冲刷，因此，若流化风环管严重减薄或穿孔的情况较频繁，建议每周期进行更换。对于催化剂上流式外取热器，属于快速流化床范围，催化剂线速高，对内构件的冲刷磨损也更为严重，有的内构件甚至不能满足使用一个检修周期的要求，需要注重对这些内构件的磨损情况进行检查、修理。

其他内构件主要是对各松动风管、仪表引出管进行疏通，热电偶校验及护板检修，催化剂输送风分布器喷嘴疏通或磨损更换，管束导向支架修复等。

5 总结

外取热器与再生器之间进行直接的催化剂和气体循环，其运行状况直接关系到装置安全、平稳运行，设备检修也是至关重要的部分，因此，对不同催化裂化装置的外取热器要进行综合分析，制定合理的检修对策和管束更新计划，既要有利于装置生产，也要充分发挥设备性能降低检修成本。

参 考 文 献

1 熊燕，重油催化裂化外取热器及其应用. 沈阳化工，1997(1)：44-47.

2 韩江联. 浅谈外取热器. 机械与设备，1998(6)：24-30.

3 孙福广，等. 外取热器管束的失效分析及对策. 压力容器，2004(4)：47-50.

4 杨开岩. 重油催化裂化装置外取热器应用. 石油炼制与化工，2005(1)：44-47.

催化裂化内取热管失效形式及处理措施

张　强

（中国石化沧州分公司，河北沧州　061000）

摘　要　介绍了催化裂化取热管的失效形式原因及处理措施。工业化的内取热技术始于20世纪60年代，经过40多年的运行和制造经验积累，内取热的设计制造和运行操作已日趋成熟，但个别炼厂仍存在问题，通过优化改造得到解决。

关键词　重油；催化裂化装置；取热技术；再生器取热器

流化催化裂化加工重质原料油，生焦率比馏分油高。为了维持系统的热平衡，过剩的热量必须转移出去，其办法就是采用取热技术对再生系统的催化剂进行冷却。内取热就是其中一种冷却方法：在再生器内部安装冷却盘管，通入冷却介质从催化剂中吸取热量，催化剂得到冷却。

1　内取热的形式

内取热器又称床层冷却盘管，20世纪80年代中国石化北京设计院推出了自己的内取热器，有垂直盘管式和水平盘管式两种。其结构形式如图1和图2所示。

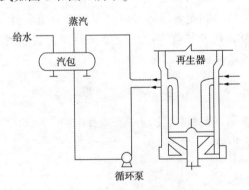

图1　垂直盘管式内取热器

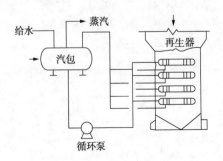

图2　水平盘管式内取热器

1.1　垂直盘管式内取热器

由于垂直盘管式内取热器不容易产生气、水的分层现象，因而可以采用较低的水循环倍率，降低能耗；管子垂直设置，容易固定，且安装方便；热补偿问题容易解决。但其缺点是当管内流速过低时，会增加管内空气排除的难度，产生气、水流动的停滞，给自然循环带来困难。

1.2　水平盘管式内取热器

水平盘管式内取热器的主要特点是盘管水平布置，管内是气、水两相流动，当质量流速较低时，容易产生气-液分层现象，因而需要较大的质量流速。水力偏差和热偏差较垂直式取热盘管大些，尤其是水力偏差增加将会引起循环倍率不一致，影响操作的安全性。取热盘管水平放置时，为了防止管子往下挠曲，在设计中需要较多的水平支架，另外，水平支架还会往下膨胀，膨胀量的限制是设计时必须考虑的因素。因此，水平管的支架远比垂直管的支架复杂，合金钢用量也较多。盘管安装较为困难，尤其在老装置改造中增设内取热盘管时盘管会与旋风分离器的料腿产生碰撞，必须移动料腿的位置，改造的工作量也较大。内取热器的取热能力由于面积固定，虽然床层温度、床层密度和气体流速可能带来少许变动，但基本上变化不大，没有可操作调节的手段，因此只适用于原料组成和产品收率变化很小的场合。

2　内取热器的选材

再生器密相床的温度高达700～750℃，烟气流速一般都不高，因而催化剂的密度很大，而且烟气中还含有 1%~2% 残余氧。取热管内水温随水的压力不同而不同，如果其压力为 $13~45kgf/cm^2$，则水温为 179~256℃，管壁金属温度大约为 230~300℃。再生器内多数内构件选用 18-8 型奥氏体不锈钢，而这样的工作条件，内取热管选用 18-8 型钢是特别不利的，这是因为：在 200~300℃ 范围内，18-8 型钢在微量(几个 ppm)的氯化物浓度下，出现应力腐蚀开裂(简称 SCC)的危险性陡然增大。经过大量的工业实践，采用 Cr-Mo 系钢代替 18-8 型钢是完全可以的。

3　焊接接头

采用奥氏体不锈钢异质焊材 (A302、A307)，可有效防止接头热影响区裂纹，大大简化焊接工艺(如避免复杂的焊后热处理等)，对现场安装焊接尤为方便，但异质接头焊接和使用过程中存在的一系列问题(焊接过程中因母材稀释导致融合区焊缝侧形成脆性马氏体带；焊接及使用过程中因碳的高温扩散迁移导致在熔合区附近形成增碳层和脱碳曾；接头区因物理特性不同难以用焊后热处理消除残余应力及降低热影响处硬度；焊缝与母材热膨胀系数相差较大，易产生热应力，并会引发热疲劳)。1Cr5Mo 换热管应采用同质焊材 (R507)，先用手工氩弧焊打底，然后再用手工电弧按照工艺评定进行焊接。焊接预热温度为 300~400℃。焊后进行回火处理，回火温度为 740~760℃，保温 1h。进行 100% 射线探伤，Ⅱ级合格。

4　破坏形式

4.1　材质劣化

茂名石化三催化 2016 年检修时对内取热管 (1Cr5Mo) 进行金相检查，发现弯头普遍存在中度球化现象(见图 3)，球化级别为 3.5，晶粒度为 5~6，组织正常，建议控温使用，下周期应考虑更换。

4.2　穿孔断裂

4.2.1　高桥石化热应力疲劳开裂

高桥石化 2013 年 7 月发现装置催化剂跑损严重，停工抢修，对内外取热管束进行试压，发现过热盘管泄漏，内部鉴定发现 2 组管子穿孔(见图 4)，随即对该 2 组管子进行更换。穿孔位置为内过热管进口第一个弯头水平段，穿

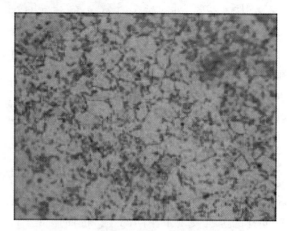

图 3　内取热管(1Cr5Mo)金相组织

孔位置的内壁周围同时存在明显的裂纹，从壁厚方向观察这些裂纹由内壁萌生，向外壁扩展，有些裂纹将贯穿整个管壁。沿最长一条裂纹打开，发现有大量从内壁向外壁扩展的贝壳纹，属典型的疲劳载荷作用下裂纹扩展形式，扫描电子显微镜下观察端口，贝壳纹细节清晰(见图5)。从裂纹的宏观形貌和端口的贝壳纹判断，钢管在一年多服役过程中可能存在较频繁的交变应力，该应力和温度波动有关，饱和蒸汽夹带的水在进入再生器后瞬间汽化，吸收大量的热，该部位冷热交替产生热疲劳现象。当裂纹穿透管壁后形成穿孔，引起失效。

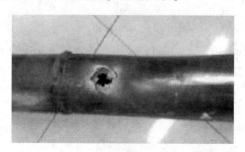

图 4　内过热管穿孔

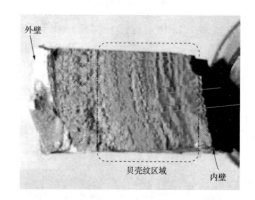

图 5　裂纹的宏观形貌

高桥石化自2008年1月至2009年7月催化装置机组停机有较大波动6次，两器床层大幅波动，影响了包括内取热在内的两栖内构件的运行寿命。2009年7月内过热管泄漏穿孔。2011年6月至2013年4月催化较大波动9次，2013年7月、8月相继出现内过热管疲劳破坏。

通过改善饱和蒸汽管线保温，修复汽包汽水分离器保障饱和蒸汽干度，同时在内过热管进口第一个弯头外管壁处增加衬里减缓该部位的温度突变。在停工对其他组内过热管的检测中同样部位也发现了相同问题，进而印证了以上的分析。

4.2.2　巴陵石化内过热管位置设计不合理造成穿孔

巴陵石化再生器燃烧油喷嘴及相邻内取热管损坏，燃烧油喷嘴距离内取热管过近导致局部过热，烧损取热管（见图6）。再生器周向均匀布置，共8组16根，烧损后无法避开其他内构件，对称取消两组，剩余6组12根，运行正常。因此在出现较严重的冲刷问题时，应考虑周边是否存在蒸汽、风等高流速注入口，加速催化剂冲刷。

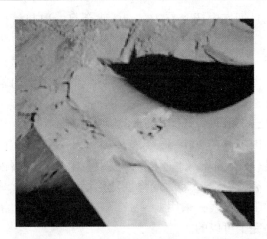

图7　茂名二催化内过热管弯头穿孔

图6　内取热管烧穿

4.2.3　茂名二催化内过热管材质球化穿孔

茂名二催化最西组内取热管弯头顶部穿孔（见图7），金相检测显示材质老化，晶间变粗，只将该组取热管加盲盖切出，该批取热管已使用超过2个周期，下次大修应全部更换。

4.3　支撑变形

安庆石化2015年检修，内取热盘管靠近小装卸孔处支撑严重变形，导致盘管下坠严重（见图8）。内取热盘管的使用寿命不仅与用材质和

操作状况有关，且与其刚性还有关。如九江炼油厂的内取热盘管振动较严重，在设计内取热盘管的支架时，其间距不能过大，盘管膨胀时既能自由移动，又要使盘管相对固定有一定刚性。与其连接的外部管线也应设置支架，这样也可避免或减少盘管的振动，延长其使用寿命。

图8　安庆内过热支撑严重变形

4.4　催化剂冲刷减薄

催化剂冲刷减薄非常见的损伤形式，青岛石化140万吨/年催化装置一再内过热管采用1Cr5Mo材质，内取热盘管外管壁在2015和2017年检修过程中发现冲蚀减薄（见图9），最薄处3.46mm。分别做换管和整体包盒子处理。怀疑和催化剂在该部位的流速过大有关，可以通过再生器内设置耐磨试块，寻求解决办法。

4.5　蒸汽冲刷减薄

蒸汽冲刷原因造成的泄漏并不普遍，主要原因是蒸汽的冲刷减薄速度较低，该原因造成失效前一般进行了更换，据统计在没有其他损

图 9 青岛石化内过热冲刷减薄

伤前提下，1Cr5Mo 内过热管耐蒸汽冲刷最长可达 15 年。高桥石化在对原拆下的内过热管道进行剖开鉴定发现进口弯管内侧有磨损凹槽。

5 长周期运行的预防措施

5.1 材质

根据以上分析，我们认为选用 1Cr5Mo 材料比 18-8 钢材更能适应再生器内取热管的使用要求。此次调查的 24 套催化装置中，23 套内取热管选用 Cr-Mo 钢，21 套选用 1Cr5Mo，平均寿命 2.58 个周期(7 年)。

5.2 操作运行

投用内取热盘管，应采用缓慢投水，严禁干烧。在发生断水后若不采取措施立即投水启用，内外壁温差造成的膨胀差，会使取热管加速破坏。因此，对设置内取热盘管的再生器，应尽量避免床层温度有较大幅度波动，发生二次燃烧时及时处理，杜绝长时间高温操作；给水系统意外断水时，应先缓慢通入蒸汽，再逐步切换通入水。

5.3 结构形式

24 套采用内取热的催化装置，饱和段均未采用水平布置的取热管，5 套催化采用了垂直套管式取热管，绝大多数再生器过热段采用了水平布置的取热管。结构的优选，有效地规避了上述分析的水平换热管容易产生气-液分层现象。

5.4 检修检查项目

在停工检修期间对内取热盘管的固定、变形、冲蚀情况进行检查。同时应进行表面缺陷检测，由于传统测厚无法捕捉最薄点，可抽样进行电涡流测厚评估是否可继续运行。对于替换下来的旧过热管，建议进行剖分检查，有利于数据的积累，指导下周期运行。

5.5 结构优化

为避免由于生产短期波动造成的饱和蒸汽带水，对于过热段取热管的热疲劳损伤，可在饱和蒸汽进口弯头处加耐磨衬里或者护板。

催化裂化沉降器旋风料腿典型故障及检修策略

孙正安

（中国石化扬州石化有限责任公司，江苏扬州　225200）

摘　要　对中国石化系统内炼化企业的催化裂化装置的沉降器旋风料腿运行和检修进行了统计调查，结果表明，结焦、振动、磨损导致的检修和更换频次较高。主要原因是原料性质差、衬里脱落。适当调整工艺操作，提升设备材质，并严把衬里施工质量检验关是降低旋风料腿检修和更换频次的主要手段。提出了旋风料腿的检修策略。

关键词　催化裂化；旋风料腿；结焦；磨损；村里脱落

1　沉降器旋风料腿概述

催化裂化装置沉降器旋风分离器用于分离催化剂与油气，主要由旋风分离器本体、料腿及翼阀等组成，其中料腿是向下输送旋风分离器捕集到的催化剂颗粒的垂直管道。旋风分离器料腿接收并输送捕集的催化剂，催化剂借助重力从上部的低压端流向下部的高压端，这是一个负压差输送颗粒的过程。在安装方式上，料腿出口有的悬空在稀相空间，有的插入密相床内。材质主要有碳钢、15CrMo、06Cr19Ni10，内衬隔热耐磨衬里。由于装置的特性，结焦、振动疲劳断裂、磨损穿孔导致的检修和更换频次较高，影响了装置的长周期运行。

2　故障分析及预防措施

2.1　结焦故障

随着加工原油重质化和劣质化程度加剧，催化裂化装置沉降器结焦倾向加大。沉降器旋风料腿内部器壁结焦也呈上升趋势，在34套催化装置最近三次检修统计数据中有6套装置在检修时发现料腿内部结焦（见图1），结焦位置主要集中在料腿与灰斗的连接处，就是料腿上部，中下部结焦少。正常开车时一般黏附在料腿器壁的焦块对旋风分离器的操作性能影响不大。但焦块与耐磨衬里的黏附是不牢固的，如两者的热膨胀系数不同，当催化裂化装置操作发生波动或其他因素导致焦块脱落，若块过大，不能通过料腿，卡在料腿内或翼阀内，就会造成旋风分离器的排料不畅，最终堵塞料腿使旋风分离器的操作失效。此时只有装置停工进行

人工清理或更换，使料腿重新通畅。由于料腿内径较小，清焦难度大，6套发现料腿内部结焦的装置在检修时，有4套装置实施了料腿更新，有2套装置实施了切割清焦后重新焊接。

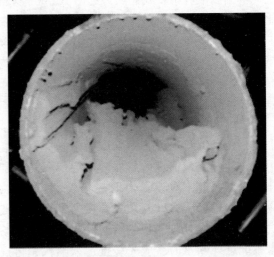

图1　料腿结焦

2.1.1　原因分析

原料性质变重，重质和劣质原料、油浆都是十分难裂化的重油组分。其中的稠环芳烃、胶质、沥青质高，不但造成原料进入提升管内汽化率降低，湿催化剂含量增多，而且反应产物中重组分的含量也同时增多，在沉降器内以气液两相形式存在，在沉降器内黏附在设备表面上结焦。具有结焦倾向的油气液滴和细催化剂颗粒进入旋风后，在气流的湍流扩散和环行空间二次涡等多种因素作用下进入"滞流层"进入料腿并沉积管壁表面，尤其是灰斗与料腿连接

顺压力梯度区域。这些具有结焦倾向的油气液滴吸附在催化剂细粉上形成结焦中心，并逐渐长大形成焦块。例如：高桥石化3催装置2011年8月25日大量跑剂，紧急停工抢修，抢修鉴定发现沉降器2号单旋料腿不畅通（沉降器内西南方），将该料腿割开发现，料腿本身结焦并不严重，但是在料腿近灰斗处有较大焦块，焦块脱落翼阀出现卡死现象，导致沉降器大量跑剂。扬州石化有限责任公司催化MCP装置2011年7月第一次开工，半年后发现轻质油收率下降，油浆固含量上升，2012年停工消缺，发现喷嘴上部的提升管内壁、粗旋出口、沉降器内部、集气室、细旋料腿与灰斗连接处结焦严重。

2.1.2　措施

结合扬州石化催化装置实际情况提出建议：

（1）本装置原料性质变化大，时轻时重，结焦倾向大，建议优化原料配比，油浆减少回炼或不回炼，保证原料相对稳定，平稳操作，减少波动可以有效缓解结焦。本装置12年开工后，更换了重油裂解能力强的催化剂，运行一周期后，沉降器内基本无焦。

（2）为保证原料油进入喷嘴后有较好的雾化效果，要求各喷嘴雾化后的射流流量一致，否则容易结焦。本装置两个喷嘴共用一个控制阀造成喷嘴流量不均，偏流导致喷嘴上方和沉降器及旋风结焦，建议每个喷嘴用一个控制阀。

（3）有设计缺陷建议及时整改。洛阳石化140万吨催化在沉降器结焦整改项目中将粗旋料腿直径由764mm改为664mm. 料腿底部防倒锥改为溢流斗，并在溢流斗内增加预汽提蒸汽环管，运行效果良好。

（4）在工艺操作上采用适当高温、大剂油比和短反应时间操作可以改变含氮化合物的反应路径，抑制含氮化合物在催化剂上的吸附生焦，减缓沉降器及旋风结焦。

（5）提高雾化蒸汽量和过热程度。提高雾化蒸汽量可以降低油气分压，明显改善原料的雾化效果和汽化率，这既能改善反应和产物分布，又能减少设备的结焦程度。以前，本装置的原料雾化蒸汽量为4.05%，虽然符合催化裂化的设计要求，但由于催化裂化原料变重，加大了雾化蒸汽量，当本装置雾化蒸汽量提高到4.5%时，喷嘴上方区域和沉降器的结焦程度明显降低。

2.2　料腿振动疲劳断裂故障

旋风分离器料腿断裂的特点有：断裂是在使用一段时间后发生的，不是在开工阶段发生的，说明机械静强度满足设计要求；断口形貌没有明显的宏观塑性变形和减薄现象，具有明显的疲劳脆性断裂特征；通常发生断裂的料腿是比较细长的二级旋风分离器料腿；断裂部位主要发生在应力集中的部位，如焊接焊缝处、变径段、料腿与拉杆的连接位置等（见图2）。

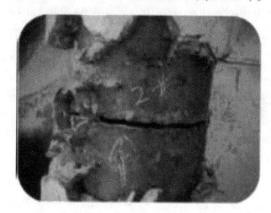

图2　料腿断裂

2.2.1　原因分析

一般旋风分离器料腿在进行机械强度设计时仅进行静力分析，不考虑动态特性。但实际上，气固两相流的不稳定性导致了脉动压力，形成的激振力导致料腿振动产生交变应力。振动理论表明，一个结构系统受迫振动的振幅不仅与激振力的大小成正比，而且还与激振力的频率与结构系统的固有频率接近程度有关，有时即使激振力很小，也会引发管道强烈的振动。当激振力频率等于0.8~1.2倍的固有频率时，系统对激振力的响应最强烈，造成结构系统超常振动，即形成共振。所以当料腿发生共振或接近共振时，料腿的变形位移比较大，造成局部区域产生较大的交变应力而发生金属疲劳破坏，尤其在应力集中处（如管道的固定支撑部位、管道与管道的连接处、管道变径部分等）会产生较大的交变应力，最终导致疲劳断裂。另外，料腿的振动特性与激振力的响应有关，一般二级料腿相对一级料腿直径要小，频率值也比较低，易于接近激振力的主频，产生较大的振幅。

通常，催化裂化装置串联旋风分离器的第 2 级料腿易发生断裂，这也说明了是振动造成的疲劳断裂。例如：荆门石化 80 万吨催化停工检修时发现粗旋料腿下部与内提升管固定板有两处开裂；镇海炼化 180 万吨催化 2012 年检修发现两处单旋升气管与穿顶焊缝开裂，料腿位置和长度有偏移，旋分之间两处拉筋断裂；扬州石化 30 万吨催化 2016 年检修发现粗旋料腿拉杆有三处开裂。

2.2.2　措施

防止料腿断裂有两个方法：一个是消减气固两相流产生的激振力，另一个是改进料腿的振动特性，避免发生共振。在抑制激振力方面，由于激振力的产生涉及气固两相流的流动参数，主要受到工艺操作的限制，一般难以消除和改变。但将料腿出口设置在稀相区，可以减小密相流化床分布器不稳定区的脉动对料腿造成的冲击。在料腿振动特性方面，料腿的固有频率与料腿直径成正比，与料腿长度的平方成反比，因此增加支撑是增加料腿刚度和固有频率的有效方法。提高旋风分离器料腿的固有频率后，不易产生共振响应，进而降低交变应力的幅值。现场应用结果表明这是一个可以有效防止料腿发生疲劳断裂的方法。

2.3　磨损穿孔故障

反应油气以 15~20 m/s 高速携带催化剂进入分离器，同时由于催化剂质地坚硬，在高速旋转情况，会不断地冲刷和腐蚀分离器器壁，造成器壁减薄，甚至磨穿（见图 3）。催化剂被分离后在下降过程中，还会造成料腿、灰斗的磨蚀甚至穿孔。料腿底部安装的翼阀在不断开启闭合的过程中也会受到催化剂的冲刷，并最终造成磨蚀。

2.3.1　原因分析

沉降器旋风料腿磨损穿孔主要原因是衬里施工质量差或开停工过程中，降温、升温过快，衬里表面出现裂缝。运行过程中，含有催化剂的反应气进入裂缝，以湍流形态长期冲刷腐蚀衬里，会造成局部衬里的减薄至脱落，导致设备壳体直接被催化剂磨穿。例如：济南炼化 2009 年 3 月 28 日 1 号催化装置因反应器催化剂跑损停工检修，本周期运行了 15 个月。检查发现反

图 3　粗旋料腿磨穿

应器 2 组粗旋料腿全部磨穿；镇海炼化 180 万吨催化 2013 年 3 月反应器催化剂跑损，消缺时发现细旋料腿有一处穿孔，直径 10cm 左右，从冲刷痕迹来看，为由内到外磨损穿孔，孔周围料腿管壁外侧完整；清江石化 50 万吨催化 2017 年 9 月检修时发现细旋料腿穿孔。

2.3.2　措施

济南炼化沉降器旋风料腿磨穿的原因主要是设计未考虑粗旋料腿催化剂磨损问题，设计单位重新设计了料腿结构，增加了内衬里，并且下端采用防冲板形式，解决了这个问题。对于镇海炼化和清江石化，建议小直径设备优先选择龟甲网双层衬里，衬里料加水比例需严格控制，保温钉、龟甲网焊接严格执行规范要求，衬里自然干燥时间要保证，两器衬里烘干严格按照升温曲线进行，有条件的建议整体进加热炉 300℃预烘干。

2.4　其他故障原因分析

（1）作为催化装置，由于产能需要，处理量根据生产需要日益增大，也会造成进入旋风分离器的油气速度随之增加，催化剂的动能急剧增大，造成旋风分离器的负荷过大，对旋风分离器料腿的冲刷磨蚀作用增强。应根据装置扩能情况及时设计更换配套旋风分离器。

（2）操作原因造成旋风分离器热裂纹。在装置开停工过程中，如果降温、升温过快，会造成旋风分离器内部温差急剧变化，其衬里与金属及龟甲网材料膨胀系数不一致，将产生极大应力，从而使料腿产生热裂纹、衬里破裂脱落。在装置开停工过程中，升温、降温应严格

遵守操作规程规定，一般控制在60℃/h。

3　沉降器旋风料腿的检修策略

由于催化装置内旋风分离器具有极其重要的作用，应从以下几个方面做好旋风分离器的检修管理工作：

（1）对设计原因造成的结构经常性开裂，应联系设计方对旋风分离器料腿固定支撑安装结构进行重新核算，必要时采用有限元分析。

（2）修补衬里，专人负责现场检查。应在接口焊缝及锚固钉焊接合格后，将补衬与修补处松动或残余的衬里清理干净，补衬所用材料、配合比、养护方法宜与原衬里施工时相同。采用高耐磨性及耐蚀性材料做内衬，防止催化剂对器壁的直接冲刷。

（3）根据目前装置实际操作温度，合理选用旋风分离器材质，应优选高合金耐热钢。

（4）严格控制工艺操作参数，避免装置开、停工过程升、降温速度过快。不得超过规定的速度，降温时不得强制冷却，以免衬里破坏。

（5）提高焊接质量，料腿与翼阀对接焊缝、料腿与灰斗之间的对接焊缝应采用氩弧焊打底的全焊透结构，焊缝进行100%无损检测。推广拉杆的活连接结构，使拉紧装置保持一定的弹性，改善料腿受力状况。

4　结束语

沉降器旋风料腿是炼化装置重要设备的组成部分。本文针对催化裂化装置沉降器旋风分离器料腿在实际运行过程中常见的失效现象，进行了统计调查，结果表明结焦、振动、磨损导致的检修和更换频次较高。从结构设计、运行环境及衬里施工等几方面进行简要分析，并提出应对措施，提升沉降器旋风料腿运行寿命周期。

参 考 文 献

1　[丹]霍夫曼，[美]斯坦因. 旋风分离器：原理、设计和工程应用. 彭维明，姬忠礼译. 北京：化学工业出版社，2004：177.

2　胡敏，刘为民. 催化裂化装置沉降器结焦与防治对策[J]. 炼油技术与工程，2013，43（6）：26-32.

3　刘小成，胡小康，马媛媛，等. FCCU立管内催化剂流动的脉动压力分析[J]. 石油学报（石油加工），2012，28（3）：445-450.

催化裂化沉降器旋风分离器常见故障类型及检维修策略

刘 瑞

（中国石化镇海炼化分公司，浙江宁波　315207）

摘　要　通过对中石化系统内 34 套催化裂化装置，共计 67 次检维修中沉降器旋风分离器检维修及更换情况进行总结分析，对沉降器旋风分离器检修更换提出指导意见。

关键词　催化裂化；旋风分离器；料腿；翼阀；检修；更换

在炼油厂催化裂化装置中，旋风分离器是反应-再生系统的核心设备，它的运行状况直接关系到装置产品质量及工艺生产的稳定。本文对催化裂化装置沉降器旋风系统检维修案例进行分析，通过案例做出预测性检维修策略供参考。

1　催化裂化沉降器旋风分离器简介

旋风分离器是催化裂化装置反应再生系统不可缺少的气固分离设备，主要部件包括筒体、锥体、灰斗、升气管、料腿、防倒锥、翼阀等。含固体微粒的气流以切线方向进入，在升气管与壳体之间形成旋转的外涡流，由上而下直达锥体底部。悬浮在气流中的固体微粒在离心力的作用下一面被甩向器壁，一面随气流旋转至下方，最后落入灰斗内。净化的气体形成上升的内涡流，通过升气管排出。旋风分离器的性能优劣不但对反应-再生系统的正常运转和催化剂的跑损有直接关系，而且对分馏塔底油浆固体含量影响很大。

2　沉降器旋风分离器故障类型及检维修案例

沉降器旋风分离器在长期高温及冲刷作用下，会发生金属蠕变、焊缝开裂、局部变形及衬里脱落等损坏现象，严重时必须报废更新。本文将结合系统内 34 套催化裂化装置共 67 次检维修情况，将沉降器旋风系统分为三部分探讨分析，分别为粗旋本体、料腿、翼阀。其余防倒锥等因损坏更换次数较少在此不作分析。

2.1　沉降器旋风本体

旋风分离器本体的冲蚀和磨损是引起失效的主要原因。冲蚀和磨损主要发生在器壁内表面，特别是在入口段蜗壳切线部位的"靶区"及锥体排尘口区域冲蚀磨损比较严重，前者是冲蚀磨损，后者是摩擦磨损。冲蚀和磨损的表现为器壁衬里鼓包或脱落，致使器壁壳体金属磨穿形成穿孔。器壁冲蚀和磨损的结果一方面是器壁表面冲蚀磨损后粗糙不平整，颗粒在表面流动反弹严重，另一方面是器壁穿孔后外部的气体进入旋风分离器直接干扰内部旋转流的流动，这些都会导致旋风分离器分离效率下降、催化剂跑损，从而影响装置的正常操作。

某 3.0Mt/a 催化裂化装置沉降器有三组粗旋，六组单旋，本体材质为 15CrMoR，衬里为龟甲网+高耐磨衬里。2012 年大检修时发现沉降器南侧粗旋外壳体器壁磨穿（见图 1），面积约 1m²，三组粗旋内升气管均不同程度磨穿（见图 2），旋风内部衬里磨损，导致升气管和外壳

图 1　粗旋外壳体器壁磨穿

图2　粗旋内升气管磨穿

体磨穿。另外粗旋入口器壁也存在磨穿的情况，主要是内部衬里存在裂缝，导致催化剂由裂缝进入，磨穿器壁（见图3）；此次磨穿器壁贴板，内部衬里修复。提升管顶部椭圆封头焊缝存在开裂情况，开裂长度约1m（见图4）。由于此次破损主要集中在粗旋，单旋整体状态较好，所以并未对油浆固含量及灰分产生明显影响，只对旋风效率产生了影响。

图3　粗旋入口器壁磨穿

图4　椭圆封头焊缝开裂

2.2　旋风料腿

料腿是向下输送旋风分离器捕集到的催化剂颗粒的垂直管道。在料腿的故障类型中，料腿断裂（见图5）、拉杆处开裂（见图6）、堵塞（见图7）是比较多见的。如某1.2Mt/a的重油催化裂化装置，开工运行10个月内因旋风分离器料腿断裂被迫停工五次。料腿断裂后，大量的气体从料腿进入旋风分离器，夹带分离下来的催化剂上行逃逸，致使旋风分离器分离功能失效，催化剂跑损量激增，此时只能进行非计划停工检修。

图5　断裂的料腿

图6　拉杆开裂

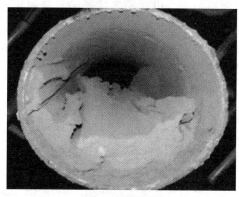

图7　料腿堵塞

2.3　翼阀

由于旋分器具有一定压降，料腿内压力低于外部床层压力。料腿底部翼阀的作用就是避免由于这一压差导致催化剂从料腿倒窜。正常情况下，翼阀的阀板与阀座处于良好密封状态。当料腿内积存催化剂的静压超过旋分器的压降、翼阀上方床层静压以及打开翼阀阀板所需压力三者之和时，翼阀阀板打开，料腿内的催化剂流出。当料腿内静压低于上述三者之和时，翼阀阀板关闭，防止催化剂倒窜。料腿内能维持的催化剂料位高度与旋分器压降、翼阀阀板与铅垂线的夹角有关，该夹角一般为5°~8°。

翼阀有板式和重锤式之分，目前使用的主要为板式翼阀。板式翼阀由与料腿直径相同的直管和斜管组成，斜管端口用阀板封住。阀板吊在加工圆滑的吊环上，外面装有防护罩。防护罩的作用是保护阀板不受床层的影响。根据防护罩的形式，翼阀可分为全覆盖式翼阀和半覆盖式翼阀。当翼阀处于湍流区域时，一般选用全覆盖式翼阀。

在实际使用中，翼阀最常发生的故障是磨损（见图8和图9）。磨损主要发生在阀口密封面和阀板与阀口接触的椭圆环形区域内。同时，磨损具有很大的不均匀性，上下部位的沟槽较浅，中间部位的沟槽比较深，严重时甚至造成阀板穿孔。

图8　阀板磨损穿孔

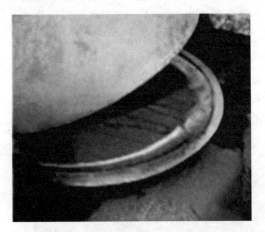

图9　阀板沟槽状磨损

3　旋风分离器故障原因分析

3.1　沉降器旋风本体

3.1.1　衬里质量存在缺陷

衬里施工质量不佳会导致衬里料附着力下降，容易产生局部裂纹、脱落等缺陷，在高温、磨损、振动等因素共存的运行条件下极易发展为较大缺陷。龟甲网的焊接缺陷也是衬里产生局部脱落，甚至大面积脱落的重要原因。长期运行出现衬里损坏情况，而衬里的损坏会直接导致外壁磨损穿孔。

3.1.2　检查维修不到位

由于磨损位置检查难度大，人员很难进入检查，造成无法发现衬里早期缺陷，造成冲蚀磨损严重。

3.1.3　寿命到期

该旋风分离器已使用13年，材料已出现老化等现象。

3.2　旋风料腿

3.2.1　振动疲劳断裂

在旋分器内部，气固两相流具有不稳定性，易形成气流脉动和压力脉动。这些脉动对旋分器形成激振力，诱发振动。在料腿中，催化剂颗粒压缩气体下行。同时，由于颗粒存在团聚效应，导致流动具有很大的不稳定性，表现为下行颗粒浓度分布不均匀。另外，料腿出口的排料有时是颗粒夹带气泡流出，有时是气泡反窜进入，也存在很大的不稳定性。这些因素均可能导致料腿内颗粒浓度波动变化，流动过程中产生压力脉动，作用于料腿上诱发激振力。

振动理论表明，一个结构系统受迫振动的振幅不仅与激振力的大小成正比，还与激振力频率与结构系统的固有频率的接近程度有关。当激振力频率等于0.8~1.2倍的结构固有频率时，系统对激振力的响应最强烈，即形成共振。

多组两级组合旋分器系统属于柔性结构，固有频率较低。因此，有时即使激振力很小，但当此激振力频率接近旋分器系统固有频率时，也可能会引发系统强烈的振动。当料腿发生共振或接近共振时，料腿的变形较大，造成局部区域产生较大的交变应力，可能导致疲劳破坏。这也是料腿断裂和拉杆开裂的最主要原因。

3.2.2 焦块脱落造成料腿堵塞

沉降器旋风分离器升气管外壁由于有重油油滴和催化剂的沉积形成结焦，并逐渐增长成焦块，当操作波动时可能致使该处焦块脱落堵塞下面的料腿。除了旋风分离器内部升气管外壁、蜗壳部位等结焦外，往往忽视的结焦位置是旋风分离器锥段与灰斗连接处环形空间处的结焦，此处的焦块一旦掉落，就会堵塞料腿，造成跑剂。

3.3 翼阀

3.3.1 气流倒流冲刷磨损

旋分器料腿翼阀正常工作时，料腿内存在有效的料封，当达到设计开启料位时，翼阀阀板开启，催化剂流出。由于该过程为满管流的状态，且流速较低，对阀口、阀板磨损较轻微。但当催化剂颗粒在料腿内不能建立起有效的料封，或在出口处形成半管流排料，或阀板密封不严时，就产生了气体反窜。气体进入翼阀后急速转向上行，而颗粒在惯性力的作用下脱离流线，部分颗粒会撞击阀板，导致对阀板的冲蚀，在阀板表面形成沟槽。

3.3.2 安装不规范

当翼阀安装角度不合适或阀板开关受限时，阀板可能在未达到设计开启料位时就已开启，或达到设计开启料位时无法开启，或在卸料完毕时阀板无法有效关闭。这些异常状况都会造成翼阀阀板、阀口冲刷加剧。

4 改进措施

4.1 沉降器旋风本体

4.1.1 提高衬里施工质量，加强中间环节验收

衬里的施工必须按照 SH/T 3609—2011《石油化工隔热耐磨衬里施工技术规程》进行。在新旋风制造过程的龟甲网焊接，衬里安装，烘衬等重要节点安排驻厂监造，必要时可以引进第三方专业监理共同监造。

4.1.2 引进新的检查手段

针对旋风结构紧凑，进入检查比较困难，某炼化企业两套催化裂化装置在2018年检修时引进潜望镜协助检查，从现场使用情况中可以看出，对于旋风料腿内部、升气管结焦情况、旋风内部部分衬里、斜管竖直段通畅情况检查效果较好，并且可以留下影音资料。但由于内窥镜镜头较重，镜头无法360°旋转，手柄为硬手柄，并且长度有限，对旋风内部背面的衬里情况、旋风内部背面的结焦、斜管衬里、斜管拐弯后检查效果并不理想。后续还可以和专业厂家继续讨论改进，减轻潜望镜镜头重量，增加镜头的旋转角度，并针对旋风分离器的特殊形状配备半圆形专用手柄。制作针对催化两器检查的专用设备，更好更早地发现缺陷。

4.1.3 根据寿命更新

参考中石化内部34套催化裂化装置共67次检维修情况，沉降器旋风分离器运行超过12年后会陆续出现各种故障，同时运行12年后也是各企业旋风分离器更换的一个高峰，所以建议装置连续运行12年后考虑整体更新。

4.2 旋风料腿

4.2.1 提高旋风料腿的固有频率

由于激振力的产生涉及气固两相流的流动参数，主要受到工艺操作条件的限制，一般难以消除和改变。

在料腿振动特性方面，料腿的固有频率与料腿直径成正比，与料腿长度的平方成反比，即 $f \propto (D/L^2)$。因此，增加支撑、减小 L 值是增加料腿刚度和固有频率的有效方法。提高旋分器料腿的固有频率后，气固两相流脉动压力的频率将远离旋分器系统的固有频率，不易产生共振响应，进而降低交变应力的幅值。这是一个可以有效防止料腿发生疲劳断裂的方法。

4.2.2 加强装置平稳操作，增加放脱落措施

为了减少脱落焦块对装置安全运行造成的危害，首先搞好装置的平稳操作，尽量减少切断反应进料和中断催化剂流化的次数，避免沉降器温度大幅度波动，减少因热胀冷缩造成的焦块脱落。另外某 3.0Mt/a 催化裂化装置在2016年改造时在沉降器单旋升气管背面增加星形锚固钉，主要起到防止升气管所结焦块脱落，

从 2018 年检修情况来看，锚固钉磨损比较严重，基本从星形已磨成钩子形状（见图 10），并且锚固钉上附着的焦块并不多，所以笔者认为星形锚固钉对防止焦块脱落并没有太大的作用，并且根据使用两年的磨损情况来看，锚固钉也无法做到和旋风本体寿命同步。所以防焦块堵塞最主要的还是加强沉降器的平稳操作。

图 10　运行两年后的星形锚固钉

4.3　翼阀

4.3.1　通过对翼阀表面喷涂硬质合金，增强阀板抗

中石化某企业在 2016 年制定了《堆焊型翼阀技术条件》，规定了堆焊型全覆盖翼阀的制造、硬质合金堆焊、检验、静态试验等方面的基本要求，并且已在公司内部使用，经过检修确认阀板磨损明显减轻。

4.3.2　严格翼阀检查、安装质量

在旋风分离器和料腿安装完毕且其垂直度经测定合格后，方可按照制造厂冷态试验安装角度进行安装翼阀，安装后对翼阀阀板角度进行复核确认。安装和检修时要对翼阀的阀板吊环光滑度、阀板开关灵活性、阀板与阀口密封性进行检查确认。

4.3.3　根据寿命更换

根据中石化各企业的检修总结可以看出，沉降器翼阀使用年限基本在 4 年，建议每个检修周期后进行更换。

5　结束语

沉降器旋风分离器作为催化裂化装置的核心设备，故障的种类也是多种多样。本文根据中石化系统内部近 20 年所发生的部分故障及处理措施，总结了旋风筒体、料腿、翼阀三部分常见的故障类型，分析了发生的原因，并且提出了改进措施。

参 考 文 献

1　杨智勇，蔡香丽，仇鹏，等．催化裂化装置旋风分离器料腿断裂的原因分析．化工机械，2018（4）：471-473.

2　曹晖，刘雁．催化裂化装置再生器旋风分离器故障原因及措施［J］．广东化工，2013，40（1）：136-137.

3　徐国，陈勇，陈建义，等．旋风分离器翼阀磨损的气相流场分析［J］．炼油技术与工程，2010，40（9）：21-23.

4　蔡香丽，黄蕾，乔伟，等．FCCU 旋风分离器壳体断裂失效的原因分析［J］．炼油技术与工程，2014，44（9）：28-31.

催化裂化再生系统旋风分离器料腿故障分析及对策

别　志

（中国石化茂名分公司，广东茂名　525011）

摘　要　本文总结了催化裂化装置再生系统旋风分离器料腿的主要故障，详细分析了故障发生的原因，并提出了相应的解决对策，为提高旋风分离器运行水平，延长催化裂化装置运行周期提供了思路。

关键词　催化裂化；旋风分离器；料腿；腐蚀；故障

　　再生系统是催化裂化装置的核心系统，旋风分离器是再生系统不可缺少的气固分离设备。近年来，随着原料重质化和劣质化的加剧，装置运行面临着再生系统旋风分离器料腿频繁故障的问题。本文对再生系统旋风分离器料腿的主要故障类型进行了总结，对故障原因进行了深入分析，并提出了解决措施。

1　概述

　　旋风分离器的作用是进行气固分离，主要部件包括筒体、锥体、灰斗、升气管、料腿和翼阀等。目前国内石化企业使用的旋风分离器主要型式有 PV 型、BY 型和 PLY 型（见图 1）。

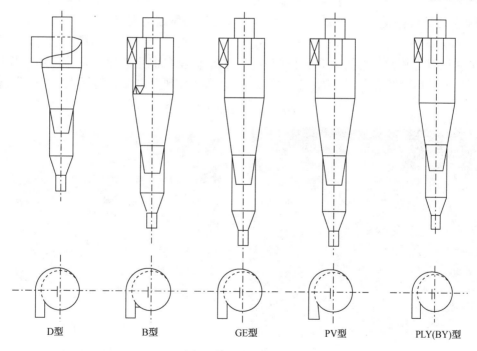

D型　　　B型　　　GE型　　　PV型　　　PLY(BY)型

图 1　旋风分离器型式

　　PV、BY、PLY 型旋风分离器均为 180° 蜗壳式入口结构，由于气体进入蜗壳后的过流面积减少，气体在进入主要分离空间前已加速，大部分颗粒可被分离，入口半径大，内漩涡旋转速度也升高，在筒体与锥体段尺寸不变的情况下可增加处理气量，适用于处理大流量、高粉尘浓度的工况。旋风分离器料腿作为固体颗粒流通的主要流通通道，承载了高温催化剂的磨蚀和冲蚀。

2　主要故障类型

　　催化裂化再生器内高温气体为催化剂烧焦产生的烟气，温度一般为 680℃ 左右，最低

650℃，最高 730℃，旋风分离器料腿材质一般为 304 或 304H，也有部分装置采用 15CrMo 或 20R。根据对中石化系统共 26 家企业三个检修周期旋风分离器料腿故障的统计，料腿冲刷磨损、局部损坏、料腿或料腿焊缝开裂、材质发生碳化蠕变及料腿拉杆及防倒锥脱焊为料腿主要故障类型。

图 2　旋风分离器料腿冲蚀损坏

2.1　冲蚀磨损、局部损坏

在近三个检修周期内，有 4 家企业在催化裂化装置检修中发现再生旋风分离器料腿冲刷磨损，局部出现损坏(详见图 2 和表 1)。

表 1　料腿冲蚀损坏情况表

企业名称	处理量/Mt	装置型式	材质	再生器温度/℃	衬里问题
高桥	1.4	同轴式	0Cr18Ni9	700	2013 年和 2017 检修均发现磨损
巴陵	1.05	同轴式	15CrMo	690	2009 年、2013 年和 2017 检修均发现磨损
石家庄	1.2	并列式	06Cr19Ni10	660	2009 年检修发现损坏
镇海	3	并列式	07Cr19Ni10	685	2017 年检修发现冲刷

2.2　料腿或料腿焊缝开裂

在近三个检修周期内，通过调研，发现有 5 家企业在催化裂化装置检修中发现检修中发现再生旋风分离器料腿焊缝出现缺陷(详见图 3 和表 2)。

2.3　材质碳化蠕变

在近三个检修周期内，通过调研，发现有 5 家企业在催化裂化装置检修中发现检修中发现再生旋风分离器料腿材质发生碳化蠕变(详见图 4 和表 3)。

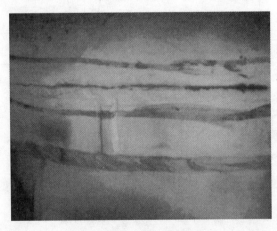

图 3　旋风分离器料腿焊缝断裂

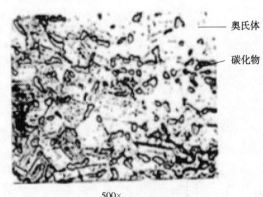

500×
金相组织:奥氏体+碳化物

图 4　料腿母材金相组织

表 2　料腿或料腿焊缝断裂情况表

名称	处理量/Mt	装置型式	料腿材质	再生器温度/℃	焊缝问题
青炼	2.9	并式	06Cr19Ni10	680	2014 年检修发现二级料腿变径段连接焊缝断裂，2018 年检修发现一级料腿变径段焊缝出现裂纹
茂名	1.4	同轴	06Cr19Ni10	675	2017 年检修发现焊缝开裂

续表

名称	处理量/Mt	装置型式	料腿材质	再生器温度/℃	焊缝问题
高桥	0.6	同轴	06Cr19Ni10	730	2017 年检修发现焊缝脱焊
海南	2.8	并列	0Cr18Ni9	695	2017 年检修发现焊缝减薄
镇海	3	并列	07Cr19Ni10	685	2009 年检修发现焊缝拉裂

表 3　料腿材质碳化蠕变情况表

企业名称	处理量/Mt	装置型式	料腿材质	再生器温度/℃	料腿问题
金陵	1	并列	06Cr18Ni9	680	2012 年材质碳化蠕变
济南	1.4	并列	06Cr19Ni10	660	2013 年材质碳化蠕变
茂名	1.4	同轴	06Cr19Ni10	675	2009 年材质碳化蠕变
燕山	0.8	并列	0Cr19Ni9	670	2013 年材质碳化蠕变
镇海	3	并列	07Cr19Ni10	685	2017 年材质碳化蠕变

2.4　拉杆及防倒锥脱焊

在近三个检修周期内，通过调研，发现有 3 家企业在催化裂化装置检修中发现再生旋风分离器料腿拉杆及防倒锥脱焊(详见图 5 和表 4)。

3　故障原因分析

再生器内部介质为高温气体，主要是催化剂再生过程中烧焦产生的烟气，高温烟气首先对旋风分离器料腿造成一定腐蚀；其次随着烟气流动的催化剂，不断冲刷旋风分离器料腿，造成料腿表面冲蚀变形；再次由于热构件本身各部分之间的温差，具有不同膨胀系数的异种钢焊接和结构因素引起的热膨胀不协调，导致热应力的产生。

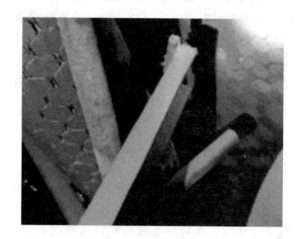

图 5　料腿拉杆脱焊

表 4　料腿拉杆及防倒锥脱焊变情况

企业名称	处理量/Mt	装置型式	料腿材质	再生器温度/℃	支撑问题
茂名	1	并列	06Cr19Ni10	677	2017 年检修发现料腿固定拉杆脱焊，2015 年检修发现料腿拉筋脱焊，2013 年检修发现料腿拉筋脱开
沧州	1.2	同轴	0Cr18Ni9	690	2013 年检修发现拉杆及防倒锥脱焊，2009 年检修发现拉杆脱焊
青岛	1.4	同轴	0Cr18Ni9	675	2017 年检修发现拉筋焊缝缺陷，2009 年检修发现拉筋焊缝缺陷

3.1　料腿冲蚀磨损

3.1.1　设计方面

设计标准偏低，造成母材性能偏低。旋风分离器长期在 600～730℃ 的温度下工作，会发生 σ 相析出，引起室温下材料的脆化和高温下材料蠕变，强度下降，塑性减小；分离器内部各部分的尺寸比例不合适，灰斗长度过短，不能与椎体的锥度协调，带动正在通过料腿下落的催化剂重新旋转，造成料腿磨损加剧。

3.1.2　制造及施工方面

隐蔽施工未按照标准规范进行施工，施工队伍素质低，施工质量差，检查人员质量验收把关不严，导致设备制造及施工质量难以保证。

3.1.3　运行方面

装置超负荷运行，操作波动，造成烟气进入旋风分离器线速过大，烟气被强制作向下的螺旋运动，在离心力的作用下，催化剂颗粒被甩向外壁，催化剂与器壁的撞击力增大，加剧了对料腿的冲刷。

根据对三个检修周期旋风分离器料腿冲蚀磨损故障的统计，装置均存在超负荷，且在运行中存在明显波动，说明装置运行超负荷或不稳定是造成料腿冲刷的主要原因。

3.2　料腿或料腿焊缝开裂

3.2.1　设计方面

在料腿中，催化剂颗粒压缩气体下行。同时，由于颗粒存在团聚效应，导致流动具有很大的不稳定性，表现为下行颗粒浓度分布不均匀。另外，料腿出口的排料有时是颗粒夹带气泡流出，有时是气泡倒窜返回，存在很大的不稳定性。这些因素叠加，导致料腿内颗粒浓度呈现波动变化，并在流动过程中产生气流脉动和压力脉动，作用于料腿上诱发激振力，导致料腿振动，进而产生交变应力。

振动理论表明，一个结构系统受迫振动的振幅不仅与激振力的大小成正比，还与激振力频率与结构系统的固有频率的接近程度有关。当激振力频率等于 0.8~1.2 倍的结构固有频率时，系统对激振力的响应最强烈，即形成共振。多组两级组合旋风分离器系统属于柔性结构，固有频率较低。因此，有时即使激振力很小，但当此激振力频率接近旋风分离器系统固有频率时，也可能会引发系统强烈的振动。当料腿发生共振或接近共振时，料腿就发生较大变形，造成局部区域产生较大的交变应力，导致金属疲劳破坏。尤其在应力集中处(如管道的固定支撑部位、管道与管道的连接处和管道变径处等)会产生较大的交变应力，最终导致疲劳断裂。另外，料腿的振动特性与激振力的响应有关，再生器旋风分离器的二级料腿相对一级料腿的直径要小，其固有频率也较低，更易于接近激振力的频率，产生较大的振幅。通常，再生器旋风分离器二级料腿更容易发生断裂，也说明了振动疲劳对料腿的影响。

旋风分离器料腿在受热膨胀后受到限制或补偿量不足，从而在料腿表面产生较大的拉应力，同时由于料腿材质的强度和塑性均发生了较大程度的下降，所以在拉应力的长期作用下，必然会发生拉筋焊缝开裂或拉筋拉伤料腿母材的现象。

3.2.2　制造及施工方面

旋风分离器制造质量不合格，料腿焊缝质量施工过程未严格按照焊接工艺执行，关键节点验收不到位，造成焊缝焊接质量不合格；料腿的对接焊缝、料腿与旋风分离器之间的对接焊缝未采用氩弧焊打底的全焊透结构，焊缝焊接完成后未进行有效检测。

3.2.3　运行方面

原料性质较重，造成再生器的操作温度相对较高，长时间的超温使焊缝材料性质发生变化；在闷床和装置开停工过程中，由于再生器温度大幅变化，造成旋风分离器本身各部件的温差过大，引起焊缝开裂。

根据对三个检修周期旋风分离器料腿或料腿焊缝开裂故障的统计，装置均存在超温现象，长时间的超温使焊缝材料性质发生变化，说明装置超温是造成料腿或料腿焊缝开裂的主要原因。

3.3　料腿材质碳化蠕变

3.3.1　设计方面

设计标准低，选择材料性能不高，无法满足长期高温烟气环境。在高温环境中下，O_2 与钢表面的 Fe 发生化学反应生成 Fe_2O_3 和 Fe_3O_4，这两种化合物，组织致密，附着力强，阻碍了氧原子向钢中扩散，对钢起着保护作用。但随着温度的升高，氧原子的扩散能力增强，Fe_2O_3 和 Fe_3O_4 膜的阻隔能力相对下降，扩散到钢内的氧原子增多。这些氧原子与 Fe 生成另一种形式的氧化物——FeO，其结构疏松附着力很弱，对氧原子几乎无阻隔作用，因而 FeO 愈来愈厚，极易脱落，从而使 Fe_2O_3 和 Fe_3O_4 层也附着不牢，使钢暴露了新的金属表面，又开始了新一轮的氧化反应，直至全部氧化完为止。

在再生烟气条件下，钢不仅会产生氧化，而且还会产生脱碳反应。氧化和脱碳不断地进行，最终使钢完全丧失金属的一切特征(包括强度、发黑、龟裂和粉碎)。实际生产中，为提高再生效果和热能回收利用，再生温度普遍提高，而且大量使用助燃剂，使 CO 完全燃烧，提高了烟气中的 CO_2 含量，更加加剧了高温气体的腐蚀。另外，N_2 和 NO_x 在高温下容易分解成 N 原子，渗入钢材的晶格内形成裂纹，或与合金元素相结合生成氮化物，使钢材发脆。也就是 σ 相的析出脆化。σ 相的成分为（FeNi）$_x$（CrMo）$_y$，是一种无磁且具有高硬度的脆性相。由于 σ 相富 Cr，还会富 Mo、Si，因而在其周围常常会出现贫 Cr（或 Mo、Si）区。通过金相分析，发现有较多的碳化物（Cr23C6）沿奥氏体晶界析出，使晶界周围形成了贫铬区，从而造成奥氏体不锈钢晶间腐蚀敏感，使其强度和塑性下降。

3.3.2　制造及施工方面

旋风分离器厂家对原材料进厂把关不严，检测试验不到位，造成原料性质未达到指标；在制造过程中未严格按照工艺规定执行，关键节点检查验收不到位，造成旋风分离器质量不合格。

3.3.3　运行方面

再生器的操作温度相对较高，由于操作调整不到位，时常发生超温且在高温交变应力下，使材料性质发生变化。

根据对三个检修周期旋风分离器料腿材质碳化蠕变故障的统计，旋风分离器在使用约 9 年后，材质不同程度会发生碳化蠕变，说明设计标准低、材质等级不高是造成料腿材质碳化蠕变、旋风分离器使用寿命短的主要原因。

3.4　料腿拉杆及防倒锥脱焊

3.4.1　设计方面

拉杆与风分离器料腿之间的膨胀不协调，或拉筋直接焊接在料腿上，造成拉杆及防倒锥脱焊。

3.4.2　运行方面

在生产过程中，再生器操作工况相当复杂，整个流化床层存在多种流态，特别在催化剂循环不好或操作工况急剧变化时，将会产生偏流、混流等现象，导致整个床层产生剧烈的振动。这种不稳定工况使再生器旋风分离器各部件受到较大的冲击，从而引起拉筋脱落。

根据对三个检修周期旋风分离器料腿拉杆

及防倒锥脱焊故障的统计，拉杆与风分离器料腿之间的膨胀不协调，或拉筋直接焊接在料腿上，是造成料腿拉杆及防倒锥脱焊故障的主要原因。

4　改进建议

4.1　运行方面

（1）加强原料性质的监控，严防超设防值。

合理调整操作，严禁超负荷运行；严格按照工艺卡片指标操作，杜绝卡边操作，严禁出现大幅波动；提高操作人员技能水平，加强事故应急处置能力，防止操作不当引起设备及内构件的破坏。

（2）操作上维持再生器温度的相对稳定，避免超温，尤其是长时间超温或者频繁超温。

通过加注硫转移助剂、脱氮助剂等，降低烟气中 SO_x 和 NO_x 的含量，从而降低使金属材料变脆的可能性；由于 σ 相大量析出的温度在 850℃ 左右，此温度下 σ 相的析出速率为 700℃ 时的 1000 倍以上，因此要坚决杜绝两器内的二次燃烧和非正常工况下的飞温。

4.2　设计方面

（1）旋风分离器材质应选择更高等级的材质，可参考国外的相关选材，提升旋风分离器的使用寿命。根据有关学术资料，铸造低铬高钨的材质可能更适用于再生器旋风分离器的材料，把铬含量降至 6% 以下，可避免 Cr23C6 相的形成，保证足够的高温强度和抗氧化性，提高抗晶间腐蚀能力。

（2）再生器旋风分离器料腿拉杆设计过程中，一是注意预留足够的拉伸裕量，料腿在受热后能够自由膨胀，不受限制；二是注意热膨胀阀方向，必须保持料腿与拉杆之间膨胀协调一致；三是料腿拉杆与料腿焊接采用增加垫板的形式，改善拉杆与料腿之间的受力情况，避免应力集中。

（3）再生器旋风分离器的设计中要避免系统发生共振响应，由于旋风分离器系统的固有频率与设备结构形式、尺寸和内外支撑结构密切相关，所以必须优化旋风分离器系统的结构形式和尺寸，尤其是支撑方式，避免共振的发生，进而降低交变应力的幅值，防止旋风分离器系统发生疲劳断裂失效。

4.3 制造及施工方面

检修时必须进行全面检测和检验。每次临时停工或者大修，都必须对料腿母材、热影响区、焊缝进行金相、光谱、硬度、裂纹检测，评估金属学性能，及早发现异常，并及时进行修复或更换。

5 结束语

根据料腿故障原因，并借鉴国内外经验，必须从设计、制造标准、安装检修、运行管理等方面提出针对性策略，进行体系化管理，才能保证旋风分离器料腿的长周期运行。

参 考 文 献

1 中国石油化工设备管理协会设备防腐专业组. 石油化工装置设备腐蚀与防护手册[M]. 北京：中国石化出版社，1996.

2 曹晖，刘雁. 催化裂化装置再生器旋风分离器故障原因及措施[J]，广东化工，2013，(1)：136-137.

3 杨智勇，王菁，赵建章，等. 催化裂化装置旋风分离器机械故障的原因分析[J]，机械设备，2019，49(2)：37-41.

催化裂化沉降器旋风分离器故障分析及对策

王盛洁

（中国石化上海高桥分公司，上海　200129）

摘　要　沉降器是催化裂化装置的核心设备，其内分布的旋风分离器是关键部件，用来进行催化剂和油气的分离，是保证催化裂化装置长周期平稳运行的主要设备。本文针对沉降器旋风分离器各类故障，制定检修策略，提高检修的科学性，避免催化裂化装置因沉降器旋风分离器故障造成非计划停工。

关键词　催化；旋风分离器；故障；衬里；结焦；料腿；翼阀

旋风分离器是催化裂化装置两器系统的关键设备，沉降器中旋风分离器要完成催化剂与反应油气的分离，故其分离效果不但直接影响到反再系统的正常运转和催化剂的跑损，而且对分馏塔底油浆固体含量亦有很大影响。旋风分离器的操作条件比较苛刻，其运行温度高、所要分离的催化剂浓度大，在长期运行过程中承受各种机械载荷、高温和压力载荷，尤其是高线速度的催化剂颗粒的冲蚀和摩擦等作用，各零部件不可避免会逐渐失效，发生各类故障，而这些故障是制约催化裂化装置长周期运行的主要因素之一。

1　旋风分离器故障

沉降器旋风分离器包括粗级旋风分离器（以下称粗旋）和单级旋风分离器（以下称单旋）。其主要部件包括筒体、锥体、灰斗、升气管、料腿、防倒锥、翼阀等。在苛刻的运行工况下，粗旋和单旋会出现器壁冲蚀、磨损、穿孔，料腿和拉杆的断裂，结焦造成料腿堵塞、吊架支撑部件变形和断裂等故障。

2　故障分析

2.1　器壁冲蚀和磨损

冲蚀和磨损是旋风分离器失效的重要故障原因之一，表现为器壁衬里鼓包或脱落，致使器壁壳体金属磨穿形成穿孔，最终导致旋风分离器分离效率下降、催化剂跑损。分析沉降器内催化剂分布规律可以看出，在粗旋内，由于固体颗粒的粒径较大，大多数粗颗粒催化剂进入蜗壳后，在离心力和惯性力的作用下穿过气体流线冲击器壁并沿器壁向下旋转，颗粒越大，

越易在粗旋中进行分离。因此，粗旋磨损最严重的是蜗壳的切线部位。颗粒较小的催化剂，往往需要旋转 4~5 圈才能达到器壁，所以单旋的锥体部位捕集的催化剂量最大，此处的衬里磨损也将最严重，衬里脱落和筒体穿孔大多出现在锥体部位。

某石化 0.6Mt 催化裂化装置近十五年来沉降器旋风分离器主要损坏形式为单旋锥段磨损穿孔、单旋升气管与集气室磨穿、旋风分离器内部龟甲网衬里损坏，如图 1 所示。

(a)

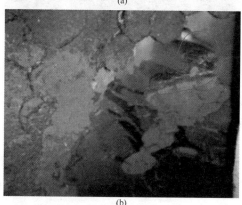

(b)

(c)

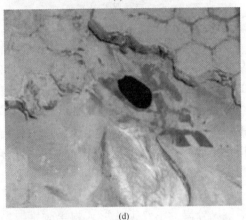

(d)

图 1　单旋锥体磨损及内部龟甲网衬里脱落情况

2.2　料腿堵塞

沉降器旋风分离器升气管外壁由于有重油油滴和催化剂的沉积形成结焦,并逐渐增长成焦块(见图 2),当操作波动时可能致使该处焦块脱落堵塞下面的料腿。

图 2　单旋升气管外侧结焦情况

除了旋风分离器内部升气管外壁、蜗壳部位等结焦外,往往忽视的结焦位置是旋风分离

器锥段与灰斗连接处环形空间处的结焦,此处的焦块一旦掉落,就会堵塞料腿,造成跑剂,如图 3 和图 4 所示。

料腿堵塞后,催化剂堆堵在料腿和旋风分离器的分离空间内,气流没有了旋转空间,形成一个短路通道直接流出升气管,导致旋风分离器丧失了分离催化剂的功能,进出口的催化剂颗粒粒度分布一致,造成催化剂大量跑损。

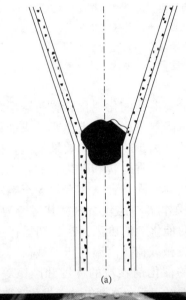

(a)

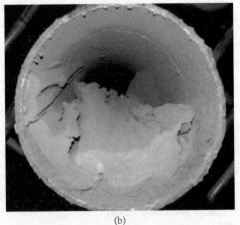

(b)

图 3　焦块堵塞在料腿上口

2.3　料腿断裂

沉降器旋风分离器料腿发生断裂通常是比较细长的单旋料腿,断裂部位主要发生在应力集中的部位,如焊接焊缝处、变径段、料腿与拉杆的连接位置等。料腿断裂的原因是比较复杂的,是由于振动形成的交变应力产生的疲劳断裂。一旦料腿断裂,大量气体倒窜进旋风分离器,造成催化剂跑损增加。

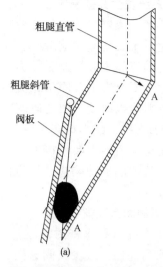

粗腿直管

粗腿斜管

阀板

A

A

(a)

图5 翼阀阀板磨损形貌

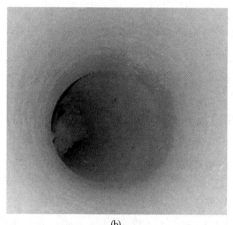

(b)

图4 焦块堵塞在翼阀阀板处

2.4 翼阀磨损

根据中石化系统34套催化裂化装置近三周期67次检维修记录，单旋翼阀更换总计56次，其更换周期与检修周期基本一致。在检修鉴定中发现，翼阀磨损部位主要发生在阀板的椭圆接触密封上，是逐渐形成的。其形成的原因为：由于料腿是一个负压差立管，外部的压力高于内部的压力，在翼阀开启排料过程中，外部气体可能夹带悬浮催化剂反窜进入料腿，造成阀板表面的冲蚀磨损（见图5），甚至磨损穿孔。当翼阀阀板被磨损穿孔后外部的油气上窜进入料腿后，夹带着悬浮催化剂直接进入旋风分离器内部，使旋风分离器分离效率降低。

3 对策

3.1 加强衬里质量管理

衬里质量的好坏直接影响装置的长周期运行及旋风分离器的效率和寿命，必须严格按《隔热耐磨混凝土衬里施工规范》进行施工和验收。对于旋风分器内衬里施工的关键要抓好龟甲网的敷设质量，龟甲网直接与器壁上焊接时，应与器壁贴紧，局部间隙不得大于1mm，龟甲网端头应全部与设备焊牢，每排网孔均需与器壁焊接，其焊缝长度不得小于20mm；龟甲网轴向接缝采用搭接、倚肩两种形式，严禁对接。环向接缝采用平行接形式。接合处网格不得小于基本网孔的1/3，不得大于基本网孔的4/3，龟甲网相邻拼接纵缝应错开300mm以上。龟甲网的材质必须与旋分器筒体匹配，线膨胀系数也应一致。

耐磨衬里的施工应注意每次填入龟甲网内的材料面积不宜过大，并一次填满逐孔捣实。衬里表面压至与龟甲网表面平齐并显露龟甲网网格。衬里施工完后应按规范进行养护和烘干。烘衬里时绘制好烘炉曲线图并作好记录，降温时严禁强制冷却。

3.2 减缓结焦，减少焦块堵塞

自从催化装置掺炼渣油以来，结焦问题越来越成为制约装置长周期运行的瓶颈，结焦又与原料油、催化剂、操作条件等因素有关，涉及石油化学、催化化学以及催化裂化工艺、工程等诸多方面，可从设备结构调整上适当减缓结焦，减少脱焦堵塞危害。

3.2.1 减少粗旋的油气窜出量

部分催化裂化装置沉降器粗旋与单旋间采用软连接，因设计或安装原因，在操作工况的热态条件下，因粗旋与单旋的膨胀，粗旋出口与单旋进口中心线不在同一标高上，导致软连接处有错边现象，从而使得装置运行中软连接处油气窜出，造成设备结焦。故对于结焦严重的装置，检修中必须核算粗旋和单旋的冷态安装尺寸。部分企业将软连接改为直连，避免了油气窜出。对于粗旋料腿下窜油气问题，缓解的方法之一是将粗旋防倒锥距料腿下口垂直距离缩短，减少料腿油气窜出量。

3.2.2　减少焦块脱落危害的防范措施

为了减少脱落焦块对装置安全运行造成的危害，首先搞好装置的平稳操作，尽量减少切断反应进料和中断催化剂流化的次数，避免沉降器温度大幅度波动，减少因热胀冷缩造成的焦块脱落。对于旋风分离器锥段与灰斗连接处环形空间处结焦问题，可以进行如图6所示修改，防止油气进入死区后结焦，大块焦块脱落进入料腿堵塞翼阀。

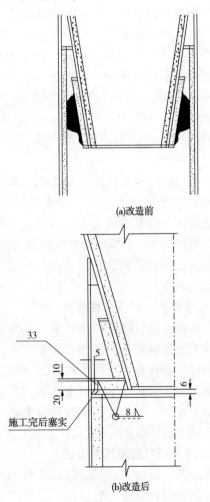

(a)改造前

(b)改造后

图6　旋风锥段与灰斗连接处改造前后对比

3.3　避免系统发生共振响应

防止旋风分离器系统发生疲劳断裂失效的措施是避免系统发生共振响应，主要方法是改变系统本身固有频率和抑制激振力产生。而激振力的产生主要取决于气固两相流的工艺参数和操作，一般难以改变。因此改变料腿的振动特性（即增加支撑、减小料腿长度），提高其固有频率，避免与激振力频率接近而导致共振的发生，减小管道的振动响应，是防止料腿发生断裂的有效方法。

3.4　提高翼阀制造及安装要求

通过对阀板和阀座密封面堆焊硬质合金，提高密封面耐磨性，减少翼阀磨损。某石化通过编制《堆焊性翼阀技术条件》，规定了堆焊性全覆盖翼阀的制造、硬质合金堆焊、检验、静态试验等方面的基本要求。对翼阀的制造和安装进行全过程管理，从源头确保翼阀在下个运行周期内安全可靠运行。

4　结论

由于旋风分离系统长期在高温下操作，又承受高速气流和固体颗粒的冲刷和磨损，工作条件十分苛刻，很容易造成局部或大部损坏。中石化系统内沉降器旋风分离器寿命一般为10年，10年以后分离效率明显下降，即使筒体部分完好，但衬里损伤也影响旋分器的分离效果。经过较长时间使用的衬里，修理起来十分困难，修复后其质量也不易保证。单旋翼阀随检修同步更新。

重视催化装置衬里施工，衬里好坏决定着催化长周期运行的成败，衬里起皮或脱落是由于衬里的热震稳定性下降和温差应力的共同作用造成的，应重视衬里热震稳定性的测定，根据旋分器的运行和衬里的磨损情况，结合衬里的热震稳定性，预测旋分器的使用寿命，以备及时更新。

参 考 文 献

1　杨智勇，王菁，赵建章，等 . 催化裂化装置旋风分离器机械故障的原因分析 . 机械设备，2019，49（2）：31-41.

2　刘家海，袁红斌 . 旋风分离器磨损失效分析与对策 . 石油化工设备技术，2000，21（3）：12-16.

催化裂化沉降器衬里失效机理分析及对策措施

许　峰

（中国石化镇海炼化分公司，浙江宁波　315207）

摘　要　介绍了某催化裂化装置沉降器衬里运行情况，针对运行中出现的问题，从衬里设计、施工、质量控制和生产运行等方面进行分析，对出现的问题采取相应的解决措施，特别对容易出现问题的部位进行针对性分析，为沉降器衬里长周期使用提供了保障。

关键词　催化裂化；开裂；鼓包；断裂；焊接

随着国内催化裂化工艺的日益成熟完善，催化装置检修周期不断地延长，追求装置长周期运行已成为各炼油厂普遍的目标。目前催化装置运行通常以 4 年为 1 周期。长周期的装置运行，对设备尤其是反再系统的设备提出了更高要求，装置设备要承受高温催化剂冲刷，衬里的结构选型、材料使用及施工质量是关键因素。特别是反再三器的衬里，包括沉降器、再生器等设备衬里，很大程度上制约着是装置长周期运行。

本文通过对石化企业内某催化装置沉降器衬里 40 多年运行工况进行分析总结，针对设备不同部位，分析衬里破坏机理，采用合理的衬里锚固形式，选择正确的施工方法；根据设备运行时不同的工作环境，选择相应的衬里材料；提高对衬里养护的认识，保证衬里养护质量；开工烘衬里的升温曲线，减少实际值与预期值的差距，保证检修中衬里的施工质量，延长其使用寿命。

1　装置概述

该装置为高低并列式提升管催化裂化装置，原设计加工直馏蜡油，设计加工能力为 $120×10^4$ t/a（按年开工 8000h 计），装置于 1978 年 11 月开工投产。1990 年引进美国石韦公司二段再生技术，完成重油催化裂化技术改造，并将加工能力扩大至 $140×10^4$ t/a。1997 年再次进行了技术改造，并将加工能力扩大至 $180×10^4$ t/a，同年 5 月 18 日开工投产，达到了设计能力。2001 年 1 月进行了多掺重油技术改造，增设外取热器一台。2004 年 3 月，装置采用 MIP-CGP 技术进行改造，提升管设置第二反应区，新增二反循环线路，设置塞阀控制二反藏量。2014 年检修对沉降器及四旋进行改造，沉降器粗旋+单旋从原先 4+4 模式改为 3+6 模式，沉降器封头同步更换。沉降器设备参数见表 1，各部位衬里形式及使用情况见表 2

表 1　沉降器设备参数

设备名称	沉降器	备　注
生产厂家	兰州石油化工机器厂	
投用年月	1978 年 11 月	
设备材质	A3R+龟甲网隔热耐磨衬里	2014 年封头更换为（20R+侧拉圆环隔热耐磨衬里）
设计压力	0.35MPa	
设计温度	350℃（器壁）	
使用压力	0.16MPa	
使用温度	200℃（器壁）	

表 2 沉降器各部位衬里形式及使用情况

序 号	设备部位	衬里形式	使用情况	备 注
1	提升管底部中心管	V 型钉单层耐磨衬里	衬里损坏，中心管断	每周期更换
2	提升管一反、二反	侧拉圆环隔热耐磨双层衬里	部分衬里沟槽状磨损	2004 年投用
3	二反大孔分布板	圆环保温钉单层耐磨衬里	大孔分布板底部衬里有部分磨损	2004 年投用
4	上部提升管	龟甲网单层耐磨衬里	部分龟甲片有脱落	2014 年投用
5	沉降器粗旋	龟甲网单层耐磨衬里	部分龟甲片有脱落	2014 年投用
6	沉降器单级旋分	龟甲网单层耐磨衬里	部分龟甲片有脱落	2014 年投用
7	汽提段	龟甲网双层隔热耐磨衬里	部分龟甲网有鼓包	1978 年投用
8	汽提段挡板	龟甲网单层隔热耐磨衬里	更换之前衬里有部分磨穿，更换后无明显问题	2016 年投用
9	沉降器筒体	龟甲网双层隔热耐磨衬里	部分龟甲网有鼓包	1978 年投用
10	沉降器封头	侧拉圆环隔热耐磨双层衬里	更换前部分龟甲网有鼓包，更换后无明显问题	2014 年更换

2 衬里使用情况分析

2.1 提升管中心管衬里

提升管中心管采用单层耐磨衬里，衬里厚度为 25mm。该中心管位于再生催化剂迎风面，遭受约 1000t/h、约 700℃ 以上催化剂的冲击，加上该中心管结构偏于细长，因此每周期检查发现，该中心管均被冲断，需要重新换新(见图1)。但该中心管虽然损坏，生产并未因此受到影响。

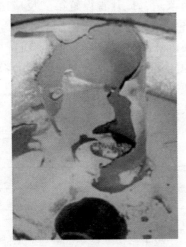

图 1 提升管底部中心管衬里使用情况

2.2 提升管 Y 型段衬里

提升管 Y 型段衬里为侧拉圆环双层隔热耐磨衬里，衬里厚度为 150mm，2004 年装置 MIP 改造，提升管更换，衬里同步更换，至今已使用 15 年。停工后设备打开检查，主要缺陷表现

为衬里侧拉圆环与圆环之间耐磨衬里磨损、脱落，圆环轻微变形。衬里修补后继续使用，没有出现其他问题。衬里结构与使用情况如图 2 所示。

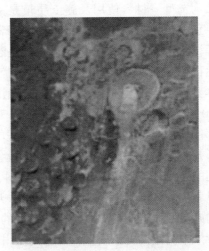

图 2 提升管 Y 型衬里使用情况

2.3 提升管本体衬里

提升管本体衬里与 Y 型段衬里结构一致，使用情况也接近，为侧拉圆环双层隔热耐磨衬里，衬里厚度为 150mm，2004 年装置 MIP 改造，提升管更换，衬里同步更换，至今已使用 15 年。停工后设备打开检查，主要缺陷表现为衬里接口磨损，呈沟槽状，部分圆环之间衬里损失，圆环轻微变形。衬里修补后继续使用，没有出现其他问题。

2.4　汽提段衬里

沉降器汽提段衬里一部分为龟甲网双层隔热耐磨衬里，另一部分为侧拉圆环双层隔热耐磨衬里，2004年MIP改造时投用，汽提挡板衬里为单层龟甲网耐磨衬里，2016年更换汽提挡板时投用。2018年1月汽提段8层人孔信号孔漏油气，停工检查发现人是由孔内衬里损坏所致，重新修补衬里后投用。该段衬里为2004年之前的衬里。

另外汽提挡板单层耐磨衬里有零星损坏，主要表现为衬里磨穿，进而引起汽提挡板本体磨损。2004年投用的侧拉圆环结构没有发现问题，较早投用的龟甲网衬里有轻微鼓包现象，但不影响使用。

2.5　沉降器本体衬里

沉降器本体衬里为龟甲网双层隔热耐磨衬里，厚度为100mm。由于沉降器投用较早，设备比较旧，衬里也一直没有整体更换。但从使用效果看，生产期间并没有出现设备发红、磨穿等问题，龟甲网大面积脱落、整块脱落在近15年来也没有发生。停工检修检查，衬里问题主要表现为局部龟甲网鼓包（见图3）。

图3　沉降器衬里整体使用情况

2.6　集气室衬里

2014年之前，集气室衬里为龟甲网双层衬里，使用情况与沉降器本体一致。2014年3月，沉降器集气室整体更换，衬里同步更换为侧拉圆环双层隔热耐磨衬里，使用情况较好。

3　问题原因分析

沉降器已使用40余年，衬里没有大面积更换。每次检修衬里主要存在问题部位是提升管Y型段、提升管中心管、斜管抽出（返回）口、旋风内衬，二反衬里、带挡板衬里等部位。以下针对沉降器存在衬里问题分析原因，主要有以下几点：

3.1　衬里本身的烘烤质量不过关

很多装置对开工烘衬里烘烤不重视，在双层衬里大面积修补施工的情况下，受开工时间限制，未能严格按衬里厂家提供的升温曲线执行，特别是315℃恒温时间不达标，衬里未能达到性能指标便投入使用，导致衬里运行期间出现损坏。

3.2　维修施工质量存在问题

衬里施工工序控制不严格，特别是新旧衬里接缝部位，未按衬里施工标准要求执行；催化装置沉降器检修时间比较紧张，很多衬里施工会在夜间连续进行，对施工质量保证存在较大影响；施工人员技能水平参差不齐，对衬里施工专业技术培训不够，导致衬里施工质量不能保证。衬里锚固钉或龟甲网焊接不牢固，导致衬里出现大面积脱落的情况。衬里挡板在检修期间多存在损坏的情况，更换过程中只是简单地采用钢板制作，未按设计要求设置膨胀缝。

3.3　设计结构存在问题

提升管中心管衬里使用寿命较短，且寿命不足一个生产周期，说明该设备设计存在一定缺陷。针对这个问题，与设计进行沟通，是否将该管线缩短，增加管线强度，避免与再生催化剂正面冲刷，但设计认为从催化剂流化考虑，该管线不宜缩短。装置原始衬里设计结构均采用龟甲网结构，在变形部位存在施工困难，搭接焊缝强度不够的问题，因此容易引起衬里鼓包、脱落的情况，如斜管抽出口。

3.4　生产工艺波动较大，对衬里产生破坏

沉降器内催化剂处于流化态，装置出现大的波动或异常，催化剂流动会发生变化，特别是对Y型段、中心管等部位产生冲击，破坏衬里结构；同时，超温也会影响衬里龟甲网结构性能。

3.5　停工检查不全面，未能及时发现衬里存在的问题

部分沉降器内部由于旋风布置紧凑，检查困难，另外，旋分内部进入困难，无法做到全面检查，旋风内部衬里成为薄弱点。

4　对策措施

4.1　做好衬里施工过程质量控制管理，保证衬里施工按规范要求执行

（1）完善施工方案。对于检修衬里施工，前期要编制详细的施工方案，针对不同衬里结构形式，制定不同的修复方案。

（2）检查材料质量。检查材料是否符合标准要求，材料使用前施工单位应向建设单位报验、检验合格后方可使用，否则不得使用。

（3）控制施工人员。工程技术负责人应有一定的衬里工作经验；质量检查员有相关部门颁发的资质证、掌握衬里材料、施工、检验和验收的要求、规范及检查、验收程序及方法；衬里施工建议白天进行。

（4）施工单位工序交接、验收记录清楚；衬里施工应执行工序的自检和专职人员检查制度，并应有检查记录；工程隐蔽应有检查记录；应保证每种材料有工程试样报告，必要时委托检测。

4.2　加强烘衬管理，新装置烘衬后要进行二次检查

目前常用的烘衬做法是跟随装置开工，系统升温。烘衬要严格按烘衬曲线进行，作好记录，并绘制烘炉曲线，降温时严禁强制冷却；衬里烘炉过程中，可根据设备及工艺管道衬里具体条件进行调整，控制升、降温速度和时间，保证每台设备衬里烘炉均能符合规范的要求。对沉降器、提升管的升温，一方面靠待生、再生滑阀的开度，另一方面应控制两器合理的差压，保证有足够的热风通过反再部分，从沉降器顶部放空及油气线放空排出。对旧设备开工，沉降器和大油气管线衬里烘干不大于 350℃，防止器壁上未清除的焦自燃，造成局部超温烧坏设备。对于局部更换设备衬里烘衬，如斜管、旋风等设备，建议整体器外烘衬，效果较好。

4.3　科学选取衬里结构

对于催化装置而言，不同部位需要不同结构形式的衬里。对于气速较高的部位，龟甲网结构仍然是最佳选择，如旋风内筒体衬里，但龟甲网施工困难，特别是现场作业，整体质量难以保证，缺陷较多，且维修不便。对于其他部位衬里，则尽量选用单层隔热耐磨结构或侧拉型圆环衬里结构，施工可靠性及使用寿命都能得到保证，特别是结构形状较复杂的部位，宜采用侧拉环结构形式，如斜管抽出（返回）口。另外，从装置检修方便衬里维护、保养方面考虑，建议采用侧拉环形式结构。

4.4　改进提升衬里施工方式

由于衬里的特殊性质，施工时效性要求较高，容易引起缺陷。根据经验，整体支模浇铸，缺陷相对较少，衬里施工质量较高。对不具备条件整体支模施工的衬里，要做好衬里挡板和衬里接口关键部位的质量检查工作。

4.5　加强检查维护，对有缺陷的衬里要及时维修

衬里检查非常关键，特别是对于烘衬后的衬里，有条件的，要打开设备重新检查。有些衬里虽然表面没有明显缺陷，但经过 3~4 个生产周期运行，表面疏松，强度下降，对这类衬里也应该及时更换。另外，沉降器衬里结焦层较硬，附着在沉降器衬里本体上，阻挡了衬里的磨损。检修时也发现，许多衬里与衬里之间的裂纹都填满了焦炭，这些焦炭也十分坚硬，一定程度上充当了耐磨衬里的角色。笔者认为，这是沉降器器壁衬里使用相对较好的主要原因。

5　结束语

催化装置长周期平稳运行，衬里质量是决定因素之一。采取合理的锚固形式，选择相应衬里材料及施工方法，加强施工过程的质量控制，提高烘衬质量，制定合理的烘炉曲线，可以提高沉降器衬里质量，延长使用寿命。

参　考　文　献

1　徐晓鹏，刘玉英，郑大志，等. 催化装置检修衬里施工的几点建议. 当代化工，2008(8)：363-370.

催化裂化滑阀三种典型故障分析及维修策略

但加飞　凌冠强　段晨星

（中国石化巴陵分公司，湖南岳阳　414014）

摘　要　滑阀作为催化装置流程中的关键设备之一，在反应再生生产中，对催化裂化反应温度控制、物料调节以及压力控制起到关键作用，其可靠性直接影响装置长周期运行水平。论文通过对石化行业内28家单位共计44套催化裂化装置滑阀故障类型进行统计梳理和归类，找出滑阀导轨螺栓断裂、导轨断裂及阀杆填料密封泄漏等最典型的三类故障，从而展开对滑阀典型故障原因分析，并提出针对性的检维修策略。

关键词　催化裂化；滑阀；典型故障；原因分析；维修策略

滑阀主要分为单动和双动两种形式，由阀体和电液执行机构两部分构成。阀体主要以冷壁式为主，由100~150mm厚的耐磨隔热双层衬里和碳钢外壳组成，即使内部温度高达700℃，其外表实测壁温仍能够控制在150~180℃之间。电液执行机构是以电为动力，液压油为工作介质，通过精密的电液伺服系统带动滑阀实现其开关和调节。阀体部分主要由阀杆、阀板、导轨、填料、节流锥、阀座圈等几部分组成。滑阀在催化裂化装置中所处地位非常关键，一旦滑阀出现故障往往引起整个装置的停工并带来巨大经济损失。本文通过对行业内28家企业催化裂化装置近三次大修期间滑阀拆检情况进行统计梳理，从问题调研出发，找出共性问题并进行深入分析，提出有效的维修策略。

1　滑阀典型故障统计及案例

1.1　滑阀典型故障统计

对行业内28家企业44套装置近十年滑阀螺栓断裂、导轨断裂和填料泄漏三种故障案例进行统计，如表1所示。

表1　近10年来各企业滑阀三种典型故障频次表

序号	故障类型	频次	情况描述
1	导轨螺栓断裂	17	11次造成非计划停工，6次监控运行直至停工更换
2	导轨断裂	11	2次造成非计划停工，9次在停工后发现并更换
3	阀杆填料泄漏	48	13次造成非计划停工，35次在线堵漏

从表1可以看出，滑阀导轨螺栓断裂、滑阀导轨断裂和阀杆填料泄漏是滑阀最典型的三种故障类型，而这也是直接影响滑阀关键部位安稳运行的滑阀最危险的设备本体故障。

1.2　典型故障案例

案例一：某石化企业120万吨/年催化裂化装置再生滑阀于2019年5月份停工检修拆检发现，一边导轨2颗螺栓齐根断裂，另外一边导轨1颗螺栓齐根断裂，如图1所示。从外观上分析，裂纹断口的形貌呈现出脆性断裂特征，通过金相组织分析是穿晶断裂。从工艺操作角度分析，在日常工艺操作过程中，曾多次有超温工况出现，且长时间对工况温度进行卡边控制，螺栓产生了高温蠕变现象，且在上一周期检修中未进行螺栓更换，螺栓使用长达近6年时间。

图1　某石化再生滑阀导轨螺栓断裂

案例二：2011 年 11 月某石化装置停工检修，拆检某斜管段滑阀发现下导轨靠近外端面三分之一处出现一条贯穿性横向裂纹，如图 2 所示。通过检测发得出裂纹贯穿深度达 51mm，且该贯穿裂纹沿着连接螺母与导轨接触处自上而下穿透，危险性较大。由于该次停工检修及时，避免了一次非计划停工事故发生。

图 2   某石化滑阀导轨贯穿裂纹

案例三：某石化催化裂化装置 2016 年 8 月大修开工后，待生滑阀阀杆填料密封出现催化剂泄漏，导致催化降量，两器降压处置泄漏。由于在线处理填料风险较高，只采用石墨盘根更换填料函外层 3 圈填料，压实后仅仅使用半年又出现泄漏，于是再次降量在线处置，注胶更换外层填料，仍然没能维持多久就开始出现泄漏。最终只能通过在阀杆填料函外端加焊填料函堵漏处理，如图 3 所示。

图 3   某石化催化裂化装置待生
滑阀填料泄漏加焊填料函

2   故障原因分析

2.1   滑阀导轨螺栓断裂原因分析

在催化裂化装置长周期运行过程中，滑阀长期处于高温环境下运行。滑阀设计中考虑到热膨胀的因素，所有内构件均依靠导流锥悬挂，高温下导流锥、阀座圈、导轨及阀板为主要的受力部件，连接螺栓承受了介质差压和内构件的全部重量。因此，结构性的原因使得导轨连接螺栓承受着巨大的拉伸力。滑阀导轨螺栓材质为耐高温合金，行业内常见使用的材料是高温合金 GH4033，具有非常强的耐高温烟气腐蚀、抗 H、N 腐蚀的能力，同时也具有抗渗碳腐蚀和 S 腐蚀的能力，强热性能较高。由于长期持续在高温环境下工作，螺栓经受交变应力、周期性冲击拉伸、高温蠕变，当螺栓使用到一定周期不可避免地会产生高温疲劳脆性断裂。此外，根据材料力学分析，高温合金螺栓在大于 700℃时有良好的热稳定性，但在 600～700℃之间存在一个热敏感区，热脆性能下降，随着运行温度的升高，合金螺栓强度不断下降，且螺栓服役周期越长，并随着掺渣量提高，如果滑阀的工作温度长时间超温或多次反复超温运行，滑阀螺栓使用寿命必然变短，断裂风险亦会增大。此外，导轨螺栓受催化剂冲刷磨损，造成螺栓表面缺陷，形成螺栓应力集中区，也是引起螺栓断裂的一个重要因素。

2.2   滑阀导轨断裂原因分析

在滑阀运行期间，受催化剂等介质流动产生的动能及阀板重量对导轨的影响，导轨除了承受拉伸应力之外，还受到剪切应力、弯曲应力和锐角产生的应力集中影响，会发生纵向开裂。不仅如此，导轨在安装初期由于没有注意导轨与阀座圈接触面平整度，在导轨与阀座圈螺栓紧固后，导轨会产生横向弯曲应力，加上在连接螺栓安装完后习惯性会在螺母上进行点焊固定防松，同时流化介质具有一定腐蚀性，这样又会造成导轨产生局部焊接变形或焊接应力集中，在腐蚀作用下形成应力腐蚀，在滑阀长期使用过程中，容易出现导轨横向开裂现象。

2.3   阀杆填料泄漏原因分析

2.3.1   填料使用周期过长，趋于老化

有些企业每次大修对滑阀阀杆填料检查维护不足。例如只将外层填料进行更换或直接在外层增补填料，这样就会导致旧填料在内测无法完全实现填充压实，外侧新增填料达不到密封效果。此外，对滑阀阀杆填料维护的重视程

度不够，有些单位连续两个运行周期或更多周期，对填料没有采取定期更换措施，导致填料服役时间过长老化，失去密封效果。

2.3.2　填料未压紧

大多数企业滑阀填料函采用内外双层填料结构，中间有固定的挡环用螺丝限位隔开，前填料6圈全部为夹铜丝石墨石棉盘根，与挡环有2mm左右间隙未压紧，导致前盘根无效或效率低下。后盘根由2件柔性夹铜丝石墨石棉盘根夹4件柔性石墨盘根组成，带石棉的盘根少、寿命有限，填料质量下降，每层的安装预压紧不过关。

2.3.3　阀杆套筒反吹风或蒸汽出现中断

一旦阀杆套筒反吹风或蒸汽中断，阀杆填料就会失去有效保护，填料与阀杆间混入催化剂颗粒，会直接加剧填料的磨损导致泄漏。与此同时，高温催化剂进入套筒后造成套筒填料温度升高，填料长期受高温产生脆化，填料失去密封弹性，加之滑阀需要随时调节，阀杆不断运动加剧了磨损，所以填料极易出现泄漏。一般情况下，滑阀套筒密封吹扫风或蒸汽中断原因主要有两种：一种是限流孔板孔径偏小出现堵塞国；另一种较为常见，就是采用填料前段注胶堵死了阀杆反吹风或蒸汽通道。例如荆门石化曾经多次发生过因对阀杆填料注胶造成填料连续泄漏催化剂情况。

3　维修策略

3.1　预防导轨螺栓断裂维修策略

3.1.1　定期预防更换导轨螺栓

对于滑阀导轨螺栓维修策略重点应放在故障预防和预防性检修更换螺栓工作上。滑阀导轨螺栓一旦出现断裂故障，不但会造成设备严重损坏，而且对生产造成重大影响。通过对各家企业滑阀使用情况调研，以及对滑阀螺栓材质的理论分析，滑阀导轨紧固螺栓在正常使用5~8年之后，推荐更换一次。如果在使用周期内，生产运行出现超温度工况情况，那么该导轨螺栓寿命会相应减短。鉴于当前国内石油化工企业催化裂化装置运行周期多采用3年一修，部分企业实现了4年一修的周期管理。因此，对于4年一修的企业宜采取每周期更换一次导轨螺栓的预防性维修策略，对于3年一修的企

业，也可以采取每周期全面更换一次导轨螺栓策略，但从经济成本和设备过修层面考虑，建议对滑阀导轨螺栓采取2个生产周期进行一次全面更换是最合适的。统计了国内27家企业44套装置，有6家企业滑阀导轨螺栓采取每周期更换一次的策略，18家企业多采取的是每2个生产周期更换一次导轨螺栓的检修策略。

此外，在更换导轨螺栓时，经常会碰到有螺栓拆不动的情况。根据使用条件和要求，可以允许每条导轨最多一颗螺栓不拆，这些不拆的螺栓使用到下一周期必须全部更换。对于拆不动的导轨螺栓，可以考虑邀请专业公司用移动钻头在现场作业，将螺栓钻碎后攻丝恢复内螺纹，也可以考虑将滑阀切割下线，运至机加工厂恢复内螺纹。同时主管部门应在大修前提前与有能力的专业公司或机加工厂联系好，确保不影响大修进度。

3.1.2　做好螺栓质量验收和把关工作

一方面，滑阀螺栓质量需先从采购方面把控，首选应当考虑从滑阀主机厂家购买，如果因为其他原因只能走询比价采购流程而从螺栓制造厂家采购，需在技术协议上注明螺栓使用的技术条件，并在收货时要求供货方出具螺栓材料的化学成分和性能报告及检测检验合格证明，同时要求螺栓材料的膨胀系数应与导轨材料膨胀系数相一致。另一方面，对于新采购螺栓，如果条件允许时可以在安装使用前做一次着色检查；对于库存螺栓在使用前必须做一次着色检查，防止螺栓因放置日久存在表面缺陷而被使用。

3.1.3　严格控制好螺栓检修安装质量

滑阀导轨螺栓检修安装时建议采取以下策略：①逐个检查清理螺栓表面杂质，确保螺纹表面清洁无杂质；②在螺栓拧入螺孔之前，建议对螺杆喷涂防咬合剂，防止螺栓在长期高温工况下出现螺纹咬合而在下次更换时难以拆卸；③螺栓安装时，螺栓紧固受力要尽量保证均匀，建议采用测力扳手紧固，确保每个螺栓的预紧力相同，如果条件允许可以使用定力矩技术紧固螺栓最为适宜；④在螺母紧固完成后，建议将螺母与螺杆采取点焊防松措施或采用双螺母加点焊防松，如图4所示。

图4　导轨螺栓采用双螺母加点焊防松措施

3.2　预防导轨断裂维修策略

3.2.1　导轨检测和预防更换

导轨是滑阀大修检查检测的一个重要部件。视导轨检查情况，可以实施以下三种维护策略。第一，从导轨表面磨损情况考虑，如果导轨表面磨损部位磨损深度不超过 2mm，可以考虑对导轨合金面进行司太立 6 号高温合金修复，并通过机架修复表面使其满足表面使用要求，然后用硬度仪进行表面硬度检测，要求硬度 ≥ HRC38，如果磨损深度大于等于 2mm，建议直接对导轨进行更换。第二，检查导轨表面裂纹，在导轨长 200mm 表面范围内，可以允许有 0.1 ~ 0.4mm 宽的裂纹不多于 10 条，小于 0.1mm 宽裂纹不超过 20 条，同时对表面检测硬度 ≥ HRC38，如果裂纹宽度和数量超过以上数值，或硬度不满足要求，建议直接进行更换。另外，裂纹垂直于阀板运行方向且深度不超过 1mm 的可以继续使用至下一周期更换，如果裂纹平行于阀板运行方向，则建议立即更换。第三，根据导轨材料使用性能周期调研分析，建议导轨使用超过 3 个生产周期进行一次更换。

3.2.2　导轨安装质量确认

在滑阀导轨安装过程中，做好安装过程质量控制是保障滑阀后续长周期运行的一个重要前提。首先，要保证导轨与阀座圈贴合面的贴合度，贴合间隙可以用塞尺进行检测，要求最大间隙不大于 0.5mm，建议安装前在导轨与阀座圈贴合面上涂抹一层高温密封胶，确保不留间隙，防止催化剂进入间隙产生冲刷；其次，导轨安装完后要计算导轨滑道与阀板接触面宽度，要求不小于 20mm，否则需进行间距调整或更换导轨；然后，检查确认导轨内端面距阀口

边缘的距离应大于 60mm，以免受催化剂的直接冲刷；最后，要保证导轨与阀板之间的间隙符合要求，过大的间隙会导致内部件磨损过快，影响使用寿命。

3.3　预防阀杆填料泄漏维修策略

3.3.1　优化阀杆填料函结构设计

通过调研得知，仍有少数企业滑阀阀杆密封填料函采用单级密封结构形式。该类结构填料函已经不满足当前催化裂化装置长周期运行要求，建议利用大修机会进行升级改造，填采用两级密封结构形式。这种结构在填料发生泄漏的情况下，可以采取加大填料函的吹扫气量，并在油环处注入塑料质的液体填料或石墨粉混合润滑脂填料，更换压盖填料函的填料，从而实现不停工检修的目的。

3.3.2　增强填料耐磨强度

装填料前，先对填料函内腔及填料函部位阀杆表面进行清理、打磨、抛光处理。填料回装时，压盖填料函内至少应放置四圈方形截面的填料，第一圈及最后一圈为夹铜丝编织的石墨石棉盘根，中间两圈为柔性石墨填料圈。在主填料函内放置十圈方形截面的填料，对称布置在油环的两侧。每侧前后圈为夹铜丝石墨石棉盘根；中间三圈为柔性石墨填料圈。现场安装完毕后还应适当调整工作填料的压紧量，以保证填料函的密封性能，但对阀杆不应抱得过紧，以免填料及阀杆过早磨损和功耗过大。此外在滑阀设计中，填料函的内侧一般设置一个 $DN15$、配有 $PN2.5$（2.5MPa）管法兰的吹扫管，用以吹扫并冷却阀杆。吹扫介质可以根据滑阀使用条件不同，可以选择采用 0.5MPa 的净化压缩空气或 1.0MPa 的低压蒸汽，需要的耗气量为 15 ~ 20Nm³/h 或 12kg/h，吹扫压力由安装在进气管路上的降压孔板限压，经过实践经验分析，降压孔板后吹扫压力与滑阀内腔工作压力差维持在 0.15 ~ 0.2MPa 为宜。

4　结论

本文通过对催化行业内三种典型故障案例进行描述，并进行原因分析，提出了针对性的预防性维修策略。但随着装置的大型化及原料的劣质化，催化裂化工艺要求的温度和压力越来越苛刻，对于滑阀提出了更高要求，这就需

要从滑阀设计制造、检修安装、运行维护和改造更新等方面，利用设备完整性管理思维去分析各种滑阀失效问题，这才是提升滑阀长周期可靠运行的最佳策略。

参 考 文 献

1　王国强，钱伟.电液控制冷壁滑阀的研制与应用.催化裂化论文集报告，1993：308.

2　高岩，李林.螺栓断裂失效原因分析.金属热处理，1998(2)：34~35.

3　中国石油化工总公司.石油化工设备维护检修规程[M].北京：中国石化出版社，2004.

4　刘秋实.催化裂化装置单双动滑阀的改进与维护.催化裂化会议文集，1986：295.

催化裂化滑阀阀杆卡涩原因分析及改进

但加飞　袁智胜　彭俊华

（中国石化巴陵石化分公司，湖南岳阳　414014）

摘　要　针对某炼厂催化装置再生滑阀阀杆出现严重卡涩现象，从卡涩物形成机理和卡涩物的组成成分等方面着手，得出造成阀杆卡涩的主要原因。通过对滑阀吹扫风系统改造、阀杆表面处理、吹扫孔疏通以及限流孔扩径等一系列措施实施，避免了滑阀阀杆结焦和导轨硬着物聚集等现象发生，在一定程度上提高了滑阀控制的灵敏度，投用后使用效果良好，保证了催化生产装置的长周期安稳运行。

关键词　滑阀；卡涩；分析；改进

滑阀作为催化剂循环流程中的关键设备之一，在反应再生生产中，对催化裂化反应温度控制、物料调节以及压力控制起到关键作用。某炼厂同轴式提升管催化装置中，再生滑阀位于再生斜管上，正常操作时可以调节再生催化剂循环量，控制提升管出口温度。除了具有生产调节作用之外，也是装置自保启动情况下安全停车或装置事故时兼作紧急切断阀的关键设备之一，其安全运行性能将对整个装置产生较大的影响。

1　再生滑阀简介

某炼厂再生滑阀为电液冷壁单动滑阀，由阀体和电液执行机构两部分构成。阀体采用100～150mm 厚的耐磨隔热双层衬里和碳钢外壳组成，即使内部温度高达 700℃，其外表实测壁温能够控制在 150～180℃之间。电液执行机构是以电为动力，液压油为工作介质，通过精密的电液伺服系统带动滑阀实现其开关和调节的控制驱动装置。电液滑阀的主要结构特征如图 1 所示。

阀体部分主要由阀杆、阀板、导轨、填料、节流锥、阀座圈等几部分组成。在该阀阀盖部位有三路吹扫孔，一路连接阀杆套筒，另外两路分别对准上下两个导轨槽。这三路吹扫孔外面采用 DN20 的无缝碳素钢管连接非净化风集合管，从而引入非净化风进行反吹扫。

2　再生滑阀阀杆卡涩现象分析

2015 年 5 月份，该炼厂再生滑阀突然出现卡涩故障，液压控制状态下无法对其进行调节，

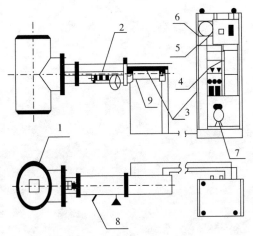

图 1　电液冷壁单动滑阀
1—阀体部分；2—手动机构；3—电液执行机构；
4—集成油路；5—油箱；6—电气控制箱；
7—泵电机；8—离合器手柄；9—伺服油缸

改手动之后也只能在阀位的微小范围内调整。之后对液压系统油压进行升压调整，将执行机构工作油压由原来的 8.0MPa 调整至 9.0MPa，继续通过远传输入信号调节阀位开关。调整情况如表 1 所示。

表 1　阀位输入信号与反馈信号值对比

输入信号	反馈信号	偏差	说明
36.5%	38.0%	1.5%	跟踪丢失，阀位自锁
37.0%	38.0%	1.0%	阀位正常
38.0%	38.2%	0.2%	阀位正常
39.0%	38.7%	-0.3%	阀位正常
40.0%	39.1%	-0.9%	阀位正常
41.0%	39.5%	-1.5%	跟踪丢失，阀位自锁

通过表 1 可以看出，当阀位信号给定在 38%～41%之间时，滑阀能够正常工作，其中以 39%阀位左右灵敏度最高，偏离该信号越大，阀位反馈偏差就越大，说明阀杆受阻力越大。当偏差信号超过设定偏差带宽值±1.5%时，阀位信号跟踪丢失，滑阀进入自锁状态。

3　阀杆卡涩原因分析

3.1　阀杆表面结焦

3.1.1　结焦机理

结焦过程是一系列化学反应和物理变化的综合结果。催化反应过程中，易生焦物如烯烃、芳烃以及部分未汽化组分发生缩合反应，以催化剂颗粒形成结焦中心，并逐渐扩大。或是高沸点未汽化油黏附在催化剂表面形成结焦中心，并逐渐扩大。虽然对于催化反应系统不同部位结焦的机理和原因并不完全相同，但总的来说结焦的主要原因都是原料中大分子物质，在催化裂化反应条件下，未裂化的大分子物质慢慢聚合成更大的分子物质，在某些器壁部位冷凝沉积，在高温、长停留时间下缩合而成。

3.1.2　滑阀阀杆表面结焦分析

该炼厂自 2014 年 5 月份装置停工大修后开工运行至 2015 年 5 月份，滑阀出现卡涩。在这一年中，每个月抽取再生滑阀段采样催化剂进行碳含量分析，根据分析后所得数据绘成再生催化剂碳含量变化趋势图，如图 2 所示

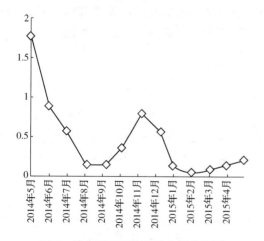

图 2　催化剂表面碳含量分析趋势图

在工艺生产过程中，再生器循环催化剂通过再生滑阀控制进入反应提升管。由于工艺操作控制的波动或其他原因导致工艺参数发生变化是不可避免的。这个期间总会造成部分循环

催化剂未完全再生，催化剂表面含碳量超标，即催化剂表面存在过多易生焦组分。由图 2 可以明显看出，在装置开工阶段难免会有一段时期催化剂表面碳含量超标，随着工艺调整进入平稳期后碳含量恢复正常，但一旦出现异常波动，碳含量又会出现超标。这部分催化剂在通过再生滑阀时，在带水的非净化滑阀吹扫风的冷凝作用下，会有少量沉积在吹扫孔以及阀杆与套筒环隙之间。长此以往，冷凝沉积的易生焦催化剂越来越多，并在环隙中结焦，直到吹扫孔堵塞，滑阀阀杆运动阻力增大，最终造成卡涩。

3.2　导轨表面硬物卡阻

通过上述分析，导轨吹扫孔在催化剂长期冷凝沉淀聚结后被堵塞。导轨表面会有越来越多的循环催化剂聚结。当阀板沿导轨运行时，阀板与导轨之间会有越来越多的催化剂对阀板产生巨大阻力。不仅如此，当再生器中的脱落焦块或衬里被带入再生斜管时，一些细小状的焦块或脱落衬里会落入阀板与导轨缝隙中，由于没有吹扫风作用，这些硬着物对滑阀阀板的运行也会产生很大阻力。

4　改进措施

4.1　将滑阀吹扫风改为净化风

由于滑阀吹扫风为非净化风，该吹扫风带水现象一直存在，尤其是在冬季气温低的情况下，脱水不及时会造成更大量的带水。吹扫风带水不仅会导致吹扫管锈蚀，将锈渣带入阀套，而且还会在阀套内产生氧化腐蚀。为防止再生滑阀阀杆卡涩问题的重复出现，有必要将目前使用的非净化风改成经过干燥过滤之后的净化风，这样才能保证滑阀的正常运行和维护。

2016 年 3 月份，该炼厂恰逢临时停工检修。正好利用此次装置停工检修的机会，将滑阀吹扫风管线重新配管。首先，将原来的无缝碳钢管更换为同等直径的不锈钢管，避免管壁生锈污染吹扫风；其次，净化风可从净化风总管引出，直接接至分配总管，将原来的非净化风总管与分配管隔断，并用盲板隔离，在净化风总管（DN40）处开孔，通过 DN25 管线引净化风至滑阀吹扫风主分配管；最后，在主分配管底部增加一道疏水阀，可定期打开该疏水阀检查净化风是否带水。

4.2　阀杆表面焦物处理

在滑阀解体过程中，发现阀杆与套筒间隙间结焦质地坚硬，有金属光泽。最终在利用30t的千斤顶顶力作用下，才将阀杆拉出。拉出后发现阀杆只在套筒段结焦严重，且该段阀杆表面因电化学腐蚀已产生局部斑点凹坑，如图3所示。由于阀杆结焦段很难人工打磨处理，且人工打磨难以保证阀杆表面的光洁度和圆周度，于是将阀杆放入车床进行车削除焦。除焦完成后再次对阀杆表面进行了研磨、渡铬、氮化、淬火等工艺处理，避免其防腐性能和机械性能下降。

图3　阀杆表面结焦部位

4.3　预留吹扫风阀组和疏通导轨吹扫孔

为防止吹扫风管线出现意外堵塞，本次在改净化风吹扫过程中，特在滑阀阀体吹扫口引出管对应侧增设一组吹扫阀组，以便将来万一运行吹扫管线出现堵塞，可以通过该阀组引风吹扫，保证滑阀正常运行。此外，利用圆锥形磨头，对导轨吹扫孔进行打磨除焦疏通，并在导轨吹扫口边缘打磨一道坡口，使吹扫风量尽可能多地集中在阀板与导轨间隙处。与此同时，对吹扫风限流孔板进行扩径，将原来2.5mm的孔径扩大到3.0mm，增加了吹扫风量和力度，避免催化剂和硬着物的聚集。根据生产工艺参数可知，滑阀内腔工作压力为0.15MPa，而净化风压力为0.52MPa。压差过大，会对阀杆填料密封有影响，压差过小又不满足吹扫效果。因此可以通过孔板前手阀进行卡量调整使压力控制在合适范围。

4.4　加强滑阀日常维护管理

在化工型炼油企业中，正确对滑阀进行日常维护保养、操作使用等管理显得尤为重要。针对滑阀卡涩故障，专门制定出一系列举措。第一，将滑阀操作可视化，在现场专门制作并安装了可视化标准操作看板，巩固并提高了员工操作技能；第二，将滑阀清洁保养包机制落实到人，定期检查和考核；第三，将净化风吹扫分配总管疏水检查工作纳入岗位日常巡检工作中，以防出现异常带水现象；第四，要求工艺控制平稳，尽量减少异常波动，并定期抽取滑阀段循环催化剂进行取样分析，根据碳含量及时调整操作和换剂频次。

5　改进效果

2016年3月份对再生滑阀卡涩故障进行了一系列处理和改进之后，调试正常。从3月底开工正式投用，截至目前，滑阀运行一切正常。滑阀灵敏度较之前有明显提高，输入信号与反馈信号偏差一直保持在0～±0.1%之间。同时，定期打开吹扫风组分配器底部疏水阀检查，未发现有带水现象，检查频次设定为每周一次，保证了再生滑阀长周期平稳运行。

6　结论

（1）根据结焦机理和焦物成分分析得知，阀杆与套筒环隙间结焦是阀杆卡涩的主要原因，导轨表面硬物阻塞是阀杆卡涩的次要原因。

（2）将滑阀吹扫风改为净化风后，很好地解决了循环催化剂在阀体内壁吹扫孔处冷凝沉积结焦的问题。为了避免净化风系统带水，应加重净化风脱水检查力度并将其纳入日常管理考核细则中。尤其在冬季，应增加净化风带水检查频次。

（3）净化风吹扫限流孔板孔径扩大后，能有效提高滑阀内部摩擦件之间的吹扫效果，降低摩擦件之间的阻力，达到了吹扫目的。经过摸索，限流孔板后吹扫风压力与滑阀内腔工作压力差维持在0.15～0.2MPa为宜。

参　考　文　献

1　王国强，钱伟．电液控制冷壁滑阀的研制与应用．催化裂化论文集报告，1993：308.

2　李鹏．催化裂化装置结焦问题的探讨．石油炼制与化工，2003，4.

3　薄鑫涛，郭海祥，袁凤松．实用热处理手册［M］．上海：上海科学技术出版社，2014.

催化裂化滑阀填料泄漏原因分析及在线处理

凌冠强[1]   但加飞[2]   吕铁军[3]   袁智胜[4]   彭俊华[5]   段晨星[6]

（1. 中国石化齐鲁分公司，山东淄博   255408；

2. 中国石化巴陵分公司，湖南岳阳   414014；

3. 中国石化天津分公司，天津   300271；

4. 中国石化武汉分公司，湖北武汉   430082；

5. 中国石化茂名分公司，广东茂名   525000；

6. 中国石化九江分公司，江西九江   332004）

摘 要 以中国石化某公司重油催化裂化装置再生滑阀填料泄漏处理过程为例对滑阀填料泄漏进行了原因分析，对滑阀填料函设计型式和维修模式进行了探讨，并详细介绍了填料函压盖在线加固过程，为消除滑阀填料泄漏隐患提供了维修策略和在线处理思路。

关键词 催化裂化；滑阀；盘根；填料函

1 故障简介

滑阀是催化裂化装置的关键设备之一，在反应-再生单元生产控制中，对催化裂化反应温度控制、物料调节以及压力控制起到关键作用，其中再生滑阀的主要作用是通过控制再生催化剂循环量调节反应温度，其运行情况直接影响反应-再生单元乃至整个催化裂化装置的安全平稳运行。通过对中国石化内部 28 家企业 44 套催化裂化装置最近三个周期滑阀设备问题梳理统计和分析，阀杆填料泄漏故障次数高达 38 次以上，是滑阀故障频率较高的一种故障模式，也是高温阀门的薄弱环节之一。

某石化重油催化裂化装置再生滑阀为 BTLX Ⅱ 700Z 型单动滑阀，该滑阀 2017 年 3 月检修投用后运行正常，2019 年 3 月 19 日滑阀盘根出现泄漏（见图 1），车间迅速组织维保单位进行处理，由于填料函压盖漏紧无效，车间安排了不停车带压堵漏注胶处理。运行一个月内车间发现该部位多次出现泄漏高温催化剂现象，每次均采取带压堵漏注胶处理措施，不但未能彻底解决再生滑阀填料泄漏问题，维保单位还发现填料函预留注胶口和挡圈上定位螺栓孔依次出现无法实施注胶的异常现象，由于其多次在夜间或节假日期间出现泄漏，严重威胁了催化裂化装置的正常安全生产。

图 1 滑阀盘根泄漏

2 故障原因分析

为确保装置安全，需彻底解决再生滑阀填料泄漏问题，该公司组织技术人员对再生滑阀填料泄漏故障进行了原因分析。

（1）泄漏机理分析：石墨填料装入填料函内，通过填料压盖上紧固螺栓松紧来施加对填料的轴向压力，由于填料具有一定程度的可塑性，受轴向压力后产生径向压力和微变形，内孔与阀杆紧密贴合，但是这种贴合上下不是均匀的。由于填料函挡圈前后填料承受介质压力不均匀，直接导致两部分填料塑性变形不一致，容易出现填料与阀杆的局部密封过度或者不足，同时靠近压盖处受的径向压紧力最大，所带来的填料与阀杆的摩擦力也最大,所以此处的阀杆和填料容易出现磨损,在高温情况下,温度越高,石墨填料膨胀越大,摩擦力也随之增大,高温所带来的散热不及时,加速了阀杆和填料的磨损率,这是高温阀门填料容易出现外漏的主要原因。

(2)因为泄漏情况已超出一般轻微泄漏程度,滑阀阀杆吹扫风可能存在堵塞不畅现象,导致了阀杆吹扫风未能按理想状态。

(3)填料压盖密封性能存在缺陷,导致了该部位密封性大幅度降低,催化剂、烟气和空气从填料压盖大量外漏。

(4)挡圈及填料维修安装过程存在缺陷,导致该部位密封效果下降。

(5)带压堵漏注胶效果不理想,证明了填料函内部存在非理想设计状态,导致了注胶前泄漏较大、注胶操作难度大不得不多次更换注胶孔位置和注胶后不久频繁出现泄漏等现象。由于填料泄漏量较大及泄漏较为频繁,经讨论分析认为:原设计理念"前端为辅助密封填料副,中间有注胶油环,后端为主填料密封副,前端加有衬环。此结构若填料泄漏,可在注胶孔注胶后更换主填料处理泄漏",但是若按设计理念进行在线更换主填料作业存在较大安全风险,该公司否决了此处理方案。

(6)不排除填料存在质量缺陷或安装过程不规范的可能性,由于再生滑阀的运行温度为720℃左右,介质为冲刷力度很强的催化剂、烟气混合物,一旦填料存在质量缺陷或安装缺陷时,极易导致其无法承受高温催化剂长期冲刷磨损,并在填料损坏时或填料结构形式发生变化时出现大量泄漏催化剂现象。

其中,因为需要采取不停车在线处理措施对隐患进行处理,填料和填料压盖是本次分析的重点部位,如何尽最大可能修复填料损坏情况和加固填料压盖将决定着能否消除泄漏隐患,也是本次采取应对措施的关键部位。

3 应对措施和填料压盖加固改造过程

3.1 故障处理思路

首先针对填料已经出现较明显失效的迹象,同时带压堵漏注胶已经呈现出无法长期完全封堵的迹象,初步制定了通过带压堵漏注胶暂时局部修复填料失效问题和采取不动火压盖加

固卡具实施填料完全封堵,彻底消除填料泄漏隐患。在初步确立了对填料压盖加固改造思路以后,首先对原填料压盖尺寸参数进行测绘核算,确定滑阀填料函加固卡具如图2所示。

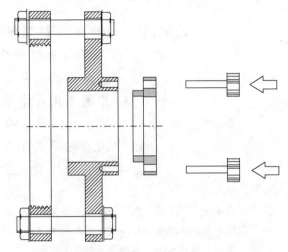

图2　填料函压盖加固卡具示意图

3.2 配件测绘加工

确定了加固方案后,车间迅速安排配件加工厂对填料函尺寸和配件尺寸进行测绘加工。首先对原填料函压盖尺寸进行仔细测量,图3～图5为加固卡具的三个部件详细加工尺寸图。图4压盖座内填充夹镍丝石墨填料。

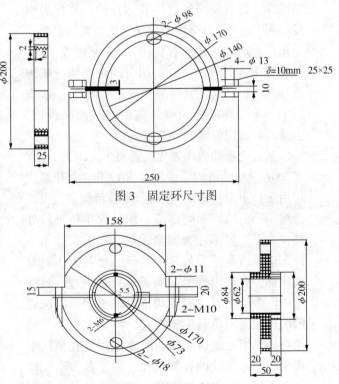

图3　固定环尺寸图

图4　压盖座尺寸图

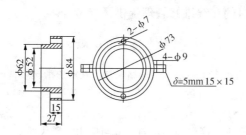

图 5　加固压盖尺寸图

3.3　现场施工

2019 年 4 月 25 日由维保单位技术人员组织进行滑阀填料压盖不动火加固施工，由于无特种作业风险，安装过程快捷简单，安装完毕后投用正常，投用后经 48h 观察运行，未再发现填料出现泄漏风或催化剂现象。滑阀填料函压盖加固前后如图 6 和图 7 所示。

图 6　填料函压盖加固前

图 7　填料函压盖加固后

4　改造效果及预防措施

该滑阀填料压盖加固改造后经过三个多月的运行观察，再生滑阀运行工况良好，填料未再出现泄漏现象，也没有对填料函内部进行注胶处理，基本实现了加固改造的目的，消除了设备隐患。

为避免类似滑阀盘根泄漏故障的发生，可参考采取以下应对处理措施。

4.1　加强滑阀填料安装管理

在阀杆填料检修回装时，填料安装顺序必须按要求安装，压盖填料函内至少应放置四圈方形截面的填料，第一圈及最后一圈为夹镍丝编织的石墨石棉盘根，中间二圈为柔性石墨填料圈。在主填料函内放置十圈方形截面的填料，对称布置在油环的两侧。每侧前后圈为夹镍丝石墨石棉盘根；中间三圈为柔性石墨填料圈。填料整体安装完毕后，安装填料压盖，连接执行机构，将阀杆往复运动使填料压紧均匀，调试合格后预压紧填料压盖，以保证填料函的密封性能，但对阀杆不应抱得过紧，以免填料及阀杆过早磨损和功耗过大。

4.2　加强滑阀日常检查管理

滑阀填料函的内侧一般设置一个 $DN15$、$PN2.5$（2.5MPa）管法兰的吹扫管，用以吹扫并冷却阀杆。吹扫介质可以根据滑阀使用条件不同，可以选择采用 0.5MPa 的净化压缩空气或 1.0MPa 的低压蒸汽，需要的耗气量为 15～20Nm³/h 或 12kg/h，吹扫压力由安装在进气管路上降压孔板限压，经过实践经验分析，降压孔板后吹扫压力与滑阀内腔工作压力差维持在 0.15～0.2MPa 为宜。滑阀日常管理应注意检查阀杆吹扫风（蒸汽）注入正常无堵塞现象。

4.3　加强滑阀维修管理

滑阀的维修过程中，当前很多单位在更换零部件时往往将注意力集中在阀板、导轨、阀杆等关键部件上，对填料、填料函和压盖等小配件的关注力度不够，同时施工人员的维修水平也会造成在填料环节上出现薄弱环节，填料函压盖等小的密封元件也应列入维修检查和定期更换元件。

4.4　优化改进滑阀填料函设计理念和思路，提高现场应急处置能力

根据相关单位所提供的检维修数据显示，滑阀盘根泄漏故障时有发生，一旦注胶堵漏失效，往往难以采取进一步的防范处置措施，故建议借鉴本次在线处置经验，进一步优化改进

滑阀填料函设计，增设辅助压盖固定设施，便于现场应急维修处置滑阀盘根泄漏故障。

4.5 加强滑阀仪控设施保护管理

注意做好滑阀仪表设施防护工作，防止滑阀填料泄漏时高温催化剂喷射损毁仪表元件。

5 总结

本文通过介绍某装置再生滑阀填料压盖加固改造，有效消除了再生滑阀填料泄漏的安全隐患，降低了装置运行风险，分析了填料泄漏的原因和预防措施，为催化裂化装置滑阀阀杆填料的在线维修管理提供了参考。

参 考 文 献

1 石昌东 . 不停工带压堵漏技术在解决滑阀填料函严重泄漏时的应用 . 石油化工设备技术，2000，21（5）：59-61.

2 李航 . 高温阀门填料研究与应用 . 现代商贸工业，2015（21）：227-228.

3 梁忠林 . 催化裂化装置滑阀故障研究 . 设备管理与维修，2018（22）：93-95.

催化裂化三旋长周期运行问题及对策

邝继雁[1]　阙万河[2]

(1. 中国石化海南炼油化工有限公司，海南洋浦　578101；
2. 中国石化广州分公司，广东广州　510726)

摘　要　本文以石化系统内部催化三旋现状调研入手，对三旋分离效率下降影响装置长周期运行的原因进行分析，并结合实际提出了相应的对策。

关键词　催化裂化；分离效率下降；长周期；三旋；分析；对策

催化第三级旋风分离器(以下简称三旋)是催化裂化装置能量回收系统中的关键设备之一，其运行效率的高低影响着烟机能否长周期安全运行，而且三旋本身的投资在能量回收系统中占着较大的比重，因此三旋的长周期运行直接影响着催化装置的效益。

1　三旋使用现状

通过对中国石化系统内部39套催化裂化装置调研梳理发现：①系统内催化三旋主要采取立式多管型、卧式多管型及立式大三旋型式；②三旋使用效果普遍良好，但是使用寿命长短不一，大三旋的故障频次相对较低；③通过调研数据可知(见表1)，系统内使用立式多管型占比61.5%，卧式多管型占比15.4%，大三旋占比23.1%，故障类型主要包含单管堵塞、衬里损坏、分离效率下降等。

表1　中国石化系统39套催化裂化装置第三级旋风分离器使用情况

单位	装置处理量/(Mt/a)	装置投用时间	结构形式	最近一个周期	
				更换/检修	故障类型
广州	1	1990.10	立管式	更换	单管磨损、分离效率降低
青炼	2.9	2008.06	大三旋	检修	旋风分离器裂纹
安庆	2	2013.08	大三旋	检修	衬里损坏
安庆	1.4	1978.01	立管式	检修	衬里损坏
金陵	1	1991.04	立管式		
金陵	1.3	1972.01	立管式		
金陵	3.5	2012.10	大三旋		
高桥	0.6	1988.01	立管式	检修	挡板开裂、衬里损坏、卸料盘磨损
高桥	1.4	1998.04	立管式		
济南	1.2	2018.09	大三旋		
济南	1.4	1996.10	立管式		
济南	1.4	1996.10	立管式		
荆门	0.8	1971.01	立管式		
东兴	1.5	2009.00	立管式	检修	衬里损坏
巴陵	1.05	1998.06	立管式		
北海	2.1	2012.01	立管式		
九江	1	1997.09	立管式		

续表

单位	装置处理量/(Mt/a)	装置投用时间	结构形式	最近一个周期	
				更换/检修	故障类型
九江	1.2	1986.06	卧管式		
茂名	1	1989.12	立管式	检修	单管堵塞
茂名	2.2	2012.12	立管式	检修	单管变形、三旋压降大
茂名	1.4	1996.10	立管式	改造更换	单管堵塞、分离效率低
胜利	1.1	1996.06	多管式	检修	卸料盘磨损
石家庄	1.2	1978.03	立管式		
石家庄	2.2	2014.08	大旋分		
武汉	1	1995.08	立管式	更换	分离效率低
扬子	2	2014.07	大三旋		
海南	2.8	2006.05	大三旋		
青石	1.4	1999.09	卧管式	检修	单管堵塞、磨损
清江	0.5	2000.04	立管式	检修	
燕山	2	1998.10	卧管式	检修	单管堵塞
燕山	0.8	1983.11	立管式	检修	单管堵塞
镇海	1.8	1978.11	立管式	检修	单管堵塞
镇海	3	1999.11	卧管式	更换	单管磨损
洛阳	1.4	1997.10	立管式		
沧州	1.2	2001.01	卧管式	检修	衬里损坏
齐鲁	0.8	1986.10	多管式		
长岭	1.2	1996.01	立管式	检修	衬里损坏
扬州	0.3	2011.07	立管式		
上海石化	3.5	2012.11	大三旋	检修	衬里损坏

催化裂化装置第三级旋风分离器必须能有效地将烟气中粒径大于 $12\mu m$ 的催化剂细粉基本除去，且要满足中国石油化工股份有限公司标准规定的烟气轮机入口烟气浓度不大于 $200mg/m^3$ 的要求。日常生产中，三旋进出口烟气粉尘浓度及细粉粒度分析数据能较为直观地反映出三旋分离效率的好坏。由表 1 可见，三旋故障类型主要表现为单管堵塞、单管磨损、隔板变形、衬里损坏等，故障结果体现在三旋分离效率下降，影响机组和装置的安全平稳运行。本文将从生产工艺操作、设备结构故障、制造安装三个方面进行分析。

2 三旋分离效率下降分析

2.1 生产工艺操作因素

三旋作为催化装置能量回收系统中至关重要的设备，其使用寿命和整个装置的平稳操作密不可分。反再系统催化剂流化异常、一二再

旋风分离效果下降均会导致三旋入口烟气质量浓度超标，偏离三旋单管设计负荷，催化剂及助剂增加的细粉浓度容易导致单管出现结垢堵塞；受原料性质波动、掺渣负荷调整、烟气出现二次燃烧时，三旋在长时间超温工况下，立管式三旋上下隔板及单管材料力学性能及结构性能下降，容易出现变形失效，原始设计安装尺寸破坏，影响三旋分离效率。

催化裂化装置反应再生系统为流化床，催化剂在流化、输送、反应和烧焦再生过程中，与提升管预提升蒸汽、沉降器汽提蒸汽接触磨损，出现破碎，产生大量的催化剂细粉颗粒，随烟气进入三旋，导致三旋单管浓度负荷上升，单管磨损加剧。同时，再生器一、二级旋风分离器的完好状态也直接影响三旋分离效率和使用寿命。再生器旋分受超温变形、衬里脱落、翼阀磨损卡涩失效或系统低负荷工况等因素影

响，出现跑剂失效时，三旋单管运行状态偏离单管设计负荷，大粒径催化剂细粉加剧三旋单管磨损。

正常生产期间，受原料性质波动、原料换罐操作、原料掺渣调整影响，再生烧焦容易出现碳堆或主风过剩异常，特别是高低并列两段再生系统，采用一再贫氧二再富氧的烧焦工艺，一再烟气中含有大量未完全燃烧的 CO，与二再烟气中富余的氧气混合后，在烟道或三旋内部出现二次燃烧。烟气二次燃烧容易造成三旋内构件材质结构性能下降，严重时会造成变形失效，特别是立管式三旋上下拱形隔板为受力不佳的板式结构，将三旋内部分隔成气体分配室、集尘室和集气室三部分，同时也对三旋单管的升气管和分离管起到定位固定作用。三旋工作温度超过 650℃ 以后，隔板所用的不锈钢材料的力学性能和结构性能急剧下降，导致立管式三旋在使用过程中上下隔板出现变形，严重情况下，承受负压的下隔板出现变形甚至翻转的危险，导致三旋分离效率严重失效。

烟道或三旋内部出现二次燃烧时，为避免出现长时间超温，在做好掺渣负荷和主风配比的同时，部分装置还会采取烟道雾化喷水辅助降温的措施。烟气中携带的催化剂和助剂细粉与大量汽化的水汽混合，容易吸附沉积在三旋单管内壁及分离管下部排尘口，造成单管排尘、排气通道堵塞，影响单管分离效率，严重时导致单管失效。

2.2　设备结构故障

多管式三旋的常见设备结构故障主要体现在单管磨损、单管堵塞、泄气系统故障等类型。

2.2.1　单管磨损

单管磨损的主要影响因素有：单管的材质、催化剂入口粉尘浓度、单管处理量、入口线速等因素。

对于多管式三旋，单管的磨损问题实际就是使用寿命问题，目前大部分单管的材质是 300 系列不锈钢，国内三旋单管内部普遍无衬里，大部分只是单管筒体下部局部喷涂一层 CrMo 耐磨合金，但该类型涂层较为昂贵，一般都是局部喷涂，高温下易冲刷起皮脱落，涂层太薄，仅有 $0.2 \sim 0.25$mm，难以保证长期运行。虽然单管局部喷涂抗磨刷，但同时也增加了单管堵塞的风险，个别企业统筹考虑取消了单管的防磨喷涂，因此选用一种低廉且能承受高温磨损、不易脱落的非金属喷涂材料也是我们的一个研究方向。另外当催化装置催化剂单耗较低(小于 0.5kg/t)时，各种型式的单管磨损现象都不太严重，当单耗超过 0.8kg/t 时，磨损现象就较为明显，而且单管处理量越大，效率越高，磨损也越快。某企业催化车间因再生器旋分跑剂导致 PSC-300 型分离单管排尘锥严重磨损，如图 1 所示。单管入口线速过高会导致催化剂粉尘离心力成倍地增加，催化剂颗粒对单管的冲刷磨损也会进一步加剧。

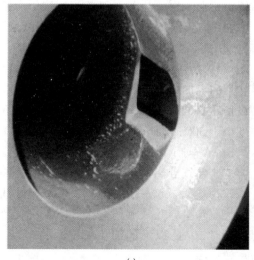
(a)

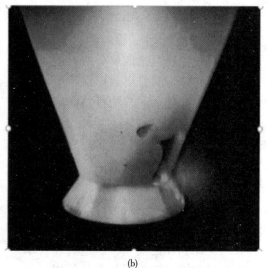
(b)

图 1　单管排尘锥内部及外部磨损情况

2.2.2　单管堵塞

通过调研发现(见表2)最近一个检修周期系统内15起三旋故障检修中,单管堵塞的故障类型就占了6起,比例高达40%。

表2　系统内催化三旋单管堵塞情况

单位	装置处理量/(Mt/a)	装置投用时间	结构形式	最近一个周期	
				更换/检修	故障类型
茂名	1	1989.12	立管式	检修	单管堵塞
茂名	1.4	1996.10	立管式	改造更换	单管堵塞、分离效率低
青石	1.4	1999.09	卧管式	检修	单管堵塞、磨损
燕山	2	1998.10	卧管式	检修	单管堵塞
燕山	0.8	1983.11	立管式	检修	单管堵塞
镇海	1.8	1978.11	立管式	检修	单管堵塞

多管式三旋单管堵塞常见于单管排尘口,堵塞介质有烟道脱落衬里、催化剂及助剂细粉及检修施工焊渣等,造成单管堵塞的外部因素是工艺方面,如反再系统流化异常、催化剂磨损及水汽破裂产生细粉、工艺助剂细粉、再生器一二级旋风异常跑剂,导致进入三旋烟气入口浓度超过单管设计负荷;内在因素是设备自身,特别是卧管式三旋由于自身结构原因,对高浓度的细粉颗粒分离能力低,抗返混能力差,催化剂中低熔点的金属离子含量偏高造成催化剂结垢倾向加强,因此,极易在三旋单管排尘口处的涡流区沉积下来凝固后形成坚硬结垢,直至堵死造成单管分离失效。

2.2.3　三旋泄气系统异常

泄气率偏低也会直接影响三旋的分离效率,因此设计初期应当仔细核算选用合适的临界流速喷嘴口径。三旋泄气率一般应当在3%~5%范围内才能保证旋风管与灰斗有一定的压差,从而使排尘通畅,减轻排尘返混现象。

三旋泄气系统主要包括四旋分离系统、临界喷嘴两种设备,三旋的分离效率除了操作条件及结构参数的影响外,三旋的排料问题也应当引起重视,排料不畅容易导致颗粒返混夹带从而降低三旋分离效率。三旋排料是靠灰斗泄气来完成的。有个别研究通过数值模拟的方法发现适当的泄气率有利于三旋分离效率的提高,如图2所示。

2.3　制造与安装

多管式三旋结构较为复杂,制造安装要求精度高,尤其是立管式三旋单管升气管焊于上隔板,旋气管固定于下隔板,垂直度、同心度

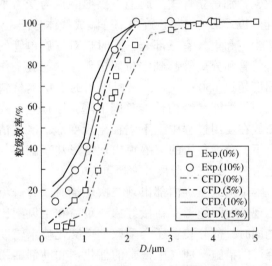

图2　泄气率与分离效率的曲线图

的找正需特殊工装,有时由于焊接变形控制不住,精度超标。单管的安装精度偏差对分离效率也会造成影响。而大三旋安装较为简单,整体布置上采用平板悬吊结构,解决了分离元件的固定、安装以及热膨胀问题,且不用设置膨胀节。

3　建议及对策

(1)加强工艺平稳操作及原料管理,避免设备超温、超负荷,保证三旋烟气入口粉尘浓度小于500mg/m³。

(2)对于卧式多管型三旋因单管抗返混能力差,导致分离效率低的装置,可考虑将卧管式改为立管式,采用PSC-300型导叶式旋风管,此新型导叶式旋风分离技术的突出性能优点是对10μm以下的细颗粒抗返混能力强,分离效率高。

(3)目前大三旋工业应用效果良好,有操

作弹性大、安装简单、分离效率高等优势，随着旧装置扩能改造及新装置大型化，可考虑采用大三旋型式。

（4）对于多管式三旋，检修期间重点检查校正单管部件的垂直度、同心度，检查单管的磨损及堵塞情况，必要时抽查单管表面硬度及金相组织。同时检查隔板、吊桶等连接部位的焊缝情况。

参 考 文 献

1　王俊彪，催化裂化多管式三旋存在问题及改进措施[J]．炼油技术与工程，2004，34（9）：47-48.

2　李希斌，50万 t/a重油催化裂化装置三旋及烟机的故障分析[J]．石油化工设备，2012，41：79-81

3　毕宏，催化裂化装置三旋存在问题分析及改造措施[J]．石油化工设备，2017，46（6）：66-68.

4　周金宇．催化裂化装置三旋的问题分析及技改措施[J]．广州化工，2010，38（11）：197-199.

5　张建，金有海．灰斗抽气对旋分分离器分离性能影响数值模拟研究[J]．工程设计学报，2008，15（5）：313-317.

催化裂化汽提段的运行问题及措施

邓 斌

（中国石化长岭分公司，湖南岳阳 414012）

摘 要 重油催化裂化装置沉降器内汽提段的作用越来越受到重视，高效的汽提段可降低焦炭产率。国内外对汽提段的挡板型式、挡板倾角、裙板结构、蒸汽喷嘴分布等进行了改进，设计了预汽提及多段汽提，增加水蒸气和催化剂的接触面积。各型式汽提段的运行以及检修过程中遇到了多类问题，其中以堵塞、磨损等问题较为突出，也出现了材质氧化等现象，本文对此进行归纳并提出了相应的解决措施。

关键词 催化裂化；汽提段；堵塞；磨损；优化

1 汽提段的现状

重油催化裂化是我国炼厂加工重油的核心技术，其中汽提是反应与再生之间的中间环节，进入汽提段的油气总量相当于催化剂质量的0.7%，约为进料量的 2%~4%，其中夹在颗粒间隙的约 70%~80%，吸附在微孔内部的约20%~30%。如果携带油气的催化剂直接由沉降器进入再生器，不仅损失大量的油气，还会增加再生器的负荷。汽提段的作用是增加轻质油收率，降低焦炭产率。因此，改善汽提效果增强汽提段的作用是降低重油催化裂化焦炭产率的一个重要手段。

国内采用的汽提段其结构主要有人字形挡板、盘环挡板和无构件（空筒）等 3 种结构。催化裂化汽提段是一个典型的气固逆流接触过程，在逆流流动过程中实现油气与蒸汽的质量传递，油气从催化剂表面脱附。汽提效率主要与汽提蒸汽用量、汽提段温度、操作条件、催化剂性质及汽提段的结构型式等因素有关。其中汽提蒸汽与催化剂之间的接触状况直接影响汽提段的效率，而汽提蒸汽与催化剂之间的接触主要取决于汽提段的结构型式，这是提高汽提段汽提效率的途径之一。

2 运行问题及措施

2.1 堵塞

汽提段和汽提蒸汽喷嘴都可能出现堵塞，汽提段堵塞主要是汽提格栅板部位堵塞，引起沉降器再生器两器流化异常甚至停工。

某催化裂化装置在 2012 年出现再生器藏量由 153t 缓慢下降，再生密相温度快速下降，通过排除催化剂隐藏在再生器一侧及再生器跑剂、沉降器跑剂和催化剂隐藏在外取热等因素，推断是由于催化剂大量转至沉降器内，沉降器汽提段存在堵塞情况，造成催化剂沉降器和再生器流化不畅。汽提段局部堵塞，可能因 2012 年主风机组异常停机，装置切断进料近 1h，沉降器顶掉落的焦块、衬里碎块架在汽提段最上层格栅所致。另外油性质逐渐劣质化进一步加剧沉降器内部结焦，最终导致汽提段最上层格栅大面积堵塞，出现催化剂堆积情况，催化剂循环受限，两器流化失常。2013 年 1 月停工，将沉降器打开发现大量焦块将汽提段上层堵住，导致两器流化不畅。另某炼化 1# 催化 FDFCC 于 2019 年 1 月处理烟机入口管线泄漏，装置停工 24h，重新进料后发生催化剂在副沉降器流化失常，多次调整均出现副沉降器大量跑剂至副分馏塔油浆系统，决定装置单提升管运行至 2019 年 3 月陪停检修。检修打开副沉降器后发现汽提段最上层格栅被大块焦块堆积堵塞，原因与前一案例类似，均为运行过程中停工后焦块温度变化后掉落所致。

解决此堵塞问题的办法可在最上层汽提格栅上面增设大格栅，大格栅不影响汽提蒸汽的分配和催化剂和蒸汽的接触，却可防止运行过程中因其他原因沉降器温度变化发生大块焦掉落而引起两器流化失常问题。

2.2 磨损

某同轴式催化裂化装置在生产中出现干气

流量增大(干气中的氮气体积分数从8%上升到20%)、系统干气流量异常增大,分析判断为沉降器汽提段磨损穿孔。通过改变汽提段藏量,判断出磨穿漏洞的大致位置,藏量的大小对干气流量及氮气含量有明显关联(见表1)。

表1 干气流量随汽提段藏量的变化趋势

汽提段藏量/t	2	4	6	8	10
干气流量/(t/h)	9.0	8.6	6.5	4.9	4.6

原因分析:①汽提段外侧与待生立管连接的锥体处有从再生器外引进来的松动蒸汽管线,该管线接入锥体的地方易磨穿拉断,使锥体小孔处越磨越大;②汽提段内侧蒸汽环管长期服役后环管或喷嘴发生损坏,汽提蒸汽喷射的方向发生改变,当蒸汽喷射至对面的汽提段内壁时,长期的冲射也易造成汽提段内侧磨穿。预防改进措施:①待生立管松动点焊接处做加强筋板,尽量避免和垂直面呈90°接入,改为45°接入,可减少松动管线所受主风催化剂气固两相流的应力;②增加汽提蒸汽环管喷嘴的防磨损措施,如敷设衬里、结构优化等。

某0.5 Mt/a重油催化裂化装置再生系统的沉降器汽提段发生磨损腐蚀穿孔(见图1)。通过对沉降器汽提段材料的表观、化学元素进行分析得出穿孔是因材料发生了磨损腐蚀(湍流腐蚀)、高温腐蚀和晶间腐蚀,认为造成这些腐蚀的主要因素是沉降器的安装高度偏低。

图1 汽提段磨损穿孔

流化床可看成是一个向垂直稀相输送供应物的充满气泡的加料器。旋风分离器应该安装在床层以上一定的高度,在此高度,跳动着的气泡引起的波动消失并且气速稳定在一个较固定的数值。这个高度称为"输送沉降高度"或"TDH"。高度超过TDH速度梯度趋于稳定,饱和携带量或夹带速率或颗粒输送速率趋于定值。

低于TDH时,随着接近床层,速率迅速增长,气速分布的不均匀程度增加,在局部地区常会高达床层表观速度的10倍,因而能够在局部地区以很高的速率输送固体颗粒。故设计流化床反应器时,习惯的做法是把一级旋风分离器入口布置在TDH处。根本措施为由设计对现装置的原料性质和日常处理量等进行工艺核算,确定沉降器的合理安装高度。

某催化装置2015年检修,锥形挡板从上而下2、3、4组上半部均磨损,锥形伞帽如图2所示,且喷嘴表面磨损严重;2016年检修,第二层锥形挡板破了个洞,第三层和第四层锥形挡板喷嘴磨损严重,部分喷嘴因磨损脱落,如图3所示。

图2 2015年锥形伞帽磨损

伞帽及锥形挡板衬里和母材磨损严重而其他部位相对较好的主要原因是此部位向上竖直空间较大,催化剂向下流动获得的速度高,产生的冲蚀磨损能量高。

冲蚀磨损能量与颗粒直径、颗粒形状、颗粒碰撞角度和颗粒速度等都有关,其中与颗粒速度有较大的正相关,由此可解释上部空间较大的汽提挡板发生的冲蚀较为严重。解决此问题的办法为:①优化汽提挡板垂直高度,在保证催化剂停留时间及催化剂流通量的前提下,尽可能压缩此空高;②在易冲蚀部位加保护盖板或其他防冲蚀筋板。

除汽提挡板、汽提段壳壁外,汽提蒸汽喷嘴是磨损高发部位之一,部分采用人字挡板汽提段的汽提蒸汽管喷嘴极易磨损,主要原因是主管内蒸汽流速过高,使催化剂在流入方向的前几个喷嘴内被吸入,从后面的喷嘴喷出,迅速磨损蒸汽喷嘴,主管流速应尽可能低于20~25m/s。

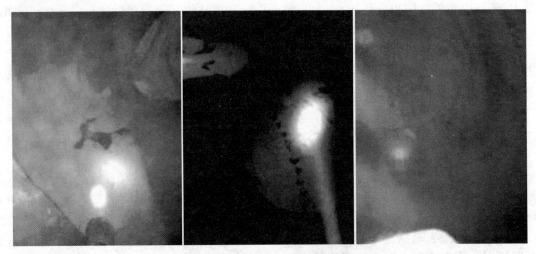

图3　2016年第二、三层锥形挡板磨损

由上述理论，解决喷嘴磨损的方法主要是解决汽提蒸汽主管内速度过高，防止催化剂从部分喷嘴吸入后由其他喷嘴喷出，可将主管直径扩大降低流速，也可在汽提喷嘴外部加一定长度套管使阻力加大而降低主管流速，此方法还能降低喷嘴流速减少蒸汽对催化剂的磨损。

2.3　其他问题

部分装置如高桥石化催化装置发生汽提段外壁发生氧化减薄，外壁材质为15CrMo（见表2），设计工况中温度为500℃，外壁介质为烟气，温度700℃以上，外壁敷设衬里。检修中发现外壁氧化情况严重，分析认为造成这种状况是隔热层局部发生了破损或其他原因，使沉降器外壁长期处于较高的温度环境，沉降器汽提段外壁发生严重的氧化减薄。

表2　15CrMo抗氧化性能

温度/℃	平均氧化速度/[g/(m·h)]	年腐蚀深度/(mm/a)	备注
500	9.3×10^{-3}	2.4×10^{-2}	一级完全抗氧化
550	1.4×10^{-2}	3.6×10^{-2}	
580	3.1×10^{-2}	7.9×10^{-2}	
600	1.4×10^{-1}	3.6×10^{-1}	二级抗氧化

3　结论

（1）催化裂化的汽提段运行过程中的问题以堵塞、磨损为主。其中堵塞的主要原因是装置非停后反应器温度升降变化导致，可考虑加设大格栅解决堵塞问题；磨损主要原因有松动点安装方式、汽提段的安装高度、汽提蒸汽系统的设计等。

（2）汽提段发生的问题可以从加设大格栅、加保护板或缓冲筋板以及优化汽提蒸汽、汽提挡板等参数来解决。

参 考 文 献

1　林世雄. 石油炼制工程（3版）[M]. 北京：石油工业出版社，2000.

2　陈俊武，曹汉昌. 催化裂化工艺与工程[M]. 北京：中石化出版社，1995.

3　赵民刚，田耕. 催化裂化新型汽提器汽提蒸汽有效利用率的研究[J]，炼油设计，2001，31（1）：29-31.

4　丁杰，周志航，柴昕. 沉降器汽提段堵塞的分析及对策[J]，炼油技术与工程，2014，（5）：11-14

5　闫成波. 同轴式催化裂化装置汽提段磨损及对策[J]. 炼油技术与工程，2014（5）：51-53.

6　高亮，董孝利，金文琳. 催化裂化家族工艺待生催化剂汽提过程的研究[J]. 石油炼制与化工，1999（11）：22-27.

7　Bharat Bhushan. 摩擦学导论[M]. 北京：机械工业出版社，2006：202-204.

催化裂化烟机入口膨胀节失效分析及措施

周伟权

（中国石化上海石油化工股份有限公司，上海　200540）

摘　要　对催化裂化装置烟机入口膨胀节失效原因进行了分析，结果表明膨胀节失效的原因主要为由于销轴过载后发生塑性变形且与铰链板相互挤压出现裂纹引起的韧性断裂，针对这些问题提出了改进措施和建议，并进行了相关处理。

关键词　催化裂化；膨胀节；失效；塑性变形

　　中国石化上海石油化工股份有限公司 2# 催化裂化装置处理量为 3.5Mt/a，其再生系统采用重叠式两段再生，即第一再生器位于第二再生器之上。一再贫氧操作，二再富氧操作，操作条件较一再苛刻，由于氢在一再内已基本燃烧完全，二再可以在更高温度下将催化剂上的碳完全燃烧，完成催化剂再生。由于二再为富氧再生，含有过剩氧的二再烟气通过分布板进入一再，并与直接进入一再的主风一起对含高碳量的待生催化剂进行烧焦。因此，空气中的氧利用最为合理，同时降低了烧焦主风用量和主风机耗功。

　　催化裂化装置生成的焦炭约提供整个装置能耗的 70% 以上。降低催化裂化装置能耗的关键在于焦炭能量的利用，其中利用烟气轮机回收再生烟气能量是重要一环。烟机入口烟道设置有 6 台铰链式膨胀节，2 台万向膨胀节，垂直段设有固定支座及导向支架，水平段为滑动支座。在运行过程中发生烟机入口烟道垂直段最底部一台 n3 膨胀节铰链板严重变形、销轴断裂，铰链失效。为查明失效原因，将断裂部位取样进行系统分析。

1　现场失效情况调查

1.1　运行工艺指标

　　操作规程中对能量回收烟道烟机入口烟道的主要控制技术指标见表 1 和表 2。

表 1　烟气组成（体积分数）　　　　　%

O_2	CO_2	CO	N_2	H_2O
0.4	12	5	71.1	11

表 2　烟机技术参数

参数	流量/ （Nm^3/min）	入口压力/ MPa	入口温度/ ℃	出口压力/ MPa
设计工况	6800	0.25	650	0.09

1.2　断裂部位及形态

　　烟机入口烟道系 2012 年 11 月投入生产运行，一直正常运行至今。2017 年 1 月发现烟机入口烟道垂直段最底部膨胀节铰链板严重变形、销轴断裂（见图 1），铰链失效，随时可能出现失稳破裂，膨胀节波纹管受力被拉开约 500mm，下水平膨胀节东侧烟道变形（见图 2）。该膨胀节安装于烟机入口管道垂直段底部，膨胀节主体材质为 06Cr19Ni10，波纹管材质为 Inconel625，端管材质为 07Cr19Ni10（规格为 φ1900×26）。该装置自投入运行以来，运行期间未发现有异常情况，运行介质为催化烟气（CO），烟道内介质温度为 660℃，操作压力为 0.25MPa。

图 1　销轴断裂形貌

图 2　膨胀节波纹被拉直

2　失效原因分析

为进一步分析膨胀节失效原因，找出断裂失效根源避免故障扩大化，分别取膨胀节铰链板及销轴取样送华东理工大学机械研究所分析。

2.1　销轴材料的化学成分分析

为了确认现场销轴材料是否与原母材材料匹配，就铰链销轴材料进行化学成分分析。本次断裂铰链销轴的化学成分测试结果见表3。

表 3　铰链销轴材料化学成分　　　　　　　　　　%

	C	Si	Mn	P	S	Cr	Ni
销轴	0.459	0.272	0.598	0.0135	0.0193	0.135	0.094
45 号	0.42~0.50	0.17~0.37	0.50~0.80	≤0.040	≤0.045	≤0.25	≤0.25

根据表 3 测试结果表明现场销轴材料化学成分与原设计材料相符，具体材料为 45 号碳素钢锻件材料，化学成分符合标准要求。

2.2　铰链板与销轴断裂的宏观形貌分析

从铰链板与销轴断裂的宏观形貌图（见图 3）可以看出铰链板受力孔处发生较大的塑性变形，具有明显与销轴相互挤压变形特征，而销轴塑性变形更严重，呈弓形状塑性变形。

(a)铰链板　　　　　　　(b)销轴

图 3　铰链板、销轴断口处变形形貌

从销轴断口及断口下部表面宏观形貌图中（见图 4）可以明显看出断口起裂区、撕裂区和最终断裂区。整个断口呈严重高温氧化特征，断口呈纤维状韧性断裂。在起裂区明显观察到相互挤压变形后产生的微裂纹，且在起裂区下方销轴表面明显存在由于大变形引起的表面氧化层开裂和诸多裂纹。

2.3　销轴材料金相分析

为了检查销轴材料金相组织有无异常，以及观察断口在金相中的扩展形貌，对断口附近材料进行金相分析，应用金相显微镜进行检验，销轴材料金相组织照片见图 5，从中可以看出材料为金相组织珠光体+块状铁素体，热处理为正火态，材料金相检查未发现材料内部有明显影响本次断裂的缺陷。

所有这些特征表明销轴是由于过载后发生塑性大变形且与铰链板相互挤压出现裂纹引起的韧性断裂。该单式铰链型膨胀节结构件选材等级不足，该膨胀节主副铰链板选用 Q235B 材质、销轴为 45 号钢，而膨胀节工作介质为

680℃的高温烟气，碳钢结构件经长时间热辐射　　后出现刚性下降，在热应力作用下出现破坏。

氧化层开裂

(a)　　　　　　　　(b)

图4　销轴断口及断口下部变形处表面形貌

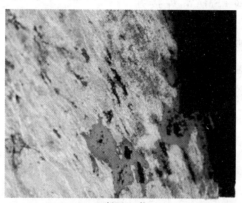

(a)1#断面100倍_18

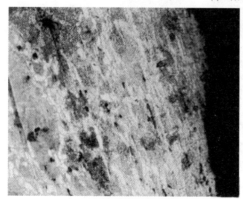

(b)1#非断面100倍_20

(c)1#外壁100倍_15

图5　销轴材料的金相组织

从以上分析可以看出，膨胀节失效是由于过载后销轴发生塑性大变形且与铰链板相互挤压出现裂纹引起的韧性断裂。该单式铰链型膨胀节结构件选材等级不足，该膨胀节主副铰链板选用 Q235B 材质、销轴为 45 号钢，而膨胀节工作介质为 680℃ 的高温烟气，碳钢结构件经长时间热辐射后可能出现刚性下降，在热应力作用下出现破坏。

3　改进方案及措施

为了避免以上问题出现，确保膨胀节长周期安全稳定运行，对膨胀节的设计方案、制造安装进行了改进和优化。着重从受力结构件的刚度方面，优化主副铰链板、销轴强度和受力情况。同时对烟机入口烟道中膨胀节波纹管进行有限元应力计算，通过不同载荷工况下的分析对比获得最优的膨胀节波形参数。主要从以下几个方面改进：

（1）经过设计计算，膨胀节最小补偿量由原来3°改为6°。

（2）膨胀节销轴及铰链板材料升级为304H，同时增加销轴及主、副铰链板的厚度，提高材料抗热应力强度，结构件的刚度得到了有效提升。

（3）改进端管组件的分布，避免应力集中。

（4）提高现场安装，烟道安装组对预拉伸到位，严禁强行组对。严格按照焊接工艺评定要求进行焊缝补焊，选用 TGS - 308H 焊丝、E308H-16 焊条，采用 GTAW+SMAW 焊接方法，多层多道焊接，严格控制层间温度 ≤ 150℃，同时严格控制焊缝熔敷金属中铁素体含量控制在 3~8FN。

4　结束语

本文对催化裂化装置烟机入口烟道膨胀节失效进行了分析，认为膨胀节失效原因主要是结构件的刚度不足，长期在高温环境下运行导致铰链板变形及销轴断裂。提出了改进措施和方案，于2017年对失效膨胀节进行更换，投入运行膨胀节变形量维持在1°，运行情况良好。

参 考 文 献

1　马金华，蔡善祥，曾文海，等. 催化裂化装置烟机出口管线及膨胀节失效分析. 炼油化工设备，2006，35（6）：80-83.
2　张道伟，催化装置高温管道膨胀节失效形式与设计改进［C］. 第十四届全国膨胀节学术会议论文集，2016

催化裂化烟机入口管道开裂原因剖析

颜炎秀

（中国石化北海炼化有限责任公司，广西北海 536016）

摘 要 催化裂化烟机入口管作为催化裂化能量回收重要设备烟机的连接管道，它的安全运行直接影响装置的安全运行。通过对某炼油催化裂化装置烟机入口管道与膨胀节焊缝开裂进行原因分析，并采取一些措施，以确保管道安全长周期运行。

关键词 催化裂化；烟机；开裂；应力

催化裂化烟气轮机作为催化裂化装置能量回收的重要设备，其安全平稳运行直接影响催化裂化装置生产经营，而烟机入口管道更起到重要作用。烟道原则流程为一路从三旋、经烟机做功后与另一路合并去余热锅炉；一路经双动滑阀降压孔板至余热锅炉回收能量后去烟囱。

烟道走向基本上分为二维平面 L 型和三维立体 Z 型两种布置。二维平面 L 型：三旋烟气出口管道与烟机在同一平面设计，通常设计一组三个单式铰链型膨胀节，相对比较简单，且有利于吸收管道的热膨胀，对减小烟机受力也有益。三维立体 Z 型：三旋烟气出口管道与烟机不在同一平面，其管路设计比二维平面复杂，考虑因素更多，所用膨胀节及导向支架也更多，通常三维立体布置（Z 型）固定支架在垂直管道上合适的位置将"Z"型管系分解成两个二维平面 L 型，每个 L 型管系各设计一组三个单式铰链型膨胀节。

1 基本概况

某炼油催化裂化装置三旋烟气出口到烟机入口的管道为 2012 年首次投入使用。该烟气管道采用三维立体 Z 型结构，阀门结构采用一闸阀一蝶阀形式，共设 7 个膨胀节。其中，除烟机入口调节蝶阀后的膨胀节为复式万向铰链型外，其他 6 个均为单式铰链型膨胀节，设支吊架共 13 套。管道材质为 304H，主管道规格为 $\phi1420\times14mm$。操作条件：管道操作温度约为 700℃，烟道操作压力为 0.2450～0.270MPa，烟气中粉尘含量约为 $70mg/m^3$。该装置至今实

施检修 3 次，两次因反应沉降器结焦问题导致跑剂抢修，一次为全厂第一次停工大修及实施产品质量升级改造。

由于烟道外表面温度高达 75℃，2012 年6 月根据节能改造要求，在烟道原有保温的基础上再包一层保温层，保温厚度由原 250mm增大至 300mm，并且也对膨胀节包了保温，烟道外表面温度由 65℃降至 51℃，烟道温降由原 11℃降至 6℃，节能效果明显。但 2012年 11 月发现烟道上所有膨胀节均严重变形，主要表现有：

（1）铰链板上的销轴圆孔被拉成长槽孔（见图 1）；

（2）销轴变形（见图 2）；

（3）铰链板明显发生过大变形（见图 3）；

（4）铰链型膨胀节仅补偿角位移，膨胀节发生了轴向位移（见图 4）。

图 1 销轴圆孔被拉长

图2　销轴变形

图3　铰链板变形

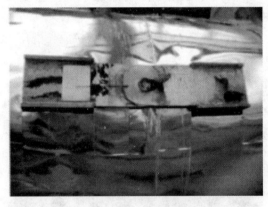

图4　膨胀节轴向位移

　　烟机入口的管道在2013年起发现水平管道管一个膨胀节出口的上部和管道连接焊缝部位发生多次穿透性开裂,由于抢修条件限制,对焊缝进行堆焊处理,但过一段时间又出现开裂,最后对焊缝堆焊后并使用宽200mm、厚6mm的304H钢板进行贴焊处理,直至维持到2015年装置停工大修改造。

2　开裂裂纹形态和检测分析

　　发生泄漏的烟气管道裂纹为穿透开裂,焊缝部位和宏观形态如图5所示。

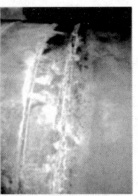

(a)东侧　　　　　　(b)西侧

图5　烟气管道开裂位置

　　对管道随后的其他焊缝进行渗透检测和现场金相分析过程中又发现大量裂纹,这些裂纹主要分布在焊缝和热影响区。

　　现场管道外表面渗透检测发现的微观裂纹较多,形态不一。因本次只实施外部检测,不能排除管道内表面裂纹存在。

3　金相分析

　　烟道中部膨胀节下部焊缝位置金相检验表明,所检验管道的焊缝上、下部母材以及上、下部热影响区金相组织基本正常,母材和热影响区没有碳化物析出,焊缝表面发现较多裂纹,分别打磨0.5mm、1.0mm、1.5mm、2.0mm后仍有裂纹。但裂纹逐渐减少,表明裂纹为由外及里发展。母材和热影响区以及裂纹金相形态如图6所示。烟道底部膨胀节上部焊缝金相检验表明,焊缝上、下部母材以及焊缝上、下部热影响区金相组织基本正常,但在母材和热影响区的晶界处有碳化物析出,并有点蚀凹坑。表明在长期高温条件下管道母材的金相组织已经发生一定变化,晶界析出物(金相表现的点蚀凹坑可能是金属碳化物或者氧化物夹杂被腐蚀后的空洞,或有可能是晶界微观楔形裂纹)较多。

4　管线的应力分析

　　采用国际通用管道分析软件对该条管线进行建模并分析。其中发生失效的部位位于三旋出口水平段膨胀节出口处。

　　应力分析计算了该管道可能的四种组合工况条件,即,操作载荷作用 $L_1 = W + D_1 + T_1 + P_1 +$

$H+CS$、操作载荷作用 $L_2 = W+P_1+H+CS$、持续载荷作用 $L_3 = W+P_1+H$ 和热膨胀载荷作用 $L_4 = L_1 - L_2$。其中，W 为自重作用，D_1 为接管位移载荷作用，T_1 温度载荷作用，P_1 为内压作用，H 为支吊架载荷作用，CS 为冷紧作用。

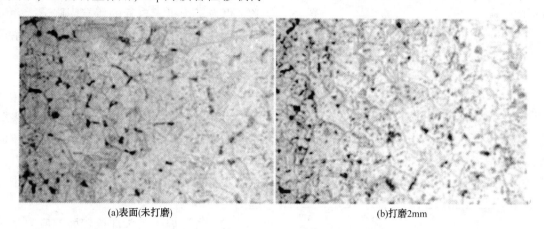

(a)表面(未打磨)　　　　　　　(b)打磨2mm

图6　母材表面(组织：奥氏体；倍数：200×)

根据有限元分析结果，在第三种工况条件下该管系满足标准的要求，在第四种工况条件下该管系不满足标准的要求，最大应力点为三旋出口水平段。在上述四种工况下，发生失效的部位应力分别对应为 58.649MPa、19.686MPa、9.568MPa 和 66.356MPa。该点虽然不是最大应力点，失效部位的计算应力较大。

5　其他分析

对开裂的管道焊缝和膨胀节进行的现场半定量光谱分析。管道部位和膨胀节的金属材料化学成分分析检验表明，Cr、Ni 合金元素含量符合标准 07Cr19Ni10 (304H) 要求。

对管道的母材、焊缝和膨胀节本体进行硬度检验，管道本体布氏硬度在 139～186 之间，焊缝为 122～152，膨胀节为 151～160，各检测部位材料硬度在合理范围内。

6　开裂原因分析

综合该烟气管道的操作条件、材质以及以上渗透检验、金相分析、管系应力分析、材质成分分析以及硬度检测报告等，管道发生开裂的主要原因如下：

（1）奥氏体不锈钢随着使用温度升高，材料的力学性能降低。对于高温下使用的金属材料而言，一方面，材料晶界滑移和位错将会导致材料变形和硬化；另一方面，材料中金属原子的扩散等变化又使得材料硬化消除。材料在时间、应力和高温等因素共同作用下，"硬化-硬化消除"交替过程的结果导致金属内部出现多种形态的析出相，材料宏观性能不断劣化。此外，温度升高还会使材料的断裂方式由穿晶断裂形式过渡到沿晶断裂形式。

当操作条件下管道内部应力高于材料的高温强度极限时，就可能因为材料的高温强度不足，导致管道发生强度失效。

当使用温度超过一定值时，选用 304H 应按蠕变工况需要校核部件高温持久强度。影响材料蠕变发生的最主要的因素是材料使用温度和拉应力水平。

（2）金属材料金相组织不同，发生蠕变断裂的类型也会不同。对于奥氏体材料发生蠕变时，主要机制是在三叉晶界处萌生裂纹或形成晶界空洞。一般在相对高的应变速率和中等温度时，是三叉晶界处萌生裂纹随后发展为楔形裂纹，低应变速率高温度条件下则是形成空洞形式的开裂。

国外研究人员对 304 系列以及多种结构钢包括各种合金钢以及合金的高温抗蠕变性能进行了大量研究。图7和图8为有关文献给出的 SUS304H 的高温性能。对比可见，图7的数据和国家标准 GB/T5310 提供的数据基本一致。

由图7可见，在试验温度为 700℃时，304系列的材料的高温持久极限已经很低，10^5h 时的持久极限只有不到 30MPa。这时，如果烟气管道轴向拉应力水平高于其持久极限，则该管道的使用寿命就会大大降低。图8表明材料在不同温度和不同应力水平上不发生蠕变断裂的时间，上部的虚线区域为SUS304HTB材料短期高温强度区域。

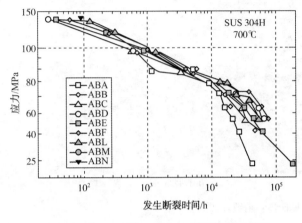

图7　在700℃下SUS 304HTB材料的高温性能

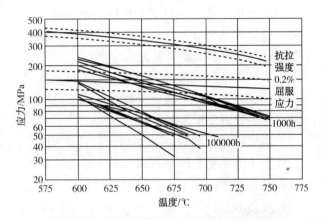

图8　SUS304HTB钢管 10^5 h蠕变破裂强度估算值

（3）结构上，该管道的立管上4个膨胀节的结构形式均为单式铰链型，该形式的膨胀节可以吸收和铰链转动方向一致的较大弯曲变形，但对沿管道轴向变形的吸收有较大限制，容易导致轴向产生较高水平的拉应力。

在高温和较高的应力水平下，如果部件本身存在初始微观裂纹或缺陷，如表面裂纹、各种金属化合物析出相、焊接缺陷等，都会使得蠕变断裂更容易发生，部件的使用寿命也会大幅度降低。导致管道开裂的应力来源可以是管系变形导致的应力、操作过程的管系稳态热应力和开停工时管系的瞬态热应力（一般受开停工的升降温速度影响）、焊接残余应力、安装组装时预拉应力等。

7　处理措施

2015年大修时对烟道所有焊缝实施渗透检测、现场金相和定量光谱分析等，没有发现异常。更换了烟机入口管的所有膨胀节，并根据原图尺寸对烟道进行校对修整，目前管系运行情况良好。

8　结论和建议

综合上述分析表明，管道开裂主要原因为：

（1）由于膨胀节本体增加保温，膨胀节严重变形，四个铰链膨胀节销轴圆孔均被拉成长槽孔，铰链板变形过大，管系特别是垂直段管系膨胀量增大，导致三旋出口水平段膨胀节焊缝处应力增大。

（2）管道焊接接头部位较高的应力是裂纹扩展直至破裂的直接原因。

（3）管道焊缝接头部位的焊接缺陷或其他原因所产生的微观裂纹是管道破裂的起始因素。

建议应对该管系的应力进行全面详细分析，每次大检修时应根据原图要求对管系进行复查，以降低管系的应力水平。将材质升级并重新校核材质高温强度和高温持久强度，升级时选材原则应兼顾材料的高温持久强度和材料的抗敏化问题。管道保温外表面温度不宜高于60℃，达到良好的节能目的。膨胀节本体不宜安装保温，在外部增加金属外护罩，防止在雨雪天气温度急剧变化带来较大拉应力和交变应力荷载。根据上次检验评定结果，考虑每个周期均安排管道全面检验，提高焊缝检验比例，提高检验频次，及时发现和治理内焊缝、保温层下焊缝的深层缺陷，必要时对管道各管件材质进行光谱分析及全定量检验。

催化裂化再生旋风分离器翼阀故障分析及措施

狄云克

（中国石化金陵分公司，江苏南京　210033）

摘　要　文中主要总结了催化裂化装置再生系统旋风分离器翼阀的故障，分析了故障原因，故障频率，使用寿命等，提出了相应措施及注意事项，为催化裂化装置翼阀的预防性维修提供依据。

关键词　催化裂化；旋风分离器；翼阀；磨损；故障

催化裂化装置旋风分离系统的密封性能直接影响到催化剂的回收效率，操作中旋风分离器有一定的压降，故其内及料腿内部的压力要比密相床低，为避免气流倒窜，料腿底部必须进行密封，而翼阀就是使用最普遍的密封结构。本文对再生系统旋风分离器翼阀的故障进行了总结，对原因进行了深入分析，并提出了解决措施。

1　概述

翼阀分为全覆盖式和半覆盖式，如图 1 所示。

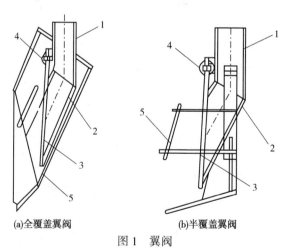

(a)全覆盖翼阀　　　(b)半覆盖翼阀

图 1　翼阀

1—直管；2—斜管；3—折翼板；4—吊环；5—防护罩

翼阀由与料腿直径相等的直管 1 和斜管 2 组成，斜管端口用折翼板 3 封住，折翼板吊在加工圆滑的吊环 4 上，外面装有防护罩 5。防护罩的作用是保护折翼板不受床层的影响，并且当催化剂积聚到能使翼阀开启的高度时，折翼板能及时灵敏地打开，排出催化剂后又能迅速地关上。根据防护罩的形式，可分为全覆盖翼阀

及半覆盖翼阀。翼阀的作用是避免开工装催化剂时催化剂的大量跑损和减缓料腿节涌作用，稳定料腿中催化剂的密度和藏量，保证旋分器系统正常操作。

翼阀的型式和翼阀在床层的位置由于再生器型式不同应有区别。对于常规再生，由于没有粗旋风分离器，进入一级旋风分离器烟气的含尘浓度高，一级料腿底部采用防倒锥结构，二级料腿采用翼阀。如果料腿插入密相床，应采用全履盖翼阀；如果翼阀放在稀相床，应采用半覆盖翼阀，位于床层流化稳定段。翼阀的阀板应与阀体口贴合严密，起到单向阀作用。料腿长度一定要经过计算，保证有足够的长度。采用上述措施才能防止气体倒窜，避免旋风分离系统失效。

正常情况下，翼阀的阀板与阀座处于良好密封状态。当料腿内积存催化剂的静压超过旋分器的压降、翼阀上方床层静压以及打开翼阀阀板所需压力三者之和时，翼阀阀板打开，料腿内的催化剂流出。当料腿内静压低于上述三者之和时，翼阀阀板关闭，防止催化剂倒窜。料腿内能维持的催化剂料位高度与旋分器压降、翼阀阀板与铅垂线的夹角有关，该夹角一般为 $5°\sim8°$。

在实际使用中，翼阀常发生磨损。磨损主要发生在阀口密封面和阀板与阀口接触的椭圆环形区域内。同时，磨损具有很大的不均匀性，上下部位的沟槽较浅，中间部位的沟槽比较深，严重时甚至造成阀板穿孔，严重影响旋分器的分离效果。

2　主要故障类型

催化裂化再生器内高温气体为催化剂烧焦产生的烟气，温度一般为 680℃ 左右，最低 650℃，最高 730℃，旋风分离器料腿材质一般为不锈钢 304 或 304H，也有部分装置采用 5CrMo，旋风分离器翼阀故障主要有冲蚀磨损或穿孔、阀板脱落、焊缝开裂、材质碳化蠕变及变形等。

在此次调研 24 家中石化企业 46 套装置近三个检修中期中翼阀的故障维修情况中，出现故障予以更换的有 31 套装置，共更换翼阀 54 次，未进行更换或采取修补措施的只有 15 套装置，使用周期最长的为 14 年，最短为 3 年，平均使用周期为 7.3 年。

2.1　翼阀的磨损

在实际使用中，翼阀常发生磨损。磨损主要发生在阀口密封面和阀板与阀口接触的椭圆环形区域内。同时，磨损具有很大的不均匀性，上下部位的沟槽较浅，中间部位的沟槽比较深，严重时甚至造成阀板穿孔，严重影响旋分器的分离效果。

某 2.9Mt/a 催化裂化装置沉降器出现催化剂跑损故障，油浆中催化剂的固体颗粒质量浓度已经达到 200g/L 以上。停工检修发现，沉降器 6 个单级旋风分离器的翼阀阀板磨损，磨损较为严重的部位是阀板与翼阀阀座接触的上半部分，其中有 4 个翼阀阀板在此部位已经磨穿，有 3 个翼阀的阀板处于闭合不严密的状态，如图 2 所示。目前对翼阀磨损问题的主要处理措施是通过提高翼阀阀板的耐磨性，或通过改进阀口的结构改变流场，避免形成冲蚀磨损。

(a)　　　　　　　　　　(b)　　　　　　　　　　(c)

图 2　翼阀的磨损

在此次近年系统内调研的 54 次翼阀更换，因阀板磨损更换 31 次，占比高达 58.4%（见表 1）。

表 1　因阀板磨损更换翼阀统计

序号	单位	尺寸	材质	生产厂家	密相温度/℃	近三周期检修情况	
						更换/检修	更换原因/检修情况
1	东兴	φ273×10	0Cr18Ni9	无锡石化	680	2015 年更换	旋分效果差，阀板活动不好密封差，阀罩脱落
2	茂名	φ219×10	S30409	庆营石化	676	2018 年更换	阀板磨损
3	石家庄	φ325×12	1Cr5Mo	无锡石化	666	2013 年更换	阀板磨损
4	武汉	φ325×12	0Cr18Ni9	武汉凯通	670	2009 年更换	阀板冲刷、密封面凹痕
5	武汉	φ325×12	0Cr18Ni9	武汉凯通	670	2013 年更换	阀板冲刷、密封面凹痕
6	武汉	φ325×12	0Cr18Ni9	武汉凯通	670	2017 年更换	阀板冲刷、密封面凹痕
7	扬子	φ273×10	0Cr18Ni9	庆营石化	685	2013 年更换	阀板冲刷、密封面凹痕
8	海南	φ377×12	S30408	庆营石化	695	2013 年更换	阀体、阀板表面冲蚀严重，透光试验效果差，更换
9	海南	φ377×12	S30408	庆营石化	695	2017 年更换	阀板磨损严重，透光试验效果差，更换

续表

序号	单位	尺寸	材质	生产厂家	密相温度/℃	近三周期检修情况	
						更换/检修	更换原因/检修情况
10	清江	$\phi168\times10$	0Cr18Ni9	庆营石化	700	2015 年更换	阀板磨损
11	燕山	$\phi325\times12$	0Cr18Ni9	庆营石化	660	2009 年更换	阀板磨损
12	燕山	$\phi325\times12$	0Cr18Ni9	庆营石化	660	2016 年更换	阀板磨损
13	燕山	$\phi325\times12$	0Cr18Ni9	庆营石化	670	2009 年更换	阀板磨损
14	燕山	$\phi325\times12$	0Cr18Ni9	庆营石化	670	2013 年更换	阀板磨损
15	燕山	$\phi325\times12$	0Cr18Ni9	庆营石化	670	2017 年更换	阀板磨损
16	镇海	$\phi168\times10$	S30408	宁波远成	720	2014 年更换	阀板存在一定磨损；
17	镇海	$\phi168\times10$	S30408	无锡石化	650	2012 年更换	阀板磨损
18	沧州	$\phi168\times10$	0Cr18Ni9	庆营石化	680	2009 年更换	阀板卡涩
19	沧州	$\phi168\times10$	0Cr18Ni9	庆营石化	680	2013 年更换	阀板卡涩
20	九江	$\phi325\times12$	S30408	无锡石化	690	2011 年更换	脉冲式跑剂，舌板磨损
21	九江	$\phi168\times10$	S30408	无锡石化	690	2011 年更换	脉冲式跑剂，舌板磨损
22	九江	$\phi377\times12$	S30408	无锡石化	680	2011 年更换	舌板磨损
23	九江	$\phi219\times10$	S30408	无锡石化	680	2011 年更换	舌板磨损
24	九江	$\phi325\times12$	S30408	无锡石化	690	2014 年更换	舌板磨损
25	九江	$\phi168\times10$	S30408	无锡石化	690	2014 年更换	舌板磨损
26	九江	$\phi377\times12$	S30408	无锡石化	680	2014 年更换	舌板磨损
27	九江	$\phi219\times10$	S30408	无锡石化	680	2014 年更换	舌板磨损
28	九江	$\phi325\times12$	S30408	无锡石化	690	2017 年更换	舌板磨损
29	九江	$\phi168\times10$	S30408	无锡石化	690	2017 年更换	舌板磨损
30	九江	$\phi377\times12$	S30408	无锡石化	680	2017 年更换	舌板磨损
31	九江	$\phi219\times10$	S30408	无锡石化	680	2017 年更换	舌板磨损

在此次近年系统内调研的 54 次翼阀更换，因密封面磨损更换 5 次，占比 9.4%（见表 2）。

表 2　因密封面磨损更换翼阀统计

序号	单位	尺寸	材质	生产厂家	密相温度/℃	近三周期检修情况	
						更换/检修	更换原因/检修情况
1	广州	$\phi168\times10$	0Cr18Ni9	无锡石化	630	2017 年更换	翼阀舌板密封面磨损
2	高桥	$\phi168\times10$	S30408	无锡石化	700	2010 年更换	密封面磨损无法修复
3	高桥	$\phi168\times10$	S30408	无锡石化	700	2018 年更换	密封面磨损无法修复
4	高桥	$\phi168\times10$	S30408	无锡石化	725	2009 年更换	密封面磨损，沟槽深达 4mm，
5	高桥	$\phi168\times10$	S30408	无锡石化	725	2015 年更换	密封面磨损无法修复

2.2　翼阀阀板的脱落

某石化 1# 催化装置 2014 年 12 月 25 日因跑剂停工抢修，检查发现再生器有 2 只二级旋风料腿翼阀阀板脱落，如图 3 所示。

某炼化催化装置 2016 年 1 月 25 日 13 时 14 分在开工过程中，再生器藏量以 8.5t/h 速度逐渐降低，14 时开始补充平衡剂，15 时 04 分两器转剂，17 时 30 分提升管喷油进料。再生器藏量持续降低，为使再生器恢复正常流化，决定继续加剂补充再生藏量，通过再次切出和并入主风，改变流化状态，试图使其恢复正常，经尝试未果。26 日 19 时 40 分装置停工，查找

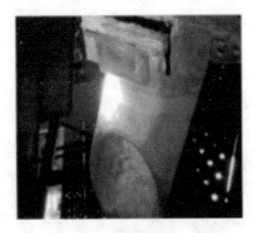

图 3　翼阀阀板脱落

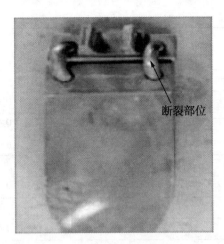

断裂部位

图 4　翼阀阀板脱落

跑剂原因。发现再生器 2# 旋分器二级料腿翼阀折翼板脱落，如图 4 所示，造成该旋分器失效，是造成再生器跑剂的直接原因。

在此次近年系统内调研的 54 次翼阀更换，因阀板脱落更换 5 次，占比 9.4%（见表 3）。

表 3　因阀板脱落更换翼阀统计

序号	单位	尺寸	材质	生产厂家	密相温度/℃	近三周期检修情况	
						更换/检修	更换原因/检修情况
1	镇海	φ168×10	S30408	无锡石化	650	2008 年更换	两支阀罩脱落的翼阀更换，另外对存在磨损的翼阀又更换 4 支
2	齐鲁	φ273×10	S30408	庆营石化	720	2013 年更换	检查更换 4 组阀板松动的翼阀
3	齐鲁	φ273×10	S30408	庆营石化	720	2009 年更换	检查更换 3 组阀道有磨损痕迹的翼阀
4	长岭	φ273×10	06Cr19Ni10	岳阳恒忠	700	更换	阀板磨损、部分脱落
5	长岭	φ273×10	06Cr19Ni10	岳阳恒忠	700	更换	阀板磨损、部分脱落

2.3　寿命的影响

翼阀的材质是 0Cr18Ni9，长期在 650℃以上高温工作，尤其是再遇到再生器超温时，其强度性能急剧下降，构件所能承受的应力远低于材料的屈服强度，钢材将产生高温蠕变，甚至发生断裂，结构尺寸变形，影响翼阀的全密封闭合，致使旋风分离分离效率下降。

在此次近年系统内调研更换的 54 次翼阀中还有 14 次是因为考虑翼阀设备使用寿命、材料恶化以及配合旋风系统改造而进行的更换，占比 25.9%（见表 4）。

表 4　因寿命到期更换翼阀统计

序号	单位	尺寸	材质	生产厂家	密相温度/℃	近三周期检修情况	
						更换/检修	更换原因/检修情况
1	广州	φ168×10	0Cr18Ni9	无锡石化	630	2009 年更换	与旋风改造同步更换
2	安庆	φ250×10	0Cr18Ni9	庆营石化	705	2012 年更换	与旋风改造同步更换
3	安庆	φ450×12	0Cr18Ni9	庆营石化	705	2012 年更换	与旋风改造同步更换
4	金陵	φ426×12	S30408	无锡石化	680	2012 年更换	与旋风改造同步更换
5	金陵	φ168×10	S30408	无锡石化	700	2012 年更换	与旋风改造同步更换
6	金陵	φ325×12	0Cr18Ni9	庆营石化	700	2013 年更换	与旋风改造同步更换

续表

序号	单位	尺寸	材质	生产厂家	密相温度/℃	近三周期检修情况	
						更换/检修	更换原因/检修情况
7	济南	φ377×12	S30408	庆营石化	660	2013 年更换	旋分器上次更换为 2004 年，已连续运行 9 年，效率逐步下降，同时考虑到以后 4 年一修的要求及设备寿命，进行了更换
8	胜利	φ325×12	0Cr18Ni9Ti	庆营石化	677	2013 年更换	改造，旋风更换
9	清江	φ168×10	0Cr18Ni9	庆营石化	700	2010 年更换	达到设计使用寿命，结合 MIP 改造，整体更换
10	镇海	φ168×10	S30408	无锡石化	650	2016 年更换	旋风系统服役时间长，上周期检查设备及龟甲网碳化严重，衬里表层磨损严重，本次更新
11	沧州	φ168×10	0Cr18Ni9	庆营石化	680	2017 年更换	与旋分器整体更换
12	齐鲁	φ273×10	S30408	庆营石化	720	2017 年更换	配合旋分整体更换，对 6 组翼阀进行整体更换，重新定位调试安装角度
13	茂名	φ377×12	1Cr19Ni9Ti	无锡石化	680	2009 年更换	材质老化，整体更换 6 组
14	茂名	φ377×12	1Cr19Ni9Ti	无锡石化	720	2009 年更换	材质老化，整体更换 2 组

3 原因分析

3.1 气流倒流冲刷磨损

旋分器料腿翼阀正常工作时，料腿内存在有效的料封，当达到设计开启料位时，翼阀阀板开启，催化剂流出。由于该过程为满管流的状态，且流速较低，对阀口、阀板磨损较轻微。

但当催化剂颗粒在料腿内不能建立起有效的料封，或在出口处形成半管流排料，或阀板密封不严时，就产生了气流倒流现象。旋分器翼阀的磨损正是由于气流倒流进料腿内，携带的催化剂颗粒进入翼阀时对阀板造成的冲蚀磨损。

催化剂对阀板的磨损与阀板开口大小、催化剂颗粒的冲蚀角度、催化剂颗粒的浓度、速度等密切相关。当催化剂颗粒与阀板形成 30°～40° 冲击角时，磨损最严重。当阀板开口较小时，气流流速很快，速度方向与阀板平行；当阀板开口缝宽增大后，流场会发生较大的改变：气流与阀板成一定角度，快速撞击阀板表面；当阀板开口缝宽继续增大到一定程度后，气流又平行于阀板进入，气流速度也减小。

3.2 翼阀安装角度不合适或阀板开关受限

当翼阀安装角度不合适或阀板开关受限时，阀板可能在未达到设计开启料位时就已开启，或达到设计开启料位时无法开启，或在卸料完毕时阀板无法有效关闭。这些异常状况都会造成翼阀阀板、阀口冲刷加剧。

4 应对措施

（1）通过对翼阀结构进行改进，减弱催化剂对翼阀阀板的冲蚀。采用加装环形导流片、外凸或内凹型圆弧式阀板等改进型翼阀。

（2）在翼阀阀板及阀口部位堆焊或喷涂耐磨层。当翼阀已发生较大程度磨损后及时进行更换，避免磨损进一步恶化。

（3）严格翼阀检查、安装质量。在旋风分离器和料腿安装完毕且其垂直度经测定合格后，方可按照制造厂冷态试验安装角度进行安装翼阀，安装后对翼阀阀板角度进行复核确认。

（4）安装和检修时要对翼阀的阀板吊环光滑度、阀板开关灵活性、阀板与阀口密封性进行检查确认。

催化装置再生旋分器典型故障机理及检修措施

陈俊芳

（中国石化石家庄炼化分公司，河北石家庄　050099）

摘　要　通过对多套装置近三个检修周期的调查，就再生旋分器本体部分而言，主要存在旋分器内壁衬里损坏、筒体顶板及升气管焊缝开裂等两种典型故障。分析认为，两种典型故障的主要机理涉及设计、操作、施工等方面，针对其提出了检修应对措施和注意事项，以期降低再生旋分器故障数量和提高旋分器寿命。

关键词　催化；旋分；故障；衬里；焊缝；开裂

旋分器是催化装置反再系统不可缺少的气固分离设备。对于再生器旋分系统而言，其作用为分离回收烟气中所携带的催化剂固体颗粒。在催化装置数十年来的运行实践中，旋分器系统经历了从进口到国产、多种型式的更新换代，其中发生了许多故障，也总结了不少成功的经验。本文尝试从催化装置再生旋分器本体发生的典型故障、原因分析及其应对措施等方面进行总结，以供今后的装置运行之鉴。

1　概况

1.1　结构型式

再生旋分器系统主要部件包括筒体、锥体、灰斗、升气管、料腿、翼阀或防倒锥及其吊挂、拉杆等，一般为多组两级旋分组合使用。

20世纪90年代前，我国曾先后引进国外的各种旋分器，如杜康型（D型）、Buell型（B型）、GE型等。20世纪90年代初，我国开发出了PV型旋分器，结束了旋分器均依靠引进的历史。之后，在21世纪初，我国又先后开发出了BY型和PLY型旋分器。目前，催化装置使用的旋分器类型基本均为PV型、BY型和PLY型。

1.2　再生旋分器本体主要故障

根据对中石化系统内40余套催化装置近三个检修周期的调查结果来看，再生旋分器本体故障类型主要有两种：一种是旋分器内壁衬里损坏（近三个检修周期共发生34次）；另一种是旋分器筒体顶板、升气管等部位的焊缝开裂（近三个检修周期发生6起）。这些故障轻则需要进行

检修修复，重则导致旋分器整体更换，对装置运行及检维修费用的消耗造成了巨大的影响。

2　主要故障原因分析及检修措施

2.1　旋分器内壁衬里损坏

2.1.1　现状

旋分器内部从矩形入口、筒体、灰斗到料腿上部，一般均为龟甲网形式的高耐磨衬里，以适应高浓度的催化剂固体颗粒及不稳定的气固两相流对旋分器内壁的磨损。

催化剂颗粒对旋分器内壁的磨损可以划分为切削磨损、摩擦磨损、撞击磨损等三类，且往往是同时并存、互相诱发、共同作用。旋分器内壁有两个磨损较严重的部位：矩形入口及环形空间筒体（即旋分器入口目标区域）；分离空间锥体末端。衬里典型损坏情况如图1和图2所示。

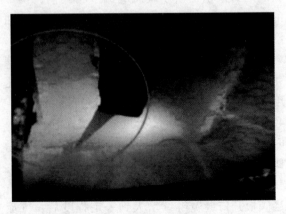

图1　旋分器矩形入口衬里损坏

图 2　旋分器筒体内壁衬里脱落

旋分器内壁衬里发生损坏后，一般为局部修复；当发生大面积衬里损坏时，无法修复，将被迫进行旋分器整体更新。表 1 为近年因衬里问题进行旋分器更新的案例：

2.1.2　故障机理分析

1）含催化剂颗粒的气体流场特点所致

旋分器入口目标区域，是指从粉尘进入旋分器的入口方向所看到的筒体内壁区域。在这个区域内，固体颗粒不沿气体流线运动，而是穿过气体流线向旋分器的筒体壁面切削、撞击磨损兼而有之。磨损最严重的点位于颗粒冲击方向与筒体壁面之间夹角为 $20°$ 的部位（以旋分器入口处为 $0°$，在 $60°\sim135°$ 方位之间）。

表 1　旋分器内壁衬里损坏典型案例

企业名称	处理量/(Mt/a)	装置型式	旋分材质	旋分衬里问题
沧州	1.2	同轴式	304	衬里脱落鼓包，于 2017 年更新旋分器
高桥	0.6	同轴式	304	衬里大面积脱落，于 2014 年更新旋分器
海南	2.8	高低并列	304	旋风入口衬里磨损严重、龟甲网脱落，于 2018 年更新旋分器

在旋分器锥段末端，属于摩擦磨损。这是由于旋涡不稳定性引起的内旋涡涡核尾部进动到锥体下部所致。在附壁点，高速涡核会直接与旋分器锥体器壁接触，固体颗粒对器壁产生明显的磨损。锥径的缩口作用使旋转速度和浓度增高，所以越靠近锥体末端磨损越严重。

这些部位的磨损为含催化剂颗粒的气体流场特点所致，一般无法干预和改变。

2）旋分器内壁缺陷加剧磨损

由于旋分器内二次流的存在，含尘气体有一个离开器壁并作径向流动的强烈趋势。特别是当气流在器壁处遇到扰动时，这种情况更有可能发生。如焊接裂纹、器壁翘曲或变形、颗粒沉积、衬里损坏、器壁磨蚀，以及大多数以前被维修过的地方。

这种情况对于使用时间较长，存在变形，局部衬里进行过修复，局部焊缝进行过修复和补焊等部位更容易发生，而且将导致恶性循环，衬里损坏加剧。从装置检修实际情况来看，再生旋分器内壁衬里一旦发生过局部损坏修补，之后每个检修周期均要进行不同程度的修补，而且缺陷部位多为重复性修补，直到衬里损坏不断扩大、加剧，被迫整体更新旋分器。

3）衬里特性及热变形

衬里材料有许多特性，其中一个易被忽视的特性是热震稳定性。热震稳定性是指其抵抗温度急剧变化时不破坏的能力，即其温差应力不超过其抗折强度极限。热震稳定性与其化学组成、强度、弹性模量、热膨胀和热导率等有密切关系。一般来说，衬里的强度越高，弹性模量与线膨胀系数越小，热导率越高，则热震稳定性越好。当再生器内温度发生急剧变化时，如衬里的热震稳定性不佳，则有可能发生脱落损坏。

另一方面，当再生器内温度发生比较急剧的变化时，旋分器筒体、龟甲网及衬里都会膨胀变形。由于金属筒体和龟甲网的热膨胀系数和导热率都远远超过衬里材料，因此金属材料的温度上升快，膨胀变形量大。衬里材料的形变方向虽然与金属材料一致，但形变量小，因此阻碍了筒体和龟甲网的自由膨胀，从而使衬里受金属筒体和龟甲网的挤压，筒体和龟甲网的热应力转变为对衬里的压应力。当其超过一定值时，容易产生热裂纹而导致衬里发生破裂甚至脱落。

近年来，随着装置工艺技术的提高、操作条件的完善，正常生产过程中再生器超温的发生概率已很小。但在装置开停工和异常操作条件下，应注意温度急剧变化对衬里材料特性及热变形的影响。

4）衬里施工质量

衬里施工质量对于旋分器的运行意义至关重要。衬里施工质量不佳会导致衬里附着力下降，容易产生局部裂纹、脱落等缺陷，在高温、磨损、振动等因素共存的运行条件下极易发展为较大缺陷。例如：衬里施工前金属表面未进行有效处理；衬里料搅拌、振捣、浇注不善；龟甲网拼接、焊接不规范等。尤其是龟甲网的拼接、焊接不规范，是衬里产生局部脱落，甚至大面积脱落的重要原因。

2.1.3　检修措施

（1）提高衬里施工质量。衬里的施工必须按照 SH/T 3609—2011《石油化工隔热耐磨衬里施工技术规程》及 GB 50474—2008《隔热耐磨衬里技术规范》等标准进行，尤其是龟甲网的拼接和焊接工艺要保证。拼接时采用平行拼接或端点拼接方式；焊接时焊缝要布置在龟甲网的拼接处及钢带交角处，每排网孔隔孔焊接，端部要全部与器壁焊接，以保障衬里的附着性和耐磨性。在旋分器制造过程中，要做好监检工作，避免留下制造隐患。在旋分器衬里的检修、修复过程中，应按照隐蔽工程检查标准逐步工序进行确认验收。

（2）消除旋分器内壁缺陷。保证内壁光滑度，杜绝形状突变。特别是在旋分器内壁局部衬里进行修复时，要做好修复衬里与原有衬里的搭接和过渡，避免在新旧衬里的接缝处产生新的磨损和破坏的薄弱点。此外，有一种高耐磨涂料可喷涂在旋分器壁（在青岛、茂名等地已有应用），在提高耐磨性的同时，也可提高旋分器内壁的光滑度。

（3）控制再生器操作温度波动的频次和幅度。开停工过程中，严格按照升降温曲线进行操作，正常操作中维持再生器温度的平稳度，降低衬里及龟甲网等的热变形应力，给予旋分器良好的操作环境。此外，还应重视对衬里热震稳定性的测定，并在质量指标中提出要求，提高衬里抗温度剧变的能力。

2.2　旋分筒体顶板、升气管焊缝开裂

2.2.1　现状

旋分器筒体通过吊挂固定在再生器顶部器壁上，下端自由伸缩。在有的再生器旋分系统结构设计中，一级旋分器通过吊杆固定在再生器顶部的螺栓座上，二级旋分器没有专门的吊挂结构，直接通过其顶部的烟气出口管焊接在再生器壳体上。依据对多家催化装置的调查结果，再生旋分器筒体焊缝故障主要表现为筒体顶板、升气管焊缝开裂等问题。筒体焊缝典型故障情况如图 3 和图 4 所示。

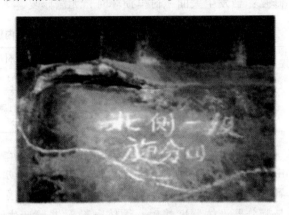

图 3　旋分器筒体顶板焊缝开裂

图 4　旋分器升气管焊缝开裂

表 2 为旋分器筒体顶板、升气管焊缝开裂的典型案例，其中齐鲁 0.8Mt/a 催化装置再生旋分器因多次发生旋分器筒体顶板开裂，最终造成吊挂断裂，旋分本体变形下沉，于 2017 年整体更新旋分器。

表2　旋分器筒体顶板、升气管焊缝开裂的典型案例

企业名称	处理量/(Mt/a)	装置型式	材质	旋分筒体焊缝问题
高桥	1.4	同轴式	304	升气管外壁裂纹，补焊并增加筋板
茂名	2.2	高低并列	304H	二级旋分升气管与内集气室角焊缝开裂，补焊
齐鲁	0.8	高低并列	304	旋分筒体顶板局部开裂，贴板补焊，并增加筋板，2017年更新旋分器

2.2.2　故障机理分析

1）旋分器吊挂系统结构设计问题

对于一级旋分器通过吊杆固定在再生器顶部的螺栓座上，二级旋分器没有专门的吊挂结构，直接通过其顶部的烟气出口管焊接在再生器壳体上这种旋分器吊挂系统，其力学模型可简化为如图5所示，构成了一个类似刚架的静不定结构。

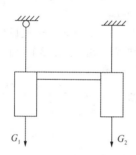

图5　旋分吊挂力学模型

一级旋分器吊杆所受的拉应力大于二级旋分器吊挂机构所受拉应力，正常工作时一级旋分器下沉幅度比二级旋分器的下沉幅度大，但二者又通过一、二级旋分器之间的方形通道刚性连在一起，最后的结果是一、二级旋分器吊挂系统所承受的载荷重新分配，一级旋分器吊挂系统的一部分载荷通过方形通道转嫁到二级旋分器的吊挂结构上，同时，方形通道本身也受到拉、弯及扭转作用，致使方形通道底板与一级旋分器筒体顶板的连接处、二级旋分器的升气管处产生较大的局部应力。

具体到装置实际情况中，发生筒体顶板、升气管焊缝开裂故障的旋分器系统大多也正是属于上述吊挂结构型式。此外，在这种结构型式中，二级旋分器顶部为死点，约束方向为垂直方向往下延伸，但在料腿拉杆处又有多处横向约束，旋分器筒体与料腿拉杆之间的热膨胀应力又对旋分器产生一个附加的弯矩。这部分载荷同样会叠加在上述部位。旋分器筒体顶板、升气管焊缝处极易受此集中载荷影响，产生变形或焊缝开裂。

2）施工缺陷

在升气管、方形通道对接焊缝的焊接过程中，焊缝或热影响区若存在裂纹、未焊透、夹渣、气孔等缺陷，由于焊接工艺、焊材不当导致焊缝或热影响区金相组织存在大量渗碳体或σ相，在高温、振动、应力集中等多种因素的作用下，焊缝强度不够，缺陷极易迅速发展，产生断裂故障。

2.2.3　检修措施

（1）设计上采用一、二级旋分器均以吊杆固定在再生器顶部的螺栓座上的结构型式。这样，使旋分器吊挂系统柔性化，一、二级旋分器之间的载荷差可通过带一定弹性的螺栓座和吊杆吸收，旋分器系统的横向附加弯矩在一定程度上也可以通过吊杆的水平向微小偏转而释放，从而降低上述应力集中部位的附加载荷。此外，在旋分器筒体、灰斗处是否可增加横向约束，以稳定旋分系统整体结构，以横向约束件平衡附加载荷，可进一步探讨其可行性。

（2）在现有结构型式下，采用增加顶板及升气管壁厚、部件材质升级、在应力集中部位增加补强筋板等措施（见图6），提高上述应力集中部位的强度。

图6　升气管部件材质升级，焊缝处增加补强筋板

（3）保障施工质量。旋风分离系统所有现场焊的焊缝应采用氩弧焊打底的全焊透结构。焊后采取无损检测手段对焊缝进行检测，杜绝缺陷。

（4）利用停工检修时机对旋分器母材、热影响区、焊缝进行硬度、金相检测，评估金属学性能，及早发现异常金相组织并及时进行修复或更换。

3 结语

有统计数据显示，系统内再生旋分器平均使用年限为 8.9 年。使用时间最长的是高桥分公司 1# 催化再生器旋分器，使用了 18 年；最短的是广州分公司 2# 催化二再旋分器，只有 4 年。对比而言，国外旋分器的实际平均寿命约为 20 年，我们仍有较大差距。衬里损坏脱落、筒体变形或开裂以及技术改造是旋分器更换的主要原因，其中，衬里损坏是其最主要原因。

再生旋分器故障的产生除了设备本身原因之外，也与设计条件适用性、设计合理性、工艺操作条件、检修维护情况等因素有很大关系。要最大限度地理解和解决设备故障，就要从设备的全生命周期、各个角度进行全面的考虑。只有如此，才能最大限度地保障催化装置"安稳长满优"运行。

参 考 文 献

1 蔡香丽，黄蕾，乔伟，等 . FCCU 旋风分离器壳体断裂失效的原因分析 . 炼油技术与工程，2014（9）：28-31.

2 饶霁阳，王燕楠，杨晓惠，等 . 催化裂化装置再生器内旋风分离器破坏原因分析 . 化学工程与装备，2010（4）：62-64.

3 A. C. 霍夫曼，L. E. 斯坦因 . 旋风分离器—原理、设计和工程应用 . 北京：化学工业出版社，2004.

催化裂化反再系统衬里选型及修复分析

熊继宏

（中国石化荆门分公司，湖北荆门　448000）

摘　要　催化作为石化重要的二次加工装置，操作条件苛刻。其中反再系统是整个催化装置运行的关键，而衬里的质量直接影响反再系统的平稳运行。衬里在运行过程中难免会出现局部脱落、磨损、鼓包和裂纹等情况，威胁设备本体安全。本文从衬里选型和修复两个方面入手，提供了选型意见和修复方案，最终达到增强设备运行可靠性，确保装置长周期安全平稳运行，提高经济效益的目的。

关键词　催化；衬里；龟甲网；修复

1　催化装置运行现状

随着国内催化工艺技术的日趋成熟完善，催化装置检修周期不断延长，追求装置长周期连续运行已逐渐成为各装置普遍追求的目标，炼油装置的长周期运行对设备提出了更高的要求。

表1　催化装置检修周期

装置	催化装置				
时间	1970~1989年代	1990~1997年	1998~2005年	2006~2010年	2011年至今
检修周期	一年一休	三年两休	两年一休	三年一休	四年一休

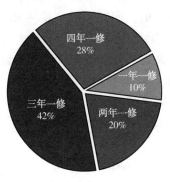

图1　催化装置长周期运行统计

由表1和图1可以看出，催化长周期运行水平不断提高，已基本实现了三年一休并正逐步提高到四年一休。催化反再系统多采用冷壁设计，反应器（沉降器）、再生器、斜管及相关内构件和烟气管线均带有衬里，防止高温催化剂和油气对设备磨损，保证设备隔热耐磨。根据统计，催化非计划停工原因中静设备问题占绝大多数，其中又以内构件问题为首要因素（见表2），因此衬里的好坏直接影响设备的安全平稳运行。

表2　催化装置非计划停工原因

非计划停工原因	内构件损坏	跑剂	结盐结焦堵塞	动设备故障	其他
比例	61%	2%	22%	10%	5%

2　催化衬里技术规范

根据衬里技术规范SH 3531，衬里共分为4个等级，分别为高耐磨A级、耐磨B级、隔热耐磨C级和隔热D级，等级越高，耐磨性能越好，密度也越大，同时单纯的隔热层衬里不具有耐磨性，因此应根据不同的运行环境选择合理的衬里，才能达到最佳运行效果。如以我国国内催化使用的几种有代表性的衬里料为例：

Ta-218对应A级高耐磨衬里，用在有高耐磨需求的地方，比如说旋风分离器、翼阀、料腿等。

BL-D对应B1级耐磨衬里，用在龟甲网隔热耐磨双层衬里或侧拉环隔热耐磨双层衬里的耐磨层（表层）。

QA-212B8 对应 C1 级隔热耐磨衬里，用在斜管局部修理，单层使用。

QA-212B6 对应 C2 级隔热耐磨衬里，用在烧焦罐、斜管修补、反再系统修补。

QA-212B4 对应 C3 级隔热耐磨衬里，用在反再系统修补。

BL-G 对应 D2 级隔热衬里，用在双层衬里的隔热层。

3 衬里结构型式

虽然影响衬里质量的因素有很多，但是最主要的还是采用正确的衬里型式，催化衬里采用何种结构型式的设计至关重要，设计正确了，就等于成功了一大半。根据统计，绝大部分的催化裂化装置根据部位的不同，衬里结构型式主要可以分为两大类：龟甲网形式和无龟甲网形式（见表 3）。无龟甲网形式主要有 V 型钉、Y 型钉、Ω 型钉、侧拉环等。

表 3　衬里结构及使用部位

结构型式	使用部位
龟甲网双层隔热耐磨衬里	提升管反应器、反应沉降器及斜管、烟道
无龟甲网双层隔热耐磨衬里	旋风分离器、滑阀
龟甲网单层高耐磨衬里	旋风分离器，分布管
无龟甲网单层隔热耐磨衬里	再生器、烧焦罐、提升管 Y 型、三旋、反应器
无龟甲网单层高耐磨衬里	分布管，分布板，反应器热电偶套管

4 衬里失效原因分析

当衬里失效时，如果是器壁衬里，器壁温度会超温，夜间熄灯检查时表面会发红明显，用测温枪测温温度高于 350℃ 就要求包盒子并灌衬里料或者通蒸汽，防止器壁被高温催化剂磨穿，平时检查时用红外线成像仪会更加直观明显。如果是内构件的衬里失效，如分布管衬里脱落，检修时会发现衬里脱落部分磨损非常严重，甚至出现磨穿、变形，这些都是无法在线处理的。因此为了保证装置能长周期运行，检修时就必须对衬里严格把关，确保隐蔽工程施工质量。根据催化的特点，总结衬里失效原因主要有以下几方面。

4.1 衬里结构选择不合理

正如上面提到的，衬里能否满足要求，首要就是确保是否采用了合理的结构设计。

4.1.1 采用龟甲网形式

优点是整体性和耐磨性较好，因采用龟甲网，焊接点多，锚固能力强，可以分散衬里产生的裂纹，只要焊接质量没有问题，隔热耐磨性能良好，即便出现了少许鼓包或者裂纹也可以继续运行。缺点是施工质量要求高，焊点多工期长，易产生较大的施工应力。另外一点，龟甲网承受热应力能力差，由于壳体与衬里膨胀量不同，破坏易发生在龟甲网应力集中的薄弱环节处。由于隔热层抗冲击能力差，一旦龟甲网产生形变，带动耐磨层松动或者脱落，流速高的高温催化剂会穿过耐磨层，将隔热层衬里掏空，从而产生外壁高温热点。

4.1.2 采用无龟甲网形式

优点是受热应力影响较小，特别适合用在高温变径和异形部位，施工简单，容易控制锚固钉间距，工期短。缺点是大面积使用不易保证施工质量。如采用侧拉环结构双层隔热耐磨衬里，壳体与衬里膨胀量不同导致裂纹的产生是不可避免的，同时由于只能采用手工捣制，衬里的密实度受施工质量影响很大，大面积施工时，效率低。又如采用 Ω 型保温钉单层隔热耐磨衬里，由于要同时兼顾耐磨和隔热要求，耐磨性不如双层衬里的耐磨层，不能用在对耐磨性要求高的部位，这也就限制了它的使用范围。

4.2 衬里材料选择不当

有些装置虽选用了单层衬里结构，但由于衬里材料本身的抗裂性、热震稳定性、耐磨性不高，导致衬里运行一段时间后产生贯穿性裂纹、剥落等情况，易导致外壁过热。

4.3 施工不符合规范

不管是龟甲网还是无龟甲网，施工质量都会直接影响最终衬里使用效果，必须严格按照衬里施工标准进行施工。但实际上，由于普遍检修工期短，现场检修任务重，受限空间内作业环境恶劣，这些都会导致施工单位降低施工标准，出现赶工期的现象。其他如衬里的制备不按照规范，焊接偷工减料，吊装未进行防变形保护，衬里未按要求养护，未按照厂家给的升温曲线进行衬里烘烤等，都会直接降低衬里的施工质量，成为日后运行期间的隐患。

5　衬里修复

检修时内部检查会发现衬里或多或少都会有缺陷的地方，或脱落、或鼓包、或有裂纹等，如何在有限的工期内修复衬里的缺陷，又能保证修复效果，是每一个参与检修的共同心愿。

5.1　烧焦罐

某套催化装置烧焦罐衬里原设计采用龟甲网双层隔热耐磨衬里，隔热层采用BLG(D2级)+耐磨层BLD(B1级)，每次检修检查都会发现衬里有脱落现象，2014年改造时整体更换成Ω型保温钉单层隔热耐磨衬里B6(C2级)，装置加工量由原来的80万吨/年提高至100万吨/年，仅在烧焦罐出口稀相段变径处有少许表面磨损(见图2)，其余均运行良好，取得了不错的效果，获得了良好的经济效益。

图2　烧焦罐出口稀相段变径处少许磨损

5.2　提升管Y形段

提升管Y形段指的是提升管与斜管相连接的部位。由于此部位为催化剂流化变向的地方，底部又伴有预提升蒸汽作用，催化剂在此处呈鼓泡流化状态，衬里需要承受高温催化剂的剧烈冲刷，难免会有裂纹进入隔热层后掏空衬里。原设计采用龟甲网隔热耐磨双层衬里，由于此处受高温催化剂冲刷以及热应力共同作用，衬里磨损严重。此处修复方案宜采用可支模振捣的侧拉环代替龟甲网，适当提高耐磨层厚度。如不具备支模条件，则应在衬里适当增加3%增强钢纤维，提高衬里强度。同时在变向处增加

侧拉环数量。同样的方法也适用于再生器及反应沉降器与斜管连接部位。

5.3　循环斜管衬里

该部位原设计为龟甲网隔热耐磨双层衬里，D2+B1级，运行期间在斜管抽出至立管变向处陆续出现高温热点，大大小小盒子包了二十几处(见图3)。斜管尺寸DN900，除去衬里内径DN700，空间狭小且作业高度高。2018年检修时对循环斜管进行了整体更新，由于再生器器壁斜管喇叭口抽出段为不规则椭圆接口，对接和补焊时施工难度大，因此采用的施工方案是保留上抽出段一小段短节，其余部分割除。抽出段衬里进行地面修复，将立管整体更新，整体预制。立管衬里由原来的龟甲网隔热耐磨双层衬里改为侧拉环隔热耐磨双层衬里，新旧管线按照规范设置挡圈内塞陶纤的硬连接方法。连续运行1年，现场状况良好。

图3　循环斜管热点包盒子

5.4　沉降器

汽提段沉降器底由于底部松动蒸汽作用，催化剂在此处剧烈流化，温度变化明显易产生热应力，龟甲网膨胀量差导致形变、鼓包，催化剂穿透耐磨层冲击隔热层，导致内部掏空而耐磨层相对完好的现象。在2014年检修时采用侧拉环双层隔热耐磨衬里进行局部修复，开工后不久用红外线成像仪检查发现沉降器底部局部出现发红。到2018年检修时发现底部衬里1m高位置整圈衬里被完全掏空，分析原因为侧拉环衬里在此处易出现细小裂纹，带有高温油气的催化剂在蒸汽的作用下温度降低，进入裂缝后进一步冷凝形成重油凝结焦，同时1.0MPa

蒸汽经过高温加热迅速成为过热蒸汽,两者体积变大,经过不断积累膨胀和冲击,最终导致耐磨层脱离,隔热衬里被掏空。针对上述原因,因此再次修复时采用了不易产生裂纹的龟甲网形式,衬里采用单层高耐磨 A 级衬里。经过运行 1 年多时间,情况良好。

5.5　内提升管

催化内提升管内外壁均采用龟甲网单层 A 级高耐磨衬里,提升管内径为 φ1568,材质为 321,2014 年检修时检查发现内提升管管径变形严重,内壁衬里大量脱落,外壁衬里相对较好,但同样也是大块脱落。修复办法:①采用 L50×10 角钢弯成加强圈,套在提升管上加强固定(见图 4),抵抗变形,材质为 15CrMoR,数量为 4 层;②对脱落龟甲网衬里整体破除,改成侧拉环加单层 A 级高耐磨衬里,新旧衬里交接处采用压板固定。经一个周期 4 年运行,2018 年检修检查修复的部位情况良好(见图 5),并再次对其余破损严重的龟甲网改侧拉环,同时继续对内提升管进行了加强圈加固。

图 4　内提升管变形采用加强圈加固

图 5　上周期改侧拉环衬里运行情况良好

5.6　龟甲网衬里修复

当衬里出现问题,往往都是在原有衬里的基础上进行修补的。龟甲网衬里修复,需要重新焊接保温钉,就必须破除衬里至器壁表面,破除龟甲网过程中难免会造成周围衬里的松动,导致掏空范围进一步扩大。因此在条件允许的前提下(工期、资金、人力等)应尽可能整圈进行更换。

新旧衬里搭接部位的处理,技术已经日趋成熟。一类是龟甲网与龟甲网的连接,重点是焊接质量,龟甲网拼接处接头焊缝需满焊,龟甲网与垫板连接处应满焊。另一类是无龟甲网与龟甲网的连接,需要在新旧衬里边缘处根据大小每隔 150mm 焊接一处带有端板(100mm×100mm)的锚固钉,长度可以根据衬里厚度情况定,一般为 125~250mm,保证将端板压在翘曲的旧龟甲网后,中间部分焊上侧拉环,之后进行衬里的浇筑,从而完成对衬里的修复工作。图 6 是再生斜管进料端衬里经过修复并运行一个周期 4 年后的情况,达到了预期效果。

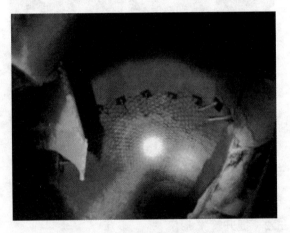

图 6　再生斜管修复后运行情况

6　总结

目前来说,随着技术的不断成熟,衬里的设计选型以及厂家的制造质量已经问题不大,导致衬里频繁失效的主要原因还是施工质量,其次是工艺操作波动造成。通过对各个类型衬里分析,更加明确了适用于反再系统内的衬里类型,总结如下:

(1)龟甲网虽然在制造初期采用整体滚扎浇筑成型效果较好,但是从长周期运行来看,维护难度较大。从施工维护角度来说,由于双层隔热耐磨衬里始终存在着膨胀差，在满足操作条件前提下更愿意采用无龟甲网单层隔热耐磨衬里。未来也希望能看到新的更好的单层隔热耐磨衬里材料的出现。

（2）对于一些容易产生形变、热应力集中、温差波动大的部位，不宜采用龟甲网结构，即使采用龟甲网结构，也应该在局部关键部位加密保温钉的焊接，甚至采用 Y 型钉局部加强，目前来看，Y 型钉的锚固能力是最强的，其缺点是焊接量太大，工期较长。

（3）检修期对衬里的检修，现场随机性太强，缺乏计划性更换，如跟厂家技术协议里有相关使用寿命说明，能否分批分段进行整体更换，从而做到预防性维修。

参 考 文 献

1　SH 3531　隔热耐磨衬里技术规范.
2　GB 50474　隔热耐磨衬里技术规范.
3　王宝鹏.催化裂化装置衬里的设计选型和施工、广东化工，2017(17)：162-164.

催化裂化待生剂分配器损坏原因分析及对策

周伟权

（中国石化上海石油化工股份有限公司，上海　200540）

摘　要　对催化裂化装置待生剂分配器现状进行分析，找出问题产生的根源，分析损坏的原因，提出解决方法和对策，以提高设备使用寿命，实现装置安全稳定长周期运行。

关键词　催化裂化；待生剂分配器；损坏；长周期运行

1　前言

在炼油企业中，催化裂化装置是原油加工的核心生产装置，我国成品汽油中催化裂化汽油约占三分之二。催化裂化装置运行的好坏，往往决定着炼油厂的效益好坏。催化裂化装置的反应再生部分是装置的核心组成部分，其主要流程为催化剂与原料油在反应器中发生反应，油气与催化剂在沉降器中分离，催化剂在再生器中得到再生，随后再次参与反应；催化剂在反应器、沉降器、再生器之间不断循环；油气从沉降器至分馏。根据催化装置设计形式的不同，目前主要有高低并列式和同轴式。催化剂由沉降器汽提段进入再生器的分配器结构型式也有所不同，主要有 Y 型、船型（见图 1）及分配环管式，以本体上开长方形槽口和喷嘴形式为主，材质主要为 0Cr18Ni9，内外衬龟甲网 + AA 级高耐磨衬里。

由于催化裂化装置操作条件比较苛刻，催化剂运输以流化床为主，流速高，操作温度高（500～700℃），而且催化剂本身颗粒细而坚硬，在流动状态下对设备冲刷磨损严重；待生剂分配器运行情况好坏直接关系到催化再生床层径向温度和烧焦强度，甚至由于流化不畅造成反再系统瘫痪；因此对我们设备选型、制造、安装、操作及检维修提出了更高的要求。

2　待生剂分配器运行情况及损坏原因分析

从各家企业装置调研分析情况来看，待生剂分配器运行状况基本良好，这主要得益于对待生剂分配器合理结构设计、安装施工质量的把关以及日常操作运行平稳。但是随着装置运行周期的逐渐延长，特别是近几年个别装置待生剂分配器也出现了一些局部问题，从运行和检修情况看，待生剂分配器主要损坏形式有以下几种：首先是衬里鼓包、脱落、磨损等问题，其次是环管式存在喷嘴不同程度的冲刷磨损破坏，另外松动风管线磨损穿孔也时有发生。

2.1　衬里损坏

衬里问题在待生分配器运行过程中是一种比较常见的问题，主要是衬里起皮脱落、鼓包、开裂等损坏（见图 1）：①龟甲网施工焊接质量存在问题，龟甲网与筒体焊接密度及长度不够，导致焊接强度不够；②衬里挡板及耐磨料导热系数大，在工作状态下高温导热至衬里挡板，衬里挡板升温膨胀，但衬里挡板两侧是焊在筒壁上的，因龟甲网和筒体温度不一致造成膨胀量差异引起衬里挡板向上或向下翘曲，翘曲的结果是龟甲网变形，龟甲网与衬里挡板之间出现缝隙，耐磨层脱落；③衬里涂抹施工质量不

图 1　衬里损坏脱落

高,大多分配器直径较小,通常只能容纳一个人进出,施工条件差很难保证施工质量,特别是在停工检修过程中局部修理施工质量更难保证;④衬里冲刷磨损减薄脱落,待生分配器中催化剂为密相工况,而在松动风、输送风作用下冲刷衬里造成磨损减薄脱落;⑤另外还有一个因素就是由于工艺操作上频繁的超温、超压、超负荷将很大地降低衬里的寿命。

2.2　分配器磨损损坏

分配器磨损问题在同轴式催化裂化装置较为常见,主要体现在各管嘴磨损及待生分配器上的各松动风、仪表穿管处磨损。喷嘴形式的分配器磨损一般发生在管嘴的内壁,个别冲刷损坏出现在外壁。造成管嘴冲刷的主要原因是输送风和催化剂在各孔中喷出的速度存在较大差异,引起个别喷嘴处形成低压区,随着催化剂及气流流动,在管嘴的尾部周围形成催化剂旋涡,在高硬度的催化剂长期作用下磨损破坏,甚至完全脱落。待生剂分配器上的松动风、仪表穿管为耐磨套管式安装(见图2)。由于待生剂分配器内外存在一定压差,使得携带有催化剂的气体从穿管与套管的间隙中泄漏出去,在流动的催化剂冲刷下,穿管很容易被磨穿,尽管耐磨套管内壁喷涂有硬质合金,但是通常磨损的是穿管本体,泄漏出来的松动风和仪表风加剧了催化剂的磨损,长时间作用下耐磨套管被掏空。松动风及仪表风管线断裂后在分配器外壁形成涡流冲击外壁,有进而损坏外壁的风险。

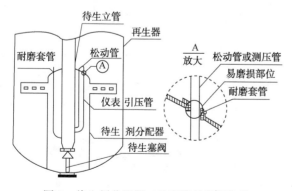

图2　待生剂分配器工艺穿管易磨损部位

2.3　焊缝应力开裂

再生器操作温度通常为700℃左右,在高温的环境下待生剂分配器易发生热应力腐蚀开裂,常发生的部位有分配器与器壁连接处焊缝及分配端部盖板。主要是由于不锈钢的分配器与碳钢的设备壳提连接焊缝,具有不同的热膨胀系数从而形成异种钢焊缝开裂。因为在这种部位衬里容易形成裂纹,造成高温气流与本体接触,形成温差引起开裂。另外在装置停工阶段高温催化剂迅速下落,造成焊缝处温差更大,加剧了开裂情况发生。发生焊缝应力开裂的原因是由于结构设计不合理,使得各部位受热膨胀,造成局部残余变形过大将焊缝拉裂。

3　对策措施

3.1　提高衬里施工质量

衬里施工质量的好坏在催化裂化装置中起举足轻重的作用,不管是设备安装还是检修中都应该作为重点管控。影响衬里质量的主要因素包括衬里的选型、施工、养护和操作等多方面的原因,必须从这几个方面加强衬里的质量管理和控制。

(1)合理选材,通常分配器衬里选用高耐磨刚玉衬里,龟甲网选用0Cr18Ni9或者更高等级,衬里材料制造厂家必须提供出厂合格证及各项性能指标检验报告,并对衬里材料按规定进行抽样检验及化学成分分析,检验指标必须包括体积密度、线变化率、耐压强度和抗折强度以及 Al_2O_3、Fe_2O_3 含量等指标。

(2)加强施工质量控制,对于这种特殊结构形式施工难度较高的分配器建议设备制造厂家整体交货,并烘干至540℃时烧结脱结晶水。在相贯线部位龟甲网焊点适当加密处理以提高强度。在检修过程中新旧接缝处需要除锈处理并清理干净,搭接焊接适当加强,以保证接缝处衬里牢靠并做到圆滑过渡。

(3)采用近年来开发的新型高耐磨涂料冲刷面进行分层刮抹,部分企业经高温耐磨涂料处理的衬里表面几乎无磨损,无裂纹,不脱落,效果很好。

(4)加强运行监控,安装或检修结束后严格按照衬里烘炉曲线升温,同时做好运行监控,平稳操作,控制好催化剂循环量及松动风量,严禁超温超压。

3.2　合理选型与改造

针对分配器磨损的情况可以根据不同部位

进行合理的结构改进。调整分配器反吹风穿管与套管的配合间隙并加长套管长度，提高气流产生的阻力降。阻力降与分配器和再生器压差趋于平衡，避免催化剂从空隙中流动，在检修实际应用中取得了很好的效果。待生立管变形偏斜造成与分配器同轴度偏差磨损，可在分配器、待生立管与器壁之间设置轴向滑动限位块以解决偏斜问题并不阻碍设备的热膨胀。对于喷嘴磨损可采用新型高耐磨材料，改进喷嘴结构增大管嘴阻力降，以使气流在分配器中保持均匀的压力再从各管嘴均匀泄出，调整输送风、松动风量是延长喷嘴寿命的手段之一。检维修过程中根据喷嘴磨损程度适时更换部分支管，通常更换周期为 2~3 个运行周期。

3.3　控制好焊接施工质量

在再生器当中焊缝应力开裂现象较为普遍，但是在分配器当中因为焊缝问题引起装置停工或操作不稳定较为少见，在实际检修过程中针对不同部位采取不同检修方案以解决开裂问题。

（1）控制好焊接质量，现场焊接施工，严格按照焊接工艺评定要求进行焊接，多层多道焊接，严格控制层间温度≤150℃，并做好焊后消应力处理。

（2）对于不锈钢与设备壳体连接部位，除了加强衬里施工质量外，还可以适当改变衬里挡板结构，降低传热减少热应力。

（3）合理结构选型，随着设计逐渐成熟，近年来待生剂分配器结构型式进行了较大优化，焊缝开裂问题基本得到了解决。

4　结语

近年来随着操作和检维修水平提高，装置已实现四年一修甚至更长，催化装置长周期平稳运行，反再内件是决定性因素。催化裂化待生剂分配器损坏形式主要体现在衬里、磨损及焊缝破坏等几方面，然而在实际运行中衬里损坏和磨损问题显得更为突出。我们通过加强衬里施工过程的质量控制、提高操作运行水平、合理改造选型等措施，待生剂分配器运行中的问题基本得以解决，为装置长周期安稳运行提供了保障。

参 考 文 献

1　党飞鹏，袁晓云，王锋，等. 催化裂化装置反应系统磨损问题及对策. 炼油技术与工程，2006，36（11）：27-29.

2　苏志文. 催化裂化装置反-再系统的高温腐蚀与防护. 石油化工腐蚀与防护，2009，26（4）：30-33.

催化裂化换热器腐蚀及检修概论

张学恒

（中国石化青岛炼油化工有限责任公司设备处，山东青岛　266500）

摘　要　对中国石化系统内炼化企业的催化裂化装置的换热器运行和检修进行了统计调查，结果表明，原料-油浆系统、分馏塔顶系统和稳定塔顶系统、富气换热系统检修和更换频次较高。主要腐蚀形式为高温硫腐蚀、湿硫化氢腐蚀和循环水垢下腐蚀。适当调整工艺操作，提升设备材质，并控制好循环水系统的运行是降低换热器检修和更换频次的主要手段。提出了换热器的检修策略，提升了换热器运行寿命周期。

关键词　催化；换热器；腐蚀

换热器是将热流体的部分热量传递给冷流体的设备，又称热交换器。换热器在炼化工业中的应用十分广泛，其重要性也显而易见，换热设备使用寿命直接影响到炼油工艺的效率以及成本的费用问题。据统计换热器在化工建设中约占投资的 1/5，因此，换热器的利用率及寿命是值得研究的重要问题。由换热器的损坏原因来看，腐蚀是一个十分重要的原因，而且换热器的腐蚀是普遍存在的，能够解决好腐蚀问题，就等于解决了换热器损坏的根本。催化裂化装置换热器系统主要由分馏塔四个回流换热系统、吸收稳定换热系统和富气冷却系统组成。换热器各种形式的腐蚀是制约催化装置长周期稳定运行的重要影响因素。

1　换热系统概述

综合国内各炼化企业的催化裂化装置工艺流程来看，反再系统主要分为高低并列和同轴式，设计有所不同，但分馏系统和吸收稳定系统的换热流程大同小异。分馏塔换热流程主要由分馏塔顶循环回流、一中段回流、二中段回流和塔底油浆回流等四个回流系统组成；吸收稳定系统主要由吸收塔底和中段重沸器、吸收塔中段回流冷却器、稳定塔底重沸器、稳定塔顶后冷器和稳定汽油、液化气产品冷却器组成；富气冷却系统主要由富气压缩机级间冷却器和富气后冷器组成。

由于装置的特性，在分馏塔顶油气系统、富气系统、吸收稳定系统工艺介质侧存在一定

腐蚀机理，导致部分换热器管束运行寿命较短，影响装置的运行。

2　应用失效分析

2.1　原料油-油浆换热器

2.1.1　故障分布

原料油-油浆换热器是分馏塔底油浆与原料的换热器。国内各炼化企业原料油-油浆换热器基本都采用浮头式换热器，管束主要为碳钢材质，个别企业如金陵石化 100 万吨/年应用 18-8 材质，荆门石化 80 万吨/年应用碳钢渗铝材质，安庆石化 200 万吨/年应用 09 钢材质。

从检修频次看，在 34 套催化装置统计数据中有 13 套装置在 2 个检修周期内发生过泄漏堵管，有 7 套装置实施了管束更新，管束材质升级的基本没有。两个运行周期内的检修率为38%，管束更换率为21%。

2.1.2　失效分析和措施

原料-油浆换热器主要腐蚀机理为高温硫及环烷酸腐蚀。油浆中的硫含量通常为 2%（质量分数），运行温度较高，容易形成高温硫腐蚀，碳钢渗铝材质并不能有效地防止腐蚀，腐蚀垢样分析主要为铁的硫化物和氧化物。目前管束主要采用碳钢材质，检修频次在两个周期内检修一次，频次较低；两个周期内的管束更新率

作者简介：张学恒（1981—），男，高级工程师，2005 年毕业于南京工业大学化学工程与工艺专业，现从事炼化装置设备管理工作。

也不高。结合运行周期和经济性综合考虑，碳钢管束材质可以满足目前运行需求，但要注意减少并联换热器的偏流，并注意控制原料硫含量不能超标，另外还应注意控制换热器出入口温度和介质流速，尽量降低在换热器内的结焦。

2.2　分馏塔顶油换热器

2.2.1　故障分布

分馏塔顶油换热器包括分馏塔顶循环热器和分流塔顶回流油气与冷却水换热器。工艺介质为分馏塔顶油气和顶循油，换热器介质主要为换热水（除氧水或除盐水）。在34套催化装置的58台次换热器型式分布中，浮头式换热器和U型管式换热器各占50%；管束材质主要以碳钢和09Cr2AlMoRe为主，少量应用不锈钢材质。应用09钢和不锈钢的装置都是从碳钢材质升级，如安庆石化、海南炼化升级为09Cr2AlMoRe，镇海炼化、上海石化升级为316L或321。表1为58台次催化装置分馏塔顶油气换热器管束材质分布表。

表1　分馏塔顶油换热器管束材质组成

束材质	数量	占比
10#	18	31%
20#	6	10%
09Cr2AlMoRe	25	43%
304	5	9%
316L	2	3%
321	2	3%
合计	58	100%

从检修频次看，分馏塔顶油气换热器检修频次较多，34套催化装置数据统计中，每套装置在单个检修周期都有泄漏检修，个别装置单个检修周期发生两次的检修频率。2个检修周期内检修率100%，管束更新或升级的装置达到20套，更换率为59%，升级型式主要为碳钢材质升级为09Cr2AlMoRe、316L或321。

2.2.2　失效分析和措施

分馏塔顶油气换热器主要腐蚀机理为$H_2O+H_2S+HCN+CO_2$，部分装置还存在Cl^-的应力腐蚀机理。在分馏塔顶低温环境下，各种腐蚀机理形成的综合腐蚀体系，对碳钢管束腐蚀较为明显。图1为某炼厂分馏塔顶油-换热水换热器10#钢管束腐蚀形貌。

图1　分馏塔顶油-换热水换热器10#钢管

使用碳钢材质而没有升级的装置，主要采用按检修周期分步骤逐步更新碳钢管束的方法，但这种方法仍然会对生产运行造成影响，而且增加检修频次，增加安全隐患，不是合适的解决方案。

按照SH/T 3096《高硫原油加工装置设备和管道选材导则》的指导意见，对于催化分流塔顶油气换热器，当腐蚀严重时管子可采用022Cr19Ni10或06 Cr18Ni11Ti。上海石化350万吨/年装置顶循换热器管束更换为316L材质，镇海炼化180万吨/年分馏塔顶油气换热器升级为321材质，运行状况良好。部分装置从经济角度考虑，管束更换为09Cr2AlMoRe，也能达到较好的抗腐蚀性能，对于分馏塔顶含Cl^-的装置，更是一种较好的选择。

2.3　油浆蒸汽发生器

2.3.1　故障分布

油浆蒸汽发生器是分馏塔底油浆与除氧水换热器产生蒸汽的换热器，基本都采用浮头式换热器，管束主要为碳钢材质，个别企业如金陵石化180万吨/年应用09Cr2AlMoRe材质。

从检修频次看，在34套催化装置统计数据中有11套装置在2个检修周期内发生过泄漏堵管，有7套装置实施了管束更新，管束材质升级的基本没有。两个运行周期内的检修率为32%，管束更换率为21%。

2.3.2　失效分析和措施

油浆蒸汽发生器主要发生故障部位在管板、管子与管板焊接处以及密封垫片选择不当引起的泄漏处。管束与管板及管板与壳体的温差应力是引起换热器冷态投用时管板胀焊预紧部位开裂的主要原因，设计为壳程水汽混合物受热传导后生成中压蒸汽，容易诱发换热器管束的振动，导致管束与管板焊接部位还要经受振动引起的疲劳应力，管板侧存在高温硫的腐蚀机理，加剧了管束与管板焊缝处裂纹的产生和扩展。日常运行应注意控制温度和压力平稳控制，避免温度的大幅波动，并注意控制水侧的品质，不建议通过管束材质的调整来降低泄漏。管板法兰的腐蚀可以通过表面处理后，增加喷铝+环氧涂料的方式降低腐蚀倾向。针对管板法兰密封面的泄漏，主要通过选用双金属自密封波齿垫片的方法来控制，效果较好。

2.4　富气冷却器

2.4.1　故障分布

富气冷却器是富气压缩机的压缩富气与循环水换热器的换热器，包括压缩机级间冷却器和压缩机出口的富气后冷器。基本都采用浮头式换热器，个别装置如镇海180万吨/年、安庆200万吨/年采用了U型管式。在34套催化装置的38台次富气冷却器统计中，管束材质各有选用，见表2。

表2　压缩机富气换热器管束材质组成

管束材质	数量	占比
10#	18	47%
09Cr2AlMoRe	5	13%
304	11	29%
316L	1	3%
321	1	3%
双相钢	1	3%
合计	38	100%

有7套装置18台次管束材质仍然选用了碳钢，但检修频次较高，几乎所有选用碳钢材质的管束在一个检修周期内都有检修情况发生，个别堵管率较高，实施了更换，说明碳钢材质用在此处并不能满足当前的要求。

有4套装置5台次管束材质升级为09钢，检修频次明显降低，但个别装置如海南炼化也出现一个运行周期堵管18根的情况，计划升级为304L。

扬子石化200万吨/年更新为316L，镇海炼化300万吨/年更新为321，广州石化应用了

双相不锈钢管束材质，从运行状况分析腐蚀不太明显，设备检修频次较低。

2.4.2　失效分析和措施

压缩机富气冷却器主要腐蚀机理为壳程湿硫化氢腐蚀，附加管程循环水的垢下腐蚀。某催化装置富气中硫化氢的体积分数一般维持在2%~4%。图2为该装置碳钢材质管束抽出后的形态，可见较多的黑色锈状物，分析成分主要为铁的硫化物。

图2　富气冷却器10#钢管腐蚀形貌

SH/T 3096《高硫原油加工装置设备和管道选材导则》建议当腐蚀严重时，管束材质可以应用304L或321等不锈钢材质。但应注意装置的操作温度和循环水中的氯含量，当操作温度超过50℃时，应注意控制循环水中的氯离子含量不超过300mg/L，避免氯离子对不锈钢管束的应力腐蚀。

2.5　稳定塔顶冷凝器

2.5.1　故障分布

稳定塔顶冷凝器是稳定塔顶油气（主要液化气）循环水冷却器，基本都采用浮头式换热器，个别企业如镇海炼化180万吨/年应用U型管。34套装置有66%管束应用碳钢材质，34%管束应用不锈钢材质，主要为304，其中2套装置应用了321，1套装置应用0Cr13。

从检修频次看，在34套催化装置统计数据中有19套装置在一个检修周期内发生过泄漏堵管，有13套装置实施了管束更新，一个运行周期内的检修率为56%，管束更换率为38%。

2.5.2　失效分析和措施

稳定塔顶冷凝器主要腐蚀机理为壳程湿硫化氢腐蚀，附加管程循环水的垢下腐蚀。壳程

主要成分为液化气，存在一定的硫化氢组分，图3为碳钢材质管束抽出后的形态，有较为明显的碳钢硫化氢腐蚀形态。

图3　稳定塔顶冷凝器10#钢管腐蚀形貌

管束材质一般从10#升级至304L，能够有效地降低腐蚀。

2.6　其他换热器

其他部位如一中换热器、塔底重沸器等在个别催化装置偶有检修频次，不具有普遍性和代表性。但应注意循环水冷却器的垢下腐蚀已经成为影响换热器长周期运行的重要因素。循环水系统要着重控制浊度和钙+碱含量不超标，并在日常运行中定期测量换热器循环水流速，确保流速达标，避免流速较低引起的局部沉积和结垢。

3　换热器检修策略

针对换热器的检修尤其是大修期间的全装置检修，提出换热器的检修策略，包括检修设备分级和实施方式，提高检修质量，延长设备运行周期。

3.1　检修分级

根据换热器腐蚀和运行情况，将公司的换热设备分为A、B、C三个类别；考虑对装置的影响，每个类别分为2个等级；对于现场特殊情况的设备定义T类。具体分级如下：

A类：

1级：换热管束曾经泄漏，设备不能切出需要装置停工才能检修的设备；

2级：换热管束在一个检修周期内多次泄漏，检修不需停工但需要调整装置负荷才能检修的设备。

B类：

1级：换热管束在一个检修周期内虽未泄漏，但设备不能切出需要装置停工才能检修的设备；

2级：换热管束在一个检修周期内单次泄漏，检修不需停工但需要调整装置负荷才能检修的设备；或一个检修周期内多次泄漏，设备可以切出检修的设备。

C类：

1级：换热管束在两个检修周期内单次泄漏，检修不需停工但需要调整装置负荷才能检修的设备；

2级：换热管束在两个检修周期内单次泄漏或未泄漏，设备可以切出检修的设备。

T类：

1级：运行期间明显有超设计负荷（包括超流量、超温、超压）的换热设备尤其是重沸器；或正常运行期间出现过振动、声音等外在特征有明显变化加剧的设备；

2级：连续运行寿命超过8年未更新的设备。

重点关注A类、B类和T类的换热器设备，设备管理人员应列出各类设备明细，结合腐蚀调查，判断管束运行情况。

对于A1和B1类设备，检修期间发现问题必须及早提出和解决，避免开工后对装置运行产生影响；

对于A2和B2类设备，要从工艺运行、介质腐蚀、循环水运行等综合考虑，检修期间应加强检修质量管控，并根据情况适当做好后期预防性维护清洗和设备更新，并应根据情况与设备处论证通过后适当材质升级。

对于C类设备，运行部应做好相关预防性维护和设备更新准备工作。

对于T类设备，运行部应注意在检修期间，结合压力容器检测、腐蚀检测，对设备材质劣化、管口易冲蚀部位和管束管板腐蚀进行检查。

3.2　检修策略

（1）带防腐涂层的尤其是水冷设备，应避免长时间过热蒸汽吹扫管束（水侧不应过蒸汽），蒸汽温度不超过200℃，吹扫时间不超过12h。

（2）拆开管箱后应具体检查表面防腐涂层

情况，SHY99涂料应显示均匀墨绿色，TH901涂料应显示均匀黑色，允许轻微变色，漆面不应出现过多鼓泡、裂缝或脱落，脱落面积超过管板面积10%应予以重新外委防腐；管束内部可采用内窥镜检查是否脱落。

（3）阳极块应进行检查，整体形貌良好，剩余体积大于原1/2的应清除表面污垢后继续应用；剩余体积低于原1/2的应更换新阳极块。注意判断旧阳极块的质量，若剩余部分显示杂质较多质量较差，则应更新。

（4）水冷器管束清洗后建议实施换热管涡流检测，对换热管的缺陷和壁厚进行检测分析，评估剩余寿命。

（5）应对管板腐蚀、接管与管板焊肉腐蚀、贴胀部位腐蚀情况以及低流速易积淤结垢部位的检查。换热管有腐蚀倾向的，应做好标识并着重实施涡流和内窥镜检测；管板有腐蚀倾向的，应检查判定是否由于材质选择造成的电化学腐蚀，并考虑对腐蚀严重管板实施喷砂清除后应用喷铝+环氧有机硅面漆（实施部位操作温度不应超过面漆的耐受温度）。

（6）应对拆除不用的管束列出台账，记录堵管数量。检修期间临时发现缺陷严重的管束，又不能及时到货的，原则上可以用同规格、材质（或适用的更高材质）的旧管束作为临时补救措施，运行部应创造条件后期及时更新。

（7）催化油浆换热器及其他装置高温含硫介质的换热器，应注意检查管板（包括浮头侧管板）的硫化物应力腐蚀开裂倾向。应结合腐蚀鉴定，重点检查管板和接管伸出部位的焊缝处。

（8）装置在开工之前应配合开展循环水预膜工作，将水冷器上下游手阀全开，副线关闭，保证各死角高点部位等预膜充分。水场预膜期间应适当提高循环水压力和流量，保证装置高点换热器见水。开工后应控制好循环水加酸量，降低钙镁离子结垢倾向，控制钙+碱硬度不超设防值；但应适当控制循环水呈弱碱性，避免酸性环境下破坏系统钝化膜。

（9）各装置应结合换热器效能测算工作，认真梳理装置内在一个运行周期内传热效果较差、运行效果不佳、易堵塞易结垢的换热器，通过检修前传热系数核算，着重对传热系数较低的设备加强检修控制和清洗检查，提高检修质量；大检修后对同设备的传热系数进行核算对比，监控换热器运行质量，并为后期开展换热器预防性维护清洗工作提供数据支撑。

4 结语

换热设备是炼化装置主要设备组成部分。运行质量决定装置的长周期运行和经济效益。对中国石化系统内炼化企业的催化裂化装置的换热器运行和检修进行了统计调查，结果表明，原料–油浆系统、分馏塔顶系统和稳定塔顶系统、富气换热系统检修和更换频次较高。主要腐蚀形式为高温硫腐蚀、湿硫化氢腐蚀和循环水垢下腐蚀。适当调整工艺操作，提升设备材质，并控制好循环水系统的运行是降低换热器检修和更换频次的主要手段，并提出了换热器的检修策略，提升了换热器运行寿命周期。

参 考 文 献

1 李鑫. 催化裂解（DCC）装置换热器腐蚀失效分析[J]. 石油化工腐蚀与防护, 2015, 32（1）：58-60.
2 王成茂, 杨森林. 催化装置油浆换热器管板失效原因分析及对策[J]. 科技资讯, 2012（27）：108.

催化裂化待生立管预防性修复及更换策略

周庆杰[1] **赵 勇**[1] **周 亮**[1] **周伟权**[2]

（1. 中国石化青岛石油化工有限责任公司，山东青岛 266043；

2. 中国石化上海石油化工股份有限公司，上海 200540）

摘 要 待生立管或待生斜管是催化裂化装置中从沉降器向再生器输送催化剂的通道。该通道因催化裂化装置型式的不同，材质、衬里、附属设施及故障形式等差异很大，检维修策略及实际运行寿命也有明显区别。本文结合统计数据及案例，从多个方面进行综合分析并给出检维修策略。

关键词 催化裂化；待生立管；待生斜管；检修；改造

催化裂化装置的反应再生部分是装置的核心组成部分，其主要流程为催化剂与原料油在反应器中发生反应，油气与催化剂在沉降器中分离，催化剂在再生器中得到再生，随后再次参与反应；油气从沉降器至分馏。催化剂在反应器、沉降器、再生器等设备之间不断循环，其中沉降器与再生器之间设有汽提段、催化剂流通管线及其他附属设施。根据催化装置设计形式的不同，目前主要有高低并列式和同轴式。催化剂由沉降器汽提段进入再生器的流通管线名称也略有不同，在高低并列式中为待生斜管，在同轴式中为待生立管。待生立管（待生斜管）用于输送待生催化剂，同时通过特阀控制沉降器藏量、两器压差等。与待生立管（待生斜管）相连的设施有汽提段、格栅、特阀（在高低并列式中为滑阀；在同轴式中为塞阀）、膨胀节、提升设施、待生套筒、待生剂分配器、仪表取压点管线、松动/输送风管线等。

1 装置形式与选材

1.1 同轴式催化裂化待生立管的选材及型式

在同轴式催化裂化中，待生立管是处在再生器之中。再生器（指一段再生部分）的操作温度一般为 $650 \sim 700 ℃$，部分上限为 730℃ 左右；因此待生立管材质一般较高。对集团系统内统计 11 套同轴式装置，洛阳工程公司设计装置均为 3 系列不锈钢，304 还有碳含量要求；SEI 设计的装置选材最低有 20R。

待生立管内侧、外侧或者内外两侧设有衬里，个别装置原设计没有或者局部有衬里。在实际运行中，部分公司根据自己的实际情况对内外衬里进行了适当增加或者修改。其中 SEI 设计的待生立管均设有隔热耐磨单层或双层衬里；LPEC 设计的待生立管多为单层耐磨衬里，仅 2 套设有隔热耐磨衬里。

1.2 高低并列式催化裂化待生斜管的选材及型式

在高低并列式催化裂化中，待生斜管是处在再生器之外。这样的形式使待生斜管与提升管反应器类似，在材质选择上基本与反应再生部分容器壳体材质一致，绝大部分选择为碳钢或低合金钢，如 Q235A、Q235B、Q245R、Q345R 等；系统内仅有 2 套高低并列式催化裂化装置的待生斜管选用了 304 或 321 不锈钢。

待生斜管内侧均设有衬里，基于安全及防腐蚀的需要，待生斜管衬里均为隔热耐磨型；部分装置为单层衬里，部分装置为双层衬里。

2 运行过程因素

待生立管/斜管只是催化剂转移的通道，在实际运行中，装置型式、原料、剂油比、仪表风、松动风、输送风、再生温度、风含水量、外取热操作等均是影响其运行的因素。待生立管/斜管内的运行参数（流量、流速、密度、压力、流态、温度等）需要符合设计，出现偏离的部分需要进行针对性的检验。在这些参数中流态和温度基本是缺省的。流态基本靠设计或者运行积累，尤其是故障状态下的分析等；温度是参照汽提段下层热偶的数据。通过汇总集团系统内的装置，在设计方面待生立管一般没有温度检测仪表。

（1）催化装置的剂油比设计值一般为 2.5~6.5。多年来随着原料的变化、市场需求等因素，装置实际操作的剂油比普遍较高。根据数据统计，系统内大部分在 7~8 之间。剂油比的调高致使待生立管/斜管内的催化剂流量增加，对应的输送风、松动风增加，对管道的磨损亦增加。这就很有可能造成催化剂循环量超出待生立管/斜管的最大设计流量，最终成为影响长周期运行的一个因素。

（2）待生立管/斜管中的催化剂整体为密相的形式，加上仪表引压风、松动风、输送风等气相组分，在待生立管/斜管内整体为密相鼓泡床的形态，是气泡相、乳化相共存的一种状态。通过对待生立管磨损问题的统计发现：催化剂流量的上升和进入立管的总风量增加有较大关联。

（3）对于同轴式催化裂化，待生立管在再生器内，直接受再生操作温度的影响。各类操作波动、异常事故等造成的再生器超温是影响待生立管相连管线、各类焊缝及衬里的重要因素；超温也是间接影响再生器内部设施变形配合异常的因素。

（4）同轴式催化裂化装置反再系统为了保持热平衡设有外取热器，部分再生催化剂经外取热器放热后返回再生器。这可能造成再生器内局部流化异常、温度偏低等现象。这些现象可能对待生立管的热膨胀及相连管线产生影响，造成立管偏斜、取压管断裂等问题。

（5）在北方炼厂中，冬季的净化风（仪表风）、非净化风（工业风）中可能含有明水。明水随风（一般为松动风或者输送风）进入再生系统，在管线内或者到待生立管后遇高温汽化，直至过热。这个过程对催化剂粉化的影响不明显，但是对待生立管内的流态影响较大；相应的风管线焊缝容易出现失效的情况。

3　常见问题及处理措施

待生立管/斜管虽然只是催化剂转移的通道，但是在运行中也发生了影响装置长周期运行的问题。常见问题主要由以下几种。

3.1　焊缝及管壁开裂

在已知案例中，待生立管与汽提段的连接焊缝发生开裂并导致装置非计划停工。另外，在多个案例中出现因再生器超温导致待生立管烧损、管壁开裂等。待生斜管与滑阀、膨胀节等连接部位也出现过开裂。

措施建议：①确保再生温度在设计范围内。催化再生器超温不仅仅影响待生立管，对再生器内件、烟气线、三旋以及烟机等的损伤都是十分严重的，极易产生事故或隐患。②按设计要求、焊接规范及特定施工方案处理好待生立管与汽提段的连接焊缝，杜绝强力组装。因温度原因，汽提段选材一般为铬钼钢；待生立管为不锈钢或碳钢。这道焊缝本身为异种钢焊接，同时也是变径焊缝或者是异形焊缝。③增加补强措施。为了提高可靠性、增强抗超温能力，建议在再生器侧增加加强筋板。尤其是对于中间增加待生立管衬里的装置，一定要核算待生立管自身重量；对照材料属性设定操作红线，确保再生器温度受控。④待生斜管上附属的膨胀节、滑阀以及反吹等需要提高专业检维修质量，符合相关设计要求，避免出现质量问题。

3.2　管壁磨穿

待生立管被磨损或者磨穿是常见的故障形式。这类问题与待生斜管出现热斑有相似之处。常见的磨穿因素有：因待生剂流态异常磨穿；松动风或者输送风管线焊缝开裂导致串通磨穿；相邻设备（分配器等）变形与立管配合间隙变大导致催化剂串通磨损，等等。

措施建议：①参照上文"运行过程因素"控制进入待生立管/斜管的风量及品质；必要时候可以参照运行经验取消部分松动风或输送风点。②修改仪表引压线和风线与待生立管的连接方式，建议制作保护套管或者特型加强管接头。③在处理彼此配合问题上充分考虑热膨胀、考虑超温、增加设施局部甚至整体失效可能的状态，确保在非正常的情况下不出现影响长周期运行的问题。

3.3　变形偏斜

同轴式待生立管变形偏斜的案例较多，但是很少造成非计划停工；造成这类问题的原因有设计原因、施工原因、操作原因等。例如从汽提段开始造成的膨胀不均匀，带动待生立管偏斜等。

措施建议：①外取热器问题可以作为设计因素考虑，这类问题一般只产生立管与套筒的偏磨，即多个周期停工后发现立管与套筒局部接触且磨损较轻，一般不需要处理。②因超温变形或者对中出现问题造成的偏斜需要整体更换待生立管，并且进行安装前后的对中核对。整体更换需要充分考虑施工过程，做好施工方案。

3.4　相连管线失效

主要指同轴式装置中待生立管连接的仪表引压线、松动风线、输送风线等管线自身断裂和这些管线与待生立管连接处断裂。例如输送风管线在待生套筒内断裂，其中的风带动待生剂冲刷待生立管。仪表引压线失效很容易从DCS数值上发现异常；松动/输送风线则不宜发现。尽管这类问题导致待生催化剂直接进入再生器，但是因为量少，基本不产生影响。

措施建议：①同轴式装置中与待生立管相连的这些管线需要每个周期进行更换。②管线布置三维空间走势并增设足够的变形余量，可以预设膨胀弯。③管线接头焊缝对焊并增加套管。④管线与立管器壁连接处增加套管或者加强管接头。

3.5　衬里磨损

这类问题是待生立管/斜管最常见的问题；部分待生立管磨损或者磨穿是这类问题深入发展后的故障形式。衬里磨损以待生立管/斜管内部衬里磨损与待生立管外部和套筒之间衬里磨损为主。通过已有案例来看，设计原因造成的磨损是早期催化装置常见问题。例如：待生立管/斜管松动点多，测压点多，造成进入内部总风量多，导致流态异常；气泡相内气固两相加剧磨损。施工原因主要是指待生立管/斜管的同心度、衬里接缝处理等。操作原因主要是指仪表引压点反吹风、松动风、输送风给定的总风量偏大，或者风系统含水等。

措施建议：①结合装置实际运行和检修检定情况，合理调整这些接管的数量和布置方式。②仪表引压点使用限流闸阀，并结合运行情况确定限流孔板直径，同时注意孔板安装方向。

③严格控制进入待生立管/斜管的风量。根据操作情况调整松动点和输送风的量，相关技术人员一定要现场确认并作好记录，必要可以安装铅封。④提高公用风系统品质，减少水含量；增设风线排凝排放点及定期工作，按时执行到位，尽量排除风系统的明水。

3.6　整体振动

待斜管整体振动问题在多个装置中发生，通过汇总文献分析可以看出其表现形式基本一致，破坏形式主要集中在焊缝、衬里及附属管线上面。另外，待斜管整体振动对反再整体影响恶劣。需要特别指出的是：现场的声音和外观振动对操作人员心理和精神的影响很大。在操作层面上也是不稳定的，尤其体现在密度和差压示数上面。

按照同轴式待生立管内部损伤形式推断：待立管内部的流态也很可能存在类似于待斜管振动发生的流态，尤其在反吹点集中的截面上存在。待立管是置于再生器内部的，具体是否发生振动、内部流态是否发出异响等均没有证据，但不能排除存在的可能。

措施建议：①根据现场情况和设计经验，尤其新装置的设计理念，适当减少反吹点，一方面减少气相进入形成的倒锥形气泡区域，一方面为调整布局创造条件；②调整反吹点布局，避免同截面多个反吹点；③使用限流孔板阀，限制总进气量。结合装置实际条件，反复测试反吹、仪表测压点等管线上的阀门开度；或者安装限流孔板阀。在保证装置操作平稳的前提下，尽量减少进入待生立管/斜管的风量。

4　检维修及更换策略

同轴式催化裂化的待生立管整体在再生器内，焊缝失效、衬里磨损、反吹引压管断裂以及整体变形偏斜等不易被及时发现确认是，也无法在装置运行中得到根本处理。这些问题的出现增加了影响装置正常运行甚至发生非计划停工的概率。在并列式催化裂化中待生斜管的问题相对较少，也更容易应急处理。仅从待生立管问题上看：并列式较同轴式更符合长周期运行要求。

特别提醒：在出现原料性质变化，尤其是剂油比变化的条件下，一定要进行设计核算。

另外，在检修过程中需要利用接管更换等机会收集衬里磨损程度的相关数据；同轴式装置还需要收集椭圆度等数据；收集这些数据的主要目的是判断形变和磨损情况，从而确定运行状态和预期寿命的判断。

通过系统内 38 套装置的数据统计，最近 3 个周期(约 10 年)待生立管/斜管问题主要集中在内壁磨损。在工况稳定且第一个周期检查鉴定基本正常的前提下，待生立管的寿命基本都是 10 年以上。出现本文中提到的各类问题需要尽快在检修技改中予以解决；在检查鉴定正常且操作没有较大变化的前提下待生立管/斜管基本可以保证长周期运行。

参 考 文 献

1　刘静翔，王明东. 催化裂化装置待生立管磨穿原因分析和防范措施[J]. 炼油技术与工程，2011，41(9)：21-24.

2　孟凡东，黄延召，等. 低温接触/大剂油比的催化裂化技术[J]. 石油炼制与化工，2011，42(6)：34-39.

3　邢颖春，卢春喜. 某催化裂化装置催化剂循环管线松动点的改造[J]. 石化技术与应用，2008，26(1)：49-54.

4　肖佐华，丁振君. 同轴式反应器待生立管及套筒损坏原因分析及对策[J]. 炼油设计，2000，30(9)：33-35.

5　何军，张晓辉，等. 待生立管催化剂架桥的处理[J]. 河南化工，2003(6)：28-30.

6　姜恒，孙昆，于福东. 催化裂化装置反应再生系统单独停工检修[J]. 当代化工，2013，42(4)：431-433.

7　王恒，耿兴东. 催化裂化装置待生斜管流化异常原因分析[J]. 炼油与化工，2013(2)：31-33.

8　尤克伟，陈德胜. 催化裂化装置沉降器汽提段冲刷磨损原因分析及对策[J]. 石化技术与应用，2010，28(5)：396-398.

9　李长安. 重油催化裂化装置待生立管破坏原因分析[J]. 炼油与化工，2003，14：40.

10　郭祥. 催化沉降器待生立管破坏原因及措施[J]. 炼油与化工，2004(4)：19-22.

11　刘金超. 催化裂化装置待生立管磨损原因分析及处理措施[J]. 广东化工，2012(6)：355-356.

12　李广峰. 再生器待生立管与待生套筒损坏原因分析[J]. 化学工程与装备，2016(1)：131-132，143.

13　李健. 催化反再系统斜管上松动点的合理设置[J]. 管件与设备，2003(3)：11-13.

14　李健. 催化裂化反应再生系统斜管上松动点的合理设置[J]. 炼油技术与工程，2003，33(9)：16-17.

催化裂化两器增设格栅的利弊分析

李芳游

（中国石化安庆分公司，安徽安庆　246001）

摘　要　催化裂化装置沉降器内设置格栅，可以有效地阻挡脱落的衬里和焦块，防止卡住滑阀（塞阀）造成循环不畅，同时起到破碎气泡的作用，减少催化剂夹带，降低稀相的催化剂密度，提高顶旋效率；再生器内设置格栅，主要起破碎气泡、防止尾燃的作用，提高再生效率；但在两器内安装格栅，有利有弊，结合各家企业的实际生产情况，重点对其进行分析。

关键词　催化裂化；沉降器；再生器；格栅

1　概述

中石化系统内的催化裂化装置总体为高低并列式和同轴式两种，在沉降器和再生器内的特定部位常设置格栅，同轴式催化的沉降器格栅一般设置在汽提段和待生立管的变径部位，再生器格栅常设置在催化剂密相及密相和稀相之间；高低并列式催化装置的沉降器格栅常设置在待生斜管入口，再生器格栅常设置在催化剂密相及其上部。

在装置设计之初，增设格栅的目的在于优化操作和保护设备，但在实际生产中，却存在格栅塌陷、变形、压断仪表管线、压裂料腿焊缝等问题，有的企业为了保证生产操作平稳，借大修的机会，增加格栅或取消了格栅，如巴陵石化在 2009 年大修期间取消了再生器格栅，金陵石化和九江石化后期在检修期间增加了格栅，都取得了良好的效果，即各家企业生产运行状况不同，设置格栅的利弊不同。

2　再生器格栅

再生器内一般设置两层格栅（见图 1），下格栅主要是对床层中上部的大气泡进行破碎，上格栅主要是减少大气泡破碎后的弹溅，对催化剂进行二次分布和整流，提高中上部床层的氧传质面积、气相置换率和均匀性，从而提高中上部床层的氧扩散速率，降低主风耗量，强化烧焦，同时起到降低再生器稀相的催化剂密度，防止尾燃的作用。有的催化装置有两个再生器，每个内部只设置一层格栅，其作用相同。

图 1　再生器格栅

3　沉降器格栅

高低并列式催化装置的格栅一般设在待生催化剂出料口（图 2 为高低并列式待生斜管入口格栅），同轴式催化装置的格栅设在汽提段的椎体部位，均是为了防止沉降器内较大的胶块脱落，堵塞斜管（立管）或卡住待生滑阀（塞阀）。

图 2　沉降器格栅

作者简介：李芳游（1986—），男，2009 年毕业于长江大学过程装备与控制工程专业，工程师，主要从事石油化工设备管理工作。

4　存在问题

4.1　格栅结焦

重油催化装置的沉降器因其特定的工作环境，同时受原料性质、操作等因素的影响，存在不同程度的结焦现象。生产时常常有焦块脱落，较小的可顺利通过格栅，较大的则卡在格栅上，加剧其结焦，或较大的衬里脱落时也会卡在格栅上，造成待生催化剂流化循环不畅。尤其碰到系统停电等异常工况，装置紧急停工，因温度波动大，焦块脱落的概率剧增。

4.2　格栅塌陷

安庆石化1#同轴式催化裂化装置在历次检修过程中，常常发现沉降器格栅存在局部变形（见图3中红色框内的变形）、部分塌陷、局部脱落（见图4）等问题，塌陷的格栅有时卡在料腿、翼阀上，增加其负重，甚至造成料腿焊缝开裂。

图3　再生器格栅

图4　再生器格栅脱落

在中石化系统内对格栅的问题进行统计，据统计数据（见表1）显示，金陵、九江、茂名等多家企业在检修过程中，也常发现格栅塌陷、变形、吹翻、局部脱落、支撑梁脱焊现象，脱落的格栅常砸断仪表管线甚至造成衬里大块脱落等问题，给平稳生产带来隐患。

表1　格栅数据统计

单位	装置处理量/(Mt/a)	装置投用时间	结构型式	最近一个周期	
				更换/检修	故障类型
金陵	1	1991.04	高低并列	检修	开裂变形
九江	1	1997.09	高低并列	检修	坍塌变形
茂名	1	1989.12	高低并列	检修	脱焊变形
镇海	1.8	1978.12	高低并列	检修	卡箍脱落
青石	1.4	1999.09	同轴	检修	支撑脱落

5　原因分析

（1）施工质量问题。安装时未充分考虑热膨胀空间，运行时格栅板膨胀变形、开裂；焊接质量不达标，导致其承重能力不符合设计要求，在焊缝位置开裂。

（2）设计问题。格栅在设计时，其额定的载荷计算出现偏差，造成其超负荷，导致格栅本体和支撑变形、脱焊。

（3）生产波动或操作原因或主风分布板（管）局部损坏，造成风量大幅度变化、分布不均匀，格栅承受载荷不均。

（4）再生器内工作温度为600~700℃，格栅设计选材多为奥氏体不锈钢，在这个温度区间内长期服役，存在"脆化"现象，强度降低。

6　解决措施

（1）两器内部作业环境较差，为保证焊接

质量，增加焊接的预制量，尽可能降低两器内部焊接作业量。

（2）防止在高温和流动催化剂的环境内，格栅发生蠕变，挤压料腿，在格栅料腿开孔处、器壁支撑处预留足够的膨胀空间。

（3）保证格栅板开孔处的强度，筋板必须按规定进行恢复，禁止随意开孔后不做任何加固措施。

（4）保证检修质量，加强主风分布设施的检查，确保完好。

（5）严格执行操作规程，保证生产平稳。

7 结语

（1）格栅在设计之初，是出于优化生产和保护设备的目的，实际生产时却因人为和客观的因素，导致其存在弊端。

（2）在中石化系统内的多家企业中，格栅在历次检修、检查中均未见异常，可见按照标准对格栅进行设计、保证施工质量、生产中平稳操作，是保证格栅利大于弊的关键因素。

参 考 文 献

1 张英，王强. crosser 格栅在催化裂化装置中的应用. 中外能源，2010（4）：69-71.

2 董群，白树梁，刘乙兴，等. 催化裂化装置再生器的研究进展. 化学工业与工程技术，2013（2）：1-4.

催化裂化三旋膨胀节开裂故障原因分析及措施

李旭阳

（中国石化胜利油田分公司石油化工总厂，山东东营　257000）

摘　要　对催化裂化装置三旋集气室至烟机管线上膨胀节开裂的故障原因进行分析，找出问题的根源，提出处理方案和防范措施，实现装置"安稳长满优"运行。

关键词　膨胀节；波纹管；铰链；应力；腐蚀

1　催化裂化装置三旋膨胀节简介

某石油化工企业催化裂化装置 1996 年建设，期间经过 3 次较大的改造，现在规模为 110×10^4 t/a，年开工时数 8400h，采用洛阳石化工程公司的 FDFCC-III 双沉降器双分馏塔工艺技术。其中烟机入口高温管道位于三旋出口至烟气轮机之间，将三旋出来的高温、高流速烟气输送到烟气轮机，推动烟气轮机做功，实现对烟气能量的回收。该高温管道上依次布置着 7 个单式铰链型膨胀节，用于减缓高温管道受热后钢材热膨胀所产生的应力，防止损坏管道或相连的设备。

2　膨胀节故障描述

2017 年 3 月 13 日晚 8 时 30 分左右，催化裂化装置班长巡检至三旋三层平台，听见三旋顶部位置有气体泄漏声音。爬至三旋顶部，发现三旋集气室至烟机管线第一个膨胀节有裂纹，烟气大量泄漏，立即汇报车间和总厂。

经检查发现，破裂的膨胀节为单式铰链型膨胀节，公称直径为 DN1300，材质为 304，壁厚为 16mm，操作温度为 670℃，压力为 0.2MPa。该膨胀节东西两侧铰链的焊点脱开，波纹管被拉平，下部出现一个 10cm 左右的裂口，如图 1 所示。

另外由此往后的第三个膨胀节也严重变形，波纹管失效，铰链的焊点也已经脱开，如图 2 所示。

图 1　破裂的单式铰链型膨胀节

图 2　第三个膨胀节变形严重

3　故障原因分析

故障的直接原因是三旋出口烟气温度多次升降，膨胀节变形严重，导致铰链焊点脱开，波纹管破裂。其间接原因分析如下：

（1）故障处管道受的应力主要有介质压力

作者简介：李旭阳（1975—），男，高级工程师，主要从事炼厂机械管理工作。

引起的拉应力、管道重力及补偿器反弹力引起的弯曲应力，以上三个应力对于开裂管道故障位置都表现为拉应力。其中，介质压力引起的拉应力计算如下：

介质工作压力为 0.2MPa，管道的直径为 DN1300(φ1324×12)，则该处管道承受的拉应力为：

$$\sigma_{压} = \frac{F}{A} = \frac{P \cdot S \cdot A}{(D^2 - d^2)\pi} = \frac{0.2 \times 1300^2 \times 1}{(1324^2 - 1300^2)\pi}$$
$$= 1.709\text{MPa}$$

该应力再加上管道重力及补偿器反弹力引起的弯曲应力可能超出操作温度（670℃）下的管道材料(0Cr18Ni9)许用应力，这样就会造成该处膨胀节开裂。

（2）热应力导致的铰链焊缝开裂。膨胀节已经使用 22 年，烟道长期工作在 670℃ 左右，有时再生器操作会出现超温现象，奥氏体不锈钢在高温下长期服役，脆性会明显上升，韧性大幅度下降。期间烟机经过多次开停机，烟道每次从停用状态到投用，中间的温差约为 650℃，这个温度产生的热应力非常大，特别是烟道使用的材质是奥氏体不锈钢，传热能力较差，如果在铰链焊缝附近存在较大的温差，就极有可能开裂，最终导致波纹管开口。

（3）管道存在安装应力。安装应力分解为轴向应力和径向应力，轴向应力可以由膨胀节来吸收，径向应力要尽量减小，当径向应力过大，同时波纹管外侧的导向螺栓处于断开状态时，就会使管线的同轴度超差，进而造成膨胀节错位，长期受到错位的影响，就会使铰链的焊点容易开裂。

（4）结构设计不合理，管系受热膨胀受到限制或者补偿量太小，造成局部残余变形过大而将焊缝拉裂。

（5）膨胀节长年运行，热胀冷缩，经长期工作有失稳现象，从而易造成损坏。

（6）附近脱硫脱硝烟囱排出的烟气中含有 SO_2 和 SO_3，低温下与烟气中的蒸汽结合生成硫酸，当保温效果不佳的情况下，会在膨胀节表面凝结成硫酸溶液，长期腐蚀，导致焊缝开裂。

4　处理过程和防范措施

4.1　处理过程

三旋膨胀节消缺施工时间总计为 12h。期间工艺操作情况如下：

（1）反应系统切断进料，反应系统转剂至再生器，再生器催化剂为 720℃，主风撤出再生系统，催化剂闷床。

（2）反应系统蒸汽不停，保持反应系统温度不低于 250℃。

（3）分馏塔底油浆系统连续循环，洗涤分馏塔的催化剂，通过油浆外甩，将分馏塔内的催化剂带出。

4.2　施工过程

（1）筒节、虾腰弯头提前预制好，与需要更换的三个膨胀节组对，将其组焊成整体，如图 3 所示。

图 3　筒节、虾腰弯头、膨胀节焊成整体

（2）将两个失效的膨胀节及之间的烟道整体拆除、整体吊装。

（3）新烟道就位后，上下口同时找正，安装及焊接。

4.3　防范措施

（1）要求制造厂家对新膨胀节波纹管外加防护罩，减少波纹管因雨水和露点腐蚀引起的冲蚀，加强拉板强度。由于该处膨胀节临近脱硫脱硝装置，烟囱排出的气体含有腐蚀性组分，如二氧化硫、氮氧化物等，其中部分二氧化硫会进一步氧化成三氧化硫，与水结合生成硫酸，氮氧化物与水分子作用形成酸雨，一旦落到膨胀节表面，就会产生腐蚀。

（2）提升铰链板的材质，使其能有效地耐腐蚀和拉应力的作用。原来铰链板的材质为 16MnR，升级后为 06Cr19Ni10。铰链支板、加强板与波纹管筒节之间都要满焊、焊牢。从失效的膨胀节看到，加强板与波纹管筒节脱开，主要是因为焊接不牢固，如图4所示。

图4　加强板与波纹管筒节脱开

（3）膨胀节安装严格按照设计方案执行，减小组装应力，严格执行焊接工艺，尽可能消除焊接应力。管道预拉口为100mm，在更换安装拉伸过程中，不断测量拉伸口的距离，管道预拉伸要对称用力，确保管道拉伸均匀。其中膨胀节铰链板的位置必须严格按照图纸要求方位安装，偏差≤±1°；膨胀节延管线长度位置差为≤±30mm。

（4）定期检查烟道保温情况，防止酸性液体进入腐蚀，发现破损及时修补。严格控制硅酸铝保温的进货质量，依据设计要求提出氯离子、氟离子、硫化物的控制指标，防止高温作用下，这些有害成分释放出来腐蚀管道。需要注意，膨胀节的双环板组件、铰链板组件、销轴等承力件和波壳不得保温。

（5）开停烟机严格按照升温曲线操作，温升不超过100℃/h。如果升温过快，会造成烟道和阀门、管件等内外温差过大，产生较大应力，容易产生裂纹，损坏管道。另外，也不利于烟机组的运行，易产生未知的振动等。

（6）每次停工检修期间，对膨胀节的铰链等部件进行检查，对焊接部位要着色探伤，发现问题及时维修或者更新膨胀节。

（7）制定烟道膨胀节泄漏应急预案并按时演练，提高应急处置能力。

5　结束语

烟道膨胀节发生损坏的主要原因是热应力的作用和酸的腐蚀，可以通过优化设计，选择优异的波纹管，提升铰链板的材质并焊接牢固，正确安装使用，定期对膨胀节进行检测。同时，保证外保温的完好，就可以避免以上故障的发生。

参 考 文 献

1　张道伟，寇成，陈友恒. 催化装置高温烟道膨胀节失效形式与设计改进. 第十四届全国膨胀节学术会议论文集，2016.

2　张可伟. 重油催化装置高温烟道膨胀节开裂分析及改进. 炼油技术与工程，2014（6）：30-33.

3　许峰. 催化裂化装置烟气管道开裂、鼓包原因分析及对策. 科技风，2012（13）：104-105.

催化裂化塞阀故障分析及检修策略

刘向阳

（中国石化洛阳分公司炼油一部，河南洛阳 471012）

　　摘　要　塞阀是同轴式催化裂化装置反应-再生系统的关键设备之一。本文阐述了塞阀的阀体部分的主要结构特点、工作原理，重点对各类故障进行原因分析，总结形成检修策略，以提高检修质量，保证塞阀生产周期中安全、平稳、可靠运行。

　　关键词　塞阀；故障；检修；维护

　　塞阀是同轴式催化裂化装置反应-再生系统的关键设备之一，安装在再生器底部待生和再生立管上，用来调节待生和再生催化剂的循环量，以控制汽提段料位和提升管出口温度。且在装置开停工或装置故障时作为切断阀切断催化剂循环。为适应装置开停工过程中立管的膨胀和收缩。电液控制塞阀具有可靠的自动吸收膨胀和补偿收缩功能。随着先进控制技术的应用和催化裂化处理量的加大及重油化的发展，对待生塞阀的性能要求越来越高，要求具有技术先进、耐高温、耐磨损、控制精度高、输出推力大、响应迅速、操作平稳、无振荡、使用可靠等特点。

1　阀体本体的主要结构

　　塞阀阀本体由节流锥、阀座圈、阀头、活动保护套、固定保护套、上阀杆、下阀杆、导向套、背帽、阀套、阀基座和填料函等组成，如图1所示。

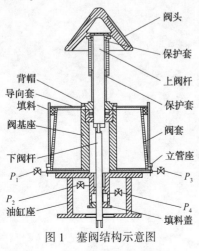

图1　塞阀结构示意图

2　检修中出现的故障、原因分析及检修策略

　　经过对中石化系统14家分公司塞阀运行及检修情况进行调研，对故障进行统计分析，对主要故障进行了原因分析，制定检修策略如下。

2.1　阀体拆卸困难

　　塞阀依靠32个M22的螺栓与再生器底部的接口法兰连接，解体时先拆掉这32个连接螺栓，再用4个M22的顶丝可将阀体从立管内均匀顶出，但在实际检修时根本顶不开，最终在阀体上焊接4个千斤顶顶板，再用4个50t液压千斤顶共同作用才将阀体从立管内顶出，如图2所示。

图2　阀体拆卸措施

　　原因分析：产生这个问题的原因是因为阀套锥面与再生器底部的安装立管之间隔热石棉绳填料失效，从而引起催化剂焦粉进入两者楔状空腔。塞阀安装在立管上，伸入立管的长度达995mm且阀基座呈锥体，上小下大，上面小

端与管壁单边约有 10mm 间隙，原设计内部采用 5 圈隔热石棉绳，防止催化剂进入楔状空腔，但从阀套锥面看没有设置填料座圈，填料安装后不能固定，受介质压力与温度变化后填料容易变形破坏而失效，催化剂很容易进入楔状空腔，经过长期高温作用后形成致密结合物，而停工后，立管体冷却，阀体更难从立管体上拆出。

维修策略：阀套锥面与再生器底部的安装立管之间的楔形空腔先填充陶瓷纤维布，隔热石棉绳更换为镍基石墨填料并增加其厚度。

这项措施是为了确保催化剂介质不进入阀套锥面与再生器底部的安装立管之间的楔形空腔而结块，避免下次检修拆不出阀体。阀套锥面与再生器底部的安装立管之间的楔形空腔小头的外圈往空腔内填充陶瓷纤维布，一层一层安装并捣实，距小头约 300mm 处开始安装镍基石墨填料，分层安装并捣实，保证填料在工作时不易失效，通过这两项改进，能很好地阻挡催化剂介质进入楔形空腔，下回检修时就能方便地拆出阀体。

2.2　塞阀上阀杆断裂

塞阀阀杆断裂，阀头倾斜倒搁在汽提蒸汽环管一侧，拆卸阀体检查，发现上阀杆及上下保护套损坏严重，阀头及阀座圈衬里局部脱落，如图 3 和图 4 所示。

图 3　上阀杆及保护套

原因分析：这个问题主要是由于塞阀阀头与阀座圈存在严重不对中，塞阀在关闭过程中，阀头与阀座圈接触后整个上阀杆会承受极大的弯曲应力变形，通过受力分析可知上阀杆导向

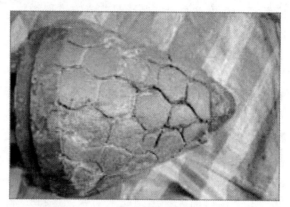

图 4　阀头

套处为主要弯曲应力受力点，这也跟现场阀杆实际断裂点相吻合。在塞阀不断地开关过程中，上阀杆也不断地受到弯曲应力的冲击，经过多次的应力冲击，阀杆位于导向套受力部位出现断裂倾倒，之后受到环管上部汽提蒸汽孔喷出的蒸汽和催化剂长期吹扫，造成保护套和阀杆一边被严重磨蚀，阀杆断裂面又在填料密封蒸汽的长期吹扫下，最终发生断裂。

维修策略：考虑到该塞阀整体损毁严重，决定对其主要部件进行更换或修复。首先更换上下阀杆及导向套，上阀杆与下阀杆用螺纹连接，并用螺母锁紧。为提高上、下阀杆的耐磨及密封性能，其外表面采用喷焊硬质合金硬化处理，并经磨削加工；其次，对阀套进行修磨并更换阀套内衬和填料函；然后更换阀杆上下保护套，下保护套固定在阀套上，上保护套与阀杆上端连接，随阀杆一起移动，并确保上下保护套承插在一起；再然后更换阀头，阀头为铸造空心结构，与上阀杆的连接采用台肩止口配合螺栓连接；最后更换阀座圈，阀座圈采用法兰连接结构，用高温螺栓与节流锥下端连接法兰相连，以便对阀座圈进行检修或更换。在阀体组装完毕后，再次确认所有法兰连接螺栓紧固，然后点焊螺母防松，至此整个阀体组装修复完毕。

由于在上一运行周期中，该阀与节流锥段一直处于不对中状态，即阀位处于零位时阀头与阀座圈仍有一定间隙，无法达到完全闭合。本次检修需要重新找对中。根据技术要求，将切割下来的节流锥与阀座圈装配后与上料口对接，用卷尺与钢板尺配合测量阀座圈与下法兰安装口平行度，测量完好后对节流锥进行焊接。然后以阀座圈为基准找中心，吊线至下法兰安装口，测量阀座圈中心至下法兰外圆数据。

重新对中后，对中度优于之前，但仍然没有达到完全对中，塞阀阀头相对于阀座圈中心往北侧偏移了 11.5mm。主要原因是当节流锥焊口对中焊接后，节流锥和阀座圈整体会在焊接热应力变形下，稍稍偏移原来正常的对中面，阀座圈与下法兰口平行度也会有所偏差，从而使得上下接口面无法达到完全切合，这将是下一步需要解决的一个问题。

2.3　阀杆拆卸困难

塞阀阀杆由上下两段组成，上阀杆材质为 06Cr19Ni10，下阀杆材质为 0Cr18Ni12Mo2Ti，采用螺纹连接，阀杆拆除的方向为向阀头端抽出，但在实际拆除过程中，松掉填料盖后阀杆根本不能与阀基座相对运动，最终用 50t 液压千斤顶伴随铁锤锤击才将阀杆从阀基座内拆出。

原因分析：产生这个问题的原因首先是操作上存在问题，操作人员没有定期对阀进行行程调节以保证阀杆的灵活性。受现场安装条件制约，阀基座接管蒸汽 P1、P3 只接通了一路，蒸汽量不足。为响应节能减排号召，又尽量将蒸汽量减小，导致实际蒸汽操作压力经过基体内部减压到达两保护套交接处时，已低于塞阀内部压力，蒸汽已不能阻挡催化剂进入阀杆保护套与导向套。另外待生立管内部配有一汽提管，作用是搅动催化剂，防止催化剂过量沉降。汽提作用向上吹搅，加剧了催化剂从两保护套之间进入阀基座。其次从结构上看，上保护套与下保护套之间间隙过大，实测来看是单边间隙 7mm，而两保护套的交接段较短，长度约为 75mm，在蒸汽压力低的时候不能有效阻挡催化剂进入。蒸汽冷凝水的产生是不可避免的，催化剂与介质在潮湿的基体内腔不断增加、积聚、固化，最终堵满整个基体内腔。最后在维护上也存在一定误区，进一步导致阀杆拆不出。阀杆填料泄漏注胶时采用的密封剂能耐高温高压，且有一定黏性与很好的热胀性，非常适用于高温带压堵漏。与静设备堵漏不同，阀杆填料在堵住漏点的同时要保证阀杆不能被黏住、胀紧。因此需要密封剂在固化前定时动作一下阀杆，

而实际操作中忽略了这点，以致阀杆被胀紧粘住。

检修策略：增设蒸汽监测与排凝系统。

从检修情况分析，因为蒸汽保护的失效才导致了种种问题出现。因此，保证蒸汽品质是维持塞阀正常运行的关键，首先将进塞阀的三路蒸汽 P1、P2、P3 全部接通（之前只接通了 P1、P3），加大了蒸汽供给量。其次，在每路蒸汽进汽阀前接一个压力表，能反映蒸汽的供给情况。在进塞阀的蒸汽阀前设一个三通，下接排凝截止阀。开始供汽时，先关闭供汽阀，打开排凝阀，待排出冷凝水后再关闭排凝阀，再开始正式供蒸汽，这样一来排除了冷凝水，可保证塞阀内部蒸汽品质。其次，将两个保护套之间的间隙控制在指标下限，一方面安装时阀杆的弯曲会变小，另外也进一步减少介质进入两个保护套之间的可能性。阀杆填料密封有泄漏现象时，应及时处理，推荐采用 MoS$_2$ 为注胶材料，该材料密封性不错，也不会结硬块。

2.4　阀杆弯曲严重

拆出阀杆后对其进行清洗，然后用百分表打跳动以检查其弯曲程度，经过测量，阀杆弯曲度远远超出允许范围 0.15mm。

原因分析：阀杆弯曲除了热变形的作用，主要是因为拆装不当引起。在拆除时使用了液压千斤顶与铁锤，约 3.6m 长的阀杆很容易顶弯，另外由于阀杆组装后较长，工作场地受限必须卧式组装，两保护套的间隙过大，组装时不注意抬住阀头的话也很容易压弯阀杆。

检修策略：新阀杆制造过程中严格控制变形，尤其是喷焊硬质合金硬化处理过程中产生的变形。阀杆拆除过程中使用千斤顶要对称均匀，避免受力不均导致阀杆产生变形。阀体安装过程中，组装阀头阀杆部件时要用液压车抬住阀头，防止阀杆压弯。

2.5　阀头有较严重损伤

塞阀阀头拆出后，发现阀头外表面中间磨损部位衬制刚玉耐磨衬里有较严重损坏，如图 5 所示。

原因分析：热态后，由于塞阀阀头与阀座圈存在不对中情况，阀头与阀座圈接触不均匀，在塞阀开关过程中或因阀头振动，造成衬制的

图5　塞阀阀头刚玉耐磨衬里损坏

刚玉耐磨衬里接触处研磨损坏。

检修策略：更换阀头衬制的刚玉耐磨衬里。塞阀现场安装完毕后，检查阀座圈中心线和阀杆中心线的同轴度误差不得大于2mm。阀头与上阀杆连接后，螺栓紧固到位，无松动，螺栓应涂防咬合剂，点焊防松。

2.6　阀座圈严重冲蚀

塞阀拆卸落地，发现阀座圈严重冲蚀，如图6所示。

图6　塞阀阀座圈冲蚀

原因分析：塞阀打开时，待生催化剂从塞阀阀头和座圈间滑落，提升蒸汽或提升风从下部往上提升，如提升蒸汽或风量太大，待生催化剂会在阀座圈处形成涡流，造成阀座圈冲蚀。

检修策略：更换阀座圈，按照要求控制提升蒸汽或提升风流量，避免待生催化剂产生涡流，另安装阀座圈，阀座圈中心线和阀杆中心线的同轴度误差不得大于2mm，避免待生催化剂偏流。

3　小结

塞阀是同轴式催化裂化装置反应-再生系统的关键设备之一，为保证塞阀生产周期中安全、平稳、可靠运行，在塞阀检修及使用维护过程中要做好以下几点。

3.1　安装前检查

（1）检查阀头、阀座圈、活动保护套、阀套衬里质量，完好无龟裂，不得有疏松及空洞现象。

（2）检查塞阀总体尺寸及连接法兰、保护套等主要零部件外形尺寸。

（3）吊装前将塞阀置全开位置。使阀杆外露尽可能短，以便吊装。吊装时应注意绑扎位置，以免起吊时损坏阀的有关部件。

（4）阀门的焊接坡口清洁、无缺陷和任何机械损伤。

3.2　安装步骤及技术要求

（1）电液控制塞阀运樑或起重设备小心地搬运和吊装就位，确保阀体和其他部件不发生损坏。

（2）决不允许将吊装点放在动力油缸部件处进行吊运。

（3）吊运时要保护好接口的管线、油缸，对吊装过程中容易擦伤的焊接坡口、衬里表面、油缸做适当保护。

（4）用螺栓将节流锥和阀座圈组装成整体，把节流锥、阀座圈组件放置在阀头上，用手动机构将塞阀缓慢地摇至全关位。检查阀头与阀座圈的接触情况，确认合适后，将节流锥与设备立管点焊。

（5）将阀头降离阀座圈，使用减少变形的焊接程序将节流锥焊牢。

（6）塞阀现场安装完毕后，检查阀座圈中心线和阀头中心线的同轴度误差不得大于2mm。

（7）装入再生器内部的所有紧固螺栓应涂防咬合剂，点焊防松。

（8）塞阀所有零部件配合间隙按制造厂家提供的技术要求进行安装。

（9）阀杆与手动机构连接后，应用手动机构的滑块上的紧定螺钉紧固，以防阀杆与油缸活塞杆脱落。

（10）塞阀现场安装完毕后，用手动机构进行阀杆动作试验，要求阀杆动作轻便，关阀位置阀头无卡阻现象。

3.3 阀体的吹扫

（1）吹扫介质为以≥0.35MPa、150℃的加热压缩风为主，1.0MPa、250℃低压蒸汽为备用，入口加不同规格的限流孔板。如工艺操作条件允许，最好采用150℃的加热压缩风作为吹扫介质。

（2）阀体连接法兰和填料函上的吹扫口均应接通。

（3）从装置开工到停工为止，必须进行连续吹扫，不得随意中断。吹扫量由限流孔板控制。

3.4 日常维护

（1）每班检查一次塞阀运行情况，检查塞阀动作灵活无卡阻、阀体温升无异常。

（2）检查阀杆填料密封是否有泄漏现象，如有应及时处理。在维护上，推荐采用 MoS_2 为注胶材料，该材料密封性不错，也不会结硬块。

（3）检查阀杆与油缸活塞杆的连接有无松动现象。

（4）经常检查和定期紧固电液执行机构各接头、法兰、液压元件及阀门的螺钉，以防止松动造成渗漏。

凝气式汽轮机真空低异常处理及分析

朱海明

（淮安清江石油化工有限责任公司，江苏淮安　223002）

摘　要　介绍了催化装置凝气式汽轮机–气压机组复水真空系统真空度下降的原因及常用查漏方法，详细说明了针对系统真空低进行的原因查找、分析及处理措施。

关键词　凝气式汽轮机；真空度低；原因查找；异常分析；处理措施

随着装置运行时间逐年增加，水冷器的换热效果也随之逐渐下降，凝汽器，作为汽轮机–气压机组辅助系统中的重要组成设备，其运行状况的好坏，真空度能否持续保持良好状态，对机组的运行至关重要。如果凝汽式汽轮机的真空度不能保持，不仅会使机组的效率降低，还常常迫使机组降低出力，甚至会造成机组停机。

清江石化重油催化裂化车间汽轮机–气压机组自 2017 年 12 月检修后开车，整体运行稳定；但随着运行时间的增加，机组真空度逐渐下滑，汽轮机耗气量逐渐增加。2019 年 2 月开始，机组真空度下降明显，车间通过对复水泵进行保养、凝汽器冷凝水进行调整、主备抽气器组合投用，真空度仍无法得到控制，给机组的安全长周期运行带来了隐患。

1　凝汽式汽轮机真空度下降的危害及原因

1.1　真空度下降的危害

（1）真空下降等于背压增大，会使蒸汽熔降减少，增大耗气量，降低经济性；

（2）真空下降会增加级的反动度，使轴向推力增加，严重时会使推力瓦钨金融化；

（3）真空下降同时会造成排汽温度上升，造成低压缸部分热胀，使汽轮机动、静部分摩擦碰撞，机组机械状况发生巨变，最终导致停机；

（4）使凝汽器铜管内应力增大，以致破坏凝汽器的严密性；

1.2　造成真空度下降的迹象、原因

造成真空度下降的迹象、原因见表1。

表1　造成真空度下降的迹象、原因

	主要迹象	主要原因
循环水中断	真空表指示为零；凝汽器前循环水泵出口侧压力急剧下降	厂用电中断；循环水泵或驱动电机故障；循环水泵轴封不严或吸水管破裂，空气漏入
循环水量不足	真空值逐渐下降；循环水出口和入口温度差增大	气温升高，循环水进口温度相应提高
热井满水	水位淹没铜管，汽轮机排水压力升高；水位升高到抽空气管口高度，真空下降	凝结水泵故障；凝汽器铜管破裂；备用凝结水泵出口逆止阀损坏；抽气器工作不正常
抽气器工作异常	真空值降低，循环水出口水温与排气温度差值增大；抽气器排气管向外冒水或冒蒸汽；凝结水过冷度增大	冷却水量不足；冷却器内管板或隔板泄漏；冷却器水管破裂或管板上胀口松弛或疏水不畅；抽气器前蒸汽滤网损坏，喷嘴堵塞或通道不畅；喷嘴磨损或腐蚀，抽气器性能变坏；抽气器超负荷，效率降低
凝汽器冷却面结垢或堵塞	真空值降低；抽气器抽出的蒸汽、空气混合物温度增高；凝汽器内流动阻力增大；做气密封试验，证明凝汽器漏气并未增加	循环水水质不良，铜管内壁结垢，降低铜管的传热能力，减少了铜管的通流面积

作者简介：朱海明（1987—），男，工程师，主要从事重油催化裂化装置设备管理工作。

续表

主要迹象	主要原因
真空系统存在泄漏点	汽轮机排汽温度与凝汽器出口循环水温的差值增大；凝结水过冷度增大；做气密性试验，证明漏汽增多	汽封断汽，空气漏入；排汽缸与凝汽器连接管穿孔；汽缸变形，法兰结合面处漏入空气；大气安全阀水封断水；真空系统的设备或管道上静密封点存在泄漏点

2 真空复水系统真空度逐渐下降原因查找及处置

2.1 异常情况排查

2.1.1 真空度缓慢下降、复水泵不上量

2019 年 1 月 21 日，对复水泵 NC 进行预防性保养检修（上次检修时间为 2012 年 3 月）。解体发现叶轮存在汽蚀现象，更换轴承、机封、叶轮后回装试运，泵出口压力不足 0.3MPa（设计扬程 47m），此时两台泵同时运行，液位持续下降，NC 单台运行液位无法控制。为排除入口残余气体影响，再次对 NC 进行试运，打开出口跨线灌泵、入口放空阀排水，确认气体排出，缓慢打开 NC 入口阀，确认复水系统不受影响，打开 NC 出口阀、启动 NC、停运 NB，热井液位缓慢上升，调节复水调节阀、管路副线，液位下降不明显，打开调节阀前放空阀，液位逐渐稳定并处于缓慢下降趋势，通过不断调整复水管路副线、逐渐关闭复水调节阀前放空阀，液位控制在正常波动范围之内；但运行数小时后，热井液位上升、NB 自启，液位恢复正常、停 NB；停运 NB 后液位迅速上升，NC 出口压力出现波动，液位无法控制，再次启动 NB，停运 NC 作为紧急备用。

1）泵入口阀故障排除

通过 21 日复水泵 NC 的两次试运状况来分析，怀疑 NC 入口阀故障，不能保证正常开度、导致泵吸入量不足，热井液位无法维持；为排除该故障，利旧原复水泵 NA 入口管路，配置临时管线至 NC 入口；24 日，管线配置完成后再次试泵，热井液位仍无法正常控制。

2）叶轮制造缺陷排除

排除工艺管路系统异常后，与泵厂家进行交流，怀疑新叶轮存在制造缺陷、扬程不能满足要求；厂家及时给予反馈并立即邮寄未进切

割处理的新叶轮（新叶轮直径 196mm，对应传动功率为 7.5kW；现使用的切割后叶轮直径 185mm，对应传动功率为 5.5kW），以增加泵的使用性能；26 日，协调检维修中心、电气仪表中心，分别对 NC 进行了新叶轮更换、7.5kW 电机安装，试运 NC，出口压力仍然不稳、热井液位无法控制。

3）泵入口管路漏点排除

排除了设备制造缺陷，27 日上午，对 NC 入口管路进行气密试验检查，以排除管路中存在漏点、漏入空气，导致 NC 无法正常运行；将 NC 进、出口管路阀门关闭，由泵入口放空处接入氮气，管路系统憋压 0.6MPa、稳压 30min，使用肥皂水进行气密性试验检查，未查出漏点、系统压力未见明显变化；再次试运 NC 仍旧无法正常运行。

4）叶轮、泵体等间隙过大排除

为排除叶轮与泵体间的间隙过大导致介质回流而影响泵的使用性能，27 日下午，对 NC 叶轮、泵体口环进行更换，试运 NC 仍无法稳定运行。

5）异常处置及措施

为确保复水系统的稳定运行，保证抽气器的工作状况，维持系统真空度正常，采取了以下措施：

（1）动力车间调整水泵及风机，降低凝汽器使用的循环水温度，提高凝汽器的冷凝效果，降低复水温度，避免复水泵发生汽蚀。

（2）复水泵 NB、NC 出口管路中增加排空，发生汽蚀状况时就地直排，稳定热井液位、缓解机泵汽蚀。

（3）抽气器冷却水管路并入一路除盐水，降低冷却介质温度，确保抽气器工作效率；调节复水调节阀副线及现场阀组处排空就地直排，保证热井液位正常控制。

（4）复水泵不上量、热井液位无法稳定控制的极端情况下，泵出口排空就地直排、关闭出口管路，除盐水用作抽气器冷却水，保证系统真空度。

2.1.2 凝汽器冷凝水、抽气器冷却水的调整及抽气器的切换、组合

至 2019 年 3 月，真空度持续下降，车间先

后两次采用轻薄纸巾对复水真空系统中所有可能存在泄漏的密封点逐一排查，未发现异常、漏点；对抽气器二级疏水回水管路进行排空、更换管路疏水阀等处理，系统真空度未见明显变化；对两组抽气器及辅助抽气器进行切换、组合运行，真空度稍有提高，最终投用北侧一组一级、二级及南侧二级，真空度维持在 -77kPa。随着运行时间的增加，最终真空度下降至 -66kPa、汽轮机蒸汽耗量 12030kg/h、转速 9400r/min 左右，此状况下循环水进凝汽器温度为 20℃，环境温度为 14℃。

1）凝汽器冷凝水、抽气器冷却水的调整

由于真空度低，凝汽器的复水温度较高（温度在 55~62℃ 之间），为保证抽气器的工作效果，车间将凝汽器的复水自泵出口至抽气器前甩出、直接接入复水调节阀组前，送至抽气器；此时抽气器冷却水介质为除盐水，由泵出口管路岔开接入，供给大气安全阀水封用水、经抽气器换热（进水温度 30℃、回水温度 44℃），最终与复水一并接入复水调节阀组前，送至除氧器；热井液位控制在 50%。

2）复水真空系统密封点查漏

采用轻薄纸巾，先后两次对大气安全阀、复水系统管路、抽真空系统管路、设备各接管法兰处、人孔盖处等逐一排查，未发现异常、漏点；对抽气器二级疏水回水管路进行现场排空、更换管路疏水阀等处理，系统真空度未见明显变化。

3）更换抽气器喷嘴及两组抽气器的切换、组合使用

随着排查工作的不断深入，怀疑抽气器喷嘴的效率下降，不能满足正常工作要求；4月3日，对两组抽气器的一、二级喷嘴进行了更换，更换前后系统真空度无明显变化。

在对抽气器喷嘴更换后，又尝试对两组抽气器进行切换、组合运行：

（1）将抽气器由南侧一组切换至北侧备用一组运行，真空度上升 -10kPa。

（2）将两组抽气器同时投用，真空度下降明显，后继续投用北侧一组。

（3）投用北侧一组一、二级时真空度为 -73kPa，耗气量为 11600kg/h，再将南侧二级投用，真空度上升至 -78kPa，耗气量为 10900kg/h；两组同时投用时真空度下降至 -72.5kPa；投用南侧一组一、二级及北侧二级，真空度下降至 -67kPa。

最终投用北侧一组一级、二级及南侧二级，真空度维持在 -77kPa。

4）辅助抽气器的启停

在对真空系统进行排查、调整过程中，真空度下滑至 -62.4kPa 时，投用辅助抽气器，真空度回升至 -78kPa，停用辅助抽气器，真空度略有下滑；在对真空系统进行排查、调整过程中，真空度下滑至 -70.2kPa 时，投用辅助抽气器，真空度无明显回升且持续下滑，停用辅助抽气器后，真空度缓慢回升，但无法恢复至调整之前的状况。

3　真空复水系统的查漏、处理

随着气温的不断升高，真空度下滑越趋明显，经过多次排查、排除，最终还是集中于怀疑真空复水系统管路存在泄漏点；虽经数次漏点排查，但查漏方法简单，特别是微小泄漏点及难以触及的死角，无法准确查找出。通过与兄弟单位的交流以及相关信息的检索，电厂的蒸汽发电机组通过氦气质谱仪精准地查找出现场微小漏点，解决了真空低的问题。

3.1　常用查漏方法介绍

常用查漏方法见表2。

表2　常用查漏方法介绍及优缺点

查漏方法	查漏机理	优　点	缺　点
氦质谱检漏仪查漏	对可能存在泄漏的密封点处喷氦气，通过抽气器排汽处检测氦气	可在机组运行过程时查找，发现漏点快速	氦气易挥发，难以确定泄漏点；死角难以触及，无法全方位检查
超声波查漏	对泄漏产生的超声波进行波长倍减，倍减泄漏超声波的频率达到人耳能听到的频率，以达到识别泄漏点的目的		倍减超声波的同时也倍减了其他噪音的频率，泄漏超声波被噪音淹没，查漏不完整、遗漏、误判多

续表

查漏方法	查漏机理	优　点	缺　点
弱信号智能检漏仪查漏	采用噪音波的特征识别等人工智能，对泄漏噪音实行提取、分析、比对、定点	可远距离定点漏点，可在运行、停机下进行查漏	
真空灌水查漏试验	将水灌满凝汽器壳体直至低压缸汽封注窝处，使真空系统所有设备和管道充满水，检查渗漏情况，确定漏点	可明显、迅速、直观地发现泄漏点	只能在机组停机状态下进行查漏
打压法	往凝汽器系统注入空气保持正压，涂抹肥皂水检查所有密封点		工作量大，在机组停机状态下进行
宣纸查漏	宣纸浸湿，放置怀疑泄漏的密封面处，观察发现宣纸被吸破，说明此处存在泄漏	能准确地发现泄漏点	工作量大；死角难以触及，无法全方位检查
其他查漏方法	火焰法、涂抹肥皂沫等方法比较繁琐、工作量大，应用范围较小		

3.2　真空系统查漏、处理

通过对氦质谱检漏仪查漏方法的了解、热电厂实地考察、学习，结合装置现场的实际情况，车间编制了详细的查漏堵漏技术方案、真空查漏施工方案，将现场所有密封点分单元、分区域进行查漏，完成方案的研究、讨论、审批后，于4月23日进行现场查漏堵漏作业。

通过氦气质谱仪和高纯氦气对真空系统低压缸本体、疏水集合管系统、汽轮机本体、真空抽气系统、机组补水系统、凝结水系统、排汽缸喉部等系统所有阀门、法兰及管道等设备进行了检测（见图1），发现真空系统输水集合管本体及连接法兰、抽汽器与本体连接法兰、抽汽器疏水管道、凝汽器北侧倒空等9处漏点，其中输水集合管漏量最为严重，此时的真空值为-65kPa。

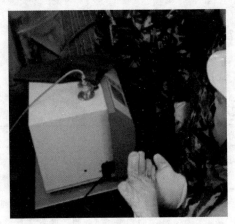

图1　氦质谱检漏仪现场查漏

测量仪器本底量为1.0E-08（正常大气中的含量），当检测过程中仪器显示量为5.0E-08至5.0E-07时，此漏点存在小漏量；当检测过程中仪器显示量为5.0E-07至1.0E-06时，存在中漏量；当检测过程中仪器显示量为1.0E-06至5.0E-06时，存在大漏量；当检测过程中仪器显示量为5.0E-06以上时，则存在特大漏量。

3.2.1　抽气器疏水管道

该点的氦质谱检漏仪检测显示量为2.0E-07，存在小漏量；该管线为碳钢管线，局部腐蚀严重，车间联系无损检测单位对其壁厚进行检测，确认腐蚀范围；对腐蚀较为严重部位进行堵漏胶涂抹处理，待合适时机对该管线进行更换。

3.2.2　抽汽器与本体连接法兰

该点检测显示量为5.5E-07，存在中漏量，施工单位对该法兰密封面进行堵漏胶封堵处理。

3.2.3　输水集合管连接法兰

该点检测显示量为9.0E-07，同样存在中漏量，施工单位对该法兰密封面进行堵漏胶封堵处理。

3.2.4　凝汽器北侧倒空

该点检测显示量为8.0E-07，同样存在中漏量，车间联系检维修单位对该倒空阀增加盲板封堵。

3.2.5　输水集合管本体

该点检测显示量为2.3E-05，存在特大漏量；仔细查找发现疏水集合管本体存在长9mm、宽 4mm 的孔洞；在对本体进行清理、进行堵漏处理过程中，轻微的触碰致使孔洞稍有扩大，真空立即下降至 -62kPa；通过检查发现该集合管局部冲刷严重，孔洞处壁厚不足 2mm；为避免漏点扩大，临时利用黑色胶皮封堵该孔洞，真空迅速上升至 -86kPa，由此完全可以断定，该点的泄漏是导致真空下降的根本原因，立即对点进行带压堵漏处理。消除该处漏点后，为保证疏水集合管的运行，检测单位对孔洞周边进行管壁测厚，明确减薄区域并对局部进行了包焊、加固处理。

4　结论

经过数月的逐步查找、原因分析、现场处置，最终通过氦质谱检漏仪查漏，准确地查找出系统存在的泄漏点，解决了装置汽轮机-气压机组真空度低的隐患，真空系统运行正常，机组各项参数均在正常工作范围内，保证了机组的安全长周期运行。同时也积累了宝贵经验，若出现类似情况应从以下几点解决：

（1）检查凝汽器冷却水的进、出口温度变化，判断凝汽器的冷凝效果；

（2）检查抽气器的运行状况，判断抽气器的工作效率；

（3）检查真空复水系统情况，采用合适的检查方法，判断系统是否存在泄漏点。

参　考　文　献

1　张杨. 催化裂化装置应急知识问答[M]. 北京：中国石化出版社，2012.

油浆蒸汽发生器内外漏分析思路及措施建议

沈鹏年

（中国石化扬子石油化工有限公司炼油厂，江苏南京　210048）

摘　要　催化装置油浆蒸汽发生器频繁发生外漏及内漏，对装置的平稳运行造成极大影响，根据检修情况及参数比对，管束管口焊接残余应力未有效消除、垫片选型不佳等为主要原因，通过增加减应力槽、采用双金属自密封波齿垫及定力矩紧固等方法，解决故障问题。

关键词　换热器；泄漏；残余应力；定力矩紧固；质量

扬子石化炼油厂 2# 催化联合装置设计为 200 万吨/年，于 2014 年 7 月正式投产运行，生产工艺采用洛阳院 MIP-CGP 技术。自开工以后，分馏塔底油浆蒸汽发生器频繁发生泄漏故障，对装置的平稳运行造成了较大影响，同时存在极大的安全隐患。

1　设备概况

2# 催化循环油浆蒸汽发生器 21100-E213ABC 型号为 BJS1600-3.9/4.87-673-6/25-6I，由中石化洛阳工程有限公司设计，洛阳双瑞特种设备有限公司制造。具体参数详见表1。

表 1　循环油浆蒸汽发生器 21100-E213ABC 参数

结构类型	BJS	容积	壳程	10m³
换热面积	673m²		管程	6.8m³
	壳程		管程	
介质	水、蒸汽		油浆	
介质特性	第二组介质		第二组介质	
工作温度（入/出）	263℃		340/280℃	
最高工作压力	4.6MPa		1.08MPa	
设计温度	283℃		360℃	
设计压力	4.87MPa		3.9MPa	
管板最大设计压差	4.87MPa			
程数	1		6	
腐蚀裕量	2mm		3mm	
液压试验压力	7.62MPa		6.72MPa	

2　油浆蒸汽发生器内外漏分析思路

2.1　循环油浆蒸汽发生器内漏

油浆蒸汽发生器内漏后，工艺现象及调节

手段：初步表现为油浆外甩流量不稳，油浆产品泵电流变化较大，泵可能会发生抽空，可将外甩油浆由直供外部装置改至罐区，若仍无好转，尝试调节阀改手动、切副线、切换机泵等措施，同时安排清理过滤器，检查油浆产品泵过滤器内有无明显异物。若机泵重启后，仍无法解决，尝试启用油浆泵跨线、停用外甩机泵，手阀调节外甩流量，此时油浆不经过机泵，流量可以调节稳定，但再次投用机泵后仍然出现上述问题，基本可以判断油浆换热器发生内漏，蒸汽窜至油浆系统。

确定油浆换热器是否内漏，以装置内 E213C 为例，可以采取如下措施。

2.1.1　油浆水含量分析。

对投用的油浆蒸汽发生器 E-213A、C 出口分别采样，分析水含量，分别为 0.03% 和 1.2%，后者明显高于正常水平，且差异较大。

2.1.2　油浆蒸汽发生器油浆侧出口温度变化判断

原 C 台油浆侧出口温度比 A 台高 10℃ 左右（C 台换热效果相对差）。随混合原料温度降低（塔底油浆先经 E212/215 和原料油换热，再进油浆蒸汽发生器 E-213），E-203 进口的油浆温度降低，出口温度也相应降低。理论上换热效果好的 A 台应该降幅更大，但趋势正好相反，说明 C 台水汽漏入油浆。

2.1.3　分馏塔顶部温度变化判断

粗汽油终馏点为 206~210℃，分馏塔顶稳相对以前低 2℃ 左右（反应和分馏注汽未增加），说明分馏塔顶水汽分压升高、油气分压降低。

2.2　循环油浆蒸汽发生器外漏（见表 2）

以装置投运前后为例，2014 年 5 月 20 日，车间安排对汽包 V1602、E213ABC 壳程进行锅炉水系统试压，当系统压力提升至 4.0MPa 时，E213ABC 壳程管箱侧垫片同时泄漏。后安排检修，检修后在进行系统压力联试时 E213C 管箱侧垫片又出现大量泄漏，安排 C 台切出检修。7 月 21 日装置正常进料开工，在开工过程中 E213AC 后头盖垫片泄漏，经检修后 7 月 25 日投用 C 台，投用不久 C 管箱侧垫片出现较大泄漏。8 月 23 日，运行 35 天的 B 台管箱侧垫片泄漏，8 月 24 日，运行 35 天的 A 台管箱侧垫片泄漏。

表 2　油浆蒸汽发生器外漏统计

故障时间	历史故障部位
2014.5.20	E213ABC 管箱侧垫片泄漏
2014.6.9	E213C 管箱侧垫片泄漏
2014.7.21	E213A/C 后头盖垫片泄漏
2014.7.25	E213C 管箱侧垫片泄漏
2014.8.23	E213A 管箱侧垫片泄漏
2014.8.24	E213C 管箱侧垫片泄漏

油浆蒸汽发生器外漏判断以现场目视为主，一般外漏都为蒸汽侧泄漏，主要检查建议：

（1）巡检时侧重检查蒸汽密封面，检查是否有水滴或水汽，发现后及时安排紧固，切忌拖延时间过长，以免垫片石墨层被蒸汽冲刷损坏。

（2）油浆蒸汽发生器法兰不建议直接安装保温棉，尤其是投用初期，不利于提前发现问题，同时可能由于保温棉不均匀，会导致法兰面温度不均，局部膨胀不一致，导致发生泄漏。为防雨，可在法兰上部直接采用空保温铝皮遮挡，同时在换热器旁做好高温防烫警示牌。

3　检修思路及措施建议

3.1　油浆蒸汽发生器内漏

3.1.1　油浆蒸汽发生器检修思路（以 E213C 泄漏为例）

对 E213C 进行解体检修，在拆除管箱后，发现固定管板表面局部位置有结垢硬物，即可判断该处部位管束存在泄漏，如图 1 所示。

管束经射流清洗后，进行水压试漏，在灌水过程中图 1 结垢处管口焊缝就开始漏水，检查泄漏部位，能看到在管口焊缝上有明显的环向裂纹，部分裂纹已扩展到相邻的管口焊缝上，焊缝开裂情况如图 2 所示。

图 1　管束泄漏位置

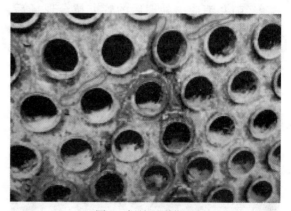

图 2　焊缝开裂位置

（1）管束修复。为尽量不减少换热面积，对裂纹的处理一般是采用打磨及补焊的修复方法，补焊工艺按照厂家技术人员要求执行，而对于补焊无效的采用堵管方式。因 E213 换热器在管板上管束进物料管口部位衬有不锈钢短管，短管与管束口的密封采用的是不锈钢焊条；管束物料出口部位未衬不锈钢短管，管束与管板处的焊接为碳钢焊条。厂家要求消漏补焊时在衬短管部位采用 ER309 焊条，碳钢部位采用 ER50-6 焊条，并要求采用全氩弧焊。

在对裂纹部位打磨过程中发现部分两管束之间的纵向裂纹在管板上的深度较深，在磨掉 5mm 多时仍未彻底消除裂纹。另外，在补焊时，由于焊接产生的应力，极易导致原先无裂纹的部位在相邻部位焊接后又出现了新裂纹，并产生了泄漏。

（2）硬度检测。在管束处理过程中，联系检测单位有关人员对管板进行了硬度检测。由于检测单位提供的仪器无法检测管口与管板处的焊缝，只能在管板四周及中间无管束的部位进行检测。使用的仪器为HLN-11A，共采集8点，最高值为160HL，最低为139HL。由于无法检测到管口与管板胀焊处焊肉的硬度值，因此，在管板上所检测的硬度值并不能说明焊缝开裂的原因。若需检查焊缝处硬度值，建议将管束整体更换后，在旧管束上取试块进行分析。

（3）消应力处理。鉴于在管板上修复时漏点消除一处，打压时又会新增一处或者是处理过漏点再次发生泄漏，联系南京工业大学有关技术研究人员，尝试对管板进行喷丸消应力处理。

经喷丸消应力处理后的管束拉至现场后，进行试压。在对漏点处理过程中仍有新的漏点出现，最终共堵管47根。堵管后的情况如图3所示。

图3　堵管后换热器管束

3.1.2　管束泄漏原因分析

E213C换热器管板泄漏主要集中在固定管板上，浮动管板侧泄漏很少。经结合其他单位油浆换热器管束泄漏问题的分析，造成换热器管板与管口焊缝处开裂的主要原因是应力集中导致的焊缝开裂。制造过程中，循环油浆蒸汽发生器管束在消除焊接应力和热应力方面处理不佳，投用后，蒸汽压力逐步升高，管束胀焊部位已发生开裂。

3.1.3　建议措施

（1）在设备选型采购阶段，应与设备制造厂确定管束制造及验收标准，采用强度焊+强度

胀，焊后(650±10)℃，保持1h消应力处理。

（2）目前有采用在管板上加减应力槽的方法来降低管束与管板焊接时产生的应力的应用案例。

减应力槽说明：为解决管板焊后残余应力过大问题，施焊前在油浆蒸汽发生器的管板上开减应力槽，环形的圆底槽与管板孔同心，使管桥处形成了孤岛，管桥表面与焊缝处产生不连续，这样有效减小了焊缝的拘束度，并可有效地降低焊缝的残余应力。此外，减应力槽有缓和作用，可以使力线绕开焊缝的应力集中处，增加了焊接接头的疲劳强度，提高其腐蚀疲劳抗力，减小管板出现裂纹的风险(见图4)。

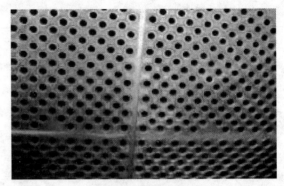

图4　减应力槽示例图

3.2　油浆蒸汽发生器外漏

3.2.1　工艺操作判断

本装置油浆蒸汽发生器21100-E213AB泄漏时，工艺生产操作平稳。主要检查汽包21100-V1602压力、分馏塔塔底油浆循环量及温度是否平稳。

3.2.2　设备问题判断

（1）换热器螺栓选用。换热器管箱螺栓规格为M48×3×720，材质为35CrMoA。经查HG/T 20613及JB/T 4707，此规格螺栓的力学性能、使用压力及温度范围符合要求，但35CrMo材质螺栓力学性能和使用温度范围不及25Cr2MoV材质螺栓，建议采用高等级螺栓。

（2）法兰螺栓紧固要求。循环油浆蒸汽发生器21100-E213ABC垫片设计选用金属石墨波齿复合垫。循环油浆蒸汽发生器在装置开工前试压时曾发生垫片泄漏，后更换全部垫片重新打压。在水压试验升压过程中，管箱侧垫片、外头盖垫片一直有渗漏现象。为消除升压时垫

片渗漏，用液压扳手提高扭矩紧固螺栓。循环油浆蒸汽发生器螺栓预紧计算扭矩如表 3 所示。

表 3　油浆蒸汽发生器 21100-E213ABC 螺栓预紧扭矩表

序号	位号	位置	设计压力	螺柱规格	数量	螺柱材质	计算扭矩/N·m	安装/MPa 液压扳手
1	E213ABC	管箱	4.87	M48×3×720	54	35CrMoA	3920	30
2	E213ABC	浮头	4.87	M36×3×630	64	35CrMoA	1764	13.5
3	E213ABC	外头盖	4.87	M48×3×550	56	35CrMoA	3920	30

最终水压试验 5.0MPa 时螺栓紧固扭矩达到了 8000N·m。过高的螺栓紧固扭矩使得垫片石墨复合层受挤压变形，且变形量过大，失去调节弹性，导致垫片容易发生泄漏。

建议由专业螺栓定力矩紧固单位进行重新计算，根据螺栓材质、工况条件等，计算出螺栓需紧固的力矩，安装时由专业厂家进行紧固，本装置采用北京源城技术，油浆换热器法兰紧固全程由厂家进行，可以达到零热紧、零泄漏

要求。

（3）垫片选型。原换热器垫片选型不合适。经与洛阳工程公司沟通，其推荐油浆蒸汽换热器垫片选用双金属自密封波齿复合垫，且在其他同类型装置油浆蒸汽换热器上使用良好，未发生过泄漏。

3.2.3　原因分析汇总及建议措施

换热器外漏原因分析及应对措施如图 5 所示。

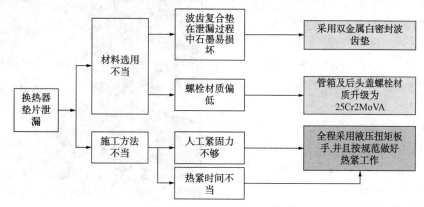

图 5　换热器外漏原因分析及应对措施

4　效果验证

（1）2015 年装置大修时，将原换热器芯子更换，管口部位采用减应力槽设计，自投用后，运行至 2019 年未出现任何内漏。

（2）循环油浆蒸汽发生器垫片由金属石墨波齿复合垫改为双金属自密封波齿复合垫；管箱螺栓材质由 35CrMoA 提升至 25Cr2MoV；换热器检修完成后，螺栓由专业厂家进行定力矩紧固。采取上述措施后，至 2019 年未出现任何外漏。

5　结束语

催化装置油浆蒸汽发生器管束管口开裂是由于未进行有效焊后热处理，残余应力未有效消除，造成管口部位焊缝硬度高，在开工过程

中与温差应力叠加后造成焊接接头高应力部位发生开裂。垫片形式的不合理及换热器螺栓未有效紧固，导致换热器频繁外漏。

另炉水质量方面，pH 值的控制同样重要，建议将 pH 值控制在 8.5～10.5，pH 值不能过高，否则会发生碱脆，同样会导致焊缝开裂泄漏。

从以上的分析可以看出制造厂的制造质量是油浆发器泄漏的主要原因之一，原始设计对设备操作工况应充分考虑，在特殊工况下，密封件及紧固应提出较高标准，所以，控制好制造质量关、合理的选型、严格的施工标准、平稳工艺操作是避免油浆发器泄漏的主要手段。

洛阳石化二催化装置沉降器结焦原因分析

李艳松　杜　焜

（中国石化洛阳分公司，河南洛阳　471012）

摘　要　针对洛阳Ⅱ催化裂化沉降器严重结焦问题进行分析，对防止类似结焦现象发生提出了可操作性较强的意见。

关键词　催化裂化；沉降器；汽提段；结焦；催化剂

1　概述

中国石化洛阳分公司二催化裂化装置，采用两器同轴、单器单段逆流完全再生技术，于1997年10月建成投产，处理量为1.40Mt/a的常压渣油。2012年12月28日，二催化裂化装置因汽提段格栅发生局部堵塞，待生催化剂流通不畅，致使两器催化剂无法正常循环，2013年1月12日装置停工抢修处理，1月27日开工正常。从1月12日9时10分切断反应进料，到1月27日12时58分提升管喷油成功，期间检修168h。

2　结焦情况

打开沉降器装卸孔（见图1），发现含有催化剂的软焦已堵塞大部分装卸孔（图a），戳开堵塞装卸孔的焦墙，站在装卸孔往里看，沉降器壁结焦较轻，提升管出口至两个粗旋入口T型平台上堆积如钟乳石状的焦（图b），粗旋筒体外壁结焦较厚（图c），经测量最厚处达500mm，粗旋拉筋上堆积有焦，集气室顶部结焦很薄，进入沉降器内，透过单旋油气入口往里看，单旋升气管外壁结焦严重（图d），经过检查为硬焦，表面呈灰白色，含催化剂。站在汽提段格栅上部向上看，单旋料腿拉筋上方未结焦，粗旋、单旋料腿结焦较薄，从粗旋、单旋料腿至灰斗、筒体，结焦逐渐加重，单旋油气出口至集气室外壁结焦较少。汽提段最上层格栅上部清除直径3.2m、高约1.3m的焦块堆积空间，检查汽提段五层格栅完好无损，均未结焦，只是局部孔道被小焦块堵塞（图e）。检查提升管内壁（图f）、粗旋入口内壁、大油气线内壁（图g）均结焦很少。

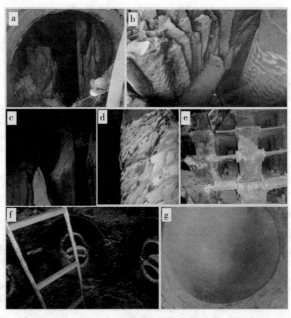

图1　沉降器结焦情况

从结焦情况看，沉降器内粗旋及单旋筒体外壁、提升管出口至两个粗旋入口的T型平台结焦较为严重，底层为硬焦、表层为软焦，经化验分析软焦中的催化剂含量为50%，本次沉降器内清焦量约为120t，2011年10月21日至2013年1月12日共计运行449天，结焦速度大致为267kg/d。

3　沉降器结焦原因分析

3.1　原料劣质化，装置结焦倾向加剧

无论是重质油、抑或石蜡基质油，催化装

作者简介：李艳松（1983—），2007年毕业于西安石油大学过程装备与控制专业，工程师，现任中国石化洛阳分公司炼油一部任炼化设备副主任师，负责设备管理工作。

置的结焦倾向是客观存在的，原料越重、原料中稠环芳烃、胶质、沥青质等重组分含量越高，未充分雾化成液雾的可能性越大，装置的结焦倾向就越发加剧。

2011 年 10 月 21 日，装置经大检修后开工生产，年底闪蒸油掺炼量较低，2012 年初至 2012 年底，二催化装置加工的原料主要为大部分闪蒸塔底油、少部分加氢精制蜡油，期间闪蒸塔底油掺炼比最大为 89.94%，平均为 56.51%(见表1)。

为了保证汽油产品质量的合格，进闪蒸系统的原油相比主流程原油进料性质要好，硫含量相对较低。2011 年 11 月下旬，优质原油紧俏，进闪蒸的原料逐渐劣质化，二催化装置汽油产品质量无法满足要求，11 月 30 日开汽油加氢，以确保产品质量合格，12 月下旬，闪蒸原料更加劣质化，再生取热系统满负荷运行，装置进料量日平均由正常的 185t/h 最低降至 140t/h，12 月 26 日瞬时值最低降至 135t/h，热裂化凸显。

表1　2012 年 5~12 月闪蒸塔底油性质

项目	5 月	6 月	7 月	8 月	9 月	10 月	11 月	12 月
闪蒸油平均掺炼百分比/%	66.02	67.64	60.23	56.31	53.74	39.02	41.01	59.14
残炭/%(m/m)	4.96	5.15	5.47	4.36	4.88	4.72	5.12	4.92
硫含量/%(m/m)	0.41	0.45	0.45	0.35	0.42	0.40	0.55	0.77
密度(20℃)/(kg/m³)	900.71	901.03	906.74	907.72	898.33	900.72	907.44	911.18
初馏点/℃	198.63	193.00	207.00	189.25	207.67	210.88	225.38	224.30
5%/℃	273.38	271.88	275.75	271.75	284.67	284.25	293.25	287.30
10%/℃	311.38	307.13	309.25	310.00	321.50	320.25	326.25	318.50
50%/℃	502.63	472.88	477.63	486.75	502.63	492.50	499.75	501.10
90%/℃	675.00	665.17	724.25	697.00	—	704.00	671.50	702.50
95%/℃	713.00	704.50	—	—	—	—	708.50	
350℃/%	16.95	18.18	19.15	16.90	14.60	15.48	14.25	16.08
500℃/%	50.70	56.75	54.68	53.10	49.70	51.75	50.25	50.24
530℃/%	56.65	63.30	60.95	58.75	55.57	57.98	56.90	56.64
Ca 含量/(μg/g)	0.46	0.21	0.38		0.68	0.43	0.92	2.80
Fe 含量/(μg/g)	2.22	5.29	4.37	2.30	7.14	7.94	5.17	8.29
Na 含量/(μg/g)	2.24	3.58	2.28	—	1.54	2.32	0.85	1.27
Ni 含量/(μg/g)	12.67	17.40	15.56	9.60	18.71	12.77	10.79	12.28
V 含量/(μg/g)	0.89	3.47	4.36	4.76	2.38	5.57	5.12	11.36

一般适合做催化装置的原料终馏点一般不超 530℃，但闪蒸塔底油中大于 530℃ 的含量达 41.39%，闪蒸塔底油 95% 点平均为 707℃。终馏点越高，原料就越难汽化，也就越容易形成未汽化油，催化剂吸附未汽化油的液滴形成"湿"催化剂，原料汽化不完全而产生的"湿催化剂"和反应后重组分的冷凝形成沉降器结焦的物理原因；稠环芳烃、胶质、沥青质的高温缩

合和油气中烯烃、二烯烃的聚合、环化反应形成沉降器结焦的化学因素。

3.2　混合原料性质不稳，波动大，加剧结焦

二催化装置的进料主要有三股：一是闪蒸塔底油，其直接来源于常减压闪蒸塔，一催化部分掺炼，剩余大部分进二催化；二是来自加氢车间的精制蜡油，在保证一催化装置加工负荷情况下，剩余部分进入二催化；三是罐区的

冷蜡油作为补充。

其中闪蒸塔底油、加氢精制蜡油，任何一种物料量的变化，都会引起二催化进料性质的变化，加之控制原料油罐合适的液位（不满不空），加剧了混合进料性质的平稳控制难度，另外闪蒸塔底油温度约为185℃，加氢热蜡油温度约为142℃，两者相差43℃，实际生产中，二催化闪蒸塔底油的掺炼比的变化不仅影响进料性质，而且影响原料罐温度，间接影响操作条件、产品质量，尤其在装置超负荷运行情况下，装置操作弹性小，加之二催化装置外取热为气控外循环式，调整难度较大，操作调整更为频繁，进而带来装置的整体稳定性较差。瞬间进料性质波动大，时轻时重（见表2），时不时会出现热裂化现象，促进结焦加剧。

表2　2012年7月、8月、10月、11月闪蒸油来量与再生密相温度情况

项　目		单位	2012年7月	2012年8月	2012年10月	2012年11月
闪蒸油	最大	t/h	150	150	150	143.46
	最小	t/h	41.02	0	0	0
	平均	t/h	97.58	95.79	71.44	74.07
再生密相温度	最大	℃	657.79	709.12	703.3	698.48
	最小	℃	612.77	614.76	608.62	618.94
	平均	℃	634.07	648.82	657.54	657.18

注：闪蒸油最小值为0，实际流量小于40~50t/h，流量表显示为0t/h。

日常生产中，二催化装置为了消化掉闪蒸油、加氢热蜡油两股进料的波动，保证产品质量合格，确保各项工艺参数控制在指标范围内，必须频繁调整操作，生产管理难度增大，同时也承担了一定的风险性。从长远来看，建议常减压控制闪蒸塔一定的负荷，将闪蒸油进二催化量控制平稳，加氢蜡油供给一催化后的剩余部分全部去罐区，二催化进料改为冷蜡油和闪蒸油，稳定二催装置原料的组成，将进料性质及温度带来的波动大部分转移到罐区，减缓进料波动对两套催化的影响，避免二催化经常调整外取热，减少由于进料引起的波动。弊处：二催化由热蜡油改为罐区冷蜡油，外输热效果变差，增加机泵耗电，能耗上升。

3.3　工艺条件对结焦的影响

在进料劣质化的情况下，要减缓沉降器的结焦就必须增强原料的汽化率。进料汽化率与反应温度、喷嘴的雾化效果、原料预热温度、再生剂温度和剂油比等因素有关。

3.3.1　反应温度对结焦的影响

对于重油催化相对而言，反应温度低，提升管出口湿催化剂多；反应温度高，会减少湿催化剂的含量。催化裂化装置防结焦导则中要求对掺渣比例高的催化装置，提升管出口温度应控制在500~530℃。日常生产中，二催化装置的反应温度控制范围基本都控制在500℃以上。

3.3.2　喷嘴雾化效果的影响

喷嘴的主要作用是将液相进料雾化成与催化剂粒径较为接近的油滴，以便与催化剂颗粒接触后能够迅速汽化并在催化剂内外表面上发生反应，因此喷嘴雾化效果好坏直接影响到进料的汽化效果。Ⅱ套催化裂化使用的原料油喷嘴为CS-Ⅱ型，厂家提供正常雾化蒸汽与进料的比例为3%~5%。日常生产中，二催化装置的进料雾化蒸汽与进料的比值基本控制3%~4%，满足喷嘴厂家要求3%~5%的指标要求，但未达到防结焦导则上5%~8%的要求。

3.3.3　原料预热温度的影响

提高原料预热温度，有利于增强原料雾化效果，防结焦导则要求重油催化裂化原料预热温度应控制在210℃以上。

3.3.4　再生剂温度和剂油比的影响

再生剂温度和剂油比越高，再生剂带给进料油的热量越多，汽化和反应越完全，但两者互为矛盾，降低再生剂温度，可以加大剂油比，提高进料油的汽化表面积，相应提高了汽化率，所以需要保持合适的再生温度及剂油比。

防结焦导则要求再生器密相温度应在640℃以上，剂油比控制在 6～10 之间。二催化装置剂油比、再生密相温度基本控制在此范围内。

3.4 可能导致沉降器局部结焦加剧的设计问题

粗旋变小、增上粗旋升气管孔道导流管的设计思路为：增加粗旋与单旋软连接处的油气线速，同时利用粗旋升气管孔道油气导流管，直接将经粗旋升气管的油气送至单旋入口，减少外溢至沉降器空间的油气，致使单旋尽可能多地回收经提升管、粗旋反应的油气，避免油气在沉降器空间发生过多的二次反应，增加轻液收。

图 2 为原粗旋与新粗旋的设计图纸，2011年 9 月大检修期间，粗旋按新图纸设计安装，安装过程中，由于设计的导流管过长，无法安装，经洛阳院设计变更，粗旋升气管孔道上四个导流管被取消。原两粗旋中心间距为 2746mm，原两粗旋升气管出口与粗旋连杆夹角分别为 70°、65°；新两粗旋中心间距为 2382mm，新两个粗旋

升气管出口与粗旋连杆夹角分别为 58.18°、52.99°；新粗旋筒体直径 1674mm，相比原粗旋筒体直径 1950mm 减少 276mm，为了保证提升管油气进入粗旋为筒体圆周切线方向，在利旧四个单旋且其在沉降器空间内位置不变的情况下，必须对新粗旋升气管孔道轴线进行转角，否则软连接处将发生错位。但新粗旋升气管孔道轴线转角后，又会带来新的问题，新粗旋升气管孔道轴线与单旋的切线方向形成 11.82°、12.01°的夹角，非理想状态的切线方向，可能导致单旋的作用效果变差。在加工负荷高时，由于 11.82°、12.01°的夹角的存在，单旋蜗壳内部可能会形成涡流，致使油气返混至沉降器空间，促成结焦。另外，软连接处油气返混外溢，同时也延长了汽提段汽提的油气和粗旋、单旋排料携带的油气进入软连接口的时间。综上原因，致使沉降器内过多的油气线速偏低，停留时间长，促成沉降器内部粗旋、单旋筒体、提升管水平 T 型平台结焦严重。

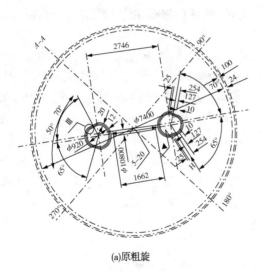 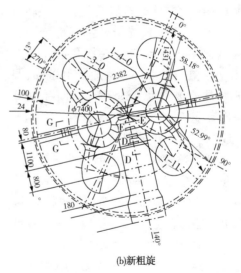

(a)原粗旋 (b)新粗旋

图 2 原粗旋与新粗旋的设计图纸

设计时若存在油气导流管，有利的方面：油气集中送入单旋入口，会适当减轻油气进入单旋入口非切线方向的影响；不利的方面：会降低沉降器空间温度，促成加剧结焦的温度场，另外汽提段汽提的油气、粗旋防倒锥及单旋翼阀下流催化剂携带的油气将较难进入单旋，该部分油气将形成滞留，反应时间长，形成结焦。

同时观察软连接处热偶位置（图 3），其中热偶 T1118-1 和该热偶支撑筋板伸入沉降器粗旋升气管出口与单旋入口油气通道中，面积为100mm×220mm，热偶 T1118-2 和该热偶支撑筋板伸入沉降器粗旋升气管出口与单旋入口油气通道，面积为 50mm×210mm，通过计算，这两块筋板阻挡粗旋升气管出口油气进入单旋入口

为 3.02% 的油气量(见表3)。

表3　热电偶筋板阻挡面积及粗旋升气管四个孔道总面积统计表

项　目		数值
粗旋升气管单孔道 (共计四个)	长/mm	760
	宽/mm	354
	单孔道面积/mm²	269040
	四个孔道总面积/mm²	1076160
T1118-1 筋板阻挡	长/mm	220
	宽/mm	100
	面积/mm²	22000
T1118-2 筋板阻挡	长/mm	210
	宽/mm	50
	面积/mm²	10500
热电偶筋板阻挡	总面积/mm²	32500
热电偶筋板阻挡占 四个孔道总面积	百分比/%	3.02

2011 年 9 月 T1118-1、T1118-2 两热电偶及其筋板长度、宽度、位置均未变,但新粗旋升气管孔道轴线朝向该热电偶及其筋板旋转了 11.82°、12.01°,形成软连接处油气部分阻挡的不利因素之一;新粗旋升气管孔道宽度为 354mm 相比原粗旋 254mm,增加了 100mm(见表4),形成软连接处油气部分阻挡的不利因素之二;新粗旋变小,油气经粗旋升气管孔道至单旋入口线速变大,热电偶筋板阻挡效果进一步增强。通过现场观察,四个单旋升气管外壁均结有硬焦,结焦程度基本相当,不存在热电偶筋板阻挡一侧的粗旋筒体外壁结焦也较严重,因此,热电偶筋板部分阻挡油气应是加剧结焦的原因之一。

总之,粗旋升气管孔道进入单旋入口非切线方向、热电偶筋板部分阻挡油气等设计问题,可能导致单旋蜗壳内部形成涡流,油气外溢,促成结焦。

表4　2011 年 9 月大检修更新前后粗旋关键尺寸大小

项　目		更新前	更新后	更新前-更新后
粗旋入口	长/mm	1270	1138	132
	宽/mm	550	484	66
	面积/mm²	698500	550792	147708

续表

项　目		更新前	更新后	更新前-更新后
筒体	直径/mm	1950	1674	276
灰斗	直径/mm	1260	1172	88
料腿	直径/mm	600	700	-100
排气管下口	直径/mm	780	704	76
粗旋升气管 单个油气 出口	长/mm	1200	760	440
	宽/mm	254	354	-100
	面积/mm²	304800	269040	35760

3.5　平衡剂性质差,结焦恶化

自 2011 年 10 月 21 日开工以来,2012 年 3 月上旬,平衡剂筛分组成(0~40μm)含量高于 20%,最高达 26%,平衡剂中重金属总量由开工初期 10000μg/g 上升至 15000μg/g,平衡剂活性控制在 65% 左右。

一般旋风分离器对于粒径小于 5~10μm 的细颗粒分离效率不高,平衡剂筛分组成(0~40μm)含量高于 20%,为形成软焦创造了催化剂的环境;同时平衡剂重金属污染严重,脱氢反应高,加剧了结焦。

3.6　汽提段格栅相比伞帽加环形挡板的弊处

汽提段格栅设计两段汽提,总蒸汽量为 5t/h,而伞帽加环形挡板为 3t/h,汽提段更改格栅后,汽提效果增强,但整体压降大,实际操作上,两器压差大于 35kPa(再生器压力 0.180MPa,沉降器压力 0.145MPa),催化剂循环易出现受阻的现象。上周期沉降器压力平均为 0.143MPa,本周期沉降器压力控制平均为 0.149MPa,反应压力同比上升 6kPa,粗旋入口线速同比下降 0.426m/s,故本周期略高的反应压力,沉降器内油气的停留时间长,结焦趋向加剧。

3.7　特护期间加剧结焦

特护期间,二催化装置采取了负压差操作,具体操作参数见表5。特护期间,进料掺渣比小于 30%,控制进料 140~160t/h 的较低负荷,反应温度控制在 490~495℃,两器压差控制在 -14~-10kPa 的情况下,通过塞阀存在部分油气窜至再生器,造成再生密相温度升高至 670~680℃,汽提段两段汽提蒸汽会通过待生立管、塞阀进入再生器内,这样造成沉降器内油气滞留现象严重,通过计算,粗旋入口油气线速由

17m/s下降至10.88m/s，反应时间由3s升至4.14s，对两器结焦起到加速的作用。由于反应温度低，沉降器内温度更低至460℃，相比正常情况下，沉降器内温度低约30~40℃，进一步加剧结焦。

两器负压差控制后，为了尽量不影响沉降器粗旋、单旋的分离效果，采取了降低再生器压力至0.160MPa的控制，再生器压力降低后，稀密相温差变大，进一步限制了装置的加工量，为了缩小稀密相温差，再生器藏量由正常的155t提高至180t，1月7日、8日先后补至再生器20t催化剂，特护期间催化剂大量减少，怀疑该部分催化剂与油气形成软焦。

表5　特护期间反再控制参数

日　　期	进料量/ (t/h)	反应 温度/ ℃	反应压力/ MPa	再生器 压力/ MPa	两器 压差/ kPa	密相 温度/ ℃	再生器 藏量/t	汽提段一段 汽提蒸汽/ (t/h)	汽提段二段 汽提蒸汽/ (t/h)	塞阀 压降/ kPa	再生滑阀 压降/ kPa
	FC1207-2	TC1101	P1112	PC1101	PDC1104	TC1102	W1104	FC1107-2	FC1107-1	PD1118	PDC1106
2012-12-29	138.83	495.89	0.175	0.164	-10.75	676.3	167.97	2.70	3.09	9.67	12.29
2012-12-30	150.42	493.51	0.173	0.160	-12.85	682.0	179.11	2.66	3.09	10.41	11.91
2012-12-31	142.80	494.60	0.174	0.160	-13.74	671.7	177.46	2.63	3.12	12.75	14.76
2013-1-1	144.16	492.63	0.173	0.160	-13.03	670.5	166.25	2.64	3.10	11.98	14.67
2013-1-2	150.02	489.77	0.172	0.160	-12.31	672.9	176.51	2.62	2.98	11.66	12.46
2013-1-3	151.23	491.84	0.173	0.160	-13.11	681.0	178.74	2.59	2.94	11.63	10.94
2013-1-4	158.47	494.92	0.172	0.161	-11.73	685.8	174.55	2.56	2.92	10.83	11.90
2013-1-5	160.72	495.03	0.172	0.160	-12.17	683.0	173.57	2.63	3.07	11.82	13.84
2013-1-6	152.93	498.79	0.172	0.160	-11.55	674.0	161.57	2.16	3.00	11.27	15.67
2013-1-7	149.23	495.36	0.174	0.162	-11.97	673.0	162.45	2.32	3.31	10.96	11.65
2013-1-8	147.86	492.18	0.174	0.162	-12.47	676.5	154.75	2.33	3.16	11.33	10.60
2013-1-9	141.59	490.86	0.176	0.162	-14.36	677.1	151.12	2.30	3.00	9.58	9.42

4　减缓沉降器的结焦的措施及建议

（1）建议改善闪蒸的进料性质，加强原料管理，避免二催化混合进料性质、量频繁波动，并增加二催化混合进料性质分析，包括混合进料的四组分、Ca、Na等。同时，车间严格控制操作条件符合《催化裂化装置防治结焦指导意见》准则要求，反应温度不低于500℃，预热温度不低于220℃，再生器密相温度不低于660℃等。

（2）消除软连接处热电偶筋板对部分油气的阻挡，抢修期间已割除阻挡部位。

（3）确保进料平稳，装置进料负荷不超110%，千方百计搞好装置的平稳操作，主风机组未停的情况下，避免中断催化剂流化，严禁沉降器温度大幅度波动，防止沉降器内焦块因热胀冷缩脱落。

（4）建议提前准备好100mm×100mm的较小孔径防焦格栅，下次大检修及时增上，即便有焦块脱落，也不至于堵塞催化剂流化通道。

（5）提高防焦蒸汽和汽提蒸汽温度，建议将1.0MPa蒸汽引入再生器过热到400℃以上，进入沉降器用于防焦蒸汽和汽提，以减少结焦。

（6）建议洛阳院对车间提出的设计疑点给予具体说明，进一步说明沉降器内四个单旋利旧，粗旋变小的设计合理性，同时将目前粗旋与单旋的设计与原粗旋、单旋设计的效果进行对比。

制氢装置氢气管道焊缝开裂失效分析

顾卫东

（中国石化上海石油化工股份有限公司芳烃部，上海　200540）

摘　要　制氢装置中变气/除盐水预热器 E-2004 出口管线三通焊缝在运行中发现裂纹。通过材料化学成分分析、金相、扫描电镜、能谱分析等手段对法兰焊缝裂纹进行失效分析，结果表明：本次管道焊缝开裂是由管道内壁裂纹萌生处向外扩展直至穿透壁厚，根据裂纹特征分析可以确认为本次造成管道焊缝开裂的主要失效原因是交变载荷引起的疲劳裂纹扩展所致。

关键词　中变气/除盐水预热器；焊缝裂纹；失效分析

制氢装置采用蒸汽转化法造气，采用 PSA 法氢气提纯的工艺技术，设计制氢能力为 5.5 万吨/年，2012 年 7 月中交，11 月 25 日装置正式开车，所产氢气送全厂氢气管网，供加氢装置使用。

中变气/除盐水预热器 E-2004 的主要作用为由转化气蒸汽发生器来的转化气进入中温变换反应器 R-2003，在催化剂 ShiftMax 120（Fe_2O_3、Cr_2O_3）的作用下发生变换反应，将转化气中的 CO 与水蒸气反应生成氢气和 CO_2。变换反应为放热反应。反应后的中变气经原料预热器 E-2002A/B、锅炉给水预热器 E-2003 换热后，进入中变气第一分水罐 D-2002，分离凝水后，经脱盐水预热器 E-2004 以回收大部分的余热，进入中变气第二分水罐 D-2003 分离凝水，再经中变气空冷器 A-2001、中变气水冷器 E-2005 冷却降温至 40℃，进入中变气第三分水罐 D-2004，进行气、水分离后，气体进入 PSA 变压吸附提氢部分。

1　中变气/除盐水预热器出口管线运行中存在的问题

2015 年 8 月，中变气/除盐水预热器 E-2004 出口管线三通焊缝在运行中发现裂纹，于 2015 年 9 月检修期间修复。2016 年 3 月，E-2004 出口管线平台下弯头焊缝再次发生泄漏，先用碳纤维加固，做夹具，后在 3 月底检修中修复。

该氢气管道平时操作压力为 25kgf/cm²，操作温度为 100℃，管内介质为氢气（72%）、蒸汽、甲烷、CO、CO_2，2012 年 9 月份投运，投用至今已有 4 年。

2　泄漏原因调查

为了掌握氢气管道焊口开裂失效原因，对该焊口进行现场取样作进一步分析，取样实物如图 1 所示。

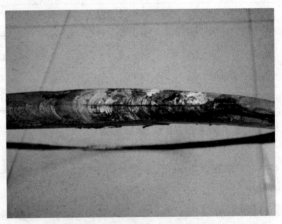

图 1　氢气管道焊口开裂取样照片

2.1　管道焊缝及母材材料化学成分分析

为了明确现场所用实际的材料，对管道母材和焊缝进行了化学成分分析，分析结果见表 1。

根据氢气管道母材与焊缝材料化学成分测定，可以确认现场管道用材符合设计选材条件，相对应的材料牌号为 TP321，系奥氏体不锈钢管材。

作者简介：顾卫东（1971—），男，设备管理主任师，高级工程师，现就职于上海石油化工股份有限公司芳烃部，从事设备防腐蚀工作。

表1　氢气管道母材与焊缝材料化学成分分析　　　　　　　　　　　　　　%

	C	Mn	Si	P	S	Cr	Ni	Ti	Mo	Nb
母材	0.047	1.30	0.58	0.0097	0.0065	18.12	10.22	0.251	0.030	<0.0020
焊缝	0.029	1.55	0.56	0.0120	0.0079	18.62	9.71	0.237	0.125	<0.0020
ASTM TP321	≤0.08	≤2.00	≤1.00	≤0.045	≤0.030	17.00~20.00	9.0~13.0	5×C~0.70	—	—

2.2　管道焊缝开裂及断口宏观形貌分析

图2为焊缝开裂部位内外壁宏观形貌照片，从中可以看出外壁裂纹位于焊缝中央，沿焊缝方向呈笔直开裂。从内壁观察裂纹起裂于焊缝熔合线，开裂处内壁外壁均无变形迹象。说明裂纹开裂呈脆性开裂特征。裂纹两侧并无细小的分枝裂纹情况存在，开裂呈单一性。

图3为焊缝断口宏观形貌照片。从中可以观察到整个断口较为平坦，明显存在起裂区、裂纹扩展区且外壁边缘有剪切层存在。断口呈脆性断口特征。

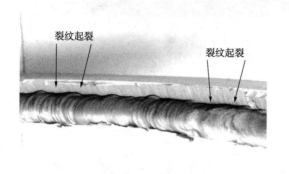

图2　焊缝开裂部位内外壁宏观形貌照片

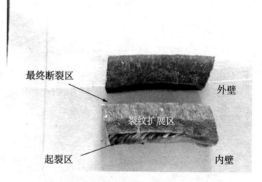

图3　焊缝断口宏观形貌照片

2.3　管道材料金相组织分析

为了检查材料内部是否存在缺陷和材料组织是否异常，对贯穿裂纹附近进行材料金相检查。图4为裂纹金相试样照片。从图4照片中可以清楚地观察到裂纹起裂始于内壁焊缝熔合线，呈笔直单条扩展穿透外壁。从内壁表面观察此处焊缝有较大堆高，熔合线母材表面具有明显焊前机械打磨留下的有规则的机械加工条纹。由于焊缝堆高与母材连接处形成"缺口"效应，在此处引发裂纹萌生。

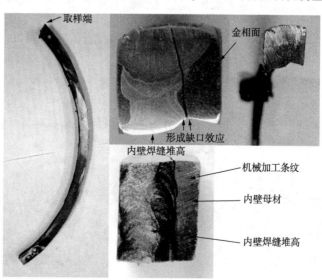

图4　裂纹金相试样照片

图 5 为裂纹附近部位材料的金相照片。从中可以看出母材组织为奥氏体+孪晶+少量碳化物，焊缝组织为奥氏体粗状晶+少量铁素体 δ 相。裂纹两侧有穿晶小裂纹。熔合区未发现有明显缺陷存在。

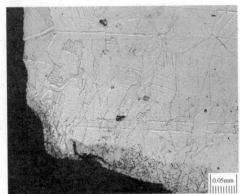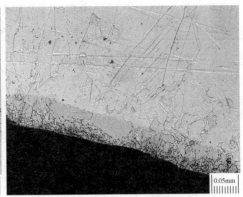

(a)内壁母材侧(200倍)-15　　　　　　　　　(b)内壁母材侧(200倍)-16

图 5　裂纹附近材料金相照片

2.4　管道裂纹断口微观形貌分析

为了掌握本次焊缝开裂的失效机理，将裂纹面打开进行 SEM 断口微观形貌分析。

图 6 和图 7 为裂纹起裂区的断口微观形貌照片。从中可以观察到起裂区断口没有明显的缺陷存在。在裂纹扩展区断口上可观察到典型的疲劳辉纹花样。

(a)　　　　　　　　　　　　　　　　　(b)

图 6　裂纹起裂部位的断口微观形貌

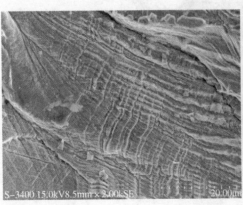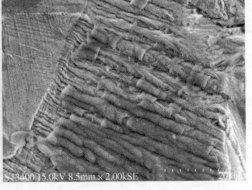

(a)　　　　　　　　　　　　　　　　　(b)

图 7　裂纹扩展区的断口微观形貌

图 8 为最终断裂区断口微观形貌照片。从中可以看到有明显的裂纹扩展的前缘线标记，局部可观察到有韧窝状花样。

(a)

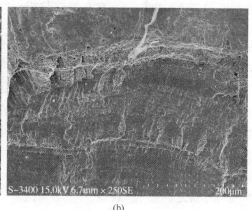
(b)

图 8　裂纹最终断裂区的断口微观形貌

图 9 为起裂区和最终断裂区断口微观形貌照片。从中可以看出由于起裂区开裂时间长，断口上留有较多的氧化产物，而最终断裂区断口较为新鲜，呈典型的脆性疲劳断口特征。

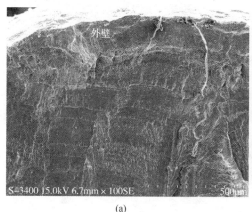
(a)

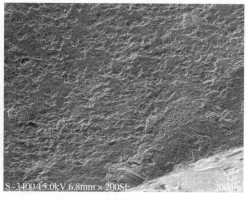
(b)

图 9　裂纹内壁起裂和外壁最终断裂断口微观形貌

3　管道焊缝开裂失效综合原因分析

3.1　疲劳断裂机理分析

疲劳是材料在交变应力下（远低于屈服应力）持续作用下发生的断裂现象。疲劳破坏过程主要分为四个阶段：

（1）疲劳裂纹的形成：裂纹成核阶段交变应力作用—滑移—金属的挤出和挤入—形成微裂纹的核。影响疲劳裂纹扩展的前提条件必须有交变载荷存在，其次产生疲劳裂纹萌生的影响因素主要有：材料中或表面存在夹杂物、机械伤痕和腐蚀凹坑、结构几何不连续处（焊缝未焊透、焊缝熔合线咬边、几何形状突变等）。交变应力作用致使金属表面产生不均匀滑移，并形成驻留滑移带，进而驻留滑移带上形成挤出峰和挤入槽，导致裂纹的萌生。该阶段没有疲劳条带特征。

（2）微观裂纹扩展阶段：疲劳裂纹扩展第二阶段会形成疲劳条带，随着拉应力的增加，交变滑移面上的滑移，引起裂纹张开和列尖钝化；随着压缩应力的增加，在交变滑移面上，由于部分滑移面倒置，致使裂纹闭合和裂尖再次钝化。

（3）宏观裂纹扩展阶段。

（4）断裂：当裂纹扩展达到临界尺寸时，发生最终的断裂。

3.2　交变载荷存在

从现场可以看到裂纹产生部位在管道三通段焊缝熔合区，且此处属于高低温交汇区，温差在70℃左右，因此不难分析该处管道内介质流动状态是不稳定的，容易造成管道内汽液相湍流，进而引起管道产生振动，存在交变载荷，从现场观察该部位管道确实有管道振动情况存在。

4　结论

（1）根据对材料的化学成分分析，现场用管材与原设计相符，具体牌号为TP321，奥氏体不锈钢管材。

（2）根据管道材料金相组织分析，造成本次开裂的主要影响因素是由于内壁焊缝堆高太深，使焊缝与母材之间形成"缺口"效应，引起应力集中，在该处造成疲劳裂纹的萌生。

（3）根据断口宏观形貌和微观形貌分析，本次造成管道焊缝开裂的主要失效原因是交变载荷引起的疲劳裂纹扩展所致。

5　对策措施

（1）对同批次焊缝进行RT射线检测，共检查焊缝69道，返修4道。

（2）严格选用返修用焊条焊丝品牌，施工队伍严格按照焊接规程作业，严格执行焊接工艺要求，避免内壁焊缝堆高太深现象。

（3）加强对生产装置的操作状态监测，精心操作，严格按照设备使用规定规范操作，减少管线气液相波动的发生。

参 考 文 献

1　崔约贤. 金属断口分析 [M]. 哈尔滨：哈尔滨工业大学出版社，1998.

2　钟群鹏. 断口学的发展及微观断裂机理研究 [J]. 机械强度，2005，27(3)：358-370.

加氢反应器顶法兰螺栓预紧力控制

佟艳宾

（中国石化北京燕山分公司机械动力处，北京　102500）

摘　要　加氢反应器是加氢装置的重要设备，其顶部大法兰主螺栓紧固情况，事关反应器能否安全运行，为避免密封垫片处泄漏或螺栓过载失效，在检修工作中，对顶部大法兰主螺栓预紧力控制显得尤为关键。液压拉伸器是一种非常先进的螺栓紧固与拆卸工具，利用液压拉伸器对反应器主螺栓进行紧固，可以更为精确地控制螺栓预紧力，大大提高设备操作安全性。本文对螺栓液压拉伸器的工作原理和特点进行了介绍，重点对主螺栓预紧力进行了计算，并给出了液压拉伸器驱动油压安全范围。同时为防止法兰主螺栓因过载而破坏，对其承受应力状况进行了计算，确认受力限制在弹性应力范围以内，设备能够安全运行。

关键词　液压拉伸器；螺栓预紧力；许用应力

1　前言

某加氢裂化装置，拥有 R501、R502 两台反应器，同属于高温高压设备，操作介质为混氢和油气。在检修工作中，如对反应器法兰连接处（顶部大法兰、底部出口法兰等）把紧不足，当反应器升温升压时，这些薄弱环节将有泄漏危险，甚至导致重大事故发生，所以对这些法兰连接部位进行螺栓紧固时，应对其预紧力进行准确控制。而液压拉伸器作为一种先进的螺栓预紧工具，基本可以实现螺栓预紧力的准确控制，在反应器检修工作中，利用 HYDRATIGHT 液压拉伸器对顶部法兰螺栓进行预紧，装置开工后，两台反应器运行情况良好。

2　液压拉伸器介绍

2.1　液压拉伸器工作原理

液压拉伸器主要由液压泵、拉伸头和连接导管三部分组成。其工作原理如图1所示，液压油作用于活塞，带动拉伸头对螺栓进行拉伸，使螺栓在其弹性形变范围内被拉长，将螺栓预拉伸到需要的伸长量（伸长量对应预紧力）。

螺栓受到拉伸时，螺母与法兰接触面脱离开来，施工人员通过金属拨杆来拨动六角螺母外的拨圈来转动螺母，使螺母与法兰面重新接触，然后卸掉油压，螺母和与法兰接触面贴合，从而保持螺栓的轴向形变，螺栓将形变产生的载荷作用在法兰密封面上，以保证需要的预紧力。

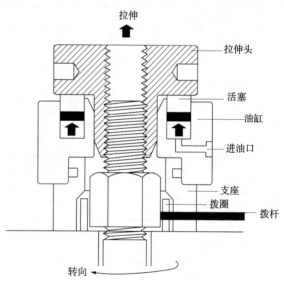

图1　液压螺栓拉伸器拉伸头工作示意图

2.2　液压拉伸器特点

液压拉伸器作为一种先进的螺栓预紧和拆卸工具，具有如下特点：

1）液压拉伸器的拉伸头直接作用在螺栓上，所有作用力都用于螺栓拉长，与其他紧固方式相比，基本不受螺栓润滑效果和螺纹摩擦力大小的影响，所加载预拉伸力与最终需要预

作者简介： 佟艳宾（1986—），男，北京人，2009年毕业于中国石油大学（华东）过程装备与控制工程专业，工程师，现任燕山石化公司机械动力处动设备科科长，从事转动设备相关技术和管理研究工作。

紧力比较接近，可以得到更为精确的螺栓载荷。

2）液压拉伸器可以由一台液压泵同时配多个拉伸头，对多个螺栓进行同步拉伸，使整圈螺栓受力均匀，得到均衡的载荷，在保证紧固效果的同时也提高了紧固效率。

3）由于拉伸头直接作用在螺栓上，因此在较小的空间内便可以完成螺栓的拆装。

4）由于拉伸头基本上克服了螺母与法兰接触面及螺纹间的摩擦力，对螺栓施加的载荷与液压缸中的油压成正比关系，因此拉伸器对螺栓进行紧固得到的剩余载荷和有效载荷要比力矩方式更大。

总之，液压拉伸器的使用，大大提高了螺栓连接质量，在保证设备安全运行的同时，又不会对设备本体、螺栓及螺母产生损坏。

3 应用液压拉伸器控制螺栓预紧力

该加氢裂化装置工艺操作分为精制和裂化两种方案，其中裂化方案操作压力及温度较精制方案高。因此，为保证反应器安全运行，顶部大法兰螺栓把紧时，螺栓预紧力最小值应按裂化方案最高工作压力计算确定，而预紧力最大值按设计压力的1.1倍（设计提供）计算确定。下面以精制反应器 R501 为例，计算螺栓预紧力，并说明利用 HYDRATIGHT 液压拉伸器将螺栓预紧力控制在安全范围内。

3.1 螺栓预紧载荷计算

根据精制反应器 R501 的设计和操作参数、螺栓、垫片参数（见表1~表3），结合 GB 150—2011《压力容器》的规定，R501 顶部大法兰螺栓预紧力具体计算如下：

表1 R501 设计、操作参数

设计压力 p_d	设计温度 t_d	操作压力 p_1	操作温度 t_1	最大安全压力 $p_2 = 1.1p_d$
12MPa	450℃	11MPa	400℃	13.2MPa

表2 八角钢垫参数

垫片参数	材质	中心圆直径 D_G	八角垫片宽 w	比压力 y	垫片系数 m
	00Cr12	927.1mm	44.50mm	179.30MPa	6.50

表3 螺栓性能参数

螺栓参数		许用应力 $[\sigma]$/MPa			屈服强度 σ_s/MPa		
光杆直径/mm	M80×3, $n=20$	常温时	200℃时	450℃时	常温时	200℃时	450℃时
76.32		254	218	185	685	590	500

预紧状态下需要的最小螺栓载荷：

$W_a = F_a = 3.14D_G by = 3.14×927.1×5.56×179.3$
$= 2902093N$

式中，垫片有效密封宽度 $b = b_0 = w/8 = 44.5/8 = 5.56mm$。

操作状态下需要的最小螺栓载荷：

$W_{p1} = F_1 + F_{p1} = 0.785D_G^2 P_1 + 6.28D_G bmp_1$
$= 0.785×927.1^2×11 + 6.28×927.1×$
$5.56×6.5×11 = 9736460N$

式中，p_1 为最高操作压力，11MPa。

操作状态下需要的最大螺栓载荷：

$W_{p2} = F_2 + F_{p2} = 0.785D_G^2 P_2 + 6.28D_G bmp_2$
$= 0.785×927.1^2×13.2 + 6.28×927.1×$
$5.56×6.5×13.2 = 11683751.5N$

式中，p_2 为设计压力的1.1倍，13.2MPa。

预紧状态下需要的最小螺栓面积：$A_a = \dfrac{W_a}{[\sigma]_b} = \dfrac{2902093}{254} = 11425.6mm^2$

操作状态下需要的最小螺栓面积：$A_{p1} = \dfrac{W_{p1}}{[\sigma]_b^t} = \dfrac{9736460}{185} = 52629.5mm^2$

操作状态下需要的最大螺栓面积：$A_{p2} = \dfrac{W_{p2}}{[\sigma]_b^t} = \dfrac{11683751.5}{185} = 63155.4mm^2$

需要的螺栓面积 A_m 取 A_a 与 A_p 之大值，经比较取 A_{m1} 为 52629.5mm²，A_{m2} 为 63155.4mm²。

实际螺栓面积：$A_b = \dfrac{\pi}{4}D_G^2 \cdot 20 = 3.14×\dfrac{76.32^2}{4}×20 = 91448.5mm^2$ 在保证螺栓强度条件下，要求实际螺栓面积 A_b 应不小于需要的螺栓面积 A_m。

预紧状态螺栓最小载荷：$W_1 = \dfrac{A_{m1}+A_b}{2}[\sigma]_b =$

$\dfrac{52629.5+91448.5}{2} \times 254 = 18297906N$

预紧状态螺栓最大载荷：$W_2 = \dfrac{A_{m2}+A_b}{2}[\sigma]_b =$

$\dfrac{63155.4+91448.5}{2} \times 254 = 19634689.7N$

3.2　利用油压控制螺栓预紧力

预紧状态下螺栓载荷控制在 18297906 ~ 19634689.7N 之间，可以保证反应器安全运行。预紧载荷低于下限，有可能造成操作过程中垫片密封泄漏；而高于上限预紧，在高温高压状态下，螺栓所受拉伸应力存在接近或超过屈服极限的可能，将造成螺栓过载失效。所以应用精良的螺栓预紧设备，将预紧力准确控制显得非常重要。经查 HYDRATIGHT 液压拉伸器 M80 活塞有效面积 A_0 为 21788 mm²，可以计算出液压油泵输出油压为：

$$P_{01} = \dfrac{W_1}{20A_0} = \dfrac{18297906}{20 \times 21788} = 42MPa$$

$$P_{02} = \dfrac{W_2}{20A_0} = \dfrac{19634689.7}{20 \times 21788} = 45.06MPa$$

即在反应器 R501 顶部大法兰螺栓预紧时，使用 M80 规格的 HYDRATIGHT 液压拉伸器，其液压油泵的输出油压应控制在 42 ~ 45.06MPa 之间，可保证操作状态下反应器的安全运行。

3.3　液压拉伸器螺栓预紧过程控制要点

（1）螺栓安装前一定要用溶剂仔细清洗螺纹，清洗干净后，要涂抹专用抗高温咬合剂，防止高温工况下的螺纹咬合、擦伤及腐蚀。

（2）液压拉伸器在紧固螺栓时应分级进行，油压逐渐递增，按设定的预紧力分四级油压上紧，第一级 30%，第二级 50%，第三级 80%，第四级 100%。为减少法兰、垫片翘曲，高压法兰螺栓紧固顺序要按照"对称排序，十字交叉"上紧的原则。在上紧螺栓的同时，边上螺栓边测量法兰面是否平行。

（3）由于拉伸头数量与螺栓数量不同，螺栓上紧过程中各螺栓受力就会受到相邻螺栓载荷的影响。无论采用何种垫片，为了保证密封效果均需有相应的密封比压，在螺栓上紧过程

中，由于螺栓受力是渐次上升，因此密封比压产生的轴向力是不均匀地分配在各螺栓中，在紧固某个螺栓时其相邻螺栓的受力将减小，这就是弹性交叉干扰。为避免交叉干扰，需要对螺栓进行编号，以便交叉分级、对称逐批紧固。如果某个螺栓没有紧固到位，可以用小手锤轻敲击螺母侧边来进行检测，紧到位的会发出"铛铛"的轻脆声，没紧到位螺栓会发出"咚咚"沉闷的声音。

（4）反应器螺栓出于强度要求和防松等考虑，一般多采用细牙螺纹，因此螺纹防护非常重要。紧固后应安装螺栓保护套，以起到防尘防雨雪作用，保护螺纹，方便以后检修中的拆卸。

4　主螺栓应力分析计算

加氢反应器 R501 主螺栓在安装拧紧后进入操作状态，随着介质压力和温度的上升（工作载荷增大），一方面，介质内压对螺栓产生轴向拉伸力作用，促使上下法兰的压紧面分离，垫片在预紧时的弹性压缩形变产生部分回弹，使得密封面比压力下降，垫片预紧力减小；另一方面，由于热阻影响，法兰温度会比螺栓的高，这种温差会引起法兰和螺栓的膨胀量不一致，法兰沿其轴线方向的膨胀量将大于螺栓的膨胀量，又因法兰在轴线方向的刚度远大于螺栓，所以螺栓将受到法兰的轴向拉伸力（即温差应力），同时，密封面比压力受法兰挤压而上升。所以在操作状态下，螺栓承受的总拉伸力并不直接等于预紧力与工作载荷引起的轴向拉伸力之和，而是等于残余预紧力与工作载荷引起的轴向拉伸力之和（见图2）。

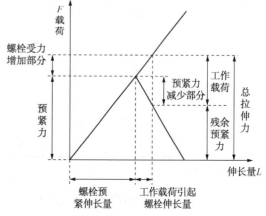

图 2　操作状态下螺栓载荷变化与伸长量关系图

总之，反应器主螺栓受总拉伸力会随工作载荷增大而增大，为避免螺栓不因受力过载而导致失效，进行正确的应力校核计算十分必要。

4.1　预紧载荷计算

由 3.1 中计算预紧状态螺栓最大载荷为：

$$F_1 = 19634689.7/20 = 981734.5N$$

4.2　工作载荷引起的轴向拉伸力计算

4.2.1　操作状态下流体压力引起的轴向力

操作状态下流体压力引起的总轴向力为：

$$F_2 = 0.785D_G^2 P_c = 0.785 \times 927.1^2 \times 11$$
$$= 7556850.6N$$

单个螺栓在操作状态下所受轴向力为：

$$F_3 = F_2/n = 7556850.6/20 = 377842.5N$$

流体压力引起的轴向载荷，入口上法兰在其作用下逐渐向上移动，螺栓拉力增大，但垫片的压缩形变量将减少，将导致法兰对螺栓的作用力减少，减少量与螺栓的相对刚度系数（见表 4）有关，C_1 和 C_2 分别表示螺栓和法兰的刚度系数。

表 4　螺栓相对刚度系数

垫片类别	金属垫片或无垫片	皮革垫片	铜皮石棉垫片	橡胶垫片
$C_1/(C_1+C_2)$	0.2~0.3	0.7	0.8	0.9

4.2.2　温差应力计算

现场测量工作状态下螺栓、法兰温度数据见表 5。

表 5　螺栓、法兰实测数据表（气温 5℃，东南风，2 级，以正北方向为第 1 螺栓，顺时针方向测量）

螺栓编号	上法兰温度 $T_{f上}/℃$	下法兰温度 $T_{f下}/℃$	螺栓光杆温度 $T_1/℃$	温差/℃
1	219	225	219	6
4	218	226	220	6
6	218	223	220	3
8	210	219	211	8
11	208	216	210	6
13	218	221	218	3
16	220	224	219	5
18	221	228	220	8

温差载荷简化公式为：

$$F_4 = \alpha E \Delta T A_{b0} = \alpha E (T_f - T_1) A_{b0}$$
$$= 12.56 \times 10^{-6} \times 194 \times 10^3 \times 8 \times 4572$$
$$= 89122.5N$$

式中：α 为线膨胀系数，12.56×10^{-6} mm/mm·℃；E 为法兰、螺栓的弹性模量，194×10^3 MPa；A_{b0} 为单个螺栓截面积，$4572mm^2$；(T_f-T_1) 为法兰螺栓温差，取最大温差 8℃。

4.3　螺栓承受总拉伸应力计算

由以上分析可知，操作状态下加氢反应器入口大法兰螺栓载荷主要由残余预紧载荷、流体压力引起的轴向载荷以及温差载荷三个力叠加作用形成。所以，单个螺栓总拉伸力为：

$$F = F_1 + F_4 + F_3 \times C_1/(C_1+C_2)$$
$$= 981734.5 + 89122.5 + 377842.5 \times 0.3$$
$$= 1184209.75N$$

式中，$C_1/(C_1+C_2)$ 为相对刚度系数，取较大值 0.3。

单个螺栓的总拉伸应力：$\delta_总 = F/A_{b0} = 1184209.75/4572 = 259MPa$

由以上计算分析可知，在反应器达到操作压力工况下，单个主螺栓的总拉伸应力为 259MPa，在保证弹性应力范围内，螺栓不会过载失效。

5　结论

利用液压拉伸器对加氢反应器顶部法兰螺栓进行紧固，可以控制主螺栓在弹性范围内伸长并产生有效的预紧力。可以说，使用液压拉伸器紧固螺栓是一种科学的方法，在保证法兰密封效果的前提下，螺栓处于允许的应力状态，确保设备安全运行。加氢反应器法兰螺栓、螺母属于高温用双头螺栓、螺母，其设计、制造、安装过程应遵循国家相应标准。尤其在安装过程中，应严格控制螺栓预紧力，不得随意增加螺栓载荷，特别是螺栓在使用一个周期后，受到腐蚀、高温蠕变等作用，其强度会有所下降，强制螺栓紧固会有失效的危险。因此，对于高温用螺栓、螺母，使用时按设计要求的预紧力进行紧固至关重要。

参 考 文 献

1　GB 150　压力容器.

2　郑津洋，董其伍，桑芝富. 过程设备设计. 北京：化学工业出版社，2001.

3　程学军. 加氢反应器主螺栓的紧固及应力分析. 石油化与工设备，2010，10(13)：17-20.

制氢转化炉辐射转化炉管滑轮组平衡锤悬吊系统的改进措施

胡 视 吴时骅

（中国石化长岭分公司设备工程处，湖南岳阳 414012）

摘 要 中国石油化工股份有限公司长岭分公司 50000Nm³/h 制氢装置辐射转化炉管悬吊系统为重锤滑轮系统，通过滑轮组与重锤平衡转化炉管和炉管中催化剂的重量，运行中发现转化炉管相连的冷壁集合管上抬，转化炉管受到过载拉力，威胁安全生产。随后对滑轮组平衡锤悬吊系统出现的问题进行了深入的分析，提出了改进措施，于 2014 年 4 月实施。通过运行检验，改造后的转化炉管悬吊系统运行灵活，达到了本质安全。

关键词 制氢转化炉；悬吊系统；重锤滑轮系统；改进措施

1 滑轮组平衡锤悬吊系统简介

中国石化长岭分公司制氢转化炉装置 2011 年 11 月投产，制氢装置原料经精制后进入转化炉对流室的原料预热段，原料气预热后经转油线、上集合管（南、北两根）分为四排，每排 44 根，共 176 根上尾管进入 176 根转化管，在转化管中发生转化反应。辐射段转化炉管主段采用离心浇铸，炉管规格为 $DN113 \times 13.5mm$，单支炉管与催化剂总重约 86kg，底部采用柔性直尾管与冷壁集气管焊接的冷壁结构设计。转化炉管悬吊系统采用滑轮组平衡锤悬吊方式，平衡转化炉管和炉管内催化剂重量，补偿高温下转化管和上、下集气管的热膨胀，尽可能地减少热变形应力，改善了尾管与接头焊口处的受力状态，保证转化炉管自由膨胀的同时拉力始终恒定。转化炉管的滑轮组平衡锤悬吊系统如图 1 所示，单根炉管结构如图 2 所示。

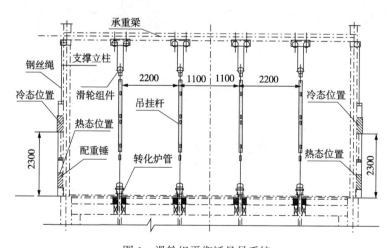

图 1 滑轮组平衡锤悬吊系统

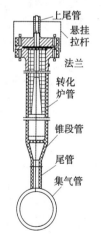

图 2 单根炉管结构

2012 年 5 月，运行中发现转化炉冷壁集合管脱离基础 1~2mm，分析认为：炉管滑轮组平衡锤悬吊的滑轮系统不灵活，不能够及时调节炉管热胀冷缩生产的位移，造成炉管承受过大的拉力，使冷壁集气管整体抬高脱离基础。此种情况下，转化炉辐射炉管及冷壁集气管均受到拉力，其中辐射炉管出口尾管受力最大，非常容易出现破裂的故障，造成非计划停车与事故。为保证安全运行，被迫人为减少平衡锤配

──────────

作者简介：胡视（1987—），毕业于华中科技大学，工程师，现从事石油炼制方面的设备管理工作。

重，使冷壁集合管回落。

2　滑轮组件失效原因分析

单个滑轮组件结构如图3所示，滑轮与滚动轴承组合如图4所示。滑轮组件采用钢制滑轮，滑轮与轴承两侧各点焊三点，组成滑轮组件。轴承采用双列重载滚动轴承，动载荷为92kN，静载荷为130kN，采用润滑油润滑，双侧有聚氨酯挡圈，滚动轴承如图5所示。轴承载荷高于实际负荷（炉管+催化剂的总重量为860kg）。

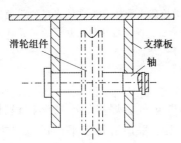

图3　单个滑轮组件结构

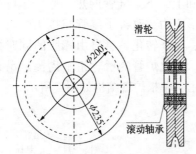

图4　滑轮与滚动轴承组合

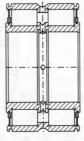

图5　滚动轴承

据机械设计手册与相关文献，滚动轴承与钢制滑轮组成的钢丝绳滑轮体系，整体运行效率为98%。计算单根炉管滑轮配重侧的不平衡重量应为860×(1-0.98) = 17.2kg，总不平衡重量为17.2×176 = 3027.2kg，不平衡重量不足以拉起重达30t的冷壁集合管。导致这种故障发生的原因应是滑轮组件中的轴承失效所致。

分析具体滑轮组件的轴承受力情况如下：

（1）当制氢转化炉炉膛温度稳定时，转化炉管膨胀量比较稳定，滑轮组件长期在相对稳定的位置运行。轴承受力情况如图6所示，轴承滚子与轴承内、外壁长期处于静止状态，滚子与内、外壁由弹性变形逐渐转变为塑性变形。

（2）当炉膛温度变化较大时（开、停工与故障情况），炉管膨胀伸缩开始拉动滑轮组，由于滑轮轴承组件变形，润滑油干涸（2013年1月，气温环境4℃，使用红外成像仪对炉顶进行温度测试，滑轮处温度达到75.4℃，见照片1所示），轴承滚动摩擦（查机械设计手册，滚动滚子轴承摩擦系数为0.0008~0.0012）转动变为钢丝绳与滑轮的滑动摩擦（查机械设计手册，钢丝绳与滑轮的摩擦系数为0.1~0.3），导致摩擦系数与拉力成几何倍数增加。

以上两个问题是造成轴承运动不灵活、滑轮系统失效的主要原因。

由于结构限制，运行情况中无法更换轴承，也无法给轴承加注润滑油，故障无法排除。

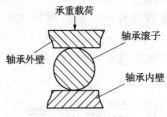

图6　轴承受力情况

3　滑轮结构改造方案

滑轮组件失效原因明确后，在不改变原结构的前提下（改装恒力弹簧支吊架，需要对原炉顶结构进行重新设计与布置，费用高，耗时长，且恒力弹簧支吊架无法灵活调整炉管装填催化剂时的重量），重新设计滑轮组件如图7所示。制作一根长轴，原滑轮与轴承连接方式不变，增加支撑轴承座和轴承，轴承选用原同型轴承，使轴承理论承重量降低一半，并且能够在运行中更换出现故障的轴承，解决轴承滚子变形与运行中故障无法维修的问题；支撑轴承座设计润滑脂加注孔，解决运行中无法注入润滑脂的问题；轴承内注入耐受300℃高温的润滑脂，解决普通液体滑润油容易挥发造成轴承失效的问题。

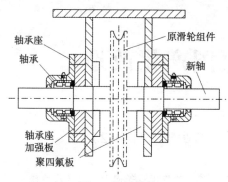

图7 滑轮组件

新滑轮组件未改变传动方式、结构形式与结构强度，因此不需要重新校核计算新滑轮组件的传动与整体强度。

改造前，进行了润滑脂在高温环境下长时间的挥发试验与滑轮组件定型试验。

2014年4月完成了滑轮组件的改造任务。改造中拆出原滑轮组轴承，发现轴承已经破碎失效，验证了之前的分析是准确的，轴承故障如图8所示。改造后滑轮组如图9所示。

图8 轴承故障

图9 改造后滑轮组

4 结语

改造至今(经2个运行周期的实际运行证明)，炉管滑轮组平衡锤悬吊系统运行可靠，彻底解决了滑轮组件不灵活与运行过程中不能检修的问题，保证了制氢转化炉辐射转化炉管本质安全运行。

参 考 文 献

1 机械设计手册联合编写组. 机械设计手册(第二版)[M]. 北京. 化学工业出版社，1985.

2 B.C瓦科斯基，宫景华. 钢丝绳滑轮组滑轮中的损失，起重运输机械，1966(1)：42-44.

3 刘志承. 制氢转化炉炉管支吊系统应用问题和改进措施[J]. 炼油技术与工程，2011(9)：25-27.

渣油加氢装置进料泵国产化改造

雷玉高　陈宝林

（中国石化长岭分公司炼油二部，湖南岳阳　414012）

摘　要　渣油加氢装置的进口进料泵长期存在振动高、效率低、维修困难等问题，经多次检修无法彻底解决，最终确定进行国产化攻关改造。改造后的国产进料泵运行良好，效率高，为公司的节能降耗作出了突出贡献。

关键词　国产化改造；渣油加氢进料泵；节能降耗

1　简介

某炼化企业 170 万吨/年渣油加氢装置的进料泵为一开一备形式，主机进料泵从日本进口，于 2011 年 8 月投入使用。采用卧式筒形双壳体结构，筒体为中心线支撑，外壳体为垂直剖分的筒形锻钢，内壳体为水平剖分结构。泵的出入口为顶进顶顶出，泵级数为 11 级，叶轮逐级单独固定，卡环轴向定位。推力轴承为可倾瓦轴承，主要承受多余的或变工况下产生的轴向力。两端轴承采用径向滑动轴承，轴承采用强制润滑，由独立润滑油站供应润滑油，轴承箱采用水冷却。泵的机械密封采用平衡型双端面密封，密封冲洗方案为 PLAN32+53B+62，泵材料等级为 C6，泵参数见表 1。

表 1　进料泵基本参数

介质	操作温度/℃	流量/(m³/h)	扬程/m	效率/%	轴功率/kW
渣油	230~240	254/279	2252	73.5	1897.4

2　改造背景

进料主泵开车初期运行状况良好，运行 4 年后，随着转子摩擦副的磨损，口环处间隙增加，破坏了水力径向力，导致转子振动不断变大。转子振动值的上升增加了泵的不稳定性，降低了安全可靠性，对装置是一个潜在风险。到 2016 年，转子振动值已超过了 70μm（联锁值 76μm）。2016 年 4 月对该泵进行了拆检，检查各零件的外观、尺寸和摩擦副间隙值。拆检结果如下：

（1）各摩擦副间隙均增加，间隙值最大增加量达到 0.35mm；

（2）转子部件跳动值最大值达到 0.09mm；

（3）第 6 级叶轮轮毂交角处冲刷严重，盖板厚度已不满足高压介质使用的强度要求；

（4）中间套内孔与第 6 级、第 11 级叶轮密封环外圆有严重的磨损、冲刷现象。

该泵转子是热装设计，壳体口环非分半结构，叶轮轮毂较薄，叶轮及壳体口环拆卸技术难度大（注：更换壳体口环时，需将整个转子部件拆卸）；同时，多次联系国外厂家，均未有效处理。为避免检修过程中的不可控因素，此次检修未拆检转子部件，仅更换了首级叶轮密封环（右）、第七级叶轮密封环、全部分半叶轮轮毂密封环、中间套和已损坏金属密封垫。修复后开车转子振动仍比较大，效率也明显不如开工初期。渣油加氢进料泵和液力透平两者的结构相似，考虑到液力透平国产化改造的成功经验，决定对进料泵 P102A 进行国产化改造。

3　改造方案

3.1　现场改造方案

为降低公司改造维修成本，方便设备维护，采用"整体替换"的改造方案，方案如下：底座、密封辅助系统、润滑油系统、泵进出口管线等利旧，只更换泵头。

作者简介： 雷玉高（1983—），男，湖南邵阳人，2006 年毕业于湘潭大学过程装备与控制工程专业，工程师，现就职于中国石化长岭分公司炼油二部，任设备主管师。

3.2　泵改造方案

要求泵结构与原设备外形及接口尺寸保持一致，选用双壳体、内芯水平中开结构，11级叶轮，首级双吸结构；并要求针对进口泵存在的问题进行适应性改进，避免类似问题的发生。

3.2.1　水力设计

重新优化设计选型：增加叶轮轮毂处轴径，增大转子的长径比，提高转子刚性，使转子在运转中的挠度远远小于转子部件摩擦副与壳体摩擦副的半径间隙，提高运转稳定性。

3.2.2　中间衬套结构改进

针对拆检进口加氢进料泵发现中间衬套及中间轴套冲蚀严重的问题（见图1）。高压侧衬套及轴套分别冲蚀出大的环形凹坑，衬套内表面及轴套外表面冲蚀严重，冲蚀源点分别为衬套上下体中开面顶点。该中间套的严重冲蚀是导致轴弯曲（轴中间最大跳动为 0.09mm，远超理论值 0.015mm）的主要原因，中间套冲蚀且间隙急剧放大、轴的弯曲、长时间运转造成的其他摩擦副间隙的增加是导致加氢进料泵振动超高的主要原因。

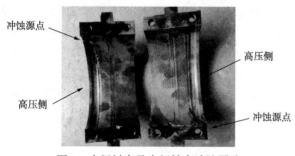

图 1　中间衬套及中间轴套冲蚀严重

经分析，此种情况是液体压力及速度发生急剧变化气体析出后气泡破裂所致。因此，此次加氢泵改造中间衬套设计时，在衬套内孔增加螺旋槽结构，给析出气体充分的空间用以保护中间衬套及轴套（见图2）。该结构可大大增加中间衬套及轴套的使用寿命；同时原设备上下体间只有把紧螺钉，无定位销，从而使得衬套安装在涡形体上后，把紧时内孔和端面不能对齐，从而造成冲蚀源点的出现。针对该情况，分半衬套采用定位销定位，避免两侧端面出现不对齐现象，从而避免冲蚀原点的出现。

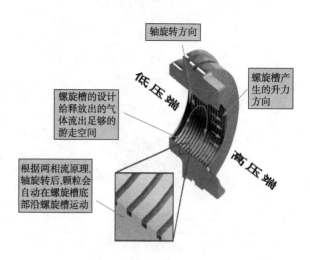

图 2　衬套内孔增加螺旋槽结构

3.2.3　叶轮后盖板冲刷改进

原进口泵解体发现，级间轴套间隙出口处叶轮后盖板与衬套端面出现不同程度的磨损（见图3），形成了环形槽，尤其是叶轮后盖板环形槽较深，可以判断出该槽不是出厂时加工形成，而是后期高压流体经过较小间隙产生射流造成。

图 3　叶轮后盖板与衬套端面出现磨损

高压流体经过小的间隙都会形成射流，这一点是不可避免的，可以加大高压出口处的环形腔体积，降低流速。增加水力冲击缓冲圆角，同时进行合理的结构改进，将高压流体沿圆周方向进行引流，减轻高压小间隙射流对盖板造成的冲蚀，如图4和图5所示。

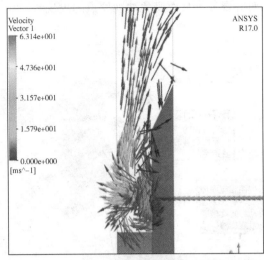

图4 未加宽环形腔体积及增加缓冲圆角

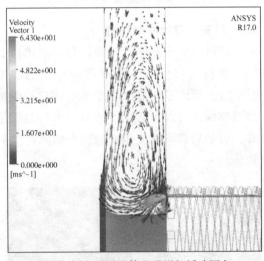

图5 加宽环形腔体积及增加缓冲圆角

3.2.4 分半壳体密封环

原进口泵中间级叶轮只有叶轮后口环处的体口环可拆卸，前口环不能拆卸，在拆检的过程中若更换体口环只能更换叶轮后口环处的体口环，不能实现全部体口环的更换，此次改造加氢泵对其结构进行了改进，叶轮前后口环作为一整体可拆卸口环(见图6)，更方便拆检与维护。

叶轮前后口环组合设计与制造

口环上下分半设计泵的安装与维护更加方便

图6 叶轮前后口环作为一整体可拆卸口环

4 试验效果

泵制造完成后，为检验其性能，特委托沈阳某集团核电泵业有限公司进行水试验。2017年2月18日，现场见证了该泵的试验，效果良好。

5 改造实施及效果

2017年4月底，利用装置大检修期的机会，对渣油加氢进料泵P102A泵头进行了国产化改造的施工，并于2017年5月20日进行了试运。2017年5月28日，渣油加氢进料泵P102A正式开车运行，目前连续稳定运行已超过两年，泵噪声、轴承温升、效率等各项技术指标均达到设计要求，轴振动监测数据稳定在30μm左右。具体效果对比见表2。

表2 进料泵实际运行数据对比

进料泵P102A	泵出口流量	电流	最高振动值	正常润滑油压
改造前	最大215t/h	215h时电流225左右	78μm(设计联锁值75μm)	0.32MPa
改造后	正常230t/h，最大可达270t/h	215t/h电流210A左右	31μm	0.17MPa

从国产进料泵运行数据对比，国产化后还起到很好的节能降耗作用，对比运行电流，经计算每小时节约93.5kW·h，折合年节约用电约45万元。

6 结语

渣油加氢装置高压进料泵国产化改造成功，设备性能优良，满足长周期运行要求，解决了装置运行瓶颈难题，提高了装置处理负荷，降低了维修成本，也缩短了进口配件的采购制约，是全国首次应用成功，打破了国外对渣油加氢进料泵关键技术的垄断及封锁，具有极高的推广效应。

氧气管道三通处泄漏的带压堵漏处理

朱明亮　莫建伟　刘　玉

（岳阳长岭设备研究所有限公司，湖南岳阳　414000）

摘　要　介绍湖北宜化双环氧气管道三通处焊缝裂纹泄漏的卡具设计制作技术的过程，以及对该特殊介质、特殊部位的带压堵漏处理的相关技术。

关键词　带压堵漏；氧气；卡具；密封剂

1　概述

湖北宜化双环氧气管道发生泄漏，经观察为三通处焊缝出现裂纹，介质泄漏相当严重。由于压力高达4.0MPa，高压造成泄漏部位噪声极大，且泄漏介质为氧气，与可燃气体如乙炔、氢、甲烷等混合可形成爆炸混合物，严重威胁到了生产装置人身和生产安全。为了避免出现装置停工检修，我们对泄漏部位进行带压堵漏处理，成功地解决了泄漏问题。

2　技术设计

2.1　泄漏部位情况及尺寸

泄漏部位为氧气管道三通处的焊缝。管道直径为80mm，而三通处上下焊缝均出现约10mm长的裂纹，介质从裂纹处向外喷射出来。介质为氧气，压力为4.0MPa。由于泄漏部位在三通处，为不规则形状，所以在设计卡具时必须考虑将整个三通包裹在卡具中，设计出一个卡具空腔合适、形状较为复杂的特殊卡具。

泄漏部位形状及尺寸通过现场测绘得到，如图1所示。

2.2　卡具设计

因为发生的泄漏是三通处焊缝裂纹，此种情况不同于砂眼等泄漏情况，首先我们考虑的是设计的卡具是盒式卡具，整个三通处均包裹在内。其次我们考虑采用盘根注胶，在卡具与管道贴合面之间的盘根槽内注入密封胶，不但阻隔了介质泄漏途径，也避免了密封胶注入卡具空腔内部。

2.3　盘根槽的设计

盘根槽须在方形盒子加工出来之后，用车床在方盒四个宽为30mm的边上（包括3个圆孔面）车出宽10mm×10mm的槽，这便是盘根槽。在注胶时，密封胶会将整个盘根槽注满，从而阻断卡具内部空间与卡具外部空间的流通，对卡具空腔内形成密封，介质无法外漏，这样便达到了止漏效果。盘根槽设计如图2所示。

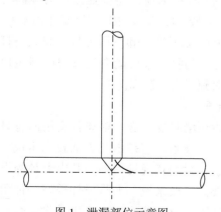

图1　泄漏部位示意图

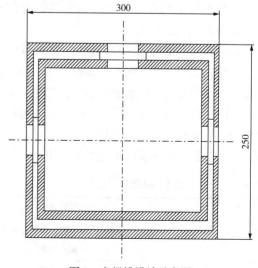

图2　盘根槽设计示意图

2.4　卡具成型

卡具成型如图3所示。

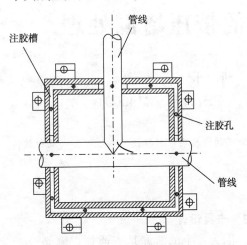

图3　卡具成型简易图

3　准备工作

3.1　精工打磨、除渣

资料显示：氧气中混有氧化铁皮或焊渣，在弯道中的氧气流速达到44m/s时，产生的高温能将管壁烧红，当发生泄漏时，管道内的氧气流速大大提高，致使混杂在氧气中的氧化铁、焊渣在高纯度氧中燃烧起来，钢管在纯氧中易燃熔。所以我们必须将制作夹具时所残留的焊渣、铁屑清除干净，另外卡具的毛边也要打磨光滑，这样才能保证堵漏过程的安全。

3.2　酸洗脱脂

各种油脂与压缩氧接触时，可发生自燃而爆炸。由于氧气介质的这种特殊性质，酸洗脱脂就是必不可少的一个环节。脱脂剂的选用参照脱脂剂选用表，见表1。

同时为了保证脱脂的质量，操作人员的手套、工作服也应干净。此外，准备白布、洁净的棉纱供脱脂时使用。判断油脂是否已除净，应用白布拭擦，以无油迹为合格。我们需要进行酸洗脱脂的包括夹具、螺栓、密封胶、注胶阀、高压枪、高压胶管、高压泵以及扳手等工具。

表1　脱脂溶剂选用表

材料	脱脂剂
碳素钢	二氯乙酮、2%浓度工业烧碱
不锈钢	丙酮、酒精
非金属、铜管、铝合金	丙酮、酒精

3.3　密封剂的选用

密封胶的选取也是相当关键，同样是源于氧气介质的特殊性质。首先不能选用含油脂的密封胶，如若油脂与氧气接触便会发生自燃爆炸，另外一点市场上的密封胶大部分含有颗粒或其他杂质，这是为了在注胶过程中能更好地达到密封效果，但是针对氧气却不行。综合以上两点，我们选用了纯橡胶型的金环密封胶。

4　带压堵漏处理

4.1　现场安装

（1）在管托处加上固定物件，使管体震动幅度降低到最小。

（2）由于不能用锉刀和砂纸对三通表面进行清理，所以必须在三个圆孔贴合面的盘根槽砸入盘根，这样的话，能使三个圆孔贴合面与管道表面贴合更加紧密，将管道表面粗糙的影响降到最低。

（3）避免扳手与卡具或螺栓发生大的碰撞。

（4）注胶之前在各个注胶孔上安装注胶阀。

4.2　注胶堵漏

在注胶时，应逐个注胶孔进行注胶。在注胶过程中除了应时刻注意观察卡具注胶孔与各贴合面情况外，还应注意两点：一是由于采用的是注入盘根胶，胶体流动通道不大，胶体流动速度会比较慢，采用盘根胶注胶之后，盘根槽两边分别与管面贴合宽度大约只有10mm左右，所以压力不能顶高，否则会出现胶体从贴合面挤到卡具外或进入卡具空腔，那样的话可能会导致堵漏失败，所以注胶压力应控制低于30MPa。二是高压枪内密封胶注完换密封胶时，应先把注胶阀关闭之后，卸除高压泵压力。在装完密封胶之后应先将高压泵压力顶高之后再打开注胶阀，这是因为管体内压力高达4.0MPa，如果贸然卸下压力且注胶阀是打开状态，注入的胶体很可能会被管内的高压顶喷出来，对施工人员造成伤害。

5　结语

带压堵漏技术是一项非常实用而有显著效益的工程技术。它是由三方面技术组成：卡具设计、密封剂和现场堵漏。其中卡具的设计尤为重要。一般来说，卡具设计得好，带压堵漏就成功了百分之八十。由于卡具设计合理，这次宜化双环的氧气管道三通处焊缝裂纹卡具堵漏非常成功。消除泄漏完全，且管道无损，避免经济损失达 100 多万元。

宜化双环氧气管道三通处焊缝裂纹卡具堵漏，是一个特殊介质、特殊部位的堵漏。它为我们今后在特殊介质、特殊部位的设计、堵漏施工方面提供了一些有用的经验。由于氧气介质我们已经有了成功的堵漏经验，可以借鉴这些成功的经验消除更多的泄漏，为工厂的安全生产作出更大贡献。

参 考 文 献

1　李剑峰. 氧气管道及配件脱脂工艺[J]. 煤矿机械，2010(7)：179.

2　王晓东. 氧气管道设计方面的探讨[J]. 河北冶金，2004(3)：22-24.

3　肖家立. 对氧气管道安全问题的一些看法[J]. 深冷技术，1982(1)：38-39.

4　阮燕仪. 氧气管道施工动火引起伤亡事故[J]. 深冷技术，1997(5)：36-37.

烷基化 P102 屏蔽泵故障分析及措施

刘 园

（中国石化洛阳分公司，河南洛阳 471012）

摘 要 随着国家工业对安全环保的要求越来越高，屏蔽泵作为一种无泄漏泵，在炼油化工装置应用会越来越多。本文简单介绍了烷基化 P102 屏蔽泵的结构原理和特性，然后叙述了 P102 屏蔽泵发生的故障并对 P102 轴向力进行简单计算分析，提出扩大平衡孔平衡轴向力的方案，最后根据 P102 故障提出了屏蔽泵的故障预防措施。

关键词 屏蔽泵；烷基化；故障；轴向力；预防

屏蔽泵是离心泵和三相交流电机的结合体，是一种无密封泵。相比普通离心泵，屏蔽泵去除了旋转轴密封装置，也不需要添加润滑液，非常适合输送易燃、易爆、有毒、有害、易挥发和贵重的液体。屏蔽泵和离心泵的工作原理相似，不同之处在于电机转子和叶轮在一根轴上固定，并使用屏蔽套将电机定子与转子隔开。其最大的特点是可以将泵内的介质与外界相隔开，泵外部采用静密封。其中定子和转子屏蔽套经密封焊接后，电机铁芯、绕组不接触介质，例如液态烃、酸等；而且轴承能够依靠泵内介质实现润滑效果。

洛阳石化硫酸法烷基化装置共设计安装 16 个位号，32 台，SV 轴内循环型、SN/HW 逆循环型、ST 高温分离型、SF 带副叶轮型 5 种不同类型的屏蔽泵，均产自安徽合肥新沪厂家。其中脱轻烃塔底回流泵 P102A/B 采用合肥新沪 SN100-80F/612J4P-B4S2 型逆循环型卧式屏蔽泵，此屏蔽泵未开工前就因轴向力不平衡问题对叶轮进行了处理，本文主要从理论角度分析问题发生的原因，并对此类泵工艺操作、日常维护提出建议措施。

1 P102 屏蔽泵结构

P102 屏蔽泵的结构如图 1 所示。

对于易汽化的液体用于净正吸入压头（NPSHr）余量小的场合，循环液会受到来自电机的热量和前后轴承摩擦热量的作用而使液体温度升高，如果采用基本型，循环液回到叶轮的入口，就可能发生汽蚀，使泵不能工作，而逆向循环型循环液是通过泵后端外循环管线回流至塔内，故烷基化 P102A/B 采用了逆循环型屏蔽泵。

2 P102 屏蔽泵在开工过程中遇到的问题

烷基化 P102A/B 工作介质为加氢后的碳四组分，电机功率为 30kW，轴功率为 21.8KW，扬程为 112m，设计体积流量为 83m³/h，入口压力为 1.6MPaG，出口压力为 2.1MPaG，汽蚀余量 NPSHr 为 2.5m，操作温度为 68.5℃，操作温度下相对密度为 0.4562，液体黏度为 0.08619Cp。

2.1 P102 屏蔽泵问题现象

烷基化 P102A 开机运行后泵内杂音明显、振动频率和幅度较大，轴位移监测值预警，轴位移监测显示值由正值到负值往复变化，显示轴在往复窜动，窜动幅度为 -1.8 ~ 3.5mm。解体时发现前端推力盘表面呈热崩状态、前端推力轴承磨损开裂，其他位置未见异常。开工期间 P102A 出现两次推力盘、推力轴承磨损（见图 2），P102B 出现 1 次推力轴承磨损。

2.2 原因初步分析

原因初步分析：推力盘磨损是屏蔽泵常见故障，经检查核对，该泵装配及安装符合要求。对于屏蔽泵此类情况原因可能是水力设计和结构设计不合理，主要存在以下几种情况：①泵抽空。运行 P102 时进行了灌泵排气，回流罐液

作者简介：刘园，工程师，现在中国石化洛阳分公司从事转动设备管理工作。

位均大于 40% 且安装位置较泵高，出现故障后对泵前滤芯进行了清理，也未见堵塞痕迹，排除泵抽空引起推力盘及轴承磨损。②泵径向异常。该泵的循环液为脱轻烃塔顶 C_4，无其他异常介质且轴承间隙合理，泵轴承轴向出现问题，而径向未出现磨损（因为 TRG 表只能检测轴承径向磨损，而此台设备的 TRG 表的指针一直指

在绿色区），排除泵偏心、径向跳动引起振动造成磨损。③轴向力不平衡引起推力盘和推力轴承磨损。屏蔽泵的稳定正常运行通常取决于滑动轴承的寿命。P102 采用前后端均采用 SiC 滑动轴承和 SiC+304 推力盘。滑动轴承的使用又和轴向力大小及本身性质有关。该泵推力盘和轴承均出现磨损，初步推断轴向力存在不平衡。

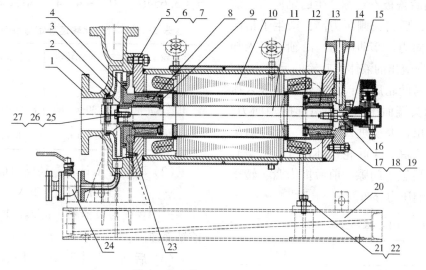

图 1 烷基化 P102A/B 结构简图

1—泵体；2—口环；3—叶轮；4—前轴承座；5—双头螺杆；6—螺母；7—弹簧垫圈；8—前轴承；9—前推力盘；
10—定子组件；11—转子组件；12—后推力盘；13—后轴承；14—后轴承座；15—轴위位移检测；16—后轴头螺杆；
17—双头螺杆；18—螺母；19—弹簧垫圈；20—底座组件；21—六角头螺栓；22—弹簧垫圈；23—内六角螺钉；
24—阀门；25—轴头螺栓；26—止退垫圈；27—垫圈

(a)

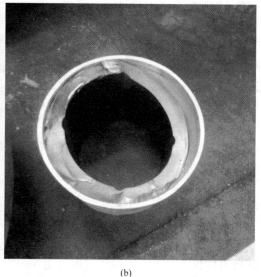
(b)

图 2 P102A 泵推力盘及滑动轴承磨损情况

3 对 P102A/B 轴向力进行校核

该泵为卧式逆循环冷却单级泵（见表 1），

采用平衡孔加后密封环的方式来平衡轴向力。在叶轮背部以密封环将高压腔隔开形成低压腔，

在低压腔靠近叶轮轮毂处开6个直径10mm的平衡孔，从而降低叶轮前后盖板压力差，以达到平衡轴向力的作用。但是如果平衡孔开的位置及尺寸不合适就会引起轴向力不平衡，残余的轴向力过大会直接作用到滑动轴承及推力盘上，引起推力盘及滑动轴承磨损。

此种类型的屏蔽泵轴向力产生的原因有：

①叶轮前后盖板不对称产生的轴向力，前盖板侧压力低，后盖板侧压力高，产生了指向叶轮入口的轴向力；②动反力，沿轴向进入却沿径向或者斜向流出的液体给叶轮的反作用力，此力的方向指向叶轮后方；③叶轮轴头吸入压力和另一端轴头端面压力不同引起的轴向力，对于此屏蔽泵出口介质进入电机腔，所以后端压力较前端压力高；④叶轮口环尺寸、屏蔽套尺寸间隙、前后轴承间隙、前后推力盘、转子尺寸等因素影响压力分布。

表1　P102基本数据一览

流量 $Q/(\text{m}^3/\text{h})$	69
理论扬程 H/m	112
转速 $n/(\text{r/min})$	2820
叶轮内径 D_1/mm	48
叶轮外径 D_2/mm	308
叶轮轮毂外径 D_h/mm	80
叶轮平衡孔距 D_3/mm	115
叶轮密封环直径 D_m/mm	260
密封间隙值 b/mm	0.45
密封间隙长度 L/mm	13.5
轴承位置轴径 d_h/mm	48
叶轮口环内/外径/mm	100/132
势扬程 H_p/mm	84
推力盘直径/mm	137
电机屏蔽套间隙/mm	1.1

3.1　轴向力计算[1]

（1）盖板力 A_1 的计算。前后盖板不对称，前盖板在吸入口部分无盖板。叶轮盖板密封环以上部分前后盖板力相互抵消，盖板密封环下部减去吸入压力所余压力产生的压力即为前盖

板力 A_1。对于此泵是单级闭式叶轮，可按下经验公式计算：

$$A_1 = k\pi\rho g H(R_m^2 - R_h^2) \approx 14434(\text{N})$$

式中：ρ 为液体密度，kg/m^3；R_m 为叶轮密封环半径，m；R_h 为叶轮轮毂半径，m；H 为泵扬程，m；k 为系数（见表2），尺寸比（叶轮外径/叶轮入口直径）$= 308/100 \approx 3$，比转速为 $n_s = 3.65nQ_t^{1/2}/H^{3/4} \approx 45.44$，系数 $k = 0.6$。

表2　闭式叶轮比转速确定与系数 k 的关系

闭式叶轮比转速分类	低比转速	中比转速	高比转速
尺寸比 D_2/D	≈ 3	≈ 2.3	$1.8 \sim 1.4$
比转速 n_s 范围	$30 < n_s < 80$	$80 < n_s < 150$	$150 < n_s < 300$
实验系数 k	0.6	0.7	0.8

（2）动反力 A_2 计算，动反力指向叶轮后方。

$$A_2 = \rho Q_t V_{m0} \approx 2(\text{N})$$

式中：Q_t 为泵流量，m^3/s；V_{m0} 为叶轮进口前轴面速度，$V_{m0} = Q_t/\pi(R_2^2 - R_h^2) = 0.276\text{m/s}$。

（3）后轴头力 A_3 计算，叶轮轴头吸入压力与另一端轴头端面压力不同引起的轴向力，当轴径很大且两端压力相差很多时，此轴向力不能被忽略。

$$A_3 = \pi d_h^2/4(P_2 - P_1) \approx 9 \times 10^{-4}(\text{N})$$

式中：d_h 为滑动轴承下轴径，m；P_2 为后腔压力，P102 为逆循环泵后腔压力近似等于出口压力（不考虑各阻力件压降），MPa；P_1 为泵进口压力，MPa。此时后轴头力指向叶轮前方。

（4）电机转子体阻力件轴向力 A_4 计算。在屏蔽泵运行中电机腔的循环流量是保证轴承润滑的必要条件。此屏蔽泵的循环流量为58L/min，回路管路损失≤22.4m（设计数据）。屏蔽泵的前后滑动轴承设计带有直沟槽及螺旋槽，在泵其他条件一定时，泵各阻力件的压差关系也会确定。A_4 计算由循环流量、各阻力件阻力系数分别求出相应阻力件的压头损失，再由压头损失确定出压差力。

P102是逆循环屏蔽泵。冷却润滑液由泵出口进入引液孔，一路从前轴承处回流至入口，另一部分经屏蔽套分两部分进入循环回路（见图3）。冷却液经过阻力件可以看成串并联回路，流体经过各阻力件的阻力降可以可用通式表

示为：

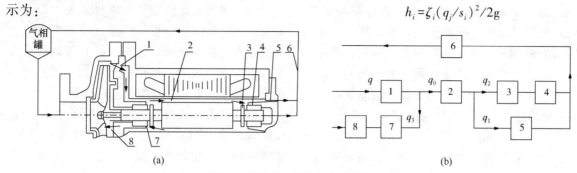

$$h_i = \zeta_i (q_j/s_i)^2 / 2g$$

图 3　逆循环回路的简化计算模型

1—引液孔；2—屏蔽套间隙；3—推力盘；4—后滑动轴承；5—排液管；6—循环回路；7—前滑动轴承；8—平衡孔

对于串联回路，流经各阻力件的流量相等，并联回路为各支路流量之和。于是有 $q = q_0 + q_3$，相比较 q，q_3 较小，所以近似认为 $q \approx q_0$。而 $q_0 = q_1 + q_2$，$h_5 = h_3 + h_4$。在根据各阻力件的流阻状态、简化状态流阻系数 ζ_i、过流面积 s_i，最后求出各阻力降，如表 3 所示。

h_1	h_2	h_3	h_4	h_5	H_x	备注
5.2	24.4	56.2	19.6	75.8	$H_p + 22.4 = 106.4$	$H_x = h_1 + h_2 + h_5$

将 h_i 代入各阻力件压差力 $a_i = \rho g h_i \cdot s_i$。然后求和得出 $A_4 \approx 912N$，此力指向泵后端。

此时未考虑密封环平衡力时叶轮所受合力（A_3 较小可以忽略）：

$$F_1 = A_1 - A_2 + A_3 - A_4 = 13520 (N)$$

3.2　平衡孔轴向力平衡

平衡孔的平衡方式是在叶轮后盖板设置密封环，同时在后盖板下开平衡孔，从而减小轴向力。在密封环位置固定情况下，轴向力的减小程度取决于叶轮平衡孔数量及孔径。

平衡孔泄漏量与平衡轴向力计算（见图 4）：

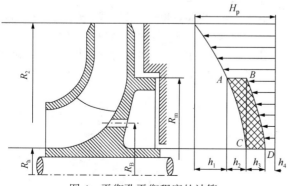

图 4　平衡孔平衡程度的计算

$$H_p = h_1 + h_2 + h_3 + h_4$$

$$= 1/8g \cdot (u_2^2 - u_B^2) + q^2/2g(\varepsilon_1/S_1^2 + \varepsilon_B/S_B^2)$$

则　$q = \{[H_p - 1/8g \cdot (u_2^2 - u_B^2)] \cdot 2g/(\varepsilon_1/S_1^2 + \varepsilon_B/S_B^2)\}^{1/2} \approx 7.836 \times 10^{-3} (m^3/s)$

式中：ε_1 为密封间隙阻力系数，$\varepsilon_1 = 1.5 + \lambda L/2b$，摩擦阻力系数 $\lambda = 0.04 \sim 0.06$，b 是密封间隙值，L 是 b 的密封间隙长度；ε_B 为平衡孔阻力系数，通常 $\varepsilon_B = 2$；S_1 为轴向间隙过流面积 $S_1 = D_3 \pi b$，m^2，D_3 为相对平衡孔距离；S_B 为平衡孔总面积 $S_B = d^2 \pi z/4$，m^2，d 为平衡孔内径，z 为平衡孔个数，$z = 6$。

平衡轴向力的数值等于 ABCD 部分压力体的体积重量，可按下式计算

$$F_2 = \varepsilon_1/2g \cdot (q/S_1)^2 * \pi \rho g (R_m^2 - R_h^2) \approx 11965 (N)$$

若 $F_1 = F_2$，则转子轴向力完全平衡；如果 F_1、F_2 相差不大，在允许范围内，则轴向力平衡设计也可以认可，否则就要重新设计平衡孔大小或者改变密封环半径。

3.3　计算结果

剩余轴向力：$F_1 - F_2 \approx 13520 - 11965 = 1555$（N），方向指向泵前端。此泵电机功率为 30kW，依据表 3 轴向力要求，允许的轴向推力为 650N。泵目前轴向力超标，合力向前，这也解释了为什么前端推力盘、推力轴承磨损的原因。

表 3　屏蔽泵允许的轴向推力

电动机功率/kW	0.5~3	>3~15	>15~25	>25~45	>45~110
轴向力 $[F]$/N	300	400	500	650	800

3.4　轴向力改进方案

屏蔽泵平衡轴向力的方法有：①利用平衡孔及密封环间隙流动实现自平衡；②增加背叶片；③增加副叶轮；④利用平衡盘。

因为该泵属于开工时期重要物料循环泵，由公式我们可以看出平衡孔或者密封环扩大都可以增大泄漏量，来平衡轴向力。采用最简单方法——扩大平衡孔也能达到平衡轴向力的目的。令 $F_1 = F_2 \approx 13520N$ 反推平衡孔泄漏量：

$$q = \{2F_2/[\varepsilon_1 \cdot (1/S_1)^2 \cdot \pi\rho(R_m^2 - R_h^2)]\}^{1/2}$$
$$= 8.33 \times 10^{-3} (m^3/s)$$

再由平衡孔泄漏量反算出平衡孔内径约为 0.0136m 即 13.6mm 左右大小。因为机加工关系将此叶轮平衡孔从 10mm 扩大至 13.5mm，计算剩余轴向力约为 123N 也符合 650N 内。

维修后通过开泵试验，泵振动减小，轴位移监测数据为 1.14mm，均在正常范围内。出口压力、流量、电流，对照泵出厂性能曲线也在正常范围内。

4 屏蔽泵故障预防措施

通过对 P102 屏蔽泵的故障分析，我们可以发现屏蔽泵需要我们精心操作及维护，为提高烷基化其余屏蔽泵运行稳定性，预防屏蔽泵故障发生和及时发现故障防止进一步损坏，建议采取以下措施。

（1）启动前做好准备工作。屏蔽泵运行前必须灌泵、排气，让泵内充满液体介质和管路排气后后，方可启泵运行。如果管路和泵内部没有充满液体就运转，就会加剧轴承磨损。屏蔽泵都需要通电后启动泵 5s 观察电机转向指示是否在绿区，判定正反转后才可正常运行。

（2）严格控制电流、流量参数。结合屏蔽泵的设计数值，计算出最低流量值，要求在 70% 以上流量运行。按照出厂说明书要求，在正常流量 30%~110% 允许工作区内应该能长周期运行，但实际运行过程中要求在 70%~100% 优先工作区运行，低于 70% 运行极易造成轴向力不平衡，滑动轴承和推力盘因未形成有效润滑膜而出现磨损。高于 100% 运行会造成过电机过电流跳停。

（3）规范操作流程。要安排专业人员对屏蔽泵的运行情况进行监控，泵运行初期有必要安排专人监护屏蔽泵的运行，一旦发现屏蔽泵出口压力变化较大，轴位移变化大或者超过报警值，要及时停泵，避免抽空现象发生。

（4）装置开工初期要经常切换备用泵运行，及时清理泵前过滤器，保证入口管线的通畅。正常运行后，比较离心泵切换，屏蔽泵的切换建议频率小点。由于启动期间，屏蔽泵要达到正常运行状态需要一段时间，这段时间内各部件产生的摩擦较大。频繁启动会缩短屏蔽泵的使用寿命。

（5）屏蔽泵的日常维护相比较离心泵的有所区别。对于屏蔽泵除了振动温度外日常还需检查轴位移监测表显示值、轴承径向磨损显示值、电机内部泄漏监测、逆循环线温度、电机冷却水运行状况以及关注出口压力变化，如果发现非绿区或者异常状况运行应及时停泵检查。中控室需对屏蔽泵的电流及流量进行监控。

5 结语

本文通过对 P102 屏蔽泵轴向力的分析，根据计算结果对 P102 叶轮的平衡孔进行调整，成功地削减了剩余轴向力，消除了屏蔽泵前推力盘磨损的故障。文章最后对烷基化其余屏蔽泵的故障预防提出建议，对保障屏蔽泵的稳定运行具有一定参考价值。

参 考 文 献

1 季建刚. 屏蔽泵轴向力研究. 镇江：江苏大学, 2006.

2 汪细权. 屏蔽泵轴向力的自动平衡方法. 水泵技术, 2002(2)：24-26.

3 孔繁余等. PBN65-40-250 型屏蔽泵轴向力平衡计算及其试验. 农业工程学报, 2009(5)：68-72.

4 伍悦滨, 朱蒙生. 工程流体力学泵与风机. 北京：化学工业出版社, 2012.

裂解炉辐射段炉管失效分析及预防

陈 翔

(中韩(武汉)石油化工有限公司设备管理部,湖北武汉 430070)

摘 要 总结了中韩石化乙烯装置裂解炉辐射段炉管的几起典型失效形式:渗碳造成的损伤、高温蠕变损伤、热冲击造成的损伤。针对各失效形式进行了分析,并从运行管理、机械设计、炉管选材制造等方面提出了相应的改进与预防措施。

关键词 炉管失效;渗碳;蠕变;热冲击

裂解炉是乙烯装置的关键设备,而辐射段炉管又是裂解炉的核心部件,工艺物料在其内部进行高温裂解反应,操作温度高达1100℃以上,在如此苛刻的操作条件下,伴随裂解炉运行过程中周期性开停车以及非正常操作下的紧急停车,导致辐射段炉管存在较高的故障率。本文针对中韩石化乙烯装置几起典型的炉管失效形式进行了分析,并从选材、设计、制造、运行等方面提出了相应的措施。

1 概况

中韩石化乙烯装置共有8台裂解炉,其中1台气体炉,7台液体炉,气体炉辐射段采用2-1-1-1型炉管配置,液体炉采用2-1型炉管配置,炉管材质为25Cr-35Ni-Nb+MA和35Cr-45Ni-Nb+MA,材料设计温度为1150℃,设计使用寿命为10万小时,为加强换热效果,在辐射段设置了扭曲片管,炉管为离心铸造,扭曲片为用静态铸造。

自开工运行以来,裂解炉辐射段炉管发生次多突发事故,造成停炉更换炉管,给企业造成了较大的经济损失,严重威胁乙烯装置的安全平稳生产。为避免类似情况再次出现,对发生的几起典型炉管失效(见表1)进行了分析。

表 1 典型炉管失效

序号	裂解炉	炉管失效位置	主要失效原因
1	3号炉	辐射段第二组炉管出口管断裂	渗碳
2	1号炉	辐射段多根炉管蠕胀开裂	蠕变
3	2号炉	烧焦期间COT前炉管破裂	热冲击

2 炉管失效分析

2.1 渗碳造成炉管破裂

渗碳是在高温条件下,碳原子从炉管金属表面向基体内部逐渐扩散渗入的现象。介质在裂解过程中会生成焦炭,并在炉管内壁积聚,在长期的高温条件下,碳原子自炉管内表面向基体内部扩散,生成Cr的碳化物,这种碳化物遇到氧后极易从晶界开始氧化,造成基体晶粒之间的结合力大幅下降,从而导致炉管金属机械性能的降低。对表1中3号炉炉管开裂事故进行的失效分析如下。

2.1.1 炉管形貌分析

从现场炉管裂纹处纵向切割断口观察,裂纹发源自内表面,由内向外扩张(见图1)。

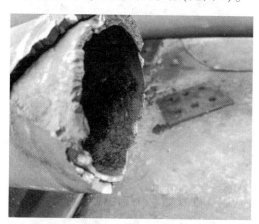

图1 开裂炉管形貌

2.1.2 渗碳层厚度检测

对试样(82.4mm×7.7mm)进行低倍酸蚀试验,取样部分圆周方向渗碳层深度最大达到4.5mm(见图2),渗碳比例达到58%。

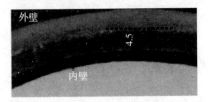

图2　开裂炉管渗碳层厚度

2.1.3　化学成分分析

对炉管内外壁采样，进行常量元素及碳含量的分析（见表2）。从成分来看，常量元素符合设计技术要求，炉管从内到外，碳浓度逐渐下降。

表2　炉管化学成分检测表　　　　　　　　　　　%

项目	C	Si	Mn	S	P	Cr	Ni
设计规格	0.4/0.6	1.2/1.8	<1.5	<0.030	<0.030	32.0~37.0	41.0~47.0
内表面	1.55	1.37	0.727	0.027	0.021	36.41	42.99
中部	0.69	1.41	1.16	0.0114	0.025	33.19	45.88
外表面	0.55	1.43	1.01	0.0148	0.022	33.08	46.04

2.1.4　金相分析

对试样进行光学金相观察，检测炉管服役后组织变化情况（见图3~图5）。可以看出炉管内表面组织骨架状碳化物消失，一次碳化物和从奥氏体基体内析出的二次碳化物明显粗化，出现大颗粒和棒状二次碳化物，且有少量 σ 相析出。外表面组织基体组织为正常的过饱和奥氏体+骨架状碳化物，局部位置出现大颗粒和棒状二次碳化物。说明炉管内表面存在局部过度渗碳。炉管截面由外表面至内表面，渗碳损伤由轻微向严重的趋势。

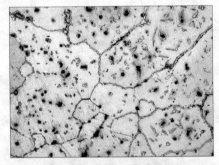

图3　炉管外表面金相组织

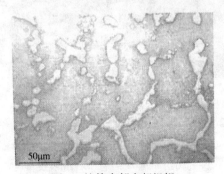

图4　炉管中部金相组织

图5　炉管内表面金相组织

2.1.5　微区能谱检测

对试样炉管不同部位的析出物进行能谱检测。内壁组织中晶界碳化物主要为 M_7C_3，晶界碳化物中心白色颗粒析出物为 NbC，该组织类型为典型渗碳组织（见图6）。

试样外壁附近组织晶界面碳化物主要为 $M_{23}C_6$，界面碳化物白色析出物为 G 相。

2.1.6　结论

从以上失效分析看出，3 号炉炉管开裂的主要原因是由于炉管内壁产生了严重渗碳。炉管渗碳后，基体中的 Cr 形成大量的 Cr_7C_3 型碳化物，使得基体中 Cr 的含量相对减少，而 Fe 和 Ni 的含量相对增大，导致材料的机械性能下降，高温蠕变断裂强度下降，韧性下降，材料脆化，是造成炉管开裂的主要原因。同时，渗碳层的热膨胀系数小于非渗碳层的热膨胀系数，由于二者热胀、冷缩量的不同，停炉降温时在渗碳层中产生压应力，点火升温时产生拉应力，其应力大小与渗碳程度及管壁中的碳梯度有关，是产生裂纹的另一因素。炉管由内表面出现沿晶裂纹，在内表面张应力作用下，裂纹逐步向　　外壁扩展，最终导致炉管开裂失效。

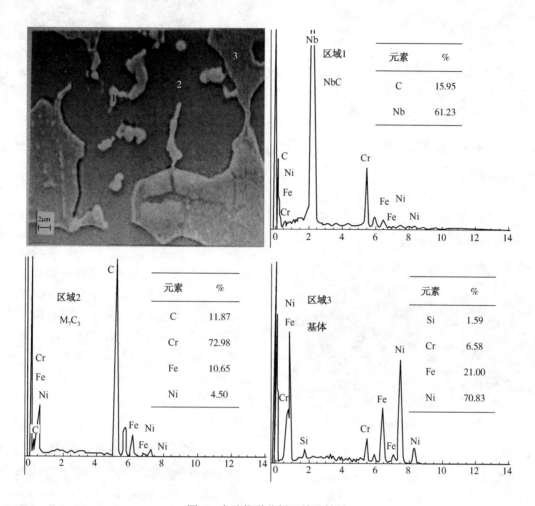

图 6　内壁能谱分析区域及结果

2.2　高温蠕变造成炉管开裂

蠕变是在低于屈服应力的载荷作用下，高温设备或设备高温部分金属材料随时间推移缓慢发生塑性变形的过程，蠕变变形导致构件实际承载面收缩，应力升高，最终产生不同形式的断裂。一般可以分为沿晶蠕变和穿晶蠕变。对表 1 中 1 号炉炉管开裂事故进行的失效分析如下。

2.2.1　炉管形貌分析

开裂炉管与正常炉管相比产生了严重的鼓包变形，失效炉管已经产生严重的塑性变形，断口上裂纹显示为断续的链接裂纹且外壁开口度大于内口（见图 7）。

2.2.2　金相检测

从失效炉管金相检测可以看出，失效炉管共晶碳化物呈块状和网链状，二次碳化物在晶

图 7　开裂炉管现场形貌

体内继续团聚，材料的蠕变孔洞数量很多，孔径很大，并出现蠕变微裂纹，基体的贫 Cr 现象严重（见图 8）。

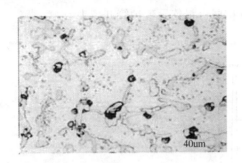

图 8　失效炉管金相检测

2.2.3　扫描电镜分析

扫描电镜分析看出，断裂完全沿柱晶结合面发展，是沿晶扩展裂纹，有蠕变孔洞链接成串，是典型的高温蠕变损伤形态(见图 9)。

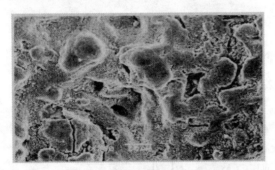

图 9　连接成串的蠕变孔洞

2.2.4　结论

从失效分析可以看出，1 号炉辐射段炉管裂纹的产生主要是由于高温蠕变所引起。在发生应力断裂前可观察到炉管发生明显的蠕变变形，蠕变空洞多在晶界处出现，运行温度持续高于蠕变温度阈值，扩展十分迅速，最终形成宏观裂纹。

2.3　热冲击造成的炉管损伤

炉管运行期间，其组织中的二次碳化物和晶界碳化物不断析出，并且粗化，从而使材料的韧性降低，材料脆化使得其抗冲击性能变差。因此，裂解炉炉管受到热冲击势必对炉管造成一定损伤。对 2 号炉炉管开裂事故进行的失效分析如下。

2.3.1　形貌分析

炉管开裂部位在 2 号炉的出口 COT 前，该炉运行期间由于堵管切出烧焦，在烧焦过程中该处炉管突然开裂，形貌如图 10 所示。

2.3.2　过程分析

通过调阅炉管出口 COT 温度趋势记录，该

(a)　　　　　　　　　　(b)

图 10　炉管开裂位置及形貌

炉管在断裂前出现了温度的迅速升高，后直线下降的过程(见图 11)，不难判断出温度最高点即为炉管断裂的时间点，因为炉管断裂导致内部的烧焦气无法通过炉管到热电偶处，所以随后温度直线下降到 400℃ 左右。该炉管烧焦期间一直处于堵管未烧通状态，只有微量烧焦气体通过炉管，所以该炉管在烧焦过程中 COT 温度维持 500℃ 左右，待炉管突然烧通，大量热流突然通过炉管，炉管温度急剧上升，从趋势图可以看出，断裂炉管的温升速度超过了450℃/h。

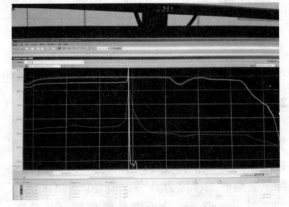

图 11　炉管出口 COT 温度趋势记录

2.3.3　炉管剩余强度分析

根据厂家提供的 L-M 曲线，对该炉的辐射段炉管与开裂位置的炉管进行剩余热强度计算。通过计算可知，开裂位置炉管的剩余强度远远大于辐射段炉管的剩余强度，由于该位置正常情况的温度较辐射段炉管低，正常情况下炉管渗碳及蠕变造成的损伤也比辐射段炉管小，因此正常情况下不会较辐射段炉管提前失效。

2.3.4　炉管材质分析

离心铸造炉管的晶粒度为 5～6 级，根据相关研究，炉管晶型与高温持久性能有密切关系，随着柱状晶比例的减少，高温持久断裂时间降低。从断裂部位与其他炉管抽样对比可以看出（见图 12），断裂位置的柱状晶比例只有 45%，降低了其高温持久强度。

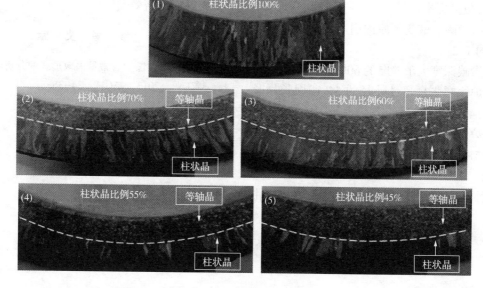

图 12　新旧炉管晶型对比

从以上失效分析可以看出，该炉管断裂的主要原因是温度急剧上升，导致该部位内外温度差太大，热应力导致炉管断裂。该位置的炉管柱状晶比例较低，高温持久强度下降也是其断裂的一个因素。

3　防范措施

（1）从以上失效分析可以看出，超温是造成炉管各种失效的最主要原因，因此避免炉管超温是预防炉管失效最主要的措施。日常管理方面，操作中尽量改善燃烧器的调节，避免火焰舔烧炉管，使炉膛、炉管温度分布均匀，减少炉管周向与轴向温差，消除超温点，加强炉管壁温的检测，避免过热、超温的发生。在运行过程中应尽可能减少非正常开停工次数，采用合理的升降温速度，严格避免升温或降温速度太快。设计方面，炉管机械设计上应考虑各管程及各管组的流量均匀，优化辐射室结构设计及燃烧器的布置，防止炉管过热，更好地发挥管程材质的使用性能，延长炉管的使用寿命。

（2）合理选材。裂解炉炉管在运行中处于高温氧化、渗碳环境，因此要求炉管材料应具有良好的渗碳性及抗氧化、抗蠕变性能，应对所选材料的力学性能等指标要提出具体要求（见表 3）。炉管制造过程中的炉管表面处理、热处理、焊接、无损检测、水压试验等环节要有具体要求，特别对静态铸造的管件要特别重视制造工序的质量控制点，保证炉管的制造质量。在现场安装中严格按照专利商的相关规定，确保辐射段炉管与管道的无应力连接。

表 3　炉管主要力学性能指标要求

	室温拉伸性能			高温力学性能	
	屈服强度/MPa	抗拉强度/MPa	断后伸长率/%	持久试验条件	最小断裂时间/h
HG/T 2601	≥250	≥450	≥8	1100℃/17MPa	100
玛努尔	≥250	≥450	≥8	1100℃/18.3MPa	100
SEI	≥240～250	≥450	≥8	1100℃/17MPa	100

（3）合理安排定期检验，利用停炉机会，定期对辐射段炉管渗碳程度，蠕变等进行检验，积累炉管运行数据。严格依管式裂解炉维护检修规程中的标准要求及时更换劣化炉管。避免运行期间由于炉管材质劣化突发事故。

炉管更换标准：

① 由渗碳、蠕变等原因引起的裂纹深度超过壁厚的1/2；

② 渗碳深度大于壁厚的60%；

③ 炉管蠕胀量超过外径的5%或周长增长3%以上；

④ 炉管严重弯曲，导致导向管或导向槽失去导向作用。

4 结论

中韩石化乙烯装置裂解炉炉管失效主要由渗碳、蠕变和热冲击造成，而这几项诱因往往又叠加体现，造成炉管运行寿命大大低于设计值。通过对裂解炉管失效形式的分析，并采取相应的预防措施，能延长炉管寿命，降低炉管突发故障，保证裂解炉的长周期稳定运行，取得更好的经济效益。

参 考 文 献

1 李森. 辐射段炉管常见失效形式的分析与预防. 乙烯工业，2013，25（4）：34-36.

2 API 530 炼厂加热炉炉管壁厚计算.

3 SHS 03001 管式裂解炉维护检修规程.

螺纹锁紧环换热器检修问题分析与对策

蒋勇飞[1]　刘海春[2]

（1. 中国石化长岭分公司炼油二部，湖南岳阳　414012；
2. 中国石化长岭分公司设备工程处，湖南岳阳　414012）

摘　要　针对在大检修期间汽柴油加氢装置高压螺纹锁紧环换热器出现的常规问题——压紧螺栓"咬死"、螺纹头旋转困难、内构件变形失效、管束内漏等，通过对换热器设备结构进行认真分析，结合工艺操作条件，找出相关的原因，提出解决方法及建议，为今后出现类似的问题提供解决思路。

关键词　高压；高温；螺纹锁紧环换热器；检修；压紧螺栓咬死；螺纹头；变形失效

1　前言

汽柴油加氢装置作为高压高温临氢装置，属于易燃、易爆、高危险性装置，一旦发生事故，造成的破坏力和负面影响极大，所以，作为装置组成的基本元素，内部的设备比其他装置要求更高。为保证在高温高压条件下换热的安全性，一般的换热器已不能满足要求，需要更加安全可靠的换热设备。而螺纹螺纹锁紧环换热器作为高压部位的换热设备，具有密封性可靠、结构紧凑、维护简单、能快速解决运行过程中出现的泄漏问题，在加氢装置中得到了广泛应用。

因结构的复杂性，历年来，螺纹锁紧环换热器的拆装检修一直是装置的重点、难点项目，所以了解设备的结构，总结设备在检修过程中存在的问题，并对这些问题进行深度分析，提出优化措施，对加氢装置来说非常有必要。

2　结构简介

本次检修的两台高压换热器由兰州兰石重型装备股份有限公司制造，为典型的 H-H 型螺纹锁紧环换热器，管程与壳程的外壳为一个整体，复杂部件集中在管程的锁紧环部位。

螺纹锁紧环换热器与普通 U 型管换热器主要区别在于：管箱部位的结构比较特殊，采用螺纹锁紧环压紧管箱盖板，壳体和管箱为一体，无管箱大法兰连接。其结构如图 1 所示。

从图 1 中可以看出，螺纹锁紧环换热器的内构件多，结构复杂，需要"专业"工具才能进行拆装。所以，在检修拆装时比普通的换热器更加困难，用时更长，在检修过程中出现的各种问题也相对较多。

3　检修中出现的问题、原因分析及处理方法

2017 年 4 月份，某厂汽柴油加氢装置进行了四年一次的全面大检修，并在检修期间对两台高压螺纹锁紧环换热器（E101D/E）进行解体检修。在检修过程中，发现许多问题，通过对这些问题总结分析，提出解决方法与思路，为今后的检修过程积累经验，具体情况如下。

3.1　压紧螺栓"咬死"难于取出

3.1.1　问题描述

两台螺纹锁紧环换热器进行拆卸时，发现共有 35 根外压紧螺栓和 1 根内压紧螺栓无法旋出，且都集中在螺纹头上半部分，而旋出的外压紧螺栓的"头部（套扭矩扳手的部位）"都出现不同程度的变形，无法继续使用。小部分压紧螺栓的螺牙出现明显的"拉丝"现象，螺纹出现损伤，如图 2 所示。

3.1.2　原因分析

（1）前期防压紧螺栓"咬死"的浇油方法不正确，未起到均匀、全面的效果，导致上半部分螺栓未被润滑油浸泡。在随后的降温过程中，因"热胀冷缩"效应，随着温度的降低，压紧螺栓与螺纹头会跟着"伸缩"，导致它们之间的"齿合力"增大，在没有充分浸泡润滑油的情况

作者简介：蒋勇飞（1986—），毕业于中国石油大学，工程师，现从事石油炼制方面的设备管理工作。

下，很容易造成压紧螺栓的"咬死"情况，这就是未取出的压紧螺栓集中在上半部分的原因。

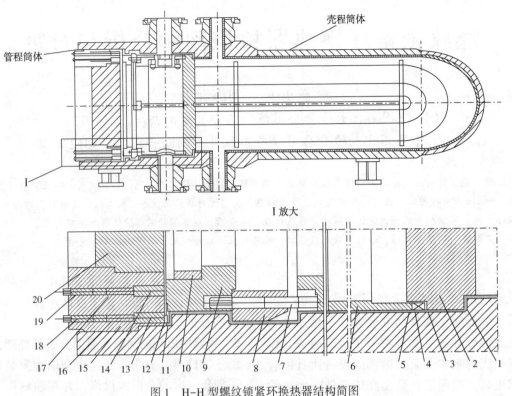

图1 H-H型螺纹锁紧环换热器结构简图

1—壳程垫片；2—管板；3—分程箱垫片；4—钢圈垫；5—垫片；6—分程箱；7—内部螺栓；8—分合环；9—压环；
10—内套筒；11—外密封圈；12—密封盘；13—内压圈；14—外压圈；15—螺纹承压环(螺纹头)；
16—外顶销；17—内顶销；18—外压紧螺栓；19—内压紧螺栓；20—压盖

图2 E101D/E无法旋出的压紧螺栓

（2）外压紧螺栓较长细，螺牙间距较小，为细螺纹，而内压紧螺栓则相反。在相同的预紧力条件下，细螺纹更容易产生变形等损坏(从拆卸的螺栓对比可以看出)，且粗螺纹更容易进行润滑浸泡，所以出现"咬死"的大部分是外圈压紧螺栓。

（3）外压紧螺栓硬度过低。在旋松外压紧螺栓的过程中，基本上每一个螺栓套扳手的头部出现不同程度的变形，甚至个别直接被扭断，对拆卸过程造成一定困难。

（4）扭矩扳手使用不当。在拆卸过程中，使用的是单力矩的扭力扳手，而不是对称力矩的扭力扳手，使得螺栓所受到的力不均匀、不对称，导致螺栓头部容易变形。

（5）浇油过程中不小心将部分杂质引入上部压紧螺栓的螺牙里，致使螺栓"卡死"，无法进行旋转。因换热器顶上排气口直接朝上，平时被保温包住，很容易使得注油口进入岩棉等微小杂质，在浇油过程中，这些杂质会被带入进各螺栓的螺纹缝隙里，而顶部的外圈螺栓最易被污染，因此，外圈螺栓最易造成"卡死"现象；

（6）在正常生产期间，该换热器出现过外漏，对其外圈螺栓进行了紧漏处理。因所使用的预紧力超过了规定要求，导致压紧螺栓进入过多，预紧力过大，螺牙出现损坏而"卡死"。

（7）换热器在出厂组装时，压紧螺纹未涂防高温咬合剂。在拆除来的螺栓中，未看到有防高温咬合剂的痕迹。

3.1.3　处理方法

用打磨机将无法取出的压紧螺栓头部割除，打磨平整，再使用不同钻头的磁力钻进行攻丝处理，将螺栓慢慢消磨，直至变成很薄的一层"空壳"，再对其进行"烧烤"，使其卷曲，用夹子取出。

在攻丝过程中，最重要的是找同心度，避免在钻丝过程中产生偏离，损坏大螺纹头内部螺牙。因很难找准同心度，即使找到也会受各种力的影响，容易发生偏离，所以在攻丝过程中要不时进行调整，尽量减少偏离，减少对内螺纹的损坏。等把所有螺栓取出后，再有攻丝刀对螺纹头上的内螺纹进行修复，用煤油清洗干净。在后续的回装中，将所有外压紧螺栓进行更换，并且涂上"防高温咬合剂"。

3.2　螺纹锁紧环旋转困难无法解体检修

3.2.1　问题描述

压紧螺栓取出后，开始用专用的拆卸工具旋转螺纹头，期间最主要的是调节拆卸工具的水平，使之与换热器螺纹头在同一中心线上，保证在旋转过程中受力不出现偏移。

在拆卸螺纹头过程中，E101E 在旋转力矩加至 15t 左右时，顺利旋转出来。但另一台换热器（E101D）拆卸比较困难，在加力至 28t 后，只稍微动了四分之一圈，然后出现卡涩无法旋出。为避免在拆卸中因受力不平衡导致螺纹出现"拉丝"损坏现象，又将螺纹头旋回至原来位置，像这样反复几次后，仍未出现好转现象，即螺纹头仍然卡在四分之一圈位置。

3.2.2　原因分析

（1）螺纹头螺牙有缺陷，这是造成螺纹头出现"卡死"而无法旋出的主要原因。在续返厂拆卸后发现，螺纹头的螺纹有一重大缺陷（见图3），这完全是制造缺陷。缺陷部位会造成螺牙粗糙度增加，它们间的摩擦力随之增大，引起旋转力矩增大。如果缺陷部分存在"尖刺"，在旋转过程还会造成螺牙损坏。

（2）从拆下的图片看出，部分螺牙出现"拉

图 3　螺纹头螺牙存在缺陷

丝"损坏现象，说明在旋转过程中，拆卸工具与螺纹头的中心线未对齐，导致旋转力矩出现偏斜，壳体与螺纹头的螺牙相对偏离，强制将其旋出后，损坏了壳体与螺纹头上的螺牙。

（3）出厂组装过程中，壳体和螺纹头的螺牙未涂"防高温咬合剂"。随着设备投入生产，在高低温的变化情况下进行"热胀冷缩"，很容易使螺牙间"咬死"，给下次检修的拆卸工作带来困难。

3.2.3　处理方法

在尝试来回旋转且旋转力矩增加至 30t 左右然无法旋出后，为保证拆卸过程的安全性，不能再使用继续增加旋转力矩强制拆卸的方法。只能通过加热壳体，使之膨胀，同时用干冰浇筑螺纹头，使之收缩，扩大壳体与螺纹头间距的方法来将其旋出。而此过程也不是一次到位就能旋出，每次的加热后只能旋转 2～4 圈，又会被卡住，然后再进行冷却，完成一个旋转过程。来回多次这样的过程，直至螺纹头被旋出。整改处理都是返厂完成的，并在拆卸后对壳体、螺纹头的螺牙进行堆焊、热处理等的修复，实现最短时间内解决问题。回装过程中还对其使用了"防高温咬合剂"，为下次检修提供方便。

3.3　换热器内构件变形损坏

3.3.1　问题描述

拆出的密封盘变形严重，内外压紧螺栓部位及其边缘位置出现明显的"鼓包"现象，整个密封盘都凹凸不平（见图4）。

图4　变形的密封盘

3.3.2　原因分析

（1）制造厂家组装失误。在拆卸完内构件后，发现内部螺栓处缺少一个10mm厚的钢垫，致使整个内压紧部件（内压紧螺栓、密封盘、压环、内套筒、内部螺栓）往内填充了10mm左右的量，密封盘变形严重，超出了密封盘的变形余量。

（2）长期超温运行，致使密封盘变形。

图5为一反（R101）出口温度，也就是E101D/E的入口温度。从图中可以看出，E101D/E的入口平均温度常超过390℃以上，部分甚至超过400℃，而制造厂家给出的该设备最高使用温度为390℃。长期在超出最高使用温度下运行，使得密封盘变形严重。

（3）内外压紧螺栓的预紧力过大，造成密封盘变形。两台换热器在正常运行时出现过泄漏现象，对内外压紧螺栓进行了紧漏。当时为了保证设备正常运行，消除泄漏点，所使用的预紧力较设计值大，致使密封盘变形严重，长期超出其变形余量，导致永久变形。

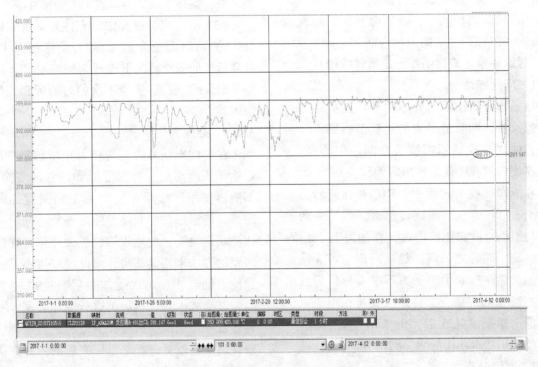

图5　螺纹锁紧环换热器入口温度

3.3.3　处理方法

直接将变形的密封盘进行更换，对每一个内构件的回装进行检查记录，防止再出现缺失配件。同时对每一个配件的间距进行严格测量，与设计值对比，保证在设计范围内。在最后的压紧过程中，对压紧螺栓的预紧力进行重新计算，确保预紧力不超出设计范围。

3.4　换热器管束腐蚀穿孔

3.4.1　问题描述

换热器管束抽出后，外委打压发现，E101E管束出现内漏，经后续排查，发现有6根换热管腐蚀穿孔，且集中在顶部。

3.4.2　原油分析

加工高氯原油，破坏了管束表面形成的保

护膜，在高温盐酸、H_2S 环境下，导致换热器管束腐蚀穿孔。图6为上次大检修后至本次检修期间原油中氯离子的含量。

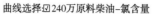
曲线选择☑240万原料柴油−氯含量

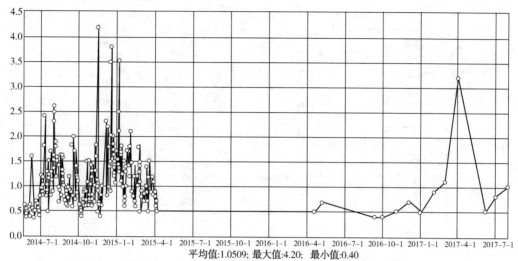

平均值:1.0509；最大值:4.20；最小值:0.40

图6　原油中氯离子含量

E101D/E 为反应产物−原油换热器，原油经脱硫、脱氮、脱氧等反应后，产物中存在高浓度的 H_2S 等腐蚀介质，为避免高温 H_2S 对设备的腐蚀，将换热器管束的材质升级为合金钢321。而原油中携带的氯离子，会破坏合金钢形成的保护膜，导致管束腐蚀加剧，所以，要求控制原油中氯离子含量不大于 $1×10^{-6}$。但从图6看出，氯离子的平均值为 $1.0509×10^{-6}$，部分超过 $3×10^{-6}$，已严重超过控制要求，由此看出，加工高氯原油是导致换热管腐蚀穿孔的最主要原因。

同时在拆开换热器时发现换热器管束的部分管口有白色的结晶物，经化验分析为铵盐，可见在生产过程中存在胺盐结晶，形成垢下腐蚀，也是导致管束穿孔的原因之一。

3.4.3　处理方法

因无新管束，无法进行管束更新，暂时只能对内漏换热管临时处理：对内漏换热管进行带压堵漏，并将所有堵头满焊封死，总堵管6根。同时储备该换热器管束，在下次检修时进行更新。

4　优化措施

为提高今后的检修效率，降低检修成本，必须采取优化措施来避免或减少以上的问题再次出现。结合以上原因分析，可以采取以下的优化措施。

4.1　改善加油方式，使压紧螺栓充分润滑

首先对"浇油"的温度进行调整，200℃或150℃时注入煤油，直接挥发排出，不仅没有起到润滑作用，还造成物料浪费和安全隐患，所以将"浇油"温度改至100℃及以下。

然后对润滑介质进行改善，由单一的"煤油"改为"煤油和润滑油"。煤油的润滑作用不佳，主要起清洗的作用，所以在100℃时由下往上强制注入煤油，下部分螺栓进行浸泡清洗，上半部分螺栓通过煤油挥发进行清洗。当温度降至60℃以下时，再由上至下注入低黏度的润滑油，保证所有螺栓、螺纹头都得到润滑，注意回装时要充分清洗润滑油，避免高温结焦。

4.2　优化换热流程，更换催化剂，降低换热器操作温度

对原料流程进行优化，将原 E101CBD 的大旁路改为 E101CBDA 旁路，原 E101AE 的小旁路改为 E101E 旁路。这样优化后，能提高二反入口温度，使二反发挥作用，降低一反负荷，同时对一反催化剂进行更换，提高催化剂活度，只需低温操作就能满足生产要求。以上优化都会降低一反温度，避免换热器超温。经优化后的换热流程如图7所示。

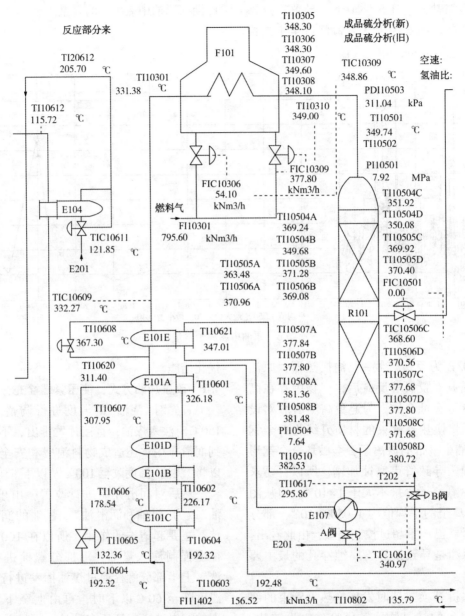

图 7 优化改造后 E101A/D 换热流程

4.3 增加原料油在线分析仪，严控原油氯离子含量

氯离子能够破坏不锈钢表面形成的保护膜，使不锈钢失去耐腐蚀的作用，加快设备的腐蚀，同时氯离子也可以形成结晶盐，影响换热效率，所以必须严格控制原油中氯离子的含量，使之小于 1×10^{-6}。通过增加原料油在线分析仪，时刻监测原油中氯离子含量，一旦发现有超标现象，及时作出应对之策。

4.4 控制升降温速度

受温度变化的影响，设备会发生"热胀冷缩"效应，导致设备各部件"伸缩变形"。在开停工升降温时，锁紧环换热器也会发生"伸缩变形"，此时需控制温度变化，避免升降温速度过快引起螺栓齿合力大幅变化，导致螺纹头"憋力"卡死。所以装置在开停工过程中，一般要求升降温速率不大于 25℃/h。

4.5 涂抹"抗高温咬合剂"，确保螺牙的光滑度

"抗高温咬合剂"是一种在极高温度、湿度条件下对静态压力或低速转动设备机构有良好保护作用的抗磨、防卡润滑剂，确保拆卸更方便。所以，在回装螺纹头或压紧螺栓时，使用咬合剂能很好地防止螺牙"咬死"的情况发生。同时在回装时，必须对螺牙进行抛光打磨，确

保螺牙的光滑度，避免出现"毛刺"等缺陷。

4.6　精细化操作，做好日常维护

正常生产时精细化操作，避免对设备造成冲击，保持设备运行稳定，减少设备及其零部件的损坏。同时，在日常运行中，还得加强锁紧环换热器的现场维护，如做好设备的保温和防腐，减少环境变化对换热器的影响；保护好螺纹头顶部的排气孔，避免杂质进入影响换热器拆装；加强设备现场检查，发现问题及时处理等。

5　改进方向

5.1　螺纹锁紧环换热器结构改造

（1）为了减少温度变化对拆卸的影响，在螺纹头与密封盘之间设法增加一层隔热材料，减少螺纹头温度的变化；

（2）改变螺纹头的连接方式，由螺纹连接改成套管连接，或其他先进的连接方式，或螺纹与套管等相结合的方式等，在保证安全、可靠的同时，方便拆装。

5.2　压紧螺栓优化

在保证螺牙数量的同时，将细螺牙改为粗螺牙，并适当扩大螺栓的大小，提供尽可能大的"齿合面积"，减小螺牙的压力。同时换热器在高温下使用，所选压紧螺栓材料还必须保证一定的硬度，使之在高温下螺牙不变形。

5.3　拆卸机具的改进

目前专用的拆卸工具较为"笨重"，需对其进行改进，提供更科学有效的拆卸机具，如改为一体化电动拆卸设备，不但可以提高拆卸效率，更能保证拆卸质量。

6　结语

螺纹锁紧环换热器因结构复杂，内构件较多，检修过程中出现的问题也会增多、变难，本文通过对加氢装置螺纹锁紧环换热器在检修中遇到的问题进行剖析，提出解决措施，给出今后需改进方向，为螺纹锁紧环换热器的检修提供有用参考。

参 考 文 献

1　范园渊，王和慧. 螺纹锁紧环换热器的内漏失效分析及其检修[D]. 石油化工设备，2013(9)：15-18.

2　朱险峰. 螺纹自锁紧换热器的内漏分析及检修[D]. 内江科技，2012(9)：140，163.

3　范云峰. 螺纹锁紧环换热器内漏原因分析及处理[D]. 加氢技术论文集，2008：675-680.

多种材质过滤芯再生实验与应用

杨次雄　蒋光辉　刘奕凡　陈　安

（岳阳宇翔科技有限公司，湖南岳阳　414000）

摘　要　文章介绍了聚四氟乙烯（PTFE）+硬塑料+不锈钢等多种材质组合过滤芯清洗再生工艺的研究过程。实际应用情况表明：采用该清洗再生工艺，再生后的过滤芯达到了使用的技术要求。

关键词　过滤芯；清洗；聚四亚甲基醚二醇；应用

银川某大型化工企业生产聚四亚甲基醚二醇，该产品主要用于生产聚氨酯弹性体、聚氨酯弹性纤维（国内称氨纶，国际称 Spandex）和酯醚共聚弹性体。

聚四亚甲基醚二醇，简称 PTMEG，常温下为白色蜡状固体，当温度超过室温时熔化为透明、无色液体，易溶解于醇、酯、酮、芳烃和卤代烃，不溶于脂肪烃和水。

聚四亚甲基醚二醇在出厂装车时需要过滤装置清除杂质。过滤装置的核心部件为特制的过滤芯，其外观为白色，外形尺寸为 $\phi 40 \times 450\text{mm}$，材质为聚四氟乙烯（PTFE）+硬塑料+不锈钢。过滤芯由内部骨架、过滤网及外部保护架构成。内部骨架为 316L 不锈钢格栅；过滤部分为多层聚四氟乙烯材质皱纹布，过滤精度为 $25\mu\text{m}$；外部保护架为粗硬塑料框架，最外圈为 316L 不锈钢保护格栅，如图 1 和图 2 所示。

图 1　过滤芯内部骨架

图 2　过滤芯外形

过滤的目的是去除产品中的悬浮物，保证产品浊度合格。

聚四亚甲基醚二醇特种及多种材质滤芯清洗再生与普通、单材质滤芯不一样，采用一般的化学清洗方法进行清洗，会高温变形，易加速材料老化。我们分析了滤芯结垢、堵塞的状况，查阅了相关资料，并进行清洗实验，研究出一套以 QX-YX-021 碱洗脱聚四亚甲基醚二醇、超声波清洗去杂质、QX-YX-018 钝化剂钝化的清洗工艺和配方，取得了较好效果。

1　过滤芯结垢原因

聚四亚甲基醚二醇在生产过程中，添加含有胶体碳酸盐的金属清洗剂，这种胶体存在的形式有悬浮状和沉淀状，在生产工艺过程不能彻底清除，最终带入聚四亚甲基醚二醇成品罐。这也是聚四亚甲基醚二醇产品浊度较高的主要

作者简介：杨次雄，男，高级技师，就职于岳阳宇翔科技有限公司，研究方向为工业设备清洗。

因素。

在产品装车时要控制浊度，装车台鹤管过滤器装置是降低浊度的有效手段。过滤器的核心部分是过滤芯，由于日积月累，产品中的胶体沉积在过滤芯内形成结垢，长时间积累会影响产品合格率，需要将过滤芯清洗再生。

检查需要清洗的过滤芯，不但有黑色污垢，同时还有大量的聚四亚甲基醚二醇附着物充满过滤芯，增加了清洗难度，如图3和图4所示。

图3　清洗前过滤芯

图4　采集的垢样

2　碱洗实验

2.1　表面垢物清除

外表大量的垢物有碍清洗药剂进入过滤网孔内部，影响渗透效果，首先使用小型清洗设备，用清洁水冲洗过滤芯外表，冲洗后的滤芯用清洁水灌入滤芯内，滤出的水非常清澈，外观无明显垢物。

冲洗后滤芯内外表面留有一层蜡状膜，非常滑溜，需要碱洗。

2.2　碱洗滤芯蜡状物质

设计多种清洗配方，既能清除蜡状物质又不会对滤芯有损伤，影响过滤芯性能效果。

2.2.1　实验器具准备

（1）清洗加热槽、水冲洗设备、滤芯水流装置、清洁水源。

（2）红外测温仪、烤箱。

2.2.2　碱洗

按碱洗配方设计，在清洗加热槽内配置各种碱洗溶液，设定温度加热，将滤芯置入槽内（每一种配方任取2~6根）。当温度上升到设定值开始计时。取出滤芯用清洁水冲洗内外表，然后进行效果对比。选取有代表性的几种配方清洗，结果如表1所示。

表1　清洗配方结果对比

序号	清洗药剂配方	温度/℃	时间/h	水流效果(是否帘状)	去蜡状物效果
0	清洁水	50	3	否	差
1	1%氢氧化钠+1%活性剂+1%助剂	50	2	否	差
2	2%氢氧化钠+1%活性剂+1%助剂	50	3	否	差
3	5%氢氧化钠+1%活性剂+1%助剂	55	4	基本帘状	差
4	2%去油剂+1%TX-10+2%助剂	50	3	否	差
5	5%去油剂+1%TX-10+2%助剂	55	5	基本帘状	差
6	2%QX-YX-021复合碱洗剂	50	3	否	差
7	5%QX-YX-021复合碱洗剂	50	3	基本帘状	好
8	3%QX-YX-021复合碱洗剂	50	3	基本帘状	好

注：①QX-YX-021为岳阳宇翔公司研制的高效复合碱洗剂。

②水流试验时水压为0.3MPa。

从表 1 的实验结果可以看出：采用 3~5% QX-YX-021 复合碱洗剂，温度 50℃ 左右条件下浸泡 3h 后，综合碱洗效果最好。但水流效果还没有达到帘状，说明仍有污垢存在于过滤芯皱纹布内，决定采用超声波进行进一步清洗。

3 超声波清洗

将碱洗后较好的滤芯放置在超声波清洗槽内，配置超声波清洗液，注意清洗液必须超过滤芯 3~4cm，设定清洗时间，开启超声波设备清洗。按此方法进行不同配方清洗，清洗后进行水流实验，实验结果见表 2。

表 2　超声波清洗试验结果

序号	清洗剂	时间/h	水流效果（是否帘状）
1	0.5%超声波复合清洗剂	1	否
2	0.5%超声波复合清洗剂	2	完整帘状
3	0.8%超声波复合清洗剂	3	完整帘状

从表 2 的实验结果可以看出：采用 0.5%~0.8% 超声波复合清洗剂为清洗液，超声波清洗 2~3h 后效果很好，水流帘状完整，如图 5 所示。

图 5　超声波清洗后水流状况

4 光洁钝化

经过碱洗、超声波清洗后的过滤芯虽然蜡状物清除彻底，水流实验效果好，但滤芯外观整体颜色暗淡，不亮堂美观，需要进一步光洁钝化。

在滤芯进入烤箱前必须使过滤芯内外表光洁。根据聚四氟乙烯（PTFE）+硬塑料+不锈钢混合材质特点设计多种光洁钝化配方，该配方无毒无腐蚀。

4.1　实验器具准备

光洁钝化槽、水冲洗设备、清洁水源。

4.2　光洁钝化实验

在光洁钝化槽配置光洁钝化溶液，将滤芯放入槽内，按设计工艺要求进行光洁钝化，注意搅拌，取出后用清洁水冲洗滤芯内外表面。实验结果见表 3。

表 3　光洁钝化实验结果

序号	光洁钝化措施	滤芯光洁钝化后表面状况
1	1.0%双氧水，45℃，2h	暗淡
2	1.0%双氧水，50℃，4h	较暗淡
3	1%QX-YX-018，45℃，15min	光洁，见本色
4	0.5%QX-YX-018，45℃，15min	光洁，基本见本色

注：QX-YX-018 为岳阳宇翔公司研制的精密光洁钝化剂。

从表 3 的实验结果可以看出：清洗后采用 1%QX-YX-0018 光洁钝化剂 45℃ 下光洁钝化效果最好，如图 6 所示。

图 6　光洁钝化后效果

5 烘干包装

聚四氟乙烯（PTFE）+硬塑料+不锈钢混合材质过滤芯烘干时，与纯金属滤芯不一样，特别注意不能高温烘烤，以防材料发生变形。烤箱温度设定为 45~50℃，过滤芯在烤箱内充分散开，缓慢烘烤 24h。由于聚四氟乙烯（PTFE）与硬塑料传热系数低，在烘烤过程中注意每 4h 将滤芯翻动一次，以防受热不均水分不能充分蒸发而留下盲区。

为防止聚四氟乙烯（PTFE）皱纹布吸尘，烤箱取出后尽快用过滤芯专用包装袋封包，以免影响使用效果。

6　结束语

由于聚四氟乙烯（PTFE）+硬塑料+不锈钢混合材质过滤芯不同于纯金属滤芯，清洗再生过程主要考虑材料受高温变形问题，烘烤防止留下盲区等。

虽然我们清洗再生后的过滤芯达到了使用的技术要求，但施工过程耗费时间较长，生产成本较高，工艺和配方有待改进提高。

参 考 文 献

1　DL/T 794—2012　火力发电厂锅炉化学清洗导则.

2　陈建军. 聚四氢呋喃的生产工艺的研究. 化工管理，2013（22）：229，231.

3　陈亮，和进伟，张方. 聚四氢呋喃工业化生产工艺及市场概况. 河南化工，2012，29（5）：23-27.

4　彭涛，康霞，康斌. 超声波清洗技术在教学仪器保养中的应用. 清洗世界，2018（9）：13-16.

螺杆压缩机阴阳转子多重技术修复

张柏成

（中海油惠州石化有限公司，广东惠州 516086）

摘 要 介绍了惠州石化有限公司 1200 万吨/年常减压装置(I)减顶瓦斯螺杆压缩机，压缩介质成分比较复杂，造成阴阳转子严重腐蚀，满足不了工艺生产要求，生产需要短时间内恢复设备投用，采用立体测量技术，先进机加工工艺方法，同时，采用配方特殊材质熔覆在阴阳转子的表面，该种修复方法获得成功，保证了生产装置的长周期运行，收到了好的效果。

关键词 螺杆机；阴阳转子；3D 光学；三坐标；四轴 CNC；激光溶覆；合金粉末；效果

1 前言

中海油惠州石化有限公司一期 1200 万吨/年常减压装置减顶瓦斯螺杆压缩机，2009 年 4 月装置投产，技改后 2011 年 12 月投用，为装置主要设备，位号为 101-K302。2013 年 1 月发现上量不好，压力降低，维持生产困难，停机进行大修，经解体检查，壳体及其他部件没有明显腐蚀现象，阳转子腐蚀较小，阴转子腐蚀严重，螺杆表面发生大面积腐蚀，成蜂窝状，有的部位坑蚀深度超过 10mm 以上，满足不了工艺要求，将库存备用阴阳转子换上，运行半年又发生同样现象，已经满足不了装置长周期运行。如果在厂家重新定制一套新转子，投入运行同样会发生腐蚀问题，如果改变转子材质，厂家重新制作，一是费用高，二是腐蚀介质很复杂，选材不一定合理，不会根本解决腐蚀问题。经过详细的论证及调查，决定进行修复，采用 3D 光学、便携式三坐标测量、便携式合金分析仪、四轴 CNC 加工、数控激光熔覆机等应用技术进行监测和加工。

2 修复技术

2.1 基本概况

该机中国船舶重工集团公司制造，螺杆机型号为 LG10/0.6，工艺介质为减顶瓦斯，气缸冷却方式为喷柴油冷却，压缩级数为单级，螺杆直径为 255mm，阴阳螺杆材质都为 2Cr13，螺杆机总重 5t。主要工艺参数及材质见表 1。

表 1 螺杆机主要工艺参数

名称	入口温度/℃	出口温度/℃	吸入压力/kPa	排气压力/MPa	流量/(m³/h)	介质密度/(kg/m³)	转速/(r/min)	额定功率/kW	电机功率/kW
螺杆机	≤65	≤85	3	0.6	10	1.327	1485	90	90

2.2 螺杆腐蚀情况

解体检查，压缩机壳体及相关部件腐蚀较小，对机组部件安装的尺寸影响不大，阳螺杆腐蚀状况相对较轻，在螺杆上端部位置有冲蚀，没有形成蜂窝状，如图 1 所示；阴螺杆腐蚀较为严重，主要在非啮合面下部位置严重，成蜂窝状，最深的部位达到 10mm 以上，如图 2 所示。从图 1 和图 2 看，阴阳两个螺杆啮合线腐蚀较小，齿轮啮合间隙标准为 0.21mm，实测为 0.25mm，转子径向间隙标准为 0.30mm，实测为 0.38mm，个别部位为 1.1mm，局部超标严重，同步齿轮啮合间隙为 0.04mm，在标准范围以内，阴阳螺杆弯曲度在标准范围以内，从测量的结果上看，螺杆配合尺寸冲蚀不大，从图 1 和图 2 看，非配合面严重冲蚀，已经满足不了生产工艺的要求。

作者简介：张柏成（1965—），男，设备资深工程师，现在中海油惠州石化有限公司设备中心从事设备管理工作。

图1　阳螺杆腐蚀情况

图2　阴螺杆腐蚀情况

2.3　阴阳螺杆修复

判定产生腐蚀的主要原因是因为喷淋油带水，我们对减顶瓦斯压缩机分液罐水样进行分析，从采样分析的数据上看，水中携带腐蚀性介质主要是氯离子和硫化氢，微量元素不计，从pH值上看，介质显酸性，化验分析数据见表2。

表2　螺杆机分液罐水样分析

项目 日期	氯离子/ (mg/L)	pH 值	$H_2S/10^{-6}$	备　注
2013.02.07	38.5	3.8	6000	
2013.02.16	215.4	6.5	4500	氯离子量最大
2013.02.23	57.6	4.2	5000	
2013.03.01	21.3	5.4	3000	
2013.03.09	71.3	3.9	6500	硫化物量最大

根据喷淋油带水情况及含腐蚀性元素，选配耐腐蚀合金粉末，采用激光熔覆的方法，在阴阳螺杆转子表面熔覆一层耐 Cl^-、H_2S、H_2O 和减顶瓦斯介质特性的合金元素，这项修复技术比较成熟。螺杆机阴阳转子形态特殊，为运转中保证良好的啮合特性，必须选用先进的测量工具实测阴阳螺杆，按原厂加工尺寸进行机加工，保证原机组阴阳螺杆转子的啮合间隙，投入使用后满足石化设备运行标准，保证设备安稳长满优运行。

选配 Lnconel 625 合金粉末，与中国材质牌号 GH625 相近，该合金是以钼铌为主要强化元素的固溶强化型镍基变形高温合金，具有优良的耐腐蚀性和抗氧化性，从低温到980℃均具有良好的拉伸性能和疲劳性能，并且耐盐雾气氛下的应力腐蚀。因此，可广泛应用于化工设备制造。Lnconel 625 化学成分见表3。

表3　Lnconel 625 化学成分　　　　　　　　　%

合金元素		Ni	Cr	Fe	Mo	Nb	Co	C
Lnconel 625	最小	余量	20.0		8.0	3.15		
	最大		23.0	5.0	10.0	4.15	1.0	0.10
合金元素		Mn	Si	S	Cu	Al	Ti	
Lnconel 625	最大	0.5	0.5	0.015	0.07	0.4	0.4	

针对阴阳螺杆结构特性，为保证修复后运行啮合良好，一次修复成功，制定了阴阳螺杆修复流程图（见图3），修复中严格执行流程步骤，遇到异常情况及时解决。

采用美国 INNOV－X 便携式合金分析仪，复查阴阳螺杆材质；螺杆母材硬度检测使用手持式里氏硬度计，螺杆耐磨硬面、镀层和薄片硬度使用 401MHV 显微维氏硬度计；为保证阴阳螺杆转子运行啮合精度，测量和测绘非常重要的，使用德国测量精度标准 3D 光学扫描仪、美国 FARO－Gage 便携式三坐标测量臂（CMM）精准仪器，完成阴螺杆和阳螺杆部件加工图纸绘制，以便螺杆部件的加工。

Lnconel 625 合金粉末熔覆螺杆表层采用数控激光熔覆机，将基体和基体表面预置的合金粉末同步熔化结合，局部热量很小的热影响区，热应力小，基体无变形，激光熔覆层与基体均无粗大的铸造组织，熔覆层与界面组织致密，晶粒细小，无气孔、无裂纹、无夹渣等缺陷，表面微熔层为 0.15~0.25mm，激光熔覆单层厚度为 0.5~0.8mm，可多层熔覆。螺杆加工采用数控四轴 CNC 加工中心，加工好后的两个转子分别进行动平衡，按 ISO 1940 平衡等级 G1.0 级检测。

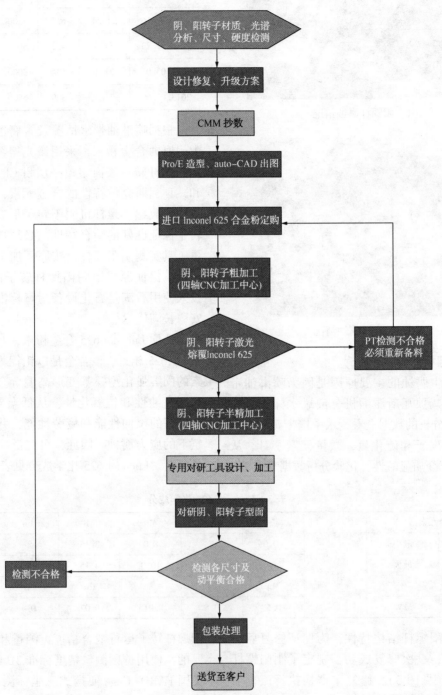

图 3　螺杆修复流程图

3　效果

2014 年 10 月，惠州石化装置第二周期大检修，螺杆机组进行大修，将修复后的转子进行安装，2019 年 3 月装置第三周期大检修，累积运行时间 4 年零 5 个月，机组运行平稳，机组振动、温度等各项机械监控指标符合要求，出口压力稳定，流量正常。从解体检查情况看（见图4），阴螺杆只有几小块局部脱落，没有影响转子整体运行，阳螺杆几乎没有腐蚀情况，

连续运行近4年半的时间，保证了设备安稳长满优生产，给企业带来很大的经济效益和社会效益。

(a)　(b)

图4　螺杆熔覆后检修周期使用情况

4　结束语

　　减顶瓦斯压缩机分液罐液位控制在20～40cm之间，液位高于40cm时自动排液，但是排液口高于喷淋油抽出口，水密度比油大，时间长了，水沉积罐底部，越积越高，水位高过喷淋油抽出口，喷淋油大量带水，当时，采取临时措施，要求操作人员每天在分液罐底部排液一次，以减少油带水。2014年停工检修时，将自动排液抽出口改在罐底部抽出，喷淋油含水大大降低，会减缓腐蚀，但在工艺介质中氯离子和硫化物等腐蚀性元素仍然存在，还会腐蚀阴阳螺杆转子。我们与专业厂家多次技术交流，由于有先进的测量和检测仪器，先进的数控加工中心，专业的合金粉末激光熔覆技术，丰富的各类转子修复能力，在螺杆压缩机组阴阳螺杆转子修复中获得成功，据了解在同行还属首次。

制氢转化炉炉管焊接管台断裂分析及防护对策

李俊卿

（中国石化北京燕山分公司炼油部，北京 102500）

摘 要 炼油事业部新区制氢装置转化炉炉管焊接管台在装置一次开车过程中发生断裂，对断裂炉管焊接管台进行了失效分析，从化学成分、金相分析、断口形态等方面探讨了炉管焊接管台断裂分析原因，并提出了相应的防护处理对策。

关键词 转化炉；管台；断裂；处理对策

某石化新区制氢装置以天然气、水蒸气为原料，在催化剂作用下转化造气，后经 PSA 净化提纯的工艺路线制取高纯氢气，装置一次大检修后在投料开车过程中转化炉北侧一炉管焊接管台发生断裂，被迫紧急停工，炉管管台断裂为装置正常生产带来重大安全隐患。本文对断裂炉管焊接管台进行了失效分析，从化学成分、金相分析、断口形态等方面探讨了转化炉炉管焊接管台断裂分析原因，并提出了相应的预防处理措施。

1 转化炉炉管故障概况

制氢转化炉是装置的关键设备，原料气在炉管内催化剂作用下高温反应，制氢转化炉采用顶烧厢式炉结构，燃烧器布置在辐射室顶部，转化管受热形式为单排管受双面辐射。制氢转化炉辐射室主要设计和操作参数见表1。

表 1 制氢转化炉辐射室主要设计和操作参数

主要参数	介 质	热负荷/MW	入口温度/℃	出口温度/℃	入口压力/MPa	出口压力/MPa
设计参数	天然气+低分气+水蒸气	55.5	500	860	2.85	2.5
操作参数	天然气+低分气+水蒸气	51.6	490	820	2.54	2.4

制氢转化炉辐射室炉管共分为 4 排，每排 55 根，共计 220 根。每根炉管与下猪尾管之间通过焊接接头连接，如图 1 所示。炉管材质为 HP40Nb，规格为 $\phi127 \times 12mm$，下猪尾管材质为 Incoloy800H，规格为 $\phi32 \times 4.5mm$，焊接接头材质为 Incoloy800H。

2016 年 7 月新区制氢装置经检修后进行开工阶段，制氢转化炉在 500~800℃升温配气过程中，发现转化炉最北侧一排从西向东第 20 根炉管与下猪尾管连接的焊接管台断裂，现场照片见图 2，该处断裂导致转化气大量泄漏。

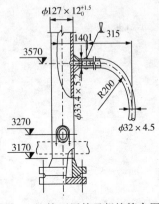

图 1 炉管下尾管及焊接管台图

图 2 现场断裂的焊接管台

制氢装置停工后对炉管断裂的焊接接头进行抢修，对断口打磨处理后进行渗透检查，发现焊接接头坡口有多条裂纹，个别为贯穿性裂纹，其形貌见图3。检查下猪尾管坡口无裂纹，将备件新炉管上的焊接管台切割下来替换断裂的焊接管台，焊接完成后对焊缝进行了渗透和射线检测，结果均为Ⅰ级合格后制氢装置恢复生产开工。

图3　焊接管台裂纹样貌

2　焊接接头检验分析

2.1　宏观检查

对断裂的原始炉管锥形焊接管台进行宏观检查，其结果如图4所示。锥形管台断裂件1主要包括锥形管台大头端以及与炉管相连的焊缝，断裂件1长度约为30mm，内径约为22.50mm。在靠近断口处内壁可观察到多条裂纹，裂纹方向沿锥形管台轴向，最长裂纹约为8.50mm。锥形管台断裂件2包括三部分：①锥形管台小头端，长度约20mm，内径约22.78mm，壁厚约6.20mm，靠近断口处内壁可观察到多条裂纹，裂纹方向沿锥形管台轴向，最长裂纹约为6.22mm，保留了原始断口，断口凹凸不平，表面覆盖一层黄白色产物；②锥形管台小头端与下猪尾管连接的焊缝，焊缝宽度约11.50mm；③下猪尾管，长度约为14.00mm，内径约为22.10mm，壁厚约为5.00mm。

2.2　化学成分分析

对断裂件1、断裂件2以及备件锥形管台分别取样进行常量化学成分测试，试验结果如下：

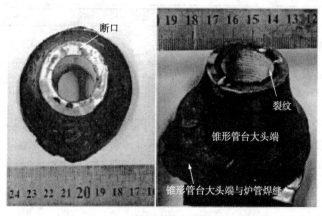

(a)锥形管台断裂件1

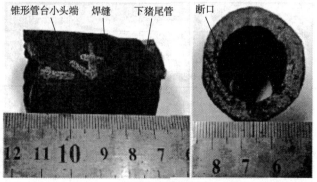

(b)锥形管台断裂件2

图4　断裂管台宏观照片

炉管下猪尾管和锥形管台大头端靠近外壁部位 C、Si、Mn、S、Cr、Fe、Ti 等元素均满足 ASTM SB407 中对 UNS N08810(Incoloy 800H)材质化学成分的要求,但 Ni 元素含量分别为 29.66%和 29.70%,低于 ASTM SB407 要求的 30.0%~35.0%。断裂件 2 的小头端部位除 C 元素外其余各元素均满足 ASTM SB407 的要求。C 元素含量为 1.10,远超出新锥形管台中 C 含量以及 ASTM SB407 中对 UNS N08810 材质的要求,该部位发生了渗碳。

2.3 光学金相观察

对断裂件 1、断裂件 2 的小头端、下猪尾管及小头端与下猪尾管焊缝部位分别取样进行光学金相观察,各部位光学金相结果如下:

(1)断裂件 1:内壁部位有氧化,氧化层晶界粗化,中间部位晶界粗化,晶界上有白色块状析出物呈断续链状分布,局部白色块状析出物上有黑色颗粒状析出物,外壁部位组织为奥氏体,晶界上有少量块状析出物并观察到空洞。

(2)断裂件 2 小头端:该试样组织与断裂件 1 相近,内壁有明显的氧化层,氧化层内晶界粗化;中间部位晶界粗化,晶界上有白色块状析出物,同时在局部白色块状析出物上有黑色颗粒状析出物分布;靠近外壁部位组织为奥氏体,奥氏体晶界上观察到空洞。

(3)下猪尾管:该试样内壁部位组织为奥氏体,奥氏体晶界有空洞形成,晶内有颗粒状析出物,中间壁厚部位奥氏体晶界上也观察到少量空洞,靠近外壁部位奥氏体晶界基本无空洞。

2.4 电子金相观察及 EDS 分析结果

新管台、断裂件 1、断裂件 1 与炉管连接的焊缝以及断裂件 2 小头端、下猪尾管、小头端与下猪尾管连接的焊缝部位试样各 1 件,经磨制浸蚀后进行电子金相显微观察。断裂件 1 试样以横截面为观察面,其他部位以纵截面为观察面。对电子金相观察到的典型特征进行 EDS 分析,结果如表 2 所示。

表 2　电子金相观察及微区 EDS 分析结果

观察部位	内壁部位	中间壁厚	外壁部位	其他
新锥形管台	无氧化	无渗碳	无空洞	晶内少量颗粒状析出和夹杂物
断裂件 1	发生氧化,氧化层约为 3.3mm,氧化物为氧化铬和氧化硅	有渗碳,渗碳层厚度约为 2.4mm(不含氧化层),析出碳化铬	有蠕变空洞,无明显析出物	内壁有多处沿径向和周向的裂纹
断裂件 1 和炉管连接的焊缝	发生氧化,氧化层约为 0.3mm,氧化物为氧化铬	有渗碳,渗碳层厚度约为 1.7mm(不含氧化层),晶界析出物为碳化铬和碳化铌钛	无蠕变空洞,晶界析出碳化铬和 G 相	
断裂件 2 小头端	发生氧化,氧化层约为 3.3mm,氧化物为氧化铬和氧化硅	有渗碳,渗碳层厚度约为 2.3mm(不含氧化层),析出碳化铬	有蠕变空洞,无明显析出物	内壁有多处裂纹
下猪尾管	无氧化,有大量蠕变空洞	无渗碳,有少量蠕变空洞	无蠕变空洞	晶界析出碳化钛
小头端与下猪尾管连接的焊缝	无氧化	有渗碳,渗碳层厚度为 2.7~3.8mm,晶界析出碳化铬,晶内析出碳化铌	少量空洞,析出碳化铌钛	

2.5 断口形貌观察

对断裂件 2 的小头端原始断口以及断裂件 1 上的轴向裂纹断面形貌进行观察,分析结果如下:

(1)断裂件 2 的小头端原始断口:图 5 为断裂件 2 的小头端原始断口形貌,由图可见断口平齐,未见明显塑性变形,断裂由内壁向外壁扩展,断口表面覆盖一层产物,在断口表面观察到多条裂纹,大部分裂纹由内壁起裂向外壁扩展,局部观察到沿环向裂纹,覆盖在断口表面的物质主要包含 O、Al、Si、Ca、Fe 等成分。

图 5　小头端断口形貌

（2）断裂件 1 上的轴向裂纹断面：对断裂件 1 的轴向裂纹进行断面观察，各层断面形貌及 EDS 分析结果如图 6 所示，其中氧化层断面为原始裂纹部位，渗碳层和靠近外壁部位为人为打开区域。氧化层和渗碳层处的断面呈现脆性断裂特征，氧化层断面上覆盖有大量氧化铁，渗碳层断面观察到空洞及微裂纹，且渗碳层有大量碳化铬析出，靠近外壁部位的人为打开区观察到大量空洞和韧窝，组织主要为奥氏体基体和少量碳化钛，与靠近外壁部位相比，内壁氧化层和渗碳层韧性降低。

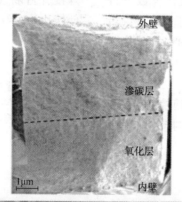

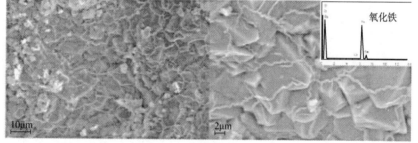

内壁氧化层

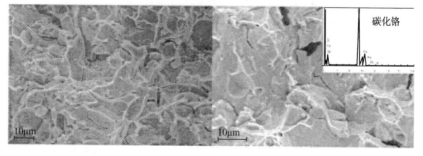

渗碳层

图 6　锥形管台轴向裂纹断面形貌图

综上所述，转化炉锥形管台内壁发生严重的渗碳反应导致材料脆化萌生大量裂纹，装置开工过程升温配气阶段在热应力和操作压力作用下裂纹迅速扩展，直至发生断裂。焊接管台发生渗碳现象实际上是渗碳、氧化、局部蠕变联合作用的结果，碳原子与基体中的铬反应生成铬的碳化物。转化气介质中的水蒸气在高温下会分解出氧化过程所需的氧，铬的碳化物遇到氧很容易从晶界开始产生选择性氧化。晶界上的碳化物被氧化后，基体晶粒之间的结合力大大降低，开始在焊接管台局部产生微裂纹，裂纹迅速扩展导致焊接管台断裂。

3　防护措施及对策

（1）优化工艺操作条件，制氢装置开停工过程中避免升温或降温过快，控制转化炉升温或降温速度小于 50℃/h。控制合理的水碳比，保证炉管内气相负荷相对均匀。

（2）严格按照制氢装置原始设计参数进行操作，控制转化气出口温度不大于 860℃，转化炉炉管外壁最高温度不大于 950℃。在装置运行过程保持生产平稳，避免炉管温度大幅波动。

（3）增上转化炉感温电缆联锁控制系统、视频监控系统，在下尾管与炉管连接处增设汽幕设施。制定停炉应急方案，加强转化炉巡检力度，发现异常问题及时处理。

（4）对制氢装置转化炉炉管运行作综合风险评估，对炉管进行全面检测，根据检测评估结果制定炉管更换计划。

4　结语

对制氢转化炉断裂炉管焊接管台从化学成分、金相分析、断口形态等方面探讨了断裂分析原因，认定炉管焊接管台内壁发生严重的渗碳反应导致材料脆化从而产生大量裂纹，在热应力和操作压力综合作用下裂纹迅速扩展导致焊接管台断裂，提出了相应的预防处理措施，使转化炉后续运行得到了有效的保障。

参　考　文　献

1　杨会喜，张云生. 新型转化炉炉管的开裂原因分析与防护. 大氮肥，2007，30（3）：60-62.

蒸汽透平压缩机间隙测量方法及调整

刘 强

（大庆石化建设有限公司四川分公司，四川成都　611930）

摘　要　蒸汽透平特别是大型机组乙烯三机组等，由于其动力可靠，其检修一般由专业队伍或厂家指导的条件下进行检修。本文利用日本三菱公司生产的透平压缩机检修作为背景，介绍检修过程中部分间隙值的测量方法及调整，努力规范各单位的检修流程及测量方法，便于机组长周期运行。

关键词　透平；压缩机；迷宫密封；间隙；轴承；止推瓦；测量

1　前言

蒸汽透平压缩机检修过程中，除去拆检等方法以外，间隙检查测量是保证检修能否按照工厂化要求组装的重要依据，保证机组运行后各项振动、温度、泄漏量满足设计要求的前提。特罗列相关方法以参与讨论。

2　迷宫密封的间隙测量

2.1　测量原因及原理

由于构成迷宫密封的机械零件均接触工作介质，零件必然会发生热膨胀变形，密封须适应轴与壳体的热变形。密封间隙减小，密封齿数增多，其密封效果就会越好，然而，密封间隙减小，易造成动静相磨，而密封齿数增多，一方面导致轴向尺寸增加，同时随着密封齿数的增加，其密封效果逐级下降。根据轴的直径，并考虑热膨胀效应和轴的漂移效应，迷宫密封的径向间隙一般取 $0.2+0.6d/1000(\mathrm{mm})$，$d$ 为轴的直径。齿间距通常为 $5\sim9\mathrm{mm}$，齿尖厚度通常小于 $0.5\mathrm{mm}$。

2.2　测量方法

（1）拆下壳体上盖，然后拆下带有迷宫式密封的压盖外壳。

（2）拆下调速器和排放侧底座盖，然后拆下轴承压盖上半部及上轴承。

（3）根据转子提升程序，吊装透平转子(注意安装专用吊装导向杆，防止吊装时转子转动，刮伤静叶片、喷嘴等部件)。

（4）拆卸迷宫密封，并拆除弹簧片，在迷宫式密封之间的适当圆周位置插入铜板或胶条，将迷宫密封梳垫起，然后将其组装到静叶片或隔板上。

（5）沿轴向在底部壳体的每一个迷宫环上布置铅丝，最后放置转子。

（6）沿轴向在转子上放置铅丝后，组装上半部壳体。按照说明书紧临时紧固螺栓。

（7）再次拆卸顶部壳体，拆除转子上的铅丝。用刀刃千分尺测量铅丝的厚度。

（8）用塞尺测量在水平中分面平面上的压盖迷宫式密封与转子之间的间隙。

（9）根据转子吊装程序吊装透平转子，用刀刃千分尺测量转子下面的铅丝厚度。

（10）测得的每一个方向上的径向间隙必须与规定的容许值作比较。

2.3　测量结果及调整方法

如果测得值超出容许值，用备用压盖迷宫式密封更换。透平不能在迷宫环下面带有调整迷宫环间隙的填隙垫片的条件下操作，测量完成后应予以拆除，并安装相应的弹簧片。当压盖迷宫式密封用备用件替换时，仍需再次检查压盖迷宫环间隙。

3　径向轴承测量

常用测量轴承间隙的方法有：计算法、抬轴法、压铅法，但精度一般计算法>压铅法>抬轴法。这些方法各有优点，且复杂程度递减，应根据实际情况进行选取。此处仅仅讨论计

作者简介：刘强(1989—)，男，四川遂宁人，2015年毕业于广东石油化工学院油气储运专业，维修工程师，现负责四川石化生产六部乙二醇装置设备维护管理工作。

算法。

3.1　径向轴承测量方法

（1）拆除轴承壳体顶部，然后根据转子提升程序拆除转子（如不需拆转子，可用专用工装顶起转子，旋转拆出下轴承）。

（2）从轴承壳体上拆除垫片。

（3）清洗瓦块、转子轴颈的表面以及轴承壳体的内表面。

（4）组装顶部以及底部轴承壳体，拧紧固定螺栓。

（5）必须测量轴承壳体内径上的 6 个点（DI_2，DI_2，…，DI_6），如图 1 所示。

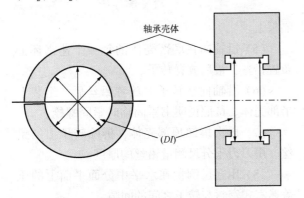

图 1　测量轴承壳体内径上的 6 个点

（6）确认上述 DI_1，…，DI_6 在设计标准数值内。

（7）采用上述 DI_1，…，DI_6 的平均值作为轴承壳体的内径：$DI = (DI_1 + DI_2 + \cdots + DI_6)/6$。

测量所有 5 个瓦块的最大厚度（T_1，T_2，T_3，T_4，T_5），核实所有数值是否在设计标准数值内（见图 2）。

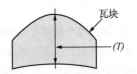

图 2　测量所有瓦块的最大厚度

（8）采用 $T_1 \sim T_5$ 的平均值作为瓦块的厚度：$T = (T_1 + T_2 + \cdots + T_5)/5$。

（9）测量转子轴颈的外径（D）。

（10）用表 1 所列公式确定轴承的总间隙：总间隙 $C = (DI - 2T) - D$。以下参数应根据不同的轴承间隙值有差别。

3.2　测量结果及调整方法

测量数据应在外观检查合格后方可进行。

内径超标应根据实际测量情况进行简单的刮削，轻微修磨。如超差大于 0.5mm，不建议人工修复，应返厂进行处理。

表 1　轴承总间隙计算公式

轴承	壳体内径（DI）	瓦块厚度（T）	总间隙（C）
调速器侧设计值	290.0+0.020	45-0.03-0.05	0.32~0.41
最大允许值	—	—	0.615
排放侧设计值	320.0+0.020	50-0.03-0.05	0.34~0.44
最大允许值	—	—	0.660

根据如果测量出瓦块超出规范的，建议直接更换。因为其瓦表面合金层较薄，不建议进行研磨、挂瓦。瓦块巴士合金层应无裂纹、掉块、脱胎、烧灼、碾压、磨损及拉毛等缺陷。巴氏合金表面不允许存在延轴向的划痕和沟槽，沿周向的划痕和沟槽的深度不超过 0.1mm。瓦块经着色或浸煤油检查，巴氏合金应贴合良好，表面无偏磨，接触印痕沿轴向均匀。尺寸超差则为不合格，建议直接更换。

轴的颈部若出现偏差也不建议自行简单修复，应该委托专业厂家进行处理。可采用电镀、喷镀、涂镀、补焊等修理工艺修复轴颈磨损部分金属，使其恢复原设计尺寸，使之和原有轴承完全一样。

4　止推轴承间隙的测量

4.1　测量程序

（1）将转子调节工具工装（见图 3）放入下部壳体端头的螺栓孔中。

（2）转动调节螺母 B，朝调速器的方向向下推动转子，直到推力盘接触推力垫片表面为止。

（3）在轴端采用刻度盘指示器，读出显示，作为"R_1"记录。

（4）转动调节螺母 A，朝转子的方向拉动转子，直到推力盘接触推力垫片为止。再次读出显示，作为"R_2"记录。

（5）那么止推轴承的总轴向间隙为 $R=R_2-R_1$。

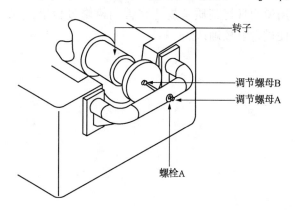

图 3　转子调节工具

4.2　测量结果

由于止推轴承与推力盘之间的标准推力间隙为 0.46~0.56mm，因此当测得的间隙超出上述范围时，必须按照以下程序对间隙进行调整（见图 4）：

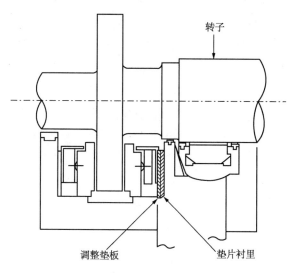

图 4　调整间隙

（1）检查活动侧的轴承金属条件，以及是否存在磨损（在每次间隙检查中测量垫片的厚度很有用）。如果存在磨损，通过重新调整垫板的厚度，调整活动侧的间隙。确保不要在同一侧的垫片衬里上车削。调整的方法一般采用机加工进行研磨，确保调整板的厚度均匀。

（2）用同样的方法，通过重新调整调速器侧调整垫片厚度，调整静止侧间隙。

（3）当瓦块存在磨损时，更换止推轴承的

必要性判断如下：如果主推侧和副推侧止推轴承瓦块磨损达到 0.7mm，必须更换瓦块。

（4）更换止推轴承后，检查止推轴承与推力盘之间的轴向间隙，核实标准间隙（0.46~0.56mm）直到合格。

（5）参考表 2 列出的间隙是基于置于止推轴承中央的转子位置。必须在顶部壳体修理之后进行间隙检查。

表 2　轴承间隙值　　　　　　　mm

	设计值	允许值
止推轴承	0.46~0.56	0.84

5　喷嘴和叶片周围的间隙

5.1　测量方法

（1）用转子调节工具，使透平转子朝止推轴承的活动侧运动，直到接触表面为止。

（2）用塞尺和锥形规，测量水平中分面部分每一段的喷嘴和叶片周围的间隙 A 值、B 值、C 值，并记录读数。

（3）通过减去止推轴承间隙的一半的方法，将上面记录的 A 值和 B 值被换算成可以利用的间隙值。

5.2　测量结果

将上述间隙值与表 3 中的允许值做对比。如果测得的数值大于容许值，喷嘴及护罩或者止推轴承或者推力盘之间可能存在接触的可能性。在这种情况下，重新调节间隙，也重新审核操作记录，找出原因。如果"C"的尺寸超出允许值，我们建议在下次大修时更换。

表 3　喷嘴和叶片周围的间隙允许值　　　mm

段数	允许值		
	A	B	C
第一段	0.9~1.2	15~17.5	0.75~1.25
第二段	1.4~1.7	3.2~4.2	0.55~1.05
第三段	1.4~1.7	3.2~4.2	0.55~1.05
第四段	1.9~2.2	3.5~5.0	0.55~1.05
第五段	1.9~2.2	3.5~5.0	0.55~1.05
第六段	1.9~2.2	3.5~5.0	0.55~1.05
第七段	1.9~2.2	3.5~5.0	0.75~1.25
第八段	1.9~2.2	3.5~5.0	0.75~1.25
第九段	9.0~11.0	9.5~11.5	0.75~1.25
第十段	9.0~11.0	9.5~11.5	0.75~1.25 $C_1=1.45~1.95$
第十一段	3.2~4.2	10.5~12.5	$C_2=1.45~1.95$

6 结语

压缩机实际检修过程中，应该规范各实际作业人员的行为。加强员工培训，让精细化检修成为员工业务素质常态。笔者在检修期间根据现场技术服务现场服务的内容观察，其日本专家对检修过程的质量标准均来源于随机资料。只要按照随机资料的装配间隙和技术要求流程进行安装，返工率很小。每次检修前应通读使用说明且将其质量规范完善到检修过程里，方便进行复核确认。

解决金属软管泄漏的有效方法

莫建伟　刘　建　杨　健　李立夫　刘　玉

（岳阳长岭设备研究所有限公司，湖南岳阳　414012）

摘　要　本文介绍了金属软管的特点，对金属软管的损坏原因进行了分析，提出了多种处理泄漏的设想，并介绍了中化泉州石化重整增压机进油软管泄漏处理的应用案例。

关键词　金属软管；堵漏；捆扎；碳纤维

1　前言

金属软管作为各种输气、输液管路系统以及长度、温度、位置和角度补偿系统中的补偿、密封元件，它广泛地应用在现代工业管路中。其特点是耐腐蚀、耐高温、耐低温（−196～420℃）、重量轻、体积小、柔软性好。

由于金属软管的结构不同于金属管道，强度和硬度都远低于后者，而且软管表面的网套空洞结构很难形成局部密封，金属软管一旦失效出现泄漏后，如果采用带压堵漏的方法一般不能解决泄漏问题或解决效果不佳，就只能停工进行更换，对生产企业造成的影响非常大。

2　泄漏原因分析

金属软管发生泄漏往往是因为管内金属波纹管发生了损坏，原有的密封结构发生改变而造成的。大致原因可以分为机械损坏、焊缝开裂、腐蚀泄漏和爆破失效等四类。

2.1　机械损坏

在金属软管的制作过程中，由于波纹管在成型过程中易发生小型的破裂现象，特别在后期的安装过程中，如果出现非正常手段，很容易使波纹管存在的小缺陷扩大，影响金属软管的正常使用。同时，在软管的服役期内，如果出现振动幅度过大，会导致软管的服役寿命大大缩小。

2.2　焊缝开裂

在两端金属管的接头处一般采用焊接的方式，波纹管与接头以及网套的连接也一般采用焊接的方式。在焊接过程中，若焊接质量不合格将会直接导致软管出现焊接裂缝。金属软管中使用的金属材质大多为材质较软的金属，在焊接过程中若处理不当，极易出现焊接不实、产生气孔、焊接不牢等基本缺陷，使金属软管的质量大受影响，甚至受到致命的损坏。

2.3　腐蚀泄漏

不同的金属材质其抗腐蚀性能也不尽相同，金属的抗腐蚀性能主要是由金属中的含碳比重所决定的。而且，在金属软管的制作过程中，为了去除管内的氧化层，一般会采用酸洗的工序。但是在酸洗工序中，酸洗时的温度过高或过低都会引起金属表面材质的变质。此外，管道内的腐蚀介质同样可以造成金属软管发生穿孔泄漏。

2.4　爆破失效

在金属软管的制作工艺中，若未按照设计要求进行制作或者设计有误，会使金属软管的实际性能不能达到设计值，而实际使用过程中金属软管会经常出现超温和超压的情况，以致发生波纹管爆破现象，最终软管失效泄漏。

3　处理方法

金属软管的带压堵漏原理是在软管表面形成一个新的密封结构，通过新密封结构阻止管内介质向外泄漏扩散，从而达到消除泄漏的目的。带压堵漏的处理方式可分为以下三种：捆扎堵漏、碳纤维修复补强+捆扎的混合堵漏和碳纤维修复补强+夹具注胶的混合堵漏。

3.1　捆扎堵漏

对于长度≤500mm、管内介质压力≤1.0MPa且管径不超过DN80的金属软管泄漏，可以直接采用捆扎堵漏的方式来处理。先从金属软管一头开始，先用生胶带缠绕软管外侧两层，再采用专业堵漏捆扎带逐段逐层对软管进行缠紧，直到最终消除泄漏。

3.2　碳纤维修复补强+捆扎混合堵漏

对于长度大于 500mm、管内介质压力低于 1.0MPa 且管径不超过 DN80 的金属软管的泄漏，捆扎止漏耗材耗时，必须采用多种堵漏方式共同作用消除泄漏，如采用碳纤维修复补强与捆扎堵漏并用的方式。

为彻底消除泄漏，清除安全隐患，具体的施工可分为三个阶段进行：

第一阶段：金属软管中间段直接采用碳纤维复合材料进行修复补强，两端各预留 30～50mm 长部位不补强；

第二阶段：待碳纤维复合材料彻底固化变硬后，采用捆扎的方式对两端预留段进行止漏处理；

第三阶段：捆扎止漏处理结束，并确定泄漏已被消除后，再次采用碳纤维修复补强的方式对捆扎部位进行修复补强处理。

3.3　碳纤维修复补强+夹具注胶混合堵漏

但对于长度超过 500mm，管内介质压力高于 1.0MPa，或管径超过 DN80 的金属软管的泄漏，采用捆扎止漏成功率非常低，需要通过技术改进，采用其他承压更高的堵漏方式。此时我们可以通过碳纤维修复补强与夹具注胶堵漏并用的方式进行处理，处理方式与碳纤维修复补强+捆扎混合堵漏方式类似，就是在设计堵漏夹具的时候需要另设计一个补强套，将密封胶与金属软管相隔离，避免夹具注胶时密封胶直接作用在金属软管的网套上，导致波纹管受力过大破损加剧。补强夹具如图 1 所示。

图 1　补强夹具

4　应用

2019 年 4 月底，中化泉州石化重整增压机 K202 进油软管穿孔漏油，软管直径为 DN40，长度为 1m，介质压力为 0.9MPa，温度为 40℃，该机组为生产装置核心设备，常规的处理方案无法消除泄漏，面临装置需要停工更换软管，这对公司产能效益造成巨大影响。

为避免装置停工，我们在接到业主委托后，根据软管泄漏情况和现场实际条件制定了具体的施工方案：采用引流+捆扎堵漏+碳纤维修复补强的方式对泄漏金属软管进行分阶段堵漏处理。

第一阶段：引流处理。采用胶带对泄漏软管进行逐层捆扎，将泄漏介质从泄漏点引至一端，同时，确保金属软管除底部有漏油外，再无其他部位漏油。

第二阶段：碳纤维修复。采用碳纤维复合材料缠绕的方式，将软管无漏油段进行增强处理，使软管变成一条硬度和强度都较高的硬管。

第三阶段：止漏施工。待碳纤维材料固化变硬之后，采用捆扎止漏的方式将底端泄漏彻底消除。

第四阶段：碳纤维补强。确定泄漏已被彻底消除后，继续用碳纤维复合材料对捆扎段进行补强，待胶体固化后即可完工。

整个抢修施工耗时 36h，该金属软管的泄漏被成功封堵住（见图 2 和图 3），安全隐患得到了消除，保障了生产装置设备的安全稳定运行。

图 2　施工前

图 3　施工后

5　结束语

该起成功堵漏的案例，不仅为管道带压堵漏提供了新的处理方式，验证了碳纤维复合材料在金属软管泄漏中的良好应用能力，同时，进一步证明了碳纤维补强技术可为缺陷管道的修复提供很好的技术支持，为生产装置长周期运行提供有力的技术保障。

带压封堵技术在减压渣油管线上的应用

周迪明[1] 刘海春[2] 杨万锡[2]

（1. 中国石化长岭分公司炼油二部，湖南岳阳 414012；

2. 中国石化长岭分公司设备工程处，湖南岳阳 414012）

摘 要 为解决 3# 常减压装置因入口闸阀内漏而导致减底泵无法检修的问题，对入口闸阀前高温渣油管线进行在线带压封堵，并对该阀门进行更换。过程安全可靠，表明此次在线带压封堵技术在高温渣油管线上的应用成功。

关键词 带压开孔；带压封堵；减压渣油

1 引言

中石化某公司 3# 常减压装置是由中国石化洛阳石油化工工程公司设计，设计规模为 8.00Mt/a，于 2010 年 11 月建成投产。2014 年 7 月份发现减压塔底渣油泵 P118B 入口闸阀关不到位，内漏较大，导致该泵无法检修。为了不影响正常生产，经多方论证后，决定对阀前的高温渣油管线进行在线带压封堵后再更换该阀门，如图 1 所示。

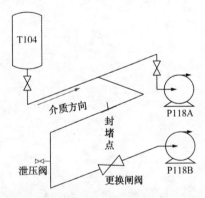

图 1 减压塔底流程

2 带压封堵技术介绍

2.1 带压封堵的原理

带压封堵是指在不停输管道运行情况下，对在用管线进行带压开孔，并利用封堵设备把管线介质切断进行的在线作业。封堵按物理机械手段分为悬挂式封堵、桶式封堵、折叠式封堵、囊式封堵等多种形式，因减底泵入口压力不高，约 0.15MPa，故此次封堵选用带压盘式封堵技术。

2.2 带压封堵技术特点

带压开孔工艺是在用管线需要加装支管时，采用管道带压开孔技术完成，既不影响管线的正常输送，又能保证安全、高效、环保地完成新旧管线的连接。此次带压开孔需要开等径孔，为装置在运行情况下进行封堵更换入口闸阀作保证。带压开孔是指在密闭状态下，以机械切削方式在运行管道上加工出圆形孔的一种作业技术，如图 2、图 3 所示。管道开孔具有可带压作业、工艺先进、无火焰密闭机械切割、安全可靠的特点。

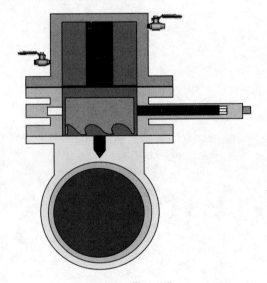

图 2 带压开孔

作者简介： 周迪明（1975—），毕业于湖南财经学院，工程师，现从事石油炼制方面的设备管理工作。

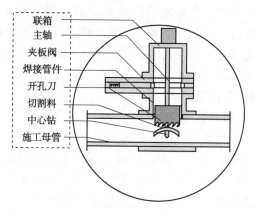

图3　开孔示意图

盘式封堵适用于标准管道而且管道内壁没有结垢和腐蚀的管道，大多用于输送石油、天然气、成品油的管道，也用于管道的抢修工作。该工艺具有封堵严密、承压高、施工快的特点，是利用开孔机切出马鞍形孔，用封堵器通过液压传动推动堵头总成进行封堵的一种方式，如图4、图5所示。

图4　堵头总成

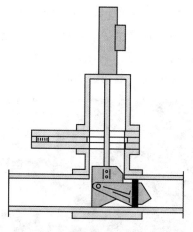

图5　带压封堵示意图

3　在线带压封堵在渣油管线的具体实施步骤

3.1　管件安装

现场确定P118B入口管线开孔及泄压阀开孔位置（见图1），并对入口渣油管线规格及操作参数进行核对，结果如表1所示。

表1　管道规格及操作参数

规格	材质	介质	操作温度/℃	操作压力/MPa	设计压力/MPa
φ508×11.4	022Cr17Ni12Mo2	减压渣油	352	0.15	2.75

因封堵总成上的密封皮碗使用温度为120℃，需关闭P118B出口阀和泵预热阀，拆除管道保温，并使用新鲜水对管壁进行冷却，温度降至100℃以下，防止皮碗由于温度过高而失效。

在渣油管线上焊接对开式三通，对所有焊接口进行渗透检测，根据《钢制管道封堵技术规程第一部分：塞式、筒式封堵》（SY/T 6150.1—2011）中关于管道焊接技术标准进行，并对允许带压施焊的压力进行计算，按如下公式计算：

$$P = \frac{2Q_s(T-C)}{D} \times F$$

式中　P——管道允许带压施焊的压力，MPa；

　　　Q_s——管材的最小屈服极限，MPa（一般取180MPa）；

　　　T——焊接处管道实际壁厚，mm；

　　　C——因焊接引起的壁厚修正值，mm（一般取2.4mm）；

　　　D——管道外径，mm；

　　　F——安全系数，（原油、成品油管道取0.6，天然气、煤气管道取0.5）。

根据以上公式计算为3.4MPa，而管道运行压力为0.15MPa，所以带压焊接符合操作规范。

3.2　器具安装

3.2.1　安装夹板阀

安装夹板阀如图3所示。在焊接好的对开式三通上安装好法兰，将夹板阀用螺栓连接在法兰上。

3.2.2　安装开孔机及气密试验

安装开孔机及气密试验：开孔机安装完毕后，将联箱充氮气试压，气密试验主要是对所焊接的管件进行合格检查，管线开孔前要检查开孔刀在联箱里的位置是否有偏心现象，若有则卸下刀具，先用仪器测量开孔连箱是否中心，然后测量刀具中心位置，再把刀具拧紧。开孔时要注意钻机的转数，应控制在开孔刀 15N/min 以内，液压站运行压力应控制在 0.5MPa 以下，额定排量应控制在 40L/min 左右。按照钻机转数及开孔大小计算开孔时间（钻机额定进给量 $M=0.1mm/r$）如下：

开孔时间 $T = H \div ($ 转数 $/min \times M)$。

因减底渣油是高温重油，为降低开孔机中心钻及夹套阀密封温度，联箱外新增夹套，用循环水冷却防止高温重油因密封损坏泄漏着火。

3.3 进行封堵

关闭夹板阀，从联厢上的泄压阀排出介质，观察联厢上的压力表读数为零后，抽出开孔机，用封堵器通过液压传动推动带皮碗的封堵总成推入管道，切断减压塔底来高温渣油，将泄漏闸阀打开，判断封堵后管线的压力及管壁温度有无变化，若 1h 内管道中压力、温度无变化，证明封堵成功。

3.4 更换闸阀

3.5 解除封堵

关闭泄压闸阀，用泵 P118B 的密封蜡油充满已排空的部分入口管线，不至于在抽出封堵总成时，塔底高温渣油流动导致封堵器密封失效出现泄漏，关闭夹板阀再装上封堵器，将三通隔板推入三通上法兰卡槽内，拆除夹板阀装上三通盲法兰。

检查拆下的闸阀发现阀道内卡 U-219-16-根，U-108-16 一根及 U 型卡箍四个螺帽，经分析堵塞物为减压塔 0.5MPa 汽提蒸汽分布管 U 型螺栓，如图 6 所示。

 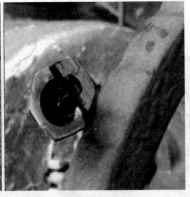

(a)U型卡箍　　(b)卡箍螺母

图 6　U 型卡箍和卡箍螺母

4 改进措施和注意事项

（1）管件与母管焊接属于角焊缝，虽然经过着色检测和气密试压，但是未经过水压强度试验，存在一定的风险，后续需要择机进行再检测、加固或修复；

（2）封堵过程中要充分考虑介质的流动性，做好外部冷却措施，必要时可以借用干冰、液氮等急冷措施；

（3）解除封堵过程中要充分考虑封堵器两侧压力平衡和介质平衡问题，利用现有流程反向充满封堵处之后管线和泵体容积，利用液体不可压缩原理，避免在解除封堵器过程中高温渣油流动进行热传导，损坏密封圈导致高温泄漏着火；

（4）为防止异物再次进入闸阀滑道考虑在闸阀上游法兰前增加一个简易过滤器(见图7)，用于保护闸阀阀道，确保在运行周期内不会发生入口闸阀再次关不到位的问题；

图 7　简易过滤器

（5）减底泵为减压塔底抽出泵，随着装置长周期运行，不可避免地存在塔器内构件脱落随流体进入泵入口的风险，理论上杂质应该在减底泵入口过滤器处被截留，但由于原始设计将泵入口阀设置为水平安装，采用闸阀型式，闸阀阀道便成为泵入口过滤器之前的最低点，导致杂质沉积，为解决减底泵入口阀闸板卡杂物的问题，必须择机将泵入口闸阀由水平安装改为垂直安装。

5 结论

（1）事实证明，只要精心策划和准备，制定详细的施工方案、落实好安全防范措施、规范施工程序，在线带压封堵技术在高温渣油管线上的应用是可靠的。

（2）在线带压封堵技术还有进一步开发的空间，例如封堵器具上的密封材料耐热温度为120℃左右，可以进一步升级为能耐更高温度的材料，或者改成硬质密封。

参 考 文 献

1　SY/T 6150.1—2017　钢制管道封堵技术规范　第一部分：塞式、筒式封堵.

2　GB 50369—2014　输油输气管道线路工程施工及验收规范.

3　SY/T 4109—3013　石油天然气钢制管道无损检测.

往复压缩机主轴承推力块快速磨损原因分析及处理

周　辉

（浙江石油化工有限公司，浙江舟山　316200）

摘　要　本文针对国内某新建大型炼厂4000万吨/年炼化一体化一期工程项目140万/年航煤加氢装置循环氢压缩机（往复压缩机）机组在单机试车期间，由于驱动电机磁力中心线定位不准，导致压缩机在首次单机试车过程中出现主轴瓦驱动侧推力块快速磨损。经过仔细分析，找到了问题的症结，并对电机结构设计进行了相应整改，试车正常，达到了预期的效果。

关键词　航煤加氢；往复压缩机；磁力中心线；推力块

1　项目简介

国内某新建大型炼厂，按照4000万吨/年的规模统一布局，分两期实施的超大型炼化一体化项目，总投资1731亿元（不考虑配套项目）。一期投资902亿，包括2000万吨/年炼油、2×200万吨/年芳烃、140万吨/年乙烯；二期将在一期建设的基础上，规划基本一致，包括2000万吨/年炼油、2×240万吨/年芳烃、2×140万吨/年乙烯。全厂定员一期2200人（不考虑配套项目）、二期1700人，项目占地一期837.76hm²、二期762.60hm²，年操作时间8400h。

140万吨/年航煤加氢装置的往复活塞式压缩机1133-K-0102A/B的作用是提供系统需要的循环冷氢，使反应系统保持高的氢分压，循环氢作为热传递载体，可限制催化剂床层的温升，促使液体进料均匀分布在整个催化剂床层，以抑制热点形成，从而提高反应性能。由于所需循环氢体积流量不大，选用往复压缩机，结构为两列对称平衡型压缩机，一级压缩，型号为2D25-16.36/52-68，由浙江强盛压缩机制造

有限公司生产，一开一备，佳木斯电机股份有限公司生产的同步电动机直接驱动，转速330r/min，电机功率710kW。压缩机组采用两层布置，压缩机本体位于厂房内标高4.5m的二楼平台上，润滑油站放在地面上。曲轴箱与中体铸成一体，组成压缩机的机身，机身下部的容积作为储存润滑油的油池。压缩机的运动机构各部件采用稀油强制润滑，循环润滑系统设有主、辅油泵，主油泵安装在压缩机曲轴端部，由曲轴直接驱动，作为压缩机正常运行时的供油；辅油泵位于地面的撬装润滑油站上，由单独的电机驱动，主要用于压缩机启动前的预润滑、压缩机的停车以及主油泵出现故障时使用。从曲轴箱底部的油池过来的润滑油由DN50的润滑油总管线抽出，润滑油抽出后分成两路，一路进入曲轴直接驱动的主油泵，另一路进入由电机驱动的辅油泵，主、辅油泵的出口两路润滑油合并后，经冷油器冷却及润滑油过滤器过滤，再分配到主轴承、连杆大头瓦和十字头滑道等各润滑点。往复压缩机的本体结构如图1所示。

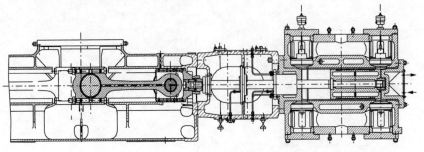

图1　往复压缩机本体结构

曲轴由 35CrMo 锻钢精加工而成，为曲拐轴结构，相对两列曲柄错开 180°有两个主轴颈与机身相应的主轴承座相配，两个曲拐与连杆大头相配，曲轴联轴器侧第一个主轴颈两侧带有主轴轴向定位推力块，如图 2 所示。

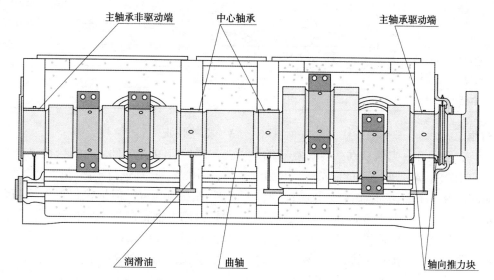

图 2　压缩机主轴定位推力块

电机采用三轴承结构，轴伸端带轴承盒，采用一个球轴承和一个圆柱滚子轴承，如图 3 所示，非驱动端采用一个球轴承，如图 4 所示。

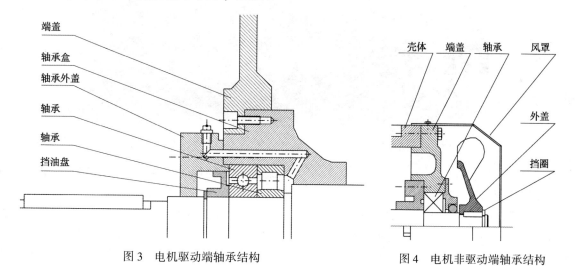

图 3　电机驱动端轴承结构　　　　　图 4　电机非驱动端轴承结构

压缩机和电机主要技术参数见表 1。

表 1　压缩机和电机主要技术参数

压缩机主要技术参数		电机主要技术参数	
型号	2D25-16.36/52-68	型号	YBX800-16WTHF2
型式	二列对称平衡往复型	型式	隔爆型异步电动机
排气量(入口状态)	16.36m³/min	额定功率	710kW
吸气压力	5.2MPaG	额定转速	370r/min
排气压力	6.8MPaG	额定电压	10kV

续表

压缩机主要技术参数		电机主要技术参数	
吸气温度	50℃	额定电流	62A
排气温度	77℃		
转速	370r/min		
压缩介质	循环氢		
轴功率	≤506kW		
缸径	250mm		

2　开机过程

2019年9月4日，先后启动两台往复压缩机1133-K-0102B、A，进行空负荷试车，B机运行约50min后，压缩机联轴器侧出现冒烟，随即手动紧急停车。A机正常运行，压缩机联轴器侧没有出现冒烟，用便携式测温仪测量也没有发现异常，4h后，按正常停机。

3　拆检情况

2019年9月5日，对两台往复压缩机1133-K-0102A、B都进行了停机拆检，尽管A机运行没有发现异常，但拆检仍然发现两台压缩机联轴器侧主轴轴向推力定位块都是外侧推力块推力面磨损，磨损约1mm左右，两台压缩机推力块磨损情况如图5所示。

图5　两台压缩机主轴轴向定位推力块磨损情况

4　原因分析

4.1　压缩机运转时，产生轴向力

正常工况下，压缩机活塞压缩气体，气体力等作用在活塞杆上，活塞杆受到交变力的作用，主轴是不产生轴向推力的。

4.2　总推力间隙小，或一侧间隙过小，不满足工厂要求

尽管压缩机主轴不产生轴向推力，但在电机启动或停机的过程中电机主轴会发生窜动。由于压缩机和电机之间采用刚性连接，电机主轴的窜动直接传递给压缩机，因此，为防止这一过程中压缩机轴承瓦损伤，压缩机主轴设置了轴向定位推力块。一般情况下，压缩机总的推力间隙为0.60~0.90mm。安装时，主轴轴向定位轴承两侧间隙基本相等即可，实测压缩机

总的推力间隙为0.74mm，两侧间隙也基本相等，满足工厂要求。

4.3　电机磁力中心线位置偏差大，电机主轴始终向一侧窜动

电机两端各有一个球轴承，型号为6244，精度等级选用普通组，轴向游隙为0.41~0.74mm，大于压缩机主轴总推力间隙。如果电机磁力中心线偏向压缩机侧，则压缩机主轴联轴器侧轴向定位推力块始终受到推力，如果电机磁力中心线远离压缩机侧，则压缩机主轴远离联轴器侧轴向定位推力块始终受到推力。无论哪侧受到推力，推力块没有形成油膜的条件，是无法承受持续的推力的，因此，在持续推力的作用下，推力块便会快速磨损。

5　整改措施

5.1　合理选择轴承

选用精度等级组别高的轴承，减小轴承轴向游隙。

5.2　适当预紧轴承，减小轴承轴向游隙

在电机驱动侧球轴承和圆柱轴承之间增加合适厚度的垫片，减小轴承的轴向游隙，控制轴承游隙在合理范围内。

5.3　直接调整电机磁力中心线位置

可以通过把电机两侧的端盖的一侧适当车薄，另一侧则加同样厚度的垫片，从而调整电机磁力中心线的位置，具体情况根据磁力中心线的偏移来定。

6　改造效果

最终选择直接调整电机磁力中心线位置的方案，两台压缩机的驱动电机磁力中心线均进行了调整，随后进行了空负荷试车，试车状况良好，两台压缩机无论是空负荷试车还是负荷试车以及正常运行，压缩机的轴承温度、油泵运行状况、机组工艺参数等都正常，压缩机主轴推力块没有出现磨损，满足设计要求。通过上述整改，达到了预期的效果。

石化腐蚀预测技术现状与需求

刘小辉

（中国石化青岛安全工程研究院，山东青岛　266100）

摘　要　针对石化系统的安全平稳运行，国内外已开展了大量工作，并取得了较好的效果。但随着大数据、云计算的发展，以移动设备和应用为核心，以云服务、移动宽带网络、大数据分析等技术为依托的第三计算平台已初步形成，为防腐蚀技术与信息技术的结合提供了一个崭新的舞台。因此，急需开展石化腐蚀预测新技术和过程智能报警抑制方法研究，利用生产过程参数进行腐蚀预测性分析，建立石化系统设备腐蚀管理系统，集腐蚀监检测、腐蚀评估、腐蚀控制、防腐管理、远程诊断与服务及设备管理于一体。一方面实现腐蚀动态量化评估与监控，及时采取针对性防腐措施，实现设备预防性维修；另一方面基于设备腐蚀评估建立设备管理规范，实现风险管控及设备完整性管理；同时基于腐蚀回路进行工艺防腐管理，保障装置运行安全，为石化设备防腐技术及管理迈向智能化提供技术支撑。

关键词　腐蚀；动态量化评估；预测；监控；预防性维修

1　石化面临的压力

截至 2018 年底，我国炼油能力已达 8.3 亿吨/年，稳居世界第二炼油大国。2018 年新增了 2225 万吨，预计到 2020 年新增炼油能力 0.7 亿吨，届时我国的炼油总能力将达到 9 亿吨/年，过剩 1 亿吨以上。

从经营主体看，我国形成了以中国石油、中国石化为主，中国海油、中国化工、中国兵器、地炼、外资及煤基油品企业等多元化市场主体的发展格局。从炼厂数看，中国石油 26 家，中国石化 35 家，中国海油 12 家，煤制油 15 家，其他炼厂 100 余家。

1.1　石油化工行业竞争日益加剧

石油化工行业发展逐步成熟，产能过剩的局面已日益加剧，装置利用率也逐步下降。同时，石油化工行业新装置计划投产的项目仍较多，厂家间的竞争将更加激烈，利润由多变少，产品价格由高变低，行业存在加速洗牌的可能。

产能过剩导致的装置开工率降低，造成企业经济效益下降，石化行业竞争日益加剧。

1.2　安全环保逐渐成为企业核心竞争力

随着城市化快速发展，"化工围城""城围化工"问题日益显现，加之部分企业安全意识薄弱，安全事故时有发生，行业发展与城市发展的矛盾凸显，"谈化色变"和"邻避效应"对行业发展制约较大。如江苏响水"3·21"爆炸事故过去一个月后，江苏省化工行业的整治提升方案出台，明确提出长江干支流两侧 1 公里范围内且在化工园区外的化工生产企业原则上 2020 年底前全部退出或搬迁，严禁在长江干支流 1 公里范围内新建、扩建化工园区和化工项目。随着环保排放标准不断提高，行业面临的环境生态保护压力不断加大。企业只有在保障安全环保的前提下，才能获得良好的经济效益，安全环保已经成为企业的核心竞争力。同时，石化还面临着装置设备腐蚀的高风险及严重后果。

2　石化是设备腐蚀的重灾区

2.1　腐蚀造成的损失是巨大的

众所周知，腐蚀造成的损失约占国民经济生产总值（GDP）的 3%～5%，大于自然灾害和其他各类事故损失的总和。腐蚀不仅给我们造成重大财产损失和人员伤亡，还导致设施设备的结构损伤，缩短其寿命，污染环境，引起突发性灾难事故。

腐蚀与我们的生活息息相关，由腐蚀引发的安全问题、经济问题、生态文明问题至今还没有得到彻底解决。腐蚀是安全生产的大敌，这在石化领域表现得尤为突出。

2.2　石化设备腐蚀触目惊心

由于原料劣质化，中国和世界各国炼化企

业均面临新的挑战，具体表现有高硫高酸高氯原油增多、脱盐困难、腐蚀形态和部位复杂多样化、轻油低温部位腐蚀严重、高氯问题尤其突出、新工艺设备的腐蚀等，总体上是腐蚀控制问题常态化，北美也不例外。

从图 1~图 6 可见，石化设备腐蚀触目惊心。图 1 所示的是：由于高温硫腐蚀导致流程管道减薄失去强度破裂；由于腐蚀监检测及时发现减薄，采取了带压包盒子补焊措施，从而避免了破裂着火事故发生；由于铵盐垢下腐蚀导致穿孔。图 2 所示的是：由于高温环烷酸腐蚀导致塔内件整个烂掉；由于烟气硫酸露点腐蚀导致对流炉管穿孔；由于低温盐酸腐蚀导致塔顶系统泄漏。图 3 所示为加氢炉管受高温硫与高温氢协同作用导致的腐蚀破裂。图 4 所示为水冷器管束腐蚀泄漏。图 5 所示为（CUI）保温层下发生的严重腐蚀。图 6 所示为储罐腐蚀产物硫化亚铁自燃导致的事故。

可见，石化腐蚀预测技术越发显得重要，是我们防患未然、确保安全的专有技术和工具。

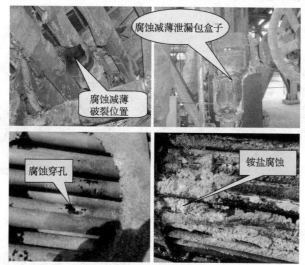

图 1 腐蚀减薄破裂及穿孔和铵盐腐蚀形貌图

图 2 高温环烷酸、炉管酸露点及低温盐酸腐蚀形貌图

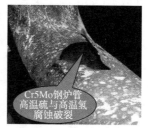

图 3 加氢炉管高温硫与高温氢腐蚀破裂形貌图

图4 水冷器管束腐蚀形貌图

图5 保温层下腐蚀(CUI)形貌图

图6 储罐腐蚀产物硫化亚铁自燃及过火后的情景图

3 石化腐蚀预测技术简况

3.1 智能报警抑制方法研究

近年来，随着 DCS(分布式控制系统)和 EM(设备全生命周期管理平台)在石化装置中的广泛应用以及石化行业信息化建设的不断推进，大量数据被记录和储存下来，包括过程历史监测数据、过程装备的可靠性数据(如不同类型操作单元和设备的生产负荷数据、故障历史记录及维修记录)、动设备(泵、压缩机、风机)性能历史记录等已经在物联网环境下进行了按照数字化的方式存储，并随着信息化建设的开展和深入，数据量以几何级速度增长。以一个典型的炼化一体化企业为例，拥有 30000 个采样

点，现场采样率达到 100 次/秒，每年约产生 495TB 数据。海量数据一方面使得装置的报警系统能更加准确精细地掌握运行状态，使智能化操作成为可能，另一方面也为腐蚀监检测先进报警系统的设计提出了挑战。

3.2 腐蚀监测与检测的区别

腐蚀监测是获取材料腐蚀过程或环境对材料的腐蚀性随时间变化信息的活动。

腐蚀检测通常是对材料状况在某一指定时间的测试，而腐蚀监测是在指定时间段内的一系列的测试。

测试挂片是最广泛应用和最可靠的方法。腐蚀监测通常依赖于电子腐蚀传感器或探头，它们布设在感兴趣的环境(如户外空气或海水)中,或插入封闭系统内部(如介质液体或气体流动的管路或储存的容器中)。电子腐蚀传感器或探头连续或半连续地发出和金属系统腐蚀有关的信息。

在如今的电子信息化时代,大部分工业过程参数,如温度、压力、pH值和流量,由自动反馈回路控制器控制。唯有引入这些参数控制器和相应的可靠的传感器,才有可能准确地操控这些参数以实现生产自动化控制。

腐蚀是一个极端复杂的过程,在流程工业中至少包含两相,尤其是石化装置大部分是多相流。

腐蚀监测是多学科课题。进入不同的体系要求不同的方法或采用多种方法的结合。常见的情况有,需要两种或更多方法同时使用以适当地监测给定的体系。应针对给定的不同体系选择不同的监测技术。

3.3 腐蚀预测技术举例

3.3.1 腐蚀回路分析

腐蚀回路分析分为简单分析和详尽分析两大类,如图7和图8所示。

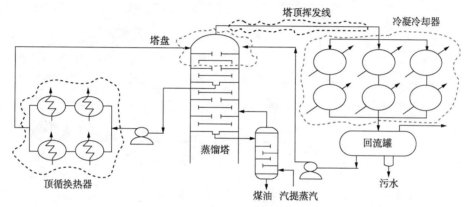

图7　腐蚀回路分析简图

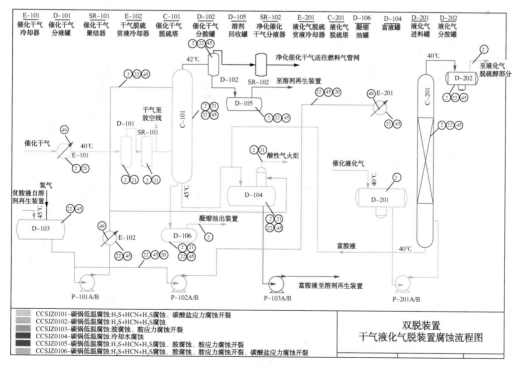

图8　腐蚀回路分析详图

3.3.2　电感腐蚀探针的应用

用于指导工艺防腐、原油混炼、高温注剂和高温选材，能够及时反映工艺变化(见图9)。

3.3.3　在线超声波定点测厚监测

如图10所示，可以实现不开孔、卡箍式安装或管道焊接螺柱安装；测厚数据采用无线网络模式传输，即利用网关和路由器，将数据传送到远程数据平台；实现连续测厚监测。

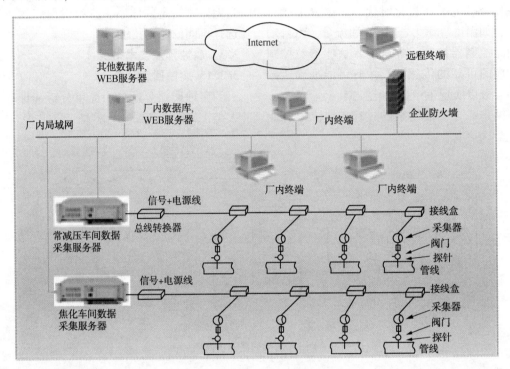

图9　电感探针实际应用

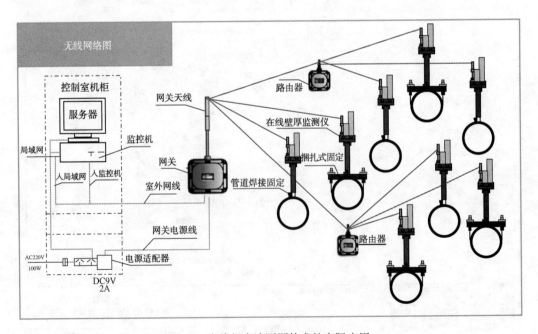

图10　在线超声波测厚技术的实际应用

3.3.4　在线 pH 值监测

如图 11 所示，通过对 pH 值的在线监测，实现工艺防腐药剂注入自动调节；同时还可以预测漏点部位，及时采取工艺防腐的有效措施，避免局部强烈腐蚀并失控。

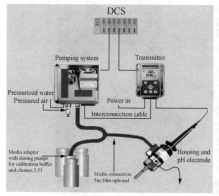

图 11　pH 在线监测系统的实际应用

3.3.5　氢通量检测(Hydrosteel 技术)

如图 12 所示，采用非插拔式氢探针紧贴于测点，经过几分钟后，迅速显示出因腐蚀而生成氢的渗透量，反应灵敏度高达 $1pL/(cm^2 \cdot s)$（注：$1pL = 10^{-12} L$），可在 500℃ 的高温环境下工作，适用于炼制高酸原油装置的环烷酸腐蚀监测及有氢逸出的腐蚀环境。

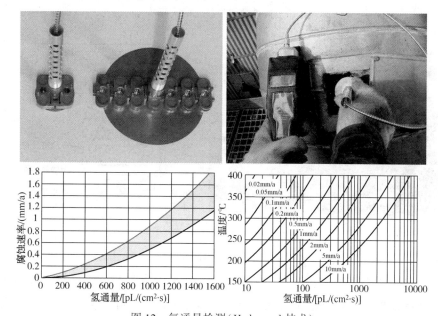

图 12　氢通量检测(Hydrosteel 技术)

3.3.6　红外热成像检测

这是一个比较成熟的应用技术，如图 13 所示，可用于监测冷壁反再系统设备的内衬是否脱落，炉管是否结焦局部过烧，尤其是对空冷温度场的扫查之后可以帮助我们迅速判断介质是否偏流，间接反映垢下腐蚀状况。还可以监测电气开关触点是否过热等。

3.3.7　循环水系统腐蚀检测

现在已经有了比较成熟的循环水系统腐蚀泄漏检测系统，如图 14 所示。

以上所列的部分传统的腐蚀监检测技术，只能照顾到一个点，不能够真正起到全面预测腐蚀的作用。

也就是说，传统的腐蚀监检测技术已不能适应如今的电子信息化时代。

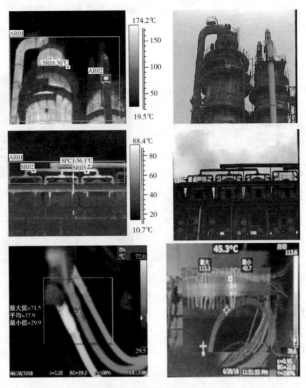

图13　红外热成像技术的实际应用

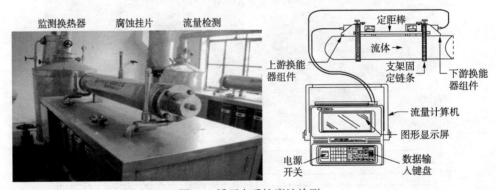

图14　循环水系统腐蚀检测

3.4　数据分析

数据分析是指用适当的统计和计算机方法对收集的数据进行分析，把隐没在杂乱无章数据中的信息集中、萃取和提炼出来，找到研究对象的内在规律，最大化地开发数据资料的功能，发挥数据的作用。

由于数据为多种不同特征的参量，在时间、空间、可信度和表达方式上不尽相同，侧重点和用途也不相同，因此需要将信息进行融合，即对多方位采集的局部环境下的不完整数据加以综合，消除多源数据间可能存在的冗余和矛盾信息，降低不确定性，形成对系统的一致性描述。

常用的信息融合方法有加权平均法、卡尔曼滤波法、贝叶斯估计法、神经元网络法等。

深度学习是近年来发展起来的一种机器学习领域的新研究方向，其起源于人工神经网络，是基于样本数据通过一定的训练方法得到包含多个层级的深度网络结构，每个层级之间的连接强度在学习过程中修改并决定网络的功能。

深度学习可通过学习深层非线性网络结构，实现复杂函数逼近，表征输入数据分布式表示，并找到数据的内部结构，发现变量之间的真正关系形式，展现了强大的从少数样本集中学习数据集本质特征的能力。

3.5　腐蚀数据研究

针对腐蚀学科，李晓刚教授原创了"腐蚀大数据"的概念，指出材料腐蚀学科是严重依赖数据的学科，由于腐蚀过程及其材料所处环境的复杂性，传统的碎片化腐蚀数据已经不能适应行业发展的需要。他提出了腐蚀基因组工程理论体系，明确了处理"腐蚀大数据"的关键是建立标准化"腐蚀大数据"数据仓库以及"腐蚀大数据"的分析利用。

然而，炼油装置是一个非常复杂的腐蚀系统，影响腐蚀的因素非常多，其中最主要的是原料中的硫、氮、氧、氯及重金属和杂质等腐蚀介质的含量，以及设备运行过程中的温度、压力、流速等操作参数。若要进行腐蚀预测，保证系统可靠运行，就需要对各种复杂的数据进行细化归类，最具代表性的有以下5个方面：

（1）原油性质参数：主要包括原油物理性质、馏分分布情况等；

（2）工艺条件参数：主要包括操作温度、操作压力、流量、物料成分等；

（3）腐蚀介质参数：主要包括腐蚀介质含量、结构、分布、相态等；

（4）工艺防腐措施：主要包括注水、注剂等措施。

（5）腐蚀监检测参数：主要包括挂片重量、铁离子分析数据、设备壁厚或管道金属损失量变化等，最终统一转化为腐蚀速率。

以上相关数据，炼油企业均具有成熟的手段进行调控或采集，在发现腐蚀隐患和指导解决腐蚀问题方面起到了良好的效果。

针对海量的数据，企业通常利用信息化方式将其进行分析处理。然而，如某炼化公司所

统计，其在各个装置运行期间，DCS系统每天会产生过程归档数据约4.7亿个，2015年10月期间产生各类报警信息月8500条，工艺操作记录约9500条，这些工艺管理、设备管理和安全管理的基础信息，使用率却不及每天归档的4.7亿个的10%。在DCS系统产生的庞大数据量中，同类信息的时间跨度存在不同，且腐蚀监测系统是典型的多源传感器系统，分布在不同的控制系统和不同的生产装置中，技术管理人员在横向统计分析时耗时耗力，很可能错过发现隐患和解决问题的时机。

此外，国内大部分石化企业通常采用OPC加实时数据库的方式，将这些原始数据采集到专门的管理平台上，若工艺条件发生变化，数据不能及时得到更新，则无法真实同步反应工厂各装置的实时情况。

国外的炼油企业早在20世纪90年代就开始将炼油行业传统的挂片检测、壁厚检测升级到在线电化学监测，并开始意识到需要针对腐蚀相关数据进行分析和有效利用，建立模型用于间接推测腐蚀状态。先后出现了BP神经网络预测模型、Fe^{2+}/Fe^{3+}预测模型、Hemandez人工神经网络预测模型等。

中国石化青岛安全工程研究院近年开发了一套集在线、离线监检测数据于一体的为腐蚀分析提供便利的腐蚀数据管理系统，其次运用深度学习方法对炼油企业累积的海量数据进行深度分析，对关键装置的工艺参数和水质分析数据进行学习训练，建立关键信息（切水铁离子浓度、pH值、设备壁厚）与其他监测量之间的黑盒模型，达到根据工艺状态快速、准确地进行预测的目的，为指导企业腐蚀防护工作奠定理论和技术基础（见图15和图16）。

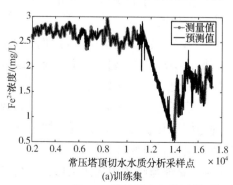
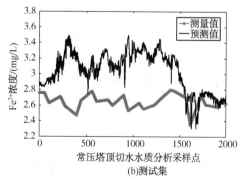

图15　原始样本上常压塔顶切水铁离子浓度预测值与实际值对比

（a）训练集　　（b）测试集

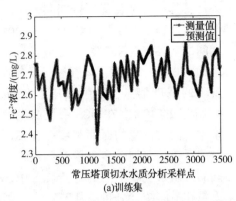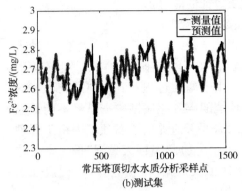

(a)训练集　　　　　　　　　　　　　　(b)测试集

图16　优化后常压塔顶切水铁离子浓度的预测值与实际值对比

针对装置的生产实时工艺操作数据、原料及侧线分析数据和水质分析化验数据，首先进行数据深度学习训练，利用支持向量机回归方法建立初步回归模型，然后采用遗传算法对回归模型中的参数进行详细优化，进而建立了一种集成深度学习和支持向量机回归的原油加工装置腐蚀关键参量的预测方法，预测精度高，能够实现预测值与实际值最大偏差不高于10%。

腐蚀预测模型避免了受成本和技术限制，生产中难以对腐蚀关键参量进行实时掌控的问题，及时的数据预测可为切实指导装置防腐工作提供技术支持。

4　技术需求与建议

4.1　腐蚀监测急需解决的问题

（1）腐蚀监测传感器的智能化和低成本化；

（2）腐蚀预测模型与腐蚀数据挖掘；

（3）数据的标准化和云平台；

（4）腐蚀在线状态监测：炼化装置的腐蚀监检测从单一的、离线的检测向实时在线的状态监测发展；

（5）腐蚀数据驱动决策：通过腐蚀预测模型、数据挖掘技术发现规律，实现状态监测+诊断决策。

4.2　腐蚀数据研究方向——大数据分析技术

虽然大多数炼厂已经上了腐蚀监检测设施，且积累了大量监检测数据，但由于腐蚀机理的复杂性和影响因素的多样性，难以建立可靠的腐蚀演化模型，不能对腐蚀的发展趋势进行准确的预判。

同时，受成本和技术的限制，生产中也难以对能够表征腐蚀严重程度的参量进行实时监测，以致工艺状态发生波动时，不能及时根据变化对工艺防腐参数(如注水注剂)进行调整。

处于快速发展中的炼化企业不断转向自动化、信息化、智能化、智慧化模式，对如何提高数据利用效率、提高企业经济效益和社会效益提出了新要求，基于大数据分析技术的腐蚀预测将是腐蚀研究领域发展的新方向。因此，整合庞大的生产经营数据，通过实时数据感知、监控装置运行状态和异常情况、诊断故障类型与部位、预测关键参数的发展趋势并评估风险等级，对生产参数进行优化控制，实现提前预防和调整，使生产过程平稳安全高效进行。

同时，我们从现在开始，应着手考虑如何建立"智慧防腐"，即以数字防腐为基础、智能防腐为核心、智慧防腐为目标。

4.3　"智慧防腐"建设分三步走

第一步：数字防腐。布设大量传感器，重点开发能够实现面扫的腐蚀监检测技术，收集和积累腐蚀数据，构建腐蚀大数据库，实现可视化。构建可视化的设备防腐管理系统，通过二三维一体化平台与传统的设备管理系统相结合，实现设备防腐信息的可视化、集成化和维修作业协同化。

第二步：智能防腐。对"腐蚀大数据"分析利用，实现防腐智能管控、智能运维、智能监检测，建立标准化数据仓库。

第三步：智慧防腐。防腐业务智慧化，实现整体优化及标准化，包括体系化管理、智慧防控链、材料腐蚀基因组工程优化。

4.4　腐蚀与防护中应用大数据分析技术

整合庞大的生产经营数据，通过实时数据

感知、监控装置运行状态和异常情况、诊断故障类型与部位、预测关键参数的发展趋势并评估风险等级，对生产参数优化控制，实现提前预防和调整，使生产过程平稳安全高效进行。

4.5　智能化的炼化设备腐蚀信息系统

以腐蚀为抓手建立健全石化静设备管理体系，实现腐蚀数据集中管理和综合分析、腐蚀状态量化评估与监控预警、防腐专家远程诊断与服务，满足设备防腐管理需求。建议第一步应将日常的人工定点测厚改为智能化的实时定点测厚，第二步是针对重点腐蚀部位大量采用在线监测手段，实现腐蚀数据集中管理和综合分析、腐蚀状态量化评估与监控预警、防腐专家远程诊断与服务，满足设备防腐管理需求。

4.6　设备的本质安全要靠智能化来实现

从石化的腐蚀与防护技术现状看，腐蚀无疑是安全生产的大敌，任务依然艰巨，设备仍未全面达到本质安全要求。

4.7　石化腐蚀预测工作永远在路上

由于装置长周期运行、原料不稳定、设备新度系数降低、人员质素参差不齐以及承包商管理难等因素的影响，石化腐蚀预测工作应是常做常新，永远在路上。

应清醒地认识到，我们正处在一个由工业社会过渡到信息社会的加速转型时期，经济新常态、全球经济一体化发展趋势等在很大程度上加剧了行业竞争的严峻性。

可喜的是，腐蚀与防护新技术层出不穷，为我们提供了强有力的技术支撑。展望未来，石化腐蚀预测技术前景看好，大有可为。

沿海炼厂设备的海洋大气腐蚀与防护

王健生

（中国石油广西石化分公司，广西钦州　535008）

摘　要　鉴于我国目前能源结构中进口原油占有越来越大的比重，沿海炼厂的快速发展使得炼厂装备材料的海洋大气腐蚀问题不容忽视。本文系统地总结了海洋大气的腐蚀特点、影响因素、作用机制和研究方法，归纳了沿海炼厂设备海洋大气腐蚀的特点，并根据广西石化的经验对沿海炼厂海洋大气腐蚀防护工作提出了几点建议。

关键词　炼厂设备；海洋大气；大气腐蚀

1　前言

腐蚀造成巨大损失，目前全世界每年因钢结构腐蚀造成的经济损失已高达万亿美元以上，2008年我国因为腐蚀造成的损失高达1.2万亿～2万亿元人民币。石化行业的金属设备居多，并大多处于酸、碱、盐及高温腐蚀环境，并暴露于化工大气之中，因此石化行业因腐蚀造成的损失非常严重，除因为腐蚀带来的设备报废等直接经济损失外，因腐蚀而造成的停车、效率下降、原材料和电能、热能损耗增加等间接损失更加惊人，甚至引起火灾、爆炸，造成人身伤亡等严重事故。

伴随着我国国民经济的快速发展，对原油需求量的日益增加，国产原油在国内原油消耗所占的份额日益减少，自1996年我国成为原油净进口国以来，进口原油占我国原油消费量的比例逐年增长，对进口原油的依存度不断提高。从经济性的角度考虑，进口原油的炼制过程今后将主要在沿海炼厂进行，随着原油进口量的不断增加，对于我国沿海炼厂产能的扩大具有巨大的推动作用。在漫长的海岸线上有着众多的炼厂分布，已建成的有上海的高桥石化、浙江的镇海炼化、福建的泉州一体化炼化项目、广东的茂名石化、广西的广西石化，在建的又有中石化、中石油以及中海油在我国东南沿海的众多炼化项目。基于沿海炼厂设备数量的成倍增加，无论是从节省生产维护成本延长持续开车时间的角度考虑，还是从保护环境利国利民的角度出发，沿海炼厂的海洋大气腐蚀防护工作显得越来越重要，我国南北漫长的海岸线所独具的多样性气候特点又对不同沿海区域的炼厂设备防护工作提出了新的挑战。

广西石化公司位于广西南部、北部湾畔，属典型的海洋性气候。大气的平均温度和相对湿度均较高，空气中含有较多的水分和盐分，处于该环境中的化工装备极易受到海洋大气的腐蚀破坏。由于金属材料表面在这种海洋大气环境中很容易形成含有氯化钠、氯化镁等无机盐成分的水膜，与清洁大气中形成的冷凝水膜相比，钢材的腐蚀速度能增加8倍以上。我公司千万吨级炼油项目建设过程中也受到了海洋大气腐蚀的严重困扰，例如，普通碳钢制作的金属结构如平台格栅和楼梯格栅、气包平台、栏杆等腐蚀严重，阀门、法兰、地脚螺栓等连接件也是锈迹斑斑，而钢梁、钢支架、各种设备外壳等出现大面积涂层破损和锈蚀，多种不锈钢材料也遭到破坏，更为严重的是电机轴等传动装置还发现了点蚀等局部腐蚀迹象。考虑到投产以后，炼油装置会因内壁接触高温、高压工艺流体而造成外壁表面温度升高、液膜减薄，这将导致材料的腐蚀速度加快；而且石油炼制过程中产生的二氧化硫、硫化氢、二氧化氮等有害气体也容易溶于装置表面形成的高导电性水膜中，也将造成炼油装置外表面的腐蚀加速。炼油装置一旦发生严重的腐蚀，其强度、塑性等主要力学性能指标将明显下降。腐蚀的发生能显著降低结构的强度，从而会对结构安全运行带来隐患，例如腐蚀缺陷就是压力容器和管道的主要失效形式之一。由此可见，无所不在的海洋大气腐蚀将严重威胁着沿海炼厂炼油装置的运行安全。

2　海洋大气腐蚀的特点

碳钢、低合金钢和铸铁在海洋大气中主要表现为均匀腐蚀。由于表面液膜中有氯化物盐粒存在，一般不能建立钝态，但随着暴露时间的延长，由于腐蚀产物膜的保护作用，腐蚀速率会降低。对于容易钝化的不锈钢等由于表面液膜薄，供氧充分，所以钝化膜的稳定性较高。含铬大于17%的不锈钢在海洋大气区基本不腐蚀，耐候钢由于表面形成了保护层，阻碍了腐蚀介质与基体接触，所以有较好的抗大气腐蚀能力。在海洋大气环境中含有的大量氯离子，在大气腐蚀第二阶段以后的变化中受到氯离子的影响生成了含水 $\beta-FeOOH$ 氢氧化物。

纯铝及防锈铝在大气中腐蚀较轻，锻铝、高强铝在海洋大气中则腐蚀严重，特别是含铜的硬铝合金。纯铜及其合金在同一环境中的腐蚀率无太大差异，在污染严重的工业海洋大气中纯铜的腐蚀程度比铜合金腐蚀稍轻。钛及其合金则有极好的耐海洋大气腐蚀性。

3　影响因素

钢铁海洋大气腐蚀是大气环境中诸多因素在其表面综合作用的结果，而暴露在其他大气环境中的金属的腐蚀更容易受所处环境中主要因素的影响。影响钢铁海洋大气腐蚀的主要因素如下。

3.1　材料自身性能

不同金属对海洋大气腐蚀有着不同的敏感性。通过合金化在普通碳钢的基础上加入某些适量的合金元素，可以改变锈层结构，生成一层具有保护作用的锈层，可大大改良钢的耐海洋大气腐蚀性能。例如在钢中加入 Cu、P、Cr、Ni 等，效果比较显著。金属表面状态特别是材料表面的光洁度对海洋大气腐蚀的发生和发展有很大的影响。因为不光洁的表面增加了材料表面的毛细管效应、吸附效应和凝聚效应，从而使得材料表面出现"露水"时的大气湿度（即临界大气湿度）下降。当表面存在污染物质时，

对表面微液滴的形成更加有利，会进一步促进腐蚀过程。另外，腐蚀产物是大气腐蚀发展的又一重要影响因素。经过对大气腐蚀后的材料表面上所形成的腐蚀产物膜的观察试验，证明腐蚀产物膜一般均有一定的"隔离"腐蚀介质的作用。因此对于多数材料来说，腐蚀速率随暴露时间的延长而有所降低，但很少呈直线关系。这种产物保护现象对耐候钢尤为突出，其原因在于其腐蚀产物膜中金属元素富集，使锈层结构致密，起到良好的屏蔽作用。但对于阴极性金属保护层，常常由于镀层有孔隙，在底层下生成的腐蚀产物因体积膨胀而导致表面保护层的脱落、起泡、龟裂等，甚至发生缝隙腐蚀。

3.2　大气相对湿度

海洋大气中相对湿度较大，空气的相对湿度都高于它的临界值。因此海洋大气环境下的金属表面会有腐蚀性水膜的形成。表面水膜的厚度对金属的海洋大气腐蚀有重要影响，它直接影响到金属海洋大气腐蚀的速率和腐蚀机理。与一般的大气腐蚀相比，由于海洋大气环境具有较高的湿度，金属表面通常存在较厚的水膜，且随着水膜厚度的增加，腐蚀速度变大。对于海洋大气环境的不同湿度，所形成的水膜也具有不同的厚度，因而在不同海域的海洋大气腐蚀形式也不完全相同。由于日晒和风吹，金属表面的水膜厚度也会发生改变，从而改变金属表面大气腐蚀的过程。腐蚀性水膜对金属发生作用的海洋大气腐蚀的过程，符合电解质中电化学腐蚀的规律。这个过程使氧特别容易到达金属表面，金属腐蚀速度受到氧极化过程控制。此外，海洋环境中的雨、雾、露中的水分通过不同的方式影响相对湿度，进而影响金属的海洋大气大气腐蚀过程。试验结果表明钢在相对湿度大于70%时腐蚀严重。

3.3　大气含盐量

海洋大气中因富含大量的海盐粒子，形成含有大量盐分气体的环境，这是与其他气体环境的重要区别。这些盐粒子杂质溶于金属表面的水膜中，使这层水膜变为腐蚀性很强的电解质溶液，加速了腐蚀的进行，与干净大气的冷凝水膜相比，被海雾周期饱和的空气能使钢的腐蚀速度增加8倍，海洋大气区海盐的沉积与

风浪条件、距离海面的高度和在空气中暴露时间的长短等因素有关。随着海岸线向内陆扩展，大气中盐雾含量逐渐降低，海洋大气腐蚀现象会相对减弱，直至过渡到一般的大气腐蚀环境。

盐粒当中对大气腐蚀发生较大影响的是 $NaCl$ 等氯化物，$NaCl$ 的存在促进了腐蚀的发生。含有 $NaCl$ 等盐粒的腐蚀可以说是 Cl^- 环境中的腐蚀，Cl^- 是严重影响海洋大气腐蚀因素之一，它的作用随着气候改变。Corvo 认为 Cl^- 对于钢铁大气腐蚀的加速作用取决于一个地区降雨机制的特点，如果一个地区有较长时间的雨季或较大量的雨水，那么对于一定 Cl^- 的沉积率可能会出现比较低的加速腐蚀的速率。另外，在海岸带的大气中常含有钙和镁的氯化物，这些盐类的吸湿性增加了在金属表面形成液膜的趋势，这在夜间或气温达到露点时表现得更为明显。

3.4 二氧化硫的影响

在石油及天然气的开发中，常伴有二氧化硫等有害气体的产生，这不仅直接关系着人们的身体健康，对金属的腐蚀也产生着极大的影响。SO_2 的平均浓度，在严重污染的地带可达 $(0.01 \sim 0.1) \times 10^{-6}$。但是 SO_2 一般是溶解在金属表面的水分中，在锈层中一般含有 $FeSO_4$ 的结晶，其数量随着 SO_2 的浓度及季节变化而变动。关于 SO_2 加速腐蚀有各种各样的解释，一般认为，SO_2 和空气中氧化合生成 SO_3，溶于水后成为 SO_4^{2-} 离子，也就是说相当于生成了硫酸，从而进行了阳极溶解反应，另一方面的阴极反应在表面的水层中进行着，其反应如下式所示：

阳极反应：$Fe \rightarrow Fe^{2+} + 2e$

阴极反应：$H_2O + 1/2O_2 + 2e \rightarrow 2OH^-$

Fe^{2+} 和 OH^- 相结合生成 $Fe(OH)_2$ 沉淀物，这是大气腐蚀的第一个阶段，随着 $Fe(OH)_2$ 的氧化而生成各种氧化物，这是大气腐蚀的第二阶段，这些反应均是由于 SO_4^{2-} 的存在而发生的。

3.5 大气温度

不同海域由于温度及其他环境因素差异，海洋大气的腐蚀性差异较大。海洋大气腐蚀环境的温度及其变化通过影响金属表面的水蒸气的凝聚、水膜中各种腐蚀气体和盐类的溶解度、水膜的电阻以及腐蚀电池中的阴、阳极过程的腐蚀速度来影响金属材料的海洋大气腐蚀。在一般的大气环境中由于相对湿度低于金属临界相对湿度，在温度升高的情况下由于环境干燥金属的腐蚀仍然很轻微。但是在海洋大气腐蚀环境中由于空气湿度大，常常高于金属的临界相对湿度，温度的影响十分明显，温度升高使海洋大气腐蚀明显加剧。对于一般的化学反应，温度每升高 10%，反应速度提高 2 倍。所以同一地区的季节变化会影响腐蚀速度。温度越高，腐蚀性越强。一般热带海洋大气的腐蚀性最强，温带海洋大气次之，温度较低的南北极最弱。

3.6 干湿交替

暴露于海洋大气环境下的金属材料表面常常处于干湿交替变化的状态中，干湿交替导致金属表面盐浓度较高从而影响金属材料的腐蚀速率。干湿交替变化的频率受到多种因素的影响：空气中的相对湿度通过影响金属表面的水膜厚度来影响干湿交替的频率；日照时间如果过长会导致金属表面水膜的消失，降低表面的润湿时间，腐蚀总量减小；另外降雨、风速对金属表面液膜的干湿交替频率也有一定的影响。在海洋大气区金属表面常会有真菌和霉菌沉积，这样由于它保持了表面的水分而影响干湿交替的频率从而增强了环境的腐蚀性。

3.7 光照条件

光照条件是影响材料海洋大气腐蚀的重要因素。光照会促进铜及铁金属表面的光敏腐蚀反应及真菌类生物的生物活性，这就为湿气和尘埃在金属表面储存并腐蚀提供了更大的可能性。在热带地区金属受到日光的强烈照射，同时珊瑚粉尘和海盐混合在一起使金属的腐蚀极为严重。另外，海洋大气中的材料背阳面比朝阳面腐蚀更快，这是因为与朝向太阳的一面相比，背向太阳面的金属材料尽管避开了太阳光直射、温度较低，但其表面尘埃和空气中的海盐及污染物未被及时冲洗掉，湿润程度更高使腐蚀更为严重。

总之，海洋大气区海盐的沉积、风浪的条件、距海面的高度、与海岸线的距离、风速和风向、暴露时间的长短、降雨量和一定时期内的雨量、降露周期、微生物沉积、季节和大气污染等诸多因素与钢铁海洋大气腐蚀行为密切相关。频繁的降雨会冲刷掉金属表面(迎风面)沉积的盐分和吸附的尘埃，使腐蚀减轻；风浪大时大气中水分多含盐量高，腐蚀性增加；一般背风面比迎风面腐蚀严重。距海平面7~8m处腐蚀性最强，在此之上，越高腐蚀性越弱。对于一些海滨城市，如果海洋大气环境中伴有严重的工业污染金属则腐蚀将会更加严重。

4　海洋大气腐蚀作用机制

现在认为，温度和相对湿度是引起金属在大气中腐蚀的重要原因。所谓相对湿度就是指在某一温度下空气中的水蒸气含量与在该温度下空气中所能容纳水蒸气的最大含量的比值(用百分比表示)，即：

$$相对湿度(RH)=\frac{空气中水蒸气的含量}{该温度下空气中所能容纳的最大蒸汽含量}\times100\%$$

当金属与比其表面温度高的空气接触时，空气中的水蒸气可在金属表面凝结，这一现象称为结露，是金属发生潮大气腐蚀的基本原因。当空气中相对湿度到达某一临界值时，水分子在金属表面形成水膜，从而促进了电化学过程的发展，表现出腐蚀速度迅速增加，此时的相对湿度值就被称为金属腐蚀临界相对湿度。常用金属的腐蚀临界相对湿度：铁为65%，锌为70%，铝为76%，镍为70%。金属表面上如果有微细的缝隙、氧化物、小孔、吸潮的盐类及灰尘存在，由于毛细管的凝聚作用，其结露的临界湿度降低。这就是我们经常见到的在钢铁构件的狭缝中，盖有灰尘的表面或有锈层处，特别容易生锈的原因。当大气中的CO_2、SO_2、NO_2等气体或盐类溶于金属表面的水膜中时，则该水膜即为电解质溶液，此时金属表面就会进行电化学腐蚀。

4.1　阴极过程

当金属发生海洋大气腐蚀时，由于金属表面液膜很薄，氧容易到达阴极表面，而氧的平衡电位又较氢的电极电位正，所以，金属在有氧存在的溶液中首先发生氧的去极化腐蚀。按全浸电解液条件的电化学过程在中性、碱性溶液和弱酸溶液中是氧的去极化作用，而在强酸性溶液中以氢去极化为主。但在薄液膜下的海洋大气腐蚀，阴极过程都转变为以氧去极化为主。阴极反应过程为：

$$O_2+2H_2O+4e\rightarrow4OH^-$$

在海洋大气腐蚀条件下，氧通过液膜到达金属表面的速度很快，并得到不断供给，液膜越薄，扩散速度越快，阴极上氧去极化过程越有效。但当液膜未形成时，氧的阴极去极化过程就会受到阻滞。

4.2　阳极过程

阳极过程就是金属作为阳极的溶解过程。在海洋大气腐蚀条件下，阳极过程的反应为：

$$Me+xH_2O\rightarrow Me^{n+}\cdot xH_2O+ne$$

式中：Me为金属；Me^{n+}为n价金属离子；$Me^{n+}\cdot xH_2O$为金属离子化水合物。

海洋大气腐蚀时，由于金属表面水膜很薄，氧易于通过水膜而促进阳极钝化，同时，在很薄的吸附水膜中阳离子的水化作用困难，使得阳极过程受到阻碍。因此，随着水膜的减薄，阳极去极化的作用随之减少。当相对湿度低于金属腐蚀临界相对湿度且腐蚀产物的吸水性很低时，阳极过程阻滞行为特别明显。

4.3　欧姆电阻

海洋大气腐蚀过程中，随着金属表面液膜的减薄，阴极过程进行得更容易，除了阳极过程进行得越困难外，还会使腐蚀微电池的欧姆电阻增大，导致腐蚀微电池作用减小。

总之，一般在可见液膜下或因腐蚀产物吸水湿润时，海洋大气腐蚀速度主要由阴极过程控制；但当水膜很薄时(不可见的吸水膜)，其腐蚀速度主要是由阳极过程控制。当水膜达到一定厚度时，腐蚀速度受阴、阳极过程的共同控制。

5　沿海炼厂海洋大气腐蚀特点

沿海炼油厂的金属构件和装备均处于苛刻的海洋大气腐蚀条件下，具有一般海洋大气腐蚀的共性特征。除此之外，还存在其独有的特点，主要体现在以下两个方面：

(1)炼油厂设备内部工作环境对外部海洋大气腐蚀的影响。

炼油厂因生产工艺流程复杂，设备内部工作环境千差万别，既有高温的又有低温的，既有气相又有液相，因此存在多种内部腐蚀介质，这些腐蚀介质在对设备产生腐蚀时并不是独自起作用，而是在相应介质、温度条件下形成多种复杂的腐蚀环境。显而易见的是，温度升高有利于腐蚀作用的加速。另外设备运行时的工作条件如振动等因素对海洋大气腐蚀及其防护措施也会产生影响。

（2）炼油厂工业大气环境与海洋大气腐蚀环境的结合。

海洋大气腐蚀还与大气污染物密切相关，污染物质的存在经常会加速基体金属的腐蚀过程。一般而言，炼油厂工业大气中含有较多的SO_2、CO_2、H_2S等腐蚀性气体成分和固体颗粒物。这些气体污染物的存在导致金属腐蚀的加速是由于它们参与了阴极去极化过程，从而使阳极钝化控制转变为阴极控制。例如SO_2的存在能加速金属的腐蚀过程，主要是因为在吸附水膜下，SO_2参与了阴极的去极化作用，使阳极钝化困难或不出现钝化而导致腐蚀速度的增加。沉积在金属表面上的固体颗粒同样会促进金属的腐蚀，其促进作用主要体现在以下两个方面：一方面是固体颗粒的存在加速了气相中水汽的吸收，促进了腐蚀性电解液膜的形成而加速基体金属的腐蚀过程，其中吸湿性无机盐粒的存在尤为明显；另一方面则体现在电解液膜形成后，固体颗粒中的离子参与了其中的阴极或阳极过程，从而加速了金属基体的腐蚀。

沿海炼厂在如此的腐蚀环境下其材料的腐蚀特征和腐蚀机制究竟如何？这个问题目前尚未见报道，需要做系统的工作进行深入研究。

6　对炼厂设备海洋大气腐蚀防护措施的一些建议

我国沿海炼厂众多，从青岛的青岛大炼油到上海的高桥石化，再到浙江的镇海炼化和广东的茂名石化，以及其他的比如海南炼化、广西石化等。这些炼厂分属不同的气候带，从温带气候向亚热带以及热带气候分布，绝大多数的炼厂四季变化比较显著，另一方面无论是我国国内开采的原油还是进口的俄罗斯、中东等的原油，普遍存在高硫含量值的现状，这又对我国的沿海炼油设备海洋大气腐蚀的防护工作提出了严峻的考验。

沿海炼厂的加工原油来源一部分是国产原油，大部分则是进口自中东、俄罗斯等主要产油国的原油，无论是我国的国产原油还是进口

原油的品质均日益下降，主要表现就是原油的硫含量和碱含量越来越高，这就对设备本身的性能以及腐蚀防护工作提出了更高的要求。就现在生产的炼厂设备而言，其本身材料的抗腐蚀性能在设计制造时就已经定型，在现有原油油品品质不断恶化的形势下，为了增加设备的使用寿命，必然要从工艺上、表面防护上加大对设备的腐蚀防护工作。

基于沿海炼厂的气候特点以及原油加工油品质量的现状，对于沿海炼厂的海洋大气腐蚀防护措施有以下几点建议：

（1）进行沿海炼厂设备海洋大气腐蚀防护标准化建设。通过系统调研，设计一套设备、材料采购、运输、保管及施工防腐管理程序，并进一步完善并加以理论化、系统化，从而形成一套海洋大气腐蚀防护标准，为未来沿海炼厂在炼油装置的选材和防腐蚀设计，以及建设和运行周期内的海洋大气腐蚀防护提供科学依据。

（2）进行设备腐蚀防护的系统化工作。大气中所含的污染物如SO_2、Cl^-、CO_2、NO_x等影响金属材料的海洋大气腐蚀过程，而大气环境的特点也决定了材料大气腐蚀的特点。现有研究表明腐蚀活性最大的是潮湿的、严重污染的工业大气。而沿海炼厂的装备恰恰就处在这样一种严酷的腐蚀环境中，因此，在设计、建设期间就需要采取专门有效的防护措施来控制工业性海洋大气腐蚀过程，保证设备的使用安全。

（3）在炼厂设备设计阶段，结构设计上切实选用合理的防腐结构设计，减少海风携带海盐颗粒在设备表面的沉积，选材上优先使用耐蚀材料，减少气候因素对设备使用寿命的影响，在易受海洋大气腐蚀区域或设备部位，适当提高材料规格。

（4）在安装施工和储运方面，严格按设计手册选用合适的焊材以及铆接等紧固件，防止焊材以及紧固件与设备组成原电池反应，施工时，尽量不破坏设备出厂的保护镀层，施工后，根据设备的材料、用途、暴露位置的不同选用合适的腐蚀防护措施进行保护。

（5）在日常维护方面，引进安装现代化的腐蚀监测测量方法，全面系统地把握设备的腐蚀现状，合理地规避风险。

钛纳米高分子合金涂层在换热器管束上的应用

王　巍

（中国石油大庆石化分公司炼油厂，黑龙江大庆　163711）

摘　要　介绍了石油化工炼油厂油气冷却器管束的腐蚀情况，对腐蚀原因进行了分析。描述了油气冷却器管束采用7910涂料等防腐的效果，特别对管束外壁涂层不耐油气腐蚀进行了说明。在对钛纳米涂料的涂层进行耐油汽腐蚀试验的基础上，制造出了钛纳米涂层的管束。先后在常减压、重油催化等装置的塔顶油气冷却器上进行了8年多的使用，收到了很好的效果。该方法的使用可以获得较大的经济效益，填补了石化行业在这个领域的空白。

关键词　冷却器管束；腐蚀；分析；钛纳米涂层管束；防腐；节能；涂装

1　冷换设备的腐蚀状况

换热器是生产装置的关键设备之一，多数材质为碳钢，一般占全部换热设备30%左右。日常大量的故障及事故抢修，约60%左右是由于冷换设备管束腐蚀泄漏所至。严重影响了生产装置的安全、稳定、满负荷运行。

自1979年以来，对冷换设备的腐蚀，在不同的腐蚀环境中，对管束采用不同的防护方法，经过多年的努力，取得了明显的效果和经济效益。但是，目前还有一些问题没有得到很好解决，特别是冷却器与冷凝器管束外壁耐油气的腐蚀问题到目前还没有一个较好的方法。

石油炼制、化工、化肥等每年因腐蚀结垢报废的换热器多达上万台，仅石化行业就在2000台以上。

到目前为止，石油化工、煤化工、化工等企业的碳钢换热管束的腐蚀问题还没有很好地解决。每年因腐蚀提前报废很多，更换这些管束需要大量的资金。

20世纪60年代推出酚醛-环氧-有机硅三元树脂混配体系，使用超细云母，特别适合水冷器和其他换热器的防腐蚀和阻垢；70年代以环氧及其改性树脂涂料居主体；80年代出现了"7910涂料""CH784"5454Al-Mg合金管束；90年代以漆酚涂料为代表防腐涂料，还有Ni-P电化学涂层，这些管束防腐的方法出现对管束的腐蚀有所缓解。但是在管束的腐蚀上还存在许多问题（油气侧），制约着使用寿命。

2　冷却器碳钢管束使用情况

在炼油装置生产操作中，常遇见的问题是冷换设备的腐蚀与结垢，特别是冷换设备的管束，因管程多数走循环水，当水与温度较高的介质换热时，极易使管子内壁腐蚀与结垢形成垢层。因为水垢的导热系数为$2.3W/m\cdot K$，金属的导热系数为$50.01\sim60.47W/m\cdot K$。相差20倍以上。一旦有水垢形成，水冷器换热效率下降很大，增加了能源的消耗。而壳层多数走轻质（油气）油品，由于轻质油品中的有害杂质，而造成管束外壁腐蚀，在腐蚀的同时产生大量的锈垢增加了热阻，使管束的使用寿命大大降低和换热效率下降。一般新碳钢冷却器管束没有采取防腐措施，使用不到一年即发生管子腐蚀穿孔。在实际使用中如果换热器管束没有进行防腐，管束存在比较严重的腐蚀与结垢。

3　冷却器碳钢管束防腐涂层使用情况对比

3.1　7910涂层防腐

当管束内外壁采用7910（环氧氨基涂料）涂料防腐时，管内没有腐蚀，但是管外壁同样腐蚀严重，如图1所示。

作者简介：王巍（1955—），男，大庆石化公司高级工程师，2004年获首届防腐行业"中国防腐蚀大师"称号。长期从事金属腐蚀与防护研究、防腐蚀设计、设备防腐蚀管理等工作。已发表论文149篇论文，出版著作一部。

图1　7910涂料管束使用3年

3.2　TH-901漆酚涂层防腐

该涂料一共试用了3台，全部用在水冷器上，通过1年的使用，其中一台漆膜已经失去使用作用，另外2台同样一年多防腐层失去作用，如图2所示。

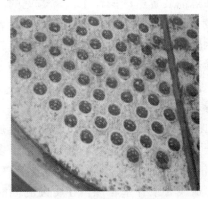

图2　漆酚涂料使用1年报表

从图2可以看出TH-901涂层起泡、变色粉化失效。

3.3　Ni-P化学镀

对换热器进行整体化学镀，形成镍磷镀层，为阴极性镀层，可起到机械隔离腐蚀介质作用。由于在防腐施工过程中防腐镀层一般要求厚度在60μm以上，实际镀后的管束很难达到这样的厚度。所以出现Ni-P镀管束的产品使用寿命很短的现象，这种对换热器管束防腐的技术已经淘汰。

4　冷却器管束腐蚀原因

4.1　油相侧腐蚀

设备的腐蚀与结垢是生产装置操作中常见的问题，特别是一次、二次加工装置的常减压、催化裂化、延迟焦化等塔顶低温部位冷凝、冷却系统的腐蚀较为严重，冷却器是较突出的部位之一。

从油相分析数据（见表1）可以看出，因油相系统中不同程度地生成HCl、H_2S、HCN、HN_3、和H_2O，随同轻组分一起挥发，当以气体状态存在时，一般是腐蚀很小的，在冷凝换热后温度下降到100℃以下，冷凝区域出现液体（水）以后，在冷却器壳程便形成$HCl-H_2S-H_2O$与$H_2S-HCN-HN_3-H_2O$系统的腐蚀。

表1　油气分离器切水分析数据

项　目	H_2S	Fe	氨氮	HCl	酚	氰化物	碳化物	pH
测定/(mg/L)	70~100	100~120	156	痕迹	93.2~172	0.58~2.95	180~53.7	8.9~9.04

对于一次加工装置严重的腐蚀破坏是由于HCl和H_2O相互促进，构成了循环腐蚀。

4.2　循环水侧腐蚀

因冷却水中含有碳酸氢盐、碳酸盐、氯化物、磷酸盐等，其中以溶解的碳酸氢盐如$Ca(HCO_3)_2$、$Mg(HCO_3)_2$最不稳定，当冷却水流经传热的金属表面时就发生如下反应：

$$Ca(HCO_3)_2 \longrightarrow CaCO_3 \downarrow + H_2O + CO_2 \uparrow$$

$$Mg(HCO_3)_2 \longrightarrow MgCO_3 \downarrow + H_2O + CO_2 \uparrow$$

水对金属表面的腐蚀主要为电化学腐蚀，在腐蚀电池中阴极反应主要是氧的还原，阳极反应则是铁的溶解。

在腐蚀时，铁生成氢氧化铁从溶液中沉淀出来。因这种亚铁化合物在含氧的水中是不稳定的，它将进一步氧生成氢氧化铁。

对于循环水的均匀腐蚀我们可以预判，但是有时还存在均匀腐蚀与点腐蚀同时发生。金属表面发生点腐蚀时破坏性更大，不好预防。

另外，水中其他成分的含量以及温度、流速和微生物的作用，都会影响上述共轭反应过程的进行。溶解性固体物，特别是氧化物和硫酸盐的存在会加剧腐蚀。水中悬浮物和污物存在会引起局部积污，使金属保护膜不易生成或形成氧浓差电池产生点腐蚀。所以说，金属在垢下腐蚀由于本身电化学腐蚀存在自催化作用,将加速金属的腐蚀。

5 采用钛纳米涂层管束的依据

5.1 确认过程

开发换热器耐热防腐涂料,需要耐热、导热效率高的防腐涂层,是我国急需的比较理想的防腐涂料。其关键是要在涂料的防腐性能、传热性能和可施工性三者之间求得最佳平衡点。而钛纳米聚合物涂料却在这三者之间有这较好的平衡点。

为什么想在水冷器与冷凝器上使用,就是因为采用钛纳米涂料解决了硫黄装置酸性水罐内壁腐蚀问题。

我厂硫黄装置酸性水罐内壁采用环氧磁漆在防腐性不好的情况下,3 个月涂层失去作用,其中 1 座 2000m³ 罐使用 2 年罐体应力腐蚀开裂近 300 多道裂纹,无法使用报废。现场几种挂片试验 180 天进行涂料筛选,涂料挂片为呋喃改性涂料、烯烃涂料、WHJ 防腐涂料、纽科聚脲涂层、钛纳米涂料。通过筛选钛纳米涂料效果最好,涂层表面没有任何变化。

5.2 钛纳米涂料性能

钛纳米涂料就是将钛超细化达到纳米级,使其表面活性大大提高。同时将有机物双键打开,形成游离键,两者复合到一起形成化学吸附和化学键合生成钛纳米聚合物涂料。钛纳米涂料具有如下性能特点:

1)抗渗透性强

(1)钛纳米聚合物和树脂形成了化学键合和化学吸附,堵塞了填料与树脂间的渗透通道。

(2)微小的钛纳米聚合物粒子填充到分子空穴中,由于水、氧和其他离子不能透过钛纳米聚合物颗粒本身,只能绕道渗透,这样就延长了渗透路线,起到迷宫效应。

2)抗腐蚀性高

(1)钛纳米涂料固化时体积收缩率小,而且游离键和钛的结合状态使分子链柔软便于旋转,可消除内应力,所以钛纳米聚合物涂料的应力很低,涂层内部没有微裂纹,抗开裂、剥离能力强。以上两条提高了防止物理破坏的能力。

(2)钛填料本身耐蚀性好。

(3)化学键合与化学吸附作用形成稳定的结构,阻止水、氧及其他腐蚀介质的取代作用,使其不易发生腐蚀反应,提高了防止化学腐蚀破坏的能力。这几点决定了钛纳米聚合物涂料具有很好的耐腐蚀性能。

3)抗垢性好

(1)对于粗糙的表面,能增加液体流动的阻力减少流速,增加近壁流层的厚度,造成更多的结构核心,有利于污垢的沉积长大。而钛纳米聚合物涂层由于微小纳米粒子的填充作用表面光洁度很高,近壁流层薄不利于结垢。

(2)钛纳米涂料具有特殊的磁性,能对污垢粒子整形使其排列整齐,不形成垢分子交错穿插的硬垢。因为水经过磁化后不会形成硬垢。

(3)钛纳米聚合物特殊的化学结构形成亲油憎水表面,排斥污垢粒子,使其不能黏附到涂层表面上,达到防垢的功能。

4)导热性好

钛纳米在涂层中的立体网状结构形成导电的同时,也形成了导热通道,使涂层有了较高的导热系数。一般涂层的导热系数只有 $0.4W/(m \cdot \text{℃})$,而钛纳米涂层为 $2.9W/(m \cdot \text{℃})$。近几年由于石墨烯材料的发展,涂料添加石墨烯,其导热系数为 $250W/(m \cdot \text{℃})$ 以上。

5)耐温性好

钛纳米涂层是采用钛纳米含氟聚芳醚酮共聚物为基体材料开发研制的一种热固型特种防腐涂料,其耐温性好,可以长期在 250℃ 以下使用。

6)耐磨性能好

涂层的抗磨性能远高于金属及其他涂料。

7)抗空蚀性能好

水在高速流动中夹带着大量空气泡,这些气泡溃灭时产生冲击波和微射流冲击力,在这种交变力作用下非弹性固体表面会很快疲劳破坏。

钛纳米涂层具有一定的弹性,对冲击波和微射流冲击力有缓减作用。弹性体抗疲劳能力比非弹性体高很多倍,这使得钛纳米涂层的抗空蚀性能很高。

8)耐水性好

钛纳米聚合物涂料的羟基、醚基及氨基等

亲水基，与钛纳米聚合物发生化学键合或化学吸附，其极性大幅度下降，此外链接上的钛纳米聚合物有疏水性，这样涂料的整体耐水性大大提高。另外，固化后玻璃化温度的提高、涂层良好的抗渗性赋予了涂层优秀的耐水性。

6　管束涂装技术

6.1　防腐施工工艺

①管束内外表面同时进行酸洗，除掉油污和浮铁锈；②酸洗后经碱中和、水洗、干燥；③打砂处理至 Sa2.5 级；④管束外表面采用淋涂工艺；⑤管束内表面采用灌涂工艺；⑥最后经均质化处理。

6.2　防腐设计

管束内灌涂 6 次，膜厚为 $(200\pm20)\,\mu m$，管束外表面淋涂 6 次，膜厚为 $(200\pm20)\,\mu m$。

7　使用效果

7.1　使用部位

2004 年 7 月起将该涂料应用于适合使用钛纳米防腐涂层的上百台换热设备，防腐面积为 $40000m^2$，管束内外表面防腐涂层厚度为 $200\sim220\mu m$。

7.2　使用效果

2004 年 7 月结合装置检修，先后在不同装置不同部位安装了 100 多台管束。2007 年 7 月装置检修，先后对安装在一套常减压、重油一催化的三台钛纳米管束进行抽管检查，表面情况良好，没有发生变化，如图 3 所示。

图 3　钛纳米涂层管束

7.3　使用情况

从 2004 年到 2012 年近 10 年间，共计采用节能防腐钛纳米涂层的管束 114 台。通过使用钛纳米涂料延长了换热设备的使用寿命及提高了换热效率。通过这么多年的使用，总体看换热管束防腐涂层达到了预期的目的。例如炼油厂常减压的 2 台初顶冷凝器，管束规格为 $\phi1100\times6000mm$，使用 8 年经过 3 次大检修，2007 年只抽出一台。在 2012 年检修，换热器管束经过近 8 年的使用，管束内外壁采用钛纳米涂层的都没有抽管束清洗。

8　经济效益分析

通过对 9 台钛纳米聚合物涂料管束的使用，收到了满意的效果，满足了工艺的需要。如一套的初顶冷凝器原先 7910 涂料防腐与现钛纳米聚合物涂料管束使用对比情况见表 2。

表 2　初定冷凝器对比

冷凝器	介质入口温度/℃	7910 涂层管束出口温度/℃	钛纳米管束出口温度/℃
管层(水)	28	50	40
壳层(油)	90	60	50

从表 1 中可以看出油相、水相钛纳米管束冷却的效果是好的。

8.1　传热系数 K 值对比

由 K 值的对比计算结果(计算过程略)看出，采用钛纳米管束比管束不防腐综合传热系数提高 66.54%，比 7910 管束传热系数提高 49.97%。

8.2　节能计算

经相关计算，每年该冷却器管束采用钛纳米管束比不防腐管束节约能量 5640.27MW/a，可以节约(热价按 20 元/MW)11.3 万元。与 7910 管束节相比可节约能量 4235.13MW/a，合 8.5 万元。

8.3　使用寿命及造价

采用钛纳米管束按每台可以提高使用寿命 2~3 倍计，每台水冷器没有防腐管束按使用寿命 3 年计，如一台 $\phi1100mm$ 的碳钢冷却器管束造价 30 万元，按提高使用 2 倍计。钛纳米管束防腐造价为 12.6 万元，可以节约 47.4 万元，每年可以节约 5 万元(钛纳米管束按使用 9 年计)。另外加上每年节约的能量 11.3 万元,每年可以节约 16.3 万元。

该台换热面积为 350m²,按每年节约 16.3 万元计,每年单位面积可以获经济效益 465.7 元/(m²·a)。

对于一台 $\phi700mm$ 的中型管束计,管束制造价为 8.5 万元,钛纳米管束防腐造价为 4.68 万元。后者的使用寿命按比碳钢管束提高使用寿命 2 倍计,每台可以获得 12.32 万元(减去防腐涂层的费用)。我厂冷却器适合钛纳米管束以 150 台计算,可以获得 1848 万元的直接经济效益(不包括节能效益)。

8.4　结论

钛纳米管束在油气冷却器上应用,经过近 8 年的使用取得了良好的效果和明显的经济效益其特点为:

(1)钛纳米管束抗垢性好。管内外表面光洁度高,相对提高了近管壁流层速度,从而减少了管内外垢层的沉积,抗锈垢性能好。

(2)节能性好。它具有吸热和导热双重功能,其导热系数位于金属范围。从传热系数对比和节能计算看出,钛纳米管束比不防腐的管束、7910 涂层管束传热效果好,热效率高,是一种节能的换热管束。采用钛纳米管束比管束不防腐综合传热系数提高 66.54%,比 7910 管束传热系数提高 49.97%。应用钛纳米管束每年单位面积可以获得经济效益 465.7 元/(m²·a)。

(3)钛纳米管束检修方便节约费用。可以经过 3 个检修周期,不用抽管束,做到免维护。

如催化装置在检修时,钛涂料管束没有进行抽管束(正常情况必须抽管束)。

参 考 文 献

1　王巍.炼油厂冷却器的腐蚀与对策[J].石油化工设备技术,2000(6):25.

2　王巍,张喜华,肖力学.5454 铝镁合金管束在冷换设备中的应用[J].石油化工设备,1990(6):44.

3　王巍.硝酸酸洗在我厂冷却器上的应用[J].全面腐蚀控制,1991(1):34.

4　王巍.NI-P 化学镀层在糠醛换热器上的应用[J].石油化工腐蚀与防护,1997(1):35.

5　谷其发,李戈文.炼油厂设备腐蚀与防护图解[M].北京:中国石化出版社,2000.

6　中国腐蚀与防护学会.缓蚀剂[M].北京:化学工业出版社,1987.

7　周本省.工业冷却水系统中金属的腐蚀与防护[M].北京:化学工业出版社,1993.

8　王巍.浅谈炼油厂硫黄回收装置酸性水罐的腐蚀与防护[J].石油化工设备技术,2005(6):69.

9　石伟海,方华,张梅.钛纳米聚合物涂料在 NaCl 溶液中的电化学阻抗谱[J].涂料工业,2007.

10　薛俊峰.材料耐蚀性和适用性手册-钛纳米聚合物制备和应用[M].北京:知识产权出版社,2001.

11　王巍.采用钛纳米涂料解决炼油厂换热设备的腐蚀[J].电镀与涂饰,2011(9):35.

12　富嘉文.换热器[M].北京:石油工业出版社,1979.

13　王巍.盐酸酸洗在冷却器上的应用[J].化学清洗,1999(6):25.

高耐蚀防腐材料在石油化工设备防腐上的应用

王　巍[1]　戴海雄[2]　张　驰[2]

（1. 中国石油大庆石化分公司炼油厂，黑龙江大庆　163711；

2. 江苏金陵特种涂料有限公司，江苏扬州　225212）

摘　要　主要介绍了石油化工酸性水罐、冷换设备、储油罐、加热炉的引风机壳体、氢烃罐内壁、埋地污水管道内壁、加热炉空气预热器热管的腐蚀情况，采用钛纳米高分子合金涂料作防腐层，通过多年使用收到了较好的效果，为国内石化设备腐蚀相类似情况提供了一个很好的借鉴。

关键词　石化；管道；设备；腐蚀；钛纳米涂料；使用效果

1　前言

据有关国外资料显示，腐蚀损失占整个国民总产值的 4% 左右，这个损失是很惊人的。而石油化工企业每年的大修、更新、维修费用的 80% 以上，都用在因腐蚀而报废的设备、管道及金属（非金属）结构上，腐蚀造成的损失是非常可观的。

针对生产过程中出现的设备腐蚀，近几年来采用高耐蚀防腐涂料"钛纳米高分子合金涂料"（简称钛纳米涂料）作防护涂层，解决了酸性水罐、氢烃罐、储油罐、球罐、加热炉的引风机设备的内部腐蚀，延长了设备的使用寿命。

2　钛纳米高分子合金涂料在酸性水罐的应用

2.1　概述

炼油厂酸性水气体装置，主要处理来自常减压、催化、加氢等装置的含硫污水。含硫污水对前期罐内采用的环氧性涂料防腐涂层破坏性很大。涂层使用不到 3 个月就出现问题，如鼓包、涂层变硬、破损，起不到防腐涂层的作用。对金属腐蚀的主要部位在罐底与罐壁，腐蚀形态主要是靠近焊缝附近出现穿透性裂纹，致使其中一个酸性水罐使用不到两年就报废，另一台出现了应力腐蚀开裂。一旦产生泄漏不但影响生产，而且对周边的环境造成污染。

2.2　腐蚀原因分析

因酸性水罐的操作条件相对比较苛刻，其主要操作介质为原料水中的 H_2S、CO_2、CN^-、酚和油等多种介质，pH 值为 10 ± 0.5，原料水的温度为 $65\sim70℃$。在这样的操作条件下，碳钢罐表面腐蚀比较严重。在焊口及金属母材弯曲处（如罐里立柱底附近钢板受压弯曲变形处）出现应力腐蚀开裂现象。

2.3　涂层表面的损坏

污水对一般的常温固化的环氧、呋喃、酚醛类的涂层腐蚀主要是因为酚类小分子易穿透涂层，使有机涂层的分子结构发生溶胀、断裂。另外，涂层在 $65\sim70℃$ 污水的协同作用下，使防腐涂层损坏加速。一般涂层在纯水中可以在较高的温度下使用。有较高的玻璃化转化温度。当在含有腐蚀介质的水溶液中使用时，玻璃化转化温度会下降。如环氧磁漆可以长期在 80℃ 左右使用，但是在酸性水中只能在 60℃ 以下使用，还不能保证长期使用。这就是说，在含有腐蚀介质的水溶液中，较小的分子气体及介质容易进入到有机涂层中，破坏涂层原有的分子结构，使其耐温性能下降。表面涂层破损失去作用。

2.4　涂层下的金属腐蚀

由于 H_2S 溶解于水中，与金属发生腐蚀反应：

$$H_2S+Fe == FeS+H_2\uparrow$$

作者简介：王巍（1955—），男，大庆石化公司高级工程师，2004 年获首届防腐行业"中国防腐蚀大师"称号。长期从事金属腐蚀与防护研究、防腐蚀设计、设备防腐蚀管理等工作。已发表论文 149 篇论文，出版著作一部。

FeS 与 HN₃ 反应能够生成 HN₃HS，沉积于金属引起硫化物应力腐蚀开裂（SCC）。

$$H_3N+H_2S=NH_4HS$$

当有氰化物（CN⁻）时，在 pH 值大于 7.5 时，开裂随介质中 CN⁻ 浓度增加而增加。当 HN₃HS 与 H₃N 反应时：

$$HN_4HS+HN_3=(HN_4)_2S$$

硫化氨（HN₄）₂S 能使 H₂S 在水中的溶解度大大增加，提高了 HS⁻ 浓度。另一方面，氨溶于水后，提高了水的 pH 值，为 CN⁻ 与 FeS 的反应提供了更有利的条件，但在水溶液中 NH₃ 的浓度为 6000mg/L，远远大于允许的范围（一般 NH₃ 的浓度小与 1000mg/L）。

金属材料的表面总会存在电化学的不均匀性。存在缺陷的部位或薄弱点由于电位比其他部位低，是一个活性点，为应力腐蚀提供了裂纹源。所以腐蚀开裂大部分发生在罐壁的焊道上及热影响区内及罐底的立柱受力的部位，仅 V103 罐通过检查就发现了 300 多处裂纹。

2.5　材料选择与效果

2003 年 2 月采用钛纳米高分子合金涂料（简称钛纳米涂料）对内壁进行防腐。使用 6 年开罐检查，防腐涂层整体性完好，涂层表面有光泽，无起皮、起泡、龟裂、脱落等现象。防腐涂层表面没有任何锈蚀产物附着在表面，解决了该罐的应力腐蚀的问题。该问题的解决为石化系统酸性水罐的腐蚀提供了很好的借鉴。

3　钛纳米涂层解决了冷换设备管束的腐蚀

20 世纪 70 年代以来，针对冷换设备的腐蚀，在不同的腐蚀环境中，采用不同的防护方法，经过多年的努力，取得了一些明显的效果和经济效益。但是，冷却器与冷凝器管束外壁耐油气的腐蚀问题到目前仍没有得到根治。

由于冷却器管束的腐蚀与结垢，多数管束提前报废更新（一般使用寿命 3 年左右）。为了解决冷却器管束外壁腐蚀问题，曾采用 7910 涂料防腐层，防腐效果均不理想，没有从根本上解决问题。

3.1　钛纳米涂层管束使用效果

（1）使用部位：2004 年 7 月起炼油，采用该材料对适合使用钛纳米防腐涂层的上百台换热设备，防腐面积为 40000m²，管束内外表面防腐涂层厚度为 200~220μm。

（2）使用效果：从 2004 年 7 月结合装置检修，先后在不同装置不同部位安装了 100 多台管束。2007 年 7 月装置检修，先后对安装在一套常减压、重油—催化的三台钛纳米管束进行抽管检查。

3.2　使用情况

通过使用延长了换热设备使用寿命及提高了换热效率，达到了预期的目的。例如炼油厂常减压的 2 台初顶冷凝器，管束规格为 φ1100×6000mm，使用 8 年经过 3 次大检修，2007 年只抽出一台。在 2012 年检修，换热器管束经过近 8 年的使用，管束内外壁采用"节能防腐钛纳米涂层换热管束"的都没有抽管束清洗，如图 1 和图 2 所示。

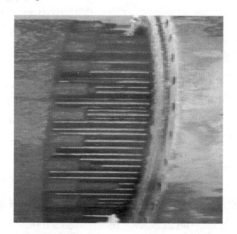

图 1　设备检查（没清扫）管束外壁（使用 8 年）

图 2　设备检查（没清扫）管束管板（使用 8 年）

4　储油罐的腐蚀与防护

4.1　概况

储油罐是炼油厂储运系统不可缺少的主要

设备之一，如果对其内壁防腐不好或不防腐，经过一段时间使用后金属表面遭到严重腐蚀时会造成腐蚀穿孔，使储罐的使用寿命大大缩短。由于罐体的腐蚀，产生了大量的锈蚀产物，污染了油品。这种现象在储存油品的油罐较为普遍。

4.2　油罐各部位的腐蚀情况

4.2.1　底板的腐蚀

底板的腐蚀为孔蚀和均匀减薄。一般在底板凹陷的地方，加热器等支架周围焊接热影响区，产生机械塑性变形部位和施工中造成伤痕部位，都易产生点蚀和应力腐蚀开裂。

这类腐蚀的主要原因为：①由于底板存水，在水中受溶解氧、氢离子浓度、氯化物浓度、温度的影响；②钢板本身存在的缺陷，如焊接的影响、罐组装时的打痕；③操作因素，如罐底存在沉积物堆积、油泥、铁锈、灰砂等，易造成垢下腐蚀。

4.2.2　罐壁的腐蚀

（1）温度的影响：当罐壁和油品温度下降，油内溶解的水分析出而附在罐壁上，水和水中的氧一起与金属发生腐蚀反应。这里轻质油罐腐蚀严重。

（2）油与空气交替接触的罐壁：在液面附近发生腐蚀，主要是由水和储存汽油中溶解氧浓度分布不同造成的。由于油罐的倒罐液面升降次数较多，这样罐不断交替地暴露在油和空气中，使得罐壁腐蚀愈加严重。

（3）罐顶的腐蚀：储存原油、重油、轻油等油品的罐都存在罐顶腐蚀。当温度下降到水汽露点以下时，油和水的液滴就冷凝在罐顶和油面以上的罐壁上，构成了电化学腐蚀条件。

所以说，罐顶内壁暴露在气相部位，一旦锈蚀层形成，在空气干湿交替的变化下，金属壁面将会加速腐蚀。

4.3　防腐后使用情况

该汽油罐采用钛纳米涂层进行防腐，涂层厚度为 $220\mu m$。使用 10 年后开罐检查，防腐涂层整体性完好，涂层表面有光泽，无起皮、起泡、龟裂、脱落等现象，如图 3 和图 4 所示。防腐涂层表面没有任何锈蚀产物附着在表面。特别是表面光泽性与我国目前在用的防腐材料

相比是最好的一种。特别是解决了渣油罐介质温度高（75℃），一般防腐层耐温效果不好的问题。

特点：涂层表面耐磨、硬度高、韧性好。对于罐内温度高：>80℃使用时特点特别突出。

图 3　罐底与罐壁涂层

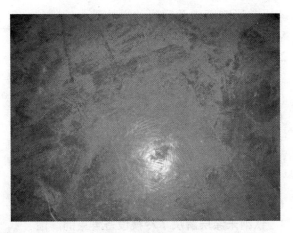

图 4　罐底涂层

5　加热炉空气预热器热管的腐蚀与防护

5.1　使用情况

加热炉烟气中含有大量的二氧化硫气体，对热管腐蚀、表面结垢比较厉害。腐蚀较严重的是烟气露点部位，使用不到一年热管表面的翅片有的已经腐蚀掉。同时热管表面结有大量的结垢物。

5.2　腐蚀、结垢原因分析

热管管子及翅片均为碳钢（ND 钢）。烟气中含有 N_2、O_2、H_2S、HCl、CO_2。根据对腐蚀垢物分析，该结垢物 pH 值为 1~2（属强酸物质）且易溶于水，所以对碳钢的金属表面容易发生露点腐蚀。

凝结在低温受热面上的硫酸液体，还会与气态硫和黏附于烟气中的灰尘形成不易清除的糊状垢物，增加了热阻，使壳体表面温度更低，进一步促使冷凝液的形成，如此循环，垢物越积越多，便构成了电化学的垢下腐蚀。

由于预热器热管管束结有大量的结垢物。烟气的成分较为复杂，但是主要为硫酸盐成分。其热导率比金属低很多，一般相对热导率为 0.5~2，金属钢管的相对热导率为 40~50。金属相对热导率比硫酸盐水垢的相对热导率大 20 倍以上。

5.3　使用效果

使用钛纳米涂层 6 年多，防腐涂层整体性完好，涂层表面有光泽，无起皮、起泡、龟裂、脱落等现象。从图 5 可以看出没有防腐的热管结有较多的垢层，翅片几乎让结垢层堵死，增加了热阻，热管的换热效果有较大的下降。

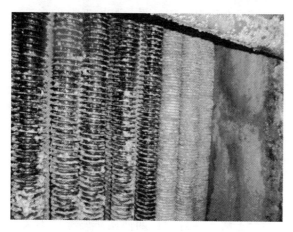

图 5　热管没清洗前状况

6　热电厂 GGH 钛纳米涂层热管使用情况

6.1　主要工艺情况

GGH 出入口情况：热烟气入口温度为 135℃，出口温度为 110℃。冷烟气入口温度为 60℃，出口温度为 85℃。

6.2　现场检查情况

6.2.1　冷烟气出口

冷烟气的热管表面涂装了钛纳米涂层（>220μm），如图 6 所示。从图 6 可以看出，热管表面附着一层较薄灰垢，擦掉灰垢后漆膜仍然很完好。

6.2.2　冷烟气入口

冷烟气的热管表面涂装了钛纳米涂层（>

图 6　翅片表面露出原漆膜

220μm），如图 7 所示。从图 7 可以看出表面没有结灰垢，漆膜仍然有光泽，检查硬度、韧性都较好。

图 7　翅片表面状况

7　催化重整装置引机壳体内壁腐蚀与防护

7.1　概况

引风机入口引自热管加热器出口的烟气，使用温度为 130℃ 左右。对引风机壳体及叶轮腐蚀比较厉害，使用不到半年壳体便出现点蚀和大面积减薄，不到一年壳体便报废。

7.2　使用效果

采用钛纳米涂料防护，使用 2 年以后检查，防腐涂层整体性完好，涂层表面有光泽，无起皮、起泡、龟裂、脱落等现象。防腐涂层表面没有任何锈蚀产物附着在表面。

8　在轻烃储罐上的应用

8.1　概况

来源于常减压和重整装置的初馏塔顶末凝气（$C_1 \sim C_5$）含有 HCl、H_2S 和水。造成轻烃罐内壁产生严重腐蚀，腐蚀率达到 0.5~1mm/a。原采用 300 微米热喷铝防腐涂层也已经腐蚀没有，表面存在产生大量的灰白色铝的锈蚀物。

8.2　腐蚀原因分析

虽然在进入这两个罐前进行了脱硫，但是液化石油气中含硫量在 0.118%~2.5%，易产生低温 $HCl-H_2S-H_2O$ 的腐蚀。

8.3　使用效果

采用钛纳米涂料进行防腐，涂装 5 道漆，厚度为 220μm 以上。使用 6 年以后开罐检查，防腐涂层整体性完好，涂层表面有光泽，无起皮、起泡、龟裂、脱落等现象，如图 8 所示。

另外，采用该项技术在液态烃球罐内壁进行防腐，解决了球罐内壁湿硫化氢应力腐蚀开裂问题，现已有 10 多座球罐应用该项技术。目前该项技术是综合效益最好的一项技术。

图 8　使用 6 年情况

9　埋地污水管道的腐蚀与防护

污水对一般的常温固化的环氧、呋喃、酚醛类的涂层产生是因为酚类小分子易穿透涂层，使有机涂层的分子结构发生溶胀、断裂。这就是说，在含有腐蚀介质的水溶液中，较小的分子气体及介质容易进入到有机涂层中，使表面涂层变软、发生鼓泡、涂层硬化、破损失去作用。

所以采用常温固化的环氧、呋喃、酚醛类的涂层效果不好，使用寿命短。

9.1　防腐材料选择

金属管道内壁防腐与其他设备防腐相比有其自身的特殊性，就是工程完成后没有可维修性。所以管道内壁防腐必须一次性做好。通过

性能对比采用钛纳米涂料综合效益最佳。

管道内壁采用钛纳米涂装体系，对 5km、ϕ820mm 东排污水管道内外壁进行了防腐施工，施工面积 13000m^2，见图 9 所示。

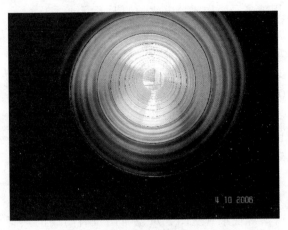

图 9　管道内壁防腐

9.2　效果

通过 8 年多使用效果很好，没有发现管线泄漏。

9.3　管内壁防腐层的优点如下：

（1）附着力好。涂料本身与金属表面附着力很好，这是由涂料本身特点所决定的。

（2）不沾水。表面光滑，不结垢，可以减少介质流动的阻力。

（3）比一般特种防腐涂料抗渗能力强。

（4）在大庆地区条件下使用比一般的防腐涂料耐腐蚀。

（5）耐水性好。长期使用防腐涂层不会反黏、变脆。

10　小结

（1）在酸性水罐上使用，解决了该罐的应力腐蚀问题。这个问题的解决在石化系统中属于领先水平。

（2）钛纳米管束在炼油装置的油气冷却器上应用，经过 10 年多的使用取得了良好的效果和明显的经济效益。通过使用钛纳米管束有以下几点看法：

①钛纳米管束耐蚀性好，抗锈垢性能好。

②导热性好，它具有吸热和导热双重功能，其导热系数在金属范围。钛纳米管束比不防腐的管束、7910 涂层管束传热效果好，热效率高，是一种节能的换热管束。

③ 钛纳米管束维护检修方便，减轻了检修工人的劳动强度及检修费用。

④ 解决了7910（环氧氨基涂料）防腐管束外壁不耐油气腐蚀的问题。

⑤ 钛纳米管束的防腐涂层的施工为常温固化，解决了我国管束防腐涂层需高温固化的施工工艺，降低了施工成本。

（3）在储油罐上使用钛纳米聚合物涂料，表面光泽性与我国目前在用的防腐材料相比是最好的一种。特别是解决了渣油罐介质温度高（75℃），一般防腐层耐温效果不好的问题。使用寿命更长。

（4）加强了加热炉空气预热器热管的腐蚀与防护。防腐涂层在烟气中，解决了金属表面腐蚀常规特种防腐涂料耐腐蚀不耐温度和耐温不耐腐蚀的难题，为加热炉烟器预热器的热管防腐蚀找到了一种新方法。

（5）解决了热电厂烟气换热器GGH换热管的腐蚀问题。

（6）在装置引风机壳体上使用，解决了烟气及烟气的露点腐蚀。较好地体现了该涂料不但耐腐蚀，同时可以在温度较高的环境下使用的特点。

（7）在氢烃罐上使用，较好地解决了在含有 H_2S、HCl 等多种介质的油气中，60℃左右温度下及有一定压力下的腐蚀，为轻烃罐的防腐蚀找到了一种新方法。

（8）加强了埋地污水管道的腐蚀与防护，抗渗透性强、抗腐蚀性高、抗垢性好、耐温性好、耐水性好、耐磨性能好、抗空蚀性能好。

所以说，钛纳米高分子合金涂料在石油化工设备上使用，可以很好地解决设备腐蚀问题。特别是有些腐蚀问题是目前石化系统不太好解决的问题，该材料可以很好地解决。我们几年的应用证明，该涂料在炼油设备的防腐蚀方面

会发挥更大的作用。

11 钛纳米高分子合金涂料的特点

通过钛纳米涂料在石油化工设备上的使用解决了设备内壁的腐蚀。钛纳米高分子合金涂料是将超微细氢化钛粉引入到高分子结构中，显著提高了涂层材料的耐腐蚀、抗老化和导静电性；利用纳米氧化铝的陶瓷特性杂化改性含氟聚芳醚酮，显著增强了涂层材料在高温环境下的热硬度和耐磨性。采用共混珠磨工艺将纳米钛前驱体基料与纳米氧化铝改性含氟聚芳醚酮两种不相容的聚合物熔炼成高分子合金材料，有如下特点：

（1）由于结构中引入了金属钛，使其具备了卓越的防腐蚀性能，可以耐各种严酷环境下的工况腐蚀。

（2）性能稳定，耐自然老化，抗紫外线，耐电化学腐蚀和阴极腐蚀，比传统防腐涂料寿命提高 2~5 倍。

（3）聚合物本身具有导电性，抗杂散电流，具有屏蔽电磁、雷达和声呐波的特殊功效，可用于军事伪装。

（4）具有很好的导热性，该导热性与铝相当，比其他防腐涂料高几十倍，是做导热涂料的首选。

（5）海水腐蚀试验，腐蚀阈值≥50 年，即海水对钛纳米高分子合金涂层几乎无腐蚀，推荐用于海洋工程防护。

所以说，钛纳米该可分子合金涂料的以上突出特点，更加突出了该材料的优点，即抗渗透性强、抗腐蚀性高、抗垢性好、耐温性好、耐水性好、导热性好。可以在石油化工、海洋船舶、水利工程等防腐蚀领域中应用，可以获得性价比最高的防腐效果。钛纳米高分子合金聚合物结构如图 10 所示。

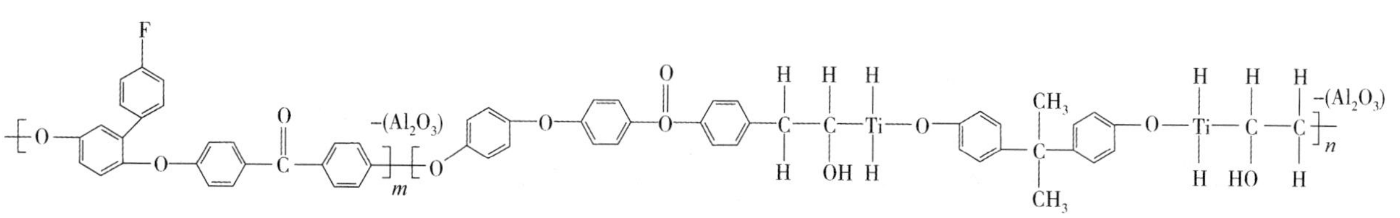

图10 钛纳米含氟聚芳醚酮基体共聚物

聚芳醚酮特点为：分子结构中含有刚性的　　苯环，因此具有优良的高温性能、力学性能、

电绝缘性、耐辐射和耐化学药品性等特点。聚芳醚酮分子结构中的醚键又使其具有柔性，因此可以用热塑性工程塑料的加工方法进行成型加工。

钛纳米高分子合金涂料在石油化工、航天航空、海洋工程、船舶与集装箱、高端装备和军工等制造防护领域，获得了广泛的推广应用。

参 考 文 献

1 王巍. 浅谈炼油厂硫黄回收装置酸性水罐的腐蚀与防护[J]. 石油化工设备技术，2005，（1）：59-61，7.

2 王巍. 节能防腐钛纳米聚合物涂料的应用预涂装[J]. 电镀与涂饰，2009，（11）：54-58.

3 王巍. 钛纳米聚合物涂料在储油罐上的应用[J]. 全面腐蚀控制，2005，（4）：12-14，18.

4 王巍. 炼油厂重整装置加热炉空气预热器热管的腐蚀与防护[M]. 石油化工设备维护检修技术（2011版）. 北京：中国石化出版社，2012.

5 王巍. 钛纳米聚合物涂料在引风机壳体内壁防腐蚀中应用[J]. 材料保护，2006，（10）：71-73，5；

6 王巍. 钛纳米聚合物防腐涂料在炼油厂轻烃储罐上的应用[J]. 涂料指南，2005，（2）：30-34.

7 王巍，王智勇. 埋地污水管道的腐蚀与防护[J]. 石油化工设计，2008，（1）：58-61，16.

8 张弛，有机钛特种防腐蚀涂料的研究与应用[J]，广东化工，2005，5：25-28+35

碳五装置溶剂精制塔塔盘的腐蚀及防护

璩　健

(中韩(武汉)石油化工有限公司设备管理部，湖北武汉　430070)

摘　要　某化工企业碳五分离装置，在 2018 年 5 月停工检修期间，打开塔器检查时发现，溶剂精制塔 C-501 上部 1～25 层塔盘腐蚀减薄、浮阀脱落严重。分析结果表明：工艺流程及操作导致溶剂中的二甲基甲酰胺(DMF)水解生成甲酸，甲酸对碳钢产生析氢电化学反应，导致塔盘腐蚀。可通过添加水解抑制剂、控制工艺参数、升级塔盘材质等方法，有效进行防护。

关键词　碳五装置；塔盘；腐蚀；防护措施

碳五分离装置以裂解汽油加氢装置副产的碳五馏分作为原料，利用各种烃类沸点的不同或在溶剂中相对挥发度相异而进行精馏、萃取精馏、共沸精馏生产异戊二烯(聚合级)、间戊二烯和双环戊二烯、抽余碳五等产品。

在 2018 年 5 月停工检修期间，打开塔器检查时发现，溶剂精制塔 C-501 上部塔盘腐蚀减薄、浮阀脱落严重。该塔共计 40 层塔盘，1～25 层塔盘腐蚀减薄明显，部分塔盘厚度已不足 1mm(设计厚度为 4mm)，无法使用至下一周期。

1　腐蚀情况

溶剂精制塔规格为 ϕ1000mm × 22400mm × 10mm，材质为 Q345R，共 40 层塔盘，采用导向梯形浮阀塔盘技术，塔盘材质为 Q235B/304 组合件。2018 年 5 月，装置进行停工检修工作，原定计划对 C-501 进行拆 27 层及以下所有塔盘进行清洗。在人孔打开进去检查时，发现部分塔盘腐蚀减薄严重。经过仔细检查，1～10 层腐蚀最为严重，部分塔盘浮阀已全部脱落，最薄处仅 0.7mm(腐蚀形貌见图 1)；25 层以下塔盘腐蚀较轻，厚度均超过 1.5mm。

该装置每年均会进行停工检修，上次停工数据表明，C-501 塔盘于 2017 年 5 月时厚度均在 2.5mm 以上。2017～2018 年，腐蚀速率超过 1.5mm/a，而 2016～2017 年塔盘腐蚀速率为 0.6mm/a 左右，腐蚀明显加重。

图 1　4 层塔盘腐蚀形貌

2　腐蚀原因分析

2.1　工艺原因分析

C-501 为溶剂回收单元工艺，工艺流程如图 2 所示。塔上部有两股进料，一股为通过粗溶剂泵 P-501 将粗溶剂加入溶剂精制塔 C-501(入口位于 12～13 层塔盘之间)，一股为塔顶冷凝液回流(入口位于 1 层塔盘上)。塔底精制溶液一股通过再沸器加热后返回塔底(40 层塔盘以下)，一股经泵抽出送至冷却罐。

溶剂回收单元的特点是纯化溶剂，将萃取中带入的少量轻烃、多聚体、无机盐组分，采用蒸发、精馏的方法去除，提高溶剂的质量，保证萃取工艺的进行。

经过粗溶剂泵进入的粗溶剂含有少量的水分，使塔顶处于带水环境中。整个塔的上部分在气液两相成分中最为复杂，包含 DMF、水、

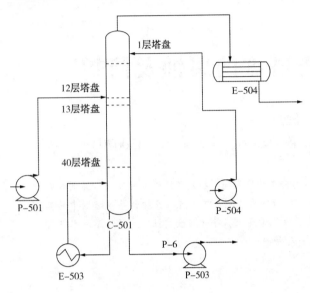

图2　C-501工艺流程简图

间戊二烯和双环戊二烯等，为腐蚀反应发生提供了温床，因此C-501上部分塔盘腐蚀比下部分更为严重。

C-501溶剂为二甲基甲酰胺（DMF），它是一种优良的工业溶剂和有机合成材料。在碳五分离工艺中，其用途为萃取剂，通过萃取蒸馏分离碳五馏分中的双烯。该法所用溶剂对异戊二烯的溶解度大，选择性好，用量少，操作费用低；溶剂对设备无腐蚀性，全流程可采用普通碳钢；可同时副产一定纯度的间戊二烯和双环戊二烯产品。

C-501的粗溶剂进料中所含的水分，使DMF与其发生水解反应。DMF在高温环境下与水可发生水解生产甲酸。

DMF的水解反应方程式如下：

$$HCON(CH_3)_2 + H_2O \rightarrow HCOOH + (CH_3)_2NH$$

DMF在中性条件下性质稳定，但在酸性或碱性条件下易发生水解。DMF水解率增大，进一步生成甲酸，使酸度加大，对设备造成损坏。

2.2　腐蚀机理分析

甲酸为有机酸，其腐蚀为析氢电化学腐蚀，腐蚀机理如下：

阳极反应为：

$$Fe + HCOO^- \longrightarrow (FeHCOO)_{ad} + e$$
$$(FeHCOO)_{ad} \longrightarrow (FeHCOO)^+ + e$$
$$(FeHCOO)^+ \longrightarrow Fe^{2+} + HCOO^-$$

阴极反应为：

$$HCOOH + e \longrightarrow H_{ad} + HCOO$$
$$H_{ad} + HCOOH + e \longrightarrow H_2 + HCOO^-$$
$$H_{ad} + H_{ad} \longrightarrow H_2$$

总反应为：

$$Fe + 2HCOOH \longrightarrow Fe(HCOO)_2 + H_2$$

甲酸与铁反应，生成甲酸亚铁[Fe(HCOO)_2]与氢气（H_2），当温度在一定范围内升高，化学平衡向氢离子和甲酸根方向偏移，溶液中氢离子含量上升，酸性增强。

甲酸作为最简单的有机酸，其对可以电离的氢束缚较小，故甲酸的电离度比其他有机酸更高，腐蚀性也更强，一定浓度的甲酸在常温下便可与铁反应。结合本案例，主要是在100℃以上的环境中发生。

在C-501中，甲酸与Q23B碳钢进行反应，产生电化学腐蚀，其具体表现为均匀减薄，严重部位出现点蚀，符合现场观察形貌。

溶剂回收系统中，有机酸的腐蚀是一种常见现象，普遍存在。然而在2017～2018年度，这种腐蚀程度明显大于之前，按照1.5mm/a的腐蚀速率，塔盘将无法运行一个周期至下一次停工。

表1　溶剂精制塔C-501主要工艺技术指标

C-501	塔顶温度	TI50501	（105±8）℃
	塔顶压力	PI50501	（20±10）kPa
	塔釜温度	TIC50502	（165±8）℃

根据表1的数据可知，C-501上部为常压环境，通过化验分析得到，12～13层入口的粗溶剂中水含量为1%（质量分数）。在此条件下，DMF的水解率随温度的变化而产生变化。

图3为当溶液中酸度一定时，DMF水解率随着反应温度的变化曲线。从曲线上可以看出，

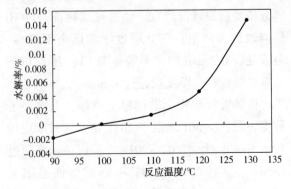

图3　DMF水溶液随温度变化的水解率曲线

温度的变化对 DMF 的水解有着很大的影响，随着反应温度的上升，DMF 的水解率也随之上升。在 110℃ 以下时，水解率不高，水解反应发生较为缓慢；在 110℃ 以上时，随温度的升高水解率大幅度上升。

图 4 为 C-501 日常顶部操作温度的 DCS 曲线，曲线说明，在长时间内，C-501 顶部温度一直保持在 110℃ 以上。结合图 4 的水解率变化曲线可以知道，在此状态下，DMF 的水解变大，加剧甲酸的生成，从而进一步生成甲酸，最后对塔盘产生腐蚀。

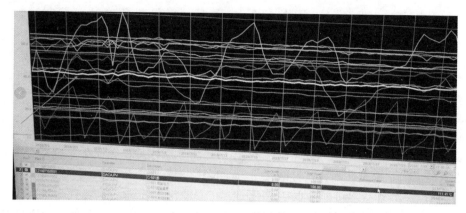

图 4   C-501 顶部操作温度 DCS 曲线

2.3 结论

据上述分析，溶剂精制塔 C-501 塔盘腐蚀减薄应为有机酸腐蚀导致，宏观表现为均匀腐蚀。工艺流程设计导致塔顶部环境带水，致使溶剂 DMF 发生水解反应。操作温度不合适，让 DMF 的水解率上升，生成甲酸。在酸性环境之下，DMF 溶剂水解反应增大，进一步生产甲酸。甲酸在 100℃ 环境上与碳钢发生析氢电化学腐蚀，最终造成塔盘全面减薄，浮阀脱落。

3 防护措施

塔盘的腐蚀减薄，带来生产风险，液泛、淹塔等现象出现概率增大。工艺操作调整也更加频繁，使设备处于不稳定状态，加剧了设备损坏。为保证生产装置平稳、长周期运行，需对塔盘的腐蚀问题进行防护，具体包括以下三个方面的措施。

3.1 增加抑制剂

根据腐蚀产生原因，若使环境处于中性条件，DMF 将处于稳定状态，减少甲酸的生成。

在 C-501 上部可加入 DMF 水解抑制剂，这种抑制剂一般为羰基化合物，可以分解甲酸，使环境酸度下降，其与甲酸的反应为：

$$RCH=CHN(CH_3)_2+HCOOH \longrightarrow$$
$$RCH_2CH_2N(CH_3)_2+CO_2$$

通过这种抑制剂，使反应环境控制在中性条件下，将 DMF 的水解速度降低至可接受程度，从而减轻塔盘的腐蚀。

3.2 控制工艺条件

控制 C-501 进料含水量，对粗溶剂进塔进行监控，保证水的含量少于 1%（质量分数）。水含量的降低，可以减少 DMF 水解反应的发生，从而达到减轻塔盘腐蚀的目的。

通过 DMF 水解曲线可知，随着反应温度的上升，水解率在不断增大。而在 110℃ 以下时，DMF 的水解率反而很低。故通过工艺调整，使塔顶温度控制在 110℃ 以下，可以减少甲酸的生成，从而减轻塔盘的腐蚀。

3.3 升级塔盘材质

甲酸在溶剂回收工艺条件下，酸性偏强，对碳钢腐蚀性大。而不锈钢例如 304、316 等在同样工艺条件下，对甲酸具有良好的耐蚀性。从长周期运行考虑，可将塔盘材质进行升级，采用奥氏体不锈钢，增强设备的耐蚀性，满足要求。

对于溶剂塔塔盘腐蚀严重的部分，也可采取塔盘防腐措施处理。应用镍基合金涂层，对 1~25 层塔盘进行处理，达到抗腐蚀效果，满足运行的长周期要求。

干气脱丙烯系统腐蚀回路的建立与分析

谢俊杰

（中国石化长岭分公司炼油第二作业部，湖南岳阳　414000）

摘　要　催化干气制乙苯装置介质的复杂性造成对设备的腐蚀持续且不断加剧，通过对干气脱丙烯系统各部位的腐蚀调查来建立一个腐蚀回路流程图，根据腐蚀回路的数据分析对设备的腐蚀和预防提出指导思路。

关键词　催化干气；干气脱丙烯系统；腐蚀；腐蚀回路

乙苯装置采用气相法干气制乙苯技术（SGEB）。干气脱丙烯系统是乙苯装置对催化干气进行一系列"清洁"处理，尽可能降低因催化干气中携带杂质导致催化剂失活和反应副产物生成的一个系统。该系统一是将催化干气进装置时携带的液体除去，二是用水将携带的甲基二乙醇胺（MDEA）除去，三是将催化干气中的丙烯用贫液吸收脱除。在水洗和吸收的循环过程中，以及催化干气中腐蚀介质的作用下，对干气脱丙烯系统中罐、换热器、塔等设备的各部位造成了不同程度的腐蚀。本文根据长岭分公司炼油二部乙苯装置停工检修过程中对干气脱丙烯系统水洗及丙烯吸收塔各部位的腐蚀检查及化验分析建立一个腐蚀回路，通过对腐蚀回路的分析为存在腐蚀的设备提供预防与检修策略。

1　干气脱丙烯系统流程及参数

1.1　干气脱丙烯系统流程简介

催化干气进乙苯装置后进入干气水洗罐水洗（D-101），从水洗罐顶部出来的催化干气经催化干气换热器（E-101）、催化干气过冷器（E-102）冷却后进入催化干气分液罐（D-120），从中部进入丙烯吸收塔（T-101），在丙烯吸收塔中与塔顶进入的贫液逆向接触，将催化干气中的丙烯绝大部分除去。从丙烯吸收塔顶出来的催化干气经换热后进入反应部分，在丙烯吸收塔设中间抽出，富液经中间泵抽出后，进入贫液-富液换热器（E-103），经贫液开工冷却器（E-105）、贫液过冷器（E-104）后返回丙烯吸收塔，富液从塔底部出来后进入解吸塔。丙烯吸收塔底重沸器（E-106）热源为热载体。干气脱丙烯系统工艺流程如图1所示。

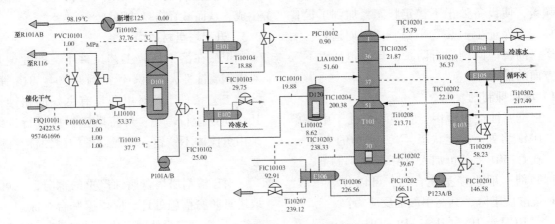

图1　干气脱丙烯系统流程图

1.2　设备性能参数

设备性能参数见表1和表2。

表1　容器性能参数

设备名称	位号	壳体材质	内构件材质	介质
催化干气水洗罐	D-101	Q245R	Q235B304	催化干气、除氧水
催化干气分液罐	D-120	Q245R	Q235B321	催化干气、除氧水
丙烯吸收塔	T-101	Q345R	Q235B 0Cr13	催化干气、乙苯

表2　换热器性能参数

设备名称	位号	壳体		管束	
		材质	介质	材质	介质
催化干气换热器	E-101	Q345R	催化干气	10	催化干气
催化干气过冷器	E-102	Q345R	冷冻水	10	催化干气
贫液富液换热器	E-103	Q345R	贫液	10	富液
贫液过冷器	E-104	Q345R	乙苯	10	冷冻水
贫液冷却器	E-105	Q345R	乙苯	316	循环水
丙烯吸收塔底重沸器	E-106	Q345R	乙苯	10	热载体

1.3　催化干气腐蚀介质参数

根据定期采样化验数据分析,提取了1月初至2月底的催化干气化验分析数据,其中导致腐蚀发生的氨、甲醇、硫化氢、氧含量趋势如图2所示。

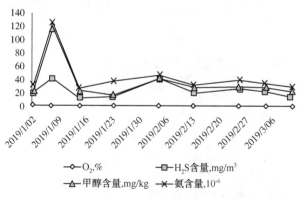

图2　催化干气中腐蚀因子含量

2　各部位腐蚀现象及机理分析

2.1　设备内部的腐蚀情况调查

干气脱丙烯系统各部位的腐蚀情况各有不同:

(1)催化干气水洗罐D-101的罐壁、格栅、除沫器、分配器腐蚀及结垢均比较严重,从D-101的介质分析(见图3)可知,有以下几个原因:①H_2S的水溶液对材料的电化学腐蚀;②甲醇引起MDEA降解,生成N-甲氨基乙酸和2,2'-二(二甲氨基)乙酸乙酯的有机酸腐蚀;③NH_4HS水溶液冲刷腐蚀;④水洗水循环使用,排污、置换不彻底、蒸发等综合因素导致水洗水中盐含量浓度增大,随干气至罐内各部位结晶,导致垢下腐蚀。腐蚀状况如图3所示。

(a)罐壁　　(b)格栅　　(c)除沫器　　(d)分配器

图3　D-101内部腐蚀情况

（2）催化干气换热器 E-101 管束堵塞严重、腐蚀穿孔，壳程腐蚀相对较轻，管束内杂质的组分见表 3。根据化验结果分析，管束内的杂质主要为 FeS、MDEA 及其降解产物，NH₄ HS 等结垢产生垢下腐蚀，腐蚀现象如图 4 所示，催化干气过冷器 E-102 管束的腐蚀机理与 E-101 相同，腐蚀和结垢程度相对较轻，壳程腐蚀程度较轻，主要为循环水中的腐蚀性微生物造成的。

表 3　E101 杂质含量

E-101 管束内杂质	N 含量/（mg/kg）	S 含量/%	Fe 含量/%	C 含量/%
	77	14.13	29.2	1.45

(a)管束

(b)壳程

图 4　E-101 腐蚀情况

（3）催化干气分液罐 D-120 中部箱式脱水器、顶部除沫网腐蚀严重，其腐蚀状况与 D-101 顶部破沫网类似。其腐蚀情况如图 5 所示。

(a)中部箱式脱水器

(b)顶部除沫器

图 5　D-120 腐蚀情况

（4）丙烯吸收 T-101 顶部至中部塔盘、塔壁均有 FeS，从腐蚀杂质成分分析可知主要为硫化氢水溶液与钢表面接触电化学腐蚀，从腐蚀检查情况分析，塔盘支撑未发生应力开裂现象，应力腐蚀现象较弱或者无应力腐蚀。腐蚀情况如图 6 所示。

(a)顶部塔盘　　　　　　(b)中部塔盘　　　　　　(c)塔壁

图6　T-101内部腐蚀情况

（5）贫液冷却器E-105壳程腐蚀程度较高，管束腐蚀轻微，壳程主要为循环水中的微生物腐蚀和垢下腐蚀造成的，腐蚀情况如图7所示。贫液富液换热器E-103/贫液冷却器E-104与丙烯吸收塔底重沸器E-106腐蚀情况与E-105相近。

(a)管箱　　　　　　　　　　(b)管束

图7　E-105内部腐蚀情况

2.2　腐蚀机理

通过对干气脱丙烯系统工艺流程腐蚀状况的分析，可以得知从干气进系统至干气出系统各部位的腐蚀情况与腐蚀机理：

（1）在水洗系统，腐蚀主要为低温湿 H_2S 腐蚀，NH_4HS 冲刷、垢下腐蚀，MDEA在甲醇作用下降解产生N-甲氨基乙酸的有机酸腐蚀。

低温湿 H_2S 腐蚀机理，硫化氢在水中发生水解反应：

$$H_2S \longrightarrow H^+ + HS^-$$
$$HS^- \longrightarrow H^+ + S^{2-}$$

水解后的硫化氢水溶液与钢的表面接触发生电化学反应，反应过程如下：

阳极反应：$Fe \longrightarrow Fe^{2+} + 2e$

阳极反应的二次过程：$Fe^{2+} + S^{2-} \longrightarrow FeS$

MDEA在甲醇作用下降解反应机理：MDEA的水解产物N-甲基-乙醇胺与甲醇发生甲基化反应生成二甲基-乙醇胺，易于氧化生成N-二甲基乙酸。

（2）丙烯吸收系统主要为低温湿 H_2S 腐蚀。

（3）冷却水系统主要为循环水中微生物的腐蚀和垢下腐蚀，工业循环水中的微生物主要有硫酸还原菌（SRB）、铁细菌、腐生菌，其中SRB是引起微生物腐蚀（MIC）最严重的菌种，SRB可在还原性环境中产生 H_2S 气体，而 H_2S 是电化学腐蚀的开端，可快速侵蚀钢铁。这些微生物的生长、代谢和繁殖可产生大量黏液状胞外聚合物（EPS），在换热设备、注水管线内壁形成一层厚的生物膜垢，不仅使水质恶化，造成管道堵塞及腐蚀穿孔。

3　腐蚀回路流程图的构建

通过对干气脱丙烯系统各部位腐蚀程度及腐蚀机理的分析，建立了干气脱丙烯系统的腐蚀回路流程图，如图8所示。

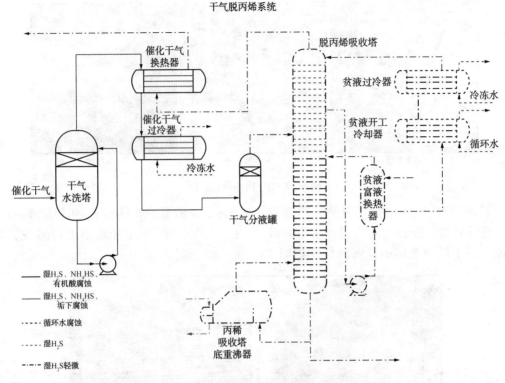

图 8　干气脱丙烯系统腐蚀回路流程图

4　腐蚀回路流程图构建与分析方法

（1）依据工艺流程图、设备结构，确定分析对象，对工艺介质组成进行分析，判断各部位可能会存在的腐蚀情况；

（2）排查设备各部位材料选用情况，结合腐蚀介质组成，综合判断腐蚀因子；

（3）收集运行过程中和检修过程中设备内部腐蚀调查情况，以具体的腐蚀现象与分析数据对比，判断腐蚀的发生过程；

（4）统计各部位因腐蚀产生的杂质的化验分析组分，建立数据库，判断各部位的腐蚀机理；

（5）在腐蚀情况较严重的部位进行在线腐蚀监测，安装腐蚀挂片，定期分析腐蚀形式和腐蚀程度；

（6）定期检测，收集检测和工艺变化数据，判断和分析腐蚀转移情况；

（7）根据各部位的腐蚀机理、腐蚀程度建立腐蚀回路流程图。

5　结语

干气脱丙烯系统腐蚀回路的建立对装置长周期运行及设备检修提供很明确的指导意义，为设备预防性检修及设备完整性管理提供数据支持。

建立腐蚀回路是一个长期工作，腐蚀数据的持续收集是提高腐蚀回路分析准确性的保证，增加在线腐蚀监测系统是建立准确的腐蚀回路的一个重要手段。

本次建立干气脱丙烯系统腐蚀回路的数据主要依赖于检修过程中对设备的腐蚀调查，准确性相对有所欠缺，但也为各系统腐蚀回路的建立提供了方向。

参 考 文 献

1　叶庆国，等. 甲醇对 N-甲基二乙醇胺降解的影响及对策研究[J]. 石油与天然气化工，1999, 28(1): 25-27.

浅析表面蒸发式空冷的腐蚀与防护

刘全新

（中国石化沧州分公司，河北沧州　10060）

摘　要　简要介绍本单位表面蒸发式空冷在运行中出现的问题，就管束结垢、腐蚀等原因进行分析，并针对性地实施相应的改进和预防措施，有效地改善了空冷的运行状况。

关键词　表面蒸发式空冷；腐蚀；结垢；措施

1　概述

表面蒸发式空冷器因其结构型式紧凑、传热效率高等优点在我国炼油工业中被广泛应用。炼油一部于2001年在装置改造中采用表面蒸发式空冷作为塔顶冷却器，其中催化裂化装置16台，气体分馏装置8台。运行初期，表面蒸发式空冷有效解决了塔顶冷却能力不足的问题，尤其在夏季生产中发挥了重要的作用。

但随着空冷光管管束腐蚀、结垢日益严重，空冷运行状况逐步恶化，其中催化装置表面蒸发式空冷投用一年后，光管管束就相继发生泄漏。管束的腐蚀泄漏造成设备频繁停车检修，由于检修堵管和换热管表面堆积大量泥垢（见图1），空冷管束换热面积和传热效果大幅下降，另外由于其固有的结构和安装使用特点，检修施工时较其他管壳式换热器困难，给装置的安全、平稳生产带来一定影响。

图1　光管管束结垢情况

由此可见表面蒸发式空冷的高效、安全运行，是影响装置平稳运行的一项重要内容。为此就空冷运行过程中出现的一系列问题进行针对性的改造处理。通过对空冷管束换热管材质升级更换、换热管外表面增加防腐涂层、改善空冷水质和更换百叶窗型式等一系列措施，有效地缓解了空冷腐蚀结垢，减少了空冷用水量，进一步提高了表面蒸发式空冷的运行水平。

2　结构特点和工作原理

表面蒸发式空冷结构如图2所示，其结构型式为管束水平放置引风式空冷，并在上部翅片管束和下部光管管束中间布置4根喷淋集合管。利用循环水泵将集水池中冷却水输送到喷淋管中，将冷却水自上向下喷淋到光管管束表面，使管外表面形成连续均匀的薄水膜；同时顶部风机将空气从百叶窗吸入，使空气自下而上流动，掠过水平放置的光管管束和上部的翅片管束。换热管的管外换热依靠水膜以及翅片与空气间进行热传递，同时由于管外表面的水膜迅速蒸发而吸收大量的热量，强化管外传热。

3　表面蒸发式空冷运行中的主要问题和原因

3.1　运行中出现的问题

（1）由表面蒸发式空冷结构特点可以看出，空冷循环冷却水系统属于敞开式循环冷却水系统。由于冷却水在系统中循环使用、蒸发，水中无机离子和有机物质被不断浓缩，加上在长期使用中受到阳光照射，灰尘杂物的进入，以

作者简介：刘全新（1969—），女，1992年毕业于上海石油化工专科学校有机化工专业，高级工程师，现在沧州分公司设备工程处从事设备防腐工作。

及设备结构和材料等各种因素的综合作用，导致系统的结垢和沉积物的附着。另外由于本单位空冷循环水系统未做任何水质处理，单纯依靠排污改善水质。致使集水槽内冷却水浊度较

高，并滋生大量的有害微生物。到 2004 年表面蒸发式空冷管束和其附属构件发生严重腐蚀结垢，如图 1 和图 3 所示。换热管外壁垢层高达 2~3mm 左右，严重影响了管束的传热效率。

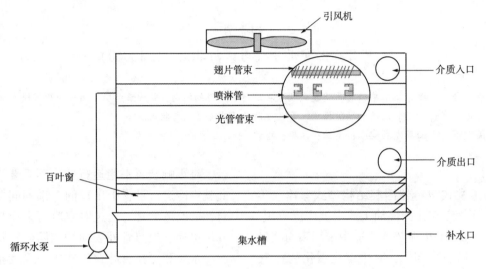

图 2　表面蒸发式空冷结构简图

（2）催化装置为方便调节并平衡各空冷集水槽水位，将多台集中安装的空冷的集水槽连在一起，分别从中部两个上水口集中补水。这种布置在一定程度上缓解了集水槽水位的波动，但同时造成远离补水口两侧空冷冷却水浓缩倍数较高，水质浑浊。

气分装置表面蒸发式空冷虽然是单台补水，但补水口和循环水泵吸入口分别位于集水槽两端，如图 2 所示，使循环水泵吸入口冷却水浓缩倍数为集水槽内相对较高的区域。为此长期以来依靠大量排污改善空冷冷却水水质以减缓空冷腐蚀结垢，这样造成大量冷却水被白白浪费掉，按保守计算每月有 3000 余吨软化水被排入污水系统。

（3）另外随着空冷百叶窗腐蚀破损，喷淋水从破损的百叶窗中飞溅出去，造成空冷平台表面积水腐蚀，并从平台花纹板泪孔和缝隙中向下渗漏，影响空冷周围和下面泵房现场设备卫生环境。图 3 为空冷百叶窗更换前的破损情况。

3.2　冷却水浊度增加原因

表面蒸发式空冷循环用水主要来自我厂动力车间软化水。由于冷却水反复与空气接触，大气中的尘埃以及冷却水系统生成的腐蚀产物、微生物繁衍生成的黏泥都会成为悬浮物。这些

图 3　腐蚀破损的空冷百叶窗

生成的悬浮物部分沉积在下部集水槽的底部、部分悬浮在冷却水中，使冷却水的浊度升高。特别是催化装置空冷，在远离补水位置的集水槽内冷却水浊度高达 30mg/L 以上。

3.3　空冷冷却水结垢

空冷在运行过程中，补充水不断进入冷却水系统，补充水的一部分随着蒸发进入大气，另一部分则留在冷却水中被浓缩。在冷却水循环使用过程中，碳酸盐、硫酸盐等浓度随着冷却水蒸发浓缩而增加。其中重碳酸盐如 $Ca(HCO_3)_2$、$Mg(HCO_3)_2$ 在冷却水向下喷淋时，由于溶解在水中游离的和半结合的酸性气体

CO_2 的逸出，加上管束外表面温度相对较高，促使碳酸盐晶粒析出沉积在管束外表面，反应进行见下式：

$$Ca^{2+} + 2HCO_3^- \rightleftharpoons CaCO_3\downarrow + H_2O + CO_2\uparrow$$

$CaCO_3$ 沉积在换热管外表面，形成致密的碳酸钙水垢。

3.4 微生物的滋生和生物黏泥

由于空冷冷却水的反复使用，冷却水水温长期维持在 30~35℃左右，水中的养分随着冷却水的蒸发被不断浓缩，加上阳光可透过百叶窗照射到集水槽水面上，给细菌和藻类的繁殖和滋生创造了有利条件。

大量的细菌和藻类分泌的黏液，将悬浮在水中的无机腐蚀产物、灰沙淤泥等黏结在一起形成黏泥沉积物，在喷淋水的作用下与硬质水垢一起附着在空冷光管管束上，随着时间的推移愈积愈厚。由于水垢的导热系数比钢铁小得多，它的存在严重影响了下部光管管束的传热效率。

黏泥的存在还会形成氧的浓差电池，引起管束垢下腐蚀。同时黏泥又给一些细菌微生物如硫酸盐原菌、铁细菌等提供良好的滋生场所，这样相互感染，加速了空冷管束腐蚀。

另外在空冷顶部引风机影响下，一部分水滴被大量空气携带到上部翅片管束上，使硬质和软质水垢在翅片间沉淀堆积。由于翅片间隙较小，水垢的存在不但降低了上部翅片管束传热效率、腐蚀管束，同时使空气流通面积下降，造成空冷冷却负荷下降。2006 年 4 月气体分馏装置丙烯塔顶空冷就是由于翅片管束结垢严重，造成塔顶冷后温度升高，被迫逐台停车高压清洗。图 4 和图 5 分别为翅片管束结垢和翅片腐蚀情况。

图 5　翅片管束腐蚀情况

3.5 空冷的腐蚀原因

1）冷却水的溶解氧引起的电化学腐蚀

由于冷却水喷淋的作用，使水与空气能充分地接触，导致水中溶解的 O_2 达到饱和状态。

当喷淋下来的水与换热管接触时，由于金属表面的不均性和冷却水的导电性，在碳钢表面会形成许多腐蚀微电池，微电池的阳极区和阴极区分别发生下列氧化反应和还原反应，促使微电池中阳极区的管束不断溶解而被腐蚀。

阳极：$Fe \longrightarrow Fe^{2+} + 2e$

阴极：$O_2 + H_2O + 2e \longrightarrow 2OH^-$

在水中当 Fe^{2+} 和 OH^- 在水中相遇时，就会生成 $Fe(OH)_2$ 沉淀：

$$Fe^{2+} + 2OH^- \longrightarrow Fe(OH)_2\downarrow$$

由于喷淋水中溶解的氧较充分，从而导致 $Fe(OH)_2$ 沉积在管束外壁会进一步氧化，在管束上生成黄色的 FeOOH 或 $Fe_2O_3\cdot H_2O$ 铁锈瘤，如图 6 所示。

图 6　换热管表面的铁锈瘤

图 4　翅片管束清洗前结垢情况

2）垢下腐蚀

由于管束表面水垢等沉积物的屏蔽作用，造成冷却水中溶解氧在水相与垢相中的浓度不同，形成垢下腐蚀。

喷淋水中的氧由于与空气充分接触，水中氧始终处于饱和状态，使氧在水、垢两相中浓度差较大，在阴阳两极产生较大的电位差，导致管束中 Fe 氧化成 Fe^{2+}。腐蚀速率随着垢层厚度的增加而加剧，最终在铁锈瘤深处发展直至管束腐蚀穿孔。

4 预防和应对措施

由以上分析可以看出，缓解空冷管束腐蚀结垢可以采用改善空冷水质、减小冷却水浓缩倍数以及控制冷却水微生物滋生和繁殖，以降低循环用水的结垢倾向；选用合理管材和措施以提高空冷管束耐蚀能力；向冷却水中投加缓蚀剂等措施和方法来延长空冷管束的使用寿命。

4.1 空冷管束材质升级

为缓解管束腐蚀速率，于 2004 年大修将催化装置部分空冷管束换热管材质升级为 0Cr18Ni9，利用它的高度稳定性和耐蚀性来降低管束的腐蚀速率。因为不锈钢的本身价值相对较高，只在催化装置分顶空冷和液化气空冷上更换了两台不锈钢光管管束，以观察它和做防腐涂层管束两者在表面蒸发式空冷中的适用情况。

4.2 管束外表面增加防腐涂层

除上述两台空冷外，在催化其余 14 台和气分 8 台空冷光管管束外表面增加 TH901 环氧漆酚甲醛钛酸酯防腐涂层。由于涂料本身表面光滑致密具有较强抗渗透性，在运行中对管束起到屏蔽和减小结垢倾向的作用。

4.3 改善空冷水质

（1）为改善空冷腐蚀结垢状况，改善水质和降低外排污水量，于 2004 年底，催化装置增上一套缓释剂加注系统，在软化水来水总线上加注缓蚀阻垢剂以减缓管束和内构件腐蚀、结垢。为便于缓释剂加注系统操作和集中控制，在 2006 年底气分装置空冷用水改由催化装置引入。

（2）为解决补水分布不均的问题，调整空冷补水位置，将空冷原补水位置改在集水槽对面循环水泵侧且改造为各台空冷单独补水，从

而使得各台空冷循环水泵吸入口的冷却水的浓缩倍数相对较低。

4.4 更换百叶窗

为防止喷淋水在集水槽内飞溅，于 2006 年 4 月将原有百叶窗改型更换为有机材质，如图 7 所示。改造后由于百叶窗透气孔为折形通道，在保证通风的前提下有效地阻挡了喷淋水飞溅到集水槽外，而且使阳光无法直接穿透百叶窗到达水面，从而阻止集水槽内喜光类微生物的生长和繁殖。

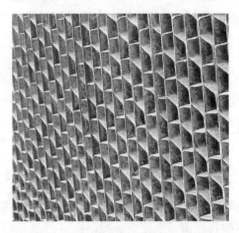

图 7　更换后的百叶窗

5 结束语

经过采取以上措施，有效改善了表面蒸发式空冷的运行状况。空冷集水槽内水质明显好转，水质清澈，管束腐蚀、结垢问题得到有效控制。目前表面蒸发式空冷不锈钢管束和做防腐涂料的管束均运行良好。催化装置 E1212 柴油空冷于 2002 年 3 月更换的管束(2000 年 10 月投用)，截至目前已运行 5 年，至今管束未发生泄漏，运行情况良好。

参 考 文 献

1　兰州石油机械研究所．换热器．北京：北京烃加工出版社，1990：291.

2　秦国治，田志明．防腐蚀技术及应用实例．北京：化学工业出版社．2002：480-485.

3　周本省．工业水处理技术．北京：化学工业出版社，1997：70-113.

4　谷其发，李文戈．炼油厂设备腐蚀与防护图解．北京：中国石化出版社，2000：131.

5　金熙．水处理技术问答及常用数据．北京：化学工业出版社，1997：274-277.

PIA 装置腐蚀机理研究

吴多杰

（中国石化北京燕山分公司，北京　102500）

摘　要　燕山石化原PTA装置于1982年初投料试生产，1999年由PTA装置转产为PIA。装置转产后，各单元设备材质没有发生大的变化。由于工艺介质及参数的改变，装置的腐蚀情况比转产前更为严重，由于设备腐蚀泄漏造成的非计划停车明显增多。因此，研究装置腐蚀机理意义重大。选取Incoloy 800、316L不锈钢、317L不锈钢、哈氏合金C-276和钛材共5种典型耐蚀材料，通过挂片试验，对挂片腐蚀形貌宏观检查、记录和对腐蚀试验后的样品直接在SEM下观察分析，研究构件表面的微观腐蚀形貌和腐蚀形态，确定腐蚀类型和发生腐蚀的微观机理。

关键词　PIA装置；设备腐蚀；腐蚀试验

1　引言

燕山石化 PIA 生产装置是在原年产 36000 吨精对苯二甲酸（PTA）装置上改造而成的。原 PTA 装置采用美国阿莫科（AMOCO）化学品公司的专利技术，成套引进工艺及设备。该装置于 1982 年初投料试生产。但随着国内 PTA 装置不断新增，原装置规模小的问题突现出来，与新上装置相比，其物耗、能耗高，难以与国内外大型 PTA 装置相竞争。面对巨大的竞争压力，聚酯事业部走市场经济之路，及时转换经营品种，于 1997 年开始开发生产精间苯二甲酸（PIA）技术，经过三次工业试验和两次技术改造，1999 年 8 月正式将 PTA 装置转产为 PIA。装置转产后，各单元设备材质没有发生大的变化。由于工艺介质及参数的改变，装置的腐蚀情况比转产前更为严重，由于设备腐蚀穿孔造成的非计划停车明显增多。目前国内对 PIA 装置腐蚀机理的研究并不多，相对于 PTA 装置，其腐蚀的复杂性及研究难度更大。

PIA 装置接触高浓度醋酸、溴离子、间苯二甲酸、凝结水等腐蚀性介质，在高温、高压环境下运行，设备的使用条件极为苛刻，在温度高于 135℃ 的场合下，工艺设备均选用了钛材，而在其他场合，根据介质特性和经济合理的原则，选用了多种牌号的不锈钢。即使这样，在设备的运行过程中仍然会发生严重的腐蚀破坏。

在 PIA 的生产工艺中，腐蚀主要表现在氧化单元容器及塔类设备。对于高温、高压、高酸浓度和溴离子浓度组成的强腐蚀性反应系统，其最普通的腐蚀类型是均匀腐蚀、点腐蚀、缝隙腐蚀和晶间腐蚀。

2　挂片实验

针对 PIA 装置设备腐蚀情况，本文选取 4 台具有代表性腐蚀设备，通过现场构件的失效分析与挂片实验，对 316L、317L 不锈钢和钛材等在 PIA 制备体系中的腐蚀规律及机理进行研究。

4 台主要腐蚀设备主参数及工艺操作参数如表 1 和表 2 所示。

表 1　设备主要参数

设备位号	设备名称	规格/mm	容积/m³	材质
HD-202	溶剂加料罐	φ1900×7×2800	9.6	316L
HD-403	第三结晶器	φ2300×7×4700	22.4	317L
HD-604	汽提塔蒸馏釜	φ2300×14×2200	11.96	316L
HT-605	溶剂汽提塔	φ1200×11×4500	5.5	316L

表1为装置主要腐蚀设备的基本情况，设备中有3台立式容器和1座塔。由于设备内部的介质为强腐蚀介质，所以选材为超低碳不锈钢。

表 2   设备工艺操作参数

设备位号	设备名称	操作介质	操作温度/℃	操作压力/MPa
HD-202	溶剂加料罐	HAc、BST、CAT	95	0.003
HD-403	第三结晶器	HAc、CIA	105	常压
HD-604	汽提塔蒸馏釜	HAc、H_2O、MX、BST、CAT、CIA	133~145	0.085
HT-605	溶剂汽提塔	HAc、H_2O	121/136	0.058

表2为主要腐蚀设备所接触的腐蚀介质及工艺条件，其中 HAC 为醋酸、CIA 为粗间苯二甲酸、MX 为间二甲苯、BST 为四溴乙烷、CAT 为醋酸钴和醋酸锰。

挂片试验选取了不同耐腐蚀材料分别在 HD403、HD604、HD202、HT605 共 4 个位置进行现场投放，并对腐蚀后的试样进行分析。在现场投放挂片材质为 316L、317L、钛材，挂片所用材料成分分析见表3。

表 3   材料成分   %

材料	Si	Mn	P	Mo	Cr	Ni	C	S	Fe	Ti	其他
316L	0.60	0.80	0.013	2.28	17.14	12.58	0.014	0.0073	基	—	—
317L	0.42	1.65	0.014	3.31	18.75	14.60	0.030	0.0086	基	—	—
Ti 材	—	—	—	—	—	—	0.10	—	0.20	基	0/0.18

注："基"表示余下成分全部为基材。

挂片时间：利用装置机会停工检修时投样，总时间约为 180 天。

2.1   试验分析方法

2.1.1   腐蚀形貌宏观观察

腐蚀形貌宏观检查主要采用肉眼检查和记录的办法对试验后的试样进行宏观检查和简单分析，主要观察试样腐蚀后的外观形貌、表面情况、表面沉积物或腐蚀产物的厚度、颜色等，初步确定腐蚀形态和特点，从中发现造成试样失效或腐蚀的原因。

2.1.2   腐蚀形貌扫描、电子显微镜 SEM 微观分析、电子能谱分析

对腐蚀试验后的样品直接在 SEM 下观察分析，研究构件表面的微观腐蚀形貌和腐蚀形态，确定腐蚀类型和发生腐蚀的微观机理，从中可以进一步分析腐蚀发生的原因。

2.1.3   失重法计算腐蚀率

失重法是一种简单而直接的评定腐蚀的方法。失重法直接表示由于腐蚀而损失的材料重量，不需要经过腐蚀产物的化学组成分析和换算。其试验过程为：将预先制备的试样量尺寸、称重后置于腐蚀介质中，试验结束后取出，清除全部腐蚀产物后清洗、干燥、再称重。试样的失重直接表征材料的腐蚀程度。腐蚀速率的计算公式如下（本文腐蚀速率都将采用这种评定方法）：

$$R = \frac{8.76 \times 10^7 \times (M - M_t)}{STD}$$

式中 R——腐蚀速率，mm/a；

M——试验前的试样质量，g；

M_t——试验后的试样质量，g；

S——试样的总面积，cm²；

T——试验时间，h；

D——材料的密度，kg/m³。

2.2   实验结果及分析

2.2.1   HD202

装置工作环境如下：温度为95℃，压力为 0.003MPa，介质为醋酸、四溴乙烷、催化剂、H_2O。挂片腐蚀速率计算结果见表4。

表4　挂片腐蚀速率计算结果

材料	316L	317L	Ti材
腐蚀速率/(mm/a)	0.0366	0.01	0.0037

316L不锈钢在HD202现场挂片肉眼观察试样表面凹凸不平，是由点蚀坑连成片造成的，微观放大后未发现其他类型的腐蚀（见图1）。316L不锈钢在该处的腐蚀速率为0.0366mm/a。

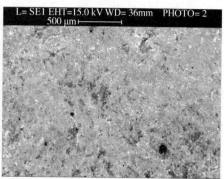

图1　316L不锈钢在HD202现场挂样腐蚀形貌

317L不锈钢在HD202现场挂片肉眼观察试样表面凹凸不平，是由点蚀坑连成片造成的，微观放大后未发现其他类型的腐蚀（见图2）。317L不锈钢在该处的腐蚀速率为0.0100mm/a。

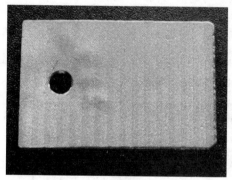

(a)宏观腐蚀形貌　　　　　　　　　　　(b)微观腐蚀形貌

图2　317L不锈钢在HD202现场挂样腐蚀形貌

Ti材在HD202肉眼观察表面为金黄色，表明耐蚀性优良，部分位置有点坑，资料认为，这是铁离子污染造成的，其他地方没有发现腐蚀现象，显微放大观察也没有发现其他腐蚀现象（见图3）。Ti材在该处的腐蚀速率为0.0037mm/a。可见，Ti材的耐腐蚀性能较之两种不锈钢可提高一个数量级。

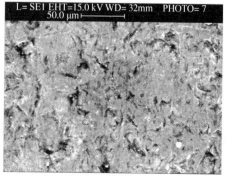

(a)宏观腐蚀形貌　　　　　　　　　　　(b)微观腐蚀形貌

图3　Ti材在HD202现场挂样腐蚀形貌

2.2.2　HD403

装置工作环境如下：温度为 105℃，压力为常压，介质为间苯二甲酸、醋酸。挂片腐蚀速率计算结果见表 5。

表 5　挂片腐蚀速率计算结果

材料	316L	317L	Ti 材
腐蚀速率/（mm/a）	0.0658	0.0161	0.0009

(a)宏观腐蚀形貌

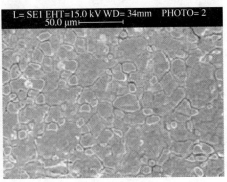

(b)微观腐蚀形貌

图 4　316L 不锈钢在 HD403 现场挂样腐蚀形貌

316L 不锈钢在 HD403 肉眼观察外表面出现个别点蚀坑，大部分点腐蚀集中在断口处，点蚀最大直径达 1mm，外表面有明显均匀腐蚀发生。微观放大没有发现其他类型的腐蚀（腐蚀形貌如图 4）。316L 不锈钢在该处的腐蚀速率为 0.0658mm/a。

317L 不锈钢在 HD403 肉眼观察表面有大量点蚀坑，断口处腐蚀严重，表面有明显均匀腐蚀（见图 5）。317L 不锈钢在该处的腐蚀速率为 0.0161mm/a。

(a)宏观腐蚀形貌

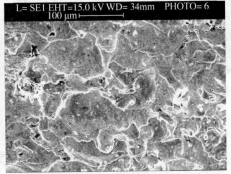

(b)微观腐蚀形貌

图 5　317L 不锈钢在 HD403 现场挂样腐蚀形貌

Ti 材在 HD403 表面为金黄色（见图 6），表示耐蚀性能好。Ti 材在该处的腐蚀速率为 0.0009mm/a。

可见，Ti 材的耐腐蚀性能较之 316L 不锈钢可提高 70 倍，较之 317L 不锈钢可提高两个数量级。

2.2.3　HD604

装置工作环境如下：温度为 133～145℃，压力为 0.085MPa，介质为间苯二甲酸、醋酸、催化剂、H_2O。挂片腐蚀速率计算结果见表 6。

图 6　Ti 材在 HD403 现场挂样腐蚀形貌

表 6　挂片腐蚀速率计算结果

材料	316L	317L	Ti 材
腐蚀速率/(mm/a)	0.7996	0.078	0.0024

　　316L 不锈钢在 HD604 肉眼观察，试样表面有冲刷腐蚀严重，试样表面明显减薄。微观放大可以观察到严重的晶间腐蚀已导致大量晶粒裸露出来（见图 7）。316L 不锈钢在该处的腐蚀速率为 0.7996mm/a，该值是阿莫科化学品公司提供的最大腐蚀速率（注：最大腐蚀速率数据来源《石油化工装置设备腐蚀与防护手册》第 469 页）0.0174mm/a 的 46 倍，应避免使用。

(a)宏观腐蚀形貌

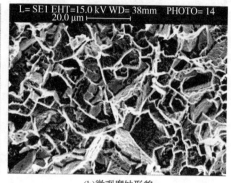
(b)微观腐蚀形貌

图 7　316L 不锈钢在 HD604 现场挂样腐蚀形貌

　　317L 不锈钢在 HD604 肉眼观察表面有少量点蚀坑，但点蚀特点为直径大，蚀孔深。最大点蚀直径约为 1mm，最大孔深约为 0.5mm。微观放大后，表面有均匀腐蚀特征（见图 8）。

　　317L 不锈钢在该处的腐蚀速率为 0.0780mm/a，该值略大于阿莫科化学品公司提供的最大的腐蚀速率 0.0610mm/a，但是点腐蚀较为严重，应该谨慎使用。

(a)宏观腐蚀形貌

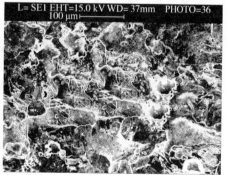
(b)微观腐蚀形貌

图 8　317L 不锈钢在 HD604 现场挂样腐蚀形貌

　　Ti 材在 HD604 肉眼观察表面呈暗黄色（见图 9），表明耐腐蚀性能好。Ti 材在该处的腐蚀速率为 0.0024mm/a。可见，Ti 材的耐腐蚀性能较之 316L 不锈钢和 317L 不锈钢可提高几个数量级。

2.2.4　HT605

　　装置工作环境如下：温度为 121～136℃，压力为 0.058MPa，介质为醋酸、H_2O。挂片腐蚀速率计算结果见表 7。

图 9　Ti 材在 HD604 现场挂样腐蚀形貌

表 7　挂片腐蚀速率计算结果

材料	316L	317L	Ti 材
腐蚀速率/(mm/a)	1.1063	0.3103	0.0006

316L 不锈钢在 HT605 肉眼观察表面和边缘有严重的冲刷腐蚀特征,边缘部分已经成锯齿

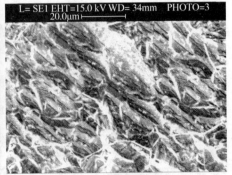

(a)宏观腐蚀形貌　　　　　　　　　(b)微观腐蚀形貌

图 10　316L 不锈钢在 HT605 现场挂样腐蚀形貌

317L 不锈钢在 HT605 肉眼观察腐蚀坑连成片,试样表面已呈蜂窝状,微观放大观察为冲刷腐蚀导致的均匀腐蚀,未发现其他类型腐蚀(见图 11)。317L 不锈钢在该处的腐蚀速率为

状。微观放大后还可以观察到少量点蚀坑(见图 10),可以认为该处腐蚀是由冲刷腐蚀和点腐蚀共同作用的结果。316L 不锈钢在该处的腐蚀速率为 1.1063mm/a,该值是阿莫科化学品公司提供的最大腐蚀速率 0.0174mm/a 的 64 倍,应避免使用。

0.3103mm/a,该值是阿莫科化学品公司提供的最大腐蚀速率 0.0610mm/a 的 5 倍,应避免使用。

(a)宏观腐蚀形貌　　　　　　　　　(b)微观腐蚀形貌

图 11　317L 不锈钢在 HT605 现场挂样腐蚀形貌

Ti 材在装置 HT605 肉眼观察表面有一层致密的氧化膜,没有其他腐蚀。微观放大发现表面有大量马蹄状坑(见图 12),这是溶液冲刷导致的。Ti 材在该处的腐蚀速率为 0.0006mm/a,该值小于阿莫科化学品公司提供的最大腐蚀速率 0.0174mm/a。可见,Ti 材的耐腐蚀性能较之 316L 不锈钢和 317L 不锈钢可提高几个数量级。

2.3　腐蚀机理分析

通过 4 台设备挂片腐蚀结果可以看出,Ti 材的耐腐蚀性能最好,317L 不锈钢耐腐蚀性能

其次,316L 不锈钢的耐腐蚀性能相对较弱。通过微观腐蚀形貌可以看出,316L 和 317L 不锈钢主要腐蚀类型为点腐蚀、晶间腐蚀、均匀腐蚀、冲刷腐蚀。对不锈钢的这几种腐蚀类型分析如下。

2.3.1　点腐蚀

点腐蚀是一种特殊的、比较严重的局部腐蚀。腐蚀只发生于金属表面很小范围内,而深入到金属内部的蚀孔却直径小、深度深,其隐患性、破坏性比较强,点蚀破坏形貌如图 13 和

图 14 所示。不锈钢对卤素离子(如 Br⁻、Cl⁻)特别敏感，因为和阳极区相比，阴极区比较小，奥氏体不锈钢为了防止腐蚀在表面覆盖了一层氧化膜，如 Cr、Ni、Fe 或 Mo 的氧化物。这层薄的氧化膜将金属与溶液隔离开，但这层薄膜会因为外界的环境而改变，卤族离子(Br⁻、Cl⁻)的存在会导致薄膜被破坏，这层覆盖膜的破裂会产生电流，其中基底金属就成为阳极和被腐蚀卤化物，从而促使保护膜的破裂，随后就产生点腐蚀。

(a)宏观腐蚀形貌

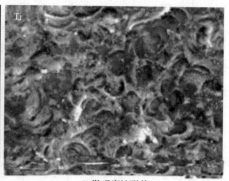
(b)微观腐蚀形貌

图 12　Ti 材在装置 HT605 现场挂样腐蚀形貌

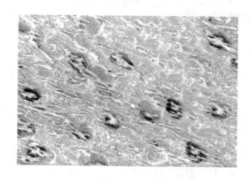

图 13　点腐蚀形貌微观图

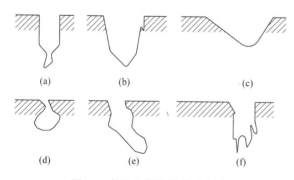

图 14　各种点腐蚀形貌示意图

2.3.2　晶间腐蚀

不锈钢耐腐蚀的根本原因在于它含有铬、镍等提高金属电极电位的元素。在金属基体中，当铬含量(质量分数)达到 11.7% 时，含铬不锈钢就能在其阳极(负极)区的基体表面形成一种致密的氧化膜 Cr_2O_3，即钝化膜。钝化膜可以阻碍阳极区的反应，同时增加阳极电位，减缓基体电化学腐蚀。然而不锈钢在 300℃ 以上的加热过程中，晶粒边界会析出碳化铬、氮化铬和铬的其他金属间的化合物等。铬含量高于甚至大大高于不锈钢平均铬含量的高铬相，致使晶界高铬相与晶粒外缘相邻接的狭长区域的铬含量大大下降，称为贫铬区(见图 15)。

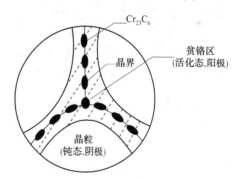

图 15　晶界析出及贫铬示意图

当热过程较短时，晶粒本体的铬原子来不及充分向贫铬区扩散补充，温度下降后，贫铬区得以保持。在以后接触到某些具有晶间腐蚀能力的介质时，贫铬区的溶解速度会大大超过晶粒本身。在实际生产过程，由于现场操作条件的限制，在焊接过程中难以对焊接部分进行固溶处理，这就造成在焊接部位周边存在着贫铬区，这些部位长期与含酸介质接触，极易发生晶间腐蚀。尽管在金属表面仍能保持一定的金属光泽，也看不出破坏的迹象，但是晶粒间的结合力已显著减弱，强度下降，在一定的压力下就有可能发生泄漏。

2.3.3　均匀腐蚀

　　乙酸的腐蚀是一个典型的电化学反应过程。腐蚀反应开始于金属铁进入液相而留下自由电子在金属的表面，电子从金属的阳极或氧化部分移动到附近的阴极或还原部分，在酸溶液中与 H^+ 反应生成氢气。同时，金属离子或保留在溶液中，或从阳极扩散到阴极后反应生成不溶的金属氧化物，如锈或其他沉淀物，从而造成金属的腐蚀损伤。乙酸是腐蚀性最强的有机酸之一，乙酸水溶液对一般的钢腐蚀严重，但含钼的不锈钢如316L钢对乙酸溶液有较好的耐蚀性，适用于较高的温度。乙酸作为溶剂，在氧化单元工艺过程中几乎存在于每个部分，只是不同的设备中，乙酸的含量有所不同，并且或多或少含有 Br^-。其腐蚀特点是腐蚀分布于整个金属表面，致使管壁整体变薄(见图16)。

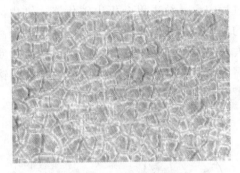

图16　均匀腐蚀形貌图

2.3.4　冲刷腐蚀

　　不锈钢在静止的含溴离子的醋酸介质中主要发生均匀腐蚀和点蚀。而PIA生产装置体系中，介质的出入口、近封头处壳体、折流板以及搅拌桨叶处于高速冲刷作用下，流动的介质破坏了钢表面的锈层或腐蚀产物层，从而使新基体露出表面，又被腐蚀，这种周而复始的冲刷作用加速了腐蚀，因此冲刷作用加剧了腐蚀的发生。在多数情况下，随着流速的增加，到达金属表面的反应物质增加，同时也使反应产物离开金属表面的速度增加，金属的均匀腐蚀速率增加。当流速继续增加时，高流液体击穿了紧贴金属表面、几乎静止的边界层，并对金属产生切应力。这种切应力可以使保护膜或表面腐蚀产物开裂和剥落，使腐蚀增加。剥除掉腐蚀产物或保护膜还会使金属表面裸露出来，

从而使裸区与腐蚀产物区或膜区构成电偶腐蚀，使裸区发生严重的腐蚀。汽提塔蒸馏釜折流板和溶剂脱水塔内部件侧面均发现有很多腐蚀沟槽，产生的腐蚀主要就是冲刷腐蚀，由于汽液由下向上沿折流板缺口呈蛇形流动，汽液通过折流板处时，流动方向发生变化，流速加快，剧烈地冲刷折流板，从而在折流板处冲刷腐蚀出沟槽，此外，汽、液中的部分气泡发生破裂也会产生一定的破坏作用，前面提到的点蚀而产生的蚀坑也会使得流经此处的汽液流受阻，局部产生湍流，加快材料的腐蚀。

2.4　结论

　　事实上，在PIA氧化单元中并不是简单地只发生一种或两种类型的腐蚀，冲刷腐蚀、点蚀、均匀腐蚀以及其他腐蚀类型往往是共同存在、交互作用、相互促进的，增加了对设备的腐蚀破坏作用。

参　考　文　献

1　朱日章，杨德均，沈卓身，等．金属腐蚀学．北京：冶金出版社，1989.

2　傅积和，余存烨，林宏华．化纤化工设备防腐蚀[M]．北京：纺织工业出版社，1985.

3　崔小明．间苯二甲酸生产应用．中国石油和化工，2000(4)：51-52.

4　董立文．间苯二甲酸国内生产分析．辽宁化工，2005，34(2)：78-79.

5　吴雅荣．间苯二甲酸生产工艺及进展．石化技术，2009，16(2)：50-52.

6　崔小明．间苯二甲酸的技术进展及国内外市场分析．石化技术，2011，18(3)：54-57.

7　谭集艳．对苯二甲酸装置设备的腐蚀与选材原则[J]．炼油技术与工程，2007，37(5)：27-29.

8　冈毅民．中国不锈钢腐蚀手册．北京：冶金工业出版社，1992.

9　中国石化设备管理协会．石油化工装置设备腐蚀与防护手册．中国石化出版社，1996.

10　余存烨．PTA装置不锈钢点腐蚀综述．石油化工腐蚀与防护，2009，26(6)：1-6.

11　张德康．不锈钢的局部腐蚀．北京：科学出版社，1982.

12　任中亮．精对苯二甲酸装置腐蚀类型分析及材料选用[J]．石油化工安全技术，2005，21(5)：33-36.

13　李凤文，王杜鹃．316L材料在PTA装置防腐蚀探讨．application，2005(4)：51-54.

表面铸造涂层技术在 S-Zorb 装置吸附剂管道上的应用

李　辉

（中国石化北京燕山分公司炼油部，北京　102500）

摘　要　本文介绍了一种在弯管内壁贴布表面铸造涂层技术，提高弯管防冲刷能力，并成功应用于 S-Zorb 装置卸剂线管道上，管道减薄率只有 0.14mm/a，降低了卸剂线泄漏风险，有利于装置长周期运行。

关键词　表面铸造；耐磨涂层；吸附剂管道；SZorb

汽油吸附脱硫装置（S-Zorb）是中国石化生产清洁汽油产品的重要技术之一，该技术包括反应系统、再生系统、吸附剂循环系统、稳定系统以及原料系统，反应再生属于流化床技术，待生剂和再生剂的输送通过吸附剂循环系统来实现，在吸附剂输送过程中吸附剂颗粒对管道造成冲刷，某些部位冲刷严重发生泄漏着火事故。各企业针对这些问题采取了一些措施，如在输送吸附剂管道内增设陶瓷衬里、增加管道直径、提高弯管半径等方法，具有一定效果。

本文介绍一种增强吸附剂管道耐磨的技术，应用于 1# 汽油吸附脱硫装置反应器至反应器接收器之间的卸剂线上，经过两年多的应用，效果明显。

1　涂层技术介绍

针对材料表面的冲蚀磨损，表面处理技术一般有堆焊、激光熔覆、热浸镀、电镀、自蔓燃、热喷涂表面热处理及涂刷高分子膜等技术。

其中以热喷涂和激光熔覆为代表的涂层制备技术由于具有涂层致密，韧性好、结合强度高等优点，其发展备受关注。比如，电弧堆焊马氏体不锈钢涂层和激光熔覆 Ni、Cr、B、Si、司太立合金层已经被应用在水轮机叶片上，热喷涂 WC-Co 涂层正被大量应用于风机叶片的修复等。从工件表面性能要求出发，综合考虑企业制造成本、性能，选用合适的表面工程技术应是未来的发展趋势。

从应用的表面涂层材料来看，以镍基、钴基为主的金属和合金具有高强度和高韧性，而陶瓷材料虽具有优异的耐腐蚀性能，但韧性欠佳，以尼龙和树脂为代表的高分子材料虽也具有好的耐腐蚀性能，但涂层偏软，易受机械损伤，且高分子涂层耐温性欠佳，电焊的热输入量会对焊缝周边的高分子造成严重损坏。

在针对冲蚀磨损的工况下，以金属陶瓷复合的方法制备涂层，可以发挥金属材料和陶瓷材料各自的优势，代表了未来的发展潮流，但沿用以上这些表面处理手段，仍然无法顺利解决管件弯头的防磨问题。国内有企业开发内孔火焰喷枪、内孔等离子喷枪，可以在内孔制备各种陶瓷、合金涂层，但这些喷涂设备只能处理直孔而且口径不得小于 90mm，且热喷涂涂层致密度较低，与基体不能形成牢固的冶金结合，对于弯管内表面进行内孔喷涂，喷枪焰流无法直射还是无法很好地解决。一些企业可在直管和弯管内表面喷涂高分子内衬防护涂层如聚氨酯涂层、橡胶涂层，但有机材料本身不耐高温且在管焊对接时容易在焊缝接口处产生高温熔化，胶层一旦脱落容易造成堵塞事故，故不能满足应用要求。

国内还有人尝试用内衬氧化铝或碳化硅陶瓷管的方法，但在焊口还是容易出现陶瓷受热开裂且陶瓷模具复杂成本极高，无法实现应用。

本文介绍的技术是一种灵活的表面涂层技术，通过一种贴布铸造涂层的技术，可以很好地解决小直径弯管内部表面强化技术。该技术

作者简介：李辉（1970—），男，河北阳原人，1993年毕业于大连理工大学，教授级工程师，现从事设备管理工作。

曾应用于催化油浆泵泵壳耐磨处理,使用效果良好。另外在水电站顶盖排水管中应用贴布铸造涂层,也取得良好的使用效果,该顶盖排水管弯头材质为 0Cr13 不锈钢,口径为 60mm,由于水中含大量泥沙,每隔 2~3 个月左右顶盖排水管弯头就会因为磨损发生泄漏事故,需要停机换管,经对磨损严重管线内壁进行贴布熔铸处理,处理层厚度为 0.5mm,硬度为 HRC62~65,使用 3 年未发生泄漏停机事故。

2 表面铸造涂层技术在 S-Zorb 装置的应用

2.1 S-Zorb 装置卸剂管线概况

S-Zorb 装置卸剂线由反应器底部引出,通过氢气将吸附剂提升到反应器接收器,进入闭锁料斗吸附剂循环系统。管线布置是从反应器底部引出向下,到达地面后再向上进入反应器接收器上部。垂直高度大约为 25m,考虑到热膨胀及吸附剂输送,管线设置一系列长弯管,卸剂线规格为 DN50 Sch80,材质为 ASTM A335P11。操作压力为 2.3~2.6MPa,操作温度为 427℃,介质为氢气和吸附剂颗粒,吸附剂颗粒度为 0~150μm,平均为 65μm,卸剂线流程如图 1 所示。该卸剂线原设计只是在开停工阶段应用,但是由于加工负荷降低,反应器(R101)至反应器接收器(D105)横管无法收剂,被迫通过卸剂线进行输送吸附剂,装置自 2013 年初投入运行至 2015 年底 2 年间发生多次泄漏。

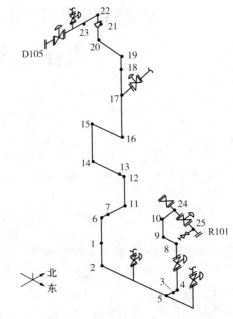

图 1 1#S-Zorb 装置卸剂管线流程图

2.2 第一阶段应用情况

针对 S-Zorb 装置吸附剂管线管件磨损严重、管壁减薄的现状,开展了吸附剂管件内表面贴布铸造涂层制备技术研究与应用。首批经过贴布铸造涂层技术的弯管应用于 1#S-Zorb 装置卸剂线上 4 个弯管位置,见表 1。

表 1 应用弯管部位

序号	装置	安装部位	管件	规格尺寸
11#	1#S-Zorb	R101~D105 转剂线自下至上第一个弯管	45°DN50	φ60.3×8.74
12#	1#S-Zorb	R101~D105 转剂线自下至上第三个弯管	45°DN50	φ60.3×8.74
15#	1#S-Zorb	R101~D105 转剂线自下至上第四个弯管	45°DN50	φ60.3×8.74
19#	1#S-Zorb	R101~D105 转剂线自下至上第六个弯管	45°DN50	φ60.3×8.74

2013 年 2 月装置检修期间更换整条卸剂线,该卸剂线运行至 2015 年年底发生 2 个弯管 3 次泄漏(12#外侧、19#内侧、外侧),1 个弯管减薄(15#外侧),全部采用贴板处理。2016 年 5 月装置检修时更换 4 个耐磨弯管,包括 11#、12#、15#、19#。2017 年 5 月装置停工消缺时测厚显示部分弯管减薄,包括 5#直管段、2#弯管外侧、6#弯管外侧、13#直管段上侧、14#弯管外侧、16#弯管外侧、20#弯管外侧。

统计卸剂线减薄/泄漏管件的历次测厚数据,见表 2。由表 2 可知,该卸剂线在运行 1 年半后开始出现泄漏(12#),在四年的运行周期内,不同部位的管件磨损速度不同,减薄率最快的为 6.24mm/a。2016 年 5 月装置检修时更换 4 个耐磨弯管,规格为 φ60.3×8.74mm,公称壁厚为 8.74mm,初始测厚位置为弯管的外侧,为 8.9mm。2017 年 8 月,运行 1 年后测厚数据见表 3,每个弯管测厚 4 组,可见弯管外侧壁厚基本上没有变化。

表2 卸剂线减薄/泄漏管件测厚数据

编号	测厚位置	公称壁厚/mm	测厚/mm	投用时间	测厚时间	运行时间/a	减薄率/(mm/a)	措施
2#	弯管外侧	8.74	6.1	2013.2	2017.5	4	0.66	
5#	直管下侧	8.74	2.6	2013.2	2017.5	4	1.54	减薄、贴板
6#	弯管外侧	8.74	2.1	2013.2	2017.5	4	1.66	减薄、贴板
12#	弯管外侧	8.74	0	2013.2	2014.7	1.4	6.24	漏、贴板
13#	直管段上侧	8.74	5.4	2013.2	2017.5	4	0.84	减薄、贴板
14#	弯管外侧	8.74	5.2	2013.2	2017.5	4	0.89	
15#	弯管外侧	8.74	6.5	2013.2	2015.2	2	1.12	减薄、贴板
16#	弯管外侧	8.74	5.9	2013.2	2017.5	4	0.71	
19#	弯管内侧	8.74	0	2013.2	2015.2	2	4.37	漏、贴板
19#	弯管外侧	8.74	0	2013.2	2015.9	2.5	3.50	漏、贴板
20#	弯管外侧	8.74	2.7	2013.2	2017.5	4	1.51	减薄、贴板

表3 四个耐磨管件测厚数据

编号	公称壁厚/mm	测厚数据/mm				
		外弯	侧弯	内弯	侧弯	最小值
11#	8.74	8.8	9.5	10.4	9.6	8.8
		8.9	9.8	10.5	9.8	
		8.8	9.7	10.4	9.8	
		9.0	10.5	10.7	9.7	
12#	8.74	8.9	9.5	10.6	10.5	8.8
		9.0	9.0	10.5	10.6	
		8.8	9.6	10.5	9.7	
		8.8	9.6	10.4	9.6	
15#	8.74	9.8	11.0	10.6	9.6	9.4
		9.4	10.9	11.3	10.0	
		9.8	10.2	11.1	10.1	
		9.7	10.1	11.0	10.8	
19#	8.74	9.3	9.9	10.7	10.5	9.2
		9.2	10.0	10.8	11.0	
		9.6	9.9	10.8	10.9	
		9.2	9.5	10.6	10.4	

注：把每个管件均匀分成5部分，每部分环向取4个检测数据。

2017年8月装置检修，根据新的设计方案更换整条卸剂线，包括4个有涂层的耐磨弯管。弯管切割对比如图2~图4所示。其中图2、图3分别是有涂层的两个弯管，可以看到弯管内壁结有吸附剂胶质层，除掉胶质层后内壁仍比较光滑。图3是20#弯管，没有涂层，因为泄漏已在外弯贴板，从端面可以比较清楚看到减薄的情形。

从上述弯管测厚数据以及剖分结构分析，耐磨弯管在该卸剂线条件最苛刻的部位运行1年后壁厚基本没有变化，涂层保持良好，检查没有涂层的弯管，内壁已发生局部明显的凹坑，管壁明显减薄，说明耐磨涂层具有良好的防冲刷能力。

图2 11#有耐磨层的弯管剖分图(运行1年)

图3 19#有耐磨层的弯管剖分图(运行1年)

图4 20#减薄弯管剖分图(无耐磨层、运行4年)

对剖开的耐磨涂层管件，进行分析，表面耐磨涂层完好，如图5所示。

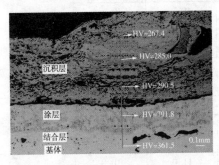

图5 100倍光学显微镜下剖管涂层形貌

2.3 第二阶段应用情况

2017年在装置检修期间，对该卸剂线进行整体更新，变更内容包括：

（1）卸剂线公称直径由 DN50 提高到 DN80；

（2）弯管采用 R = 8D 的长半径；壁厚规格为 SCH160；

（3）弯管内壁仍采用贴布铸造技术增加耐磨涂层，包括提升段的异形直管，共计14个弯管和1个直管；

（4）在弯管部位增加在线测厚探头（图1中6#、11#、12#、15#、20#、22#）。

图6为弯管涂层内部外观。截至2018年11月底，第二阶段吸附剂管道已运行16个月，从在线测厚数据显示，其中6#~15#测厚数据没有变化，20#、22#数据有降低趋势，年腐蚀率为0.14mm/a，如图7~图9所示。

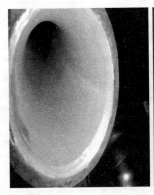
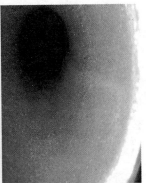

图6 弯管涂层外观

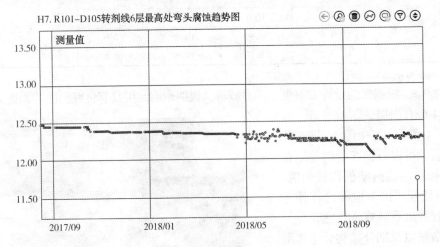

H7. R101-D105转剂线6层最高处弯头腐蚀趋势图

记录开始时间
2017-08-17
记录结束时间
2018-12-08
探头
YQ17_0001
☑测量值

减薄量:0.189mm
减薄率:1.51%
年腐蚀率:0.14mm/a

刷新 显示

图7 22#壁厚监测曲线（减薄率0.14mm/a）

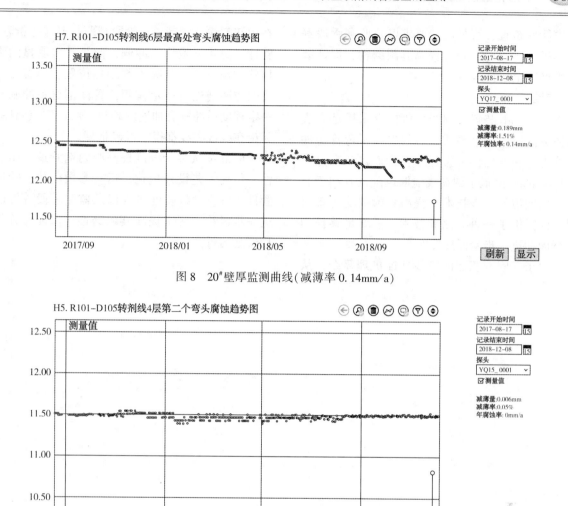

图 8　20#壁厚监测曲线(减薄率 0.14mm/a)

图 9　15#壁厚监测曲线

3　应用分析

管道表面贴布铸造涂层技术在 1#S-Zorb 装置应用取得阶段性成果，讨论如下几点：

（1）小口径管道内表面冶金涂层的制备是一项技术难题，小口径弯管内表面制备冶金涂层更加困难。该技术采用贴布表面铸造涂层技术，涂层材料以贴胶布的方法进行预置，然后进行真空热处理，涂层材料熔化并与基体完成冶金结合，带有涂层的管件弯头不影响焊接，涂层连续光滑，硬度高无裂纹，最高工作温度可达到 800℃。该涂层应用于 P11 管件上，在不改变原设计和安装规范的基础上大幅度提高了管件弯头的耐磨性能，是一项创新技术。

（2）该技术应用于输送吸附剂固体颗粒的管道上，提高了管道的耐磨性，简单快捷，不影响原始设计和安装，为提高管道耐磨性提供

了一个思路和技术手段，相对于其他技术措施具有一定优势。

（3）根据第一阶段的解剖观察和第二阶段的在线测厚数据，两个试用阶段显示了该技术的耐磨效果，但还需要足够长的运行周期进一步验证其效果，毕竟第二阶段中两个点有腐蚀的趋势。

（4）由于气固两相流的管线冲蚀机理复杂，从在用卸剂线各弯管、直管段减薄、泄漏分析看，管件减薄并不是均匀冲刷，而是具有明显的沟槽状冲刷痕迹，且吸附剂结焦位置、形态对弯管的防冲刷也有一定作用，管件基材被冲刷到一定程度后冲刷有加速的趋势。所以定点测厚，无论在线或离线都很难准确把握。

（5）应该继续从多个维度提高吸附剂管道的耐磨性，包括工艺设计优化、运行参数优化、

管道管件布置、管材硬度要求以及监测手段等方面进一步讨论，切实提高其耐磨性，保证装置平稳安全运行。

4 结论

1#S-Zorb 装置卸剂线弯管内壁采用贴布表面铸造涂层的防磨模式，有效提高了弯管防冲刷能力，在线监测数据显示，管道减薄率只有0.14mm/a，降低了卸剂线泄漏风险，有利于装置长周期运行。该技术为提高吸附剂输送管道耐磨性提供了一种思路和技术。需要足够长的运行周期进一步验证其效果。

由于气固两相流的管线冲蚀机理复杂，从在用卸剂线各弯管、直管段减薄、泄漏分析看，管件减薄并不是均匀冲刷，而是具有明显的沟槽状冲刷痕迹，且吸附剂结焦位置、形态对弯管的防冲刷也有一定作用，管件基材被冲刷到一定程度后冲刷有加速的趋势。所以定点测厚，无论在线或离线都很难准确把握。

应继续从多个维度提高吸附剂管道的耐磨性，包括工艺设计优化、运行参数优化、管道管件布置、管材硬度要求以及监测手段等方面进一步讨论，切实提高其耐磨性，保证装置平稳安全运行。

甲醇塔筒体腐蚀泄漏故障分析与处理

钱继兵　龚天寿

（中国石化仪征化纤有限责任公司，江苏仪征　211900）

摘　要　不锈钢复合钢板既保证了产品的性能，又具有良好的耐腐蚀性，被广泛应用于化工装置中。由于复合钢板的焊接不同于单纯的基层或复层材料的焊接如果焊接工艺参数选择不当，会导致基层组织严重脆化，复层组织塑性及抗晶间腐蚀性能降低。

关键词　复合板；焊接工艺

1　概述

某公司甲醇回收塔是其化工单元中的重要设备，其结构采用的是浮阀塔，虽然甲醇本身腐蚀性不强，但塔内介质复杂，且含有一定的水分和 Cl^-，具有一定的腐蚀性，故设计时将筒体材料选为复合钢板，其中基材 Q345R 厚度为 14mm，不锈钢复合材料厚度为 3mm。根据塔内介质腐蚀的梯度不同，第五层塔盘以下筒体的复合层采用超低碳不锈钢 316L，五层以上筒体的复合层采用超低碳不锈钢 304L。

需要说明的是，304L 和 316L 均为超低碳奥氏体不锈钢。304L 在一般状态下，具有良好的耐蚀性、耐热性，较好的低温强度和机械特性，在焊接后或者消除应力后，其抗晶界腐蚀能力优秀。而 316L 添加 M_0 等元素，故其耐蚀性、抗点蚀能力和高温强度特别好，可在苛刻的条件下使用，特别是在较高浓度 Cl^- 的溶液中，316L 的热力稳定性、耐点蚀明显优于 304L 不锈钢，即便介质温度升高，材料也具备较好的耐点蚀性能。

2　故障情况

该甲醇回收塔曾因筒体底部区域泄漏造成停车，停车检查发现筒体外侧基材出现 50cm×80cm 的腐蚀空洞（见图 1），塔釜底部筒体及上部筒节的复层纵向焊缝上，沿熔合线方向有长约 3cm 的裂缝（见图 2）。

通过对甲醇塔筒体所有环焊缝、纵焊缝、接管及人孔焊缝进行射线探伤（RT）和着色探伤（PT）检查，发现缺陷部位主要集中在底部几层塔板，部分复层母材和焊缝交界处焊缝已贯穿，

图 1　下部筒体泄漏情况（底部筒体处侧焊缝）

图 2　下部筒体泄漏情况（第二筒节内侧焊缝）

其他层面的焊缝也存在类似缺陷，但不明显。腐蚀与材料的选择无关，与焊接工艺及质量有很大的关系。

3　故障原因分析

通过对设计条件、材质选用、焊接工艺、

作者简介：钱继兵，男，江苏泰兴人，2010 年南京工业大学机械工程硕士毕业，高级工程师，现担任仪征化纤公司机械高级专家，主要从事大型机组、化工装置的设备管理工作。

监造检验、工艺操作等方面进行排查，最终确认为厂家在制造过程中，对复合板焊接工艺控制不严格是甲醇回收塔泄漏的主要原因。

（1）不锈钢复合板是一种新型材料，它是由较薄的耐蚀复层（如不锈钢）和较厚的基层（珠光体钢）通过爆炸焊或者爆炸后轧制成型的双金属板。基层主要满足结构强度和刚度的要求，复层主要满足耐腐蚀性的要求，既保证了产品性能，又节约了不锈钢材料，在许多容器和管道中使用。

（2）由于基层材料和复层材料是两种材料，焊接时需用高铬、高镍的不锈钢过渡层（E309MoL-16）隔开，过渡层的目的主要是使复层焊缝的成分保持应有的水平，是确保复层焊缝化学成分达到复层母材要求的一个重要区域。焊接复层或过渡层时须严格控制焊接热输入，采用小电流、快焊速、反极性、多道焊，以减小焊接热输入，使基层一侧的熔深较浅，以减少焊缝金属的稀释和基层的合金化。

（3）通过查阅制造厂家的《焊接工艺卡》发现：复层坡口间距较短（复层剥离的较少），离中心位置为8mm（见图3），在焊接基材（特别是在自动焊时）很难保证不接触到复层，导致焊接缺陷的产生。

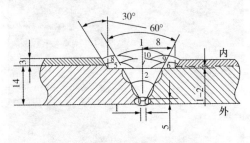

图3　《焊接工艺卡》中焊接要求

（4）对塔壁筒体的316L区域和304L区域各取一块试样（见图4、图5）进行宏观试样分析。在图4焊接接头右侧和图5焊接接头左侧接近熔合线位置可以看出：焊接不规范，未按照焊接工艺卡的要求操作。

① 焊接基材时，已有部分基层材料Q235R溢至复层区域，焊接过渡层时无法将基层焊材和复层焊材隔开。主要原因是焊接时采用自动焊，焊缝偏斜，加之焊工未进行清根处理。

② 从图3中可以看出：过渡材料在焊接过

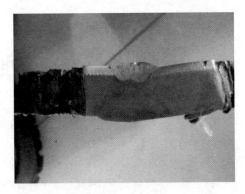

图4　316L+Q345R焊接接头试样

图5　304L+Q345R焊接接头试样

程中形成的熔池较深，电流选择大，易造成焊缝金属的稀释和基层材料的合金化，易导致基层材料开裂。

③ 按照《焊接工艺卡》要求：基层采用埋弧自动焊单道4层（1、2、3、4），过渡层采用手工电弧焊单层3道（5、6、7），复层采用手工电弧焊单层3道（8、9、10）。而图4、图5显示：过渡层及复层的焊缝均由三道改为二道。

（5）危害及结果

如在基材焊接时偏斜过大，基材金属直接焊至复合层表面，与复层熔合，降低了复层金属的耐蚀能力。由于复层金属被碳钢稀释并形成合金组织，焊工打磨后，也无法辨别焊肉的具体位置进行清根，导致在堆焊过渡层和复层时，焊材又未能将复层熔焊金属进行有效覆盖，复层金属在酸性环境中失去抗腐蚀能力，形成腐蚀蚀坑。

从图6中可以看出，虽然在复层材料焊接前进行了打磨，但在焊接基材时，由于焊道偏斜，导致基材焊材在复合钢板上形成熔池，即316L复合层被熔化，经手工打磨后，虽表面打平，实际该区域的316L复层已被碳钢稀释；在堆焊过渡层(E309MoL-16)和复层(316L)时，因熔合线不明，该区域未能覆盖，直接暴露在酸性介质中，形成腐蚀沟槽。

图6　焊缝及腐蚀位置图

从焊接工艺来分析，焊工为减少一道焊缝，需加大每道焊缝的摊开面积，尽量做到电流加大，焊速减慢，焊接热输入加大，使不锈钢焊接时在敏化温度区(600~1000℃)停留的时间加长，碳化铬析出量增加，以及晶粒长大，同样会造成该区域耐腐蚀性能的下降。事实上，从省特检院对现场焊缝及热影响区进行现场覆膜金相组织分析的结果看，该敏化区晶间腐蚀现象严重，抗腐蚀能力明显下降。

4　改进措施

鉴于复层材料的焊缝中已有部分碳钢材料熔入，复合层合金元素被碳钢稀释，耐腐蚀能力下降，即使部分焊缝目前未出现腐蚀泄漏现象，但长期运行，类似的腐蚀泄漏现象仍会发生。因此需要对腐蚀性相对较强区域(指进料口以下区域)采用316L钢板将原焊缝完全覆盖，隔绝酸性介质与焊缝的接触。对腐蚀性相对较弱区域的缺陷进行修复(见图7)。

图7　甲醇塔筒体焊缝贴板
1—下部筒体；2—焊缝贴板

5　结束语

通过查阅制造厂家射线探伤报告，同时委托第三方对缺陷焊缝及邻近的环焊缝进行射线探伤比对，除缺陷部位外，射线检测Ⅰ级合格，这与制造单位的图像完全吻合。这种现象值得我们反思：无损检测只能证明焊缝是否合格，但不能证明焊接是否满足焊接工艺要求，必须加强对焊接各个阶段的控制，才能保证长周期稳定运行。

设备的焊接制造设计，仅仅是基于满足相关规范的合乎性要求。对于焊接自身的专业性和要求，毋庸讳言，大多数设备管理人员不具备在焊接专业方面提出更优化的能力，只有通过加强过程质量的控制和管理来防范风险。为防止类似的故障发生，我们要从三方面改进：一是需自身加强焊接专业学习，提高责任心和业务素质，拓宽检查范围；二是须明确各单位职责，针对不同类别的设备应制定焊接质量自控点和检查导则，为防止职责不清，应对设备在焊前、焊中、焊后的质量把关，落实不同的责任单位；三是须加强对监理单位的管理考核。

参 考 文 献

1　龚利华，徐成洲，蒋志国，等. 失效不锈钢冷凝管点蚀敏感性的影响因素，2019，40(3)：197-199.

2　邱涛，伍碧霞，陈群燕，等. 不锈钢复合钢板焊接接头性能分析[J]. 电焊机，2013，43(4)：82-87.

3　原国栋. 不锈钢复合钢板焊接接头中过渡层的焊接问题[J]. 热加工工艺，2007(7)：89-90.

M302 干燥机腐蚀泄漏故障分析与处理

陈法祥

（中国石化仪征化纤有限责任公司 PTA 部，江苏仪征 211900）

摘要 氧化干燥机（M302）是 PTA 装置工艺关键流程设备之一，长期在高温醋酸环境下工作，干燥机的筒体、列管、管支撑等与介质接触部件均出现严重的腐蚀，并多次造成装置停车，严重制约了装置的长周期稳定运行。为了提高干燥机长周期稳定运行的能力，对干燥机筒体、列管及管支撑等部件的腐蚀原因进行分析研究，找出干燥机腐蚀原因，并根据相应的腐蚀机理，通过设备更新、材质升级、工艺优化等措施优化设备的运行环境或提高设备的耐腐蚀能力，实现氧化干燥机长周期稳定运行的目标。

关键词 干燥机；筒体；列管；管支撑；腐蚀

1 概述

PTA 装置氧化干燥机属于 TA 蒸汽管回转干燥机，列管管程介质为蒸汽，列管与筒壁间介质为 TA 物料，通过列管对物料加热干燥，去除物料中醋酸、水分等大量挥发分。氧化干燥机的主要工作流程是：进料螺旋将 TA 湿料送入干燥机内，干燥机通过旋转使物料与换热管充分接触，干燥机筒体有一定的斜度，在干燥机转动的过程中，物料陆续被带到干燥机的最高处，并在重力的作用下自动落下，实现向前移动，同时蒸发出来的酸气及水汽被从出料端进来的载气带走，使得物料被逐渐加热达到最终出料湿含量要求，从出料端排出。

PTA1# 装置氧化干燥机由中国成达化学工程公司设计，南京化机厂制造，1999 年 9 月 28 日投入使用。设备筒体的材质为进口 316L，列管的材质为进口 316L，管支撑所用板材为进口 317L。筒体内径为 φ3200mm，筒体壁厚为 16mm，筒体长度为 18000mm，工作介质为 88% TA+10.8% Hac+1.2% H_2O 以及微量的溴离子等，出料温度为 150℃（原设计出料温度正常为 121℃，最大为 150℃），干燥机的最大允许能力为 52.7t/h 干料。

2 干燥机腐蚀情况

2008 年氧化干燥机内部列管、筒体和管支撑开始出现点蚀和均匀腐蚀现象。2009 年和 2010 年腐蚀开始加强，2011 年大修发现干燥机内部焊接的操料板部分脱落，筒体内表面及筒体焊缝出现大面积腐蚀，2012 年以后干燥机内部腐蚀加剧，并急剧恶化。具体腐蚀情况如下：

干燥机筒体出现裂纹漏料，裂纹部位为干燥机出料端筒体滚圈西部厚壁板与薄壁板连接的焊缝处，裂纹长度约为 400mm，停车过程中裂纹长度已经扩展到 1400mm。

设备本体减薄严重，设备筒体壁厚由原来的 16mm，焊缝边缘已经减薄到只有 4~5mm，检修过程中对干燥机筒体进行测厚，测厚点是在干燥机出料端滚圈周围筒体取了 6 个圆周面，每个圆周面各取 10 个点进行检测筒体的厚度情况，具体测厚数据见表 1。

通过对干燥机壁厚的检测发现筒体腐蚀严重，筒体出现不同程度的减薄，出料端滚圈周围壁厚最薄处只有 6.3mm 左右。图 1 为从设备上取样的钢板和壁厚为 16mm 的钢板比较，从图中可以明显地看出设备本体壁厚只剩 8~9mm，该区域减薄了 7~8mm。

干燥机筒体内壁和列管的腐蚀非常明显（见图 2），筒体内壁腐蚀坑到处可见，腐蚀坑最深已达 5mm，且筒体焊缝的腐蚀明显大于设备筒体，筒体内部焊缝也已形成较深的沟槽。列管不但表面遍布腐蚀坑，其拼接焊缝也已腐蚀形成沟槽。

作者简介： 陈法祥，男，江苏阜宁人，2002 年毕业于淮海工学院化工机械专业，高级工程师，现任中国石化仪征化纤有限责任公司 PTA 部机械科长，从事 PTA 设备管理工作。

表1　干燥机筒体测厚数据表　　　　　　　　　　　　mm

测厚点	点1	点2	点3	点4	点5	点6	点7	点8	点9	点10
圆周1	14.1	14.3	13.8	14.3	14.5	14.8	14.4	14.2	14.2	14.2
圆周2	13.8	13.9	13.6	14.1	14.4	14.1	14.1	14.1	14	13.3
圆周3	9.1	8.8	10.8	9.4	10.7	9.4	9.7	10.1	11.5	11
圆周4	9.8	9.2	7.5	9.2	9.4	13.3	7.9	8	7.6	9.1
圆周5	10.8	8.6	6.7	9.4	9.5	7.5	7.2	8	7.8	8.7
圆周6	10	9.5	6.3	9.3	9.3	9.0	7.4	7.9	7.4	8.8

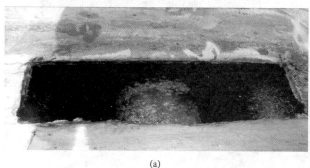

(a)　　　　　　　　　　　　　　　　　(b)

图1　钢板壁厚比较

(a)设备筒体及筒体焊缝腐蚀　　　(b)列管腐蚀　　　(c)列管拼接焊缝腐蚀

图2　干燥机筒体内壁和列管的腐蚀

干燥机列管检漏，发现2根列管在蒸汽室的管口焊缝脱焊导致泄漏，检查管口脱焊原因时发现干燥机内部管支撑腐蚀同样严重，绝大多数管支撑焊缝腐蚀脱焊，部分管支撑加强筋焊缝也已腐蚀脱焊，有一组管束连续3段管支撑出现腐蚀脱焊，导致该组列管束在干燥机转动过程中出现摆动，摆动管支撑在筒体上撑出磨痕，并将一根列管撞出1个凹坑，上述2根列管管口焊缝脱焊也是因管束摆动造成。

3　干燥机筒体试样分析

为进一步了解氧化干燥机的腐蚀机理，研究防腐蚀对策，便于缓解腐蚀损伤，对干燥机筒体腐蚀最为严重的区域进行了取样，并送专业研究机构进行分析。取样位置及样品大小如图3所示，1号样为筒体焊缝区域，2号样为筒体母材。

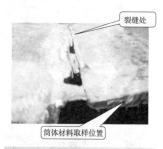

图3　取样位置及样品大小

3.1 试样宏观和低倍分析

低倍分析显示：1 号样其内壁表面凹凸不平，一侧边缘减薄明显，蚀坑众多，具有断口形貌，为筒体的开裂处(见图 4)。2 号样其内壁一侧边缘减薄明显，直到裂口处，为筒体的开裂部位，在裂口的边缘处还有一条明显的与裂口接近平行的沟槽(见图 5)。筒体样品内壁有众多蚀坑，还可见由筒内物料磨损所形成的方向性沟槽痕迹，但其表面没有覆盖太多的腐蚀产物(见图 6)。

(a)   (b)

图 4　1 号样品裂口表面及内壁腐蚀形貌(低倍)

(a)   (b)

图 5　2 号样品裂口表面形貌(低倍)

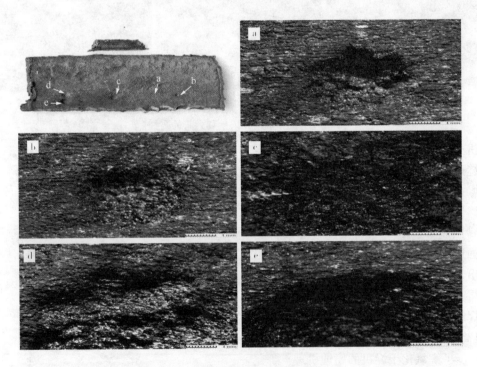

图 6　2 号样品内壁蚀坑形貌(低倍)

3.2　干燥机筒体材质化学分析

对干燥机筒体所取块状样品，使用荧光光谱仪等，依据 GB/T 16597，对其材质进行化学成分分析。结果表明，干燥机筒体材质符合 316L 不锈钢标准要求，见表2。

表2　干燥机筒体材质化学成分(质量分数)　　　　　　　　%

样品	C	Si	Mn	P	S	Cr	Ni	Mo
筒体	0.018	0.58	0.83	0.029	0.003	17.39	12.27	2.11
316L	≤0.03	≤1.0	≤2.0	≤0.035	≤0.030	16.00~18.00	10.00~14.00	2.00~3.00

3.3　干燥机筒体试样扫描电镜分析

借助于扫描电镜，对干燥机筒体1、2号样块裂口和内壁进行微观形貌和元素能谱分析(见图7和图8)。筒体1号样块的裂口性质与2号样块相同，为脆性断裂，能谱分析表明，断口表面有 C、O、Na、Si、Br、Cr、Fe、Mn、Ni、Mo 等元素存在。筒体1号样块内壁的腐蚀状况与2号样块也完全相同，能谱分析表明，内壁表面有 C、O、Na、Si、Cl、Cr、Fe、Mn、Ni、Mo 等元素。

元素	重量%	原子%
CK	3.87	15.71
SiK	0.63	1.09
CrK	17.42	16.33
MnK	1.20	1.07
FeK	62.99	54.99
NiK	11.61	9.64
MoL	2.28	1.16
总量	100.00	

图7　1号样筒体焊缝组织 SEM 和 EAS

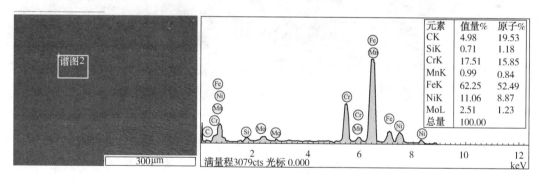

元素	值量%	原子%
CK	4.98	19.53
SiK	0.71	1.18
CrK	17.51	15.85
MnK	0.99	0.84
FeK	62.25	52.49
NiK	11.06	8.87
MoL	2.51	1.23
总量	100.00	

图8　2号样筒体母材组织 SEM 和 EAS

3.4　干燥机筒体试样金相分析

在干燥机筒体样块1、2上，取金相样品，经研磨、抛光，用10%草酸溶液电解腐刻后，观察其金相组织(见图9和图10)，1号和2号样块内壁均有大量的蚀坑及裂纹，使得焊缝及筒体内壁表面呈现疏松态，并造成筒体壁厚大大减薄，直至出现裂口，裂口是在焊缝与母材熔合线附近的母材上。从金相分析可见，焊缝及焊缝与母材的熔合线附近出现优先腐蚀的现象。密集的点蚀坑在筒体内壁表面形成一个疏松层，疏松会使筒壁金属不断剥落而减薄，直至开裂(穿孔)。

4　腐蚀原因分析

M302干燥机内部检查发现：筒体与列管非均匀性腐蚀，尤其是干燥机筒体、列管和管支撑腐蚀的重灾区主要集中在接近距离出口3~8m区域，说明腐蚀是综合性的，在某温度区间及介质浓度工况下造成材料的加速腐蚀。

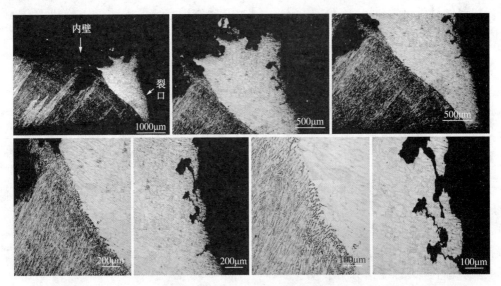

图 9　筒壁 1 号样块截面金相组织

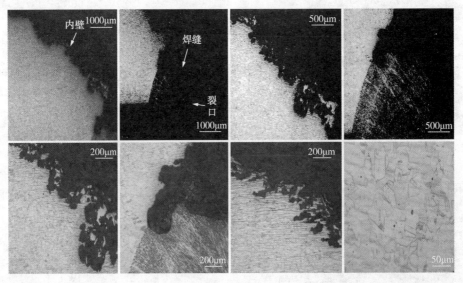

图 10　2 号样块截面金相组织

4.1　腐蚀环境

氧化干燥机处理的 TA 滤饼内含有醋酸溶液, 挥发后在高温、高浓度下, 具有较强的腐蚀性, 并与 TA 滤饼中含有的 Br^- 结合, 使腐蚀性进一步增强。醋酸的腐蚀性与其浓度、温度、流速以及存在于醋酸中的杂质有关。纯醋酸溶液虽然有一定的腐蚀性, 但对含钼不锈钢的腐蚀并不严重。在低温醋酸溶液中, 几乎所有的不锈钢均具有较好的耐腐蚀性能, 特别是当醋酸溶液中含有少量氧化性物质时, 耐腐蚀性能更为优异。但随着醋酸浓度增加, 温度升高接近沸腾或沸腾时, 特别是当醋酸溶液中含有还原性物质时, 不锈钢的腐蚀会变得加剧。在

PTA 装置氧化单元中醋酸浓度和温度都比较高, 不锈钢在此环境中会发生均匀的溶解腐蚀。其反应式为:

阳极反应: $Fe \longrightarrow Fe^{2+} + 2e$

阴极反应: $2H^+ + 2e \longrightarrow H_2$

总反应: $Fe + 2H^+ \longrightarrow Fe^{2+} + H_2$

湿的 TA 滤饼进入氧化干燥机后存在一个加热、蒸发、干燥的过程, 因此通常将干燥机分为加热区、蒸发区和干燥区, 在加热区由于醋酸的温度较低对干燥机的腐蚀相对较弱, 随着温度的升高 TA 中湿组分被逐渐蒸发, 醋酸溶度逐渐升高, 在蒸发区形成了高温高浓度的醋酸环境, 因此在该区域出现了强烈的腐蚀,

但随着温度的进一步升高，醋酸也逐渐被蒸发带走，浓度下降，因此在干燥区腐蚀性能又出现明显减弱。

4.2　温度影响

根据《金属腐蚀学》（北京冶金工业出版社，1998 年）采用浸泡法对不同金属进行腐蚀试验的结果，浸泡介质为 90% 醋酸溶液。当温度在 130℃ 以下时，316L 和 317L 保持较低的腐蚀速率，超过 130℃ 以后，腐蚀速率急剧增大，160℃ 时，316L 不锈钢腐蚀速率比其在 130℃ 时增大 3.2 倍（见图 11）。因此氧化干燥机原设计最低出料温度为 121℃ 是从材料的耐蚀性方面进行考虑的。

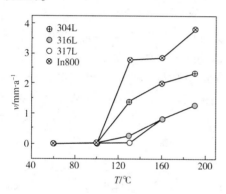

图 11　不同温度下金属材料腐蚀速率的影响

PTA 1# 装置采用的是阿莫科工艺，该工艺为消除干燥机列管上的物料结垢，保证换热效果，需每 3 周对干燥机进行 1 次热处理，即在几分钟内将加热蒸汽压力由 0.6MPa 提升至 1.1MPa，此时换热管的温度则由 165℃ 升至 190℃，在此温度下干燥机腐蚀速率呈快速上升趋势。

4.3　负荷影响

PTA 1# 装置经过多年的增容和技术改造，装置产能已经增加到原设计负荷的 130%，处理能力由 33t/h 提高到 46t/h，干燥机的进料湿含量由 12% 增加到 17% 左右。为保证出料含湿量控制在小于 0.1%，工艺操作条件在此处已经发生较大的变化，主要表现在出料设定温度由以前的 121℃ 逐步调整为现在的 150℃。因此，一定湿度的 TA 料在接近出口温度 150℃ 时加速材料的腐蚀符合目前的情况。

4.4　卤素离子造成点蚀

HBr 作为促进剂在 PTA 生产过程中是必不可少的，其中含有 Br⁻。另外对干燥机碱洗时使用的 NaOH 溶液中会含有一定量的 NaCl，由于碱洗后冲洗不净，残余的 Cl⁻ 可能沉积在设备死角、缝隙、焊缝缺陷及已有的蚀坑等处。虽然残余 Cl⁻ 可能仅只有几十个 mg/L（ppm），但在局部浓缩，就可产生点蚀。卤素离子（Br⁻ 与 Cl⁻）的存在是干燥机简体、列管和管支撑等部件发生点蚀的"元凶"，它们易于吸附于钢表面造成缺氧区，会局部破坏不锈钢的钝化膜，而诱发点蚀。点蚀是一种特殊的比较严重的局部腐蚀，相对于均匀腐蚀，具有更大的危害性。

4.5　冲刷磨损

在氧化干燥机内，随着湿 TA 滤饼逐渐被干燥成 TA 颗粒的这一过程的进行，TA 颗粒会对金属表面产生一定的冲刷和磨损。磨损可使干燥机不锈钢简体和加热列管壁减薄，或破坏不锈钢表面钝化膜或除去表面产物而裸露出材料新鲜的金属表面；同时，腐蚀介质的搅动也加速了传质过程使金属表面的腐蚀产物迅速扩散到介质中，补充了新的腐蚀介质，使去极化剂容易到达金属表面，表面剪切力使材料表面变形、强化甚至出现裂纹，增加位错、空位等缺陷，表面粗糙度也增大，这都会增加材料表面活性从而导致腐蚀反应加速。同样，腐蚀也会加剧磨损，简体和加热管材料表面由于受到介质腐蚀而变得疏松、多孔，很容易被物料介质中含的 TA 颗粒刮掉或冲掉而增加材料的流失量，腐蚀还会增加金属表面的粗糙度，而且由于金属组织结构的不均匀腐蚀会破坏晶界、相界或其他组织的完整性，降低其结合强度，因而促进了磨损。因此，不锈钢腐蚀磨损速率会远远高于其均匀腐蚀的速率。

4.6　设计制造

PTA 1# 装置氧化干燥机为国内第二台国产化干燥机，从设计、焊接工艺方面都与进口设备存在一定的差距，特别是焊缝的耐蚀性存在明显不足，焊接缺陷、热影响产生的敏化及焊接残余应力的存在，使得焊缝处及热影响区更容易发生点蚀和应力腐蚀开裂，从而产生焊缝金属或基材的优先腐蚀。

5　改进措施

5.1　调整工艺负荷

降低干燥机的出料温度，使干燥机的不锈

钢部件在较低腐蚀速率的温度下工作。图12为相关 PTA 装置氧化干燥机出料温度设定情况，从图中可以看出仪征化纤与扬子石化氧化干燥机出料温度设置偏高，同等情况下仪征化纤氧化干燥机的耐腐蚀性能会大幅下降。在更新或新建项目时可以考虑增大干燥机的换热面积，以加大干燥机的处理能力，也可以达到降低干燥机出料温度的目的，若出料设定温度无法优化，也可以考虑提高干燥机材质等级，如选用双相不锈钢 2205 等耐腐蚀性能更强的材质，目前国内新建的多个 PTA 项目已有使用。

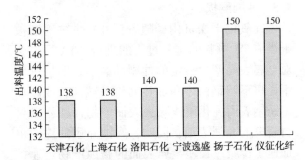

图 12 相关 PTA 装置氧化干燥机出料温度设定情况

5.2 优化工艺操作

通过工艺优化降低干燥机热处理频率和碱洗频率，干燥机更新则可以选用新型设计工艺，取消干燥机的热处理。通过新型三元催化剂的使用降低物料中溴离子的含量。

5.3 降低干燥机进料湿含量

通过干燥机上游设备改造降低干燥机进料湿含量，如增大真空过滤机的处理能力，或将真空过滤机改为压力过滤机降低滤饼的湿含量。也可以将真空过滤机和干燥机之间的螺旋改为预热螺旋，提前对物料进行加热，降低干燥机的进料湿含量等。

5.4 优化焊接工艺

对氧化干燥机的焊材选用进行评定和分析，选用合适的焊材、焊接工艺和检验手段，提高焊接质量，避免焊接缺陷等造成的焊缝优先腐蚀。

6 结束语

PTA 1# 装置氧化干燥机筒体内壁的严重点蚀、筒壁减薄、列管腐蚀、管支撑腐蚀移位及筒体出现裂纹等一系列损坏，都和其自身材料性能、接触到的介质、工作环境以及工艺操作条件等因素密切相关。高温下的含溴醋酸和碱洗后残留的氯离子会对筒体内壁和加热列管外表面产生点蚀和均匀腐蚀；同时，TA 物料颗粒又会对其产生磨损，腐蚀和磨损交互作用造成了筒体壁厚的局部严重减薄，筒壁的减薄也增加了该处的应力集中和筒壁强度的下降，当达到一个临界值时，筒体就发生了破裂，管支撑便会出现移位，随着腐蚀的继续扩展还将会出现列管的腐蚀泄漏等众多干燥机的腐蚀故障。氧化干燥机的腐蚀是无法避免的，但可以通过工艺优化、材质升级等措施优化设备的运行环境或提高设备的耐腐蚀能力，以降低设备腐蚀速率，实现氧化干燥机长周期稳定运行的目标。

参 考 文 献

1 张文奇，朱日彰．采用浸泡法对不同金属进行腐蚀试验的结果．金属腐蚀学．北京：冶金工业出版社，1998.

2 GB/T 10123—2001 金属和合金的腐蚀 基本术语和定义．

汽柴油加氢装置分馏塔进料/反应产物换热器管束腐蚀原因分析

袁 军[1]　邱志刚[2]　单广斌[2]　刘曦泽[2]　屈定荣[2]　许述剑[2]

（1. 中国石化天津分公司，天津 300270；

2. 中国石化青岛安全工程研究院，山东青岛 266071）

摘 要 对汽柴油加氢装置分馏塔进料反应产物换热器 E-102/1、2 腐蚀穿孔的原因进行了分析，采用 XRD、金相分析、细菌培养试验等方法，分析了工艺、设备、设计三个方面的原因，认为停工保护与变更管理制度不完善是造成换热器腐蚀穿孔的根本原因，碱洗管理制度不完善、氯化物引起的点蚀以及微生物腐蚀等原因共同作用导致了换热器的腐蚀穿孔。

关键词 换热器管束；氯化物腐蚀；微生物腐蚀；原因分析

1 情况概述

1.1 汽柴油加氢装置开停工情况

2014 年 8 月底装置停工检修，10 月投产运行。2015 年 5 月，装置停工，系统未进行处理，未退油扫线。2017 年 4 月，装置检修改造，高反系统有碱洗线，进行了碱洗。

1.2 换热器检修情况

2017 年 5 月 15 日，分馏塔进料/反应产物换热器 E-102/1、2 常规检修、试压，试压压力为 6.0MPa，无问题回装。因换热器出入口不锈钢管线更换，6 月 20 日换热器带出入口管线试压，试压压力为 3.0MPa，管束泄漏，E-102/1 堵漏 30 根，E-102/2 堵漏 35 根；27 日继续对管线及换热器进行试压，管束再次泄漏，E-102/1 堵漏 50 根，E-102/2 堵漏 61 根；E-102/1 两次共计堵漏 80 根，E-102/2 两次共计堵漏 96 根，管束无法使用（见图 1）。

图 1 换热器 E-102/1、2 管束检修泄漏情况

1.3 换热器基本情况

分馏塔进料/反应产物换热器 E102/1~4 基本情况见表 1。

表 1 冷换设备基本参数　　　　　　　　　　　　℃

换热器	管程				壳程			
	材质	设计温度	操作温度		材质	设计温度	操作温度	
			入口	出口			入口	出口
E102/1、2	0Cr18Ni9Ti	305	230	170	16MnR	290	80	130
E102/3、4	0Cr18Ni9Ti	305	170	110	16MnR	290	35	80

2 可能原因分析与验证

2.1 工艺原因

2.1.1 停工保护措施

装置于 2015 年 5 月停工，系统未进行处理，未退油扫线，到 2017 年 4 月装置检修改

作者简介：袁军，高级工程师，1993 年毕业于中国石油大学，现在中国石化天津分公司从事石油炼制方面的工作。

造，停工时间近2年。装置停工期间，并未制定专门的停工保护方案，而是通过原有的物料进行保护，管程氮气保护，未采取其他保护措施，停工期间设备为常温常压。从图2清洗前的换热器管板情况可以看出，管束抽出后，有较多泥垢附着在管板和管束上，与一般油冷器不同，其类似于水冷器的形态，油泥较少，泥垢多，说明停工期间，物料液位较低，已有腐蚀发生。

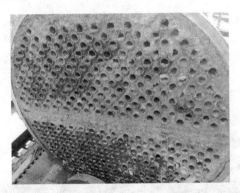

图2　换热器清洗前管板形貌

2.1.2　腐蚀介质含量

装置改造前为催化石脑油加氢装置，原料中腐蚀介质含量较低，E102/1、2管程/壳程介质分别为反应流出物和分馏塔进料，腐蚀性介质含有硫、氯、铵等，但均较低。

2.1.3　运行状况

经了解，装置在运行过程中未出现超温超压现象，同时从管束金相照片来看，金相组织正常，晶粒细小均匀，夹杂很少，未发生材料劣化，进一步验证了未出现超温超压现象。

2.1.4　碱洗措施

本装置在改造前，利用高反系统的碱洗线进行了碱洗，在碱洗方案中要求配制用软化水中氯离子不大于1μg/L，碱洗后需要用软化水置换2次，检测浓度合格后，需用氮气吹扫干净。但是上述指标均未进行检测，碱洗效果无法得到保证。

对换热器管口位置的绿色物质取样，经XRD分析，其主要成分为 $FeSO_4 \cdot 7H_2O$、$CoSO_4 \cdot 7H_2O$、$VSO_4 \cdot 7H_2O$，其原因可能是停工期间连多硫酸造成，或者硫化物腐蚀产物碱洗后氧化为硫酸盐。

2.1.5　管束清洗

本次碱洗后，使用软化水冲洗，管束清洗也使用软化水，对水中氯含量进行检测，对管束垢物分析结果表明氯含量很低，表明软化水的氯离子含量并不高。

2.1.6　管束内部液态水

停工期间，油中携带有气态水，气态水会凝结为液态水，产生电化学腐蚀。检修改造期间有大量液态水进入，一是碱洗后的软化水冲洗后遗留的水，二是管束抽芯后，高压水清洗带来的水。由于很难吹扫干净，一般在管束内部均存在液态水。同时，管束清洗后未及时采取相应的保护，环境湿度较大，也会带来液态水，并且现场存放时间较长（近两个月），腐蚀的发生不可避免。

2.2　设备原因

2.2.1　材料成分

对样品的材料组成使用火花放电光谱仪进行了全谱分析，材料组成见表2。

表2　材料成分　　　　　　　　　　　　　　　　　　　　　　%

元素	C	Si	Mn	R	S	Mg	Cr	Ni	Mo	Cu	Al	Ti
标准值	≤0.08	≤1.0	≤2.0	≤0.045	≤0.03		17.00~19.00	9.00~12.00				≥5×C%
平均值	0.093	0.83	1.217	0.033	0.005	9E-04	21.12	9.44	0.129	0.196	0.105	0.148

从表2可以看出，换热器管束的材质为SUS321，元素含量基本在标准范围内，同时，从图3金相图片来看，金相组织为奥氏体组织，晶粒比较细，平均晶粒度约为8级，未见明显组织异常。

2.2.2　管束材质

换热器材质为SUS321，符合SH/T 3096—2012《高硫原油加工装置设备和管道设计选材导则》的要求。

图3　金相组织图片

2.2.3　管束腐蚀状况

对换热器管束样品切割后，发现管束内外均有较多点蚀坑(见图4)，部分已经穿孔，腐蚀穿孔导致管束打压泄漏。对管束外部垢样进行 XRD 分析，其主要成分为铁的氧化物、氯化物和硫酸盐类，即腐蚀；性产物。

图4　管束内、外点蚀

从腐蚀形貌看，管束腐蚀穿孔是由点蚀导致的，而综合现场状况，引起点蚀的主要原因可能有两个：氯离子引起的点蚀和微生物腐蚀。

(1) 氯离子引起的点蚀。氯离子易吸附在钝化膜上，把氧原子挤掉，然后和钝化膜中的阳离子结合形成可溶性氯化物，结果在露出来的机体金属上腐蚀了一个小坑。由于氯化物容易水解，使小坑里的溶液 pH 值下降，使溶液成酸性，溶解了一部分氧化膜，外部的氯离子不断向孔内迁移，使孔内金属又进一步水解。如此循环，奥氏体不锈钢不断地腐蚀，并向孔的深度方向发展，直至形成穿孔。

在实际使用中，氯化物来源广泛，可能来源于原料中含的氯盐和有机氯化物、氢气中含有的氯以及有机氯加氢产生的氯化氢等，其在物料中不可避免存在，同时从现场操作温度看，E102/1、2 存在氯化铵盐结晶的可能，因此，氯化物引起的点蚀是其腐蚀穿孔的重要原因。由于氯化物腐蚀会产生蚀坑，装置在碱洗过程可能并不能完全清洗干净这些腐蚀产物，同时，碱洗后引入了大量的水和氧，腐蚀环境急剧恶化，会进一步加速腐蚀。

(2) 微生物腐蚀。微生物腐蚀也是电化学腐蚀的一种，所不同的是介质中因腐蚀微生物的繁衍和新陈代谢而改变以了与之相接触的界面的某些理化性质。习惯上将细菌腐蚀分为厌氧腐蚀和好氧腐蚀，参与腐蚀的菌主要有以下几类：硫酸盐还原菌、硫氧化菌、腐生菌、铁细菌和真菌。据统计，微生物腐蚀在金属和建筑材料的腐蚀破坏中占20%，油井中75%以上的腐蚀以及埋地管道和线缆中50%的故障来自微生物的腐蚀。

本装置停工期间以及换热器管束清洗后露天放置的过程均属于厌氧环境，且停工检修时环境温度较高，比较适宜微生物的生长。与氯化物引起的蚀坑相类似，微生物及微生物腐蚀产物在装置的碱洗过程中可能也并不能完全清洗干净。同时，如果碱洗效果不良，有部分油品残留于管束表面，腐蚀环境会恶化，进一步加速腐蚀。

参照 SY/T 0532—2012《油田注入水细菌分析方法　绝迹稀释法》，进行了硫酸盐还原菌培养试验，试验结果显示细菌瓶中的铁钉均出现发黑现象，管束内表面垢物细菌培养后，黑色物质相对更多，这表明管束内、外表面均存在硫酸盐还原菌，其中管束内表面硫酸盐还原菌数量更多，表明内部微生物腐蚀更为严重。因此，可以认为微生物腐蚀是换热器 E102/1、2 腐蚀穿孔的重要原因之一。

2.3 设计原因

经现场了解和查阅装置设计文件，本装置有 2 处注水，分别为 E102/3、4（间断注水）前和 EC101/1~4（连续注水）前，注水为脱盐水。间歇注水一月两次，方式为停空冷注水改换 2 注水 8h，再改回，注水量 3~4t/h。装置在运行过程中，E102/1、2 的实际操作温度为 170~230℃，处于氯化铵盐结晶区域。

综上所述，换热器 E102/1、2 腐蚀穿孔的根原因分析见图 5，得到如下结论：

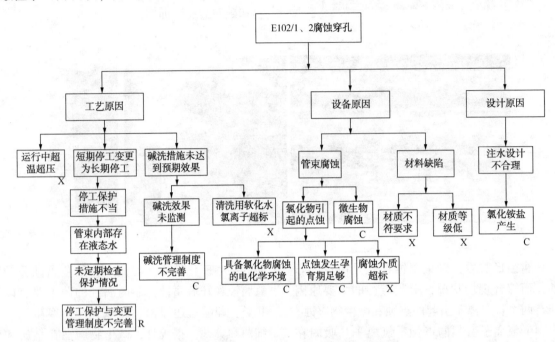

图 5　换热器 E102/1、2 腐蚀穿孔根原因分析

（1）停工保护管理制度、变更管理制度不完善是造成汽柴油加氢装置分馏塔进料/反应产物换热器 E-102/1、2 腐蚀穿孔的根原因。

（2）碱洗管理制度不完善、氯化物引起的点蚀以及微生物腐蚀等原因共同作用导致了换热器的腐蚀穿孔。

3　建议措施

（1）对于长期停用的设备，应进行停工保护，保护措施包括氮气保护、油联运及缓蚀剂保护等。

（2）保护措施应定期检查，保护效果应定期监测。氮气保护应定期检查压力，油联运应定期运行，防止腐蚀环境的产生。

（3）加强变更管理，进行风险识别与分析，根据风险制定针对性保护措施。

（4）碱洗应按照 GB/T 25146—2010《工业设备化学清洗质量验收规范》、SH/T 3547—2011《石油化工设备和管道化学清洗施工及验收规范》、NACE RP 0170《炼厂停工期间奥氏体不锈钢及奥氏体合金设备连多硫酸应力腐蚀开裂

的防护》相关规范要求进行过程监控，并对碱洗效果进行测试，确保碱洗达到要求。

（5）换热器清洗后应保持干燥并进行保护，避免风吹雨淋。

（6）建议重新核算氯化铵盐结晶温度，优化间断注水位置。

（7）建议公司制定严格的停工保护管理规定、变更管理规定、碱洗作业管理规定，并确保有效执行。

参 考 文 献

1　张鹏，金鑫. 换热器管束腐蚀原因分析及对策[J]. 炼油与化工，2015，26(6)：45-48.

2　隋郁. 氯离子对压力容器腐蚀的影响及预防措施[J]. 应用技术研究，2001，10(4)：18-19.

3　蒋波，杜翠薇，李晓刚，等. 典型微生物腐蚀的研究进展[J]. 石油化工腐蚀与防护，2008，25(4)：1-4.

4　邱志刚，黄贤滨，刘小辉. 炼油化工装置闲置停工设备防腐蚀技术探讨[J]. 石油化工腐蚀与防护，2011，28(3)：28-30.

12Mt/a 常减压装置典型腐蚀及防护

陈文武[1]　**黄贤滨**[1]　**韩　磊**[1]　**王继虎**[2]

(1. 中国石化青岛安全工程研究院化学品安全控制国家重点实验室，山东青岛　266071；
2. 中国石化青岛炼油化工有限责任公司，山东青岛　266500)

摘　要　对 12Mt/a 常减压装置开工以来常压塔顶低温腐蚀、减三线塔壁及集油箱腐蚀、稳定塔顶板式空冷腐蚀进行了原因分析，并提出了防护措施。常顶低温腐蚀主要是盐酸和 NH_4Cl 垢下腐蚀，应采取在脱后原油加注 $(2\sim3)\times10^{-6}$ 的 NaOH、将塔顶挥发线注水口改在空冷器入口分别注水、根据油-水-气三相闪蒸及 NH_4Cl 分解反应平衡热力学计算结果进行装置改造选材以及其他原料控制、操作调整、腐蚀监测等防护措施。减三线及集油箱腐蚀是典型的高温硫和环烷酸腐蚀，需要采用材质升级或控制原料硫含量、酸含量等腐蚀防护措施。稳定塔顶空冷腐蚀泄漏则是由 2205 双相钢焊接工艺及质量问题造成的，需要控制好设备制造质量及原料硫、氯含量。装置运行情况表明，采取的防护措施得当，腐蚀风险基本可控。

关键词　常减压装置；盐酸腐蚀；NH_4Cl 垢下腐蚀；高温硫腐蚀

近年来，我国石油表观消费量及原油进口量逐年增加。石油表观消费量从 2008 年的 3.9 亿吨增加到 2017 年的 5.88 亿吨，原油进口量从 2008 年的 2 亿吨增加到 2017 年的 3.96 亿吨，进口原油占比从 51.28% 增加到 67.35%。相应的，我国炼油能力不断增加，100%加工进口原油的千万吨级常减压装置应运而生。

加工原油品种多、劣质化以及装置大型化，使千万吨级常减压装置面临较高腐蚀风险，腐蚀问题往往成为制约炼油企业"四年一修"或更长运行周期目标的主要瓶颈。针对某 100%加工进口劣质原油的千万吨级常减压装置的腐蚀情况进行总结分析，并提出防护措施，对于同类装置做好腐蚀防护工作具有借鉴意义。

1 装置概况

某 10Mt/a 常减压装置 2008 年 5 月建成投产，2011 年 6 月装置首次大检修扩能改造到 12Mt/a；2011 年 8 月装置开工，2015 年 6 月装置停工大检修，针对重点腐蚀部位进行材料升级改造；2015 年 8 月装置开工运行至今。该装置加工原油为 100% 进口原油，2008～2017 年，累计加工原油 37 种，累计加工量 99.85Mt，原油平均硫含量为 2.62%(质量分数)，平均酸含量为 0.16mgKOH/g，平均 API

度为 29.29。2008～2017 年加工典型原油性质及加工量见表 1，综合来看，加工原油属高硫低酸原油。

装置投产后生产实践表明，在原料劣质化且品种复杂多变情况下，常减压装置的腐蚀问题已成为制约炼油厂安全、稳定运行的关键因素。统计该常减压装置投产以来生产运行期间腐蚀泄漏及两次大检修腐蚀检查情况，其典型腐蚀有常压塔顶低温腐蚀、减三线高温腐蚀及稳定塔顶低温腐蚀等，以下针对典型腐蚀案例进行技术分析并提出相应防护措施。

2 常压塔顶低温腐蚀

2.1 案例描述

2011 年大检修常减压装置进行了扩能改造，加工能力从 10Mt/a 增加到 12Mt/a，闪蒸塔改造为初馏塔，初馏塔顶冷凝、冷却系统利旧原常顶冷凝、冷却系统，常顶冷凝、冷却系统改造为新增 8 台空冷+水冷器。自 2011 年 11 月开始在装置生产运行期间，常压塔顶冷凝、冷却系统及常压塔壁多次出现腐蚀泄漏，详见表 2。

作者简介：陈文武(1975—)，男，山东栖霞人，中国石化安全工程研究院专家，高级工程师。

表1　加工典型原油性质及加工量

序号	原油油种	API 度	硫含量(质量分数)/%	酸含量/(mgKOH/g)	累计加工量/Mt
1	巴士拉轻油	29.67	3.10	0.12	23.62
2	伊朗重油	29.20	2.02	0.11	21.69
3	沙特重油	27.53	3.10	0.24	9.47
4	沙特中质油	30.49	2.48	0.22	8.57
5	科威特	30.77	2.90	0.13	8.01
6	沙特中质油	30.49	2.48	0.22	5.55
7	沙特重油	27.53	3.10	0.24	5.02
8	科威特	30.77	2.90	0.13	4.75
9	卡夫基	27.60	2.90	0.19	3.04
10	乌拉尔	31.61	1.40	0.06	0.95
	37 种原油加权平均值	29.29	2.62	0.16	99.85

表2　生产运行期间常压塔顶低温部位腐蚀泄漏情况

序号	泄漏时间	详细描述	设备材质
1	2011 年 11 月	8 台新增空冷器管束全面泄漏,泄漏部位没有明显规律:两边、中间的空冷都有泄漏,管束入口、中间和出口部位均出现过泄漏,2011 年 12 月全部更新为同材质空冷管束	09Cr2AlMoRE
2	2012 年 3 月	再次发生上述无规律、全面的管束泄漏	09Cr2AlMoRE
3	2012 年 7 月	将其中 4 台空冷管束做内防腐处理,1 周后再次泄漏	09Cr2AlMoRE+内防腐
4	2012 年 11 月	常一线抽出管线热电偶焊缝出现砂眼	20# 钢
5	2013 年 2 月	2012 年 11 月空冷管束更新为 2205 双相钢材质,运行 3 个月后,边侧空冷 2 根管束发生腐蚀泄漏,	S2205 双相钢
6	2013 年 6 月 11 日	常一线附近塔壁压力表引压管出现砂眼	
7	2013 年 6 月 13 日	第 49 层塔盘受液槽与塔壁连接处出现塔壁腐蚀穿孔。检测 46~50 层塔壁均存在明显腐蚀减薄部位,受液槽、塔壁连接处和塔盘、塔壁连接处减薄严重;塔顶安全阀副线、安全阀前直管段存在明显均匀腐蚀减薄,管线厚度约为 3.00~5.50mm;塔顶部压力表引压管减薄严重,最薄处 4.72mm	塔壁材质:16MnR+0Cr13
8	2017 年 7 月	常压塔顶温度下降、常压塔顶压力异常上升,常压塔压降由 30kPa 上升到 40kPa,判断为常压塔顶部结盐严重,进行在线水洗后压降正常,腐蚀情况待大检修时检查确定	塔壁材质:UNS N066025 塔盘材质:UNS N08367
9	运行期间	常顶挥发线注剂口、注水口与主管线连接处多次出现腐蚀泄漏,主管线测厚未发现明显的腐蚀减薄现象	20# 钢

2015 年 6 月装置大检修腐蚀检查发现,常　　压塔顶存在较多严重腐蚀部位,详见表3。

表3　2015 年腐蚀检查常压塔顶设备典型腐蚀情况

序号	详细描述	设备材质
1	常顶封头及 49 层以上筒节整体减薄,复合层基本上已腐蚀殆尽	塔壁材质:16MnR+0Cr13
2	受液槽附近的焊缝边缘融合线腐蚀严重,接近穿孔	塔壁材质:16MnR+0Cr13
3	48 层至 51 层塔盘、浮阀腐蚀较重,浮阀大量脱落	浮阀材质:2205
4	塔顶冷回流分布管断裂及开裂	回流管材质:18-8

2.2　原因分析

2008~2011年，装置首个运行周期内，没有发生特别突出的常压塔顶低温腐蚀现象；2011年装置大检修扩能改造后，在2011~2015年装置第二个运行周期内常压塔顶出现了非常严重的腐蚀问题；2015年开工后，塔顶腐蚀问题不突出；2017年7月塔顶结盐造成塔压降上升，在线水洗塔后操作基本正常。

常压塔顶及其冷凝、冷却系统中，主要腐蚀机理有露点位置的HCl腐蚀、NH_4Cl盐垢下腐蚀、湿H_2S腐蚀等。NACE标准推荐规程0296中指出，与其他炼油过程相比，常减压装置蒸馏塔顶系统发生湿H_2S开裂的可能性和敏感性相对很小。因此，常压塔顶及其冷凝、冷却系统中，重点考虑HCl腐蚀及NH_4Cl盐垢下腐蚀。

1）盐酸腐蚀

HCl在高于水露点的温度中不会导致金属材料腐蚀问题，在等于或低于水露点的温度中，HCl很容易溶于水形成强腐蚀性的盐酸。腐蚀性最强的环境出现在最初的水相露点处，此处大部分HCl进入刚形成的水相，形成高浓度的盐酸溶液，pH值可低达1~2。盐酸对于金属材料具有极强的腐蚀性，在10%的盐酸溶液中，即便是2205双相钢的腐蚀速率也高达33.66mm/a。

塔顶物料中的HCl是由脱后原油中含有的$MgCl_2$、$CaCl_2$及有机氯水解生成的。据有关报道，原油中含有无机盐主要是NaCl、$MgCl_2$、$CaCl_2$。NaCl水解温度在500℃以上；$MgCl_2$从120℃开始发生水解反应，到340℃时水解约90%；$CaCl_2$从210℃开始发生水解反应，到340℃时水解约10%。12Mt/a常减压装置初馏塔、常压塔典型操作温度见表4，可以看出在原油预热流程及加热炉加热工艺过程中，达到了$MgCl_2$和$CaCl_2$的水解温度，因而能够形成HCl，水解反应为：

$$MgCl_2+2H_2O \longrightarrow Mg(OH)_2+2HCl\uparrow$$
$$CaCl_2+2H_2O \longrightarrow Ca(OH)_2+2HCl\uparrow$$

表4　12Mt/a常减压装置初馏塔、常压塔典型操作温度

部　位	操作温度/℃	部　位	操作温度/℃
初馏塔进料	200	常压塔进料	365
初馏塔顶部	114	常压塔顶部	121
初馏塔底部	194	常压塔底部	353
常压炉进料	303		

电脱盐原油中的无机盐脱除率可以达到90%以上，但无法有效脱除有机氯化物。少量有机氯即可在加工过程中分解产生HCl，水解反应为：

$$RCl+H_2O \longrightarrow ROH+HCl\uparrow$$

原油中即使只含有机氯$1\mu g/g$也可以使原油加热过程中形成的HCl翻一倍。因此，《中国石化炼油工艺防腐蚀规定》要求原油有机氯含量宜小于$3\mu g/g$。12Mt/a常减压装置电脱盐前、后原油中杂质含量见表5，可见脱后原油中的有机氯含量仍处于较高水平。

表5　电脱盐前后原油中杂质含量

项目	盐含量/(mgNaCl/L)	硫含量(质量分数)/%	酸值/(mgKOH/g)	有机氯/(mg/kg)	总氯/(mg/kg)
脱前原油	23.75	2.59	0.25	15.7	31.25
脱后原油	2.64	2.66	0.21	7.58	9.43

2）NH_4Cl盐垢下腐蚀

NH_4Cl盐吸水发生水解反应：$NH_4Cl + H_2O \Longleftrightarrow NH_3 \cdot H_2O+HCl$，在塔顶操作条件下，$NH_3$极易逸出到气相，HCl则溶于水形成浓度较高的盐酸。因此，NH_4Cl盐垢下腐蚀本质上讲还是盐酸对金属材料的腐蚀。NH_4Cl盐在塔顶部位客观存在，是造成常压塔顶腐蚀的关键因素之一。但是，由于常压塔顶检修开盖前，一般都要进行蒸塔或洗塔操作，NH_4Cl 盐被溶解带走。所以，从这个角度说，NH_4Cl 盐在腐蚀管理中又很难见到实物。研究表明，NH_4Cl 吸收水汽后形成的潮湿 NH_4Cl 对金属材料具有极强的腐蚀性。60℃时，碳钢在潮湿 NH_4Cl 条件下腐蚀速率高达 6.27mm/a；2205 双相钢在潮湿 NH_4Cl 条件下腐蚀速率也达到 0.039mm/a，且局部蚀孔深度大大深于同条件下的碳钢，可能出现较短周期内就腐蚀穿孔的情况。

在高于水露点的温度，HCl 与 NH_3 直接从蒸汽相反应生成固态 NH_4Cl 盐。NH_4Cl 盐生成的温度取决于 HCl 与 NH_3 的分压。将塔顶相关工艺操作参数（温度、压力、流量）及化验分析参数进行三相闪蒸计算，获得目标温度、压力下各组分在气-烃-水三相中的组成，可进而计算出自然水露点温度、注水后露点温度等参数；三相闪蒸计算出 NH_3、HCl 分压，结合塔顶温度、压力分布，经 NH_4Cl 分解反应平衡热力学计算，可以获得 NH_4Cl 结晶温度。12Mt/a 常减压装置常顶系统典型操作条件及计算结果见表 6，可见塔顶 NH_4Cl 结晶温度高于塔顶操作温度，表明常压塔顶部、塔顶挥发线等部位存在 NH_4Cl 结晶风险，尤其是在回流返塔等存在冲击冷凝的部位及小接管等保温欠佳部位，NH_4Cl 结晶风险更高。另外，计算的露点部位 NH_4Cl 结晶温度高于露点温度，这意味着 NH_4Cl 盐会在液态水凝结之前结晶，而 NH_4Cl 盐在水露点附近腐蚀性非常强，因此当注水不足或分散不均匀时，容易产生 NH_4Cl 垢下腐蚀。

表 6　12Mt/a 常减压装置常顶系统典型
操作条件及相关计算结果

项目	数据
塔顶操作温度/℃	127.9
塔顶操作压力/MPa	0.078
自然水露点/℃	102.5
NH_4Cl 结晶温度/℃	133.6
注水后露点/℃	109.5
注水后 NH_4Cl 结晶温度/℃	123.8

2.3　防护措施及建议

结合以上机理及原因分析，为降低常压塔顶部位的盐酸及 NH_4Cl 盐腐蚀风险，应采取以下防护措施。

1）设计方面

2011 年装置扩能改造，闪蒸塔改为初馏塔，常压塔顶油气量大幅度降低。根据有关操作参数变化，按三相闪蒸及 NH_4Cl 分解反应平衡热力学计算，在原油性质、脱盐效率等参数不变时，改造后塔顶自然水露点较改造前升高 5℃以上，塔顶 NH_4Cl 结晶温度升高 10℃以上。这无疑大幅度增加了塔顶的 NH_4Cl 垢下腐蚀及 HCl 腐蚀风险。因此，进行常压塔工艺改造时，在考虑产品质量、耗能等因素的同时，应根据相关工艺条件的变化进行塔顶水露点和 NH_4Cl 结晶温度的计算，如果腐蚀风险大幅度提高，设计上需考虑同时提高塔顶相关部位（如顶部 38 层以上塔盘、塔壁、塔顶冷凝、冷却系统等）进行材料升级，选用耐盐酸腐蚀性能更好的双相钢、镍基合金（如 Ni-Cu 或 Ni-Cr-Mo 合金）、钛材（换热器管束）等。

2）原料控制

（1）建议对船运进厂的原油增加有机氯分析，掌握不同原油有机氯含量基本情况，从而进一步采取适当的调配措施，控制脱后有机氯 $\not\geqslant$ 5mg/kg。

（2）在脱后原油加注 $(2\sim3)\times10^{-6}$ 的 NaOH，以促进脱后原油中易发生水解反应的 $MgCl_2$、$CaCl_2$ 及有机氯转化成不易水解的 NaCl，降低塔顶物料中的 HCl 含量，降低盐酸及 NH_4Cl 垢下腐蚀风险。注碱量不宜过大，防止发生加热炉及原油预热流程管道的碱开裂、下游装置催化剂污染等问题。

3）操作调整

（1）改变注水方式，将塔顶挥发线注水改为在 8 台空冷入口分别注水，选用分散性能好的注水喷头，确保注水分配良好，及时洗掉已经生成的 NH_4Cl 盐。

（2）为精准控制塔顶腐蚀，塔顶注剂建议不采用复配药剂，而采取单独的中和剂与缓蚀剂加注方案，并适当降低缓蚀剂用量。塔顶排水 pH 值控制在弱酸性至中性。

（3）严格控制电脱盐注水的 pH 值，防止 pH 值过高带来水中的氨/胺向原油中转移，建议控制在 6.0~8.0，最高不超过 9.0；严格控制塔顶注水的 pH 值，防止增加结盐风险，建议控制在 7.0~9.0，最高不超过 9.5。

（4）常压塔内相关部位发现结盐情况时，应及时进行水洗操作，因为随着塔压的增加结盐速度会越来越快，造成更大的腐蚀风险。水洗时，一方面要在保证操作稳定的情况下，尽快将水洗水提高到最大水量，以防止低流量、高浓度的盐酸对设备、管道的腐蚀；另一方面，要重点关注常一线以下三层塔盘及塔顶小管嘴部位的腐蚀情况，防止塔内盐酸溶液浓缩及局部死区造成的腐蚀问题。

（5）常压塔顶尽量采用顶循环回流，避免采用冷回流，防止温度骤降引起塔顶部局部部位的冲击冷凝，生成液态水，发生 NH_4Cl 盐水解反应，造成盐酸腐蚀。

4）腐蚀监测

对于常压塔顶 38 层以上塔盘的塔壁、塔顶挥发线、小接管、塔顶冷凝冷却系统应密集测厚，可以采用脉冲涡流等先进技术辅助检测。

增加在线腐蚀探针、pH 计、在线氨氮分析仪等监测手段，发现问题及时处理。

3　减压塔高温腐蚀

3.1　案例描述

开工以来，12Mt/a 常减压装置未发生因为高温腐蚀造成的停工或生产事故，装置高温腐蚀风险整体可控。从两次大检修腐蚀检查情况看，减压塔减三线抽出附近高温腐蚀特征明显，详见表 7。

表 7　两次腐蚀检查减压塔典型高温腐蚀情况

序号	详细描述	设备材质
1	2011 年腐蚀检查减压塔塔壁有明显的坑蚀，塔壁垢物下有蚀坑埋藏，集油箱底部有两处较深坑蚀，减三线抽出防涡板有较深蚀坑。对腐蚀部位塔壁进行贴板（材质 316L）处理	塔壁材质：16MnR+0Cr13
2	2015 年腐蚀检查减压塔上次检修贴板处无明显腐蚀，但在紧邻贴板处附近塔壁及积液箱腐蚀较为严重，有大量蚀坑	塔壁材质：16MnR+0Cr13 贴板材质：316L

3.2　原因分析

常减压装置高温部位的腐蚀主要是高温环烷酸和硫的腐蚀，操作温度、硫含量、酸含量的协同作用决定了最终的腐蚀程度。腐蚀产物分析表明，垢物中含有铁和铬的硫化物、铁氧化物以及单质硫（25%~65%）。综合考虑腐蚀的形态、腐蚀产物分析（含有大量单质硫）、坑蚀部位的温度（~324℃）和物料高硫含量（>3.1%），推断其腐蚀机理为高温元素硫腐蚀。

高温硫腐蚀主要取决于活性硫的含量，活性硫能够直接与金属作用引起设备腐蚀，包含单质硫、硫化氢以及低分子硫醇等。对于单质硫，其反应化学式为：$Fe+S \rightarrow FeS$。温度是影响高温硫腐蚀的重要因素，温度的升高一方面加速活性硫与金属的反应，同时又促进非活性硫分解产生活性硫。按照一般的规律，硫醚和二硫化物在 130~160℃ 即开始分解产生 H_2S，其他硫化物在 240℃ 以上开始分解，当温度达到 340~400℃ 时，硫化氢开始分解为 H_2 和 S，而在类型硫化物中，元素硫具有最强的腐蚀性，其腐蚀性排序为 S>RSH>H_2S>脂肪族硫化物>RSSR'。在温度约 480℃ 时硫化物分解完毕。

3.3　防护措施及建议

（1）防止高温硫和环烷酸腐蚀的关键是要做好原料中硫和酸的设防值控制，根据高温部位选定的材质，经修正的 McConomy（不含环烷酸）曲线或 API 581（含环烷酸）附表设定原料硫和酸的设防值，并严格控制好。

（2）有时为了获得更好的经济效益，希望能够加工更高硫和酸含量的原油。此时，需要根据原油中的硫和酸含量，经修正的 McConomy（不含环烷酸）曲线或 API 581（含环烷酸）附表评估装置各关键部位的材质是否能够满足需要。若不能满足需要，则需要进行局部材料升级。

4 稳定塔顶空冷腐蚀穿孔

4.1 案例描述

12Mt/a 常减压装置稳定塔顶空冷采用板式表面蒸发湿空冷，板片材质为 2205 双相钢。2015 年装置大检修进行了设备更新，2017 年年底稳定塔顶空冷出现了大面积泄漏。稳定塔顶空冷器工艺介质为液化气，操作压力为 0.8MPa，板程操作温度（进/出）为 59℃/53℃，统计 2017 年 8~12 月稳定塔顶液态烃中硫化氢含量平均值为 0.34%（体积分数），稳定塔顶含硫污水 pH 值平均值为 6.2，氯离子平均值为 5.5mg/L，铁离子平均值为 0.63mg/L。

4.2 原因分析

从上述操作条件看，稳定塔顶属于典型的湿 H_2S 腐蚀环境。通常，2205 双相钢耐 H_2S 均匀腐蚀及应力腐蚀性能较好，但从失效分析综合检测结果来看，板片失效是由缝隙腐蚀和应力腐蚀开裂造成的；板片电阻焊部位组织中相比例失调是导致板片局部耐蚀和应力腐蚀开裂的直接原因，焊接工艺存在缺陷；操作介质中存在较高含量的 Cl^- 和硫化物，造成了板片的局部腐蚀。

4.3 防护措施及建议

（1）严格控制板片的电阻焊工艺，维持板片材料的奥氏体与铁素体的相比例为 30%~70%；

（2）控制加工原料，尽量控制塔顶介质中的 Cl^- 和硫化物组分含量，以减缓腐蚀进程。

5 结束语

原油劣质化、复杂化及装置大型化，使腐蚀问题成为制约 12Mt/a 常减压装置长周期、安全运行的关键因素。装置不同部位发生腐蚀的机理不尽相同，低温部位的腐蚀更多地要靠工艺防腐措施实现腐蚀风险的控制；高温部位的腐蚀更多地要靠材料升级或原料设防实现腐蚀风险的控制；设备制造安装的质量也是防止腐蚀发生需要关注的因素。装置运行实践表明，掌握装置各部位腐蚀机理，针对性地采取防腐蚀措施，能够保证复杂原料及工况下的长周期稳定运行需要。

参 考 文 献

1 中国石油集团经济技术研究院. 2008-2017 年国内外油气行业发展报告（R）. 2009-2018.

2 韩磊，刘小辉. 蒸馏装置塔顶系统低温腐蚀问题探讨［J］. 石油化工腐蚀与防护，2012，29（3）：16-19.

3 NACE Standard RP0296（latest revision）"Guidelines for Detection, Repair, and Mitigation of Cracking of Existing Petroleum Refinery Pressure Vessels in Wet H2S Environments"（Houston, TX: NACE）.

4 殷雪峰，莫少明，韩磊，等. 2205 双相不锈钢在 NH_4Cl 垢下腐蚀性为研究［J］. 石油化工腐蚀与防护，2015，32（3）：12-16.

5 NACE International Task Group 342 on Crude Unit Distillation Column Overhead Corrosion［R］, NACE International Publication 34109, 2009.

6 韩磊，刘小辉. 炼油生产中有机氯的检测与控制［J］. 腐蚀与防护，2011，32（3）：227-231.

7 API RP581 Risk-Based Inspection Technology.

8 张昀，高酸高硫原油腐蚀性研究，石油化工腐蚀与防护，2004，21（6）：9-13.

PTA 装置的腐蚀防护

李贵军　　单广斌

（中国石化青岛安全工程研究院，山东青岛　266101）

摘　要　对 PTA 装置的腐蚀状况进行了描述，根据装置的流程特点、操作条件、设备选材和制造等方面对装置的腐蚀类型和影响因素进行了分析，提出了工艺防腐、材料选择和制造质量控制等方面的改进措施。

关键词　PTA 装置；安全；腐蚀；材料；设备；管道

PTA（精对苯二甲酸）是生产聚酯的主要原料，随着国内经济的快速发展，PTA 的需求不断增长，国内生产能力迅速扩大。2001 年，中国 PTA 产能为 220 万吨，2005 年已经达到了约 550 万吨，到 2011 年生产能力已经超过 1000 万吨，但国内产量仍不能完全满足需求。PTA 装置工艺技术复杂，几乎包含了所有各种化工单元操作，PTA 生产装置中大部分设备都在高温高压下连续操作，工艺介质腐蚀性强，又多为含固率 30% 以上的浆料，虽然装置中约 80% 的设备采用了不锈钢、钛或其他耐腐蚀材料，但由于腐蚀因素的复杂性，腐蚀引起的设备失效仍时有发生，腐蚀已成为影响装置安全稳定运行的重要因素。通过对装置的腐蚀状况进行分析，对腐蚀部位、腐蚀形态、腐蚀影响因素进行研究，提出相应的应对措施，对于保障装置的安全稳定运行非常必要。

1　PTA 装置的基本情况

PTA 生产多采用高温氧化法生产工艺，分为氧化和精制两个单元。在氧化单元，使用空气将对二甲苯（PX）液相催化氧化为对苯二甲酸（TA），采用醋酸为溶剂将 PX 分散于其中，以强化反应物的传热和传质，使用醋酸钴、醋酸锰为催化剂，使用四溴乙烷或溴化氢（20 世纪 90 年代一起引进的装置采用四溴乙烷，90 年代以后的装置使用溴化氢）为促进剂，空气为氧化剂，在 200℃ 左右发生氧化反应，生成纯度为 98% 的对苯二甲酸（TA），该反应为气-液-固三相非均相反应，在发生反应的同时即有大量 TA 颗粒析出，反应器出来的浆料送至结晶器，三段结晶后绝大部分 TA 颗粒从溶剂中析出，从第三结晶器出来的浆料送至过滤机（通常选用旋转真空过滤机）将 TA 颗粒与母液分离，得到的滤饼经转筒式干燥机进一步干燥，得到的粗 TA 产品（CTA）送至 TA 料仓备用。过滤后的滤液进入溶剂回收系统，脱除水分和杂质后循环使用。

精制单元的作用是降低产品中中间产物和副产物的含量，将 CTA 溶解于高温、高压的水中，在催化剂的作用下杂质与氢气发生反应将杂质转化为易溶于水的物质脱除。其主要工艺过程是，将 TA 浆料升温加压，使它全部溶于脱离子水中，在加氢反应器中进行加氢反应。反应器出来的物料经五段结晶后，绝大部分 TA 析出，而加氢生成的 PT 酸则溶于水中，结晶器出来的浆料经离心分离、再打浆、过滤、干燥即得到高纯（99.99%）的 PTA 产品，供聚酯生产。

2　PTA 装置的腐蚀状况

PTA 装置中的腐蚀介质包括醋酸、溴、氧，以及碱性洗过程用的 NaOH，碱洗用碱带入的氯等，主要腐蚀类型包括均匀腐蚀、点蚀、缝隙腐蚀、应力腐蚀开裂和浆料的冲刷腐蚀。

2.1　氧化单元的腐蚀

在氧化单元，反应器及相邻设备处于 CTA-HAc-Br^--O_2-H_2O 腐蚀环境，在催化剂制备和

作者简介：李贵军（1967—），男，高级工程师，博士，2004 年毕业于浙江大学化工机械专业，研究方向为石化设备安全。

溶剂回收单元的设备处于 CTA-HAc-Br⁻-H₂O腐蚀环境，在较高温度下，在此环境耐蚀性最好的就是钛，因此，通常反应器及临近设备在温度高于 105℃选用钛，105℃以下选用 317L 和316L；其他部位设备和管道温度高于 135℃选用钛，135℃以下选用 317L 和 316L。在 20 世纪90 年代以后引进的装置在 Ti 和 316L 之间的部分设备也有选用 904L、SMO254 和 2205 的。

从使用中的腐蚀情况看，钛在含溴醋酸的腐蚀环境耐蚀性好，多数腐蚀很轻微，发现的几个损坏例子情况是制造质量不合格引起的损坏、设计不合理引起的缝隙腐蚀以及装置负荷增加后装置内件的冲刷腐蚀。腐蚀主要是不锈钢(主要是 316L 或 317L)的点蚀和应力腐蚀开裂。图 1 是母液罐壳体的点蚀形貌，点蚀坑主要分布在下封头与筒体焊缝附近，封头上蚀坑多，最深达到 2mm 左右，设备材质为 316L，介质为真空过滤后的母液(主要是醋酸和水，含有溴离子)，操作温度为 67℃，常压操作。图 2是 TA 干燥机列管表面的点蚀形貌，列管表面大量蚀坑，并粘有物料，列管选用 316L，内部通蒸汽，入口 156℃、出口 100℃。图 3 是溶剂脱水塔底部壳体的腐蚀，脱水塔操作温度顶部为 98℃、底部为 128℃，醋酸浓度为 93% ~95%，介质为醋酸和水，在塔底部壳体多处出现了腐蚀坑，深达 1mm。

图 1　母液罐的腐蚀情况

TA 干燥机运行中，其螺旋输送机把湿 TA连续输送到干燥机回转圆筒内，螺旋输送机选用 316L，运行中主轴发生多次应力腐蚀开裂。

不锈钢的点蚀是由于表面的钝化膜局部破坏引起的。醋酸的腐蚀性与其浓度、温度、流速以及其中的杂质种类和含量关系很大，纯醋

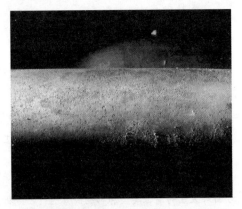

图 2　TA 干燥机列管的点蚀

图 3　溶剂脱水塔底部筒体的腐蚀

酸对 316L 不锈钢腐蚀并不严重，几乎所有不锈钢对低温醋酸都具有较好的耐蚀性，醋酸中含有少量氧化性物质时，更有利于不锈钢在醋酸中的耐蚀性。但当醋酸的温度升高到接近沸腾，特别是含有还原性杂质时，不锈钢的耐蚀性就会变差。奥氏体不锈钢表面的钝化膜在环境中存在有害杂质离子(如氯或溴等卤素离子)时，就会发生局部破坏引起点蚀。在 PTA 氧化单元的介质环境里，溴作为反应促进剂，对于奥氏体不锈钢溴离子能优先地有选择地吸附在钝化膜上，把氧原子排挤掉，然后和钝化膜中的阳离子结合成可溶性溴化物，结果在新露出的基底金属的特定点上生成小蚀坑(孔径多在 20 ~30μm)，这些小蚀坑称为孔蚀核，亦可理解为蚀孔生成的活性中心，在蚀孔内溴离子进一步浓缩，点蚀进一步发展，形成深的腐蚀坑，甚至引起穿孔，在应力集中部位，还会引起应力腐蚀开裂。因此，对于点蚀严重设备，需要根据介质的实际情况，适当升级设备材质，按照904L、SMO254、钛顺序考虑进行材质升级。

2.2 精制单元的腐蚀

在精制单元将 TA 溶解在水中，在临氢和高温条件下通过钯炭催化剂的催化作用，钯 TA 中的杂质对羧基苯甲醛加氢反应生成易溶于水的对甲基苯甲酸除去。精制单元主要设备和构件选用 304L，存在高温 TA 对 304L 的腐蚀，以及高温 TA 的冲刷腐蚀，高温 TA 对 304L 的腐蚀速率不高，仅 0.025mm/a，但高速下冲刷腐蚀速率很高，某企业加氢反应器到第一结晶器出口管道选用 304L，运行 2 年就在内壁焊缝熔合线出现了沟槽状冲刷腐蚀，蚀坑深达 1～3mm，因此，90 年代以后引进的 PTA 装置加强反应器出口管道选材改为耐冲刷腐蚀的 B-2 或 C-276。

PTA 加氢反应器在高温高压临氢条件下操作，氢会渗入 304L 复层中，在应力集中部位引起氢致开裂，发生开裂部位主要是进料口接管焊缝部位，为了防止开裂的发生，应优化焊接部位结构，降低应力集中，合理选择焊接材料，严格控制焊接工艺。

精制催化剂在运行一段实际后表明被酸性物质、有机杂质及技术离子等覆盖，使其活性降低，为了清除对催化剂活性有害的杂质，恢复催化剂活性，需要定期进行碱。进口催化剂半年碱洗 1 次，国产催化剂要 1 月碱洗 1 次。为了减少对装置生产的影响，多采用不停车碱洗，温度和压力与正常生产条件相同，同时为了清除系统污垢，不仅对加氢反应器，还要对系统碱洗。由于碱洗使用的 NaOH 含有氯离子，在局部浓缩部位会引起不锈钢的应力腐蚀开裂。同时，高温热 NaOH 对奥氏体不锈钢也有应力腐蚀开裂敏感性，为了防止 NaOH 对奥氏体不锈钢设备的应力腐蚀，需要把碱的浓度和操作温度控制在一定范围内（浓度要小于 3%）。NaOH 中的氯离子对不锈钢的影响很大，图 4 是 PTA 干燥机筒体的腐蚀，支撑板点蚀区域大约 800mm×200mm，蚀坑最深达 1.5mm，操作温度为 130℃（壳体）/140℃（列管），筒体选用 00Cr26Ni5Mo2Cu，腐蚀是由碱洗带来的氯引起的。为了防止氯的腐蚀，应采用含氯离子浓度低的优质碱，尽量缩小碱洗的范围，设备的修复补焊时尽可能进行局部消除应力处理。

图 4 PTA 干燥机筒体的腐蚀

3 PTA 装置的腐蚀控制措施

PTA 装置的腐蚀环境非常苛刻，装置的腐蚀控制要从工艺腐蚀控制、材料选择、设备制造等环节进行控制。

溴化氢是 PX 氧化反应生成 TA 的促进剂，溴也是引起氧化单元不锈钢设备点蚀和应力腐蚀开裂的主要原因，随着溴浓度的增加，腐蚀加重。在满足工艺要求的前提下，对氧化反应器中溴的浓度要严格控制，防止浓度过高加重下游不锈钢设备的腐蚀。同时，在干湿交替可能产生露点腐蚀环境，在满足工艺要求的情况下可以适当提高温度超过介质露点，防止形成含溴的醋酸溶液，以减缓腐蚀。溶剂脱水塔塔底醋酸可以控制在 94%～96%，以降低塔底系统设备和构件的腐蚀速率。精制单元为了防止高温碱洗引起的应力腐蚀开裂，应选用含氯低的优质碱，控制碱洗温度和碱洗时间，碱洗后彻底排尽废碱液，并用纯水冲洗干净。

根据介质环境选择合适的材料是腐蚀控制的有效手段，对于氧化单元采用 316L、317L 腐蚀严重的场合，需要考虑进行材质升级，可以考虑升级为钛材，在腐蚀环境缓和一些的部位可以考虑选用 904L、SMO254 或双相不锈钢。双相不锈钢抗应力腐蚀开裂的性能好，但抗点蚀性能不稳定，需要对焊接工艺进行严格的控制，保证合理两相比例，防止焊接气孔的产生，以提高抗点蚀性能。

制造质量是材料防腐蚀性能的保证，钛在高温含溴醋酸环境的安全使用，除对杂质含量的严格控制外，最关键的就是制造质量，特别是钛焊接质量控制，由于钛特别易氧化，对杂质敏感，因此钛的焊接需要保证焊接现场的高度洁净，完全除尘、除湿、除油脂，保证焊接保护气体的纯度，进行双面气体保护，焊后严格按照制造技术要求进行焊接检验和设备的各项试验。不锈钢的焊接质量对点蚀和应力腐蚀性能影响很大，只有通过控制焊接热输入量，优化焊接工艺，尽量降低焊接残余应力，做好设备的酸性和钝化处理，才能够充分发挥不锈钢的耐蚀能力。

4 结束语

工艺过程的复杂性和介质的强腐蚀性是PTA装置的突出特点，透彻分析各种工况下的介质状况和腐蚀机理，结合设备结构设计和制造加工要求选择合适的材质是防腐蚀工作的重要组成部分。合理选材，严格控制设备制造质量，加强运行中工艺控制和设备检测，及时总结防腐蚀工作经验，对于保证设备的运行可靠性，保障装置的安全稳定运行非常重要。

参 考 文 献

1 王鑫根. 国内外 PTA 市场分析[D]. 上海：中国石化上海石油化工股份有限公司，2003：5-8
2 余存烨. PTA 装置的腐蚀防护分析[J]. 化工设备与管道，2000，37(4)：54-58.
3 刘国强，朱自勇，柯伟. 不锈钢在含有溴离子的醋酸溶液中的腐蚀[J]. 中国腐蚀与防护学报，2001，18(3)：62-64.
4 孙松青，陈凌，蒋家羚. PTA 加氢反应器在碱洗条件下的安全分析[J]. 合成纤维工业，2006，29(4)：28-30.

高含硫天然气净化厂设备腐蚀与安全维护系统研发

许述剑[1] 　**柴永新**[1] 　**刘小辉**[1] 　**于艳秋**[2] 　**张晓刚**[2]

（1. 中国石化青岛安全工程研究院，山东青岛　266071；
2. 中国石化中原油田普光分公司天然气净化厂，四川达州　636156）

摘　要　针对高含硫天然气净化过程中 H_2S 腐蚀和其他危害，借鉴炼化企业设备腐蚀管理系统，研发净化厂设备腐蚀与安全维护系统，建立设备完整性数据库，开发装置运行监控、设备档案管理、设备检维修管理、腐蚀监检测、腐蚀案例统计、介质化验分析、风险检测和设备维护策略等业务模块，综合应用腐蚀评价和风险检验技术进行 H_2S 腐蚀规律预测和基于风险的检验，并适时修订防腐蚀策略和风险管理策略，从技术层面对设备进行专业化管理。

关键词　高含硫天然气，净化，腐蚀，安全，维护系统

1　前言

我国高含硫天然气资源十分丰富，主要分布在渤海湾和川东北地区。川东北地区开发主体有罗家寨、渡口河、普光等气田，其中普光气田 H_2S、CO_2 含量为 15.2% 和 8.6%；罗家寨、渡口河气田 H_2S 含量为 6.4%~17%，CO_2 含量为 4%~12%。高含硫天然气含有大量 H_2S、CO_2 和气田卤水，腐蚀环境恶劣，使得开采、集输，特别是净化过程中存在严重 H_2S 腐蚀和其他危害，造成设备腐蚀、泄漏和失效等风险概率高，致使设备管理工作难度大。高含硫气田开发是油气工业的效益增长点和发展趋势，为此，借鉴炼化企业设备腐蚀管理系统的成熟技术、完备功能及丰富运行经验，设计与开发高含硫天然气净化厂设备腐蚀与安全维护系统，建立设备完整性数据库，综合应用腐蚀评价和风险检验技术，进行 H_2S 腐蚀规律预测和基于风险的检验，及时掌握设备 H_2S 腐蚀和风险等级状况，并适时修订防腐蚀策略和风险管理策略，从技术层面对净化厂设备进行有效的专业化管理，提高设备管理水平和降低生产风险，具有重大的现实意义。

2　系统整体架构

高含硫天然气净化厂设备腐蚀与安全维护系统是基于 B/S（浏览器/服务器）网络架构方式，采用 Microsoft Visual Studio 6.0 开发工具和 SqlServer 数据库运行环境。系统数据库服务器和 Web 服务器软件配置 Windows2008 Server 企业版，硬件配置 HPDL360G6 E5550/24G/ 146G ×4/板。

载网卡；关系数据库软件配置 ORACLE 标准版。该软件具有分布性特点，可以随时随地进行业务处理；业务扩展简单方便，维护简单方便，可实现所有用户的同步更新，共享性强；具有较强的可移植性，能够在 Windows XP / Windows 2000 / Windows NT 4.0 / Windows 98 / Me 多种平台上运行。整体结构包括数据采集层、数据业务应用层、信息展示层三部分。

（1）数据采集层是系统最基本部分，包括从企业实时数据库中采集设备实时运行状态参数；从 Lims 系统数据库采集腐蚀介质化验分析数据；从在线腐蚀监测数据库采集腐蚀监测数据；通过客户端人工录入整理设备档案信息，录入整理定点测厚数据，录入整理腐蚀失效案例库等。建立设备和工艺管道台账、腐蚀监检测数据库、腐蚀失效案例库、防腐蚀优化方案、风险检验策略知识库等，形成净化厂设备完整性数据库，如图 1 所示。

（2）数据业务应用层是整个设备维护管理系统的核心层，由 8 个核心业务功能模块组成，包括装置运行监控、设备档案管理、设备检维

────────────
作者简介：许述剑（1971—），男，博士，高级工程师；从事材料腐蚀与防护相关研究工作。

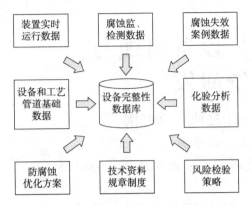

图1　设备完整性数据库组成

修管理、腐蚀监检测、腐蚀案例统计、介质化验分析、风险检测管理、设备维护策略管理，各模块逻辑关系如图2所示。

（3）信息展示层是主要将采集上传的数据进行统计、分析或逻辑计算后，形成的报表、

图示及决策分析等信息在监控平台进行展示，从而实现基于腐蚀评估和风险检验的设备完整性管理。主要过程如下：从企业实时数据库中采集设备实时运行状态参数，通过客户端人工录入整理设备台账、图纸、资料等动态信息，以及其他模块的数据，利用软件风险检验模块进行装置RBI风险检验，风险排序，并制定风险管理策略；从Lims系统数据库采集腐蚀介质化验分析数据，从在线腐蚀监测数据库采集腐蚀监测数据，通过客户端人工录入整理定点测厚数据，录入整理腐蚀失效案例库，利用软件化验分析模块、腐蚀监检测模块、腐蚀失效案例模块进行介质腐蚀性、工艺防腐、腐蚀监检测等防腐措施的有效性评价，预测H_2S腐蚀发展趋势，制定防腐蚀策略。

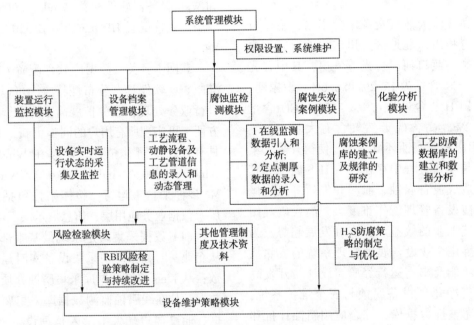

图2　系统模块逻辑关系

同时，随数据的更新，实施再次风险检验和腐蚀评价，及时修订风险管理策略和防腐蚀策略，形成闭环管理，结合其他管理制度、技术资料，实现高含硫天然气净化厂设备的专业化技术管理。

3　系统功能设计

净化厂装置运行监控、设备档案管理、设备检维修管理、腐蚀监检测、腐蚀案例统计、介质化验分析、风险检测管理、设备维护策略和系统管理9个业务模块主要功能设计如下。

3.1　装置运行监控

该模块是对工艺流程的完整生产过程进行实时监控。包括：从净化厂实时数据库中采集工艺状态参数实时数据到关系数据库中，进行综合展示；对具备实时数据采集的装置进行数据集成，并在装置总貌图中进行信息汇总和综合展示；在工艺流程图中显示定点测厚部位和在线监测点。

3.2　设备档案管理

该模块是设备管理最基本的操作业务，涉

及设备分类管理、设备基础信息维护、设备附件管理、设备编码，图形化管理等管理业务。设备档案管理数据分为 4 大类：动设备、静设备、电器仪表和工艺管道。设备台账界面具有查询、录入、导出和编辑功能。

动设备管理：主要包含机泵和风机。通过业务人员录入相关的设备基础信息（包含设备编号、名称、制造厂、出厂日期、投用日期等）、技术参数（包含操作介质、操作温度等）和附件信息（设备结构图）实现对设备基础信息的维护。

静设备管理：主要包括塔器、反应器、换热器、空冷器、容器、加热炉。通过业务人员录入相关的设备基础信息、技术参数和附件信息实现对设备基础信息的维护。

电器仪表管理：主要包括电动机、各种在线仪表等。通过业务人员录入相关的设备基础信息、技术参数和附件信息实现对设备基础信息的维护。

工艺管道管理：按照工艺条件进行分类，如高温管道、高压管道、强腐蚀管道等。通过业务人员录入相关的管道的基础信息、技术参数和附件信息（管道三维图）实现对管道信息的维护。

3.3　设备检维修管理

设备检维修管理包括检维修报表管理和检维修数据分析。

检维修报表管理：通过手工录入和 EXCEL 导入相结合的方式采集设备防腐的相关检维修信息，通过 Excel 报表方式汇总、统计出相应的设备运行状态日报表、维护维修日报表、巡检日报表等，实现检修过程的控制与管理。主要内容包括：

（1）数据部分：专业、作业单位、单元名称、设备名称、设备编号及规格型号、运行状态、故障现象、处理进程及内容、更换配件情况、维修负责人及参加人数、预计完成时间等参数；

（2）数据来源：手工录入和 Excel 导入数据；

（3）系统提供功能：提供数据的录入，从 Excel 表导入到系统、修改、查询、删除、打印、导出到 Excel 表、校验等功能；

（4）处理要求：将采集到的数据分类汇总，统计分析。

检维修数据分析：检维修数据可以按专业、作业单位、单元名称、设备名称等参数查询展示。展示的内容包括了所有用户录入的信息并展示相应的设备腐蚀关联信息。分析功能实现按照时间区间、专业、作业单位、单元名称、设备名称等信息对检维修数据进行各种图形分析。

3.4　腐蚀监检测

该模块包括腐蚀数据采集、腐蚀数据分析和腐蚀监检测周报、月报管理。

腐蚀数据采集：

（1）监测数据采集：主要是在线腐蚀监测数据采集。通过数据采集接口方式进行采集，采集范围覆盖装置所有具备数采条件的监测点，采集频率根据用户需求设置。

（2）定点测厚数据采集：录入管道壁厚度，根据原始管道信息计算腐蚀速率。

腐蚀数据分析：

（1）监测数据分析：实现对单探针不同时期、多探针一个时间段的对比分析等功能。系统中显示单个探针不同日期腐蚀速率的对比情况分析。系统中显示一组探针在一段时期内的平均腐蚀速率值对比情况。

（2）定点测厚数据分析：系统中显示每个测厚点在一段时期内，管道壁厚变化趋势图。

腐蚀监检测周报、月报管理：以采集的检测数据为基础通过 Excel 报表方式汇总、统计出相应的腐蚀监检测周报和月报。主要内容包括：

（1）数据部分：探针编号、监测位置、介质名称、相态、起始时间、终止时间、本周腐蚀损耗速率等参数；

（2）数据来源：在线检测仪器和定点测厚的录入数据；

（3）系统提供功能：提供数据的录入，从 Excel 表导入到系统、修改、查询、删除、打印、导出到 Excel 表、校验等功能；

（4）处理要求：将采集到的数据分类汇总，统计分析。

3.5　腐蚀案例统计

腐蚀案例管理包括数据采集和分析查询。

数据采集：主要内容包含企业的腐蚀事件的经过、处理过程、原因分析、措施指定、责任人处理等信息。数据采集方式采用手工录入和 Word 文档附件相结合的方式。

分析查询：腐蚀案例数据可以按事故名称、

时间查询展示。展示内容包括所有用户录入的信息并展示相应的事故附件。分析功能实现按照时间、装置等信息对腐蚀事件进行各种图形分析。

3.6　介质化验分析

化验分析模块从 LIMS 系统采集数据，经过整理汇总生成相应分析报表并作图形展示。该模块主页中设有采样点分布图，涉及管道制图一张。

数据采集：采集范围包括腐蚀风险管理所需的实验室分析数据，采集频率根据数据分析要求由用户自定义设置。LIMS 数据通过开发相应 LIMS 数据采集接口方式进行采集。

分析展示：LIMS 数据可以按检测点、时间区间段查询展示。展示的内容包括了从 LIMS 系统采集的实验室分析数据。分析功能实现按照时间、检测点等信息对化验分析数据进行各种图形分析。同时提供企业平面图，可浏览全厂所有 LIMS 实验分析数据采样点位置。

3.7　风险检验管理

风险检验模块主要通过 B/S 方式嵌入集成 RBI 软件的计算和展示功能，将风险数据集成到本系统中。RBI-ST 分析软件服务于石化企业的设备检测管理，核心技术是风险管理技术和 API 的 RBI 技术，并结合设备完整性管理体系，符合企业的管理模式，具有以下几个突出的特点：RBI-ST 提供了完整的 RBI 管理流程；完善的风险计算功能；与 CAD 无缝结合的兼容性；完整的失效案例库。

3.8　设备维护策略

该模块包括规章制度、技术资料、防腐优化策略和风险检测策略 4 个子功能。

规章制度功能：包括全厂设备管理相关的规章制度文档资料。具有按规章制度名称查询展示功能和进行浏览、上传、下载、录入、修改、删除、查询、打印、原样输出等数据维护功能。

技术资料功能：包括各类生产和设备相关的技术资料文档，如装置设计、加工能力、实际加工能力等。具有按技术资料名称查询展示功能和进行浏览、上传、下载、录入、修改、删除、查询、打印、原样输出等数据维护功能。

防腐优化策略功能：包括装置防腐蚀策略和优化措施。具有按预置的防腐策略关键字查询展示功能和进行浏览、上传、下载、录入、修改、删除、查询、打印、原样输出等数据维护功能。

风险检测策略功能：包括装置风险检测策略。具有按预置的关键字查询展示功能和进行浏览、上传、下载、录入、修改、删除、查询、打印、原样输出等数据维护功能。

3.9　系统管理

用户管理：用户划分为系统管理员、风险评估员和普通用户三个等级。系统管理员级别和权限：权重设置、用户管理、数据操作、数据库的备份与恢复、数据表的导入导出、风险评价、腐蚀评价、决策维护；风险评估员级别和权限：数据操作、风险评价、腐蚀评价、决策维护、数据表的导出；普通用户级别和权限：评价结果浏览、数据查询。

数据管理：数据导入、数据库的备份与恢复。

文件上传：实现维护管理策略、通知公告等文件上传维护功能。

4　系统的初步应用

经过详细方案设计、原型设计、系统安装、调试、培训、试运行及测试验收，高含硫天然气净化厂设备腐蚀与安全维护系统已经成功上线运行，部分界面如图 3 所示。

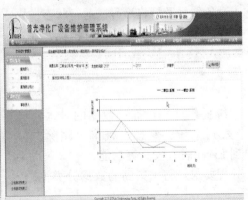

图 3　系统部分界面图

5　结论

　　该系统通过建立设备和工艺管道台账、防腐蚀监检测数据库、腐蚀介质分析数据库、腐蚀失效案例库、防腐蚀优化方案和风险检验策略知识库等，形成普光高含硫天然气净化厂设备完整性数据库；通过从企业实时数据库中采集设备实时运行状态参数，通过客户端人工录入整理设备台账、图纸、资料、检维修等动态信息，以及其他模块的数据，利用软件风险检验模块进行装置 RBI 风险检验，风险排序，并制定风险管理策略；通过从 Lims 系统采集腐蚀介质化验分析数据，从在线腐蚀监测数据库采集腐蚀监测数据，通过客户端人工录入整理定点测厚数据，整理腐蚀失效案例库，利用软件化验分析模块、腐蚀监检测模块、腐蚀失效案例模块进行介质腐蚀性、工艺防腐、腐蚀监检测等防腐措施的有效性评价，预测 H_2S 腐蚀发展趋势，制定防腐蚀策略，同时，随数据的更新，实施再次风险检验和腐蚀评价，及时修订风险管理策略和防腐蚀策略，形成闭环管理，结合其他管理制度、技术资料，实现高含硫天然气净化厂设备专业化技术管理。

　　该系统目前稳定，应用效果良好，实现了预期设计目标，随着以后数据的不断积累，软件分析功能将会充分地展现出来。

参 考 文 献

1　朱光有，戴金星，张水昌，等．中国含硫化氢天然气的研究及勘探前景［J］．天然气工业，2004，24（9）：1-4.

2　杜志敏．国外高含硫气藏开发经验与启示［J］．天然气工业，2006，26（12）：35-37.

3　边云燕，向波，彭磊，等．高含硫气田开发现状及面临的挑战［J］．天然气与石油，2007，25（5）：3-7.

炼化装置停工氮气保护与气相缓蚀剂保护效果研究

牛鲁娜[1] 张 超[2] 兰正贵[1] 李伟华[3] 宋晓良[1] 屈定荣[1]

（1. 中国石化青岛安全工程研究院，山东青岛　266071；

2. 中海油石化工程有限公司，山东青岛　266000；

3. 中国石化普光分公司，四川达州　635000）

摘　要　模拟炼化企业停工装置内潮湿环境，通过 3D 腐蚀轮廓扫描、X 射线衍射和腐蚀失重等手段开展了 20#、16MnR、Cr5Mo 和 304 等 4 种典型材质的氮气置换保护和气相缓蚀剂辅助保护效果研究。结果表明，在氧含量为 0.5% 的氮气保护环境中，碳钢和铬钼钢仍存在一定的腐蚀，气相中试样有明显的蚀坑和溃疡状腐蚀，液相中试样金属不见光泽，局部有腐蚀坑，腐蚀产物主要是疏松的 FeOOH 和致密的 Fe_3O_4；不锈钢无论在气相还是液相中均具有较好的耐蚀性能。加入气相缓蚀剂辅助保护，气相空间的缓蚀效果显著提高，但对液相空间未见明显保护作用。

关键词　腐蚀；停工保护；氮气置换；气相缓蚀剂；炼化企业

由于设备和管线的结构特点，如具有塔底、罐底、管线放空等死角部位，炼化企业停工闲置的装置中往往存在难以完全清除的残留的腐蚀介质与腐蚀产物，以及集聚不易排出的液体水，这便导致了停工装置腐蚀源的产生。企业通常使用氮气置换隔绝保护的方法降低停工时期装置的腐蚀，然而停工保护用氮气的纯度指标目前没有明确的规范标准，大部分企业依据经验将氮气中的氧气体积分数控制在 ≥0.5% 的范围。虽然氮气保护法能够对停工装置起到一定的防护效果，但是一段时间后设备检查却仍能发现较多的腐蚀问题。气相缓蚀剂（Vapor Phase Inhibitor，VPI）是一种不需要与金属接触，常温下能自动挥发出缓蚀性气体，在金属表面形成一层连续缓蚀薄膜的防锈物质。VPI 不受设备结构限制，依靠分散、升华作用扩散到整个设备空间，使内腔、管道、沟槽甚至缝隙等部位均得到保护，具有使用方便、保护效果好等特点，但相关研究工作起步较晚，商用药剂种类少，在国内炼化装置尚未得到广泛应用，实际保护效果不明确。

由于许多企业缺乏停工保护方面的经验，没有有效的保护方案以降低停工期间腐蚀风险。因此需要对实际停工装置所处环境下常用的停工保护方法的效果进行研究，为合理指导企业选择停工保护方式提供理论支持。

1 停工装置下的腐蚀

停工闲置装置中的腐蚀主要是金属表面的电化学腐蚀过程，尤其是当大气湿度较大时，水蒸气在装置表面凝结成水膜，构成有一定电导和腐蚀性的电解质溶液，发生如下反应：

阳极：$Me+nH_2O \longrightarrow Me^+ \cdot nH_2O+e$

阴极：$O_2+4H^++4e \longrightarrow 2H_2O$（酸性溶液）

$O_2+4H^++4e \longrightarrow 4OH^-$（中性或酸性溶液）

金属表面若有残留锈层，则会进一步加速腐蚀。潮湿状态下，锈层与溶解氧一起作为阴极去极化剂，发生 Fe_2O_3 转化为 Fe_3O_4 的反应：

$2Fe_2O_3+H_2O+2e \longrightarrow 2Fe_3O_4+2OH^-$

干燥状态且含氧量丰富时，Fe_3O_4 又能被重新氧化：

$4Fe_3O_4+O_2 \longrightarrow 6Fe_2O_3$

本研究以停工装置为研究对象，由于氮气置换无法保证绝对的无氧环境，可能发生上述电化学腐蚀，故实验中选择以企业氧含量控制指标 0.5% 作为条件，模拟装置底部潮湿环境，开展停工装置典型材质的腐蚀行为研究，考察氮气置换保护和气相缓蚀剂辅助保护的效果。

作者简介：牛鲁娜，女，工程师，现在中国石化青岛安全工程研究院从事设备安全研究工作。

2　实验

2.1　实验材料及试剂

试样：实验选取 4 种典型的炼化装置设备用材，20#、Cr5Mo、16MnR、304，规格为 50mm×10mm×3mm，试样钻有约 6.0mm 的圆孔备挂片之用。各材料的化学成分如表 1 所示。实验前砂纸打磨试样表面，丙酮除油，无水乙醇除水后，置于干燥器中待用。

试剂：盐酸、丙酮、无水乙醇、六次甲基四胺，均为分析纯；气相缓蚀剂为市售工业品。

2.2　实验方法

氮气置换法效果考察：反应釜容积为 3L，在反应釜中加入 1L 去离子水，水浴控温为 25℃。试样分别挂于气相和液相，向液相中通入氧体积浓度 0.5% 的氮氧混合气体置换体系中的空气 10min 后，密闭反应釜开始实验。实验周期为 168h。

气相缓蚀剂辅助保护效果考察：参照气相缓蚀剂失重评价方法，按照一定的比例将缓蚀剂粉末放入纱布中悬挂于气相空间，将气相缓蚀剂作为氮气置换法的辅助保护措施，其他实验方法与上述相同。

装置示意图如图 1 所示。

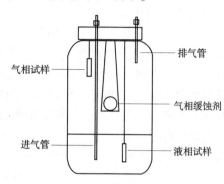

图 1　实验装置示意图

采用 Alicona 公司 3D 光学轮廓仪观察腐蚀产物形貌，观测倍数为物镜×10。用刀片将腐蚀产物刮下，研磨均匀待用。使用布鲁克公司 X 射线衍射仪，采用 Cu 靶以 0.02° 扫描步长对腐蚀产物进行定性分析，采用 PCPDF 软件标定。根据标准 GB/T 16545，对试样采用 500mL 盐酸+500mL 蒸馏水+5g 六次甲基四胺的除锈液，室温超声除锈，干燥后每组取 3 个平行试样测定腐蚀失重值。

表 1　试样化学成分　　　　　　　　　　　　　%

试样	C	Si	Mn	P	S	Ni	Mo	Cr
20#	0.19	0.29	0.51	0.035	0.03	—		
16MnR	0.18	0.31	1.59	0.03	0.03	—		
Cr5Mo	0.15	0.56	0.45	0.025	0.025	–	0.61	5.01
304	0.048	0.42	1.13	0.022	0.002	8.01		18.07

3　结果与讨论

3.1　氮气置换环境腐蚀行为

将仅进行氮气置换的一组试样取出，无水乙醇喷淋冲洗观察宏观腐蚀状态，如图 2 所示。可以看出，除 304 试样表面光亮无锈垢之外，其他三种材质试样表面均有一定量的腐蚀产物。

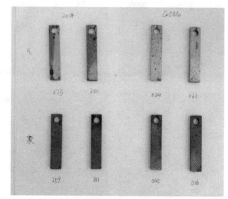
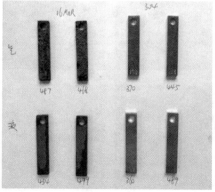

图 2　氮气置换环境下四种材质宏观腐蚀形貌

液相中悬挂的试样，腐蚀产物表层为黄褐色，结构疏松，与基体结合力较弱，触碰极易脱落，脱落后露出内层黑色的产物层，反应釜内试样下方沉淀大量黄锈；悬挂于气相的试样，20# 和 16MnR 试样表面腐蚀产物覆盖较多，覆盖区腐蚀产物层较薄，呈小型鼓包凸起状，鼓包表面有疏松易脱落的黄褐色和砖红色物质，内层为黑色粉末状物质，与基体结合相对紧密但易碎，Cr5Mo 表面只有零星的锈垢。

对腐蚀产物进行 XRD 分析，结果表明，20#、16MnR 和 Cr5Mo 的 XRD 谱图出峰位置基本相同，表层产物谱图有明显的 γ-FeOOH 特征衍射峰，而剥除表层产物后的试样谱图中的特征峰主要是 Fe、Fe_3O_4 和 FeOOH，其中 Fe 是基体，Fe_3O_4 为黑色内层腐蚀产物，FeOOH 可能为残留的表层产物也可能是与 Fe_3O_4 共存在于内锈层之中。图 3 和图 4 是以 16MnR 为例展示的腐蚀产物 XRD 测试结果。

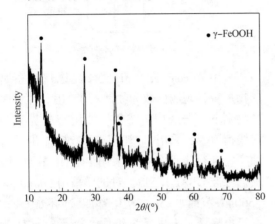

图 3　表层腐蚀产物 XRD 测试结果

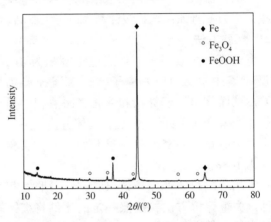

图 4　剥落表层腐蚀产物后试样 XRD 测试结果

文献报道，潮湿环境中，腐蚀初期氧气与金属表面接触充分，形成不稳定的 γ-FeOOH，当表面生成完整锈层之后，还原性较强的腐蚀产物成为强烈的阴极去极化剂，形成 Fe_3O_4，随后被液膜下的 O_2 氧化得到稳定的 α-FeOOH。最终腐蚀产物主要包括黄色的 γ-FeOOH、α-FeOOH 和黑色的 Fe_3O_4 等，外层为疏松易脱落的附着层，内层为结构致密附着性好的氧化物，这与实验结果一致。

将腐蚀产物去除后观察腐蚀形貌如图 5 所示。由图可见，悬挂于气相中的试样，碳钢基体腐蚀面积最大，有明显的深坑和大且浅的溃疡状腐蚀，腐蚀坑周围比较圆滑；铬钼钢局部有小蚀坑，周围为溃疡状；304 不锈钢基体未被腐蚀。浸没于液相中的试样，20# 和 16MnR 基体金属光泽不见，Cr5Mo 大部分区域基体金属光泽可见，局部存在不规则腐蚀坑，304 试样表面无腐蚀。

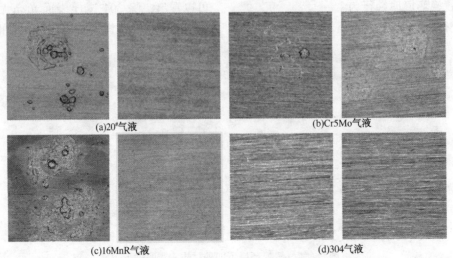

(a)20#气液　　(b)Cr5Mo气液

(c)16MnR气液　　(d)304气液

图 5　氮气置换环境下去除腐蚀产物四种材质腐蚀形貌

3.2　气相缓蚀剂辅助保护效果

图6是使用气相缓蚀剂条件下四种材质的腐蚀形貌。由图可见，气相缓蚀剂对四种材质的缓蚀效果良好，悬挂于气相中的试样表面均光亮无锈，浸没于液相中的试样，20#和16MnR金属基体呈灰黑色，表面金属不见光泽，溶液中有黄锈沉淀，试样表面残留少量黄锈，Cr5Mo表面不均匀分布黄色锈点，灰黑色锈点以黄色锈点为中心向周围扩展，304试样光亮无锈。3D轮廓仪对去除腐蚀产物后试样进行观察(见图7)显示，气相20#和16MnR试样表面有极少数腐蚀坑，液相20#试样表面分布相对密集小蚀坑，其他未见明显现象。

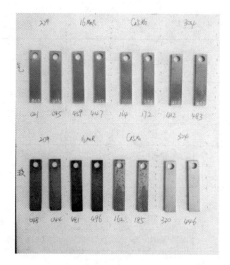

图6　使用气相缓蚀剂四种材质宏观腐蚀形貌

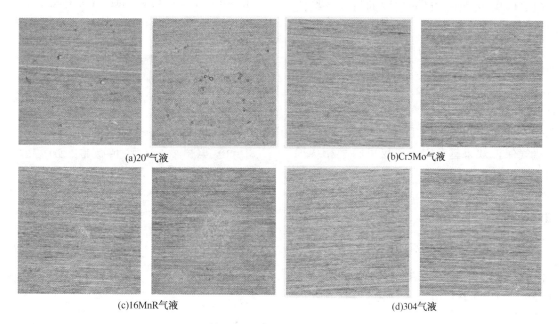

(a)20#气液　　　　　　　　　　(b)Cr5Mo气液

(c)16MnR气液　　　　　　　　　(d)304气液

图7　使用气相缓蚀剂四种材质腐蚀形貌

表2对比了使用气相缓蚀剂与仅进行氮气置换两种条件下碳钢、铬钼钢和不锈钢的腐蚀速率。结果表明，该气相缓蚀剂在气相潮湿环境中有明显的缓蚀效果，腐蚀速率有大幅降低，但液相中20#、16MnR和304材质试样腐蚀速率反而有一定程度升高。气相缓蚀剂具有缓释作用是因为缓蚀剂分子与水和氧在金属表面竞争吸附形成保护膜，可降低金属表面的腐蚀介质浓度，抑制吸氧腐蚀；解离出的小分子氨具有碱性，能提高金属表面液膜层pH值、将酸性介质中和，也能提高金属的耐蚀性。但是缓

释效果的好坏与其在金属表面的吸附能力和在电解质中的溶解度密切相关。若缓蚀剂溶解度低，金属表面不能形成致密的吸附保护膜，腐蚀介质就会与金属发生氧化还原反应，甚至产生缝隙腐蚀，加速基体的腐蚀过程；若缓蚀剂溶解度过大，则缓蚀剂均溶于水相而在金属表面吸附的分子过少，也不足以起到缓蚀的目的。因此，实验中缓蚀剂对气相空间缓释效果好而对液相空间无缓释效果的原因，可能是缓蚀剂分子在液相的试样表面未能形成有效的保护膜所致。

表 2 气相缓蚀剂保护效果

材质	腐蚀介质	加入缓蚀剂		未加缓蚀剂
		试验后现象	腐蚀速率/(mm/a)	腐蚀速率/(mm/a)
20#	气相	试样光亮无锈	0.0274	0.0795
	液相	基体呈灰黑色，无金属光泽，有黄锈	0.1255	0.0899
Cr5Mo	气相	试样光亮无锈	0.0114	0.0247
	液相	黄色及灰黑色锈点	0.0127	0.0607
16MnR	气相	试样光亮无锈	0.0208	0.1056
	液相	基体呈灰黑色，无金属光泽	0.1305	0.0548
304	气相	试样光亮无锈	0.0030	0.0033
	液相	试样光亮无锈	0.0078	0.0039

4 结论

（1）炼化装置停工目前采取的氮气置换法控制氮气中氧含量为 0.5%，通过研究发现在该条件下，碳钢和铬钼钢仍然存在一定的腐蚀，不锈钢有较好的耐蚀性能。

（2）本研究所选的气相缓蚀剂对气相空间具有良好的缓释性能，而对液相空间的没有明显保护作用。作为长期停工保护方法，时间越长，氮气保护效果越有限，建议可将气相缓蚀剂作为辅助保护方法，选择时需要深入了解其成分和作用机理，对其性能进行评价，优选最合适的药剂。

参 考 文 献

1 邱志刚，黄贤滨，刘小辉. 炼油化工装置闲置停工设备防腐蚀技术探讨[J]. 石油化工腐蚀与防护，2010，28(3)：28-30.

2 黄贤滨，兰正贵，刘小辉. 炼化企业闲置设备保护技术[J]. 石油化工设备，2009，38：42-43.

3 牛鲁娜，兰正贵，李伟华，等. 氮气保护下炼化企业停工装置的腐蚀行为研究[J]. 石油炼制与化工，2009，38：42-43.

4 Suzuki I, Hisamatsu Y, Masuko N. Nature of atmospheric rust on Iron[J]. J. Electrochem, Soc：Solid-state science and technology，1980，127(10)：2210-2214.

5 毛信表. 炼油厂闲置设备保护用气相缓蚀剂的研究[D]. 杭州：浙江工业大学，2002：3-5.

6 鞠玉琳，李焰. 气相缓蚀剂的研究进展[J]. 中国腐蚀与防护学报，2014，34(1)：27-36.

7 杨逢春. 炼油化工装置停工备用期间的防腐保护[J]. 石油化工腐蚀与防护，2014，31(3)：44-46.

8 Loto R T, Loto C A, Popoola A P I. Corrosion inhibitor of thiourea and thiadiazole derivatives：a review[J]. J. Mater. Environ. Sci.，2012，3(5)：885-894.

9 李志广，黄红军，万红敬. 金属气相防锈技术的应用进展[J]. 腐蚀与防护，2008，29(11)：654-656.

10 滕飞，胡钢. 气相缓蚀剂的研究进展[J]. 腐蚀科学与防护技术，2014，26(4)：360-364.

11 高国，梁成浩. 气相缓蚀剂的研究现状及发展趋势[J]. 中国腐蚀与防护学报，2007，27(4)：252-255.

12 Pieterse N, Focke W W, Vuorinen E, et al. Estimating the gas permeability of commercial volatile corrosion inhibitors at elevated temperatures with thermo-gravimetry[J]. Corros. Sci.，2006，48(8)：1986-1988.

13 张敏，万红敬，李志广，等. 气相缓蚀剂失重评价方法研究[J]. 包装工程，2007，28：40-41.

14 Vuorinen E, Botha A. Optimisation of a humidity chamber method for the quantitative evaluation of vapour phase corrosion inhibitors for mild steel[J]. Measurement，2013，46(9)：3612-3613.

15 汪川，曹公旺，潘辰，等. 碳钢、耐候钢在3种典型大气环境中的腐蚀规律研究[J]. 中国腐蚀与防护学报，2016，36(1)：39-46.

16 马桂君. 充气条件下 G105 钢在 NaCl 溶液中腐蚀规律和防护措施的研究[D]. 青岛：中国海洋大学，2007：18-31.

17 Focke W W, Nhlapoa N S, Vuorinen E. Thermal analysis and FTIR studies of volatile corrosion inhibitor model systems[J]. Corros. Sci.，2013，77(3)：88-90.

碳钢在湿硫化氢环境中的腐蚀行为研究

刘　艳　屈定荣

（中国石化青岛安全工程研究院，山东青岛　266071）

摘　要　通过硫化氢腐蚀模拟实验研究了碳钢在高含硫化氢环境下的氢损伤行为。实验表明，在高含硫化氢环境中，碳钢的均匀腐蚀速率并不高，但氢鼓泡的风险较大，尤其当硫化氢浓度超过19.8×10^{-6}（相当于气相浓度8000×10^{-6}）时，应加强对设备设施的检测，或提高设备的材料等级。

关键词　碳钢；硫化氢；腐蚀

1　前言

碳钢以其优异的机械性能、加工性能和价格低廉等特点，在石油化工行业得到广泛应用。多数生产装置投产使用后会面临湿硫化氢腐蚀问题，碳钢在硫化氢环境中的腐蚀行为、腐蚀机理和防护控制技术一直是关注的重点。本文通过模拟实验研究了碳钢硫化氢腐蚀规律和影响因素，对控制硫化氢腐蚀具有重要意义。

2　实验方法

采集某输油站区原油储罐罐底水，通过氢氧化钠和乙酸调节 pH 值，采用失重法开展硫化氢腐蚀模拟实验，选取 20# 钢作为试样，加工成 50mm×30mm×2mm 大小的试样，并用砂纸依次打磨至 800 目，清洗称重后放入腐蚀溶液中。向腐蚀介质中通入不同浓度的硫化氢气体，尽量使气、液相中硫化氢达到相平衡，实验时间为 7 天。实验结束后观察试样腐蚀形貌和腐蚀规律、XRD 分析腐蚀产物成分，清洗试样并称重，试样清洗方法参照 GB/T 16545—2015。

3　实验结果与讨论

3.1　不同硫化氢浓度碳钢腐蚀特点和腐蚀规律

硫化氢对腐蚀具有促进作用，含硫化氢时的腐蚀速率高于不含硫化氢时的腐蚀速率，但腐蚀速率与硫化氢浓度并不是简单的线性关系，硫化氢浓度为 20ppm（$1ppm = 10^{-6}$）左右时均匀腐蚀速率最大（见图1）。

从试样的宏观腐蚀形貌（见图2）亦可以看出，不含硫化氢时试样表面无明显腐蚀，存在金属光泽，在含硫化氢环境中，试样表面腐蚀明显，且硫化氢浓度在 20～25ppm 时试样表面

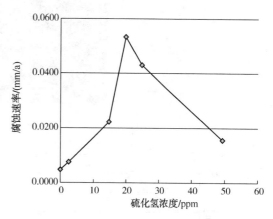

图1　碳钢腐蚀速率与硫化氢浓度的关系

出现明显氢鼓泡，硫化氢浓度过高或过低，都未发现氢鼓泡，这与硫化氢腐蚀速率规律是一致的。分析主要与硫化氢腐蚀生成的腐蚀产物膜有关，硫化氢与铁反应后能生成一层致密的 FeS 保护膜，该保护膜可防止金属基体与 H_2S 接触，减缓氢原子向金属基体扩散。但另一方面，腐蚀介质中的 H^+ 又可将 FeS 保护膜溶解，所以，H_2S 浓度较低时，FeS 生成速率小于损耗速率，硫化氢对腐蚀具有促进作用。存在一临近硫化氢浓度，FeS 生成速率与损耗速率相当，腐蚀速率达到最大值，若 H_2S 浓度大于该临界值，试样表面可形成连续的 FeS 保护膜，腐蚀速率开始下降。根据实验结果，硫化氢临界浓度在 20ppm 左右。

作者简介：刘艳，女，硕士，就职于中国石化青岛安全工程研究院，主要从事设备腐蚀性能评价与研究工作。

3.2 pH 值对腐蚀的影响

如图 3 所示，pH 值在 7~8 时，对硫化氢腐蚀均匀腐蚀速率的影响不大，腐蚀速率为 0.0400~0.0630mm/a，根据 NACE RP0775 对腐蚀程度的划分，属于中度腐蚀。在碱性溶液中，pH 值越大腐蚀速率越低。溶液 pH 值与水中硫类型和分布密切相关，不同的硫类型与 Fe 反应后生成不同的硫铁化合物。在 pH 值为酸性时，以 H_2S 为主，生成的腐蚀产物是以含硫量不足的硫化铁（Fe_9S_8）为主，该腐蚀产物膜不具有保护作用，能与基体形成腐蚀电偶，加剧腐蚀。pH 值为碱性时，主要成分为 S^{2-}，生成以 FeS_2 为主的致密的腐蚀产物膜，该产物膜具有一定保护作用，减缓腐蚀；pH 值近中性时主要以 HS^- 分布。另一方面，pH 值影响着 FeS_2 保护膜的稳定性，当 pH 值为酸性时，FeS_2 保护膜易被溶解生成 Fe^{2+}，无法形成稳定的 FeS_2 保护膜，腐蚀速率加快。

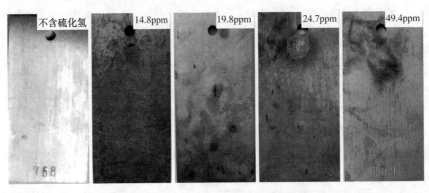

图 2　不同硫化氢环境中试样腐蚀形貌

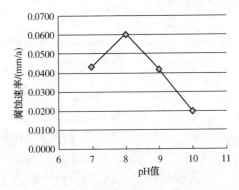

图 3　pH 值对硫化氢腐蚀速率的影响

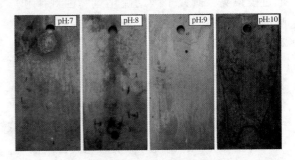

图 4　pH 值对硫化氢腐蚀影响

从宏观腐蚀形貌（见图 4）看，pH 值对均匀腐蚀的影响不大，但对氢鼓泡的影响较大：pH 值为 7~8 时有严重氢鼓泡；pH 值为 9 时，仅有轻微氢鼓泡，pH 值为 10 时，未发现氢鼓泡。pH 值越大，材料越不容易产生氢鼓泡。主要是因为 pH 值为酸性时，生成的是不具有保护作用的硫化铁（Fe_9S_8）产物膜，该膜在一定程度上阻止了氢原子向氢分子的转变，更多的氢原子渗入金属基体内部，导致氢鼓泡更严重。pH 值为碱性时，试样表面能形成稳定的具有保护作用的 FeS_2 产物膜，阻止腐蚀介质与基体接触，减缓氢原子向基体扩散。

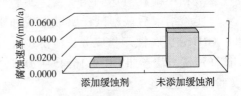

图 5　添加缓蚀剂前后硫化氢腐蚀速率对比

3.3 新研发缓蚀剂对硫化氢腐蚀控制效果

图 5 是添加缓蚀剂前后 20# 钢腐蚀速率对比图，添加缓蚀剂后腐蚀速率明显降低，且从宏观腐蚀形貌（见图 6）可以看出，添加缓蚀剂后，试样表面无明显腐蚀且氢鼓泡现象消失，腐蚀明显减轻，新研发缓蚀剂对抑制硫化氢腐蚀具有显著效果。

图6 添加缓蚀剂前后试样腐蚀形貌

4 结论

碳钢在硫化氢环境中的主要失效形式是氢鼓泡，均匀腐蚀速率较低，不超过 0.06mm/a，新研发缓蚀剂对抑制碳钢氢鼓泡具有显著效果。

参 考 文 献

1 卜文平，王剑梅. 高含硫原油储运问题研究[J]. 油气储运，2003，（7）：48-50.

2 张旺峰，梁永芳，朱金华. 石油专用管材的氢致开裂研究[J]. 西安公路交通大学学报，1998，（3）：93-95.

LDPE 装置超高压往复机冷却油净化及再利用

张 浩

（中国石化北京燕山分公司机械动力处，北京　102500）

摘　要　针对 LDPE 装置超高压往复式压缩机冷却油中混入低聚物、VA、内部油的问题进行原因分析，应用树脂吸附形式的过滤器进行试验，验证树脂吸附形式的滤芯对低聚物等杂质的滤除效果，对比过滤前、过滤后冷却油黏度、酸值、清洁度、水分的变化，同时应用模拟蒸馏对比过滤前后冷却油中非油物质的变化。经过三次试验，总结出树脂吸附形式过滤器可有效去除冷却油中混入的低聚物等杂质，过滤后油品满足使用要求，可循环使用，在满足设备润滑效果的情况下每月可减少大量冷却油消耗。

关键词　超高压往复机；润滑油；污染控制；树脂吸附过滤

1　问题背景

LDPE 装置二次压缩机由新比隆公司生产，两级压缩，型号为 12PK/6－6，功率为 16500kW，转速为 214r/min，气缸排气温度为 95℃ 左右，最高工作压力为 310MPa。低压段压力为 150MPa，内部油为 RC220。高压段压力为 280MPa，内部油为 CL－1400S，机组曲轴箱外部油、冷却油为 SHELL 的 S2B150。月度检验不合格问题频发，主要表现为静置后分层，长期以来依靠定期置换油品来解决此问题，每月置换量大致 10 桶（2000L），此问题影响设备稳定运行并造成用油成本大量增加。

2　原因分析

超高压往复式压缩机内部压力较高，达到 270MPa 左右，每级填料环非 100% 密封，填料泄漏气会逐级减少，运行中 VA、低聚物、内部油随填料泄漏气经过低压填料及刮油组件时，接触冷却油，随冷却油回油至 T4 油箱，造成冷却油中混入低聚物等物质，造成油品静置后分层现象。

3　处理措施

3.1　可去除溶解状态下的油泥、胶质物

润滑油工作温度为 60℃ 左右，此温度下大部分油泥、漆膜处于溶解状态，难以被去除，长周期运行情况下，容易在高温、流速低及摩擦部位聚集，从而形成漆膜、积碳，造成机组轴瓦温度升高、控制系统卡涩，3R 树脂吸附滤芯，采用表面涂层及树脂纤维专利技术，定向去除油泥、胶质物，除了可以去除饱和后析出的油泥外，还可以去除溶解在润滑油中的油泥、胶质物，解决一般净化设备处理不了的溶解状态油泥脱除问题。

3.2　高效、稳定过滤

大部分滤芯只标注过滤精度，如 5μm、10μm，过滤效率不明确，而过滤效率却是反映滤芯过滤效果的重要指标，一定程度上反映出过滤稳定性，一般控制系统要求过滤效率 β 值大于 200，即 99.5%，效率低会造成部分污染物透过滤芯进入油系统。3R 滤芯一般采用粗滤、精滤配合，在确保过滤效果的前提下，尽可能降低滤芯更换成本。其中精滤一般为 3μm，β 值为 929，过滤效率达到 99.9%。

3.3　聚结脱水，可去除乳化、溶解、游离水

脱水滤芯内部由聚结滤芯及分离滤芯构成，聚结滤芯采用特殊玻璃纤维及其他合成材料制成，具有良好的亲水性，分离滤芯采用疏水材质，具有良好的亲油憎水性。结合 3R 特殊脱水滤芯结构，可将乳化、溶解、游离三种状态的极小水滴聚结为水珠，沉降后分离，并且可直观观察到过滤水情况，脱水滤芯使用寿命比传统吸附式的脱水滤芯有明显优势。

作者简介： 张浩（1987—），男，天津人，2010 年毕业于大连理工大学过程装备与控制工程专业，工程师，现在北京燕山石化公司机械动力部从事设备管理工作。

4 试验论证树脂吸附形式过滤器效果

4.1 过滤前后油品外观变化

对比过滤前后油品静置后分层现场变化，发现过滤前油品略带污浊，分层现象明显，过滤后，油品外观透亮，未发生分层，具体情况如图1所示。

图1 过滤前后油品外观变化情况
（右侧为过滤前，左侧为过滤后）

4.2 过滤前后油品常规理化指标变化

三次过滤试验对比数据分别见表1~表3。

表1 第一次过滤试验数据

分析项目	T4过滤前	T4过滤后	标准
黏度/(mm²/s)	180.6	141.3	135~165
酸值/(mgKOH/g)	0.31	0.1	≤0.306
水分/10⁻⁶	220	120	≤1000

表2 第二次过滤试验数据

分析项目	T4过滤前	T4过滤后	新油	标准
黏度/(mm²/s)	207.5	143.5	152.3	135~165
酸值/(mgKOH/g)	0.206	0.089	0.106	≤0.306
水分/10⁻⁶	215	124	痕迹	≤1000

表3 第三次过滤试验数据

分析项目	T4过滤前	T4过滤后	T4二次过滤	杂质	标准
黏度/(mm²/s)	215	148.5	149.5	278.7	135~165
酸值/(mgKOH/g)	0.4	0.12	0.2	0.86	≤0.306
闪点/℃	259	260	263	269	
水分/10⁻⁶	566	184	—	—	≤1000

三次过滤后结果均表明：黏度、酸值恢复正常。水含量方面，重要程度一般的设备可靠性惩罚因子为5，对应水含量上限为1000×10⁻⁶，考虑到机组重要程度较高，惩罚因子应提高（最高为10），假设提高到6，对应水含量上限已达到500×10⁻⁶，所以水含量越小越可靠，应尽可能降低水含量，过滤后可见水含量得到明显改善，满足设备长周期运行要求。

4.3 过滤前后模拟蒸馏数据变化情况

两次模拟蒸馏数据显示过滤后数值近似于新油，影响蒸馏试验的物质被有效滤除，具体数值见表4和表5。

表4 第一次模拟蒸馏数据

样品名称		新油	T4过滤前	T4过滤后	T4过滤后杂质(下层)	低聚物
模拟蒸馏	IBP	330.4	287.2	282.4	261.1	346.6
	2%	391.5	391	388.3	376.3	461.6
	10%	421.4	426.5	422.5	435.7	545.6
	20%	439.2	446.7	440.3	462.8	603.4
	30%	456.2	464.6	456.4	482.8	643.8
	40%	474.5	481.7	473.3	498.5	674
	50%	496	500.9	493.1	520	698.2
	60%	520.1	526.3	517.3	546.8	717.2
	70%	546.3	555.1	545.2	574	735.6
	80%	574.8	585.8	575.6	599.4	749.6
	90%	611.2	622.1	613.8	629.5	(73.6%)
	97%	654.3	663.4	659.3	672.1	
	FBP	692.9	703	699	709.8	

表5　第二次模拟蒸馏数据

样品名称		T4 滤前	T4 滤后	T4 二次过滤后	T4 过滤后杂质
模拟蒸馏	IBP	299.4	332.6	372.7	259.2
	2%	396.5	394.8	397.3	397.4
	10%	426.5	422.8	424.2	431.4
	20%	444.6	440.2	442	453.3
	30%	460.4	456.3	458.4	471.3
	40%	476.7	473.5	475.4	488.3
	50%	496.5	493.2	495.4	508.5
	60%	520.5	516.3	518.9	532.9
	70%	547.9	542.5	545.5	560.5
	80%	577.9	571.5	575.1	589
	90%	614.4	607.7	612.5	623
	97%	656	650.7	655.7	665.1
	FBP	698.1	689.7	696	705.4

5　结论

应用树脂吸附形式的过滤器进行试验,验证树脂吸附形式的滤芯对低聚物等杂质的滤除效果,对比过滤前、过滤后冷却油黏度、酸值、清洁度、水分的变化,同时应用模拟蒸馏对比过滤前后冷却油中非油物质的变化。三次试验结果显示树脂吸附形式过滤器可有效去除冷却油中混入的低聚物等杂质,过滤后油品黏度、水分、酸值得到改善,低聚物被有效滤除,过滤后油品满足循环使用要求,在满足设备润滑效果的情况下预计每月可减少2000L冷却油消耗。

柴油站台鹤管转动活节密封改造

柏长玉

（中国石油辽阳石油化纤有限公司建修公司，辽宁辽阳　111003）

摘　要　辽阳石化公司炼油厂柴油装卸车站台鹤管转动活节由原来的骨架胶圈密封改造为内嵌双道密封圈，为解决鹤管活节的泄漏问题提供了好办法。

关键词　骨架胶圈；O形密封圈；内、外隔圈；静压试验；动压试验

1　序言

多年来，辽阳石化炼油厂西油品车间装卸车站台鹤管转动活节泄漏问题一直困扰着该车间的工程技术人员和检修车间的维护人员，原来的密封为橡胶材质的骨架胶圈，外箍一圈合金铜丝，由于经柴油浸泡，原来的胶圈变硬变脆，从而失去密封效果，再加上柴油渗透力较强，因此造成较严重的泄漏问题。通过内置式O形密封圈的投入使用，较好地解决了上述问题，保证了装卸车的正常进行。

2　问题分析

原来的活节密封如图1所示，在活节的内、外转动体的接触间隙处装有一骨架胶圈，胶圈分内、外两道，外圈紧贴活节外转体内壁，内圈则抱紧内转体外壁，其配合为小间隙配合，内圈外环则箍一圈合金铜丝，起紧固密封作用。

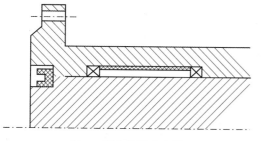

图1　原来的活节密封

在刚开始的几次装卸车中，胶圈尚能起到密封作用，但经过柴油的多次浸泡，橡胶圈逐渐变硬变脆，失去了本来可弹性伸缩的密封作用，随着活节的频繁转动，骨架胶圈脆裂变形，使密封间隙变大，在装卸车过程中，造成柴油泄漏，不仅给油料跑漏造成损失，并且使站台表面油污一大片，给操作和维修人员带来很大麻烦，也增大了易燃和打滑摔倒的危险系数。

3　解决办法

经过笔者的细心研究和实践，对活节密封提出了下列的改进：将原来放骨架胶圈的位置下移，由原来直接接触柴油变为内嵌式，将骨架胶圈改为O形密封圈，并且双密封，将原来的轴承隔圈单层变为内、外两隔圈；为提高密封效果，将密封圈与外转动体的间隙由0.15mm减小0.10mm以达到减小油压的损耗，提高密封油压力。下面就通过对改造前后的两种间隙密封阻力的计算来进行比较。

管路中流动总阻力降的计算公式为：

$$\Delta p = \rho v^2/2\,(\lambda l/d + \Sigma \zeta) \qquad (1)$$

式中　Δp——沿程总阻力降，Pa；

ρ——流体密度，kg/m³；

v——管内流体平均流速，m/s；

λ——沿程阻力系数；

l——管路长度，m；

d——当量直径，m；

ζ——局部阻力系数。

为了研究方便，假设改造前后配合间隙内润滑油流动状态为湍流，故λ只与相对粗糙度ε/d有关，且通过间隙流量Q不变。则：

$$v = Q/F \qquad (2)$$

式中　Q——流量，m³/s；

作者简介：柏长玉，工程师，现在辽阳石油化工纤有限公司建修公司从事压力管器和管道检维修技术工作。

F——间隙密封截面积，m^2。

将(2)式代入(1)式得：

$$\Delta p = \rho Q^2 / 2F^2(\lambda l/d + \Sigma\zeta) \qquad (3)$$

3.1 计算改造前间隙密封阻力 Δp_1（见图2）

$d_1 = D_{11} - D_0 = 121 - 120.85 = 0.15mm$

$l_1 = 100mm$

$F_{11} = \pi/4(D_{11}^2 - D_0^2) = 28.48 \times 10^{-6} m^2$

$F_{12} = \pi/4(D_{11}^2 - D_{12}^2)$

$\varepsilon = 0.1$

$\lambda_1 = 0.1$ 局部阻力系数 ζ 共有以下几项：

入口处：$\zeta_{11} = 0.5$

突然扩大2处：$\zeta_{12} = (1 - F_{11}/F_{12})^2 = (1 - 0.017)^2 = 0.966$

突然缩小2处：$F_{11}/F_{12} = 0.017$，$\zeta_{13} = 0.41$，$\zeta_{14} = 1$

$\Sigma\zeta = \zeta_{11} + 2\zeta_{12} + 2\zeta_{13} + \zeta_{14} = 4.25$

$\Delta p_1 = \rho Q^2 / 2F^2(\lambda l/d + \Sigma\zeta) = 4.37 \times 10^{10}\rho Q^2$

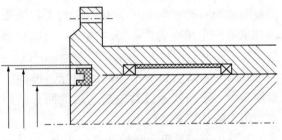

图2　计算改造前间隙密封阻力

3.2 计算改造后间隙密封阻力 Δp_2（见图3）

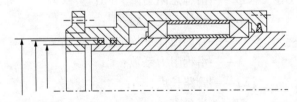

图3　计算改造后间隙密封阻力

$d_2 = D_{21} - D_0 = 0.10mm$

$l_2 = 100$

$F_{21} = \pi/4(D_{21}^2 - D_0^2) = 18.99$，$F_{22} = \pi/4(D_{21}^2 - D_{22}^2)$

$\lambda_2 = 0.1$

入口处：$\zeta_{21} = 0.5$

突然扩大2处：$\zeta_{22} = (1 - F_{21}/F_{22})^2 = 0.977$

突然缩小2处：$F_{21}/F_{22} = 0.0115$，$\zeta_{23} = 0.46$，$\zeta_{24} = 1$

$\Sigma\zeta = \zeta_{21} + 2\zeta_{22} + 2\zeta_{23} + \zeta_{24} = 4.37$

$\Delta p_2 = \rho Q^2 / 2F^2(\lambda_1/d + \Sigma\zeta) = 1.44 \times 10^{11}\rho Q^2$

3.3 比较密封改造前后阻力降之比

$\rho = \Delta p_2 / \Delta p_1 = 1.44 \times 10^{11}\rho Q^2 / 4.37 \times 10^{10}\rho Q^2 = 3.3$

由此可见改造后间隙密封阻力为改造前间隙密封阻力的3倍多，经笔者设计的活节密封大大地增加了密封的保险系数，降低了物料的损耗。

笔者新设计的转动活节委托沈阳机械制造公司加工制作，组装后进行静压试验，压力达到1.25MPa再进行动压试验，其压力为1MPa，转数为10r/min，保持压力15min不泄漏。

4 结论

新的转动活节投入站台运营后，经过一年多的装卸车检验，没有发现一例泄漏超标，达到了预期效果。

罗茨风机机封失效分析及改进

张　妍

（中国石化北京燕山分公司合成树脂部，北京　100012）

摘　要　针对聚丙烯装置粉料输送线上的罗茨风机机封失效情况进行原因分析，并根据具体情况采取相应的措施。希望通过对机封结构型式的改型，提高机封的使用寿命，降低检修频率，从而提高生产安全性，减少对环境的影响。

关键词　罗茨风机；多弹簧双端面机封；机封失效

1　设备概况

C-209A/B 两台罗茨风机是我车间（第二聚丙烯装置）的重要设备。该风机为第三反应釜 D-203 出料线的送料设备，由大晃机械制造，型号为 RD-100SNP，正常情况下一用一备。其工艺条件为：进口压力为 1.94MPa，出口压力为 2.04MPa，输送介质为循环丙烯气，密封流体为 15 号工业白油，密封油压力为 2.6MPa，工作转速为 1465r/min，流量为 450m³/h，工作温度为 70℃。

2　机封失效问题

2.1　机封情况介绍

该风机采用多弹簧双端面机械密封，由成都石华密封公司提供。投用以来一直存在机封滴漏现象，使用情况不稳定，机封效果不理想，平均使用寿命短，有的刚使用就会有泄漏，好的能运行 3 个月左右。

机封使用情况如表 1 所示。

表 1　机封使用时长统计表

使用时长	2 周	1 个月	2 个月	6 个月	1 年
数量	2	2	1	3	1
占比	22%	22%	11%	34%	11%

泄漏的情况也不相同，有的是密封油大量泄漏进入到工艺系统，影响产品质量；有的是工艺介质进入密封油腔，导致密封失效；有的是外漏至空气，导致密封油消耗量急剧增加，严重影响装置的长周期运行。泄漏机封情况如图 1~图 3 所示。

图 1　机封静环面

图 2　内侧静环安装

图 3　弹簧盒拆卸

作者简介：张妍，女，安徽桐城人，2015 年毕业于辽宁石油化工大学过程装备与控制工程专业，现就职于中国石化北京燕山分公司合成树脂部，任二聚装置设备工程师。

2.2　失效分析

通过查看近几次的检修图及数据，总结机封故障原因，发现造成机封泄漏有以下三个原因：

（1）机封弹簧设计和选材存在缺陷；

（2）安装时压量值计算存在偏差；

（3）循环气内含有粉料，进入机封内加速机封磨损。

2.2.1　机封弹簧设计和选材缺陷

此款多弹簧双端面机封，两个摩擦副分别对输送介质（内侧）和密封流体白油（外侧）进行密封。两个静环随着静环座安装在风机壳体上，两个动环共用同一个弹簧盒（见图4），弹簧盒安装在随轴转动的轴套上。经过计算我们发现，机封运转时的端面比压虽然大于0，但对于转速为1465r/min的罗茨风机来说，显然偏低，这也就是为什么有时候机封很容易漏油的原因。导致端面比压不足的最大原因就是弹簧的选材问题，本款机封弹簧选用的是316合金钢，载荷系数不够，不能提供足够的补偿力。

图4　机封弹簧盒

经过相关计算，机封的端面地压 P_b = 3.641MPa，P_b >0，即油系统运转时，即使机封承受反压，机封的端面比压也大于零，照理说，机封不应该泄漏，但对于1465r/min的罗茨风机，其推荐端面比压为6MPa（厂家推荐值为6~10MPa），显然该机封的 P_b 值偏低，也就是为什么有时候机封很容易漏油。

2.2.2　安装时压量值的计算偏差

双端面机封的安装方式比较繁琐，需要测量较多的数据，如图5所示。

安装前，需要通过计算来确定弹簧盒的位置。假设机封的总压量为 N。首先要测量两个

图5　机封、轴套安装图

动环面之间的距离 L_1，这是弹簧自由状态下动环面间的距离。其次，要测弹簧被完全压缩后两个动环面的长度 L_2，最后测量两个静环面之间的距离 L_3。在机封出厂质量达标的前提下，L_1、L_2、L_3 均为固定数值。L_1 = 78mm，L_2 = 69mm，L_3 = 73mm，则机封可提供的总压量 N_1 = L_1 - L_2 = 9mm，那么实际安装总压量 N_3 应为 N_3 = $2/3N_1$ = 6mm，风机密封腔可安装总压量 N_2 = L_1 - L_3 = 5mm。N_3 > N_2，则机封安装时必然有一侧空间不够。

下面来进行机封安装计算。双端面机封两侧的压量按固定比例分配，一般我们均按照5：5的比例进行调配，N_1 = N_2 = $N_3/2$ = 3mm，即一边分配3mm的压量。静环安装在墙板上的静环座上，静环面到墙板面的距离一定，K = 79.3 mm，考虑轴窜量 C = 0.4mm，即轴套端面到墙板面的距离为 C = 0.4mm。静环面到轴套端面的距离 M = K + C = 79.7mm。那么，弹簧自由状态下动环面到轴套端面的距离为 L = M - N_1 = 76.7mm。

通过上述计算确定了弹簧盒的位置和内侧的实际压量，随后将轴套回装，排除掉轴窜量。排除机封的加工误差及人工测量的误差，来核算外侧机封的实际压量。这个时候总会发现，外侧实际压量将近3mm，但密封腔余隙压量仅剩2mm，几乎已将外侧弹簧压死。为了避免弹簧失效、机封面磨损，我们不得不选择在外侧静环座处增加1~2mm的垫片，以给机封充足的空间。

增加垫片后的机封泄漏情况并未改善，反而很多次泄漏严重时，检修拆卸下来的机封端面并无明显磨损。排除弹簧弹力不足的因素，

经过多次对比和研讨，我们发现安装时的机封压量测量方式存在偏差。这个双端面机封弹簧盒如图6所示。

图6 弹簧盒位置图

当弹簧处于自由状态时（两端弹簧是一个整体，并非两根），因为销子的作用力，中间的固定环位置是不可动的；但当给两端动环施加一定的压力时，弹簧压缩，销子的长度大于弹簧被压缩后的长度，这时销子不再给固定环拉力，固定环便可在弹簧上自由移动，但它有一个可移动范围，即最多不能超出销子的长度。

这就意味着，机封在装入罗茨风机以后，固定环的位置并不能分配内外侧弹簧的压缩量，相反，两端的弹簧还能相互补偿。当里侧压量达3mm时，外侧密封腔虽仅剩2mm的压缩空间，也并不会导致弹簧被挤压至弹性变形，因为同一根弹簧可以在固定环上自由移动（一定范围内），这样外侧多出来的1mm压量就被弹簧平衡掉了。所以之前分两端计算和分配压量的安装方式已经没有意义了。

2.2.3 循环气内粉料对机封的影响

如图7所示，通过分析近几年的维修记录，我们发现机封泄漏一半的情况是由粉料进入密封腔体引起的。

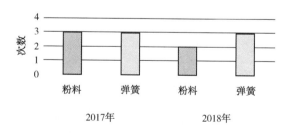

图7 机封泄漏原因分析图

罗茨风机的输送介质是丙烯气，循环过程中可能会携带聚合装置生产的聚丙烯粉料。一旦聚丙烯粉料进入 C-209 输送系统，就有可能进入内侧机封的摩擦副之间，造成动静失衡，静环面磨损，严重时更是直接将内侧机封弹簧整个填满，弹簧无法给予补偿量，最终密封失效，密封油内漏严重。

3 采取的措施

3.1 更换弹簧材质

经过与厂家多方沟通，最终确定了更换弹簧材质的方案，将弹簧材质由以前的316合金钢更新为哈氏合金钢。在不改变弹簧尺寸及压量和机封形式的情况下，弹簧的弹性系数显著提高，机封的端面比压值也上升至合理范围内。提高了弹簧的补偿能力，从而延长了机封的使用寿命。

3.2 改变安装方式

原始将内外侧机封压量分开考虑的安装方式，已被验证了不完全合理。在同样排除机封的加工误差、人工测量的误差以及轴窜量的情况下，我们考虑内外侧弹簧相互补偿的能力，也就是在销子长度范围内机封被压缩后这根弹簧能平衡的压量，即机封弹簧可使用的总压量，也就是上述分析中的实际安装总压量 N_3。由此可知，该机封弹簧完全可以平衡实际安装总压量，所以在安装时我们只需将机封固定在密封腔的正中间位置即可，通过上文计算固定环在轴套上的位置，保证内外侧弹簧能自由移动的距离相等，即保证补偿能力相同，那么机封就处于最合适的安装位置。

改变前后的密封油泄漏情况如图8和图9所示。

通过对比可以看出，整改后密封油补油周期延长，机封泄漏情况明显见好，措施成效显著。

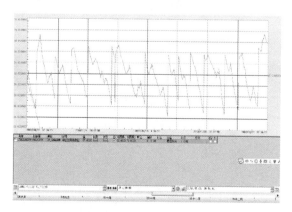

图8 改变前密封油补油情况

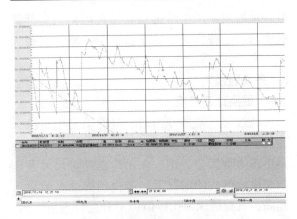

图9　改变后密封油补油情况

3.3　增加过滤器

面对系统中循环的粉料，我们不可能做到完全消除，但可以阻断它进入密封系统。在循环气进入罗茨风机前段，增加一个过滤器，选用合适目数的滤网，以保证粉料被充分拦截。

超高压柱塞泵填料失效分析及对策

吴建峰

（中国石化上海石油化工股份有限公司塑料部，上海　200540）

摘　要　通过对上海石化塑料部高压聚乙烯装置的超高压柱塞泵填料环异常泄漏进行研究和分析，找出造成填料异常失效的原因是超高压柱塞泵缸体内孔磨损、压力环异常开裂和柱塞往复运行时径向力的产生，导致填料经常发生异常泄漏。针对失效原因，决定采取改造超高压缸体和更换压力环材质及柱塞采用浮动式连接。实践证明，超高压柱塞泵较改进前运行更加平稳，填料突然异常泄漏的情况已基本消除。

关键词　超高压柱塞泵；缸体；压力环；填料；浮动式连接

上海石油化工股份有限公司塑料部第二套高压低密度聚乙烯合成装置系引进日本三菱油化公司超高压管式法专利，由意大利司南普吉提公司总承包，于 1992 年 4 月 7 日建成投产。设计能力为 80kt/a，经过多年工艺不断优化，现生产能力达 100kt/a。主要设备均从国外引进，其中引发剂有机过氧化物注入泵由德国引进。该泵型号为 HP2203-19，每台有 2 个缸，采用对置式结构，如图 1 所示。

该泵工作压力为 230~270MPa，设计压力为 350MPa，属于超高压柱塞泵。设计能力为 50L/h，主要参数见表 1。

图 1　超高压柱塞泵

表 1　上海石化塑料部高压聚乙烯装置的超高压柱塞泵主要参数

入口压力/MPa	出口压力/MPa	最高工作压力/MPa	设计压力/MPa	油温/℃	设计能力/（L/h）	电机功率/kW	介质
0.5	230~270	300	350	40~60	50	15	有机过氧化物

超高压柱塞泵由于工作压力较高，所以柱塞材质为纯质碳化钨，缸体采用进口材料 33NiMoV14-51.6956 钢制造，且经过了自增强处理，每个缸体内的密封由 5 道填料环、5 道中间环及 1 道压力环组成。超高压柱塞泵缸体内填料结构如图 2 所示。

该柱塞泵自投用以来，缸体填料经常突然发生异常泄漏，造成聚合反应峰波动，被迫切泵更换填料或缸体，一般 3 个月左右就需更换一次填料，1 年不到就需更换一次缸体，由于超高压备件价格昂贵，所以所需维修和备件费用较大，且聚合反应峰经常突然发生波动，更是严重威胁装置长周期安全运行。

为此，决定对上海石化塑料部 2 号高压聚乙烯装置引发剂有机过氧化物注入泵——超高压柱塞泵填料的异常失效原因进行分析，找出失效原因，并根据分析结果进行有效治理，以

作者简介：吴建峰（1973—），男，2008 年毕业于上海华东理工大学化学工程与工艺专业，工程师，长期从事高压聚乙烯装置设备管理工作。

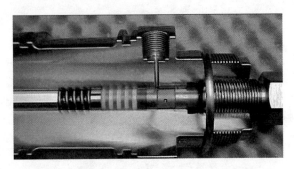

图2　超高压柱塞泵缸体内填料结构剖视图

提高缸体填料的使用寿命。

1　填料异常失效分析

在正常情况下超高压柱塞泵的填料一般可以连续使用1年以上，而该超高压柱塞泵的填料使用3个月左右就由于泄漏且无法再紧固而更换。经对缸体解体检查发现，填料环和中间环无明显损坏，而压力环却异常开裂，是导致填料大量泄漏的主要原因。但压力环在正常的工作压力下是不会开裂的，只有在填料经过了一定量的紧固后才会导致压力环开裂。由于填料发生泄漏后，首先必须要做的是紧固填料，但紧固一定量后就会导致压力环开裂。这就产生了矛盾，于是决定要找出在填料紧固之前填料泄漏的原因。

经过长时间的观察和分析发现超高压柱塞泵的填料泄漏的主要原因与柱塞不对中、缸体内孔磨损、压力环开裂有关。

1.1　柱塞不对中原因分析

超高压柱塞泵的柱塞连接方式为硬性连接，即用2道夹环锁住柱塞，所以柱塞安装无径向间隙，当超高压缸体填料侧发生微型跳动时，柱塞会因径向抑制而产生弯曲应力。柱塞只能以弯曲状态往复运动，泵的柱塞在往复运动中，对密封填料产生单侧磨损，于是产生径向力而使填料密封面产生间隙，随即会发生有机过氧化物渗透而产生泄漏。

1.2　缸体内孔磨损原因分析

超高压缸体选用了进口调质结构钢33NiMoV14-51.6956，可以承受300MPa左右的超高压力，有很好的弹性，其缺点是硬度低，耐腐蚀性和耐磨性差。每个缸体内的密封有5道填料环、5道中间环及1道压力环，都为V形结构。当相邻的两填料的密封结合表面上对

应位置的变形程度和内压力均不同时，会造成应力和变形的差异，导致密封面的相对运动，随缸体的吸入与排出，缸体内压力的周期性变化造成相邻的密封面之间产生滑动和摩擦，由于该处的变形及相对滑动是微米级的，可以确定是微动磨损。

根据每次拆开检查泄漏的缸体情况，磨损总是发生在安装填料的地方，其他则光滑完好。现设填料盘密封压紧力为P，摩擦系数为μ，则摩擦力为$F=\mu P$，相邻二片填料所承受的内压分别为P_1和P_2，设$P_1>P_2$，由P_1和P_2所产生的径向应力之差就是二摩擦表面的剪切应力。如果剪切应力大于填料盘密封压紧力P所产生的摩擦力μP，则产生了相对滑动，如果小于μP则不产生滑动。填料受内压所产生的径向应力大小可以由拉美公式计算出来，其应力分布是沿着填料逐步减小，到达外圈时径向应力为0；而填料表面的摩擦力F则为一个恒定值，始终是μP。所以在填料内圈附近，其径向应力之差就会大于摩擦力而形成滑动，外圈附近由于径向应力之差小于摩擦力而无法滑动，而在这两个区域之间是处于混合区域，因而填料区域是易发生微动磨损的区域，随着磨损的加剧，密封表面被破坏，随即会发生有机过氧化物渗透而产生泄漏。

1.3　压力环开裂原因分析

由于超高压柱塞泵填料发生泄漏后，首先必须要做的是紧固填料，压力环的材质为非金属，能够承受一些挤压，但紧固一定量后就会导致压力环开裂，如图3所示，压力环开裂后已无法起到密封作用，使有机过氧化物产生大量的泄漏。

图3　超高压柱塞泵缸体内拆下的开裂压力环图

2　改进措施及效果

考虑上海石化塑料事业部 2 号高压聚乙烯装置的具体情况和现场条件，决定采用改造超高压柱塞泵的缸体、更换压力环材质及柱塞采用浮动式连接的措施，解决超高压柱塞泵填料异常失效的问题。

2.1　改造超高压柱塞泵缸体

原来缸体的材质为进口调质结构钢33NiMoV14-51.6956，可以承受 300MPa 左右的超高压力，有很好的弹性，其缺点是硬度低，硬度为 HRA60，长期使用，内孔避免不了产生磨损。

可以采用热套形式的缸体。外层用优质不锈钢，材料化学成分见表 2；内层用复合碳化钨衬里(94%碳化钨，6%镍)，材料化学成分见表 3。复合碳化钨衬里洛氏硬度为 HRA90，具有高强度，有极好的耐腐蚀性和耐磨性。带碳化钨衬里的缸体有以下优点：泵体的使用寿命可以明显延长；填料的使用寿命可以延长；改进泵体与压力环的密封。

表 2　缸体外层材料化学成分

成分	C	Si	Mn	P	S	Cr	Mo	Ni	Cu	Nb	Ta
含量/%	0.029	0.35	0.51	0.018	0.0006	14.86	0.20	5.08	3.2	0.27	0.002

表 3　缸体内层材料化学成分

成分	碳化钨	镍
含量/%	94	6

2.2　柱塞采用浮动式连接

超高压柱塞泵的柱塞原来的连接方式为硬性连接，即用 2 道夹环锁住柱塞，所以柱塞安装无径向间隙，当超高压缸体填料侧发生微型跳动时，柱塞会因径向抑制而产生弯曲应力。

现柱塞采用浮动式连接方式，悬浮式柱塞联轴节只传递轴向力。柱塞安装有径向侧隙，可排除柱塞上因径向抑制而产生的任何弯曲应力。其优点如下：可降低因设备错误装配而产生的找正失误；明显延长填料的使用寿命；减少更换备品备件(不需要冲头夹环)。

2.3　更换压力环材质

由于超高压柱塞泵填料发生泄漏后，首先必须要做的是紧固填料，原来的压力环的材质为非金属，能够承受一些挤压，但紧固一定量后就会导致压力环开裂。

压力环由非金属改为铜，以增其耐压性。

参照国外先进技术，采用改造的缸体热套技术和柱塞浮动式连接及铜压力环，如图 4 所示。

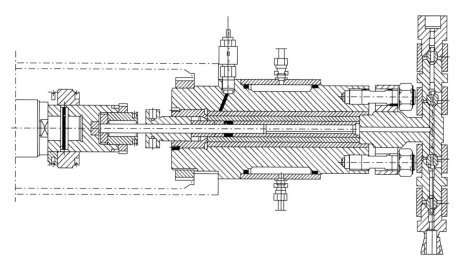

图 4　改造后的超高压柱塞泵的缸体填料

2.4　改进后的效果

采用改造超高压柱塞泵的缸体、更换压力环材质及柱塞采用浮动式连接的措施后，对该泵的运行情况和填料异常失效情况进行跟踪，经过观察，发现该泵较改进前运行更加平稳，填料突然大量泄漏的情况已基本消除，大大减少了以往那种由于泵的填料突然泄漏，导致装置聚合反应峰波动而切泵检修的情况。

以投用半年情况看，超高压柱塞泵填料异常泄漏失效的现象已基本得到控制，解决了多年困扰高压聚乙烯超高压柱塞泵安稳运行的难题。保守估计，为此装置每年可节约备件和检修费用达 10 多万元，另外减少反应峰波动可以使装置更加平稳地长周期运行。

参 考 文 献

1　周仲荣，LeoVincent. 微动磨损［M］. 北京：科学出版社，2002.
2　UHDE High Pressure Technologies HP Pump head HP2203 Documentation 1873031.

节能环保新技术解决生产现场难题

朱铁光　颜祥富　杨军文　李银行

（岳阳长岭设备研究所有限公司，湖南岳阳　414012）

摘　要　节能减排是当前石化企业生产面临的主要问题之一。本文针对保温性能在线修复、加热炉炉效综合治理、高含油污水处理、浮渣及油泥资源化利用等生产难题，分别提出了有针对性的解决办法。现场应用表明，这些新技术具有很好的推广应用前景。

关键词　节能环保；保温；加热炉；污水

1　前言

数据显示，我国单位 GDP 能耗是世界平均水平的 1.8 倍、美国的 2.3 倍、日本的 3.2 倍，并且高于巴西、墨西哥等发展中国家。中国石化于 2013 年和 2014 年分别提出了碧水蓝天计划和能效倍增计划，投入了大量资金大力推进节能减排工作，解决了大量突出的问题。未来五年行业传统节能技改空间将进一步收窄，节能边际效应将逐步降低，完成指标任务将更加艰巨。

为此，有必要针对生产现场的节能减排难题，有针对性地不断开发节能环保新技术，持续推动石化清洁生产目标的实现。

本文针对石化生产中对节能指标影响巨大的保温和加热炉能效问题、高含油污水及浮渣与油泥处置问题等，分别提出了有效的解决办法，实际应用中取得了明显的成效。

2　热力管道在线保温修复技术（难题一：保温性能不达标的热力管道如何实现不停工在线保温修复）

2.1　热力管道保温现状及节能潜力分析

热力管道的散热损失是石化企业能耗的重要组成部分。对多个企业的管道保温性能测试结果表明，70% 以上的管道保温性能不达标（评价准则：GB/T 8174《设备及管道绝热效果的测试与评价》），近 60% 的管道保温散热损失超标 50% 以上，相当一部分散热损失超标 100%。图 1 是某石化企业 49 条热力管道散热损失测试结果汇总分析情况。

对保温性能不达标的管道进行改造，其经济

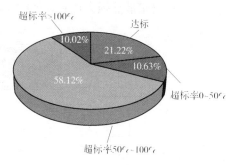

图 1　某石化企业热力管道保温性能测试结果

效益将十分显著。以工艺介质温度 410℃、表面热流密度 441.4W/m²（达标值为 207.2W/m²，超标率为 100%）、长度 1000m、管径 φ300mm、保温厚度 120mm 的热力管道为例，如果经保温修复后，散热损失达到 GB/T 8174 中的规定，将年节约标油 260t，约合 78 万元，如表 1 所示。因此保温修复的节能潜力非常巨大。

2.2　纳米涂料保温修复技术简介

传统的保温修复改造方案一般是拆除更换原有保温材料，加大保温层厚度，重新再做保温。这种方案存在以下几个方面的缺点：

（1）浪费原有的保温材料，产生新的工业固废垃圾，增加了固废处理费用；

（2）施工不便，施工工作量巨大，一般需在停工检修期间才能进行施工改造；

作者简介：朱铁光（1968—），男，1988 年毕业于华东理工大学，硕士研究生，现就职于岳阳长岭设备研究所有限公司，任公司总经理，教授级高工。

表1   管道保温修复节能潜力分析

管道长度/m	保温表面积/m²	热流密度/(W/m²)	达标热流密度/(W/m²)	修复后降低/散热量/GJ	折算标油/t	节能效益/万元
1000	1695.6	414.4	207.2	10877.1	259.6	77.9

（3）如果不停工更换保温，一是大量的新旧保温材料堆放现场，增加了现场管理难度和不安全因素，同时在线施工时亦发生烫伤等安全事故。

（4）一般需增大保温层厚度，但在实际施工时，很多管廊管道保温空间受限，无法实施。

（5）成本高。材料成本和保温拆除与安装成本过高。

针对上述缺陷，我们自主研发了一种"热力管道在线保温修复技术"，该技术可很好地解决上述问题，并使管道散热损失达到标准的要求。

该技术的核心是研制了一种保温隔热性能优异、施工方便快捷的保温隔热材料——"纳米保温涂料缠绕带"，它是将高性能的纳米保温涂料浸渍在特种多孔纤维材料上复合而成。该材料外观呈带状，尺寸为 1000mm×100mm×1mm 和 1000mm×200mm×2mm 两种规格。施工时无需拆除原有保温，只需将它按一定的规范缠绕在管道保温的外表面，再涂刷防水保温涂料即可（也可在外表面再包裹一层铝箔进行进一步的防护），如图2所示。

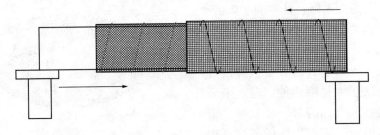

图2   纳米涂料保温施工示意图

该在线保温修复技术与传统保温改造技术性能对比如表2所示。

表2   纳米涂料在线保温修复技术与传统保温改造技术性能对比

序号	项目	传统保温技术	在线保温修复技术
1	施工性能	停工条件下施工	停工和运行条件下都可施工，方便快捷
2	可回收性	原有保温材料一般不可回收利用，产生大量固废垃圾，难以处理，且处理成本高	原有保温材料无需拆除，重复利用，不产生固废垃圾
3	外护性能	防护性能较差，雨水易进入保温层导致保温性能下降	防护层完全密闭，延长保温材料使用寿命
4	安全环保	岩棉、玻璃棉等对人体危害大	核心材料为水性涂料，对人体无危害
5	改造成本	高	仅为前者的 50%~80%

2.3   应用实例

某蒸汽管线总长度为1545m，始端蒸汽温度为425℃，末端蒸汽温度为361℃，温降64℃。管道表面平均温度61.9℃，平均热流密度为405.6W/m²，散热损失超标率高达91%（标准值212W/m²），年超标散热量为17595GJ，约合420.2t标油，折算成人民币为126.1万元。

采用上述保温在线修复技术对该管道进行保温性能进行修复，修复前后管道散热情况对比见表3，表面热流密度变化情况见图3。

表3　修复前后管道散热情况对比

项　目	表面温度 （实测值）/℃	表面温度 （换算值）/℃	热流密度/ （W/m²）	热流密度标准/ （W/m²）	超标散热 热量/GJ	散热损失/ 超标率/%
保温修复前	35.8	61.9	405.6	212	17595	91
保温修复后	23.7	43.5	192.1	212	−1808.6	−9
修复前—修复后	12.1	18.4	213.5		19403.6	

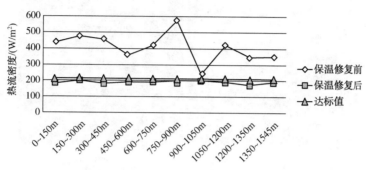

图3　保温修复前后热流密度变化情况

经计算得知：管道保温修复后，年回收热量为19403.6GJ，折合标油473.4t，约合人民币139.1万元，投资回收期仅为10个月。

2.4　小结

纳米保温涂料缠绕带，具有低导热系数和优异的耐水、耐酸碱、耐盐雾等性能，适用于表面温度<170℃的管道保温修复，使管道达到完全密闭，延长保温材料的使用寿命。用它对管道保温进行修复，具有可在线施工、施工工作量小、投资省、节能效益高等显著优势。

3　绿色加热炉技术（难题二：如何挖掘加热炉节能减排的潜力）

我们知道，加热炉的燃料消耗在石化生产能耗中占有非常大的比重，同时加热炉数量众多，总的尾气排放量也非常巨大。因此，如何在不进行大的投入的情况下，提升其热效率以降低加热炉能耗，减少排放和对环境的污染，进一步挖掘加热炉节能减排的潜力，是每个石化企业面临的难题。

经过十多年的加热炉综合治理，中石化加热炉热效率加权值从2006年87%左右上升至目前的92%左右，已有了较大幅度的提升。但是目前仍有较大比例的加热炉氧含量超标、排烟温度偏高、热效率较低、污染气体排放不达标的现象。从近三年测试的581台次加热炉来看，

热效率低于91%的加热炉有131台，占总台数的22%。排烟温度高于150℃的加热炉有116台，占总台数的20%。排烟氧含量高于4%的加热炉有184台，占总台数的32%。NO_x排放超过100mg/m³的加热炉有276台，占总台数47%。

若对目前热效率不达标的加热炉（131台）进行挖潜提效使其达标（热效率91%），将节省燃料费用约7193万元/年，效益非常可观。

若将目前氧含量超过4%的加热炉做工作后使其达到4%（以现有技术水平低于4%要求并不高），每年将少排放烟气量约为447×10⁴t，少排放NO_x约为536t，少排放CO_2约为2.6×10⁴t。

从以上热效率提升所产生的经济效益及污染气体排放的减少量来看，加热炉仍有较大的提升潜力。

挖掘加热炉节能减排的潜力，实现绿色加热炉的目标，主要应从降低散热损失、降低排烟损失、降低燃烧损失和污染物排放等方面做工作。

3.1　降低散热损失

由于衬里劣化以及设计等因素，相当一部分加热炉散热损失超标。部分加热炉散热损失高达4%甚至更高，以目前的技术水平，将其降低至2%左右是完全可以实现的。

降低加热炉散热损失主要可从两个方面做工作：一是检修过程中，对衬里进行修复、更换；二是开工过程中，对炉体外壁进行保温喷涂。

炉体外壁保温喷涂技术可不停工在线施工，只需在加热炉外表面喷涂一层 2000～2500μm 的纳米保温涂料，即可降低加热炉散热损失 30%～50%，一般可提高加热炉热效率 0.5%～1.5%，经济效益十分可观。

应用实例：某公司常减压炉外壁进行了保温喷涂，改造前后红外图如图 4 所示。

(a)喷涂前　　　　　　(b)喷涂后

图 4　喷涂前后炉体表面的红外热像图

喷涂后，常压炉炉体表面温度降低 9.7℃，表面热流密度从 260.9W/m² 将至 136.5W/m²，节能效益 66.9 万元/年；减压炉炉体表面温度降低 8.8℃，表面热流密度从 288.4W/m² 将至 136.0W/m²，节能效益 57.4 万元/年。

3.2　降低排烟损失

降低排烟损失，一方面是要降低排烟温度，另一方面是要降低排烟氧含量。

3.2.1　降低排烟温度

从降低排烟温度来看，首先考虑设计方面，在加热炉主体部分面积固定的情况下，要考虑预热器的选型，选择换热效果较为突出的余热回收系统，每种预热器都有其固有的优缺点，目前常用组合式预热器的型式。检修过程中，可对热管进行修复，使其达到新热管的换热效果；可通过对余热回收系统进行清洗，对流段的炉管外表面进行化学清洗，去灰除垢，增强换热效果。

某公司加热炉对流段经化学清洗后，有效去除了对流管翅片上沉积的灰垢(见图 5)，排烟温度降低 26℃，热效率提升 1.3%，该炉热负荷为 32MW，每年产生经济效益约为 125 万元，效益非常可观。

(a)清洗前　　　　　　(b)清洗后

图 5　对流段翅片管清洗前后对比

3.2.2　降低氧含量

降低排烟氧含量的方法，一是采用低氧燃烧。在排烟烟气侧设置在线的 CO 分析仪，测量烟气中的 CO 含量，用以控制鼓风机供风、风道蝶阀开度、烟道挡板开度等，达到通过烟气中CO含量来调节加热炉氧含量、炉膛负压等的要求。

某加热炉采用低氧燃烧技术前后参数对比：氧含量从3.37%降至0.87%，热效率从92.4%调高至93.2%，减少瓦斯量300Nm³/h，经济效益648万元/年，风机节电经济效益为41万元/年，NO_x减排量为3.65kg/h，年减排总量为29.2t/a，CO_2减排量为1099Nm³/h，年减排总量为17312t/a。

降低排烟氧含量的第二个方法是，应用在线的加热炉漏风检测和堵漏技术。正常操作条件下加热炉为负压状态运行，我们在机组真空系统检漏技术的基础上，开发了氦质谱加热炉漏风检测与堵漏技术，可实现加热炉具体漏风部位的精确查找和堵漏。

某公司制氢转化炉对流段入口处氧含量为3.75%，空预器入口处氧含量为6.62%，两者间漏风量为2.87%。但利用常规手段无法查找出具体漏风部位，我们利用氦质谱示踪气体检漏原理对其进行了全面的检漏，查找出5个漏风部位，并根据漏风部位的现场条件、表面温度进行了相应的堵漏处理，漏风量由堵漏前的2.87%降至堵漏后的0.47%，降幅达85%。排烟氧含量由6.66%将至4.26%，热效率由89.9%提高至91.8%，按照该炉运行负荷58.2MW计算，每年将产生经济效益110万元。

3.3　降低燃烧损失和污染气体排放

加热炉污染气体基本是由CO、CO_2、SO_2、NO_x组成，目前多数加热炉氧含量控制都足以完全燃烧，排烟中CO都较少，基本可以忽略；多数企业燃料脱硫均较好，大多数加热炉烟气中SO_2为零；故污染气体以CO_2、NO_x为主。

CO_2和NO_x的产生都与燃料消耗的多少有直接关系，所以降低污染气体的排放首先要提高加热炉的热效率，降低燃料用量及烟气量。另外NO_x的产生又与炉膛温度存在一定的关系。因此低氮燃烧器应运而生，目前主要有阶段燃烧器、分割火焰型燃烧器、烟气再循环型燃烧器、低NO_x预燃室燃烧器等低氮燃烧器型式。

通过在排烟处增设CO、SO_2、NO_x在线分析仪，可及时监测加热炉当前运行相关数据；

通过CO含量来调节加热炉供风等，将SO_2、NO_x等污染气体排放数据通过内部信息网及时反馈给相关管理人员，以便及时进行跟踪调整，实现从在线监测到自动控制的转变。

3.4　小结

加热炉的节能与环保是相互关联的，通过对加热炉测评，查找出影响加热炉热效率的具体问题，有针对性进行降低加热炉热损失，用短时间、小投入来换取大回报。

开工过程中，可进行加热炉检漏、堵漏工作，降低氧含量及污染气体排放；进行加热炉外壁喷涂，可降低散热损失。投资回收周期一般为10个月左右。检修过程中，可进行对流段炉管的化学清洗、空气预热器清洗、热管修复等能效修复工作，做到加热炉长周期高效运行，使加热炉的运行水平真正意义上达到绿色加热炉的要求。

近3年测试排烟温度超过130℃的加热炉有261台，若使用绿色加热炉技术，将这部分一半左右加热炉的排烟温度降低至130℃，将产生经济效益约为7764万元/年；氧含量超过3%的加热炉有399台，若将这部分一半左右的加热炉氧含量降低3%，将产生经济效益4719万元/年。40%左右的加热炉散热损失超过3%，若将其中一半的加热炉散热损失降低至2%，将产生6542万元。若这些技术均得到实施，每年将节省燃料64416t，减少NO_x排放124×10⁴t。

绿色加热炉技术可做到节能低碳、低排放、高效率，具有广阔的前景。

4　高效纳米气浮污水处理技术（难题三：如何提高高含油污水的处理效果）

随着石化企业各生产装置加工深度的不断提高，劣质油掺炼比例不断增加，污水处理系统的负荷也不断上升，给最终的达标排放带来很大困难。主要表现在：当上游炼油装置出现操作波动时，来水油含量会有大幅上升，或炼油系统产生的高含油污水冲击性排放时，给后续污水处理带来很大的困难，进而对"总排"达标合格率造成影响。因此，提高高含油污水的处理效果非常重要。

"隔油+气浮"是目前各石化企业污水除油的主要手段。其中，气浮浮选技术，是去除水中乳化油的过程,从实质上来说,是一个气泡－油珠吸附与油珠－水分离的综合过程。影响气浮出水水质的因素较多,其中气泡粒径的大小、分布、黏附性能是衡量气浮工艺处理效果的关键。目前,各石化企业基本采用"涡凹气浮"和"溶气气浮"两种方式,当来水油含量超标时,很难做到出水含油量达标,从而给下游的生化处理系统带来较大的影响。为此,我们研究开发了高效纳米气浮污水处理技术。

4.1　纳米气浮污水处理技术原理

该技术的核心是"微纳米气泡发生装置",该装置产生的气泡粒径小(微纳米级),密度大,能耗低,操作简单。在此基础上,结合"全流程气浮"+"共凝聚气浮"的最新设计理念,研制了成套的"微纳米气泡气浮除油技术",其主要处理流程如图6所示。

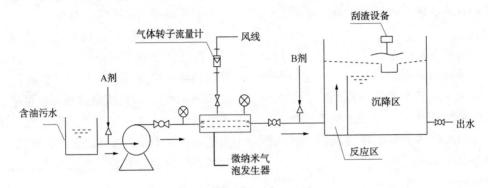

图6　纳米气浮污水处理流程示意图

含油污水加入絮凝剂后通过污水泵(或管道混合器)混合,此时,污水中将产生含油小矾花颗粒,再通过微纳米气泡发生器,产生大量直径在50～500nm左右的微纳米气泡,已形成的小矾花颗粒吸附大量微纳米气泡,起到良好的"共凝聚气浮效应"。再加入聚凝剂后,进入到气浮机反应区,微纳米气泡与水中形成的较大絮体相互黏合,一起进入分离区。在气泡浮力的作用下,絮体与微气泡一起快速上升至液面,形成浮渣层,实现渣、水分离。浮渣由刮渣机刮至浮渣区,下部清水排出。

4.2　与传统气浮性能对比情况

针对某石化公司电脱盐污水系统,我们采用新型纳米气浮技术与现有的"溶气气浮工艺"处理效果进行对比,对比分析结果见表4。

表4　与加压溶气气浮效果比较　　　　　　　　　　　　　　mg/L

序号	进水油含量	出水油含量		
		加压溶气气浮(一级)	加压溶气气浮(二级)	微纳米气泡气浮(一级)
1	1175.2	786.1	154.7	16.10
2	2017.5	1635.0	877.9	20.40
3	4082.5	3562.8	1574.2	82.80
4	388.8	205.6	41.5	13.43
5	425.0	257.6	43.3	19.60
6	142.4	48.6	16.7	18.76

由此可见,新型纳米气浮技术除油效果显著优于两级加压溶气气浮,进水油含量在2000mg/L以内时,出水油含量一般可控制在20mg/L以下。

4.3　现场应用实例

石化炼厂延迟焦化装置的焦炭塔顶吹汽冷凝水,是一种典型的高污染、难降解的有机物工业废水,水中含大量乳化严重的轻质污油,油含量经常达 10000mg/L 以上，此外还含有很高的酚类、杂环化合物等，目前各企业对该股污水的处理均感到较为棘手。

我们利用纳米气浮除油技术，对其进行除油、脱臭处理。该技术于 2014 年 10 月份开始投入运行至今，从现场检测的各项数据来看：污水除油效果优异，对水中油含量、硫化物及 COD 去除作用明显，处理后的污水用作冷焦水的补充水，不再外排，起到了"节水减排"的功效。处理效果见图 7，分析结果见表 5。

图 7　焦化污水处理前后效果

表 5　焦化吹汽冷凝水除油处理结果

日期	油/（mg/L）			COD/（mg/L）			硫化物/（mg/L）		
	处理前	处理后	去除率	处理前	处理后	去除率	处理前	处理后	去除率
2014.11.5	9700	125.0	98.7%	21000	1310	93.8%	1510	289	80.9%
2014.11.25	12300	117.0	99.0%	40800	1366	96.7%	862	213	75.3%
2014.12.9	11450	156.0	98.6%	12924	988	92.4%	1180	205	82.6%
2015.5.20	3300	109.8	96.7%	30430	1990	93.5%	533	219	58.9%
2015.6.9	44650	98.0	99.8%	76334	1162	98.5%	1000	271	72.9%
2015.6.19	9325	67.7	99.3%	31278	1057	96.6%	827	245	70.4%
2015.7.13	3954	138.1	96.5%	31875	1325	95.8%	830.4	275	80.9%

4.4　小结

从在电脱盐污水工业试验和焦化污水处理情况来看，含油污水纳米气浮处理技术具备以下优点：

（1）除油效果优异，特别是在高浓度含油污水处理上表现尤为突出。在污水油含量 < 1000mg/L 时，出水油含量可稳定达到 <20mg/L 的要求，满足下游生化处理的要求；在污水油含量 >10000mg/L 时，出水油含量可稳定达到 <150mg/L，去除率达到 98% 以上。

（2）气浮方式实现了"全流程气浮"，可直接用含油污水来产生微气泡，无需"溶气气浮"用处理后清水回流产生微气泡方式，单台气浮机污水处理量更大，操作更为简单。且不需要在气浮机池底放置气泡释放器，避免了常见的释放器堵塞问题。

（3）设备能耗低，不再使用气浮泵或涡凹气浮机来产生气泡，只需通入少量压缩风来发生气泡，且微气泡发生器可多组设置，抗冲击能力强。

5　含油浮渣减量化与资源化利用技术（难题四：含油浮渣如何高效资源化利用）

在石化行业污水处理过程中，通常会产生大量含油浮渣，目前浮渣已被列入我国《国家危险废物名录》（2008 年环保部、国家发改委令第 1 号），目前各炼厂采用的处理方式为：①外委处理，价格基本在 3000 元/t 以上，成本高，可能存在次生环境问题；②进焦炭塔回炼，因浮渣含水率高，易造成冲塔，只能少量回炼，且会造成空冷结胶等问题；③送锅炉掺烧，含水高会造成能耗增加，且易堵塞磨损雾化喷嘴。因此，要进行浮渣脱水减量及资源化利用研究，目标是脱水减量，且实现"渣、油、水"的分离及利用。

5.1　技术原理与系统构成

含油浮渣中含大量的胶质、沥青质、石蜡等带负电荷的亲水性胶体粒子，易吸附大量水，形成强稳定性的乳化絮凝体系，因此很难脱水减量。采用"调质改性"+"机械分离"工艺，可以很好地实现含油浮渣"渣、油、水"的分离。脱水浮渣再配合碱式干化工艺，可把含水率降到 20% 左右，实现去 CFB 锅炉掺烧的目的；脱出的污油可去焦化回炼，实现资源化利用；脱出的水油含量已低于 40mg/L，可直接进入污水处理系统，对系统影响甚微。其具体工艺如

图8所示。

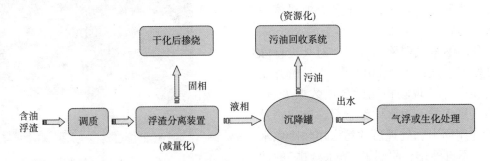

图8　浮渣减量及资源化利用工艺示意图

5.2　现场应用

采用该技术对某炼厂水务作业部第一污水处理场库存的浮渣进行了现场应用，效果达到预期。具体情况图9所示。

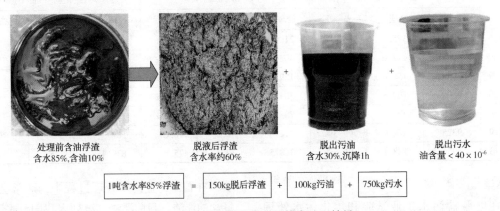

| 处理前含油浮渣
含水85%,含油10% | 脱液后浮渣
含水率60% | 脱出污油
含水30%,沉降1h | 脱出污水
油含量 < 40×10⁻⁶ |

| 1吨含水率85%浮渣 | = | 150kg脱后浮渣 | + | 100kg污油 | + | 750kg污水 |

图9　含油浮渣资源化利用技术处理结果

脱液后浮渣进一步采用碱式干化工艺干化后，可达到去CFB锅炉掺烧的要求，达到最终处置的目的。

此外，该技术还对污水处理场晒泥场污泥、隔油池池底油泥等进行了处理，均达到了非常好的处理效果。

5.3　小结

从现场试验和实际应用情况来看：

（1）该技术可使含油浮渣减量在80%以上，其中处理前浮渣含水率约在90%，可降至脱液后60%左右，进一步干化后可达到20%左右，浮渣固体回收率在98%以上；同时还可回收浮渣中绝大部分污油；脱出液中清水水质情况好，油含量可控制在40mg/L以下。

（2）该工艺浮渣分离效果好、配套设备吨渣处理电耗小，且无堵塞震动，操作灵活、简单，易于维护。

（3）该技术达到了含油浮渣减量化、无害化、资源化处理的目标，亦可应用于石化企业隔油池底泥、储罐底泥的处理等方面。

6　结束语

当前，国家和行业对企业节能减排的指标越来越严，企业面临的节能减排压力越来越大，传统的节能减排技改空间将进一步收窄，完成指标任务将更加艰巨。为此，有必要针对生产现场的节能减排难题，有针对性地不断开发节能环保新技术，持续推动石化清洁生产目标的实现。

热力管道在线保温修复技术、绿色加热炉技术、高效纳米气浮污水处理技术、含油浮渣和油泥资源化利用技术等可以很好地解决企业节能减排方面普遍面临的难题。这些新技术投入小、收效大，具有很好的推广应用前景。

参 考 文 献

1　SHF 0001—90　石油化工工艺管式炉效率测定法.

2　钱家麟. 管式加热炉［M］. 北京：中国石化出版社，2007.

膜吸附技术在油气回收中的应用

韩万茹 刘璐璐

（中国石化天津分公司化工部，天津 300271）

摘 要 针对涉苯储罐排放物污染环境的问题，采用先将同种物料储罐进行气相连通，集中进入油气回收设施，再利用吸收液（石脑油）将大部分芳烃油气吸收，然后通过膜分离设施将油气进行喷淋、分离、吸附，层层回收后达到排放要求。

关键词 排放；污染；膜分离；回收

天津石化化工部大芳烃装置罐区分为原料罐区与成品罐区，前期经过治理已将同种物料储罐进行了气相连通，安装了气相平衡线，达到初步减排目的。但储罐呼吸阀在收付料过程中仍可导致苯系物物料挥发至大气中，对环境造成污染。经对装置内各储罐进行详细排查，装置内 29 台储罐油气均无回收措施，当储罐收料或温度升高（即大、小呼吸）时，油气直接排入大气，造成环境污染。由于天津石化地处京津冀，环保压力尤为突出。增加油气回收设施，避免装置在收付料过程中将苯系物等气体挥发至大气，确保废气再处理后达标排放，做到环保指标可控，成为 2017 年化工部环保设施完善及项目投资工作的重中之重。

经过多方的调研对比，化工部在大芳烃装置罐区和油品装置罐区各增设油气回收设施一套，采用膜技术分离，对涉苯储罐挥发的油气进行回收，处理后达到非甲烷总烃浓度 ≤80mg/m³，苯 ≤4mg/m³，甲苯 ≤15mg/m³，二甲苯≤20mg/m³，满足了环保的要求。

1 膜技术分离原理和化学品油气回收工艺技术

1.1 膜技术分离原理

膜是指分隔两相界面，并以特定的形式限制和传递各种化学物质的阻挡层。它可以是均相的或非均相的，对称的或非对称的，固体的或液体的，中性的或电荷的。其厚度可从几微米到几毫米。

膜分离技术是基于化学物质通过膜的传递速度的不同，以膜两侧的化学势梯度为推动力，从而使不同化学物质通过膜而达到分离效果。

1.2 膜法化学品油气回收工艺技术

挥发油气的回收是通过处理油气和空气的混合气体，将其中的空气（主要是氧气和氮气）排放掉而使油气返回储罐中实现的。

膜法油气回收技术的基本原理是利用了特殊的高分子膜对油气优先透过性的特点，让油气/空气的混合气在一定的压差推动下，经选择性透过膜，使混合气中的油气优先透过膜得以富集回收，而空气则被选择性地截留。

为了提高膜分离的效率和经济性，将压缩、吸收与膜分离结合在一起，作为辅助工艺。

1.3 回收工艺流程（见图1）

涉苯储罐在产品进罐和昼夜温差影响下产生的三苯蒸气由用户收集到油气总管，随着油气总管中的芳烃蒸气不断收集，其油气压力不断升高，油气压力达到油气总管上面的差压变送器设定值时，压力传感器就联锁启动油气回收设施。当气相总管内油气的压力下降到设定值时，油气回收设施停止工作。

进入膜法油气处理装置中的油气/空气的混合物，经液环压缩机加压至操作压力（通常为0.1～0.23MPa）。液环式压缩机使用液体重石脑油作为工作液，形成非接触的密封环，可消除气体压缩产生的热量。压缩后的气体与循环液一同进入喷淋塔中部，在塔内可将循环液与压缩气体分离。

作者简介：韩万茹（1970—），女，1994 年毕业于西北工业大学热能工程专业，现任化工部设备科副主任师，高级工程师，主要负责工程项目管理工作。

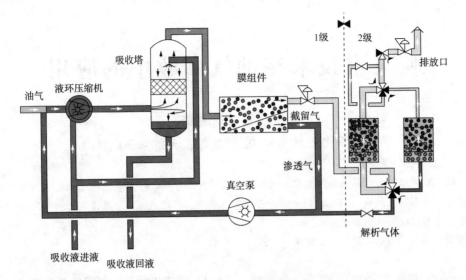

图1　膜法油气回收工艺流程

气态的油气在塔内由下向上流经填料层与自上而下喷淋的液态重石脑油对流接触，液体石脑油会将大部分芳烃油气吸收，形成富集的油品。富集的油品包括喷淋液体石脑油和回收的芳烃油气，在压力的作用下返回石脑油储罐。剩下的油气/空气混合物以较低的浓度经塔顶流出后进入膜分离器。

膜分离器由一系列并联的安装于管路上的膜组件构成(数量取决于装置的设计产量)。为提高膜分离的效率，在渗透侧使用真空泵产生真空。膜分离器将混合气体分成两股：一股是富集油气的渗透物流，渗透物流循环至膜法油气回收系统(VRU)入口，与收集的油气相混合，进行上述循环；另一股是含有少量油气的截留物流，在系统压力的作用下进入第二段油气回收单元，通过吸附剂床层，将其中的有机蒸气成分吸附在吸附载体上，经吸附净化后的气体，其中非甲烷总烃≤80mg/m³，可直接排放。吸附在吸附载体上的有机蒸气成分经真空解吸后，与膜的渗透物流汇集，并循环至膜法油气回收系统入口，与收集的油气/空气混合物相混合，进行上述循环。

系统利用罐区内的液体石脑油作为压缩机的工作液和喷淋塔的吸收液。由罐区进入油气处理装置的一定质量的液体石脑油，经过喷淋吸收后，以较多的质量流量流出油气处理装置。这样，回收的油气以液体形式返回了罐区，实现了油气的回收。

1.4　膜回收工艺特点

(1) 有效控制排放气浓度，可达到环保标准。

(2) 适合范围广，可进行汽车、火车、加油站、罐区等化学品的排放控制与回收。

(3) 操作安全可靠、简便，全自动无人值守，操作弹性高。

(4) 设备简单，运行费用低。

(5) 占地面积小，模块化安装。

(6) 无二次污染，环保节能，废膜回收。

(7) 可保持收集系统微负压，避免各种产品的混合污染。

2　效果

2017年，化工部分别对大芳烃装置29台涉苯储罐、油品装置16台涉苯储罐进行了气相平衡线改造，增设了800Nm³/h、600Nm³/h油气回收设施两套，运行一年多来，装置排放指标达到了非甲烷总烃浓度≤80mg/m³，苯≤4mg/m³，甲苯≤15mg/m³，二甲苯≤20mg/m³的技术要求，有效地缓解了企业的环保压力，为保护碧水蓝天的生态环境承担了央企的责任。

3　结论

膜法化学品油气回收工艺技术在装置罐区的应用效果达到了设计指标，满足了环保要求。不仅创造了经济效益，而且更重要的是减少了油气对大气的污染，为环境保护提供了有效的技术手段。

新型高效气液分离装置在催化重整压缩机入口分液罐上的应用

刘文忠

（国家能源集团鄂尔多斯煤制油分公司，内蒙古鄂尔多斯　017209）

摘　要　本文主要介绍了一种新型高效气液分离装置在催化重整压缩机入口分液罐上的应用。催化重整装置压缩机入口分液罐顶部采用的气液分离装置是丝网除沫器，丝网除沫器在装置正常生产期间出现了压差上升、振动声音异常等问题，分析其中原因可能是由于装置原料中 N 含量超标，反应系统产生大量氯化铵盐，造成丝网除沫器通道堵塞严重压差上升，重整装置扩能改造后反应系统循环量增加，带动丝网除沫器整体窜动与丝网除沫器固定设施撞击引发声音异常。装置停工大修时采用新型高效气液分离装置替换丝网除沫器，消除了设备声音异常隐患，装置开工生产后新型高效气液分离装置运行稳定，分液效果良好达到了设计数据要求。

关键词　丝网除沫器；催化重整装置；新型高效气液分离装置；氯化铵盐

1　催化重整装置简介

国家能源集团鄂尔多斯煤制油公司 10 万吨/年煤基石脑油催化重整装置是由中国石化集团洛阳石油化工工程公司设计，由中石油天然气第七建设有限公司承建，项目年产 93 号国Ⅳ汽油 16.33×10^4t，重整汽油 3.52×10^4t，副产含氢气体 1×10^4t/a。该项目于 2012 年 6 月开工建设，于 2013 年 10 月建成并一次开车成功，是中国第一套煤基石脑油半再生式固定床催化重整装置。2018 年装置进行扩能技术改造，反应进料由 18.5t/h 提高到 22t/h，装置反应系统循环氢量由 28000Nm³/h 提升到 33980Nm³/h。

2　压缩机入口分液罐及丝网除沫器简介

2.1　压缩机入口分液罐相关数据（见表 1）

表 1　压缩机入口分液罐设计数据表

设备名称	压缩机入口分液罐	设备图号	70-403/01
压力容器类别	Ⅱ类（D2 级）	主体材质	Q245R
规格型号	φ1600×7189×16/14	焊缝系数	0.85
制造单位	岳阳建华工程有限公司	腐蚀裕度	3mm
出厂日期	2013.03	出厂编号	12207
安装日期	2013.05	投用日期	2013.08
技术特性			
设计温度/℃	100	使用温度/℃	80
设计压力/MPa	1.58/-0.1	使用压力/MPa	1.4/-0.1
贮存介质	氢气	设备容量/m³	10.42
试压名称	—	试验压力（立/卧）/MPa	1.99~2.4

2.2　分液罐丝网除沫器介绍

2.2.1　丝网除沫器规格型号及工作原理

压缩机入口分液罐丝网除沫器规格型号是 FHX1600/500-250D 型，其工作原理是当带有雾沫的气体以一定速度上升通过丝网时，由于雾沫上升的惯性作用，雾沫与丝网细丝相碰撞而被附着在细丝表面上，细丝表面上雾沫的扩散、雾沫的重力沉降，使雾沫形成较大的液滴

作者简介：刘文忠（1968—），男，河北南皮人，工程师，从事设备管理工作。

沿着细丝流至两根丝的交接点；细丝的可润湿性、液体的表面张力及细丝的毛细管作用，使得液滴越来越大，直到聚集的液滴大到其自身产生的重力超过气体的上升力与液体表面张力的合力时，液滴就从细丝上分离下落；气体通过丝网除沫器后，基本上不含雾沫。分离气体中的雾沫，以改善操作条件，优化工艺指标，减少设备腐蚀，延长设备使用寿命，增加处理量及回收有价值的物料等。

2.2.2　丝网除沫器的优缺点

丝网除沫器的结构简单，体积小，除沫效率高，阻力小，重量轻，安装、操作、维修方便，丝网除沫器对粒径为 $3\sim5\mu m$ 的雾沫，捕集效率达 $98\%\sim99.8\%$，而气体通过除沫器的压力降却很小只有 $250\sim500Pa$，有利于提高设备的生产效率。

丝网除沫器的特点为：

（1）结构简单、重量轻；

（2）空隙率大、压力降小；

（3）接触表面积大、除沫效率高；

（4）安装、操作、维修方便；

（5）使用寿命长。

3　装置运行期间压缩机入口分液罐丝网除沫器出现的问题

装置运行期间压缩机入口分液罐丝网除沫器部位出现了振动撞击异响的问题，且由于装置石脑油原料中 N 含量高的问题造成循环氢中铵盐夹带较多，造成除沫器丝网通道堵塞严重，除沫器压差从 460Pa 上升到 550Pa 左右。

4　除沫器丝网振动产生异响的原因分析

可能的原因是除沫器丝网铵盐堵塞严重造成除沫器压差上升，尤其是装置技术改造后循环氢量由 28000Nm³/h 增加到 33980Nm³/h，造成除沫器整体上下窜动，与除沫器上部固定角钢接触而产生异响。

5　消除除沫器振动异响隐患的方案

为了消除丝网除沫器振动异响隐患，分析了问题存在的各种可能性，提出了几种解决问题的方案：

（1）降低原料石脑油中的 N 含量，减少循环氢中氯化铵盐夹带量；

（2）设备更新，由于重整装置循环氢量增加较多，压缩机入口分液罐缓冲能力下降，丝网除沫器分液效果降低，重新设计压缩机入口分液罐，提高设备缓冲能力和分液效果；

（3）利用新技术采用新型的气液分离装置来代替丝网除沫器。

6　确定丝网除沫器振动异响隐患整改方案

对几种方案进行了可行性分析，降低原料石脑油中 N 含量虽然简单但是不能彻底解决问题，石脑油中 N 含量上升是上游装置的设备问题原因造成的，短时间内不能彻底改变；压缩机入口分液罐设备更新问题短时间也不能完成，装置技术改造是一个系统问题，只更新一台设备会带来其他的设备问题；利用新技术采用新型的气液分离装置来代替丝网除沫器应该是解决问题的可行方案。

7　新型的气液分离装置设计方案的确定

通过公司主管部门和其他单位丝网除沫器技术改造的成果，选择了普尔利斯新型的高效分离叶片式气液分离装置。

7.1　高效分离叶片式气液分离装置设计原理

普尔利斯的高效分离叶片在设计开发过程中同时采用动能碰撞、液滴吸附聚结和重力沉降的原理，从而得以实现更高的气液分离效率、更低的操作压降以及更高的操作弹性范围；夹带液滴的气体一旦进入高效分离叶片的通道，将被叶片立即分割成多个区域；气体在通过各个区域的过程中将被叶片强制进行多次快速的流向转变，在离心力的作用下，液滴将与叶片发生多次动能碰撞，液滴附着在叶片表面后通过液滴间的聚结效应形成液膜，附着在叶片表面的液膜在自身重力、液体表面张力和气体动能的联合作用下被推入叶片夹层，在夹层中汇流成股，并在重力作用下流入叶片下方的集液槽中进行收集，最终得到经过完全净化处理的不再含有夹带液滴的干净气体。

7.2　高效分离叶片式气液分离装置设计特点

设计特点：

（1）固定式或可拆卸式叶片设计，焊接或者螺栓连接的支撑方式；

（2）叶片反冲洗系统；

（3）多种形式的气体优化流动分布；

（4）灵活多样的叶片类型。

高效分离叶片通常被设计成不同的组合结构型式，以满足工艺性能和容器壳体的外形尺寸要求，高效分离叶片的单元组合通常包括以下四种基本型式：单组叶片、双组叶片、四组叶片和八组叶片；当工艺性能和容器壳体的外形尺寸另有规定时，高效分离叶片还可以被设计成具有针对性的组合结构型式以满足使用方的特殊要求。

7.3　高效叶片式气液分离装置部分设计数据（见表2）

表2　气液分离装置部分设计数据

序号	内容	数值
1	操作温度/℃	40
2	操作压力/MPa	1.2
3	设计弹性/%	40~100
4	气体流量/(kg/h)	3983.6
5	气体密度/(kg/m³)	0.092
6	气体黏度/cP	0.0059
7	气体摩尔质量/(N/A)	2.297
8	液体流量/%	2
9	液体密度/(kg/m³)	992
10	液体黏度/cP	0.65
11	液体表面张力/(Dyne/cm)	69

7.4　高效叶片式气液分离装置部分部件材质

叶片式分离器采用 BM627 叶片（见图1），叶片前方放置聚结丝网，分离内件高约250mm，长约950mm，宽约800mm，叶片材质为SS304L；叶片式分离器支撑盒及密封板直接焊接在容器内壁，材质为Q245R，降液管为标准管件材质是16Mn。

7.5　高效叶片式气液分离装置部分技术参数

高效叶片式分离器技术参数：

（1）分离效率：分离器可以100%移除 8μm 及其以上尺寸的液滴；

（2）压降：叶片自身的压降小于 0.4kPa；

（3）分离器可以在操作工况的 40%~100% 负荷下正常运行。

8　压缩机入口分液罐丝网除沫器改造方案的实施

2019 年4月催化重整装置停工检修，检修中对压缩机入口分液罐内部分液装置进行改造，

图1　分离器采用的 BM627 叶片

采用新型的高效分离叶片式气液分离装置替换原丝网除沫器，经过拆卸、预焊接、预制、吊装、满焊等工序，动用脚手架、起重、管铆等专业，克服了压缩机入口分液罐空间狭小、高效叶片式气液分离装置部件多、组装工序繁琐等困难，历时六天完成了压缩机入口分液罐内部分液装置改造工作（见图2）。

图2　安装好的高效气液分离装置

9　除沫器丝网振动产生异响的真正原因

通过对压缩机入口分液罐气液分离装置的改造，同时也发现了压缩机入口分液罐内规律振动撞击声响的原因，是压缩机入口分液罐内丝网除沫器上部两根固定角钢，一根一端连接螺丝松脱，丝网除沫器由于循环氢中氯化铵盐夹带量大，造成除沫器通道堵塞压差上升，装置改造后循环氢流量增加较大，循环氢气流带动丝网除沫器整体上下窜动与固定角钢发生撞

击造成的。

10　高效分离叶片式气液分离装置的效果评价

10.1　高效分离叶片式气液分离装置运行状况

催化重整装置 2019 年 5 月中旬开工，装置开工初期反应系统氮气全量循环，压缩机入口分液罐整体存在明显的振动，带动分液罐设备平台及附属管线设施振动，但重整反应系统氢气全量循环时压缩机入口分液罐整体振动轻微，与压缩机入口分液罐内部分液装置改造前振动状态相近。对压缩机入口分液罐高效分离叶片式气液分离装置运行效果进行了数据收集，并且与原丝网除沫器的分液效果进行了对比（见表3），装置开工初期压缩机入口分液罐排液频次有所减少，氢气外送增压机出口分液罐排液阀开度整体保持不变，叶片式气液分离装置自身的压降在 0.22kPa 左右，小于设计值 0.4kPa。

表 3　压缩机入口分液罐排液频次对比

序号	统计时间	排液次数	排液阀开度平均值/%	分液罐液位/%	排液时间/min	备　注
1	2018 年 6 月	9 次	40	19	10	正常生产负荷为 22t/h
2	2019 年 6 月	6 次	40	19	12	开工初期负荷为 18t/h，6 月中旬后负荷提至 22t/h

10.2　高效分离叶片式气液分离装置运行数据分析

（1）重整装置开工阶段压缩机入口分液罐振动问题：入口分液罐在装置氮气工况全量循环时振动明显，但是在装置氢气全量循环时振动轻微，说明循环介质对高效叶片式气液分离装置运行效果影响很明显，同时也说明高效叶片式气液分离装置设计精确度较高。

（2）从压缩机入口分液罐两个年度 6 月份排液次数的对比来看，高效叶片式气液分离装置投入运行后分液罐排液次数、排液量有所减少，分析其中原因一是装置开工初期负荷不稳定偏低，二是与本次装置大检修有关，装置大修期间重整冷换设备及重整高分检修彻底，反应冷后温度降低，重整高分罐气液分离效果好转等，可能造成重整循环氢气液夹带量减少，使得重整压缩机入口分液罐分液量减少。

（3）所提供的高效叶片式气液分离装置设计数据的准确性：从装置氮气工况与氢气工况循环分液罐振动情况不同可以判断，高效叶片式气液分离装置的设计精准度较高；在高效叶片式气液分离装置设计数据提供的精准度上有欠缺，比如气相中液体夹带量、气体黏度及液体表面张力等数值就是假定值或者是经验值，造成高效叶片式气液分离装置设计精度存在偏差。

11　结论

通过近阶段重整装置开工生产、装置设备的运行情况及数据对比分析来看，重整压缩机入口分液罐高效叶片式气液分离装置的改造是成功的，叶片式气液分离装置设计精准度高，分液效果较好，分液装置前后压差降低明显，消除了丝网除沫器振动异响隐患。在以后的装置生产运行期间应继续跟踪高效叶片式气液分离装置的分液效果及数据收集，及时与专利商沟通合作，对于数据提供准确度差的部分数据进行补充修正，为以后类似设备分液装置的技术改造提供技改经验和设计依据。

参　考　文　献

1　曲文海，等．压力容器与化工设备实用手册．北京：化学工业出版社，2000：471-481.

自吸式液下泵在炼油化工行业的应用

涂家华　陈宝林　刘海春

（中国石化长岭分公司设备工程处，湖南岳阳　414012）

摘　要　长轴液下泵作为目前国内炼油化工行业广泛使用的一种液下吸上机泵，使用过程中存在故障率相对较高、日常维护不便、存在安全隐患等缺陷。某炼化企业通过技术对比，将多台长轴液下泵重新选型改造为入口带自吸启停装置的自吸式液下泵，取得成功应用，为石化行业液下泵选用提供了较好的解决方案。

关键词　自吸式液下泵；安全环保；稳定可靠

1　前言

在炼油化工行业，生产装置地下罐经常会选用自吸泵、长轴液下泵及潜污泵等型式机泵来进行液体输送和排放，尤其是长轴液下泵在炼化企业选用频繁。某炼化企业自2010年新建装置地下罐全部采用长轴液下泵，在实际使用过程中发现，长轴液下泵存在故障率相对较高、维修频繁、日常维护不便等缺陷，还存在液下泵转子干磨等机械故障引起闪爆事故的安全隐患。选择一种安全、环保、可靠的地下罐介质输送机泵成为我们急需解决的问题。

2　长轴液下泵使用现状

某炼化企业2010年新建多套装置，共计有14台地下罐泵，均选用长轴液下泵，采取罐体人孔法兰立式安装结构（见图1），多为填料密封，在使用过程中发现存在多方面安全隐患和缺陷：

（1）长轴液下泵输送介质多为轻质油品，填料密封泄漏率高，环境污染，且容易导致着火爆炸事故，目前已发生三次未遂事件。

（2）长轴液下泵密封与罐体内介质直接连通，无惰性气体保护，在密封失效情况下大气进入罐体内部极易形成爆炸环境，液下泵转子部分摩擦产生高温或火花，存在严重的安全风险。

（3）受结构设计所致，液下泵叶轮转子部分深入地下罐内部。泵轴多为两段或多段组成，挠性转子，刚度较差，支撑部位的滑动润滑效果较差，导致轴承磨损较快，且介质含有油泥

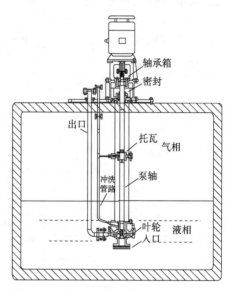

图1　长轴液下泵结构

等固体杂质较多，易导致叶轮口环等部件磨损，间隙变大，机泵振动加大，加速了石墨轴套损坏破裂，导致机泵故障率高，维修频繁。

（4）机泵在检修过程中，需要借助起重设备将整台设备从地下罐中吊起，大大增加了维修难度和工作量，导致日常维护非常不便。

（5）机泵采取罐体人孔法兰立式安装结构，设备检维修时地下罐处于敞口状态，罐体内部气相介质由于无法封闭隔断，导致有毒和易燃易爆气体大量溢出，严重污染环境，对员工的

作者简介：涂家华（1985—），男，湖北武汉人，2010年毕业于武汉工程大学过程装备与控制工程专业，工程师，现就职于中石化长岭分公司设备工程处，任设备主管师。

身体健康造成较大威胁，且易燃易爆气体的溢出使罐体周围产成了极大的安全隐患。

3 常用自吸泵原理及优缺点分析

目前在石化行业使用较多的有气液混合型自吸泵、无密封自吸泵和自吸机式自吸泵。

3.1 气液混合自吸泵、无密封自吸泵优缺点分析

气液混合自吸泵、无密封自吸泵工作原理类似：泵启动前先在泵壳内充满介质；启动后叶轮高速旋转，吸入管内的气体与气液分离室中回流的液体混合，被高速叶轮甩向蜗壳，向旋转方向流动；液体在蜗壳内不断冲击叶栅，与空气强烈搅拌混合，生成气液混合物，沿短管进入分离室进行气液分离；气体由出口管排掉，液体经过回流孔回流，与吸入管气相再次混合；如此反复循环，逐渐将吸入管路中的气体排尽，吸上液体介质。

气液混合自吸泵、无密封自吸泵的优点为结构简单、体积小、重量轻、造价不高。缺点为：介质中存在杂质时极易造成回流孔堵塞，造成自吸失效，机泵无法上量；副叶轮和回流孔设计，使得机泵效率偏低；无密封自吸泵停运时，副叶轮无法起到密封作用，容易造成挥发性介质泄漏，不适合有毒有害易挥发介质场合；出口止回阀内漏时，介质倒窜从轴封处泄漏等缺点。

3.2 自吸机式自吸泵

如图2所示，自吸机式自吸泵由入口自吸装置和普通离心泵组成，自吸装置采用隔膜式抽真空系统。其工作原理为：自吸系统在几十秒内将入口管及泵腔内的空间抽成真空，液体介质在压差的作用下进入吸入管及泵体内，达到设计启动液位时，自吸系统停止工作，PLC控制系统将泵启动运行。

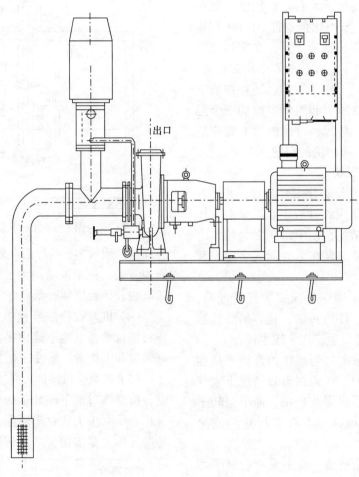

图2 自吸机式自吸泵

自吸机式自吸泵的优点为：不存在摩擦引　起的闪爆问题，无类似长轴液下泵的安全隐患；

不存在长轴泵因摩擦磨损引起的摆动和振动问题；自吸泵整机都在地面之上，维修方便；在无介质时，现场 PLC 控制系统直接停泵，自我保护；与其他自吸泵相比，效率较高；抽真空时所排放的有毒有害、易燃易爆气体通过管路排到装置火炬系统中，安全环保。

3.3 常用自吸泵自吸能力对比

市场上常用的自吸泵基本是内回流式，水力模型比较落后，制造标准低较低，为 JB/T 6664，必须汽蚀余量较大，自吸能力基本在 4m 以内，尤其在大气压低的情况下，自吸能力更差。

自吸机式自吸泵，自吸能力简单换算成米（m）为单位，当地大气压减去离心泵必需汽蚀余量减去管路阻力再减去介质的饱和蒸气压，非高海拔地区 10m 大气压，NPSHr 按 2m 计，管路阻力 1m，如果是水饱和蒸气压忽略不计，自吸能力为 7m。若自吸高度再考虑自吸系统的自吸能力，隔膜式抽真空系统自吸能力完全可以吸上 8m 的水，配合符合 API 610 标准的离心泵，可以完成更高的吸上，完全满足装置的工艺需求。

综上所述，无论从自吸泵的自吸能力，还是工况适应性，或者从机泵效率经济性、运行可靠性和环保性能来看，自吸机式自吸泵都具有绝对优势，也成为炼油化工行业各企业选用和改造的首选。例如沈阳某蜡化用污水泵（内回流自吸泵）输送介质为生活污水，自吸高度为 3m，设备投用使用后维修频繁，现已改造为高效防爆自吸机式自吸泵，投入使用 6 年多，设备运行良好。

4 自吸机式自吸泵应用

2017 年某炼化企业地下罐液下泵选型改造项目中，通过常用自吸泵性能、技术对比以及安全环保、运行可靠性、维修成本等综合考虑，并结合行业内其他兄弟企业成功经验，最终选用 SBTZL 系列卧式自吸机式自吸泵替代原有长轴液下泵。

4.1 SBTZL 系列卧式自吸泵性能参数

流量：≤850m³/h；扬程：≤200m；工作压力：0~2.5MPa；工作温度：-20~200℃（水≤65℃）；自吸高度：4~8m；自吸时间：10~100s。

4.2 SBTZL 系列卧式自吸泵性能曲线

SBTZL 系列卧式自吸泵性能曲线如图 3 所示。

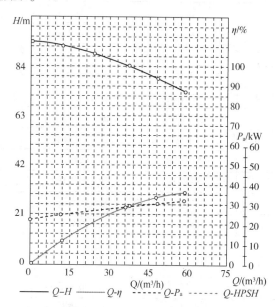

图 3 SBTZL 系列卧式自吸泵性能曲线图

该炼化企业此次改造计划共涉及 10 套装置，14 台液下泵改造，如表 1 所示，第一批次 5 台分别位于 5 套装置，秉着严谨的态度，只选用无腐蚀性、工况较好的轻污油介质液下泵改造，于 2017 年 5 月开始实施，施工周期为期 15 天。第一批次改造的 5 台机泵取得良好的使用效果，并在 2018 年初完成了全部 14 台机泵的改造计划，并取得了满意的效果。

4.3 SBTZL 系列卧式自吸泵应用效果

该炼厂 14 台长轴液下泵改造前故障频发，维修频繁，平均每台 4 个月检修一次，每次检修配件费用为 2.1 万元，每台液下泵每年维修费用为 6.3 万元。改造后，未发生一起停泵检修故障，10 套装置 14 台机泵，每年可以节约维修费用 88.2 万元。

使用经验表明，14 台高效自吸泵投入使用，自吸效果良好，故障率低，机泵运行各项指标完全达到预期。自吸泵运行两年多时间，未发生一起设备故障，可靠性高，节约了大量维修费用，较大程度降低了维护工作量。自吸泵的成功投用从本质上彻底解决了液下泵转动部件在易燃易爆介质中故障情况下摩擦可能产生火花闪爆的风险，保证了人员和设备的安全，保障了装置"长、满、优"运行，为炼化行业自吸泵选型起到了较好的示范作用。

表 1　某炼化企业 14 台液下泵改造计划

序号	装置	名称	位号	介质	更新计划
1	常压	轻污油液下泵	P127	轻污油	第一批隐患治理
2	催化	催化轻污油泵	P211	轻污油	
3	重整	新区轻污油泵	P1215	轻污油	
4	汽柴油加氢	地下污油泵	P303	轻污油	
5	渣油加氢	地下污油泵	P303	轻污油	
6	重整	老区地下罐泵	P521	轻污油	第二批隐患治理
7	渣油加氢	地下胺液泵	P307	胺液	
8	S-Zorb	地下污油泵	P202	汽油	
9	硫黄	硫黄污水泵	P302	污水	
10	硫黄	地下溶剂泵	P405	溶剂	
11	乙苯	地下罐泵	P125	轻污油	
12	汽柴油加氢	地下溶剂泵	P304	溶剂	
13	产品精制	溶剂液下泵	P102	溶剂	
14	产品精制	地下碱液泵	P207	碱液	

虽然 SBTZL 系列卧式自吸泵在工况适应性、安全环保、运行可靠性方面有较大优势，但也有部分缺陷，例如同比其他自吸泵前期投入较大，增加的电气仪表控制系统和管路流程等加大了操作难度等。

5　结语

在炼油化工行业中，对于地下罐污油等介质的输送，传统长轴液下泵已经不能满足日趋严格的安全环保要求。新型高效、安全环保的自吸机式自吸泵的出现填补了地下罐介质输送设备的空缺，具有广阔的市场前景。

参 考 文 献

1　王小鹏，高新懂．炼化装置常见自吸泵特点及注意事项．当代化工，2014(12)：2566-2569.

2　崔正军，赵锦文，蔺继英．高效防爆自吸式液下泵在石化行业的应用．第二届全国炼油化工工程技术与装备发展研讨会，2013.

提高催化烟机发电量的新技术应用

佟艳宾

（中国石化北京燕山分公司机械动力处，北京 102500）

摘 要 催化装置烟气轮机是装置能量回收系统中的关键设备，某 YL-16000B 型烟气轮机采用传统的扭曲叶型叶片，烟机负荷率最高仅为85%，同时由于无法降低大量轮盘冷却蒸汽干扰下造成的催化剂堆积、叶片及叶根冲刷等问题的影响，机组发电量一直偏低，振动偏大，存在较高的安全运行风险。通过将传统的扭曲叶型叶片升级为效率更高的新型变截面弯扭复合型叶片，采用兰州长城机械工程有限公司的新型叶片叶根密封冷却装置，取得了很好的效果和显著的效益。机组自2016年改造后已经连续平稳高效运行36个月，值得推广应用至同类烟机提升发电量的技术改造。

关键词 烟机；发电量；变截面弯扭复合型叶片；叶根密封冷却装置；结垢

1 前言

催化裂化装置烟气轮机是装置烟气能量回收系统的关键设备（见表1），某 YL-16000B 型烟气轮机采用传统的扭曲叶型叶片，烟机负荷率最高仅为85%，在操作工况下最高发电量为13500kW/h，同时由于无法降低大量轮盘冷却蒸汽干扰下造成的催化剂堆积、叶片及叶根冲刷等问题的影响，机组发电量一直偏低，振动偏大，存在较高的长周期安全运行风险。随着节能降耗需求的日益提高，决定利用装置检修机会，对烟机通流部件进行技术升级改造，达到提高发电量及运行安全的目的。

表1 烟机发电机组基本参数

烟机型号	YL-16000B
生产厂家	兰炼机械厂
输出功率/kW	16000
轮盘级数	1
密封结构	蜂窝
转速/(r/min)	5325
发电机型号	QF-20-2
发电机功率/kW	20000
进排气方式	水平进气，垂直上排气

2 影响发电量及运行安全的分析

2013年8月，装置借停工检修机会安装了四旋及新的临界流速免维护装置，四旋入口同三旋出口采用圆弧光滑过渡，催化剂经四旋料腿进入催化剂细粉储罐，烟气经临界流速免维护装置进入烟道。该系统用四旋取代细粉收集罐，把烟气催化剂的分离由原来的重力沉降分离升级为离心沉降分离，降低了烟气中的催化剂含量，烟机入口催化剂浓度及粒度得到有效控制。烟机叶片冲刷、催化剂结垢问题在一定程度上得到缓解，但在运行中仍存在以下问题：①主要受叶型、轮盘冷却蒸汽的扰流、叶片冲刷磨损等因素制约，烟机负荷率偏低，发电量提升困难；②叶片及叶根冲刷磨损、叶根榫槽内部堆积催化剂，烟机转子平衡精度降低，振动偏高，同时由于叶根处冲刷磨损，堆积的催化剂影响蒸汽冷却效果，使得叶根处强度降低，进一步增加了烟机的安全运行风险。

综合分析，主要有以下两方面因素导致上述问题的存在。

2.1 叶型的影响

普通直叶片和扭曲叶片，在叶片顶部、根部存在二次流涡流（见图1），严重影响烟机效率，涡流会加重叶片根部、叶顶背弧处的磨损

作者简介：佟艳宾（1986—），男，北京人，2009年毕业于中国石油大学（华东）过程装备与控制工程专业，工程师，目前任燕山石化公司机械动力处动设备科科长，从事转动设备相关技术和管理研究工作。

（见图2），降低叶片强度。

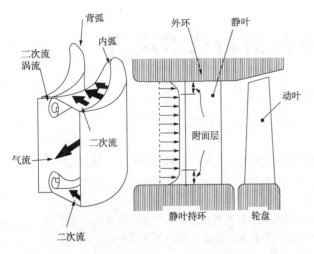

图1　叶片顶部、根部的二次流

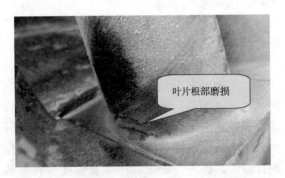

图2　三催化烟机转子叶片根部的磨损情况

2.2　轮盘冷却蒸汽的影响

（1）如图3所示，轮盘冷却蒸汽进入到动叶流道，对烟气流场直接产生干扰，并且进入到动叶流道的蒸汽会吸收烟气中的热量，从250℃升至500℃左右，降低了烟机的效率。

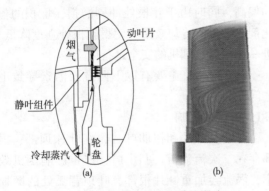

图3　轮盘冷却蒸汽对流道的影响

（2）烟机动、静叶根部没有设计特殊的密封结构，轮盘冷却蒸汽冷却叶根的效果有限，叶片叶根冷却间隙容易被催化剂细粉阻塞（见图4），叶根工作温度高，叶根处强度降低；催

化剂进入叶片叶根，导致叶根榫齿与榫槽的接触面积减小，接触应力升高。

图4　烟机转子叶片叶根间隙催化剂

（3）装置虽安装了四旋及新的临界流速免维护系统，烟机入口催化剂浓度及粒度得到了有效控制，但烟气中的催化剂超细粉（小于3μm）将随着被蒸汽扰动后的流线在叶片背弧某一部位集中（见图5），局部高浓度催化剂超细粉将在烟机叶片上结垢，影响烟机效率，结垢脱落不均匀会导致振动值增加。

图5　烟机转子叶片中部背弧处催化剂结垢

综上所述，要提高烟机发电量及运行安全，要从改进叶片叶型和减少轮盘冷却蒸汽负面作用这两方面进行重点研究和攻关。

3　技术升级内容

SEI根据三催化烟气参数，并考虑轮盘冷却蒸汽等影响因素，对烟机进行CFD全流场分析和气动计算，根据分析数据，采用如下技术方案。

3.1　将烟机扭曲叶型叶片升级为效率更高的新型变截面弯扭复合型叶片——S03马刀型叶片

马刀叶型是变截面、扭曲和弯曲三项技术的综合体，SEI设计出的S03马刀型叶片见图6和图7，在叶片根部引入了较大的正斜置值，在顶部引入少量的副斜置值，能有效调整等压线的分布形状，可使根部和顶部附近的低压区位置流体向叶片中部方向少量移动，使根部和顶部低能区的流体向中部流动，并被主流带走，减少二次流损失，从而提高叶片的气动效率，增加叶片的做功能力，兰州长城机械工程有限公司制造出的烟机叶片可使烟机效率提升8%左右。同时叶片流线的平顺，对催化剂结垢也会起到一定的缓解作用。

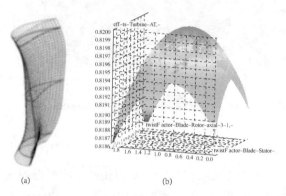

图6　马刀型叶片的型线及气动计算

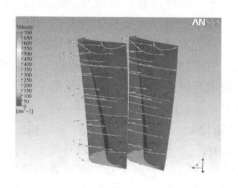

图7　马刀型叶片流场模拟

此外，对烟机动叶叶根进行了重新优化设计。在正常工作状态下，叶片叶根榫齿最大径向应力均位于第一齿根部圆角处，通过增加齿根圆弧角度，加大工作接触面积，使最大径向应力由540MPa降低至400MPa。

3.2　采用兰州长城机械工程有限公司的新型叶片叶根密封冷却装置

该装置由动叶片叶根幅板延伸端环面与静叶组件上安装的蜂窝密封组成一个腔体（见图8和图9）。一方面轮盘冷却蒸汽能够直接有效地用于冷却叶根，降低叶根温度，提高许用强度，同时，基本消除了催化剂进入叶根齿槽配合间隙导致的接触点应力问题。另一方面，进入到动叶流道的冷却蒸汽量减少，不仅降低了对烟气流场的干扰，提高烟机的效率，还改善了烟

机叶片结垢的条件，对烟机叶片结垢起到缓解作用。

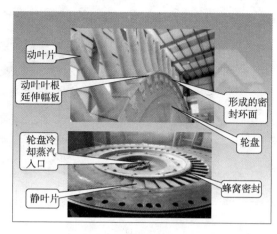

图8　新技术结构

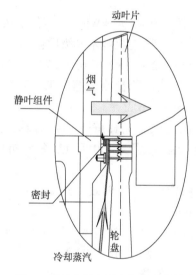

图9　新型叶根密封冷却技术结构

3.3　增加排气机壳导流板数量

气流在排气壳体的流动从气动角度上说是一个扩压过程，因此，提高排气壳体扩压段的效率对提高烟机的整机效率是有利的。通过CFD流场分析，对排气扩压段的结构进行了优化设计，将排气壳体内8块直的支撑板改为16块扭曲导流支撑板（见图10），使得最后一级的动叶出口的参数趋近均匀，提高排气壳体的扩压效率，从而进一步提升机组效率。

4　效益分析和结论

4.1　效益分析

4.1.1　经济效益

查询烟气轮机技术升级前后发电记录，剔除装置加工量、掺渣量等因素影响（2015年10

月份大庆油断供），烟机平均发电量由技术升级前的 12802kW/h 增加至 15167kW/h，轮盘冷却

蒸汽量由 2t/h 降至 1t/h。

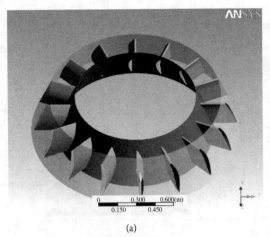

(a)

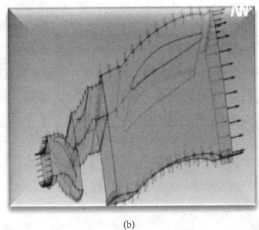

(b)

图 10　设计的高效排气机壳

电价按照 0.75 元/kWh，蒸汽价格按照 156 元/吨计算，烟气轮机技术升级后：

（15167-12802）×24×365×0.75＝1554 万元

2017 年减少轮盘冷却蒸汽消耗：（2-1）×24×365×156＝136 万元

烟机转子综合寿命按照 10 年计算，技术升级费用一次性投资为 450 万元，每年折旧费用约为 45 万元。

上述合计，年增创效益约为：1554＋136-45＝1645 万元

剔除因处理量、掺渣率的影响约 500 万元/年，实际增加效益超过 1000 万元/年。

4.1.2　社会效益

技术升级采用了兰州长城机械工程有限公司的新型叶片叶根密封冷却装置（专利号：

ZL 2010 2 0262177.6），不但使叶片叶根得到充分的冷却，提高了叶根许用强度，又由于进入到叶片流道的冷却蒸汽量减少，对烟机叶片结垢起到缓解作用，因叶根强度降低、叶片结垢等原因导致的机组振动增加、叶片断裂的风险降低。S-8000 系统监测烟气轮机运行数据显示，技术升级后烟气轮机振动数据平稳，且较技术升级前有所降低。

4.2　结论

2016 年 7 月份实施完毕后开机至今，已经连续平稳高效运行 36 个月，在装置相同处理量工况条件下计算，增加的发电量、减少的蒸汽耗量均达到技术协议要求，机组本质安全和长周期运行水平得到提升，值得推广应用至同类烟机技术改造。

应用 BELZONA 技术修复压缩机密封管线裂纹缺陷

佟艳宾

（中国石化北京燕山分公司机械动力处，北京　102500）

摘　要　某加氢裂化装置循环氢压缩机 K-3102 干气密封平衡管线弯头部位出现开裂，方向自焊缝延伸至母材，长度约为 10mm，泄漏介质为高压循环氢气并含有硫化氢。通过试件实验验证，采用缠绕强力碳纤维复合材料（BELZONA 技术）进行补强，实现裂纹缺陷在线处理，避免了装置停车。目前通过定期射线探伤检测，结果显示裂纹处无扩展，值得同类问题的处理借鉴。

关键词　循环氢压缩机；平衡管；裂纹；修复

1　裂纹缺陷情况

2018 年 9 月 24 日，某高压加氢装置循环氢压缩机 K-3102 干气密封平衡管弯头处开裂（见图 1），压力为 13MPa 左右的循环氢气泄漏。在做好隔离和防护措施后，采用钢带堵漏处理未成功。随后利用射线探伤检测开裂部位，探明裂纹长度约为 10mm，在测量材质硬度后，对裂纹部位采取不动火捻压处理，阻止了循环氢泄漏。

 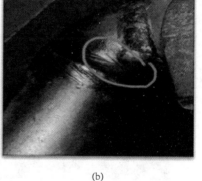

(a) 　　　　　　　　　　　　　　 (b)

图 1　裂纹情况

2　进行的相关实验

利用捻压方式临时消漏后，现场安装了可燃气泄漏检测、硫化氢泄漏检测等远程监控设施，并设置了氮气吹扫掩护，各方面预案准备落实完毕，为后续的处理创造了有利条件。因该部位不具备动火条件，设备人员与贝尔佐纳（BELZONA）公司商议，计划对裂纹部位进行缠绕补强。

BELZONA 高分子有限公司成立于 1952 年的英国约克郡。自创立以来，贝尔佐纳一直引领高分子聚合物的技术创新，彻底革新了工业修复与维护工艺，是全球高分子修复和防腐涂层产品的先驱。为保险起见，双方确定了在试件涂抹 BELZONA 1111（超级金属）后进行碳纤维和玻璃纤维复合材料缠绕加强的方案。

2.1　制作实验试件

9 月 27 日，完成两个实验试件的制作发至贝尔佐纳公司，其中试件 1 模拟现场泄漏管件，并锯开一个与实际泄漏裂纹长度相近的口，然后进行捻压处理（见图 2）；试件 2 为两个直管

作者简介：佟艳宾（1986—），男，北京人，2009 年毕业于中国石油大学（华东）过程装备与控制工程专业，工程师，目前任燕山石化公司机械动力处动设备科科长，从事转动设备相关技术和管理研究工作。

段(对接后缠绕)。

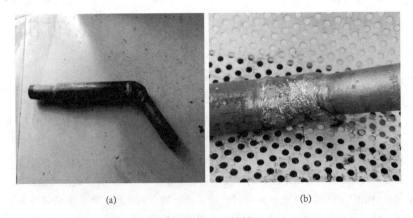

(a)　　　　　　　　　　　　(b)

图 2　试件 1 原始情况

10 月 1 日,由贝尔佐纳公司完成了两个试件的缠绕修补,步骤如下:

(1) 试件缠绕部位进行喷砂处理,然后利用酒精擦拭除去表面异物;

(2) 对泄漏部位涂抹 BELZONA 1111(超级金属,以硅钢合金为基础,混合有高相对分子质量的反应性聚合物);

(3) 利用碳纤维和玻璃纤维复合材料进行包扎加强(混有环氧树脂胶);

(4) 24h 自然固化。

2.2　水压和强度实验

2.2.1　试件 1 进行水压实验

水压压力升至 12MPa 时,出现渗漏(见图 3)。

(a)　　　　　　　　　　　　(b)

图 3　试件 1 实验数据

2.2.2　试件 2 做强度拉伸试验

在拉力为 65.2kN 时发生拉脱,直管段内径为 20mm,外径为 32mm,经过计算,缠绕后的抗拉强度约为 130MPa(见图 4)。

(a)　　　　　　　　　　　　(b)

图 4　试件 2 实验数据

2.3　实验结论

在现场工作压力 13MPa 的情况下，经过缠绕后，即使管线裂纹延展，发生拉脱的可能性也较小。在加强施工质量管理监控的基础上，可以进行现场密封管线的缠绕加强。

3　现场修复工作的实施

3.1　缠绕部位的处理

因现场不具备动火条件，不允许采用喷砂

等处理措施，采用三角锉对需要缠绕补强的管段进行了粗糙化处理（见图5），以提高缠绕带和管段之间的摩擦系数；然后利用酒精擦拭除去表面异物。

3.2　对泄漏的弯头部位涂抹 BELZONA 1111 超级金属（见图6）

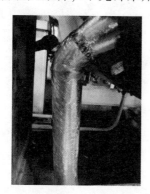

图5　对平衡管漏点处进行粗糙处理

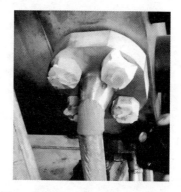

图6　涂抹 BELZONA 1111 超级金属

3.3　利用碳纤维和玻璃纤维复合材料进行缠绕

加强（共计四层），进行自然养护（见图7）

图7　现场缠绕情况

4　效果与结论

现场处理后，定期对裂纹处进行射线探伤

检查（见图8），至 2019 年 7 月份均无变化。

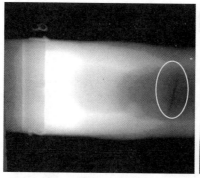
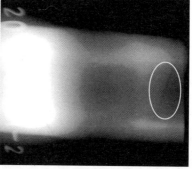

图8　定期射线检测情况

　　从运行的 9 个月检测情况来看，采用 BEL-ZONA 1111（超级金属）后进行碳纤维和玻璃纤维复合材料缠绕加强的方案是成功的，实现了压缩机密封平衡管裂纹缺陷的在线处理，避免了装置停车。实践验证，在裂纹修复等方面，BELZONA 技术有着良好的表现，可靠性较高，值得同类问题（包括腐蚀减薄）的处理借鉴。

湿式静电除雾技术在催化裂化装置烟气脱硫脱硝后再净化应用

武明波

（中国石化镇海炼化分公司，浙江宁波　315207）

摘　要　通过在催化裂化装置烟气脱硫脱硝综合塔上增加湿法静电除雾器设施并成功投用，对综合塔进口烟气中的颗粒物和硫酸雾具有一定的脱除作用，能有效降低外排烟气中的颗粒物浓度和硫酸雾浓度，对净化空气环境有相当大的环保效果。通过三年的运行和完善，该静电除雾器能够长周期稳定运行，基本满足生产要求。

关键词　催化裂化；综合塔；湿法静电除雾器；烟气

1　概述

某炼油厂 340 万吨/年催化裂化装置 2014 年新增烟气除尘烟气脱硫脱硝改造后，催化裂化外排烟气量中的颗粒物、SO_2、NO_x 的含量满足《石油炼制工业污染物排放标准》（GB 31570—2015）的要求。但催化装置烟气在外排指标合格情况下，在低气压天气等一定大气环境条件下，外排烟气存在尾部分层呈现蓝色，带来环保问题。为解决外排烟气问题，有关技术部门进行了专题研究讨论，分析了蓝烟及烟气下坠现象产生的原因。原因基本可确定为由外排烟气中存在的 SO_3 气溶胶引起的。为解决烟囱蓝烟问题，一方面委托专业机构对烟气中 SO_3 及硫酸雾等进行了检测分析，三次检测结果综合塔顶排放的硫酸雾浓度分别为 81.3mg/m³、83.1mg/m³、86.1mg/m³，三氧化硫排放浓度 < 3.90mg/m³，另一方面于 2015 年 6 月提出了在催化裂化装置烟气脱硫脱硝综合塔顶部增加湿法静电除雾器的技术方案，以进一步去除塔顶净烟气中的水分、硫酸雾和颗粒物，减少净烟气拖尾和雾滴夹带，解决催化裂化装置外排烟气蓝烟及下坠现象，减缓净烟气在低气压天气等一定大气环境条件下在空中飘浮、感观较差的现象。本次改造设计由中国石化集团公司宁波工程公司上海分公司进行详细设计。

2　湿法静电除雾工作原理

湿法电除雾器工作原理（见图 1 和图 2）：通过静电控制装置和直流高压发生装置，以高压直流电送至电除雾器装置中，在电晕线（阴极）和捕集极板（阳极）之间形成强大的电场，放电极产生电晕放电，使空气分子被电离，瞬间产生大量的电子和正、负离子。烟气中的微粒通过该空间时，被强制荷电，粒子间产生凝并，在电场力的作用下作定向运动，达到捕集目的。电除雾器能够高效除去 0.01~100μm 的气溶胶细微颗粒物，实现对烟气中液态或固态颗粒物、气溶胶、SO_3 等的高效去除。

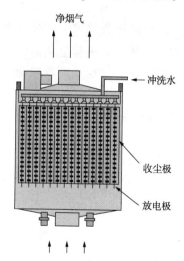

图 1　湿法电除雾器构造

电除雾器是以高档耐腐蚀乙烯基树脂为基体，碳纤维、玻璃纤维为增强材料，通过模压、缠绕、成型工艺制成的一种导电玻璃钢高效净化除雾设备。由上壳体、阳极管组、中壳体及

作者简介：武明波，男，1992 年毕业于中国纺织大学纺织机械专业，高级工程师，现在镇海炼化分公司从事炼油化工设备技术管理工作。

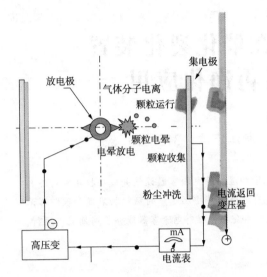

图 2 湿式静电除雾器工作原理图

下壳体组成设备本体部分。其中阳极管组由正六边形阳极管采用先进的层压黏接工艺复合成蜂窝形。设备整体性好，机械强度高，极管同心度和平行度高，耐腐蚀、耐温、阻燃性能好，极线要求防腐性能好，同心度高，使用寿命长。

湿式静电除雾器需要的干燥风主要由废水单元备用风机提供，备用风源来自催化裂化装置提供的高纯度、无油、无尘、干燥、洁净的压缩空气；湿式静电除雾器主要处理含水较高乃至饱和的湿气体。对集管上捕集到的粉尘采用定期冲洗的方式，使粉尘随着冲刷液的流动而清除。

3 湿法静电除雾器特点和工艺参数

本项目采用了浙江双屿实业有限公司生产的湿法静电除雾器，其设备主要工艺参数如下：

（1）结构型式：立式、卧式、多管式和线板式等型式；

（2）阳极材料：塑料、铅和导电玻璃钢三种；

（3）阴极材料：镍铬钢丝包铅、铅锑合金、C276、钛钯合金、钛丝等；

（4）导电原理：液膜、石墨、碳纤维；

（5）阳极管外形：圆形 $\phi 270mm$、六角形（内切圆）300mm、350mm、360mm；

（6）阳极管长度：4500mm、6000mm；

湿式静电除尘器主要有处理气量、总压降、粉尘和出口酸雾等指标。

本项目采用的湿法静电除雾器主要特点：

（1）主体材料为导电碳纤维玻璃钢，具有导电性好、重量轻、耐腐蚀、阻燃性好、性能稳定的优点。

（2）其阳极管独特的加长设计，由通常的4.5m 提高至 6m，增加气体接触时间。

（3）处理气速可由通常的1m/s 提高近 2m/s 左右。

（4）阴极线的铅锑合金高效放电线，与蜂窝式阳极管匹配，具有更高的脱除效率；圆状外形结构以减小风荷，并具有较高的精度和刚度，牢固可靠。

（5）采用恒流源电源，保证供电系统运行稳定。

4 催化裂化装置烟气脱硫脱硝综合塔主要改造内容

4.1 除尘激冷塔急冷区优化

为了进一步解决目前存在的烟气蓝烟问题及有效降低白汽拖尾现象，对于除尘激冷塔急冷区进行优化，将原有的急冷喷嘴换成不雾化喷嘴，喷嘴数量为 36 个，材质为 ALoy20 合金，减小逆喷浆液循环泵（P-301A/B/C）出口压力，泵的扬程降为 45m，流量为 1500m³/h。

4.2 综合塔改造

从综合塔变径段（标高 34200mm）处拆除原烟囱，更换综合塔变径段，材质由 Q345L+316L 改为 Q345L+2507，将新增的电除雾器安装在升级后的综合塔变径段出口与烟囱之间，综合塔变径段后用膨胀节与电除雾器连接，烟囱及水珠分离器利旧。

4.3 增设湿式静电除雾器

本次脱硫单元蓝烟改造项目采用湿式静电除雾器对脱硫外排烟气进行后处理。余热锅炉高温段烟气经脱硫单元综合塔处理后，进入塔顶部的湿式静电除雾器，经除雾器进一步去除烟尘和气溶胶后达标排入大气。烟气从底部进气口直接进入湿式静电除尘（雾）器流经 2 层均布板进行烟气均匀分布，然后利用阴极室、阴极线（架）、阳极板组成的静电除尘设备，高压电通过阴极线对粉尘、酸雾、水雾进行荷电，在电场力的作用下荷电颗粒克服布朗运动趋势向阳极板进行精密湿法点除尘除雾操作，洁净的烟气从出气口排出湿式静电除雾器；静电除尘除雾的颗粒吸

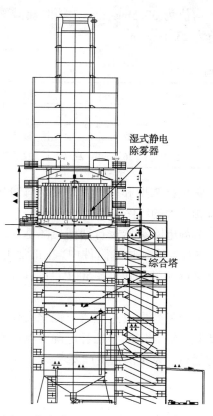

图3　综合塔上部设置的湿式静电除雾器

附在阴极线、阳极板上，由冲洗排管中的喷头系统进行定向的清灰处理，沉积在阳极板、阴极线上的粉尘随清洗水膜流向塔底部。

5　催化裂化装置烟气脱硫脱硝综合塔增加湿法静电除雾改造方案

湿式静电除雾器设置在现有催化裂化装置除尘脱硫脱硝装置的除尘脱硫单元框架上（见图3），静电除雾器上部通过膨胀节与原烟囱相连，下部与原综合塔变径段通过膨胀节相连，其西侧地面上设置消泡器浆液循环泵。从综合塔变径段（标高34200mm）处拆除原烟囱，将电除雾器安装在综合塔变径段出口与烟囱之间，综合塔变径段后后增加一片法兰与电除雾器连接，考虑到烟囱腐蚀，新增玻璃钢烟囱，原烟囱除水器利旧。

6　催化裂化装置烟气脱硫脱硝综合塔湿法静电除雾器投用情况

催化裂化装置烟气脱硫脱硝综合塔于2016年5月完成了增设湿式静电除雾器设施改造，2016年6月投用。投用后发现电压在二挡以上（共十挡）固定器有放电现象，湿式静电除雾器只能维持一挡运行，由此影响静电除雾器效果。2016年12月综合塔停工消缺期间对静电除雾器进行改造。2016年12月31日改造后投用至今，期间静电除雾器运行稳定，工况良好。2017年12月对静电除雾器进行了性能标定。标定操作条件如表1所示。

表1　主要操作条件

项　目	时间A	时间B	时间C
烟气中 SO_2 含量/（mg/m³）	568.30	502.74	522.56
烟气量/（m³/h）	228348.47	227255.62	225341.61
静雾A区电压/kV	0（空挡）	85（5挡）	87（7挡）

主要操作条件标定期间反再及综合塔主要操作参数没有发生大的波动，工况稳定。静电除雾器压降维持在0.1kPa左右。

对静电除雾器三个工况下的性能进行了标定，第一个工况是空白标定，即静电除雾器停运时的性能，第二个工况是静电除雾器正常工况5挡时的性能，第三个工况是极限工况（电压无法继续提高）7挡时的性能。

表2　硫酸雾浓度检测数据

静电除雾电压挡位　　　样品次数	1	2	3	4	5
空档硫酸雾浓度/（mg/m³）	65.9	59	35.4		
5档硫酸雾浓度/（mg/m³）	35.8	49.3	27.3	33.2	46.7
7档硫酸雾浓度/（mg/m³）	18	28.6	22.7	27.1	18.8

从表2可以看出当静电除雾器停运时硫酸雾浓度平均值为53.4mg/m³，在5挡时硫酸雾浓度平均值为39.5mg/m³，7挡时硫酸雾浓度平均值为23.1mg/m³。

表3　颗粒物检测数据

序号	项目名称	空挡			五挡			七挡		
		1#	2#	3#	1#	2#	3#	1#	2#	3#
1	实测的烟尘排放浓度/(mg/m³)	54.6	40.2	51	25.1	22.5	27.6	23.6	23.3	25.5
2	折算后烟尘排放浓度/(mg/m³)	57	39.1	49.6	24.2	21.7	26.6	22.7	22.5	24.4

从表3可以看出当静电除雾器停运时外排烟气颗粒物浓度平均值为48.56mg/m³，在5挡时外排烟气颗粒物浓度平均值为24.16mg/m³，7挡时外排烟气颗粒物浓度平均值为23.2mg/m³。

7　结语

（1）催化裂化装置烟气脱硫脱硝综合塔湿法静电除雾器投用对进口烟气中的颗粒物和硫酸雾具有一定的脱除作用，能有效降低外排烟气中的颗粒物浓度和硫酸雾浓度，对净化空气环境有相当大的环保效果。

（2）静电除雾器运行期间压降基本维持在100Pa左右，达到技术附件中"在正常工况下，湿式静电除尘器的压降≤500Pa"的性能保证值要求。

（3）通过数次改造完善，催化裂化装置烟气脱硫脱硝综合塔的湿法静电除雾器能够长周期稳定运行，基本满足生产要求。

缠绕管式换热器在裂解汽油加氢装置的首次应用

俞　亮

（中国石化镇海炼化分公司，浙江宁波　315207）

摘　要　裂解汽油加氢装置利用缠绕管式换热器换热效率高、热端温差小的特点，使其替代原有二段进出料换热器及二段进料加热炉，解决因加热炉烟气中 NO_x 和 CO 超标而带来的环保问题，同时停用加热炉节省燃料气消耗也带来可观的经济效益。缠绕管式换热器在裂解汽油加氢装置的试用成功可以解决二段加氢反应器进料温度不足，需要引入外部高温加热源的问题。新设备的投用，大幅地减少了装置设备总数，对装置工艺起到提质升级的作用。文章对缠绕管式换热器进行了简单介绍，分析其主要结构及性能指标。

关键词　裂解汽油加氢；缠绕管式换热器；环保治理；节能降耗

裂解汽油加氢装置二段加氢反应器的进料温度为 242℃，介质需经过二段进料预热器（E-762N）、二段进出料换热器（E-760A/B/C/D）、二段加氢进料加热炉（F-760）依次升温，才能将温度从 64.8℃ 提升至 242℃，以使其满足反应器进料温度的最低要求，从而保证产品质量。

2016 年起，某公司对其裂解汽油加氢装置的该流程陆续做了两次变更：

第一次变更，采用高压蒸汽换热器 E-764N 替代加热炉 F-760，替换后成功解决加热炉烟气的环保问题。

第二次变更，使用缠绕管式换热器 E-765N（见图 1），直接替换掉二段进出料换热器 E-760A/B/C/D 和高压蒸汽换热器 E-764N，即一段反应器出料经过预热后直接被缠绕管式换热器加热至二段反应器进料温度。这样做可以进一步节省高压蒸汽的消耗量，从根本上使装置可以省去外部高温加热源。

通过这两次的流程优化，解决环保问题的同时降低了装置的能耗，最为重要的一点是，缠绕管式换热器首次在该工艺包中试用成功，对裂解汽油加氢的工艺包来说实现了阶段性的突破，它打破了二段进料繁琐的换热流程，解决了烟气的环保问题，大幅降低了装置能耗。

同时，仅该段流程上设备的金属总质量就降低了约 50%，这也是一笔不小的费用，且设备设备数量的大幅减少，不仅降低了装置的检

图 1　裂解汽油加氢装置缠绕管式换热器 E-765N

修成本，还降低了装置的总占地面积。

1　缠绕管式换热器的主体结构分析

如图 2 所示，缠绕管式换热器主要由壳体、芯体及接管三部分组成，其中芯体比较复杂，由中心筒、换热管、层间垫条、管间卡件等组成。

由于管束是缠绕在中心筒上的，所以在管子与管子之间通过管间卡件来限制管间距，避免管束外壁磨损；再用垫条来控制每一层管束间的距离。这样做的好处是可以控制壳程侧的

间隙分布，避免出现局部间隙过大或过小的情况，从而很好地保证换热器的换热效果。而管束的交错布置，也能对壳侧的流体起到一定的引导作用，通过计算错流角度，使壳侧介质在管束的外表面出现不均匀的压力分布，再结合流体的交错流动，使得管束外壁始终受到交错、反复且压力不断变化的流体冲刷，这样可以最大限度地促进管束外壁垢物和聚合物的附着，保证换热效果。

图3　管束每层管子交错布置

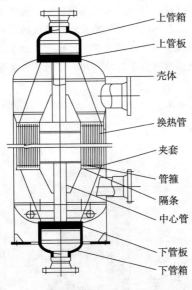

图2　设备结构示意图

图中标注：上管箱、上管板、壳体、换热管、夹套、管箍、隔条、中心管、下管板、下管箱

缠绕管式换热器的制造难度并不高，但是目前国际上能够设计并制造缠绕管式换热器的厂家数量并不多，其核心技术主要有两点：①管束的层间距与管间距，这两个参数的大小直接影响换热管数量、换热面积、流体的流速、传热系数及介质结垢堵塞的可能性；②错流角度，壳程流体实现错流流动，借助于流体与直管群错流的传热膜系数的模型，建立流体在盘管层组成的管束的管外侧与管群流动的基本模型，来设计错流角度。缠绕管式换热器管束布置方式如图3所示。

1.1　换热器的芯体

芯体是整个设备中最复杂的零部件，其主要由中心筒、换热管及芯体套筒组成。

中心筒是一个中空的筒体结构，在筒体两端及中间的圆周方向开有均布的通孔，所以在正常情况下，中心筒内是充满介质的，当设备需要倒空时，筒体内的介质可从通孔内排出。

不过由于通孔的孔径通常比较小，大约在2cm左右，所以如果介质较容易聚合或结垢，则容易堵塞孔洞，当设备需要检修时对倒空造成一定的影响。所以在设计阶段也要详细了解该工艺流程中介质是否有易聚合或是结焦、结垢的情况。

中心筒设计成中空的结构，主要有几点原因：①实心柱体的制作难度大，且长度较长时容易弯曲；②设计成中空的结构，可以大幅降低设备的整体质量。

缠绕管式换热器没有设置折流板的结构，所以介质在壳侧的流动通道内是没有流速的低点或者死区的，可以减少介质结垢或积聚的情况，且普通的列管式换热器，管子穿过折流板的位置最容易因为管线的晃动和膨胀而产生缺陷，取消折流板的结构，可提高设备的工作寿命。

管板固定在中心筒的两端，管束的绕制角度、管间距、层间距、每一层的管子数都是经过模拟计算后确定下来的。绕制时，中心筒在机器的带动下绕轴心转动，配合绕管专用的小车固定管子的绕制角度。这样可保证管束布管的均匀性和准确性，以保证流体在壳程流动时不会走短路，提高换热效率。

1.2　换热器的壳体

芯体在制作完成后需要去换热器壳体进行套装，套装完成后，将导流筒与壳体内壁焊为一体，芯体两侧的管板与壳体焊为一体。由于大部分结构都是焊接形式，所以密封点相对较少，且由于管束螺旋形缠绕，所以可以很好地消除热膨胀的影响。

管束的外表面包覆有一层导流筒，厚度大约为 2mm 左右，主要作用是起到流体导向作用，确保流体从换热管间隙中通过，同时减少管束与筒体内表面间距，避免出现因间距过大而造成介质短路，影响换热管效率。

换热器的壳体、管板及管箱封头采用焊接形式焊为一体，圆滑过渡。一方面提高受压部件强度，减少集中应力，同时减少了泄漏点，使密封性能提高。其缺点是检修时无法抽芯，由于是缠绕管式的结构，所以水力清洗难度较普通列管式换热器难度较大，当出现较严重的堵塞情况时，则无法拆解检修，只能整体更换。

2 流程改造后效果

缠绕管式换热器具有结构紧凑、单位容积传热面积大、换热系数高、换热介质温度端差小、密封性高、介质流道无死区与流速低点等特点。

此次采用缠绕管式换热器对装置运行带来的影响有以下几个方面。

2.1 流程优化

此次新投用的换热器，设计热端温差可以控制在 10℃ 以内，可以将介质从 77.6℃ 直接加热到 242℃，省去了加热炉二次加热的流程，用一台设备替换了原先五台设备串联的流程，极大地简化了流程。

新的工艺流程确定，可以使裂解汽油加氢的工艺包得到充分的优化：首先，在初期的装置设计阶段，设备数量减少，仅设备总重就减少了约 40t，相当于原先设备总重的 50%；其次，减少投资的同时降低了装置总占地面积。

2.2 节能降耗、环保治理

加热炉停用解决了烟气中 NO_x 和 CO 超标的环保问题，同时节省的燃料气也能创造一笔可观的费用。

2.3 检修成本降低

相关设备检修成本见表 1。

表 1 相关设备检修成本分析

设备位号	二段进料换热器 E-765N	二段进出料换热器 E-760A/B/C/D	加热炉 F-760	高压蒸汽换热器 E-764N
检修内容	如工况稳定可不检修；如检修，涉及管口短节拆装，化学清洗，管束堵管	换热器拆装，人工清理，管束水力清洗，易损内件更换，试压查漏，压力容器检验，保温及脚手架配合，C/D 两台为不锈钢管束，续做连多硫酸腐蚀防护	常规更换破损的耐火砖及填料，火嘴、金属软管更换，炉腔清扫	换热器拆装，人工清理，管束水力清洗，试压查漏，压力容器检验，保温及脚手架配合
检修费用	设备制造厂家根据运行期间各参数给出检修意见，正常情况下如压差及进出口温度无较大变化，设备无其他异常故障现象，可不检修。大修期间倒空置换后氢气微正压保压即可，检修费用几乎可忽略	每个运行周期检修一次。换热器拆装、清洗、试压、连多硫酸腐蚀防护以及检修配合吊机及施工力量，所有费用合计为 60 万左右	主要为材料费及少量人工，合计为 2 万元左右	新投用设备，未检修过，总计约为 6 万元
检修工期	设备主体基本为焊接结构，检修作业仅涉及管壳程化学清洗，如需检修，检修工机具及施工力量由设备制造单位负责落实。工期约 3 天	设备结构相对较复杂，拆装难度大；管束长度 9m 且 C/D 两台为不锈钢材质需进行连多硫酸防护处理。检修工期贯穿整个装置大修网络	3 天	3 天

2.4 运维工作量减少

E-760A/B/C/D 介质温差大，小浮头侧设计了波纹管补偿热膨胀量的结构型式，对比常规的浮头式换热器，拥有更多的零部件和更多的密封点。

缠绕管式换热器管束受热膨胀影响小，主体结构以焊接为主，从而密封点数量大幅降低。

日常的检查维护工作量几乎为零。

3　后续运维需注意事项

装置运行期间，如设备压差、温差均无较大变化，则大修前运行部可结合最近一个周期的运行工况，评估是否对设备进行检修，正常情况下对设备进行倒空置换、氮气保压即可。

但是如设备工况有变差的迹象，则需对换热器进行处理，涉及化学清洗和管束堵管。

从该台设备的结构来看，管程底部管口规格为CL600 DN350，如管束发生泄漏，检修人员无法通过该管口进入设备下封头内，故当设备管束发生泄漏需要处理时，只能对设备本体进行开口，因为属于压力容器，本体动火风险较高，且相关手续流程较多，如遇此类情况需做大量前期准备工作。

另一个方面，如设备管壳程需化学清洗，需要在对应的管口配临时管线，但是该设备壳程顶部管线上未设置有对应的短节，如要进行化学清洗时，需将该处管线割开，风险较高。

从目前其他缠绕管式换热器的使用情况来看，一个运行周期内设备不必检修的可能性非常之大，可是当第二、第三个周期时，化学清洗的概率则会大大增加，所以还是应该在最合适的条件下，择机在该段管线上增设配对法兰，确保设备随时具备化学清洗条件。

4　总结

裂解汽油加氢装置的二段反应器进料温度要求在235℃以上，如果低于这个温度，介质可能会带液，造成产品不合格。

原有的工艺流程，不借助外来热源加热的情况下只能升温至220℃。所以只好使用外部的补充热源将介质温度提升至反应器要求的进料温度，这就意味着增加新的设备，增加新的物料消耗。

分析其主要原因：普通换热器在换热过程中的热量损耗较大，导致所能达到的热端温差较大，二反的出料温度已是系统内可利用的最高点温度，所以想在不引入新热源的基础上解决热端温差过大这一问题，只能在换热器的换热效率上作文章，于是便有了采用缠绕管式换热器的这一方案。利用缠绕管式换热器换热系数大、换热效率高、热端温差小的特点，将二反进料的温度进一步提升至242℃，不仅解决换热量不足的问题，还起到了节能降耗、环保治理、优化工艺包的效果。

缠绕管式换热器在裂解汽油加氢装置上的首次应用成功，利用其自身特性解决换热温升不足问题的思路，值得我们在其他的工艺中借鉴和推广，为我们在新工艺，新装置的设备选型中提供了新的思路。

参 考 文 献

1　陈永东，陈学东. 我国大型换热器的技术进展[J]. 机械工程学报，2013(10)：134-143.

2　张贤安. 高效缠绕管式换热器的节能分析与工业应用[J]. 压力容器，2008(5)：54-57.

3　张周卫，薛佳幸，汪雅红. 双股流低温缠绕管式换热器设计计算方法[J]. 低温工程，2014(6)：17-23.

4　王自涛. 绕管式换热器的制造[J]. 河南科技，2015(4)：42-43.

5　楼文元. 缠绕管式换热器在柴油加氢装置的应用[J]. 宁波节能，2014(3)：30-33.

6　何文丰. 缠绕管式换热器在加氢裂化装置的首次应用[J]. 石油化工设备技术，2008(3)：14-17

7　陈永东，张贤安. 煤化工大型缠绕管式换热器的设计与制造[J]. 压力容器，2015(1)：36-44.

UGS 全域智能气体安全预警系统

毛　飞　王　涛

（哈尔滨东方报警设备开发有限公司，黑龙江哈尔滨　150000）

摘　要　在国内石油、化工装置规模日趋大型化，生产装置的密集程度越来越高的今天。检维修作业和生产过程稍有不慎就会造成生产、设备、人员、环境、社会影响等方面无法挽回的重大损失。本文主要从石油化工企业检维修作业环节的安全角度出发，对该作业环境目前的气体检测现状进行分析，总结其存在的安全隐患问题，并提出 UGS 全域智能气体安全预警系统作为解决方案。以安全性、实用性、时效性、智能性为主线，通过举例分析的方式，论述了实施整套系统势在必行。

关键词　智能工厂；UGS 全域智能气体安全预警系统；石油化工；生产过程；受限空间；动火现场

智能化系统，指的是由现代通信与信息技术、计算机网络技术、行业技术、智能控制技术汇集而成的针对某一个方面的应用的智能集合，随着信息技术的不断发展，其技术含量及复杂程度也越来越高，智能化的概念开始逐渐渗透到各行各业以及我们生活中的方方面面。

UGS 全域智能气体安全预警系统包括气体安全预警模块、检修作业安全模块、智慧安全巡检模块、危险作业开票模块、可视集群调度模块。通过能够测量或感知特定物体的状态和变化的各类终端、基于传感技术的计算模式、卫星定位、移动通信等不断融入工业安全生产的各个环节，改善生产过程中安全隐患，大幅减少事故发生率，提高应急响应救援时间，降低人员死亡率，将传统工业提升到智能化的新阶段。

1　我国石油化工发展现状

石油化工行业在我国国民经济的发展中发挥着极其重要的作用。虽然我国石油石化工业起步较晚，但经过 50 多年的发展，特别是改革开放以来，我国的石油化工工业已经迅速地发展起来，已建成门类齐全、具有相当规模、自动化水平较高的产业，已然成为我国国民经济的基础和振兴我国民族工业、保持国民经济持续稳定发展的重要支柱产业。石油化工不但对经济增长贡献很大，而且还能带动农业、建筑业、汽车制造业、机械电子业等相关产业的发展；带动科技进步和国民经济增长；提供和扩大就业机会。石油化工产业是国民经济的重要产业，是技术密集型、资金密集型行业，其产品广泛应用于工业、农业以及人民生活的各个领域。随着我国各项改革的稳步推进，我国石油化工市场终将走向全面开放，投资主体多元化、市场竞争格局逐步形成。未来几年，我国石油化工产业空间将进一步加大，石化行业将成为投资热点，以炼油和乙烯为龙头和核心的石油化工将保持持续发展的势态。当前我国石油和化工行业规模以上企业大概有 3 万家，仅化学品生产企业涉及的员工就有 800 万 ~ 900 万人，加之储存、运输、使用单位则更多。石化以及化工生产涉及的原料、辅料、产品等大多是易燃、易爆、有毒、有害的；大多生产过程连续性强、工艺复杂、设备管线阀门繁多，稍有不慎就有可能发生事故，破坏性很大。

因此安全问题对于石化及化工企业至关重要，"安、稳、长、满、优"五字方针中，安全更是摆在了首位。多年来，化工反应器升压爆炸、锅炉断裂、有毒气体泄漏等事故常有发生，不仅给企业带来巨大损失，而且严重威胁着生产现场工人及周边地区居民的人身安全。尤其在检维修环节，所致的伤亡事故更是占绝大比重。

2　检维修作业环节中隐患分析

检维修作业主要涉及以下几种作业方式：

动火作业、进入受限空间作业、破土作业、临时用电作业、高处作业等。

其中以动火作业和受限空间作业事故率最高且危险性最大，这主要源于这两种作业环境极易造成爆炸、中毒、窒息等恶劣后果，但无论爆炸、中毒抑或是窒息，最终都归根于检维修作业所处环境下的气体浓度出现了问题，只要确保可燃气浓度不在爆炸区间、受限空间内

氧气充足、有危险气体出现时能在第一时间发现，就能大大地降低检维修作业环节的伤亡事故发生率。

现将检维修作业现场目前普遍采用的作业模式和 2015 年 6 月 1 日实施的 GB 30871—2014《化学品生产单位特殊作业安全规范》（以下简称 GB 30871）进行比对说明，见表 1。

表 1　检维修现场普遍作业模式与 GB 30871 要求比较

序号	要求关键点	普遍采用的作业模式	GB 30871—2014《化学品生产单位特殊作业安全规范》	GB 30871—2014 解读
1	对于气体环境的检测情况	化验室完成气体分析后，检维修人员进行检维修作业，作业期间，化验室至少每 2h 监测一次，直至作业结束	对可能释放有害物质的受限空间，应连续监测，情况异常时应立即停止作业，撤离人员，对现场处理，分析合格后方可恢复作业	对任何检维修环节的气体环境都进行实时在线连续检测
2	信息传递	作业人员佩戴现有的便携式气体检测报警仪，一旦检测到危险气体，只对自己有警示作用，无法进行信息的有效传递	监护人员通过通信工具与受限空间内的作业人员保持联络，确保信息传递	通过 GPRS 通信技术，实现现场信息实时上传安全云，让控制室人员第一时间掌握现场信息。通过无线报警技术，实现一线人员信息实时共享。此技术大大提高了受限空间内作业的安全性，弥补了受限空间外的监护人员不能及时掌握受限空间内作业人员的情况问题
3	受限空间报警模式	作业人员佩戴的便携式气体检测报警仪接触到危险气体从而发出报警，再由通信设备告知检维修环境下的监管人员	无变化	通过 GPRS 通信技术，现场数据实时上传安全云，为有关部门增加应急救援时间。通过无线报警技术，让检维修作业区域联动报警，有效识别环境变化产生的安全风险，弥补了人工使用通信设备告知的效率低、速率慢问题
4	动火作业现场预警	检维修作业现场，一旦泄漏，作业人员只能通过随身携带的便携式气体检测报警仪得知。	受限空间外应设置安全警示标志，备有空气呼吸器（氧气呼吸器）、消防器材和清水等相应的应急物品	将移动式气体安全预警仪置于易泄漏点下风向，进行实时不间断检测，一旦检测到危险气体，主机发出声光报警指示同时将报警信息上传安全云并让检维修作业区域联动报警
5	事故认责	存在违章作业；事故无法有效追责	无变化	通过实时视频监控，上传安全云，认清事故原因及责任人

3　对于检维修环节安全隐患的解决方案

动火作业，也称之为热工作业，是很多企业主要的也是风险最大的生产作业活动之一。如果不能充分认识并采取有效的措施控制动火

作业过程中的风险，则极有可能导致火灾、爆炸等事故的发生，严重时可能会导致重大人员伤亡或者其他灾难性的后果。动火作业的主要风险就是引起火灾或爆炸事故。由于动火作业

过程中会产生火源，如果作业环境中存在易燃气体、易燃液体或者固体易燃、可燃物，并被动火作业过程中所产生的火源点燃，就会发生火灾或者爆炸事故。当环境中存在易燃挥发物，并达到爆炸下限（LEL），形成爆炸混合物，且爆炸混合物遇到动火作业所产生的火源后就有可能发生爆炸。动火作业场所存在的易燃物的易燃程度越高，比如存在氢气或者乙炔气体，则发生火灾或者爆炸的可能性越大；作业环境中存放的易燃或者可燃物的量越大并且距离密集人群越近，则发生火灾事故后其后果会越严重。通过识别动火作业中的风险，并且对风险进行评价，可以帮助我们确定一项动火作业风险的大小，并根据风险的大小制定与之相匹配的控制措施。UGS 全域智能气体安全预警系统满足 GB 30871—2014《化学品生产单位特殊作业安全规范》要求。在检测方式上，采用连续检测，有效识别环境变化产生的安全风险。在报警方式上，实现了单点报警多点接收。所以说检维修作业的气体检测应采用实时不间断在线检测。

受限空间是指生产单位的各种设备内部（塔、釜、槽、罐、炉膛、锅筒、管道、容器等）和下水道、沟、坑、井、池、涵洞、阀门间、污水处理设施等封闭、半封闭的设施及场所。换言之，一切通风不良、容易造成有毒有害气体积聚和缺氧的设备、设施和场所都叫受限空间，在受限空间的作业都称为受限空间作业。有些受限空间可能产生或存在硫化氢、一氧化碳、甲烷（沼气，瓦斯）和其他有毒有害、易燃易爆气体并存在缺氧危险，在其中进行作业如果防范措施不到位，就有可能发生中毒、窒息、火灾、爆炸等事故。

UGS 全域智能气体安全预警系统在受限空间作业具体表现：在采集方式上，采用泵吸式，将检测口至于目标位置，确保检测的有效性；在监测方式上，采用连续监测，有效识别环境变化产生的安全风险；在报警方式上，运用无线技术进行报警信息的传递，达到联动报警，实现了单点报警多点接收，实现了现场报警信息的全员覆盖，能够有效避免因盲目施救而导致的二次伤亡，也为营救受伤人员赢得了更多的时间。

为了弥补这些安全隐患，UGS 全域智能气体安全预警系统通过气体安全预警模块和检维修安全作业模块的有机结合，通过安全云让监督管理人员实时了解现场作业状况、气体环境浓度。通过无线技术进行报警信息的传递，即让任何一台气体检测设备报警时，都会使 350m 范围内的所有便携设备第一时间联动报警，并指示出报警设备佩戴人员的名字、浓度、气体等信息。这样就实现了现场一旦报警，不论是受限空间内部还是外部都能够在第一时间接到报警。

4　UGS 全域智能气体安全预警系统

传统技术的理解：采用便携式气体检测仪对容积较大的受限空间进行下垂悬挂式的检测，在不同高度停滞一段时间后迅速提起读取数据，这样检测显然在提拉读取数据的过程中浓度已经发生变化，所以获得数据的准确性使人怀疑。

UGS 全域智能气体安全预警系统，提供的解决方案是将一台气体安全预警仪置于被测空间的外面（见图 1），将采气口置于采集部位，通过气泵将气体抽取上来，气泵抽力可以满足最长配接 50mϕ6 软管进行气体采样，此方式可以准确地对不同高度进行检测获取数据，这样获取的数据是实时在线的数据，是可以信赖的。同时该设备可以将报警数据通过 GPRS 传递至安全云，让监督管理人员第一时间了解现场情况；通过无线传递的方式，传递给周围 350m 内的监管人员所持有的便携设备，也就是说所有以前需要人做的事情，都已经通过设备实现了。以前间断性的检测都变成了实时在线检测。增加视频监控，让作业全过程画面实时上传，为事故调查提供依据。

该技术确保了受限空间内的作业人员，在未受到危险气体威胁前，就得到预警，并且不止预警受限空间内的作业人员，受限空间外的监护人员也会在第一时间接收到预警信息，该技术充分满足了 GB 30871—2014《化学品生产单位特殊作业安全规范》中第 6.4b）条款的要求。

GB 30871—2014《化学品生产单位特殊作业安全规范》中第 6.4f）条款：对可能释放有害物

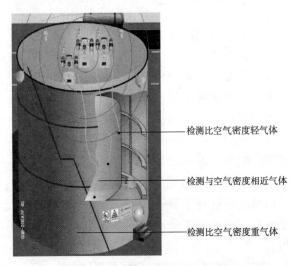

检测比空气密度轻气体

检测与空气密度相近气体

检测比空气密度重气体

图1　气体安全报警仪工作原理

质的受限空间,应连续监测,情况异常时应立即停止作业,撤离人员,对现场进行处理,分析合格后方可恢复作业。

此条款传统连续检测方式:即作业前由化验室人员对受限空间内的气体环境进行分析,分析合格后,进入受限空间内的作业人员佩戴便携式气体检测报警仪开始作业,整个过程靠便携式气体检测报警仪进行连续检测。

仔细分析一下就可得知,便携式气体检测报警仪由于它的佩戴方式注定了它有两项监测上的劣势:其一,当受限空间内危险气体超标时,虽然设备报警但很大概率检测到的危险气体是泄漏点扩散过来的,并不是第一时间报警,由于报警的滞后性让受限空间内的作业人员接触危险气体时间加长,这是极度危险的;其二,当设备戴在身上时,实际上我们正在检测的位置并不是这个受限空间内最有效的检测位置,无论是检测点、检测高度都不会是规范所要求的。综上所述,由于报警的不及时和检测位置的不准确,导致了安全性和监测有效性都大大降低。

检维修作业现场更需要的是独立的、实时的、在线的、一旦报警可以第一时间共享的监测设备,采用泵吸的气体安全预警仪就是对最有可能发生危险的泄漏点进行连续检测,在一旦检测到有危险气体时就通过自身配备的无线报警发送装置,将报警在第一时间发送给现场人员,更有效地提高了检维修作业气体环境(有毒有害气体、可燃气、氧气)的检测。

UGS全域智能气体安全预警系统——检修作业安全模块,应用在西气东输二号线衢州站的临时作业现场(见图2),就实现了对现场受限空间内部气体环境的连续监测,用户反馈非常好。由于该设备放置在最有效的位置进行连续监测,在发生危险时它也会最先报警,使受限空间内的作业人员在未接触到危险气体前,就已经得知报警信息,这种连续检测才是真正有效的。为作业现场的管理者提供了有效的管控方法、创新的理念和安全的设备,防患于未然。

图2　作业现场

5　结束语

太多的惨剧触动过我们的心灵,都曾为事故中失去的人感到过惋惜,但惋惜和同情永远减少不了事故的发生率,必须要用创新的技术、创新的理念更好地满足现场需求,从而最大限度地避免灾难的发生。习主席提出的创新、创造理念,势必会使检维修作业环节融入更多新思维、新理念,UGS全域智能气体安全预警系统势在必行。

环氧丙烷装置含醇废水厌氧处理研究与应用

崔军娥[1]　晏小平[2]　谭　红[1]　刘　丹[1]

（1. 岳阳长岭设备研究所有限公司，湖南岳阳　414012；
2. 中国石化长岭分公司水务作业部，湖南岳阳　414000）

摘　要　采用厌氧 ECSB 工艺对化工厂环氧丙烷装置含醇废水进行处理，对工程应用可行性进行了探索。结果表明：在合理控制系统温度、pH 值、挥发性脂肪酸（VFA）、碱度等运行条件，ECSB 系统处理含醇废水的量达到了 4.8t/h，出水 COD 符合下游污水处理厂接收水质要求，说明 ECSB 工艺处理环氧丙烷装置含醇废水是可行的，为环氧丙烷装置含醇废水处理提供参考依据。

关键词　厌氧；含醇废水；COD 去除率

某企业生产环氧丙烷过程中产生 COD 浓度高、有一定毒性、水量较大的含醇废水。由于生产原因，含醇废水无法全部按初始设计方式进行处理。而该企业污水处理系统有 1 套 ECSB 污水处理设施，自 2015 年建成后，一直处于调试状态。ECSB 工艺由荷兰 HydroThane 公司在 EGSB 基础上研究开发新一代厌氧生物反应器，通过外循环方式全面控制反应器中的颗粒污泥床处于膨胀状态，传质效果更佳，可处理较高浓度的有机废水；更为重要的是，ECSB 反应器采用较高的出水循环比，对原水中毒性物质有一定的稀释作用，抗冲击能力更好。该技术已被广泛应用于处理垃圾渗透液、焦化废水、中药废水等城镇化工有机废水，并取得了显著的效果，但处理环氧丙烷装置含醇废水的研究还未见报道。本研究采用 ECSB 反应器进行环氧丙烷装置含醇废水的厌氧生物处理，通过小试试验验证其可行性，并考察放大后现场应用效果。

1　实验部分

1.1　试验材料与试验方法

1.1.1　废水来源及水质

含醇废水取自某企业环氧丙烷生产装置利用甲醇提纯塔对粗环氧丙烷进行提纯产生的废水，废水产生量约为 6～14t/h，部分需利用厌氧装置处理，处理后出水 COD 需达到下游污水处理厂接收标准（<3000mg/L），废水各项指标如表 1 所示。

表 1　废水各项指标

项目	pH 值	COD/(mg/L)	B/C	总氮/(mg/L)	总磷/(mg/L)	主要组成
含醇废水	3～4	1.3万～15.4万	0.19～0.27	134	45.8	醇类、柠檬酸、醚类

营养液自配水：在自来水中加入葡萄糖与醋酸钠作为有机基质，并按一定质量比加入尿素和磷酸二氢钾，同时加入适量微量元素和硫化钠。

1.1.2　分析项目及方法

pH 值：电极法，雷兹精密 pH 计；化学需氧量（COD）：快速测定法，美国 HACH-45600 COD 测定仪；生物需氧量（BOD）：美国哈希 Track Ⅱ BOD 测定仪；挥发性脂肪酸（VFA）、碱度（碱度）：酸碱滴定法；总氮：紫外分光光度法；总磷：钼酸铵分光光度法。

1.1.3　试验装置流程

EGSB 反应器由有机玻璃制成，整体高度 2650mm，分为三相分离区和反应区两部分，总容积为 72L，反应柱内径为 190mm，反应区高径比约为 12：1，控制 HRT 为 40h。在反应器

作者简介：崔军娥（1988—），女，2015 年毕业于湘潭大学，硕士学位，工程师，现从事工作工业固废及污水的处理工作。

外表面配制保温套，采用数显恒温仪控制温度为(35±1)℃。进水由蠕动泵从反应器底部打入，经均匀布水设施缓慢向上流动，并在沉淀区三相分离器附近设有回流口，采用微型离心泵进行出水回流，实现外循环。具体EGSB装置如图1所示。

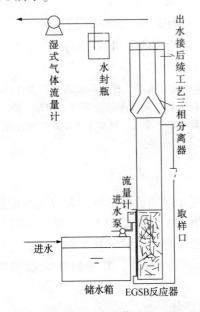

图1　试验装置

接种污泥取自某柠檬酸厂厌氧颗粒污泥，经水稀释、过筛、沉淀接种于EGSB反应器，平均粒径为1.0~2.5mm，总固体含量（TS）为358018mg/L，接种体积约占反应区总体积的1/3。

1.2　试验过程

本试验运行历时近5个月，分为3个阶段：反应器启动与培养期、厌氧颗粒污泥培养与驯化期和工艺试验期。

通过EGSB系统运行过程中的pH值、VFA、碱度变化可以有效地监测和指导反应器的正常运行，VFA的浓度不仅影响到厌氧反应体系中产甲烷菌的活性，还影响到最后阶段产甲烷的总量。定期对系统运行期间进出水pH值、VFA、碱度等进行监测，使其处于产甲烷菌较适宜条件范围内，以确保EGSB厌氧反应器处理含醇废水达到较好的效果。

1.3　试验结果

1.3.1　厌氧颗粒污泥启动与培养期

试验初期，在较低回流状态下进行，加入接种污泥，采用葡萄糖与醋酸钠自配水控制进水有机容积负荷在2kgCOD·m⁻³·d⁻¹左右，在水力上升流速5m·h⁻¹的条件下启动反应器。系统启动运行阶段，进水有机负荷从2000mg/L逐步提升至10000mg/L，容积负荷提至9kgCOD·m⁻³·d⁻¹，出水COD趋于稳定，均低于2500mg/L。

1.3.2　厌氧颗粒污泥培养驯化期

此阶段在采用自配水成功启动、污泥培养的基础上，逐步增加含醇废水的配比，进行厌氧颗粒污泥培养与驯化。从图2的COD变化情况可知：①随着系统初期运行，出水COD由最初1418mg/L升高至2044mg/L，COD去除率下降至74.4%，这是因为接种污泥处于驯化适应阶段；②随着系统中后期运行，出水COD逐渐降低，最后在1100mg/L左右，趋于稳定，说明厌氧颗粒污泥的培养与驯化期已完成。

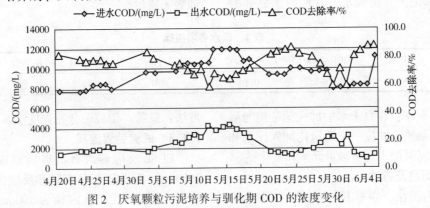

图2　厌氧颗粒污泥培养与驯化期COD的浓度变化

1.3.3　工艺试验期

此阶段逐步提高有机负荷(均由含醇废水提供)、调整上升流速至7m·h⁻¹。从图3的COD变化情况可知：①6月6日~7月2日提负荷运

行初期，出水COD逐渐升高，最高达到了3880mg/L，待系统运行近20天，出水COD逐渐降低，系统运行指标均在正常范围内，说明厌氧颗粒污泥慢慢适应了高有机容积负荷的冲

击；② 随着系统进水有机负荷提高，从 10000mg/L 逐步提升至 25000mg/L，出水 COD 在 3000mg/L 左右，COD 去除率均值达到了 85% 以上，EGSB 反应器有机容积负荷已达到了 15kgCOD · m^{-3} · d^{-1}。

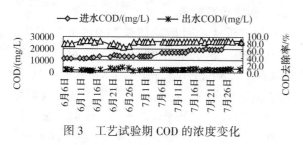

图 3 工艺试验期 COD 的浓度变化

综上，将系统 pH 值、VFA 和碱度等运行条件控制在正常范围内、进水有机负荷低于 25000mg/L 的情况下，EGSB 处理环氧丙烷装置含醇废水出水 COD 在 3000mg/L 左右，COD 去除率均值达到了 85% 以上，处理 COD 容积负荷达到了 15kg · m^{-3} · d^{-1}，以此作为工业应用调试参考。

2 工业应用

2.1 ECSB 系统设计处理水质及水量

环氧丙烷装置污水处理厂 ECSB 系统设计处理水质及水量如表 2 所示。

表 2 ECSB 系统设计水质及水量

分析项目	pH 值	平均进水量/(t/h)	COD/(mg/L)	T/℃	COD 有机容积负荷/(kgCOD · m^{-3} · d^{-1})
范围	6~8	7.5	≤2万	35~38	36

2.2 EGSB 处理工艺

环氧丙烷装置含醇废水进入含醇废水池（有效容积为 25m³），经调节后，采用污水提升泵提升至预水解酸化池池（有效容积为 100m³）。同时，在酸化池前设置换热器，确保厌氧塔内温度在 35~38℃。预水解酸化池内废水经泵提升至 ECSB 系统进行厌氧生化处理，ECSB 系统包括 NT 中和罐（有效容积为 32m³）、EGSB 反应罐（有效容积为 361m³）、泵及管路系统。EGSB 反应器出水进入曝气池，经曝气吹脱硫化氢、二氧化碳等还原性气体，进入竖流式沉淀池，沉淀出水经管道泵排入下游污水处理厂。具体工艺流程如图 4 所示。

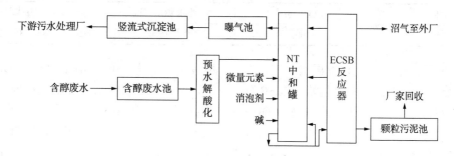

图 4 ECSB 系统工艺流程图

2.3 系统调试

2018 年 9 月~2018 年 12 月，系统调试运行近 4 个月，屡次出现 NT 出水 VFA 积累、pH 值降低、碱度较低，直接导致 NT 出水 COD 偏高，系统出现"酸化"现象，ECSB 系统降量处理。主要原因分析及解决措施如下：

（1）环氧丙烷装置 9 月中旬开工，装置处于调试阶段，含醇来水 COD 在 2 万~14 万之间，波动较大，厌氧系统前端无缓冲设施。采取措施：加大装置含醇废水 COD 分析频次，做到根据上游水质变化，及时调整厌氧含醇废水来水的稀释倍数，降低因含醇废水 COD 过高，对颗粒污泥造成冲击。

（2）装置含醇废水 pH 值低至 4 以下，进系统前需将其调至 6~8，但存在含醇废水池无搅拌设施、无加药计量泵、碱液投加量无法控制、在线 pH 探头伸入池内深度不够，监测不准、碱液投加操作粗放等问题，导致进厌氧塔含醇废水 pH 值调节不到位，持续偏低。采取措施：配备 30% 碱液，现场采含醇水样标定，定量投加碱液，调节 pH 值，调整废水池泵出口流量，开启废水池自循环阀，便于水质均匀。

（3）系统 pH 值出现异常情况时，NT 循环管线在线 pH 计未能及时较准监测。采取措施：pH 试纸测定 1 次/天，使其处于 7±0.5；建议切换 NT 循环管线 A/B 泵为 1 次/周，便于 pH 计探头冲刷清洗；校正 NT 循环管在线 pH 计 1 次/月。

（4）NT 中和罐注碱泵不上量、注碱泵连锁未及时启动、周末现场碱液储备不足等。采取措施：由含醇废水 EGSB 小试试验可知，整个反应过程中，无泡沫产生，将注消泡剂设施作为注碱备用设施；注碱泵 DCS 控制打手动，并根据现场监测及时启动；跟踪、统计碱液用量，在节假日、周末之前及时提醒现场操作人员补碱，并做好碱液储备。

（5）NT 出水碱度在 10meq/L 左右，持续偏低，系统抗缓冲能力差。一旦进水 pH 值控制不到位，塔内 pH 值就明显下降，VFA 积累。建议采取措施：进水投加碳酸钠（或醋酸钠）可提高塔内碱度，维持塔内 VFA 与碱度平衡，增加系统抗缓冲能力。

2.4　稳定运行效果

经过近 4 个月启动调试，2019 年 1 月末，ECSB 系统含醇废水的处理量达到了 4t/h。由表 3 可看出：NT 进出水 pH 值、NT 出水 VFA 均处于正常范围内，控制较好，且其出水碱度均在 30~40meq/L，处于较高水平，说明系统运行稳定。

结合表 3 与表 4 可看出：在严格控制塔含醇进水 pH 值、NT 出水 pH 值、VFA、碱度等运行参数，NT 出水 COD 均低于 1500mg/L，COD 去除率均值达到了 90.3%。

表 3　ECSB 系统运行条件控制情况

运行时间	NT 进水	NT 出水		
	pH 值	pH 值	VFA/(meq/L)	碱度/(meq/L)
2019 年 1 月	5.83~8.14	7.2~7.84	<1.0	30~40

表 4　ECSB 系统运行效果

运行时间	NT 进水 COD/(mg/L)	NT 出水 COD/(mg/L)	COD 去除率/%
2019 年 1 月	<14000	<1500	90.3（均值）

2019 年 3 月，环氧丙烷装置再次开工。经过近 2 个月启动运行，5 月中旬起始，ECSB 处理含醇废水的量达到了 4.8t/h，出水 COD < 2000mg/L，达到了下游污水处理厂接收水质要求，系统 COD 容积负荷达到了 28.8kg·m⁻³·d⁻¹，为设计值 80%，且较 2018 年 9 月，系统再次启动时间大大缩短。说明 ECSB 系统处理环氧丙烷含醇废水是可行的。

3　结论

（1）利用 EGSB 处理环氧丙烷装置将系统 pH 值、VFA 和碱度等运行条件控制在合理范围内，含醇废水出水 COD 在 3000mg/L 左右，COD 去除率均值达到了 85%以上，处理 COD 容积负荷可达到 15kg·m⁻³·d⁻¹。

（2）在小试试验基础上，系统长达近 4 个月启动调试，2019 年 5 月，ECSB 系统处理含醇废水的量达到了 4.8t/h，出水 COD 达到了下游污水处理厂接收水质要求，系统 COD 容积负荷达到了 28.8kg·m⁻³·d⁻¹，为设计值 80%，且较上次开工，系统再次启动时间大大缩短。说明 ECSB 工艺处理环氧丙烷装置含醇废水是可行的，为环氧丙烷装置含醇废水处理提供参考依据。

（3）通过 EGSB 处理含醇废水小试试验与现场工业应用效果情况，说明 EGSB 小试试验可较好地指导现场工业应用。

参　考　文　献

1　向心怡，陈小光，戴若彬，等．厌氧膨胀颗粒污泥床反应器的国内研究与应用现状．化工进展，2016，35(1)：18-25.

2　江瀚，石宪奎，倪文，等．厌氧颗粒污泥膨胀床原理特征分析．环境工程，2005，23(3)：19-21.

3 Liu J, Luo J, Zhou J, et al. Inhibitory effect of high-strength ammonia nitrogen on bio-treatment of landfill leachate using EGSB reactor under mesophilic and atmospheric conditions. Bioresource technology, 2012, 113(1).

4 董春娟, 王海会, 陈素云, 等. EGSB 反应器处理焦化废水的启动试验研究. 中国给水排水, 2011, 27(9): 91-94.

5 宿程远, 刘兴哲, 王恺尧, 等. EGSB 处理中药废水过程中厌氧颗粒污泥特性变化. 化工学报, 2014, 65(9): 3647-3652.

6 李建政, 任南琪. 环境工程微生物学. 北京: 化学工业出版社, 2004.

7 Wang Y, Zhang Y, Wang J, et al. Effects of volatile fatty acid concentrations on methane yield and methanogenic bacteria. Biomass and bioenergy, 2009, 33(5).

三泥减量化资源化成套技术研究与应用

周付建　谭　红　杨军文

（岳阳长岭设备研究所有限公司，湖南岳阳　414000）

摘　要　石化行业含油污水过程中，会产生大量的"三泥"，包括池底泥、含油浮渣和生化污泥，由于处理难度大，易造成污染，成为困扰生产企业难题。采用"三泥减量化资源化成套技术工艺"对中石化某分公司三泥进行处理，现场应用表明：油泥含水率从95%降至20%以下，减量率>95%；干泥热值可达6700cal/g，可替代煤炭焚烧发电；分离出的液相沉降处理后，下层水油含量<50mg/L，可去污水厂处理；上层油可回收进污油系统利用；该工艺实现了"三泥"减量化、资源化、无害化处理。

关键词　炼厂；三泥；危废；减量资源无害化处理

1 引言

在石化行业污水处理过程中，会产生大量的"三泥"，包括池底泥（隔油池、沉淀池底泥）、含油浮渣和生化污泥。它主要由水、固体悬浮物、油组成；含有苯系物、酚类等有毒有害物质，处置方式不当极易造成污染，已被国家列入危废（HW–08，2016）。根据《排污费征收标准管理办法》，"三泥"若不进行处理排放或存储设施不能满足国家要求，每吨污泥每次将征收1000元的排污费。中石化固体总废物产生量约1012×10⁴t/a（2016年），其中危险废物产生量约111×10⁴t/a（2016年），需外委处理的危废为85.84×10⁴t/a。按照环保税中为固体废物的应税标准计算，每年花费在固体废物处理上的费用以亿元计。

目前，为倡导节能低碳、绿色生产、保护环境，一些企业将"三泥"机械脱水后，送危废处理中心集中处理，此法成本较高；部分企业将"三泥"送焦化做急冷油使用或送焚烧炉焚烧，但由于三泥含水率在90%以上，势必会增加企业耗能，增加生产成本，且对工艺、设备有较大影响；还有少量企业没有找到合适的处理方式，一直储放在罐、池中，严重影响周边环境。随着国家对环保要求的日益严格，三泥无害化、减量化、资源化处理将成为发展的必然趋势。

2 三泥脱水–干化处理技术

2.1 现场情况简介

中石化某分公司每年产生"三泥"量约10000t，其中池底泥约2000t、含油浮渣约6000t、生化污泥约2000t，具体分析结果如表1所示。目前该厂"三泥"主要处理方式为：在沉降罐中脱水后一部分送热电作业部焚烧炉焚烧；其余送焦化装置回炼。从实施效果看，两种方式目前均存在一定的问题：①焦化回炼三泥时导致空冷结焦堵塞、火炬系统压缩机及附属管网、过滤器结焦堵塞，给生产带来较大影响；②进焚烧炉焚烧，容易堵塞喷嘴，且三泥含水率高，能耗较大。"三泥"若不能得到及时的处理，不仅会占用调节储罐和调节池等设施，影响正常生产，还会对周边生态环境造成一定影响。因此，当前急需一种高效、环保、新型的三泥处理方式，实现其减量化、无害化、资源化处理。

2.2 "三泥"脱水–干化处理工艺

岳阳长岭设备研究所2013年承担中石化《油泥处理技术研究与应用》课题，成功设计出一套"三泥减量化资源化成套技术工艺"（三泥调质改性+高效脱水+减量干化+CFB锅炉掺烧）。该工艺为组合式撬装式设计，集三泥脱水、密闭输送、油泥干化、尾气治理、DCS自控等为一体。2014年工业化应用，累积处理"三泥"量达12000m³。其工艺流程如图1所示。

作者简介：周付建（1985—），男，湖南张家界人，硕士，2012年毕业于长沙理工大学应用化学专业，主要从事炼油厂污水、固废处理工作。

表1　中石化某分公司"三泥"含水率分析数据

编号	类别	采样点	含水率	备注
1#	池底泥	C101隔油池	93.27%	定期清理产生
2#		中和池	95.86%	
3#	含油浮渣	"涡凹气浮"浮渣	92.18%	连续产生
4#		浓缩池浮渣	95.64%	
5#	生化污泥	浓缩池生化污泥	96.13%	连续产生

注："三泥"含水率分析结果为质量分数。

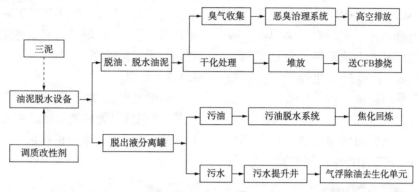

图1　三泥减量化、资源化及无害化处理技术工艺流程图

3　现场工业应用情况

3.1　分析方法

"三泥"含水率分析方法符合国标GB11896；滤液（脱出液）中油含量采用红外分光测油仪（JLBG-126型）测试；干化后油泥含水率分析：称取约10g（精确至0.0001g）试样于水分快速测定仪中，从室温开始升温加热，在105℃烘干至恒重，原样重量减烘干后重量除以原样重量即为样品含水率。

3.2　"三泥脱水工艺"流程简介

采用"三泥减量化资源化成套技术工艺"处理"三泥"，主要包括脱水干化、脱出液处理、尾气治理三个部分。其中脱水段包括：①机械脱水。采用调质改性剂对油泥进行改性，通过化学药剂调整油泥中固体粒子群的性状和排列状态，加剧固体杂质结合概率，油泥中固体杂质形成≥2mm的絮体，实现破乳—三泥的固、液分离。液相（脱出液）通过沉降预处理后，下层水去生化或气浮处理，上层油回收利用。油泥改性剂具有适用范围广（适用浮渣、底泥、生化污泥）、加剂量少、高效等特点。②干化脱水。脱出的固相通过密闭螺旋输送至干化机再次脱水处理。干化过程中产生的尾气通过引风机抽出，经旋风分离器初分、水洗、吸附处理后，达标排放。三泥处理整个过程中，密闭环保、无二次污染。

3.3　隔油池底泥处理情况

3.3.1　固相

隔油池底泥经"三泥减量化资源化成套技术工艺"脱水干化处理，各阶段形貌如图2所示；底泥脱水前后含水率、减量结果见表2。

(a)隔油池形貌，含水约90%　　(b)改性脱水形貌，含水约60.7%　　(c)干化后形貌，出料含水1.1%

图2　隔油池底泥脱水干化处理各阶段形貌

表 2　隔油池底泥脱水干化前、后分析数据

序号	进料情况		出料情况			平均减量情况
	形貌	含水率/%	形貌	含水率/%	热值/(cal/g)	
1#	膏状，流动性较差，表层较多黑油	92.27	粉状或小颗粒状，无黏性	0.9	6700	95%
2#		90.86		1.1	6647	
3#		91.37		5.8	6461	

注：减量率（质量分数%）=（减料质量−出料质量）×100/减料质量。

结合图2，从表2可得出：隔油池底泥在脱水干化前呈黑色膏状样，表层有较多黑油，改性脱水后呈黑色块状，无流动性，含水率约为60%，体积大大减小；经过干化处理后，呈粉状或小颗粒状，平均减量率达到95%以上，含水率可控制在10%以下，热值高达6700cal/g，仅次于标准煤。干化后的油泥送热电作业部与煤炭掺烧，对燃烧过程中产生的尾气监测分析，未发现异常。因此，采用"三泥减量化资源化成套技术工艺"，实现了隔油池底泥的减量化、资源化、无害化处理。

3.3.2　液相

隔油池底泥经"三泥减量化资源化成套技术工艺"处理后，脱出液主要形貌如图3所示。表3为脱出液中油、水分析结果。

(a)脱出液形貌

(b)脱出液沉降10min下层清水形貌

(c)脱出液沉降10min上层油形貌

图3　隔油池底泥脱出液形貌

表 3　隔油池底泥脱出液及沉降不同时间分析数据

编号	脱出液油含量/(mg/L)	脱出液静置不同时间下层水油含量/(mg/L)		
		10min	30min	1h
1#	16020	38.25	35.63	28.78
2#	30960	45.50	40.63	32.54
3#	41510	50.63	43.71	35.01
4#	33250	45.15	39.95	30.60

注：脱出液油水分离速度很快，分析液相中油含量只能快速搅拌后取样分析。

结合图3，从表3可以得出：

（1）隔油池底泥经"调质改性+脱水"处理后，脱出液中含有大量的油分，经分析油含量在16000mg/L以上，波动较大，油、水分离非常明显，体积比约为1:5；上层污油呈黑色，流动性较好，现场工艺将该部分油回收处理后送焦化装置回炼。

（2）脱出液静置10min，下层水油含量可达到50mg/L以下（最低油含量为38.25mg/L），水质情况好，可去气浮浮选工艺处理或生化处理；随着沉降时间的增加下层水中的油含量逐渐降低。

分析：隔油池工艺为含油污水处理工艺前端，污水中含有较多的固体杂质、胶质、沥青

质、石蜡基等，这部分物质充当"强乳化剂"，夹带部分污油包裹在一起，形成一个强稳定性的乳化体系。加入调质改性剂后，改性剂与油泥充分接触反应，油泥中的固体杂质粒子相互碰撞、黏合，实现了"破乳"，经过油泥脱水机脱水后，实现了固液分离。由于液相中基本不含固体杂质，因此脱出液中油、水可实现快速分离。

3.4　含油浮渣处理情况

3.4.1　固相

含油浮渣经"三泥减量化资源化成套技术工艺"处理后，各阶段形貌如图4所示。表4为含油浮渣脱水干化处理前后含水率分析、减量情况。

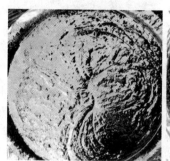

(a)含油浮渣形貌,含水约92.18%　　(b)改性脱水形貌,含水68.7%　　(c)干化后形貌,含水2.8%

图4　含油浮渣脱水干化处理各阶段形貌

表4　含油浮渣脱水干化前、后分析数据

序号	进料情况		出料情况			平均减量情况
	形貌	含水率/%	形貌	含水率/%	热值/(cal/g)	
1#	膏状，流动性差，多黑油	96.03	粉状或小颗粒状，深灰色	6.61	5960	96%
2#		95.64		7.37	5847	
3#		92.18		2.80	6145	

结合图4，从表4可以得出：含油浮渣在脱水干化前呈黑色膏状样，流动性较差；通脱改性脱水后呈稠泥状，无流动性，含水率约68%；通过密闭螺旋输送至蒸汽干化装置中，经过干化反应后，底泥呈粉状或小颗粒状，平均减量率达到96%以上（体积比），含水率<10%，热值高达6145cal/g，仅次于标准煤。送热电作业部焚烧炉与煤炭掺烧，未发现异常情况，实现了含油浮渣减量化、资源化无害化处理。

该炼厂含油浮渣在"三泥"中所占比例达到60%，以往工艺不能完全消化，采用"三泥减量化资源化成套技术工艺"处理后，含油浮渣量大较少，得到了很好的处理。

3.4.2　液相

含油浮渣经"三泥减量化资源化成套技术工艺"处理后，分离出的液相通过油、水分离器沉降后，下层污水油含量可以控制在50mg/L以下，去气浮生化处理，达标排放或回用，分离出的油去污油回收系统处理，送焦化装置回炼。

3.5　生化污泥处理情况

2014年开始，采用"三泥减量化资源化成套技术工艺"对生化污泥进行处理，各阶段形貌图5所示。表5为生化污泥脱水前后含水率分析情况、减量情况。

表5　生化污泥脱水干化前、后分析数据

序号	进料情况		出料情况			平均减量情况
	形貌	含水率/%	形貌	含水率/%	热值/(cal/g)	
1#	类似"塘泥"，有较好流动性	96.13	粉状或小颗粒状，浅灰色	16.6	1960	96%
2#		95.58		17.3	1847	
3#		97.80		12.8	2145	

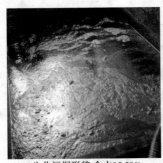

(a)生化污泥形貌,含水95.58%　　　(b)改性脱水形貌,含水75%　　　(c)干化后形貌,含水16.6%

图 5　生化污泥脱水干化处理各阶段形貌

结合图 5，从表 5 可以得出：活性污泥脱水干化前形貌类似"塘泥"，流动性较好；通脱改性脱水后呈灰色、膏状，含水率约 75%；通过密闭螺旋输送至蒸汽干化装置中，经过干化反应后，呈粉状或颗粒状，无黏性，含水率可达到 20% 以下（减量率达 96%），热值达 2145cal/g，满足动力厂焚烧要求。由于生化污泥中油含量较低，脱出液中油很少，因此可直接去生化处理，达标外排。

4　结论

（1）采用"三泥减量化资源化成套技术工艺"对"三泥"处理，实现了减量化、资源化、无害化处理目标。

（2）三泥含水率从 95% 降至 20% 以下，减量率达到 95% 以上，干化后油泥热值高达 6700cal/g，仅次于标准煤，可替代煤炭使用；分离出的液相经沉降分离后，水中油含量在 50mg/L 以下，水质情况好，达到污水处理厂要求；回收的污油可进入污油系统处理利用。

（3）"三泥减量化资源化成套技术工艺"为组合式撬装式设计，它集三泥脱水、密闭输送、油泥干化、尾气治理、DCS 自控为一体；整个三泥处理过程，密闭环保、无二次污染。

电站脱硫脱硝废水处理处置初探

何鹏羽　李武荣

（中国石化洛阳分公司，河南洛阳　471012）

摘　要　本文从工厂运行实际出发，介绍了电站煤粉炉烟气采用"EDV"法脱硫、"SNCR+SCR"组合法脱硝时，所产生的高盐、高氨氮废水的水质特点；根据运行实验，分析了该股污水分别直接进入化纤、炼油两套污水处理装置后，造成生化pH值迅速下降、MBR膜产水量逐步降低、二沉出水带泥、总氮达标困难及RO污水回用装置运行困难的现状。结合运行实践及企业现有装置，提出了在新建污水处理场建成投产前，将该股污水先引入污水汽提装置脱除98%的氨氮后，再进入污水处理装置，降低氨氮波动对污水处理造成的冲击，初步实现总氮达标的临时性解决方案，并对该临时性方案的效果进行了分析，为系统内同类装置的运行、处置提供参考。

关键词　SNCR+SCR；脱硫脱硝废水；总氮达标；污水回用

1　引言

洛阳石化现有炼油、化纤两套污水处理装置，生化系统均采用两级好氧加MBR的处理工艺；其中，炼油污水处理装置用于处理炼油相关装置产生的含油、含盐废水，化纤污水处理装置用于处理PTA高浓废水及厂区部分生产生活污水。

为适应2017年7月1日起开始执行的《石油炼制工业污染物排放标准》（GB 31570—2015）和《石油化学工业污染物排放标准》（GB 31571—2015），实现新标准要求下氨氮≤8mg/L、总氮≤40mg/L、总磷（以P计）≤1.0mg/L的达标排放，洛阳石化循序将电站煤粉炉烟气脱硫脱硝废水引入化纤和炼油两套污水处理装置处理，探索新建污水处理装置建成投产前，电站烟气脱硫脱硝废水的合理处置路径。

2　烟气脱硫脱硝废水水质特点

2.1　脱硫脱硝工艺简介

脱硫系统采用Belco公司的非再生湿气洗涤工艺（EDV），使用碱性溶液（30% NaOH溶液）作为吸收剂（洗涤液），SO_2由1500mg/Nm^3（6%O_2，干基）的排放浓度减排至50mg/Nm^3（6%O_2，干基）以下。脱硝工艺选用SNCR+SCR组合技术。SNCR（选择性非催化还原法）技术是一种不用催化剂，在850~1150℃范围内还原NO_x的方法，还原剂采用氨气（液氨气

化），该方法是把含有NH_x基的还原剂喷入炉膛温度为850~1100℃的区域后，迅速热分解成NH_3和其他副产物，随后NH_3与烟气中的NO_x进行反应而生成N_2；SCR（选择性催化还原法）是指在催化剂的作用下，利用还原剂（NH_3）"有选择性"地与烟气中的NO_x反应并生成无毒无污染的N_2和H_2O。脱硝后NO_x由1200mg/Nm^3的排放浓度减排至100mg/Nm^3以下。

2.2　废水水质特点

两炉脱硝装置运行长期以来，受锅炉初始NO_x浓度高、NO_x排放标准提升等因素影响，脱硝运行氨逃逸偏高，给系统运行带来了不良影响，造成锅炉尾部受热面如省煤器、空预器等堵塞，系统运行阻力增加，锅炉运行效率降低；电除尘器极板、极线裹灰，影响运行效果；逃逸氨气进入2#脱硫塔，导致脱硫液氨氮浓度超标。脱硫脱硝废水水质指标如表1所示。

表1　脱硫脱硝废水水质指标

指标	水量/（m^3/h）	TDS/（mg/L）	氨氮/（mg/L）	COD/（mg/L）	悬浮物/（mg/L）	pH值
数据	37.5/27	17600	640	159	43	7.74

作者简介： 何鹏羽（1988—），2009年毕业于江苏工业学院（现常州大学）过程装备与控制工程专业，高级工程师，现在中国石化洛阳分公司设备工程处从事设备动力管理工作。

从分析数据可知，脱硫脱硝废水氨氮含量较高，且从跟踪分析的情况来看，氨氮含量的波动较大，最高为 1052mg/L，最低为 302mg/L，变化趋势如图 1 所示。

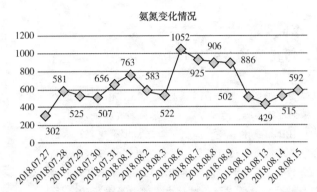

图 1 脱硫脱硝废水氨氮变化情况

3 脱硫脱硝废水循序进入化纤污水处理装置的实验

3.1 化纤污水原则流程

化纤污水处理装置来水分 PTA 连续排水、PTA 间断排水以及生产生活污水三个部分，根据现场流程，实验时拟定通过生产生活污水管线，将脱硫脱硝废水引入化纤污水处理装置，流程图如图 2 所示。

3.2 实验过程

按照既定实验方案，脱硫脱硝废水量按照 6~10t/h 的量，逐步进入化纤污水装置，实验过程数据如表 2 所示。

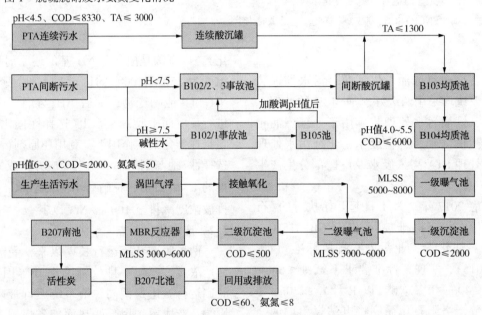

图 2 化纤污水原则流程图

表 2 脱硫脱硝废水进化纤污水实验数据

日 期	脱硫脱硝排水量/（m³/h）	生产生活来水氨氮/（mg/L）	来水电导率/（μS/cm）	出水氨氮/（mg/L）	出水 COD/（mg/L）	出水电导率/（μS/cm）	MBR 跨膜压差/MPa
8 月 30 日	10	105	14400	2.88	36.7	2750	−0.04
8 月 31 日	11.79	—	20920	2.845	35.1	2620	−0.04
9 月 1 日	12.6	106	4560	1.54	32.1	2690	−0.04
9 月 2 日	12.76	315	14540	1.1585	36.35	2540	−0.04
9 月 3 日	23.94	—	14040	1.3785	38.05	2680	−0.04
9 月 4 日	12.86	227	9050	2.14	32.95	2770	−0.04
9 月 5 日	12.3	—	5780	2	28.95	2920	−0.04
9 月 6 日	15.87	154	7210	1.885	26.95	3340	−0.04

续表

日　期	脱硫脱硝排水量/(m³/h)	生产生活来水氨氮/(mg/L)	来水电导率/(μS/cm)	出水氨氮/(mg/L)	出水 COD/(mg/L)	出水电导率/(μS/cm)	MBR 跨膜压差/MPa
9 月 7 日	17.7	—	2200	1.925	26.5	3570	−0.04
9 月 8 日	5.7	157	4640	4.295	25	3560	−0.04
9 月 9 日	7.8	—	4170	7.18	41.1	3490	−0.05
9 月 10 日	6.8	—	—	9.31	43.4	—	−0.05
9 月 11 日	—	31.6	—	11.7	35.8	—	−0.05
9 月 12 日	—	—	—	14.55	42.1	—	−0.05
9 月 13 日	—	32.8	987	30.8	42.35	3430	−0.05
9 月 14 日	28.4	—	29840	31.7	44.55	3270	−0.05
9 月 15 日	2.77	189	7790	22.3	46.1	3370	−0.05
9 月 16 日	—	124	—	15.475	45.7	—	−0.06
9 月 17 日	—	51.7	—	12.475	51.3	—	−0.06
9 月 18 日	2.3	87.3	4830	23.2	52.55	3500	−0.06
9 月 19 日	3.54	—	4860	25	49.55	3620	−0.06
9 月 20 日	2.72	100	4340	20.25	55.3	4480	−0.06
9 月 21 日	2.87	45	3620	20.35	54.25	3700	−0.06
9 月 22 日	2.92	72.8	3700	12.555	46.9	4080	−0.06
9 月 23 日	—	42.6	—	12.205	42.85	—	−0.05
9 月 24 日	—	—	—	12.79	40.85	—	−0.05
9 月 25 日	3.87	50.8	3820	14.54	33.05	3970	−0.05
9 月 26 日	4.18	50.4	—	14.495	37.3	—	−0.05
9 月 27 日	4.73	29.1	3340	12.645	53.5	4060	−0.05
9 月 28 日	15.4	86.9	6290	13.005	49.35	3480	−0.05
9 月 29 日	—	27.7	1203	9.805	44.15	3780	−0.05

3.3　实验影响

实验过程中，由于脱硫脱硝排水量属于手动控制，现场仅有机械表流量计，无法实时监控、控制排水量，导致实验过程中脱硫脱硝排水量偏离既定方案，造成化纤污水排水氨氮超标，MBR 膜区跨膜压差增大，最终停止实验。具体如表 2、图 3 所示。

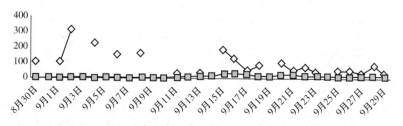

图 3　实验期间进出水氨氮变化情况

4　脱硫脱硝废水全部引入炼油污水处理

考虑化纤污水处理量较低(160t/h)，均质和应对冲击能力较差，后将该股烟气脱硫脱硝废水全部引入处理量较大(平均处理量 400t/h)、流程较长的炼油污水处理装置处理。

4.1　炼油污水原则流程

炼油污水采用"均质-隔油-浮选-水解酸化-两级好氧生化-高效沉淀池-曝气生物滤池-活性炭过滤"的处理工艺，原则流程如图4所示。

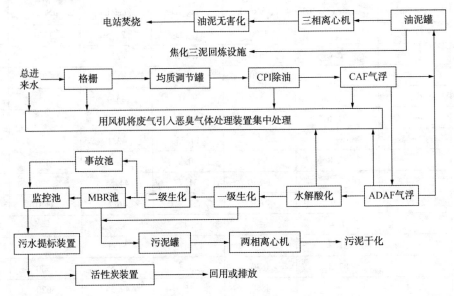

图4　炼油污水原则流程

4.2　处理调整实践

4.2.1　引脱硫脱硝废水进焦化装置处理

为降低高氨氮、水量水质波动对污水处理造成的影响，企业将锅炉烟气脱硫脱硝废水统一引入焦化装置进行冷焦，冷焦排水通过含油污水管网进入炼油污水处理装置。进出焦化装置的脱硫脱硝水氨氮情况如表3所示。

表3　进出焦化装置脱硫脱硝水氨氮情况

项　目	7.28	7.29	7.30	7.31	8.1	8.2	8.3	8.4	8.5
双脱水氨氮/(mg/L)	581	525	507	656	763	583	522	1052	925
焦化排水氨氮/(mg/L)	484	433	430	429	475	443	480	598	509

由运行数据可知，将脱硫脱硝废水用于焦化冷焦，可以去除30%左右的氨氮。由于该股污水经焦化后，氨氮含量仍然较高，且炼油污水生化段采用两级好氧加曝气生物滤池的处理工艺，无脱除硝（亚硝）态氮，导致炼油污水氨氮合格，总氮超标。来水、出水氨氮及出水总氮情况，如图5、图6所示。

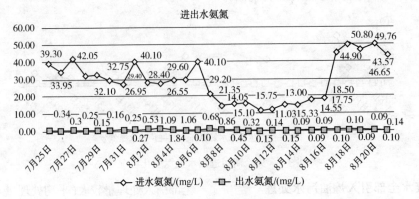

图5　进出水氨氮情况

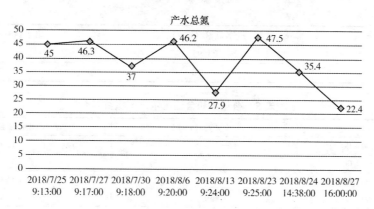

图 6　产水总氮情况

4.2.2　引脱硫脱硝废水进污水汽提装置处理

由于来水氨氮过高，导致炼油污水处理装置总氮不达标，后将脱硫脱硝废水引入污水汽提装置，与其余 70t/h 的含硫废水混合处理，脱出游离氨氮，所产净化水经管网排入炼油污水。为提高汽提效果，向进水中加入碱渣，但氨氮脱除效果并不理想，体现在净化水氨氮超标及炼油污水来水氨氮较高，如表 4、图 7 所示。

表 4　含油污水进水氨氮和污水厂出水氨氮

日　期	进水氨氮/（mg/L）	出水氨氮/（mg/L）
8 月 21 日	43.57	0.14
8 月 20 日	49.76	0.1
8 月 19 日	46.65	0.092
8 月 18 日	50.80	0.09
8 月 17 日	44.90	0.096
8 月 16 日	18.50	0.098
8 月 15 日	17.75	0.093
8 月 14 日	14.55	0.087
8 月 13 日	15.33	0.093
8 月 12 日	13.00	0.15
8 月 11 日	11.03	0.14
8 月 10 日	15.75	0.15
8 月 9 日	15.10	0.32
8 月 8 日	14.05	0.45
8 月 7 日	21.35	0.86
8 月 6 日	40.10	0.68
8 月 5 日	29.20	0.10
8 月 4 日	29.60	1.06
8 月 3 日	26.55	1.84
8 月 2 日	28.40	1.09
8 月 1 日	40.10	0.53
7 月 31 日	26.95	0.27
7 月 30 日	29.40	0.25
7 月 29 日	32.75	0.16
7 月 28 日	32.10	0.15
7 月 27 日	42.05	0.25

续表

日 期	进水氨氮/(mg/L)	出水氨氮/(mg/L)
7月26日	33.95	0.30
7月25日	39.30	0.34

表5 净化水和含油污水进水氨氮

日 期	进水氨氮/(mg/L)	净化水氨氮/(mg/L)
2018/9/14 20：00：00	53.5	120.8
2018/9/14 8：00：00	54.3	142.5
2018/9/13 20：00：00	25	153.3
2018/9/13 8：00：00	39.3	148.2
2018/9/12 20：00：00	54.6	169.8
2018/9/12 8：00：00	75.8	179.5
2018/9/11 20：00：00	25.8	147.6
2018/9/11 8：00：00	60.8	157.3
2018/9/10 20：00：00	54.2	165.3
2018/9/10 8：00：00	55.4	133.9
2018/9/9 20：00：00	49.8	91.2
2018/9/9 8：00：00	42.8	71.8
2018/9/8 20：00：00	38.6	79.2
2018/9/8 8：00：00	35.5	75.2
2018/9/7 20：00：00	29.5	65.5
2018/9/7 8：00：00	31.1	66.1
2018/9/6 20：00：00	50.8	71.5
2018/9/6 8：00：00	52	90
2018/9/5 20：00：00	54.2	109.4
2018/9/5 8：00：00	64.8	131.1
2018/9/4 20：00：00	50.4	176.6
2018/9/4 8：00：00	30.1	90
2018/9/3 20：00：00	26.5	79.5
2018/9/3 8：00：00	34	87.9
2018/9/2 20：00：00	43.7	95.1
2018/9/2 8：00：00	53.7	106.6
2018/9/1 20：00：00	39.5	72.2
2018/9/1 8：00：00	43.9	69.9

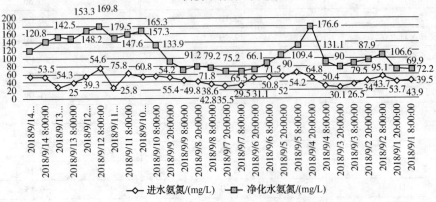

图7 净化水和含油污水氨氮情况

4.2.3　污水汽提装置投加液碱运行

为提高净化效果，9月15日起，采用32%氢氧化钠溶液，稀释至15%后注入，净化水恢复合格，炼油污水来水氨氮较低，总氮逐步合格，如表5、图8、图9所示。

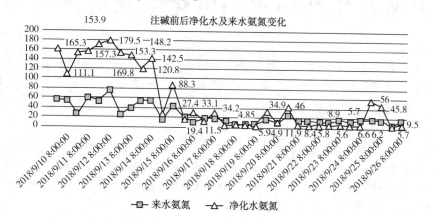

图8　注碱前后净化水及来水氨氮变化情况

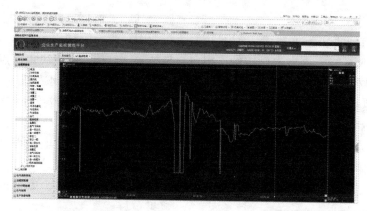

图9　污水汽提注碱之后污水排放总氮变化情况

4.3　影响

从运行实际来看，电站脱硫脱硝水进入后，来水氨氮升高，生化 pH 值下降较快，加碱量较大。其次，虽经过污水汽提装置后，来水氨氮有所降低，但产水电导率升高，由进入前的 1500μS/cm 升高至 5300μS/cm（炼油污水产水），中水回用 RO 被迫停运，污水回用受限。

5　结论

（1）"SNCR+SCR"组合法脱硝工艺产生的高盐、高氨氮废水，对反硝化功能的污水处理系统会造成较大的冲击，导致氨氮、总氮和外排 COD 不合格。

（2）将脱硫脱硝废水用于焦化冷焦，可以去除30%左右的氨氮。

（3）污水汽提装置在不加碱的情况下，对脱硫脱硝废水氨氮的去除有限，以稀释作用为主；加注纯度较高的碱液之后，氨氮去除率达98%。

（4）在新建污水处理装置建成投运前，将高含盐、高氨氮烟气脱硫脱硝废水引入污水汽提装置（加注碱液），脱除绝大部分氨氮后再进入不具备缺氧工艺段的污水处理装置，可以作为临时性达标排放的措施。

上海石化循环水场电化学水处理应用

蒋桂云[1]　钱　兵[2]

(1. 中国石化上海石油化工股份有限公司设备动力处，上海　200540；
2. 中国石化上海石油化工股份有限公司储运部，上海　200540)

摘　要　电化学循环水处理技术是基于电解和极性分子理论，在直流电作用下使水溶液中的正、负离子电离产生有效成分，能防垢除垢不结新垢，老垢变为酥松软垢并去除，使结垢管道恢复畅通，同时能抑制水中的有机物菌藻生长，杀菌灭藻，整个电化学过程都是利用水体本源物质，不再投加化学药剂，8 产生污染β属于绿色环保型的水处理方法。

关键词　循环水；电化学；阻垢缓蚀；杀菌灭藻

1　概况

上海石化某废气回收装置 2015 年 7 月投用后，配套的小循环水系统也一直未做缓蚀、阻垢、杀菌处理，直接用工业水进行循环，运行 10 个月后发现换热器、真空泵等设备结垢严重，造成真空泵故障，2016 年 5 月开始在公司主管部门协调下，水场开始定期投放杀生剂、阻垢缓蚀剂，但总体效果不佳(见图 1)，水质情况依然不理想。

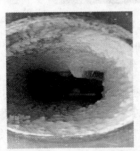

图 1　2017 年 4 月结垢状况

其后，根据市场调研，目前在循环水处理行业中较流行一种以色列及欧美的电化学水处理技术，经技术交流决定试点应用。

2　循环水场电化学水处理

循环水场电化学处理技术是欧美等西方国家逐步推广的一种技术，其关键设备为电化学除垢仪，通过电化学处理法达到除垢、防腐、灭藻、杀菌、节水、节电的效果，使循环水处理更环保、更节能、更节水、处理效果更好。

电化学除垢仪是电解设备(见图 2)，其中包括用电流对水中盐分进行化学分解。电化学除垢仪在一个受控的反应室中提供一个受控的电解过程，以阻止各种规模和形式的冷却水系统普遍存在的结垢问题，并控制细菌、藻类和黏泥的滋生。

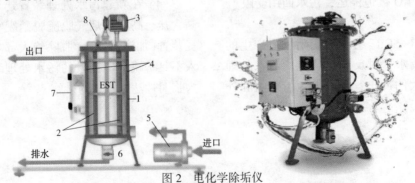

图 2　电化学除垢仪

1—反应室；2—电极；3—刮刀驱动电机及减速器；4—刮刀；
5—循环泵(选购配置)；6—电动排污阀；7—控制箱；8—排气/进气阀

电化学除垢仪用于取代冷却水处理的化学药剂，这些药剂不仅价格昂贵而且具有危险性，最后被作为废水排放。由于本技术无需化学药剂，电化学除垢仪所排出的水均为洁净水，从而大大节省水费、排污费及其他费用。

电化学除垢仪根据电解原理运行，当电流通过阴极(反应室)与阳极(电极装在反应室里)时，水源不断地流进反应室，水中的盐分解为离子，阳离子被吸附在反应室内壁上，而阴离子则被阳极吸引。

阳极反应：阳极反应室在阳极区电解形成了强酸环境，生成羟基自由基、氧自由基、氧和双氧水，使氯离子转化成游离氯或次氯酸，这些都是目前广泛使用的杀菌药剂(拟制)的有效成分，能共同形成杀菌灭藻的效果。

$$2Cl^- - 2e \longrightarrow Cl_2$$
$$Cl^- - e \longrightarrow Cl$$
$$OH^- - e \longrightarrow OH$$
$$2H_2O - 2e \longrightarrow H_2O_2 + 2H^+$$
$$4OH^- \longrightarrow O_2 + 2H_2O + 4e$$
$$O_2 + 2OH^- - 2e \longrightarrow O_3 + H_2O$$
$$H_2O - 2e \longrightarrow O + 2H^+$$

阴极反应：阳离子中含有的钙、镁离子是水垢的罪魁祸首，它们与水中存在的碳酸根、氢氧根结合，在反应室的内壁上形成"被控制的水垢"。被控制的水垢不会坚固地黏附在反应室内壁上，从而可被刮刀刮除并被流水冲洗掉，电解形成强碱环境能有效起到杀菌灭藻效果。

$$2H_2O + 2e \longrightarrow 2OH + H_2\uparrow$$
$$CO_2 + OH^- \longrightarrow HCO_3^-$$
$$HCO_3^- + OH^- \longrightarrow CO_3^{2-} + H_2O$$
$$Mg^{2+} + OH^- \longrightarrow Mg(OH)_2\downarrow$$
$$Ca^{2+} + CO_3^{2-} \longrightarrow CaCO_3\downarrow$$

缓蚀防腐蚀：$Fe^{2+} + 2OH^- \rightarrow Fe(OH)_2$，$Fe(OH)_2$进一步被氧化后生成氧化铁和四氧化三铁，形成钝化膜，使管壁和水环境隔离开来，防止金属管道的持续腐蚀。

3　上海石化某循环水场电化学水处理应用

本循环水场电化学水处理设备于2017年经物装完成招标，设备由沙缸过滤、电化学除垢仪、PLC控制系统三部分组成(见图3)，并于2018年3月30日建成投用。

图3　现场设备状况

表1　循环水场电化学装置投运前后数据

时间	pH值	浊度/NTU	电导率/(μS/cm)	钙离子/(mg/L)	氯离子/(mg/L)	总碱度/(mg/L)	总锌/(mg/L)	余氯/(mg/L)	总铁/(mg/L)	COD(铬)/(mg/L)	钾离子/(mg/L)
控制范围	8.0~9.0	≤10	≤5000	≤800	≤700	100~300	1.0~3.0	0.1~1.0	≤1.0	—	—
1月3日	8.08	19.75	2610	581	585	390	2.9	0.08	0.97	189	—
1月17日	8.33	5.41	1456	487	501	241	1.33	0.06	0.29	87.65	—
1月31日	8.68	11.52	1936	427	378	293	3.84	0.12	1.6	67.7	—
2月14日	8.63	12.29	1774	515	409	320	2.61	0.1	1.41	109.8	—
2月28日	8.24	4.89	1610	376	332	206	3.42	0.14	0.8	74.1	—
3月15日	8.55	13.58	2460	577	473	346	3.91	0.14	1.73	101.87	—
3月30日	8.47	7.63	2300	636	463	355	3.77	0.18	0.84	133	—
4月9日	8.45	7.96	1909	440	346	285	2.06	0.14	0.36	101	—
5月8日	8.53	5.64	2040	431	335	241	0.72	0.09	0.36	97	—
7月20日	8.89	8.54	1600	316	287	257	0.61	0.25	0.1	75.9	24.6

续表

时间	pH 值	浊度/NTU	电导率/(μS/cm)	钙离子/(mg/L)	氯离子/(mg/L)	总碱度/(mg/L)	总锌/(mg/L)	余氯/(mg/L)	总铁/(mg/L)	COD(铬)/(mg/L)	钾离子/(mg/L)
8 月 2 日	8.74	6.7	1736	298	247	248	0.4	0.13	0.18	72	—
10 月 12 日	8.35	2.11	1886	307	325	271		0.15	0.15	33	30
10 月 29 日	8.36	1.64	1994	302	333	259		0.15	0.16	36	32
11 月 26 日	8.54	1.85	1766	239	301	220		0.15	0.18	30	27
12 月 14 日	8.41	1.62	1346	201	213	158		0.1	0.17	28	25
1 月 4 日	8.28	2	1346	258	198	201		0.1	0.17	21	25
1 月 9 日	8.46	2.2	1303	253.1	191.4	188		0.05	0.15	19	24
2 月 5 日	8.35	1.11	1196	210	169	106		0.1	0.11	19	17
2 月 19 日	824	1.06	1088	196	154	101		0.1	0.08	18	16
3 月 13 日	8.26	2.45	1214	254	196	166		0.1	0.15	20	16
3 月 25 日	8.3	2.49	1305	274	209	169		0.1	0.15	21	17
4 月 9 日	8.43	0.84	1122	231	172	111		0.1	0.12	20	18
4 月 26 日	8.41	0.76	998	112.4	140	128		0.1	0.11	19	18
5 月 14 日	8.35	3.62	1326	263	200	174		0.1	0.15	22	19

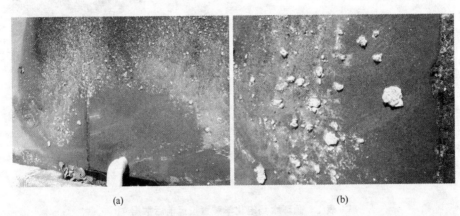

(a)   (b)

图 4　阴极析出的结垢物

(a)   (b)

图 5　电化学水处理设备投运一年后水冷器状况

自 3 月 30 日设备投用后，系统就停止了杀　　生剂和阻垢缓蚀剂的投放。从投用后的循环水数据(见表1)来看,水质改善明显,水体含盐量下降,系统循环水浊度、铁离子、氯离子、COD等大幅下降并处于较好水平,系统pH值、余氯稳定,排污口有大量的结垢物排出(见图4)。2019年4月2日,循环水电化学水处理设备投运一年后换热器打开检查,老垢已溶解并被流水带走,水冷器管束表面光洁,无污物沉积(见图5)。

4　结论

电化学循环水处理设备是基于电解和极性分子理论,在直流电作用下正、负极板之间水溶液中的正、负离子向极性相反的极板移动,发生电子得失反应,能防垢阻垢,老垢转变为酥松软垢,逐渐脱落,使已结硬垢去除,恢复已结垢管道畅通,杀菌灭藻去除水中的有机物抑制菌藻生长。本设备由PLC控制,实现全自动运行,实时监控,操作简单,运行维护费用低,能够将垢以固体形式取出,可提高浓缩倍数,减少排放,对系统无腐蚀(还有很好的防腐作用),电化学过程都是利用水体本源物质,不再投加化学药剂,不产生污染,属于环境友好型绿色环保的水处理方法。

石油化工自动化仪表系统的预防性维护

赵庆林

（中海油惠州石化有限公司设备管理中心，广东惠州　516086）

摘　要　随着石化企业生产过程自动化程度的提高，生产过程监测控制点及仪表系统的设置日臻完善，仪表系统的可靠性与生产装置的安全运行息息相关。本文介绍了基于各类仪表的特性及故障分析所制定的预防性维护方案，付诸实施后取得了良好的效果。实践表明石化企业开展仪表系统预防性维护，不仅能降低仪表故障率、促进仪表系统安全管理的提升，同时也节约了仪表维护成本、为企业带来显著的经济效益。

关键词　石油化工；自动化；仪表；预防性维护

1　引言

随着石油化工企业向集约化、规模化发展，以及对经营效益、安全生产的持续追求，对生产过程自动化程度的要求也越来越高，生产装置内各种过程监测点、控制点的设置日臻完善，仪表的台件数也不断增多，在新建石油化工装置中自动化仪表的投资也占有相当的比例，一般要占整个生产装置总投资的 6% ～ 10% 左右，运行中的一个 20Mt/a 的炼油厂，其仪表设备台件数在 8 万台以上。一方面，自动化仪表系统为生产操作人员提供一个良好的人机界面，对生产装置和设备进行全过程监视、操作，同时记录存储相关的报警、操作、参数趋势等信息；另一方面，自动化仪表系统通过预置的控制算法、控制程序对生产装置和设备进行自动控制和安全保护，所以生产装置的安全运行与自动化仪表系统的稳定与否息息相关，由于仪表设备故障造成生产装置运行波动甚至联锁停工的事件时有发生。因此，保证自动化仪表系统稳定运行、少出故障以致不出故障，是仪表设备维护管理工作的基本目标，但是仪表设备种类多、台件多、分布广、结构原理各异、配件不统一，造成了仪表设备的维护难度很大。

2　自动化仪表巡回检查的局限性

在石油化工企业中，已普遍实施了行之有效的定点、定人、定方案、定标准、定巡检周期的闭环巡检法，确实发现了许多设备隐患和事故苗头，比如介质泄漏、设备缺陷等。但是，由于石化装置中仪表设备点多面广，一套石化装置中仪表设备少则有几百台件、多则有数千台件，而且在装置中分布面广，地面空中、塔上塔下、管廊管道等都设置有仪表检测点和控制点，要想做到每天的全面巡回检查，困难很大，所以，仪表设备的巡回检查只能检查装置关键部位的仪表和明显的跑冒滴漏现象，有些非关键部位的仪表和高处、偏远部位的仪表，可能长期得不到检查；而且仪表设备的检查维护，关键是检查其运行环境、安装等方面的完好性，做到防水、防潮、防冻、防高温、防雷电、防腐蚀等，使其运行条件得到改善，从而延长仪表设备的使用寿命。因此，需要根据仪表设备的不同特点，设置不同的定期检查项目和相应的检查周期，实行预防性维护，对仪表设备进行全面的定期检查，及时发现问题、及时整改问题。

3　自动化仪表预防性维护的规划

设备的预防性维护不同于设备的检修和故障处理，设备检修和故障处理属于事后维修，是在设备出现故障后采取的维修活动，是被动的和带有损失性的，而预防性维护是指采取必

作者简介：赵庆林（1969—），男，河南唐河人，1992 年毕业于抚顺石油学院计算机应用专业，高级工程师，现任中海油惠州石化有限公司资深仪表工程师，从事炼油化工装置仪表和控制系统的技术管理及应用维护工作，已发表论文 10 余篇。

要的措施和方法，在设备发生故障前发现和消除设备缺陷，使其处于完好状态，避免对生产造成冲击，是主动的和积极的。

但是，要做好仪表设备的预防性维护，困难很大。比如动静设备通过仪表的检测，收集统计设备运行数据并进行分析评估，判断是否需要预防性维护；而对仪表设备来说，很难采取有效手段监测其运行状态，提前发出故障预警，当仪表本身发出故障报警信息时，其已经出现了故障。所以，仪表设备的预防性维护主要通过人工定期检查再结合控制系统收集的仪表故障报警信息来实现。根据不同种类仪表的特点，制定相应的检查标准和检查周期，对其进行定期检查，提前发现仪表缺陷，及时加以修理维护，使仪表保持在完好状态。

下面结合不同种类自动化仪表的特点，谈谈石化企业自动化仪表的预防性维护。

3.1　常规仪表的预防性维护

石油化工装置中的常规仪表包括温度、压力、流量、液位等测量仪表。随着电子技术、计算机技术以及自动化仪表技术的发展，新型仪表不断涌现，因而仪表的种类多、台件数多，分布广。除了仪表本身的制造质量、测量原理、适用条件限制外，其运行环境、被测介质、安装质量、部件完好性等也极大地影响着仪表的运行性能和使用寿命。为改善常规仪表的运行条件，使其处于完好状态，保证其稳定运行，常规仪表的定期维护项目应包括：仪表密封及防水检查处理、仪表防高温及防冻检查、仪表接地检查、冗余仪表的指示值比对、气相介质的仪表导压管排凝、仪表隔离液定期更换等。

3.2　控制阀的预防性维护

控制阀处于自动控制回路的执行环节，安装在工艺管道上，起着降压、节流作用，控制生产过程中的温度、压力、流量、液位等参数，保证在其正常操作范围内。控制阀从功能上分为切断阀和调节阀，从型式结构上为闸阀、蝶阀、球阀、单座阀、双座阀、套筒阀、角阀、偏心旋转阀、多级降压阀等，其执行机构上还有种类繁多的附件，比如过滤减压器、定位器、电磁阀、阀位开关、增速器、保位阀、换向阀、单向阀等气动附件以及密封圈、膜片等橡胶元件。由于控制阀部件众多、频繁动作以及介质冲刷腐蚀等原因，容易出现填料泄漏、部件松动、连接件脱开、气管路松动泄漏、膜头漏气、弹簧断裂等现象，造成控制阀不动作或误动作。为避免此类故障现象的发生，控制阀的定期维护内容主要包括：

（1）定期检查控制阀是否有卡涩震荡，阀体是否有介质泄漏，执行机构附件是否被高温烘烤，供气压力是否正常，定位器反馈部件等连接件是否松动。

（2）定期检查控制阀气路系统是否有泄漏，检查气路系统各元件、各接头、气动膜头是否存在漏气、接头松动现象。

（3）定期清洁阀杆污垢，保证阀杆的光洁度，防止把四氟乙烯、石墨等密封填料内环拉坏，破坏其密封性能，导致介质泄漏。

（4）定期润滑反馈机构的转轴及其他转动部分，防止生锈、腐蚀、卡涩，保证灵活好用。

（5）定期对装置仪表总供风罐排液、仪表供风系统装置最低点处排污阀排空、集中供风过滤器排空，防止仪表风带液，排液过程中要时刻保持气源压力在正常范围内。

3.3　可燃/有毒气报警仪的预防性维护

石油化工装置的最大特点是易泄漏、易燃易爆，所以在装置内易泄漏处设置可燃/有毒气体报警仪，一旦发生介质泄漏，第一时间发出报警信息，及时处理泄漏点，所以作为安全仪表的可燃/有毒气体报警仪，必须保证完好投用，时刻处于正常状态。但是可燃/有毒气体报警仪由于受到其测量原理所限，故障率高、灵敏度低、漂移量大、线性度差、响应时间滞后，需要加强检查维护。为及时处理故障，一方面要保证备件充足，另一方面要定期检查维护，主要包括：

（1）定期检查 DCS 画面可燃/有毒气体报警仪示值有无零点漂移。

（2）定期检查可燃/有毒气报警器表头及接线密封是否良好、探头保护罩是否阻塞、外壳接地是否良好、显示是否正常、声光报警器是否正常。

（3）定期测试 DCS 辅助操作台上可燃/有毒气体报警仪声光报警系统是否正常。

（4）定期校验可燃/有毒气体报警器，校验内容包括零点校验、一级报警测试、响应时间、标气浓度的实测值等。

（5）定期委托法定计量机构按照检定规程的要求进行检定。

（6）定期更新可燃/有毒气体检测报警仪的传感器，并建立和完善定期更换台账。

3.4　控制系统的预防性维护

随着石化企业自动化程度的提高，所配置的自动控制系统越来越多、规模越来越大，既有全厂性 DCS、SIS、CCS 系统，又有各类 PLC 系统。这些控制系统通过预置的控制程序，自动控制被控对象的运行，既能集中操作，又能分散控制，既能节省人力，又能快速操作调整，减少操作滞后。控制系统是电子元器件的集合体，结构紧凑复杂，对环境要求高，比如 DCS 系统对环境温度的要求为冬季（20±2）℃、夏季（26±2）℃，温度变化率小于 5℃/h，对相对湿度的要求为 50%±10%，对环境空气净化要求为尘埃小于 0.2mg/m³（粒径小于 10μm），对腐蚀性气体要求为腐蚀程度小于 G 级（0.03μm/月）。控制系统地位如此重要，对运行环境要求如此之高，为保证其安全运行，需要小心呵护，加强定期维护：定期检查控制器及 I/O 卡件、系统电源、直流电源、网络交换机、散热风扇的运行状态，定期检查机房温度、机房湿度、机柜内温度是否在允许范围内，定期检查操作站报警功能并确认报警音响是否正常，定期检查系统诊断信息，定期检查操作站历史库存储容量并转存，定期检查控制系统时钟同步功能，定期清洗机柜过滤网，定期备份控制系统软件，定期检查测试控制系统接地等。

3.5　在线分析仪表的预防性维护

在线分析仪表又称过程分析仪表，直接安装在工业生产流程或其他能源流体现场，对被测介质的组分或参数进行自动连续测量。在线分析仪表不仅应用于生产过程实时分析，在环境污染源排放连续监测中也有广泛的应用。随着对节能降耗、治污减排和产品质量要求的提高，在线分析仪表的重要性和使用量与日俱增。在线分析仪表测量原理不同于常规仪表，多采用光学、化学原理，直接安装在工业现场，对环境条件（包括防爆性能和环境保护性能等）的要求比较严格，对样品条件（温度、压力、流量等）的要求也比较严格，与实验室分析仪器相比，其环境条件和工作条件适应能力较差，工作性能不稳定，其维护量、维护难度较常规仪表大，对定期维护的需求更高。在线分析仪表的预防性维护包括：

（1）定期检查在线分析仪表间的运行环境如空调状况、通风状况、有无介质泄漏等。

（2）定期检查清洗预处理系统。

（3）定期检查在线分析仪表的运行状态。针对不同的仪表，制定相应的检查项目如试剂、标气、载气、预处理单元等，并记录相关运行数据如分析仪表的测量值、载气压力。

（4）定期维护标定分析仪表，结合仪表的结构原理，制定相应的维护项目和维护标定周期。如环保烟气分析仪的每月定期维护项目有：吹扫采样管线、清理采样过滤芯、更换老化的管接头蠕动泵管、清洗气液分离器及流量计、清理采样泵膜片、清理风机过滤器、清理烟尘光学镜面、校准等；再如 COD 分析仪的每月定期维护项目有：清洗定量管、更换或清洗管线接头及管线、检查电磁阀腐蚀情况、清洗消解池、校准等。

4　预防性维护方案的实施

不同类型的仪表，既有通用的维护保养项目，又因其结构原理的不同而需要专门的维护保养项目，在制定预防性维护方案时需二者兼顾、统筹考虑。根据维护保养项目的预估故障周期和仪表的重要程度，设定不同的预防性维护周期，对仪表进行全方位的逐一检查。每类仪表均制定有相应的预防性维护检查表，维护作业人员将相关的检查结果、所查问题记录于检查表中，并在检查表中签字确认、注明检查日期。对检查出来的问题采取"定任务、定责任单位和人员、定整改措施、定整改期限"的"四定"方法进行跟踪整改直至彻底解决，将仪表缺陷消灭在萌芽状态。

为了使预防性维护方案得到有效的实施，要对其实施情况进行定期检查，对于不按计划执行的或按计划执行但仪表缺陷未消除的，及时给予提醒和督促。自实施以来，取得了良好的效果，仪表故障率有了显著的下降，既节约了维护成本，又减少了仪表故障应急处理的次数，即使在漫长的雨季，也没有出现严重的仪表故障。

5　小结

自动化仪表种类繁多，各类仪表的维护保养项目各具特点、不尽相同，而且仪表台件数多、在装置内的分布零散，要全方位、没有遗漏地做好预防性维护实属不易。预防性维护方案要容易实施，维护内容及周期尽量合理，既能及时消除仪表缺陷，又使维护工作量适中。各维护保养项目所包含的内容不宜太多，并适当调整维护项目的维护周期，使得工作量不至于太大，各项目能分配到具体维护人员身上，维护人员乐于接受，否则容易引起逆反心理，应付了事，不能取得预期的效果。

石化装置中的自动化仪表容易受到工艺介质的冲刷和腐蚀、高温介质的烘烤、空气中有害物质的侵蚀、雨水潮气的渗透、太阳的直射等，难以评估其使用寿命，如果过早地预防性更换，会造成资源浪费，加大维护成本，如果等到出现故障时再维修更换，对于联锁仪表、关键仪表等，可能造成装置局部波动或停工，造成的生产损失更大。因此，对于联锁仪表、关键仪表，需要统计、评估它们的使用寿命，实现定期更换，既不过度浪费资源，又能保证安全生产。

FF 总线技术在大型炼化装置中的应用

贾英超

（中海油惠州石化有限公司，广东惠州　516086）

摘　要　本文介绍了 FF 总线控制技术，结合惠州炼化二期项目讨论了 FF 总线技术在项目中的实施原则及注意事项。

关键词　基金会现场总线（FF）；现场总线控制系统（FCS）；网段；实施原则

现场总线技术是以数字通信替代了传统 4 ~ 20mA 模拟信号及普通开关量信号的传输，是连接智能现场设备和自动化系统的全数字、双向、多站的通信系统。基金会现场总线（FF，Foundation Fieldbus）由现场总线基金会开发，已被列入 IEC 61158 标准，在国内的应用越来越多。中国海油惠州炼化二期 2200 万吨/年炼油改扩建及 100 万吨/年乙烯工程项目 FF 总线技术的成功应用，为今后 FF 总线技术的实施积累了大量的工程施工及维护经验。

1　FF 总线技术及其特性

基金会现场总线目前有 H1 和 HSE 两种，H1 总线用于连接现场设备，实现设备之间及设备与链接设备之间的通讯，完成工业生产过程控制和参数的传输。本文所指的 FF 就是指 H1 总线。

FF 现场总线传输信号采用 IEC 61158-2 规定的曼彻斯特双相技术 –L 技术进行编码，该信号被称为"同步串行信号"，数据流中包含了时钟信息，数据信号与时钟信号混合成现场总线信号。现场总线接收器将在 1 个 Bit 内的正跳变作为逻辑"0"，负跳变作为逻辑"1"，如图 1 所示。

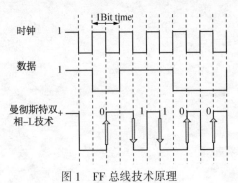

图 1　FF 总线技术原理

对于总线供电的场合，总线上既要传送数字信号，又要向现场设备供电。按照 31.25kb/s 的技术规范，FF 的信号波形携带协议信息的数字信号以 31.25kHz 的频率、峰峰电压为 0.75 ~ 1.0V 的幅值加载到 9 ~ 32VDC 的供电电压上，形成控制网络的通信信号波形，如图 2 所示。

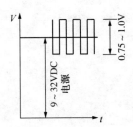

图 2　FF 信号波形

2　现场总线控制系统（FCS）

FF 总线最大的特征就在于它不仅仅是一种总线，还是一个系统，是网络系统，也是自动化系统。现场总线控制系统由于采用了现场总线设备，能够把原先 DCS 系统中处于控制室的控制模块、输入输出模块置于现场总线设备，加上现场总线设备具有通信能力，现场的测量变送仪表可以与阀门等执行器直接传送信号，因而控制系统功能能够不依赖控制室的计算机或控制仪表，直接在现场完成，实现了彻底的分散控制。

2.1　FCS 与传统 DCS

（1）信号类型：传统 DCS 信号为 4 ~ 20mADC 以及数字信号混合，而 FCS 为全数字

作者简介：贾英超（1984—），2009 年毕业于长春工业大学控制理论与控制工程专业，工学硕士，工程师，主要从事仪表及自动控制方面的管理和技术工作。

量信号，传输精度高。

（2）连接方式：传统 DCS 是一对电缆对应一块现场仪表，而 FCS 为一对电缆对应多块现场仪表，理论上最多 16 台，平均 4~6 台。

（3）通讯方式：传统 DCS 为单向传输，而 FCS 为双向传输。

（4）工程投资：FCS 相比 DCS 在电缆、桥架及系统硬件投资方面均有节省。

（5）现场设备管理：配合 FCS 使用的 PRM 可实现设备预防性维护和仪表故障预报警，发生故障时会主动报警，控制阀可实现在线高级诊断等。DCS 使用的 AMS（HART 方式）属于被动式，只有进行访问时才有响应，发生故障时不会主动报警。

（6）控制形式：FCS 的 PID 控制可以用于变送器、阀门定位器或控制器中；DCS 的 PID 控制只能用于 DCS 控制器中。

2.2　项目情况

惠州炼化二期 2200 万吨/年炼油改扩建及 100 万吨/年乙烯工程包括：15 套炼油生产装置、炼油公用工程及辅助设施（包括循环水系统、罐区、气化、动力站等）、13 套化工生产装置及化工公用工程及辅助设施（包括化工火炬及火炬气回收设施、循环水系统、空压、罐区等）。

自动控制系统采用横河 Centum VP 系统，设置两个中心控制室，分别用于炼油部分的生产装置、公用工程及辅助设施、气化装置。各工艺装置、公用工程单元及储运系统的 DCS 控制站按区域安装在各个 FAR 内。

数据库结合运行部及装置情况来设置，共 10 套数据库。每套数据库至少设置两台工程师站，一台工程师站在 CCR 中，另一台在 FAR 中。操作站集中在 CCR，控制站分布于各个装置现场机柜室以及中心控制室。通常大多数 HIS 位于 CCR，FCS/HIS 位于 FAR/FCR。CCR 和 FAR/FCR 之间的控制网和以太网通过铠装光缆连接。本项目所使用的低速现场总线（H1）系统，通信速率为 31.25kb/s。

2.2.1　本项目 FF 总线使用原则

1）现场总线实施原则

（1）执行 GB/T 16657.2 和基金会现场总线（FF）系列标准［Foundation Fieldbus System Engineering Guidelines（AG – 181）Revision 3.2.1］。

（2）通讯波特率应为 31.25kbit/s。

（3）通讯信号电流幅值应为±9mA，基准电流为 10mA。

（4）网段驱动电压应为 9~32VDC。

（5）网段拓扑结构应采用树型。

（6）每个网段≤6 台现场总线设备，最多含 2 台一般调节阀或 1 台关键调节阀。

（7）网段电缆总长度=主干电缆长度+各分支电缆长度之和，电缆总长度宜≤1000m。

（8）除了有特殊要求，PID 一般在 DCS 控制器中实现。

（9）SIS、GDS、CCS 及专用控制系统等不采用现场总线技术。

（10）顺序控制及程序控制不采用现场总线技术。

（11）专用的复杂控制不采用现场总线技术。

（12）专利商不允许采用现场总线的控制回路，不采用现场总线技术。

2）注意事项

（1）现场总线设备与 FCS 控制系统完全兼容，全部功能与 FCS 及 PRM 进行本工程版本的互操作性测试。

（2）现场总线设备应通过现场总线基金会的互操作性测试工具 ITK 最新版本测试认证，应在现场总线网站已注册的现场总线设备清单中列出。

（3）现场总线设备的功能块通过 FCS 制造厂的测试和认证。

（4）现场总线设备的功能块应具有在线下装功能。

（5）现场总线设备应有组态软件向导功能，通过 FCS 的 HMI 能对现场总线设备进行组态及调试。

2.2.2　拓扑结构

本项目采用树型拓扑结构：FCS 控制机柜内的 H1 通讯卡（冗余）通过 FF 系统电缆连接至总线电源调整器（冗余），再通过主干电缆连接现场总线接线箱，分支电缆从 FF 现场接线箱接到各现场总线设备,如图3所示。

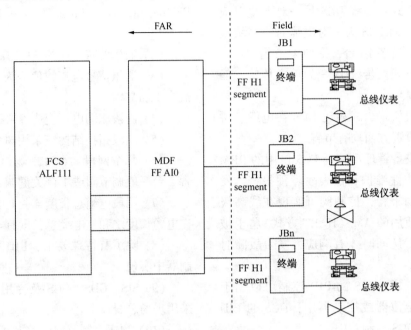

图3　树型拓扑结构

主干电缆两端设置电涌防护器,分别设置在现场机柜室侧和总线接线箱侧,其中罐区和公用工程单元分支电缆接线箱侧还应设置电涌防护器。

2.2.3　设备选用

(1) FCS 控制系统采用横河 CENTUM VP,控制站采用 AFV30D。

(2) FCS 卡笼采用 ANB10D,每个控制站最大带 14 个卡笼(含 CPU)。

(3) FF H1 卡采用 ALF111,具备热插拔功能。每对 ALF111 卡件配 4 个网段。

(4) 一个控制站最多有 32 对冗余 ALF111 卡件,运行 1500 个 FF 功能块。

(5) 现场总线设备采用总线供电方式,FF 电源模块母版采用 MBHD-FB1-4R,供电模块采用 HD2-FBPS-1.25.360,每个网段的供电状态指示(LED)及故障报警接点输出。

(6) FFPS 的输出电压宜为 24～32VDC,输出电流为 360mA/网段,FFPS 应带内部短路保护及限流功能。

(7) FFPS 带集成的现场总线终端器,终端器上应贴标识"T"。

(8) FF 现场安全栅采用 R4D0-FB-IA08,带 8 分支。

(9) FF 总线电缆采用 A 型。

2.2.4　系统结构

FF 总线仪表的使用,大量减少了现场至机柜间电缆数量,DCS 卡件、机柜数量也相应减少。基于大量的使用经验,总线电缆采用国产电缆,且 Segment 使用率提高到平均 6 台/Segment,最为经济。本项目采用国产 FF 总线电缆,Segment 使用率为 5.8 台/Segment,采用仪表和常规仪表混合使用,如图4所示。

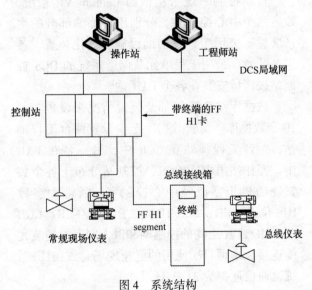

图4　系统结构

3　施工注意事项

FF 现场总线系统施工要求相对常规 DCS 要

求更加严格、规范，具体工作中应注意以下问题：

（1）FF 现场总线设备 DD 文件版本必须与 DCS 总线版本匹配，否则会造成通信不正常。

（2）FF 总线电缆外皮在接线盒密封接头处被破坏，造成总线电缆屏蔽线在现场接地，网段数字信号受干扰引起通信不正常。

（3）FF 现场设备发生供电断路（或短路）、端子松动、调换现场设备没有重新调试，造成现场设备在网段上丢失。

（4）FF 现场设备或接线箱进水受潮等，FF 总线对地绝缘不好或短路，造成该台现场设备在 H1 网段上丢失，还影响本 H1 网段上其他现场设备丢失。

（5）在打开组态环境（control studio），同时对服务器数据库进行扫描，资源浪费大，导致 DCS 组态速度慢。组态环境用完应及时关闭，节省资源。

（6）每个 FF 网段应安装两个 FF 终端器（100Ω，1μF），一个安装在 FF 现场总线安全栅接线箱上，另一个安装在 FF 电源调整器母板上，并贴有标识"T"。

（7）FF 主干电缆屏蔽和各个分支电缆屏蔽在 FF 现场接线箱处连接在一起，主干电缆的屏蔽层在 DCS 机柜侧单端接地，现场总线设备浮空。

4　结束语

现场总线系统采用国产总线电缆和提高 Segment 的使用率会降低投资。同时采用现场总线技术为今后无论是系统扩展还是运行维护都提供了极大的方便，现场总线技术在今后的应用会越来越广泛。

参 考 文 献

1　斯可克．基金会现场总线系统工程指南．石油化工自动化，2005（1）：1-5.

2　魏华．基金会现场总线—设计、工程与维护．成都：四川科学技术出版社，2012.

3　李正军．现场总线及其应用技术．北京：机械工业出版社，2014.

裂解气压缩机控制系统优化

程　亮　方群伟

(中韩(武汉)石油化工有限公司，湖北武汉　430070)

摘　要　中韩石化乙烯裂解气压缩机 K201 为国产化三缸五段大型压缩机，自开工以来，发现喘振安全裕度过小、四段和五段防喘振阀不能全关、各段防喘振控制之间无解耦功能等。2016 年利用装置大检修机会，通过对机组喘振线进行实测，重新调整喘振线和控制区域，解决了运行点与防喘振控制曲线间裕度过小问题；新增了解耦功能、仪表故障检测及控制退守功能，实现了各段防喘振控制阀之间解耦功能、各段防喘振阀 100% 全关及仪表故障状态下的稳定控制，具有较大推广应用价值。

关键词　裂解气压缩机；喘振优化；节能

中韩石化裂解气压缩机组采用三缸五段十四级压缩结构，其中低压缸由第一段组成，采用叶轮背靠背布置双进气结构，二级四个叶轮；中压缸由第二段、第三段组成，叶轮背靠背布置，二段两个叶轮，三段三个叶轮；高压缸由第四段、第五段组成，叶轮背靠背布置，四段三个叶轮，五段五个叶轮。配套透平机采用超高压蒸汽驱动。为提高压缩机组的可操作性和稳定性，机组设计了三返一、四返四和五返五 A/B 四个防喘振调节阀，流程图如图 1 所示。

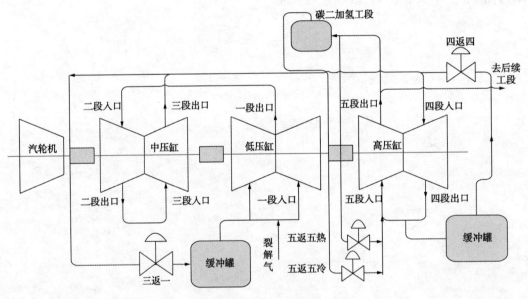

图 1　压缩机流程图

自 2013 年开车以来，K201 压缩机在生产运行中，发现运行点与防喘振控制曲线之间裕度过小，按经验值只有 2%~3%，生产上稍有波动，来不及开防喘振阀即发生喘振联锁停车。各段防喘振阀之间无解耦控制功能，三返一防喘振阀打开时，四段进出口流量和压力产生剧烈波动导致四返四防喘振阀全开。五段压缩机分热回流 B 阀和冷回流 A 阀，热回流 B 阀参与防喘振控制，A 阀仅作 PI 调节，未参与防喘振控制。当喘振发生时 B 阀瞬间打开，造成碳二

作者简介：程亮，男，2009 年毕业于中国石油大学(北京)控制理论与控制工程专业，现为中韩(武汉)石油化工有限公司设备工程部仪表管理专业副科长，工程师，主要从事控制系统及仪表管理维护工作。

加氢装置跳车。

1　控制系统优化目标及主要方案

　　针对裂解气压缩机在运行过程中反映出的问题，于2016年大修期间对K201机组控制系统进行优化，取消原控制器内的防喘振控制和速度控制功能，新增S5 Vanguard控制系统，机组的喘振、入口压力、速度和抽气控制在S5 Vanguard系统上实现，由压缩机入口压力串级控制汽轮机转速。通过在开停工过程中喘振线测试，重新标定压缩机喘振性能曲线，根据测试数据，调整喘振线和操作区域，增加阶跃防喘振控制策略，提高防喘振控制的及时性和安全性。实现防喘振阀间的解耦控制；优化五返五热回流B阀和冷回流A阀门的控制方案；增加冷热启机两种升速模式，以适应首次开机启动慢以及正常生产阶段因非设备故障停机后的快速启动；将温度、入口流量、入口压力指标一同纳入防喘振控制；完善三机操作历史记录、SOE记录及时钟同步功能。

1.1　新增控制系统

　　新增控制系统由上位机、控制柜、CPU、I/O卡及电源模块组成等组成。，如图2所示。操作系统安装在现有操作室内的操作台上，通过以太网与控制站连接，CCC系统与DCS之间通过RS485串行接口通讯连接，采用Modbus RTU通信协议。参与抽汽控制、速度控制、喘振控制和入口压力控制的信号由分配器从原有康吉森TS3000系统端子分一路去S5 Vanguard控制系统，S5 Vanguard与TS3000之间的停车、系统故障等关键信号通过硬接线连接。

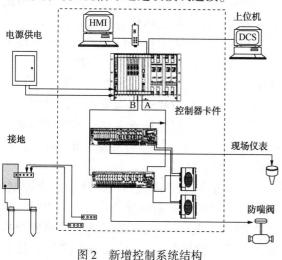

图2　新增控制系统结构

1.2　防喘振实测方案

　　喘振实测有两种方案，方案一是开车阶段，四台炉运行后，在C_2加氢投用前进行3385r/min和3600r/min转速下的喘振测试。C_2加氢投用后，进行后续转速的喘振测试。其优点是能够精确测试出压缩机的真实喘振点，便于低于负荷（6台炉或以下）运行时的节约能耗；缺点是四台炉运行时裂解气需要放火炬约2～3h，C_2加氢反应器开车前，高压脱丙烷塔调整，裂解气需排放火炬。方案二是四台炉运行且C_2加氢投用后，随着工艺生产进行，在3600r/min、3800r/min和4050r/min转速下测试到压缩机的预测喘振线，若提前发生喘振迹象，则修改喘振线；若没有喘振，则保留压缩机的预测喘振线不变。其优点是喘振线实测随着工艺开工过程进行，裂解气不需要排放火炬；缺点是喘振线实测偏差比较大。

　　测试时压缩机各段间的预设值如下：

　　FIC20001：20kPaC_T　一段入口压力低限；

　　FIC20001：0.9MPaC_T　三段出口压力高限，工艺安全阀起跳值为1.4MPaC_T；

　　FIC20005：1.9MPaC_T　四段出口压力高限，工艺安全阀起跳值为2.5MPaC_T；

　　FIC20028A/B：4.0MPaC_T　四段出口压力高限，工艺安全阀起跳值为4.2MPaC_T；

　　PIC22004：420℃抽气温度高限，工艺联锁值427℃，3.55MPaC_T，抽气压力低限，工艺联锁值为3.5MPaC_T。

1.3　防喘振控制优化目标

　　（1）现场实测压缩机各段真实的喘振曲线和性能曲线，实测过程中机组喘振不能造成机组损伤和装置停车。

　　（2）防喘振控制投入自动，使防喘振阀在保证机组安全的前提下全关或关至最小，实现节能安全运行。

　　（3）在低负荷工况下，压缩机能平稳地在最低能耗下运转，在裂解炉异常停运其中4台炉以内时，不会引起裂解气压缩机停车。在机组达到70%以上负荷时，防喘振阀全关。

　　（4）实现压缩机入口压力与转速调节的串级控制，稳定入口压力，在4台以内裂解炉突然停炉时，减少入口压力波动，实现自动控制，在工艺条件满足的情况下，入口压力能够控制在 25kPa，波动偏差不超过 1kPa.

（5）实现入口压力控制与一段防喘振阀（三返一）之间，防喘振阀（三返一、四返四、五返五）之间的解耦控制，保证四段防喘振阀在防喘振控制下，由 0 开到 100% 之间时，不会引起振动高高跳车。

（6）保证五段防喘振通过 A、B 阀的协调控制，既能有效保护机制不喘振，又不能引起碳二加氢系统空速过低飞温停车。

（7）透平转速和抽气压力同时自动控制。抽气管网压力的波动不能引起转速大幅波动导致机组停车。

（8）实现仪表故障的退守控制策略，保证仪表异常故障时的自动控制。提供仪表异常故障报警信息。

（9）实现 K201 控制系统与 GPS 时钟同步功能。

2　防喘振控制原理及实现

2.1　喘振原理

在某一固定的转速下，压缩机性能曲线如图 3 所示，在固定转速下，压比 R_c 越大，则流量 Q_s 越大。R_c 为（P_2/P_1）压比，$Q_{s,vol}$ 为体积流量（m^3/s）。压缩机操作控制区域为压缩机固有特性，正常运行情况下压缩机操作区域由最小速度、过程极限、最大速度和功率等因素所限制，如图 4 所示。当压缩比相当时，在流量降低的情况下，压缩机操作点左移，流量降低到一定程度时，喘振发生，如图 5 所示。

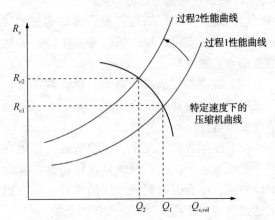

图 3　压缩机性能曲线示意图

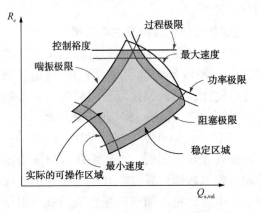

图 4　压缩机操作区示意图

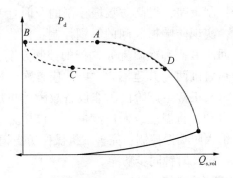

图 5　喘振周期示意图

通常从临界点 A 到喘振区域 B 时间为 20~50ms，从 A→B→C→D→A 为一个喘振周期，一般为 0.3~3s。其中返回临界点 C 到退出喘振区域 D 点通常耗时 20~120ms。

机组发生喘振时，喘振引起流量剧烈波动甚至倒流，管网压力大幅度波动，压缩机内部温度快速上升。长时间剧烈喘振直接造成压缩机损坏。

2.2　防喘振控制策略

防喘振控制原理是在流量和压缩比构成的坐标轴中，以性能曲线作为理论上的零点，使用 PID 算法控制防喘振阀的开度，当压比增大时，流量降低，操作点左移，防喘阀开大，当压比降低时，流量增大，操作点右移，形成一个闭环动态控制过程。当遇到生产波动时，如流量突然减少，则操作点左移，防喘阀需要迅速开大补充流量。如果防喘振未能迅速打开，则机组会发生喘振。

通常防喘振控制有 PID 控制和安全控制，S5 Vanguard 防喘振策略分三步：一是 PI 控制；二是阶跃控制，非线性阶跃开阀；三是安全控制，直接联锁停机。S5 Vanguard 控制系统在

PID 控制基础上增加了阶跃响应输出，起到了分阶段快速开阀的作用。

2.3　PI 控制

压缩机各段间的比例积分控制有透平转速控制、抽气压力控制、三返一、四返四和返五流量控制及段间缓冲罐压力控制等。以三返一防喘阀流量控制为例，说明比例积分控制算法。

2.3.1　PI 计算方法

防喘振控制基于参数的计算，防喘振控制模式的选择需要通过现场压缩机的过程数据、性能表现、压缩机的布局和传感器的安装等来实现。在原控制系统的防喘振控制模式策略上进行优化。在开车阶段，现场工程师可能根据现场需要改变防喘振控制模式。各段间的防喘振 PI 控制有 FIC20001、FIC20005、FIC20028B。

2.3.2　喘振计算方法

防喘振控制是按压缩机临界喘振状态计算的，喘振点 s_s 定义如下：

$$s_s = \frac{K \times f_2(Z_2) \times f_3(Z_3) \times Y}{X}$$

式中：K 为喘振极限斜率；f_2 为喘振极限特征值；Z_2 特征模式；f_3 为喘振极限值；Z_3 为特征值；Y 为喘振极限点，是压缩比 R_c 的特征函数；X 为压缩机操作控制点，是温压补偿后流量值与入口压力绝对值的比值。

2.4　阶跃控制和安全控制

控制系统引入阶跃控制。压缩机正常操作区域在 SCL 喘振控制线下方，如图 6 阴影区域所示，R_c 为出口压力 P_d 与入口压力 P_s 之比，q_r^2 为简化后的流量平方。当喘振发生时，触发 PI 控制，如果在 PI 控制下，运行点继续左移，进入 RTL 阶跃响应区域，此时控制由 PI 和 RTL 阶跃响应作用叠加，直到防喘阀全开，如果运行点继续左移，越过喘振线，触发安全线，则直接联锁停机。

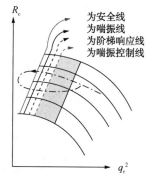

图 6　阶跃响应线示意图

3　喘振测试及测试结果

测试具体步骤是在压缩机转速 3387r/min、3600r/min、3800r/min、4050r/min 下，分别进行测试，测试过程中三段出口压力到达 1.2MPa（工艺安全阀起跳值为 1.4 MPa）、四段出口压力到达 2.3 MPa（工艺安全阀起跳值为 2.5 MPa）或五段出口压力到达 4.0 MPa（工艺安全阀起跳值为 4.2 MPa），测试停止，后续的转速不再测试。

三返一喘振测试中，缓慢升速到选定 3387r/min 等转速后，手动缓慢关小防喘振阀 FV20001，接近喘振点，当控制系统检测到初始的喘振迹象时，会自动快速阶梯响应开大防喘振阀 FV20001 约 25%，根据计算，24% ~ 26% 可以保证压缩机运行点远离喘振区，使压缩机快速远离喘振状态，并记录初始喘振点数据。在三返一喘振测试中，为防止四段或五段进入喘振，调节四段和五段防喘振控制器的安全预度在 0.35 左右。实际测试数据对比如图 7 所示。图 7 中"。"为最终控制器设定值，"·"为原设定值，"T"为测试值。

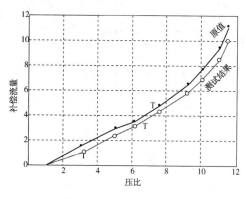

图 7　三段测试结果对比

四返四喘振测试，将 FV20001 手动打开到一个安全固定开度，约比喘振时的开度大 14% ~ 16%，手动缓慢关小防喘振阀 FV20005，接近喘振点，当控制系统检测到初始的喘振迹象时，会自动快速阶梯方式开大防喘振阀 FV20005 约 25%，使压缩机快速远离喘振状态，并记录初始喘振点数据。实际测试数据对比如图 8 所示。

五返五喘振线测试，将 FV20001 和 FV20005 手动打开到一个安全固定开度，约比喘振时的开度大 13% ~ 17%，手动缓慢关小防

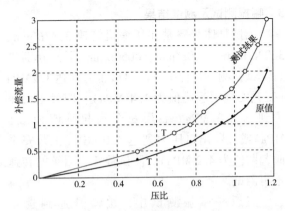

图8　四段测试结果对比图

喘振阀 FV20028A 和 FV20028B，接近喘振点，当控制系统检测到初始的喘振迹象时，会自动快速阶梯响应开大防喘振阀 FV20028B 约 25%，使压缩机快速远离喘振状态，并记录初始喘振点数据，最小转速测试完成后，手动升速至下一测试转速，继续重复上面的测试步骤，进下一个转速点的测试。实际测试数据对比如图9所示。

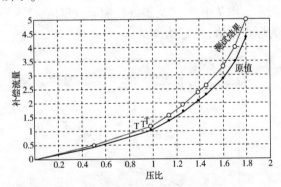

图9　五段测试值与前值对比图

所有点测试完成后，利用记录的喘振点数据，重新修正喘振线。

3.1　优化效果

系统改造完成后，2016 年 5 月在开车过程中，K201 压缩机发生喘振，运行点进入喘振区，1s 内系统发出指令调节防喘阀，1s 后压缩机运行点被拉回到安全区域，成功避免了因喘振停车，达到了优化效果。

裂解气压缩机 K201 在底负荷下，每小时节约超高压蒸汽约 10t，按 180 元/t 计算，每小时节约 1800 元，按每年 250 天低负荷运行计算，一年节约 1000 万元，经济效益显著。

4　小结

裂解气压缩机通过控制系统改造，加入了阶跃响应的防喘振策略，完善了防喘振阀的解耦功能，实现防喘振阀全关。通过停车和开工过程中的实际防喘振测试，测出了真正的喘振曲线，并根据实测曲线调整了压缩机的操作区域。在喘振发生时，能安全及时分步骤地把运行点拉回到安全区域，减少了物料回流，在 7 台炉运行时，每小时节约 10t 超高压蒸汽，有效降低了关键机组非计划停车或波动，经济效益和环境效益明显。

裂解气压缩机控制系统优化后运行三年以来，经历了裂解炉联锁跳车，裂解气流量和压力的波动；动力 CFB 炉跳车致使用于汽轮机的蒸汽管网压力从 12MPa 下降到 7MPa 的波动；用于转速控制的汽轮机转速探头陆续从 6 支故障 5 支的考验，证明了优化后的控制系统卓越的控制和容错性能，以及优秀的故障判断和处理能力。

中韩石化计划在 2020 年大修期间，参照裂解气压缩机对丙烯压缩机 K501 和乙烯压缩机 K601 也进行控制系统优化改造。裂解气压缩机控制系统优化具有较大推广应用价值。

PSA 装置程控阀故障原因分析与对策

李智深

（中国石化镇海炼化分公司仪表与计量中心，浙江宁波　315207）

摘　要　某新建 PSA 装置开工阶段出现大量程控阀开关不到位故障，经检查确认为液压油内有杂质异物附着在电磁阀滑块硬密封面导致电磁阀滑块卡涩，油路无法切换、阀门拒动，本文结合使用过程中程控阀出现的故障现象、处理方法进行了分析，并提出了对策措施及优化建议。

关键词　PSA；程控阀；液压油；杂质

1　引言

程控阀是 PSA（变压吸附）装置顺序控制的核心设备，直接关系到氢气产品的纯度及收率。程控阀在运行过程中经常出现一系列故障，甚至造成装置产品不合格、非计划停工的严重后果。下面结合装置运行过程中常见的故障现象，归纳分析故障判断及处理方法，便于今后准确及时地排除故障，确保装置的平稳运行。

2　PSA 装置流程简介及构成

2.1　工艺流程

PSA 装置以来自歧化尾氢、催化干气尾气、裂解汽油加氢高压尾气提供的 35200Nm³/h 含氢尾气为原料，采用真空变压吸附（VPSA）工艺分离提纯氢气，提纯后的氢气产品作为加氢装置用氢。VPSA 氢提纯工序由 10 台吸附塔、4 台容器、3 台真空泵组成，采用 10 塔 VPSA 流程。其吸附和再生工艺过程由吸附、均压降压、逆放、抽真空、均压升压和产品最终升压等步骤组成（见图 1）。本装置工艺包及设备均选用成都华西化工科技股份有限公司专利技术及产品。

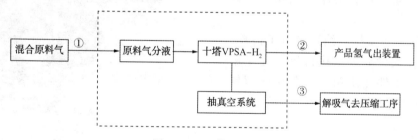

图 1　VPSA 简要流程图

2.2　基本控制功能

（1）顺序控制：本装置的全部程控开关阀和控制调节阀，按照工艺给定的条件进行顺序控制和模拟调节，使装置正常工作。这要求顺序控制和模拟控制能有机地结合起来，进行复杂控制。并且对于多种切塔和恢复的控制，能实现多种不同的控制程序。所有的程控开关阀均带阀位检测、显示和报警功能。

（2）自适应随动控制：装置在运行过程中，各塔除在吸附状态外，都处在某种降压和升压过程中。在这个过程中要求气流均衡、稳定。因此对这类过程的控制是关系装置运行质量包括吸附剂寿命长短的一个关键，本装置方案中以压力为控制量，通过控制吸附压力均匀上升和下降，达到稳定控制气体量的目的。按照上述要求开发的变压吸附自适应控制软件，可根据变化中的工艺条件进行预估，随工艺状况的改变，自动生成控制操作曲线，按此曲线自动

作者简介：李智深（1983—），2005 年毕业于兰州石化职业技术学院生产过程自动化专业，现从事石油化工仪表技术管理工作。

控制变压吸附装置的关键升压和降压过程，最大限度地接近于理想过程。

（3）参数优化控制：依据原料气量的变化和纯度的变化自动地计算出最佳吸附循环时间，优化装置的运行状况，使装置在保证产品质量的前提下，还可以自动地获得最高的产品回收率、获得最佳的经济运行效益。

（4）联锁控制：包括工艺参数联动调节、工艺参数安全联锁、产品质量联锁控制等。

（5）动力设备监控：包括真空泵、液压系统等各种动力设备的流程显示、关键参数的监控、动力设备故障的报警和动作联锁。

（6）管理功能：可以进行完善直观的工艺流程监控与动态显示，如故障自诊断、历史趋势、事故状态和各种操作记录及打印报表。可以和工厂管理网络联网，可将装置运行参数和数据上传至管理计算机用于工厂管理、调度和数字统计。

3　程控阀故障原因分析

3.1　故障现象

PSA 装置开工前调试阶段出现大量程控阀开关不到位的故障现象，经检查确认为液压油内有杂质异物附着在电磁阀滑块硬密封面导致电磁阀滑块卡涩，油路无法切换，阀门拒动。

故障出现后设备安排对油缸进行了拆检，油缸内的确存在大量异物。执行机构完全解体后，发现部分机件加工粗糙，存在残留铁屑，缓冲活塞的氧化涂层也有碎屑（见图 2 ~ 图 5）。

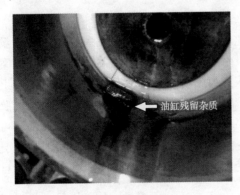

图 2　油缸残留杂质

3.2　故障处理

经过多专业对接讨论，安排对 PSA 程控阀

图 3　油缸残留铁屑

图 4　缓冲活塞氧化涂层脱落

图 5　机件加工粗糙

进行了全部拆检，对油缸杂质进行了清洗，对缺陷部件进行了处理，由厂家负责同步对电磁阀进行拆检清洗。上述工作完成后程控阀空载运行期间电磁阀卡涩故障仍未完全消除，至开工前基本保持在一天一台故障率，自 PSA 装置 8 月 11 日开工正常开始到后期大约一个半月时间里，电磁阀卡涩故障又出现了 13 次（见表 1），故障率仍较高，但频次逐步降低，情况有所好转。

表 1　电磁阀卡涩故障统计表

序号	日期	位号	维护内容
1	8 月 12 日	XV5702C	更换新电磁阀
2	8 月 13 日	XV5703D	更换新电磁阀
3	8 月 14 日	XV5705A	更换新电磁阀
4	8 月 15 日	XV5705I	更换新电磁阀
5	8 月 16 日	XV5706I	清洗电磁阀
6	8 月 17 日	XV5705I	清洗电磁阀
7	8 月 21 日	XV5703D	清洗电磁阀
8	9 月 1 日	XV5704A	清洗电磁阀
9	9 月 4 日	XV5706G	更换新电磁阀
10	9 月 5 日	XV5703D	更换新电磁阀
11	9 月 7 日	XV5702C	更换新电磁阀
12	9 月 10 日	XV5703D	更换新电磁阀
13	9 月 13 日	XV5705F	更换新电磁阀

3.3　故障原因分析

对比其他几套 PSA 装置的故障统计（见表 2），开工初期电磁阀故障率略微偏高如焦气回收装置（其他装置因统计时间所限无法统计开工初期故障率），但装置正常运行一段时间后电磁阀总体故障率较低。

针对电磁阀故障问题，再次进行了讨论对接，对程控阀故障问题原因进行了全面分析并达成了共识，虽然前期对执行机构油缸及液压油管路进行了拆检清洗，但在装置运行过程中由于程控阀液压驱动油缸为封闭空间存在死区，仍会存在残留的杂质，这些杂质不定期带到电磁阀滑块部位造成电磁阀滑块卡涩故障，随着杂质逐步带出电磁阀故障率也会逐步降低。

表 2　其他 PSA 装置的故障统计表

装置	统计时间区间	程控阀总数	程控阀故障总次数	电磁阀故障次数	电磁阀故障比例	备注
I PSA	2014. 1. 1~2016. 9. 20	70	38	8	21.05%	
II PSA	2014. 1. 1~2016. 9. 20	77	39	11	28.20%	其中 2016 年检修后新更换执行机构电磁阀卡涩问题 8 次
IIIPSA	2014. 1. 1~2016. 9. 20	50	38	8	21.05%	其中 2016 年检修后新更换执行机构电磁阀卡涩问题 3 次
IVPSA	2016. 8. 10~2016. 9. 20	82	15	13	86.67%	
焦气	2015. 1. 1~2016. 9. 20	158	67	21	31.34%	

PSA 装置前期安装时程控阀到现场后露天放置，部分程控阀由于油路切换块模块塑料保护罩变形脱落，雨水及潮气进入油缸内部造成氧化锈蚀，产生大量铁锈等杂质。装置开工前期由于顺控程序存在问题、气密过程中密封垫问题等原因造成程控阀跑油、空载调试时间较短，油路及缸体内杂质存在残留。以上两点是程控阀电磁阀卡涩故障重复出现的最主要原因。

4　后续处理措施

对接会也对电磁阀卡涩故障后续处理措施进行了安排对接，通过各方配合使装置平稳运行：

（1）对液压油清洁度进行委托外送检测，对油颗粒度进行检测，出结果后与电磁阀油液清洁度参数进行比对，看是否符合电磁阀要求（滑块和阀门缝隙约为 $20\mu m$），根据说明书上滑块对油液的要求其清洁度需达到 NAS 1638 10 级，如检测结果不符合要求则设备安排对液压油进行置换。

10 月 8 日液压油检测报告分析结果为 NAS 1638 9 级，油液清洁度好于 10 级，但该报告也同时指出油品清洁度超标，建议加强污染控制，避免因润滑油污染导致设备异常磨损。

电磁阀开工阶段故障率非常高，但油样拿去检测的日期为 9 月 21 日电磁阀卡涩原因分析会之后，通过油箱里的液压油取样，此时通过执行机构油缸及液压油管路进行拆检清洗、液压油置换等措施电磁阀故障率已明显降低。已向设备人员提议定期对执行机构内油样采取检测，这样检测结果会更具代表性。

NAS 1638 是分段计数的，有 5 个尺寸段。由于实际油液各尺寸段的污染程度不可能相同，因此被测油样的污染度按其中的最高等级来定。这会引起一个问题，例如测出的 $5\sim10\mu m$ 的污染度可能是 4 级，$15 \sim 25 \mu m$ 颗粒的污染度可能是 6 级，$25 \sim 50 \mu m$ 可能是 5 级，而 $50 \sim 100 \mu m$ 颗粒的污染度可能是 8 级，这时数据就很难处理，往往使得概念不清。如果保守的话，就会按照规定判定为 8 级，认为系统很脏。而事实上，新的磨损理论表明只有尺寸与部件运动间隙相当的颗粒才会引起严重的磨损，也就是说 $5 \sim 15 \mu m$ 的颗粒危害最大，而 $50 \sim 100 \mu m$ 由于无法进入运动间隙，对磨损的影响却不大。

（2）设备专业对液压油系统过滤器过滤芯进行检查，检查过滤器有无破损，避免杂质污染液压油，采购过滤器滤芯到货后对其进行更换，保证液压油要求。10 月 24 日，装置停工进行程序修改完善工作，借此机会设备安排对过滤器进行了更换，对油箱液压油再次进行了置换。

吸油过滤器在泵前，压力油经过吸油过滤器，再经过叶轮泵，再供给电磁阀。吸油过滤器滤芯型号对应的过滤精度为：80 目 $= 180 \mu m$。

（3）今后电磁阀出现故障卡涩现象后对电磁阀清洗更换，同步对执行机构油缸进行拆检清洗。

（4）厂家及时提供备件支持，有需求时第一时间响应，故障电磁阀分批送厂家清洗修复。

采取上述措施后，自装置修改程序后开工至今未再出现程控阀因电磁阀滑块卡涩导致的故障。

5　总结

为避免装置前期安装时程控阀保护不到位，油缸内部氧化锈蚀产生大量杂质问题，需厂家发货时每台程控阀安装跑油模块来避免此问题，同时也可避免洗涤管线时重复拆装电磁阀。

装置开工过程中程控阀跑油、空载调试时间较短，要求生产部门在安排装置开工节点时将此项工作排进计划表并预留出足够时间，严格按照厂家提供的液压油维护系统要求，累积运行不少于 60h，在累积运行的最后 10h 内没有发生任何故障，则试车完成，将油路及缸体内杂质残留尽可能带出。

设备专业在油缸更换过程中尽量吹扫清洗干净，厂家要加强生产环节质量控制，确保执行机构内部干净。设备专业按照相关运行手册和制度定期更换润滑油和清洗过滤器，润滑油一般新投入使用 $3 \sim 6$ 个月更换一次，以后可以 $12 \sim 18$ 个月更换一次，同时油的状况应经常注意，工作油质太差时需更换液压油；每半年清洗一次泵站吸油过滤器，每 $2 \sim 3$ 年进行一次油箱清洁和管道冲洗。

以上措施可为今后新建 PSA 装置提供借鉴，从源头抓起，避免程控阀故障后被动处理。

参 考 文 献

1　吝子东 . 变压吸附法净化氢气[J]. 舰船防化，2013（4）：6-10.

2　刘混举，李孝平 . 油液污染度等级标准及其测定[J]. 煤矿机械，2003（3）：81-82.

3　龚俊生 . 液压油系统操作与维护[J]. PSA 技术应用，2014（2）：32-64.

催化汽油脱硫装置程控阀故障分析与维护策略

王亦强

（中国石化镇海炼化分公司仪表中心，浙江宁波　315207）

摘　要　本文叙述了程控阀在催化汽油脱硫装置中的重要作用，着重分析了程控阀结构原理、故障的分析处理及维护策略，对 S—Zorb 装置程控阀故障处理具有借鉴作用和参考价值。

关键词　催化汽油脱硫；程控阀；故障分析；维护策略

近年来，随着汽车工业的发展和汽车持有量的增加，汽车尾气排放的有害物（SO_x、CO、NO_x、VOC 和 PM）对大气的污染日益为人们所重视，降低成品车用汽油的硫和烯烃含量，可有效地减少汽车尾气中有害物的排放量。某公司 150 万吨/年催化汽油脱硫装置可处理两套催化装置生产的汽油，经吸附脱硫后的汽油硫含量不大于 10×10^{-6}，不仅可以提高公司的汽油产品质量，还可以使汽油产品在使用过程中减少二氧化硫等有害物的排放，具有深远的社会意义及明显的社会效益。

催化汽油脱硫装置仪表的主要控制方案为闭锁料斗内吸附剂批量循环逻辑控制，由 44 台程控阀根据顺序逻辑运转，其特点是程控阀动作频繁、介质对阀磨损、冲刷大。程控阀的可靠运行决定了吸附剂的正常循环和再生，一旦程控阀故障，吸附剂的循环就被中断，装置就要停车。

本文分析了该装置闭锁料斗关键程控阀主要故障情况分析及应对策略。

1　程控阀结构

闭锁料斗系统程控阀采用了加拿大 GOSCO 公司的 M—CLASS 开关阀，阀门主要由阀体、执行机构、回讯盘、电磁阀等组成。阀门为定制的 V 型球芯双阀座浮动球阀，全金属双向密封。阀体和阀盖材质分别采用 ASTM A217 WC6 和 ASTM A351 CF8M，阀杆材质采用 Inconel 718，阀球阀座采用基体材质 Inconel 718 表面硬化处理，硬度可以达到 HRC 9，密封等级可以做到 6 级，弓形球体设计，可大大减少阀球阀座的磨蚀。

填料采用的是阀杆双填料设计，由模压成型的三明治式组合纯石墨环和 2 个填充有 Inconel 材质缠绕丝的石墨抗挤压环两部分组成。

2　阀门故障情况分析

2.1　阀门故障内漏、卡涩

本装置使用的程控阀主要品牌为进口 GOS-CO，少量为进口 MOGAS、VTI。日常使用卡涩、内漏情况较多见。

（1）球体和阀座密封面喷涂层由于介质冲刷有局部划伤或脱落，导致阀门出现内漏（见图 1）。

球体的球口喷涂层脱漏,密封面有很深划伤、拉伤痕迹

图 1　阀球磨损

（2）阀门碟簧被介质冲刷失去弹性，预紧力减弱，导致阀门抱死或内漏（见图 2）。

图 2　碟簧失去弹性

（3）阀座易被催化剂冲刷出现内漏现象（见图 3）。

阀座密封面冲刷非常严重

图 3　阀座磨损

2.2　阀门内漏、卡涩的基本原因

（1）球体球口易被催化剂冲刷，阀盖有冲刷痕迹，内部阀座及支持环冲刷。

（2）阀球、阀座磨损严重。

（3）阀杆及阀杆轴套有明显损坏痕迹，阀杆填料处出现外漏现象。

2.3　对阀门进行有针对性的维修

（1）阀体阀盖部分：对上下阀体阀盖外表进行清理，检查上下阀盖外表是否有损伤、裂纹、蚀点、凹痕等，对阀盖进行修复。

（2）阀杆部分：阀杆拆下后，对其行打磨、

补焊、精加工、热处理，以使阀杆表面粗糙度符合相关标准要求。

（3）阀球、阀座：更换阀球和阀座，然后逐步研磨，保证阀球真圆度，实现真空密封，密封等级达到 ANSI VI 级标准。

（4）填料函部分：对填料函进行清洗检查，对有腐蚀点或拉伤部分进行补焊、精加工、热处理，添加两个除尘垫圈，减轻阀杆与填料函之间摩擦并起到润滑作用。

（5）修复后如图 4～图 6 所示。

图 4　阀球

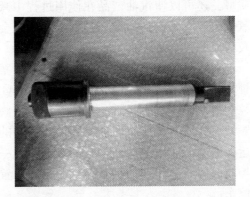

图 5　阀杆

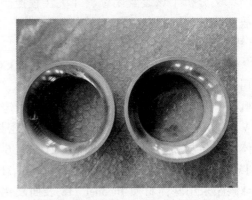

图 6　阀座

3　阀门回讯指示不到位分析

GOSCO 阀门回讯 Kinetrolley（见图 7），型号为 167-126XE0B014A。阀门回讯不到位是程控阀故障最主要的原因之一，往往由下列原因引起：

图 7　GOSCO 阀门回讯 Kinetrolley

（1）程控阀气缸复位弹簧力度不够。使用中，部分程控阀的关阀回讯会不到位、关阀时间较长。经现场分析认为，长时间使用时，阀门有轻微卡阻和气缸复位弹簧力度不够的现象。GOSCO 阀是通过一个"两位三通"电磁阀，将仪表动力风送入阀门气缸，阀门打开，关阀是通过电磁阀切断仪表动力风，靠气缸弹簧的回弹力来关闭阀门。如弹簧的回弹力度不够，会造成阀门关闭时回讯不到位。

分析阀门的结构，该类阀门弹簧与气缸是分离设置且为双气缸结构，所以设想在关的时候，增加一个"两位三通"电磁阀，向关阀气缸送气，这样开阀和关阀都通过电磁阀控制来实现，很好地克服了弹簧回弹力不足的缺陷。

（2）部分程控阀回讯机构联杆强度不够，不能可靠连接。该阀为旋转球阀，关闭或打开时，阀杆通过 1 个四方体的连接杆带动回讯机构旋转，渐进式回讯开关固定在回讯机构内，回讯机构的转盘上固定回讯开关的感应片，转盘带动回讯开关感应片转动，来定位开阀位和关阀位。该阀出厂时连接杆为硬塑材质的，强度不够，不能够可靠连接，后设计重新加工了一批不锈钢连接杆进行了替换，很好地解决了联杆强度不够的问题。也要求后续新采购的阀，联杆必须采用不锈钢。

（3）程控阀回讯机构卡滞。故障现象为程控阀回讯机构卡滞不动作，经检查发现程控阀回讯机构旋转轴与回讯机构铝制壳体咬死，拆开脱离后铝合金壳体碎裂，旋转轴有锈蚀现象。

主要原因分析：

① 经测量回讯机构配合尺寸是直径 24mm×长度 32mm，比其他同类型回讯机构面积大，摩擦面积也大。

② 旋转轴与壳体的配合尺寸间隙比较小，为 0.02~0.04mm，徒手基本拧不动，且润滑油脂基本上储存不住或者很少，缺乏润滑。

③ 回讯机构旋转轴的材料是碳钢，壳体是铸铝，铝在现场工况条件下容易氧化，再加上润滑油脂的缺失，就造成氧化锈蚀现象（铝氧化为主要原因）。

④ 巡检时发现回讯机构内有细小的催化剂颗粒，催化剂颗粒堆积在转动轴的缝隙中，会引起回讯机构卡滞。

对以上故障处理：一是加强巡检，发现问题及时处理；二是对故障回讯器，及时更换回讯机构的密封垫或者整体更换；三是对转动连杆活动部件定期涂抹润滑脂；定期紧固活动部件。

4　程控阀故障维护策略

根据 S-Zorb 装置开车以来程控阀的故障统计，编制 S-Zorb 程控阀预防性检维修规程：

（1）定期对阀门进行检查，每 2 个月一次对程控阀盘根部位加注润滑油。

（2）做好备件储备：S-Zorb 装置 XV2408/ XV2413/ XV2402/ XV2403/ XV2409/ XV2410/ XV2401/ XV2405/ XV2414/ XV2406 阀门按照 1∶1 比例配置备阀，在此基础上另外再保证有 2 台全新整阀作为应急备用。其余程控阀按 1∶2 比例考虑备件。

（3）S-Zorb 装置 XV2408/ XV2413/ XV2402/ XV2403/ XV2409/ XV2410/ XV2401/ XV2405/ XV2414/ XV2406 阀门原则上每 8 个月进行主动预防性更换每次预防性更换时对程控阀回讯器及电磁阀接线及性能进行检查。

（4）随时准备更换备件。对维保单位提出要求，故障响应必须 15min 内到达现场，确认故障原因，如无法确定故障原因，应在到达现场后的 30min 内执行更换程控阀的流程。原则上 XV2401 等 4 in 程控阀更换不能超过 4h，其他阀在 3h 内完成更换复位。

5　结束语

S-Zorb 是中石化的专利装置，工艺复杂，自动化程度高，其关键仪表设备程控阀的可靠性直接影响到装置的平稳运行，通过实施上述的维修维护措施和策略能大幅降低程控阀的故障率，进而提高装置的可用率。统计数据表明：某公司程控阀的故障更换次数从 2016 年的 107 次下降到 2018 年的 47 次，故障率有较大幅度下降，维修费用也比 2016 年节约 35% 左右，体现了良好的经济效益。但我们也应该认识到，在减少程控阀修理费上还有很多工作要做，特别是在程控阀的国产化工作方面。

参 考 文 献

1 孙建国 . S-Zorb 装置运行中问题及处理[J]. 无机盐工业，2017(10)：49-52.

2 李辉 . S-Zorb 装置关键设备运行分析[J]. 石油炼制与化工，2012，43(9)：81-85.

3 张昆，毛文华，沈安伟 . 程控球阀在 S-Zorb 装置上的应用[J]. 炼油技术与工程，2013，43(10)：22-25.

4 李俊，诸利君，王辉 . S-Zorb 装置国产耐磨球阀的应用[J]. 仪器仪表用户，2015(3)：74-76.

5 张思雯 . S-Zorb 装置闭锁料斗程控球阀运行分析与优化[J]. 中国石油石化，2017(8)：172-173.

裂解汽油加氢装置的仪表技术探讨

许　磊

(中国石化镇海炼化分公司仪表与计量中心，浙江宁波　315207)

摘　要　乙烯裂解汽油加氢的主要生产过程是围绕一段加氢、二段加氢以及碳九加氢开展的。了解和掌握三段反应器的联锁及复杂控制回路的设置、动作过程，对裂解汽油加氢装置平时的维护、故障判断以及学习工艺的生产流程会有帮助。

关键词　乙烯裂解汽油加氢；反应器；联锁；复杂控制回路；维护

1　概述

镇海炼化 100 万吨/年乙烯配套项目的"裂解汽油加氢"采用中国石化工程建设公司(SEI)的裂解汽油加氢工艺技术。本装置为中心馏分加氢粗裂解汽油，在本装置中先通过预分馏系统，先后脱轻、脱重，然后中心馏分进行两段加氢处理，最终得到经过加氢的 $C_6 \sim C_8$ 馏分(加氢汽油)。另外 C_9 馏分经过单独的一段加氢得到加氢的 C_9 馏分作为副产品。

2　裂解汽油加氢工艺流程

乙烯裂解汽油加氢关键是二段加氢过程，从工艺角度看，原料粗裂解汽油来自乙烯裂解装置，会有不饱和组分和杂质，如二烯烃(脂肪族的或环状的)、烯基芳烃(如苯乙烯)、硫化物及氮化物等。这些物质需要通过二段加氢反应得到饱和或脱除，通过第一段加氢在较缓和条件下进行液相反应，第二段加氢是在较高温度下进行气相反应。

其简单流程如图 1 所示，粗裂解汽油先后进入脱碳五塔，脱碳九塔，分别脱去 C_5 轻组分，C_9+重组分，中心馏分($C_6 \sim C_8$)进入两段加氢反应系统进行加氢，最终得到合格的加氢汽油产品。脱碳九塔塔釜的 C_9+重组分，进入碳九加氢系统，得到加氢的碳九副产品。

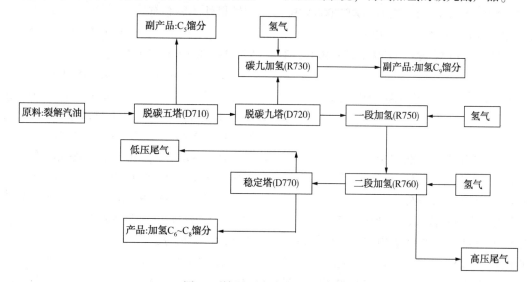

图 1　裂解汽油加氢工艺流程简图

在乙烯裂解汽油加氢生产过程中，主要的就是 $C_6 \sim C_8$ 的一段、二段加氢和 C_9 介质的加氢。仪表联锁的设置和主要控制回路也是回绕加氢反应来开展实施的。那么在进行仪表联锁和主要控制回路分析之前，首先要搞清楚裂解汽油加氢的目的是什么?

3　裂解汽油加氢的目的

裂解汽油加氢的目的是把二烯烃(链状、环状二烯烃和烯基芳香族如苯乙烯)加氢。然而烯烃很容易因条件的改变生成烷烃和环烷烃。

(1) 在一段加氢反应中,选择性加氢发生的化学反应的有:

双烯的加氢反应:

双烯+H_2——→单烯

烯烃基芳烃+H_2——→烷基芳烃

单烯烃+H_2——→烷烃

另外还有异构化反应,烯烃的异构化主要是指双键的转移。

聚合反应:这类反应产生的胶质会缩短催化剂的寿命和使其活性降低,同样,在保持选择性加氢反应的基础上,尽可能低的温度对反应有利。

(2) 在二段加氢中,反应目的是把烯烃加氢和脱除硫。

单烯烃饱和反应:

直链烯烃+H_2——→烷烃

环烯烃+H_2——→环烷烃

脱除硫,硫在裂解汽油中主要是以有机硫的形式存在(如噻吩、甲基噻吩等)。脱除硫化物比较困难,需要较苛刻的反应条件,先破坏有机硫的结构,最后生成烃和H_2S。

某些芳香族化合物的加氢:芳烃+H_2——→脂肪烃

通过对汽油加氢装置的工艺流程和主要反应的了解,可以进一步来分析和理解该装置的联锁。

4　乙烯裂解汽油加氢反应器联锁设置

裂解汽油加氢的联锁可以理解为一个嵌套,三个反应器 R760、R750、R730 的联锁是互相作用,相互影响的(见图2)。

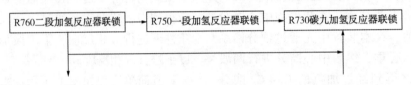

图2　反应器联锁流程

4.1　R730 反应器联锁

4.1.1　R730 联锁条件

R730 反应器自身联锁条件有:

① 反应器三层床温:TZT73006A/B/C/,12 取 2;TZT73007A/B/C,12 取 2;TZT73008A/B/C,12 取 2;TZT73009A/B/C,12 取 2;

② R730 出口温度:TZT73005A/B/C,3 取 2。

R730 反应器外设备产生联锁条件:

① K731 出口流量:FZT73012A/B/C,3 取 2。

② R730 泄压按钮 HZS73002。

③ R750 产生联锁条件。

④ R760 产生联锁条件。

4.1.2　R730 联锁条件满足产生的结果

① 停 P730A/B(R730 进料泵),电气来二停泵回讯信号 XZYC73027、XZYC73028。

② 关闭 R730 进料切断阀为 XZV73002,现场电磁阀为 XZSOV73002。

③ 关闭进 R730 循环氢进料阀 FZV73010,现场电磁阀为 FZSOV73010。

④ 关闭 D731 出料切断阀 XZV73007,现场电磁阀为 XZSOV73007。

⑤ 停 P733A/B(碳九出料泵)电气来二停泵回讯信号 XZYC73031、XZYC73032。

注意:R730 泄压按钮 HZS73002 动作除以上结果外,还会有:

① 打开泄压阀 XZV73006,现场电磁阀 XZSOV73006(放湿火炬)。

② 关闭切断阀 XZV73005(D732 顶高压尾气去 K731 吸入罐),现场电磁阀 XZSOV73005。

③ 停 P731A/B(碳九回流泵)电气来二停泵回讯信号 XZYC73029、XZYC73030。

特别提醒:R730D 的再生按钮闭合时,R730 反应器床层温度和反应出口温度联锁将被旁路。

另外,D731(R730 出口回流罐)的液位 ≥15%,关 D731 出料阀 XZV73007,现场电磁阀为 XZSOV73007。

对 R730 反应器联锁进行展开了解后,那么对 R750、R760 反应器联锁的深入会比较容易了。

4.2　R750 联锁条件

4.2.1　R750 联锁条件

R750 反应器自身联锁条件有:

① 反应器三层床温:TZT75002A/B/C/,12

取 2；TZT75003A/B/C，12 取 2；TZT75004A/B/C，12 取 2；

TZT75005A/B/C，12 取 2。

② R750 出口温度：TZT75006A/B/C，3 取 2。

R750 反应器外设备产生联锁条件：

① R750 紧急停车按钮 HZS75001。

② R750 安全泄压按钮 HZS75002

③ R760 产生联锁条件

4.2.2 R750 联锁条件满足产生的结果

① 停 P750A/B（R750 进料泵），电气来二停泵回讯信号 XZYC75014、XZYC75015。

② 关闭 R750 进料切断阀 XZV75002，现场电磁阀为 XZSOV75002。

③ 关闭进 R750 循环氢进料阀 XZV75003，现场电磁阀为 XZSOV75003。

④ 关闭二段加氢进料阀 XZV75019，现场电磁阀为 XZSOV75019。

⑤ 停 R730 反应器。

注意：R750 泄压按钮 HZS75002 动作除以上结果外，还会有：

① 停 P751A/B（R750 出料泵），电气来二停泵回讯信号 XZYC75016、XZYC75017。

② 打开 D752 顶排放阀 XZV75006，现场电磁阀为 XZSOV75006

③ 关闭切断阀 XZV75005，现场电磁阀为 XZSOV75005。

特别提醒：R750 的再生按钮闭合时，R750 反应器床层温度和反应出口温度联锁将被旁路。

另外，D751（R750 出口回流罐）的液位低低，关 D751 出料切断阀 XZV75019，现场电磁阀为 XZSOV75019。

4.3 R760 反应器联锁

4.3.1 R760 联锁条件

R760 反应器自身联锁条件有：

① R760 反应器上层温度：TZT76006A/B/C/，6 取 2；TZT76007A/B/C，6 取 2。

② R760 反应器下层温度：TZT76008A/B/C，9 取 2；TZT76009A/B/C，9 取 2；TZT76010A/B/C，9 取 2。

③ R760 出口温度：TZT76011A/B/C，3 取 2。

④ 进 R760 循环氢流量：FZT76008A/B/C 3 取 2。

R760 反应器外设备产生联锁条件：F760 燃料气压力 PZT76015 低低。

4.3.2 R760 联锁条件满足产生的结果

① F760 燃料气切断阀 XZV76003 关，现场电磁阀为 XZSOV76003。

② 切断二段补充氢进料阀 FZV76007，现场电磁阀为 XZSOV76007。

③ 停 R730 反应器。

④ 停 R750 反应器。

注意：R760 泄压按钮 HZS76002 动作除以上结果外，还会有：

① 打开泄压阀 XZV76002，现场电磁阀为 XZSOV76002。

② 切断二段出料阀 XZV76001 为现场电磁阀为 XZSOV76001。

③ 关闭压力切断阀 PZV76011（去高压尾气总管），现场电磁阀为 PZSOV76011。

特别提醒：R760 的再生按钮闭合时，R760 反应器床层温度和反应出口温度联锁将被旁路。

另外，D760（R760 出口回流罐）的液 76002 位低低，关 D760 出料切断阀 XZV76001。场电磁阀为 XZSOV76001。

通过对乙烯裂解汽油加氢的反应器联锁设计的分析，对 R730、R750、R760 联锁产生的条件和联锁动作结果进行梳理后，可以初步掌握该装置的联锁设计布局，即 R760 联锁为最高级，R750 联锁居中，R730 联锁为最低层，它们互为影响。

5 乙烯裂解汽油加氢反应器控制设置

那么分析了反应器的联锁后，我们再仔细观察反应器的一个特殊控制方案（见图 3），从中可以了解整改反应过程。

加氢原料经过脱碳五和脱碳九后，由 P720 把 $C_6 \sim C_8$ 送到 D750 中，D750 的液位变送器 LIC75001 的输出与 P750 的出口流量 FIC75002 的输出进行低选控制，LIC75001 为正作用调节器，FIC75002 为反作用调节器。正常情况下，D750 的液位给定为 20 %，实际控制液位 50 %，输出 100 %。P750 的流量 FIC75002 给定 46t/h，实际流量 46t/h 左右，输出 31 %。低选控制器选中 FIC75002，控制进入 R750 的 $C_6 \sim C_8$ 的流量。只有当 D750 的液位下降到 20% 以下时，低选控制器选中 LIC75001，来控制进入

R750 的 $C_6 \sim C_8$ 的流量，从而保证 D750 的液位不被抽空，确保平稳生产。

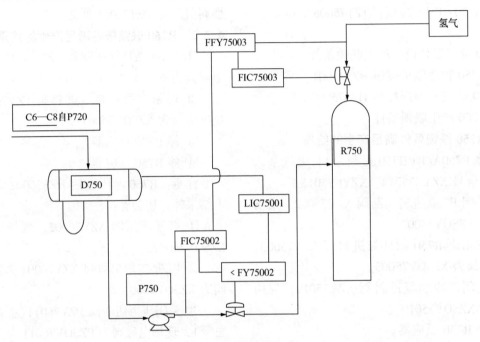

图 3   反应器控制方案

当 $C_6 \sim C_8$ 组分进入 R750 时，还应该考虑进入 R750 氢气的流量，这两个流量之间有一个配比控制过程。

首先，在 DCS 组态过程中选中一比值模块 FFY7503。

① 把氢气的质量流量转化为体积流量，主要通过一个转换公式：

03FFY75003. AUX CALCA-1. P[1]×22.4/2.661

② 把 $C_6 \sim C_8$ 介质的质量流量转化为体积流量，主要通过一个转换公式：

03FFY75003. AUX CALCA-1. P[1]×1000/852

在比值模块 FFY75003 中，给定一体积

比 1：12（油：氢气）。这样 $C_6 \sim C_8$ 的介质流量 FIC75002 与氢气流量 FIC75003 通过比值模块 FFY75003，把油和氢气的体积比值控制在 1：12，输出 OP 值作为 FIC75003 的给定，来控制 FV75003 的氢气流量，实现加氢反应器的物料配比。

另外在二段加氢反应系统中，反应的温度要比一段加氢高，介质需要经过 F760 的加热，加热炉的燃料气压力和燃料气流量进行高选控制。03PIC76016 调节器为反作用，03FIC76006 调节器也是反作用，见图 4。

图 4   反作用

平时正常控制时，PIC76016 的输出被高选器所选中，通过控制 PV76016 来维持 F760 出口温度恒定。如果当燃料气压力逐渐增加时，PIC76016 的输出会减小，高选器选中 FIC76006

来控制 PV76016，保证进 F760 燃料气压力稳定。防止 F760 燃料气压力不稳定，出现火嘴脱火现象的发生。

6 裂解汽油加氢装置仪表维护中几个问题解决

裂解汽油加氢装置经过两个检修周期（8年）的运行，个别仪表存在不利于安全运行的隐患，通过改造消除设备隐患，为装置安全运行提供保证。

6.1 个别联锁电磁阀线圈存在老化现象

2017年10月19日15时01分43秒，裂解汽油加氢装置C720脱C9塔塔底重沸器E725中压凝液控制阀FZV72001突然关闭，FIC72001流量出现低报警（见图5）。

图5 流量低报警

该阀门为SIS系统联锁阀门，C720塔顶压力高高联锁关阀，查询SIS系统SOE记录，没有发现有联锁动作记录。DCS事件记录中，15时01分阀门关回讯报警，之前没有相关仪表的事件记录，并且FIC72001流量趋势同步下降明显，可以肯定阀门确实有关闭动作，且不是DCS/SIS给出的关闭命令，对电磁阀、定位器、线路端子、机柜间内保险丝、端子相继进行了检查，发现电磁阀线圈电阻为3.65MΩ（新电磁阀线圈为4.61MΩ）。由于阀门突然关闭，而流量在5t/h左右维持了3min多后再下降（见图6），且工艺班长在现场听到了电磁阀排气的声音，判断电磁阀的故障因素可能性大一些，对电磁阀进行更换，阀门投用后设备正常运行。

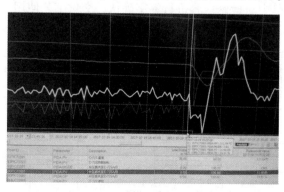

图6 流量曲线

两个运行周期下来，联锁仪表设备中的电磁阀线圈绝缘下降，联锁切断阀气控模块橡胶膜片存在老化现象。在检修周期中，对重要方面的电磁阀进行性能检测，装置进料阀、压缩机反端振阀、无副线阀门首先进行更换。对联锁切断阀上的气控模块进行全部更换，保证运行周期内平稳运行。

6.2 2016年寒潮过程中引压管冻凝

2016年1月份宁波地区遭受较严重的低温冻凝天气，夜间极端温度达到-10℃，由于设计引压管长度有5m左右，工艺介质（$C_8 \sim C_9$）中含有少量水分，在引压管内积存，在极端低温中造成冻凝，指示不准。

由于极端天气是个例情况，采取增加封液罐灌注封液的，来避免仪表冻凝情况发生。在C710塔顶压力（3取2）联锁压力仪表中，把变送器引压管进行缩短，使表头靠近工艺设备本体，并采用保温措施。经过这几年运行，仪表平稳安全，无由于低温造成仪表指示不准和联锁动作。

7 结束语

通过对裂解汽油加氢的反应器联锁回路及复杂控制回路的了解，对裂解汽油加氢的日常维护、联锁调试及平时装置安全会有很大的帮助，希望给了解裂解汽油加氢带来帮助。

参 考 文 献

1 印立峰. 200kt/a裂解汽油加氢装置设计技术[J]. 化工设计，2004，14(1)：11-13.

2 赵野，陈广文. 裂解汽油加氢精制工艺研究及应用[J]. 炼油与化工，1995，(4)：25-28.

乙烯裂解炉仪表标准化检修策略

胡伟慧

（中国石化镇海炼化分公司仪表与计量中心，浙江宁波 315207）

摘　要　本文通过对乙烯裂解炉仪表检修策略的介绍，分析了裂解炉仪表设备使用中存在的缺陷和问题，重点讨论预防性检维修策略，以提高仪表设备运行的可靠性。

关键词　裂解炉；仪表；调节阀；检修

乙烯装置分两个部分：裂解炉部分和分离回收部分，某公司裂解炉采用中石化科技开发公司与鲁姆斯公司合作开发的裂解炉技术，回收部分采用鲁姆斯公司的深冷顺序分离流程专利技术。

为了保证裂解炉的稳定运行，根据每台裂解炉的运行工况，需要周期性地安排裂解炉检修，主要内容包括炉管更换、烧嘴维护、管束疏通、消漏及设备更新等作业。

根据裂解炉的上述检修特性，仪表专业需要为裂解炉的检修制定相应的检修策略，在配合工艺检修的同时，对调节阀、变送器、热电偶进行校验更新，保证仪表设备的长周期稳定运行，保证裂解炉的平稳生产。

1　乙烯裂解炉检修介绍

乙烯裂解炉的一般检修时长为 25 个工作日，正常情况下每年进行 3 台炉子的检修，具体检修计划根据每台裂解炉的检修项目进行微调，常规的检修内容为炉管、炉底及侧壁烧嘴检查更换，COT 套管及热电偶检查更新，TLE检修更换，蒸汽管网管道消缺。

乙烯裂解炉的仪表检修，整体根据工艺炉管更换的进程进行配合，在检修期内主要涉及相关单台裂解炉所有回路及硬件的检查，重要调节阀的拆检、盘根更换、在线状态诊断动作测试，COT 热电偶及套管的生命周期更换，变送器校验，并进行整体的规格化整改（如刷漆，消缺、附件更换等）。

1.1　乙烯裂解炉仪表总体检修框架

乙烯裂解炉整体的检修内容应由设备专业组织，工艺、设备、安装、仪表、电气共同讨论汇总《裂解炉检修清单》，各专业根据各自设备的运行情况制定总的检修策略。

仪表专业检修内容的制定（见图 1），根据乙烯开工以来裂解炉仪表故障统计汇总，结合仪表生命周期的检修规范、设备分级管理安排及在线诊断软件的优化，列出仪表规范化检修详细清单，每次裂解炉检修完成后，在检修清单中对检修内容进行签字确认，交付工艺使用。

仪表专业	高压调节阀检查	BFW上水调节阀检查	阀体、执行机构功能完好,调节阀运行状态正常
		减温水调节阀检查	阀体、执行机构功能完好,调节阀运行状态正常
		汽包间排阀	阀体、执行机构功能完好,调节阀运行状态正常
		SS放空阀检查	阀体、执行机构功能完好,调节阀运行状态正常
	联锁仪表	端子紧固、回路检查	力矩螺丝刀检查端子紧固度合格
	裂解炉负压仪表	回零标定	变送器检定正常
	进料及燃料气联锁阀	曲轴箱维护,附件检查,开关动作测试	开关动作正常
	调节阀位校对	单台裂解炉调节阀阀位校对	调节阀行程测试正常
	热偶	COT热偶检查、套管更换(与裂解炉炉管同步)。炉膛热偶配合设备检修检查复位	配合工艺炉管更换COT热电偶4年一换、套管8年一换进行实施
	生命周期管理	评估仪表、变送器生命周期,更换	按生命周期及"东海炉王团队"要求执行

图 1　裂解炉仪表检修主要内容

1.2　裂解炉仪表检修实施工作
1.2.1　仪表回路"三遍"端子工作
仪表接线端子是仪表控制回路上的重要一环，接线端子的异常会直接造成测量控制不准甚至装置联锁停车，在单台裂解炉停炉期间，需安排对系统端子、现场仪表端子、中间接线箱端子用专用的扭矩螺丝刀进行端子紧固，根据各类端子螺丝的规格，确定对应的使用力矩（见表1），能定量地紧固端子，保证回路上各端子在合适的紧固裕度之内，显著降低因回路端子固定螺丝松动或者过紧而造成仪表指示波动。

表1　端子紧固作业所使用的力矩建议值

螺纹规格	拧紧扭矩范围	
	钢螺钉/N·m	铜螺钉/N·m
M2.5	0.4~0.8	
M3	0.5~1.0	0.5~1.0
M3.5	0.8~1.6	0.8~1.6
M4	1.2~2.4	1.2~2.4
M5	2.0~4.0	2.0~4.0
M6	2.5~5.0	2.5~5.0

1.2.2　调节阀检修
调节阀检修目标的确认分为两个方面：①依据经验确定，对裂解炉高温高压工况调节阀进行固定拆检维护，包括锅炉给水调节阀、超高压蒸汽放空调节阀、汽包间排阀、减温水调节阀；②预知性检测确定，用在线诊断软件进行故障诊断，根据检修结果确定检修范围，有针对性地执行检查维护，避免不必要的无用拆检。检修完成后再次进行诊断，确认调节阀检修效果。

检修中调节阀的问题主要有盘根老化、摩擦力加大、调节阀弹簧预紧力偏差、阀内件及阀座冲刷（见图2）、附件密封面老化泄漏等，通过更换原装盘根、附件，重新标定弹簧预紧力，修复冲刷阀芯和阀体，使调节阀性能恢复到最佳状态（见图2）。

1.2.3　炉膛负压仪表变送器检修
裂解炉炉膛负压的测量量程较小（1kPa），实际测量压力及环境风压变化对测量的影响较大，同时仪表变送器的零漂较为严重，为消除硬件上的偏差，检修期间需要对炉膛压力的变送器进行回零标定并填写校验单留底，如变送器超出精度要求的则进行更换。

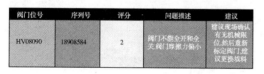

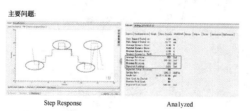

主要问题：
Step Response　Analyzed

根据Step Response图像中红线画圈部分可以看出，阀门全开和全关的位置均不到位，全开位置只有85%，全关位置只有13%。可能是由现场机械限位造成，也有可能是由于阀的偏差没有及时校验造成，或者是黏稠介质在阀内件处附着淤积而导致阀门开关位置不到。
根据Analyzed中红框部分的数值分析，阀门的实际平均摩擦为272 lbf，但阀门的摩擦力期望值为2123 lbf，实际值占期望值的12.8%，低于标准的25%，所以摩擦力偏小。该阀为高压阀，使用时间为2926天，摩擦力过小可能是由于阀杆与填料的长期磨损造成。
建议：
首先现场确认有无机械限位，若无机械限位则重新标定阀门；如果重新标定后阀位仍有偏差，则建议拆阀检修；建议更换填料。

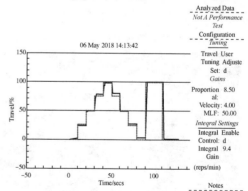

图2　调节阀检修前后行程曲线对比

1.2.4 COT 温度检测预防性检修

根据两个检修周期的实际使用，裂解炉 COT 热电偶及套管的生命周期已通过《仪表预防性维护维修规程》进行规定，COT 段除了温度变送器的常规检查外，COT 热电偶、套管检修作为裂解炉仪表检修的一个特色，主要是配合工艺的炉管更换或检查。例如某公司乙烯装置的 COT 经过多次升级改型，已能满足长周期的稳定使用，但是为了配合设备专业的更新及检修时间，保证裂解炉收率的稳定控制，一般确定为热电偶的更新周期为 4 年一次，套管的更新周期为 8 年一次，同时为了解决气相炉炉管结焦严重，影响各组 COT 的热值稳定控制的问题，气相炉正在更换为新型 COT 套管（见图 3），该新型套管消除了套管的测量死区和结焦，保证了测量的灵敏稳定。

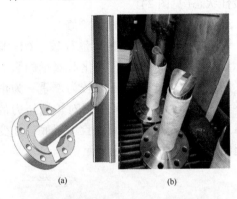

(a)　　　　(b)

图 3　气相裂解炉新型 COT 套管

1.2.5 调节阀的联校、切断阀动作测试

乙烯裂解炉区共有各类控制阀 545 台，由于炉膛形式的不同，单台裂解炉的控制阀检修量基本在 45 台左右，在检修中期，会安排对裂解炉的所有控制阀门进行联校和动作测试，确认所有控制阀状态正常，并对裂解炉进料和燃料气工段的切断阀执行机构曲轴箱进行清理和注油，更换密封圈，保证这部分重点部位阀门的状态良好。

1.2.6 现场仪表的规格化

该公司的乙烯装置已平稳运行 9 个年头，现场的设备及仪表不同程度地出现各类缺陷，现场规格化完善和消缺工作的落实也是保证裂解炉平稳运行的一项重要工作。

在停炉前，对相应裂解炉存在的问题进行整体排查，将问题汇总在停炉后进行逐一整改消缺：①更换内漏的伴热截止阀；②对控制阀的执行机构进行除锈刷漆；③现场规格化整改；④更换失效调节阀附件。

裂解炉燃料气流量引压管出现过裂纹，经分析为由保温内的氯离子腐蚀引起（见图 4），停炉检修中将氯离子含量高的硅酸铝绳更换为硅酸铝毯，同时做好标准化保温工作，杜绝雨水进入保温产生氯离子腐蚀。

(a)

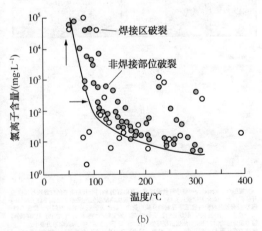

(b)

图 4　引压管氯离子腐蚀

2　结语

乙烯装置裂解炉标准化检修策略的执行，降低了裂解炉区仪表故障率，保证了裂解炉的平稳生产，检修策略的编制、检修步骤的确定，提高了检修效率，保证了检修的质量，但是由于人员的不固定，在保温安装的质量上还存在欠缺，同时还需要通过新型检修模型的构建，进一步控制检修成本，得出最优检修时间。

参 考 文 献

1　魏剑萍. 针对仪表预防性检修策略的探讨[J]. 化工自动化及仪表，2016，43(4)：370-374.

2　张华南，张磊. 基于最优综合成本仪表检修决策及应用[J]. 甘肃科技，2018，34(22)：72-74.

3　练永青. 浅谈炼化企业仪表自动化设备的预防性维护[J]. 石油化工自动化，2010，1：72-74.

4　李广明. 炼化企业仪表自动化设备的预防性维护分析[J]. 化学工程与装置，2018(8)：258-259.

5　李洪涛. 仪表气动控制元件的预防性维护[J]. 大氮肥，2016，39(4)：269-271.

浅谈石化公用工程装置气体报警仪的应用

袁鹏展

（中国石化上海石油化工股份有限公司电仪中心，上海　200540）

摘　要　固定式可燃、有害气体检测报警仪是石油化工企业不可或缺的重要安全设施之一，能及早发现泄漏事故，发出报警信号，或者是启动连锁保护系统，将事故损失控制在最低，避免引起中毒、火灾、爆炸等重大事故的发生，从而保证人们的生命安全和财产安全。不同的生产装置会产生不同的可燃、有毒气体，其组分不同，含量也不同。本文主要针对石化企业污水处理厂和热电厂，从主要存在的可燃有毒气体及主要危害、气体检测仪的类别、测量原理和常见故障及处理等方面进行介绍。

关键词　气体检测报警仪；规范；测量原理；故障处理

1　污水处理厂和热电厂主要存在的可燃、有毒气体及主要危害

石化行业的污水处理厂肩负企业工业废水和周边居民生活污水在达到外排指标前进行各级处理的任务，在处理过程中会产生许多有毒有害气体，比如各类烷烃（可燃气体）、硫化氢、一氧化碳等，危害最大的是可燃气体和硫化氢。污水处理厂可燃、有毒气体的释放源主要包括污水池、曝气池、污泥消化池、输送泵站房及污泥泵房管道与设备的连接法兰处等。可燃气体与周围空气混合形成一定浓度的预制混合气，当含量在爆炸范围之内时，如果遇摩擦或者明火就会发生爆炸。硫化氢是一种急性剧毒，对黏膜有强烈刺激作用，吸入少量低浓度的硫化氢对眼、呼吸系统及中枢神经都有影响；高浓度硫化氢可于短时间内致命。热电厂在烧煤的过程中会产生烟气，在对烟气排放前要进行脱硫脱硝处理，在脱硝处理中会使用液氨，就会存在氨气泄漏的风险。氨区和输送液氨管道与设备的连接法兰处等是氨气的主要释放源。氨气主要经呼吸道吸入中毒，对人体黏膜有刺激作用，可能引起皮肤及上呼吸道黏膜化学性炎症，还可能造成中枢神经系统损害、肝脂肪变性、肾脏间质性炎症及心肌损害等。热电厂一般都有烟气排放连续监测系统，一旦监测系统分析小屋中的烟气管路发生泄漏，其中的一氧化碳就会对进入小屋的运维人员造成危害。一氧化碳为高毒气体，对全身的组织细胞均有毒性作用，尤其对大脑皮质的影响尤为严重。当人们意识到已经发生一氧化碳中毒时，因为支配人体运动的大脑皮层最先受到麻痹损害，此时手脚已经不听使唤，往往无法进行有效的自救，危害性很大。

2　固定式气体报警仪的选型

2.1　明确检测目的

要想选择正确的固定式气体报警仪，首先必须明确检测目的，从而选择仪器类别。总的说来，气体检测有两个目的：第一是测爆，检测危险场所可燃气含量，超过警戒值时发出报警，以避免爆炸事故的发生；第二是测毒，检测危险场所有毒气体含量，超过警戒值时发出报警，以避免人员中毒。危险场所有害气体可分三种情况：①同时存在可燃气体和有毒气体时，如果可燃气体浓度可能达到25%爆炸下限，但有毒气体不能达到最高容许浓度时，则应设置可燃气体检（探）测器，如污水处理厂的曝气池一般就只安装可燃气体检测仪而无需安装有毒气体检测仪；②同时存在可燃气体和有毒气体时，如果有毒气体可能达到最高容许浓度，但可燃气体不能达到25%爆炸下限时，则应设置有毒气体检（探）测器。如污水处理厂的输送泵站的输送泵附近一般只安装硫化氢气体检测

作者简介：袁鹏展（1977—），女，四川犍为人，2000年毕业于华东理工大学自动化专业，学士学位，现为仪表管理主管师，从事在线分析仪表管理工作。

仪而无需安装可燃气体检测仪；③对于可燃气体与有毒气体同时存在的场所，如果可燃气体浓度可能达到 25% 爆炸下限，同时有毒气体也可能达到最高容许浓度时，则应分别设置可燃气体和有毒气体检（探）测器，如污水处理厂的含油污水处理装置的油污脱水罐、油污泵附近就需要分别安装可燃气体检测仪和硫化氢检测仪，检测点的设置也要分别考虑。

其实，对于污水处理厂和热电厂需要实时检测的气体如硫化氢、一氧化碳及氨气等既是有毒气体也是可燃气体。GB 50493《石油化工可燃气体和有毒气体检测报警设计规范》对此作出规定：同一种气体，既属可燃气体又属有毒气体，只设有毒气体检（探）测器。如热电厂的氨气的主要释放源附近安装的氨气气体检测仪就是把氨气当有毒气体而不是可燃气体来检测的。石油化工企业可燃气体和有毒气体检测报警设计规范 SH 3063 中列出氨气时间加权平均容许浓度为 20 mg/m³，而爆炸下限是 16%，25% 爆炸下限即为 4%。下面将对 20 mg/m³ 和 4% 这两个数值进行比较分析。浓度单位 ppm 与 mg/m³ 的换算关系式为：

$$C_{\text{ppm}} = \frac{22.4}{M_w} \cdot \frac{T}{273} \cdot \frac{1}{P} \cdot C_{\text{mg/m}^3}$$

式中　M_w——气体的分子质量，g/mol；
　　　T——环境温度，K；
　　　P——环境压力，atm。

现计算 20mg/m³ 的氨气所对应的以 ppm 表示的浓度值。氨气的气体分子质量（M_w）为 17g/mol，环境温度（T）取 25℃ 对应的值 273+25 = 298，环境压力（P）取一个标准大气压，则通过计算得出 20 mg/m³ 的氨气所对应的以 ppm 表示的浓度值 28.77ppm，用百分号表示为 0.002877%，远远小于 4%。一氧化碳的时间加权平均容许浓度为 20mg/m³，对应的体积浓度值为 0.001747%，而 25% 爆炸下限为 3.125%；硫化氢的最高容许浓度为 10mg/m，对应的体积浓度值为 0.00072，而 25% 爆炸下限即为 1.075%。从以上对比不难看出，对于同组分气体，在相同的环境下时间加权平均容许浓度或最高容许浓度远远低于达到爆炸的警戒值，所以在实际设计中只需把这种气体当有毒气体对

待即可。

2.2　固定式气体检测报警仪的组成

可燃、有毒气体检测报警仪一般由检测器、吸入采样装置（视情况选配）、指示器、和报警显示器几部分组成。检测器是整台报警仪的核心部分，又称为传感器或者探头。按工作原理的不同，可燃气体检测器可分为催化燃烧型、红外线吸收型和半导体气敏型等。有毒气体检测器按工作原理可分为定电位电解型（通常称为电化学型）、气敏电极型（又称隔膜电极型）、半导体气敏型、光离子型（又称 PID）等几种。按采样方式可分为吸入式和扩散式，扩散式是指被测气体自然扩散进入检测器，其缺点是气体进入检测器的速度较慢，测量结果容易受风向、风速等环境条件和安装位置的影响，但是因为不需要重新装吸入采样装置，因而经济，使用最为普遍。吸入式是另外加装一个吸入采样装置，其优缺点正好和扩散式相反，只有在安装位置比较特殊的情况下才使用。吸入式采样装置的动力可采用电动泵或者利用文丘里效应（需要符合要求的有压气体）。吸入采样装置根据需要也会对被测气体进行一些必要的预处理，如除水、降温、过滤等，去除干扰组分及有害组分等，要求不同，结构形式也会不同。如某个热电厂的污泥仓，需要检测可能积聚在仓底的硫化氢气体。该污泥仓深约 6m，进入仓底对检测仪进行日常维护相当不方便，而且污泥的存储量是不固定的，污泥顶离污泥仓底的高度也是不固定的，检测仪安装位置过高可能检测不到硫化氢气体（硫化氢气体密度比空气大），过低则检测报警仪有被污泥掩埋的风险。鉴于这种特殊情况，设计时把检测报警仪的安装位置移到了污泥仓顶部的平台，将采样管线延伸至距离池底 30~60cm 处，并且在采样管距离仓底 2m 的位置加一个三通阀（目的是当污泥堵住了正常取样管线的进口时，泵不会因此而损坏）。气体被抽上来之后再进行除尘处理后进入检测仪进行检测。图 1 是该热电厂污泥仓硫化氢气体检测仪吸入采样装置示意图。

3　污水处理厂和热电厂常用的气体检测器的结构和工作原理

3.1　可燃气体检测器

目前，可燃气体检测器应用最为广泛的是

催化燃烧式,当被测气体中含有卤代物、硫、磷、砷等容易使检测器中毒的元素时适合选用

红外线吸收型。半导体型因为测量精度较低,在选型时基本不在考虑范围之内。

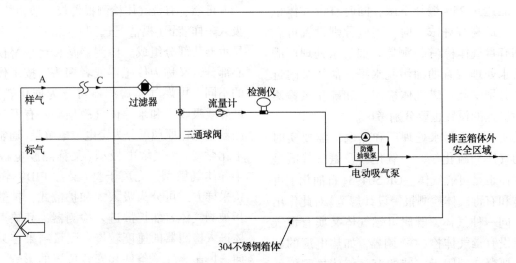

图1 某热电厂污泥仓硫化氢气体检测仪吸入采样装置示意图

红外线吸收型和催化燃烧型气体检测器的比较见表1。

表1 红外线吸收型和催化燃烧型气体检测器的比较

比较项目	红外线吸收型	催化燃烧型
准确度和重复性	一般可达 ±2%FS	最高可达±3%FS
定期标定量程	不需要	需要
传感器寿命	长	较短
传感器污染、老化自动补偿和失效自检	有	无
传感器中毒现象	无	被测气体含卤化物、硫、磷、砷时易中毒
测高浓度气体时的饱和现象	无	有(氧气可能会不足)
对氧的需求	无	必须有足够的助燃气体
被测气体含有水蒸气和二氧化碳对测量结果的影响	有	无
应用范围	只能测碳氢化合物	几乎所有的可燃气体
价格	贵	便宜

热电厂基本没有可燃气体泄漏的风险,所以一般不需安装可燃气体检测报警仪。在污水

处理厂安装的可燃气体检测报警仪,虽然使用催化燃烧型的检测器存在因为硫化氢中毒的风险,但是硫化氢只是造成暂时性中毒,通过空气吹扫清洁后就可以恢复正常,而且也不存在缺氧的情况,综合各项指标,催化燃烧型的性价比较高,应用也最广泛。下面就催化燃烧型检测器的基本结构和工作原理进行介绍。

3.1.1 催化燃烧可燃气体检测器的基本结构

催化燃烧可燃气体检测器的测量电路如图2所示。

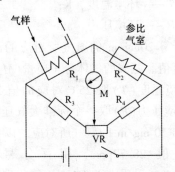

图2 催化燃烧气体检测器的测量电路

R_1—检测元件;R_2—参比元件;

R_3,R_4—固定电阻;

M—指示仪表;VR—可调电阻

3.1.2 催化燃烧可燃气体检测器的工作原理

检测元件是将铂金属细丝绕成线圈,用三氧化二铝多孔材料包覆,表面涂上钯、钍一类的催化剂,固定在金属圆筒内。参比元

件的结构和检测元件完全相同，只是不涂催化材料。

　　参比元件和检测元件分别作为惠斯通电桥的参比臂和测量臂。当没有可燃气体进入时，检测器通电后，电流使铂丝线圈加热并维持一定温度，电桥处于平衡状态。当有可燃气体进入时，可燃气体与检测元件的催化剂接触时，在其表面发生无焰燃烧，燃烧发热使铂丝线圈温度升高，其电阻值也相应增大，电桥失去平衡，输出与可燃气体浓度相应的不平衡电压，此电压经过放大后输出。参比元件表面无催化材料，不会发生燃烧，其作用是补偿环境温度、压力、湿度对测量值造成的影响。

3.2　有毒气体检测器

　　有毒气体检测器的选用，可根据被测气体具体特征和检测器的适用范围确定，同时还应考虑被测有毒气体与安装环境中可能存在的其他气体的交叉干扰影响。在污水处理厂和热电厂的实际应用中，硫化氢、一氧化碳大多选用定电位电解型的电化学气体检测器，氨气选用氨气敏电极型或者定电位电解型的电化学的检测器。下面就定电位电解型的电化学检测器的基本结构和工作原理进行介绍。

3.2.1　定电位电解型的电化学检测器的基本结构

　　定电位电解型的电化学检测器的基本结构如图3所示。

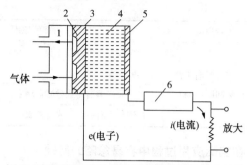

图3　定电位电解型的电化学检测器的基本结构
1—气室；2—渗透膜；3—测量电极；
4—电解液；5—反电极；6—稳压电源

3.2.2　定电位电解型检测器的工作原理

　　电化学检测器，采用电流分析法进行测量。检测器是由一个电解质溶液和电极构成的化学电解池，由外部电路供给电能，电解池内进行电化学反应。在一定电压下，通过电化学反应求得被电解物质含量的方法就称为定电位电解法。定电位电解法可以测量多种气体的浓度，但仅限于微量和半微量分析。所以适合用于有毒气体的测定，而不能用于可燃气体的测定。对于不同种类的被测气体要采用不同的电解液和电解电压。

　　被测气体通过渗透膜扩散到工作电极表面，在工作电极上发生氧化(或还原)反应，同时反电极上发生还原(或氧化)反应，氧化还原反应产生的电流和被测气体的浓度成正比。

4　气体检测报警仪常见故障及处理方法(见表2)

表2　气体检测报警仪常见故障及处理方法

故障现象	可能的原因	处理方法
显示盘无显示	未送电或保险丝断	送电或更换保险丝
	提供电源的报警控制器或者控制系统的卡件故障	检查控制器或者卡件
显示值偏低	检测元件中毒	吹扫并标定或者更换探头
	检测器坏	更换探头
	过滤器堵塞	清洗过滤器
显示值波动大	检测器安装位置处于风口、风向不稳定或者气流波动大的地方	改变安装探头位置
	电路接触不良，端子松动	坚固接线端子
	供电不稳定或者接地不良	提供稳定的24V电源或紧固接地线

续表

故障现象	可能的原因	处理方法
时而报警时而正常（排除间断泄漏）	检测器安装位置处于风口、风向不稳定或者气流波动大的地方	改变安装探头位置
	现场大量泄漏而致过滤器堵塞	清洗过滤器，配合工艺紧急现场处理
	检测器中有脏东西或者液滴进入	清洗并烘干探头

5　在实际应用过程中容易忽略的问题

（1）显示单位的一致性。目前有毒气体检测报警仪主流产品的显示单位都是 ppm，但是 ppm 并不是国家法定计量单位，而大部分规范标准给出的气体限值单位都是 mg/m^3，在根据规范中的限值对检测报警仪进行设定时一定要换成 ppm。同时也要注意当控制系统报警界面的显示单位与检测报警仪的输出单位不一致时，要在系统中增加换算公式。

（2）石化行业的污水处理厂和热电厂很有可能和其他生产装置毗邻。除了要考虑本厂可能产生的气体泄漏外，如有必要还需要在边界区域安装气体检测报警仪，以避免相邻装置可燃、有毒气体泄漏对本厂造成伤害。

参 考 文 献

1　预防有毒有害气体危害的措施．安全管理网．2013-05-19.

2　王森．在线分析仪器手册[M]．北京：化学工业出版社，2008.

减底渣油泵690V变频改造节电效果分析

杨　帆　陈宇哲　宋才华

(中韩(武汉)石油化工有限公司,湖北武汉　430082)

摘　要　对武汉石化500吨/年2#常减压装置减底渣油泵变频技术改造的节电效果进行了分析,通过改造前后的数据分析对比,论证了690V变频调速技术在减底渣油泵应用的可行性和经济性,并就改造实施和使用过程中存在的问题提出了进一步改进的建议。

关键词　减底渣油泵;690V;变频;电动机;节电

1　前言

2013年武汉石化联合一车间提出要求,希望对其500吨/年2#常减压装置中的几台大功率机泵加装变频器。与这些泵匹配的电动机额定电压都是6000V,中压变频器价格高,可靠性差,维护费用高,性价比低,而690V变频器正好相反,价格优势明显,可靠性高,运行维护费用低。因此,可以利用2#常减压装置原有的加热炉引风机6300/690V变压器的容量富余,对其中1台机泵的电气部分采用690V电压等级的电器设备进行变频改造,车间选择了减底渣油泵P-1018B。

2　减底渣油泵P-1018概况

2#常减压装置减压塔底泵P-1018的工作介质为减压渣油,介质温度为360℃,A泵是某进口品牌泵,B泵为国产泵,B泵的型号为250HDS-150,额定流量为450m³/h,轴功率为311kW。与该泵匹配的电动机型号为YA-450M₂-2W,额定电压为6000V,额定功率为400kW。2#常减压装置减底流程如图1所示。

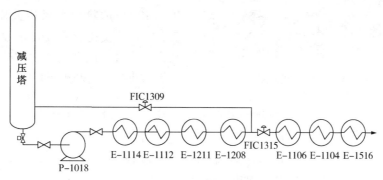

图1　2#常减压装置减底流程

减底渣油泵P-1018B自2008年装置投产以来,一直存在选型偏大的问题,泵的出口闸阀开度很小,生产中通过渣油流量控制阀FIC1315来控制流量,FIC1315开度一般控制在40%~60%,严重的截流现象导致了泵的故障率较高。2009年对B泵进行了切削叶轮改造,额定流量由450m³/h降至350m³/h,运行压力由2.7MPa降至2.2MPa,电动机的运行电流也从40A降至34A。改造后泵的运行情况有所好转,但因工艺生产需要,该泵仍在出口闸阀开度较小的情况下运行,截流严重的情况未得到根本改观。

3　改造方案

3.1　改造方案的可行性

2008年在武汉石化油品质量升级改造工程一期项目中,2#常减压装置加热炉引风机的电动机由1台690V/400kW的变频器拖动,电源是从2#常压开闭所一段电源1429柜配出的变压器(视在功率为800kVA,电压比为6300V/690V)。由于这台变压器还有容量富余,可再带1台由变频器拖动的电动机额定功率为

400kW 的减底渣油泵 P-1018B。由于加热炉引风机和减底渣油泵不会同时启动，且都是由变频拖动的软启动，两台机泵实际运行功率又都小于额定功率，所以，原视在功率 800kVA 的变压器是可以带动减底渣油泵 P-1018B 的。

3.2　改造的主要内容

（1）拆除接在 2# 常压开闭所二段电源 1426 回路上减底渣油泵 P-1018B 的 6000V 电动机、电缆和操作柱；

（2）安装 1 台同容量的 690V 电动机和变频器，铺设电缆并接到 6300V/690V 变压器的低压侧；

（3）为了使减底渣油泵 P-1018A、B 分别接在两段不同的电源上，需要将原来接在开闭所一段电源 1429 柜的 6300V/690V 变压器转移到二段电源的 1428 柜，详见图 2。

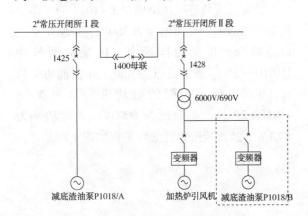

图 2　2# 常减压开闭所一次接线简图

4　节电效果分析

减底渣油泵 P-1018B 在 2016 年大检修期间完成了变频改造，投用之初阀门的截流情况就明显改善，P-1018B 的出口压力由原来的 2.2MPa 降到 0.8~1.2MPa，换热器的操作压力也相应下降。变频调速响应及时，操作方便，转速的降低使得机泵运行时产生的噪声大幅下降，泵的机械密封寿命也明显提高。特别是经过 1 年多的改进和操作调整，不但 P-1018B 的出口闸阀和渣油流量控制阀可全部打开，下游联合四车间的边界阀和进 2# 焦化装置的阀门也都处于全开位置，P-1018B 的出口压力降到 0.7MPa 左右，节电效果显著。

4.1　原油加工量、减底渣油泵流量和渣油密度对比

2# 常减压装置大检修前后原油加工量、减底渣油泵的渣油输送量和密度数据比较，除了 2016 年 4、5 月大检修停工和开工月的数据有浮动外，其他生产月的数据基本稳定，详见表 1。

4.2　减底渣油泵与加热炉引风机电量之和数据对比

由于 2016 年大检修改造后的减底渣油泵 P-1018B 与加热炉引风机共用 1428 柜的电度表，所以，要比较 P-1018B 加装变频后的节电效果，需要将改造前、后的减底渣油泵与加热炉引风机电量之和进行比较，详见表 2。

表 1　2# 常减压装置原油加工量、减底渣油泵流量和密度

	项目	1月	2月	3月	4月	5月	6月	7月	8月	9月	10月	11月	12月
2015年	原油加工量/t	416607	377300	429166	415790	417503	417274	430411	414386	406916	412882	397922	400302
	渣油流量/t	99186	89248	104335	97830	96009	97127	99495	95520	92197	99590	93707	94218
	渣油密度/(kg/m³)	1008.80	1013.80	1009.80	1027.00	1015.50	1007.30	1008.30	1006.80	988.40	1006.60	1008.20	1008.00
2016年	原油加工量/t	420870	380173	419266	192362	106228	405630	392621	425722	403654	420802	406518	406640
	渣油流量/t	97205	96535	96764	47228	/	97265	86195	96702	100296	100604	91756	96402
	渣油密度/(kg/m³)	1004.90	1006.30	1000.80	1010.60	/	1006.40	1009.60	1001.30	1000.90	1011.80	1003.70	1002.30
2017年	原油加工量/t	410733	381490	423286	422105	428251	404750	425567	408935	411737	410799	409386	416688
	渣油流量/t	91558	88179	98166	90033	99182	100382	100096	97501	89143	89202	92205	92165
	渣油密度/(kg/m³)	1016.60	1023.70	1014.30	1017.10	1025.50	1074.40	1009.90	1012.80	1015.40	1009.60	1019.20	1001.4
2018年	原油加工量/t	413372	381884	410127	413436	427693	414758	424715	414273	410472	392732	408787	416617
	渣油流量/t	92658	82649	102022	102324	112174	96589	101820	93879	102249	102341	97795	96675
	渣油密度/(kg/m³)	1000.0	1006.8	1006.6	1001.5	993.4	1003.4	1006.0	1004.2	1004.0	1006.6	999.5	1001.2

表 2　改造前、后减底渣油泵与加热炉引风机电量　　　　kWh

	项目	1月	2月	3月	4月	5月	6月	7月	8月	9月	10月	11月	12月
2015年	1425 柜	54604	0	0	0	0	0	0	6600	0	0	0	0
	1426 柜	196807	248573	275220	264790	272100	261410	270570	263530	263570	272410	264170	273900
	1429 柜	55263	50275	63440	59304	57418	60957	74639	98279	113077	100352	64726	74400
	合计	306674	298848	338660	324094	329518	322367	345209	368409	376647	372762	328896	348300
2016年	1425 柜	0	0	0	0	5586	41260	0	0	0	0	0	0
	1426 柜	273680	255870	271150	162500	0	—	—	—	—	—	—	—
	1428 柜	—	—	—	—	—	209353	201935	225797	279229	279487	261938	140983
	1429 柜	60646	74084	73947	40173	0	—	—	—	—	—	—	—
	合计	334326	329954	345097	202673	5586	250613	201935	225797	279229	279487	261938	140983
2017年	1425 柜	15089	0	25249	0	6876	129272	0	162050	24146	0	0	0
	1428 柜	147675	225594	176812	203835	200324	148952	211109	132833	182930	114644	179714	117138
	合计	162764	225594	202061	203835	207200	278224	211109	294883	207076	114644	179714	117138
2018年	1425 柜	0	0	0	0	0	0	0	40694	0	107	0	0
	1428 柜	103408	101140	113239	118931	125055	126624	112248	75228	125874	129943	128607	123933
	合计	103408	101140	113239	118931	125055	126624	112248	115922	125874	130050	128607	123933

4.3　数据比对

为了能更加直观地显示 P-1018B 变频改造后的节电效果，将表 1 和表 2 中的原油加工量、减底渣油泵流量和密度，以及减底渣油泵与引风机电量之和绘制在一张图上，同时把减底渣油泵与引风机电量之和的 4 年平均值作为参照基准线，详见图 3。

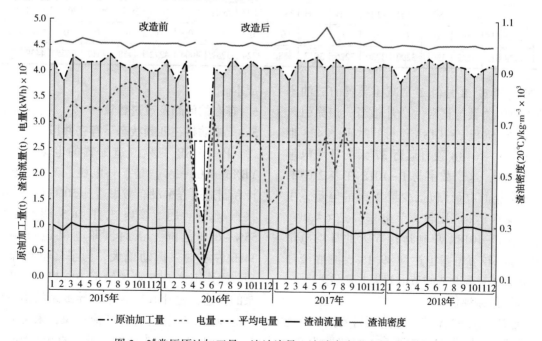

图 3　2# 常压原油加工量、渣油流量、渣油密度和电量对比图

从图 2 中可以看出，2# 常减压装置的原油加工量基本稳定，除了大检修停工月和开工月的数据外，大检修前、后其他生产月的原油加工量基本上都在每月 40 万吨左右。减底渣油泵的渣油输送量情况也大致相同，绝大多数月份在 9~10 万吨。而减底渣油泵与引风机电量之

和，改造后的数据明显低于改造前。

4.4　节电效果分析

减底渣油泵的用电量受渣油密度和输送量的影响，但装置生产加工量稳定，泵的出力变化不大。引风机的用电量受常减压装置加热炉余热回收系统运行方式的影响很大，随着余热回收系统运行时间的延续，烟气通过板式换热器和热管式换热器的阻力会逐渐加大，在常压炉和减压炉直通烟囱挡板关闭的情况下，烟道阻力越大，引风机的转速会设定得越高，引风机的耗电量也就越大；在板换和热管堵塞严重的情况下，为了控制炉膛压力，加热炉至烟囱的直通挡板会人为适当打开，开度越大，引风机耗电量就越小；此外，加热炉对流室挡板的开度大小，对引风机的耗电量也有影响。所以，在减底渣油泵 P-1018B 与加热炉引风机共用电度表的情况下，很难定量分析 P-1018B 改造后的节电效果。

2018 年 7 月 10 日~8 月 25 日因加热炉铸铁板式换热器和热管堵塞严重，为了拆除板换和更换部分热管，引风机停机 46 天，为定量分析 P-1018B 变频改造后的节电效果创造了条件，详见表 3。

表 3　2018 年 7~8 月减底渣油泵与加热炉风机的日用电量　　　　　　　　　　　　kWh

项目		1 日	2 日	3 日	4 日	5 日	6 日	7 日	8 日	9 日	10 日	11 日	12 日	13 日	14 日	15 日	16 日
7 月	1425 柜	0	0	0	0	0	0	0	0	0	0	0	0	0	0	0	0
	1428 柜	4000	3795	3931	4183	4467	4513	4420	4269	4331	3614	3243	3042	2871	3053	3285	3140
		17 日	18 日	19 日	20 日	21 日	22 日	23 日	24 日	25 日	26 日	27 日	28 日	29 日	30 日	31 日	
	1425 柜	0	0	0	0	0	0	0	0	0	1074	6235	6188	6114	6083	6196	
	1428 柜	3326	3229	3558	3578	3286	3344	3435	3345	3257	2641	0	0	0	0	0	
8 月	1425 柜	6286	2516	0	0	0	0	0	0	0	0	0	0	0	0	0	0
	1428 柜	0	1906	3130	2926	2862	3374	3316	2877	2661	2881	2763	2900	2871	2654	2618	2994
		17 日	18 日	19 日	20 日	21 日	22 日	23 日	24 日	25 日	26 日	27 日	28 日	29 日	30 日	31 日	
	1425 柜	0	0	0	0	0	0	0	0	0	0	0	0	0	0	0	
	1428 柜	3222	3283	3290	3230	3226	3613	3380	3324	3757	4004	4272	4458	4517	3625	4439	

2018 年 7、8 月份 2# 常减压装置的渣油密度和渣油输送量与正常生产月相当。扣除引风机停机、开机和 P-1018A 运行的时间，1428 柜电表计量 P-1018B 独自运行 37 天的日均电量为 3147kWh，这个数字与 P-1018 在表 2 中的 2015 年全年的电量（包括少量 A 泵的电量，主要是 B 泵在运行）比较，节电率高达 64.0%；与表 3 中 P-1018A 单独运行 6 天的日均电量 6184kWh 比较节电率也达到 49.1%，减底渣油泵 P-1018B 变频改造的节电效果非常显著。

4.5　经济效益评价

减底渣油泵 690V 变频改造项目的主材费为 39.1 万元，辅材费为 9.7 万元，安装费为 8.4 万元，合计为 57.2 万元。财务费用按年息 4.35% 计，投资成本约为 60 万元。节电率按照 49.1% 计算全年可节电 318×10^4kWh，节省电费约 89.8 万元，改造后运行不到 1 年即可收回成本。

5　存在的问题及改进建议

5.1　电动机在低频状态下存在共振

P-1018B 变频改造配置的电动机型号是 YBX3-4002-2W，是工频电机，工频电机在设计和制造过程中没有考虑避开 50Hz 以外的电机共振频率问题。该电机在 DCS 调速给定在 55%~65% 范围上下时，即电机运行频率在 34Hz 左右时，振动偏大。为了降低机泵的振动，操作工将 DCS 调速给定 70% 以上，提高机泵的转速，避开共振频率，导致泵的出口闸阀和渣油流量控制阀存在截流现象，未能充分发挥 P-1018B 变频改造的功效。直至 2016 年 12 月底，电动机生产厂家现场对该电机采用在联轴器上配重的办法，改变了电机的共振频率，降低了电机在频率 34Hz 左右时的振动，情况才有所好转。

5.2　电动机的容量选择偏大

　　原设计减底渣油泵 P-1018B 的额定流量为 450m³/h，轴功率为 311kW，配置的电动机为 400kW。该泵由于选型偏大，泵的出口闸阀开度很小，泵的故障率较高，2009 年该泵切削了叶轮，额定流量降至 350m³/h，轴功率相应也降到 190kW。由于改造前电气专业人员没能与联合一车间以及转动设备专业人员进行很好的沟通，仍按照原设计选用了额定容量 400kW 的电动机，造成了电动机的容量选择偏大。2018 年 5 月将原设计 400kW 的电动机降容 3 挡，重新购置 1 台 280kW 的变频电机，既解决工频电机在低频状态下的共振问题，又避免了"大马拉小车"现象，节电效果更好。

5.3　短路保护存在隐患

　　690V 电压系统与 400V 电压系统相比，开关的额定极限分断电流 I_{cu} 和额定运行分断电流 I_{cs} 会有所下降，塑壳开关下降的幅度较大，框架式开关下降较少。而 P-1018B 变频器进线采用的是 ABB 的塑壳开关，型号为 T5H630/3P，该开关在 400V 电压系统的 I_{cu}/I_{cs} 是 65kA/32.5kA，而在 690V 电压系统时 I_{cu}/I_{cs} 只有 10kA/5kA。计算可得该开关上端的三相短路电流为 20.5kA，即使是在电力电缆末端的电动机接线盒处，三相短路电流也有 12.8kA，因此，P-1018B 变频器进线开关可以在正常情况下进行停送电操作，不能确保在故障情况下切断短路电流，存在安全隐患。相比之下，熔断器能够在最严重故障情况下提供可靠的短路保护，而且比塑壳开关更便宜。因此，建议在下次装置大修时，用快速熔断器代替塑壳开关。

5.4　减底渣油泵 P-1018B 没有单独装设电度表

　　P-1018B 与引风机共用 1428 柜的 1 块电度表，无法精确计量 P-1018B 的节电效果。如果车间有需求，可加装 2 块电度表，对 P-1018B 和引风机分别计量。

5.5　充分发挥变频调速的功效

　　首先变频改造后的 P-1018B 除了比 P-1018A 节电 49.1% 之外，泵的机械密封寿命也明显提高，改造前 P-1018B 平均每年换 2 次密封，改造后运行 3 年只换过 1 次，不仅节省了修理费，还大大提高了高温油泵的安全可靠性。所以，要尽可能长时间地运行 P-1018B。

　　其次是要避免阀门截流现象。P-1018B 运行时，不但 2# 常减压装置的泵出口闸阀和渣油流量控制阀要全开，下游装置联合四车间的焦化装置边界阀和进 2# 焦化装置的阀门也应该全开，充分发挥变频器的调速功能，避免阀门截流造成的能量损失。

5.6　适当扩大应用范围

　　由于减底渣油泵 P-1018B 改造后的使用效果很好，车间非常满意，希望进一步扩大应用范围，并对希望改造的机泵进行了排序。利用现有空间，可将 1428 柜配出的 6300V/690V 变压器的容量从 800kVA 扩容至 2400kVA，在 2# 常减压装置配电间的富余空间里安装一组 690V 配电柜，既可规范 P-1018B 和引风机的电气主接线，又为今后 2# 常减压装置新增 690V 电气设备提供了配出回路。

6　结语

　　武汉石化 500 万吨/年 2# 常减压装置减底渣油泵变频改造，利用原有变压器的容量富余，采用 690V 变频器，节省了投资，解决了该泵自装置开工以来长期存在的出口阀门截流严重的问题，泵的出口压力大幅下降，可靠性提高，节电效果显著。这次变频改造再次验证了 690V 电压系统在大型炼油装置应用的优势，为将来进一步扩大使用范围积累了经验。

影响架空输电线路安全因素的分析及维护策略

刘红凯

（中国石化北京燕山分公司热电部，北京　102500）

摘　要　本文通过对影响架空输电线路安全运行因素进行分类，经过分析找出不同季节、不同时段及不同地域对输电线路影响的主、次因素，根据我部输电线路实际情况以及石油化工企业对供电系统安全、稳定的"严苛"要求，并参照国网输电线路运行维护工作导则，对我部所属架空输电线路维护策略进行了简要阐述，通过维护策略指导线路维保、驻点值守及无人机巡线等具体工作，实现架空输电线路的安全、稳定、长周期运行。

关键词　架空输电线路；安全因素；线路维保

热电部共有 220kV 输电线路 4 条全长 60km，110kV 输电线路 23 条全长 100km，35kV 输电线路 2 条全长 15.8km。铁塔运行年限最长的为 34 年，架空输电线路大多位于野外，其安全运行受恶劣天气和环境的影响极大。尤其是榆东、榆燕等 4 条 220kV 架空输电线路，穿越十余个自然村，地形多变有山区、丘陵、河道及平原。随着当地社会经济的发展，输电线路沿线环境变化，鸟类种类和数量增多、人类活动频繁（放风筝等、倒垃圾、施工、挖沙取土、种树等），加之自身线路运行维护人员老化、力量不足，增加了线路安全运行的风险，这四条线路对燕化公司重要性是毋庸置疑的，其安危直接影响到燕化公司石油化工装置的安全生产。

1 影响输电线路安全运行的因素及分类

架空输电线路属开放型系统，影响输电线路安全运行的因素有很多，主要分成六大类：设备缺陷、人类活动、动物活动、环境、气象、地质。

（1）设备缺陷可分为：架空地线、导线、金具、绝缘子、塔材、铁塔基础、接地极等；

（2）人类活动可分为：在线路周边放风筝、倾倒垃圾，在线路保护区内植树、修建房屋、大型机械施工；

（3）动物活动可分为：大型水鸟在铁塔上栖息排粪、鸟类搭窝、鸟类飞行导线之间穿越飞行、啄绝缘子、蛇类爬塔捕食鸟雀等；

（4）环境因素可分为：污秽污染、高大树木、垃圾场等；

（5）气象因素可分为：雷电、大风、大雾、大雪、大雨等；

（6）地质因素可分为：山体塌方、滑坡、河流泄洪。

上述因素在不同季节、不同时段及不同地域对输电线路影响程度不同，主次因会转化，且相互作用。比如北京地区雷电一般发生在每年的 5~10 月，7、8 月份最为频繁，因此防雷预试安排在 3、4 月份完成，5 月中旬前完成不合格接地极和避雷装置的检修工作，确保防雷设施完好，此段时间要定期检查防雷设施尤其在雷雨过后要重点检查。另外 7、8 月份也是北京地区发生洪水、山体塌方、滑坡的危险期，而且还是危险树木枝繁叶茂对线路危害最大的时期。洪水一般是在河道及其附近，塌方、滑坡易发生在山区，危险树木基本是在平原的村落内，因此摸清线路沿线不同季节、不同时段及不同地域内影响线路安全运行的主、次因素，在输电线路运行管理上就能够做到提前预防、有的放矢，不会造成顾此失彼、胡子眉毛一把抓的情况，才能够事半功倍，有效地降低线路运行风险。

作者简介：刘红凯（1966—），男，北京人，1996 年毕业于燕化职工大学工业企业电气专业，工程师，现从事绝缘监督和电气静设备管理工作。

2 不同季节、不同时段及不同地域影响因素分析

（1）一年之计在于春，春天是大地回暖、万物复苏的季节，春天也是放风筝的季节，线路周边放风筝对线路运行和人身安全危害极大。因风筝线挂到高压线上造成人身触电的案例有很多，此处不再讨论。今年4月21日榆东线发生一起风筝线短路跳闸事故，经调查是因为附近居民组织风筝协会经常放风筝，而且风筝大，飞的既高又远，有的风筝用含金属膜的材料制成，风筝线内含极细的漆包铜导线（闪光装置的电源线），危害极大，据巡线记录统计显示，现在不仅春季放，夏秋季节也有放的，不仅白天放，傍晚也放，因此风筝协会的人应是重点关注对象。因此春季放风筝是主要影响因素，其他因素有线路保护期内施工及周边倾倒垃圾内的刮起物。地域主要是居民区、开阔地、垃圾堆等。

（2）夏季天气炎热，恶劣天气比较多，主要影响因素有雷击、洪水、滑坡、塌方和危险树木，是重点防范对象。其他比较次要的有鸟类搭窝、蛇爬塔扑食、施工作业、垃圾场等。重点区域是山坡与河道附近。

（3）秋季，秋高气爽也是施工作业的最佳时期，重点应防范大型机械施工，施工区域内的防尘网及垃圾堆内的锡箔纸等刮起物，其他应注意危险树木、风筝协会放风筝。

（4）冬季寒冷、干燥，导线收缩拉力增大，塔下易燃物要及时清理，雾霾天气注意观察绝缘子雾闪和污闪情况，大雪的天气注意挂雪挂冰情况，做好除冰除雪准备工作，冬季部分大型水鸟尤其是黑鹳滞留在大石河等区域，在铁塔上栖息排粪，需要重点防范。

3 日常维护策略

由于线路维护力量不足使得线路巡检周期长，不能够及时发现暂时性、突发性的危害因素，更无法完成驻点安保值守和驻点驱鸟等工作，导致2016年线路停电事故频发。因此，2017年四季度我部开始尝试由其他具备输电线路检维修资质的专业队伍加入线路维保，经过一年多的实践证明效果显著，积累了很多经验，也对《热电部输配电线路运行维护管理细则》中的维护策略不断进行补充和完善，对线路安全运行发挥了巨大作用。

3.1 架空输电线路巡检内容和周期

（1）四条220kV输电线路由维保单位每天进行日巡夜巡各一次，每周细巡一次；输配电运行车间每月检查2次；红外测温每2个月一次。

（2）维保单位负责35~110kV输电线路每天进行日巡夜巡各一次，每周细巡一次，输配电运行车间每月检查2次；其他110kV输电线路输配电运行车间每周巡检两次。35~110kV输电线路红外测温每3个月一次。

（3）特殊巡检：遇有恶劣天气、线路下存在违章作业、清扫检查工作完成后等异常情况，尤其是在雷雨天气或大雪过后，应根据架空线路周围环境的不同特点，在保证人身安全的前提下，适当增加巡检次数，进行不同性质的特殊巡检。

（4）具备无人机巡检条件区域要采用无人机定期巡检：220kV榆东线、榆燕线、房东线、房燕线每年巡检二次；110kV燕前二线、燕前三线、燕前四线、燕三线、四三线、燕岗线、燕南线、东春线、东栗线、东前线每年巡检两次；110kV燕新线、阎向线、东胜线每年巡检一次；输电线路清扫检修前、特殊天气后、线路异常检查等进行临时巡检。每年优先巡检有清扫检修计划的输电线路，记录隐蔽缺陷，检修期间集中进行处理消除。

（5）重要节日、重大政治活动期间及鸟害、放风筝危险期安排线路安保值守或重点区域的驻点值守。

（6）夜间巡检：根据架空线路所承受负荷大小及绝缘子污秽状况等，适当进行夜间巡检。

（7）故障巡检：架空线路发生故障后，应根据线路两侧开关保护装置动作情况进行故障巡检。

架空线路巡视内容包括线路杆塔、导线及架空地线、绝缘子、防振装置、护线条、接地装置、避雷装置、驱鸟装置、横担、拉线（含拉杆、戗杆）、线路金具、导线弧垂、鸟窝、温升、放电情况、走廊内环境（违建、树木、垃圾场等）、安全警示标志、杆塔标志、基础等。其

标准应严格按照《输电线路运行检修规程》的要求。

3.2　架空线路检修管理

（1）铁塔金属底脚拉线及接地装置地下部分锈蚀检查。例行每 5 年一次，有侵蚀性土壤及杂散电流地区应适当增加次数。

（2）6kV 以上电压等级线路杆塔接地电阻或避雷器接地电阻每年 4 月 1 日前测定一次，并将正式报告于 4 月 1 日前上报设备科，设备科应于 5 月底前负责将接地电阻降至规程要求范围内。

（3）瓷质绝缘子的绝缘零值测量：35kV 及 110kV 线路绝缘子每 5 年一次，220kV 线路绝缘子每 5 年一次。

（4）架空线路的检修分为：一般性维修、停电清扫检查和大修改进。停电清扫检查周期：220kV 输电线路清扫 2 年一次；东风站出线 110kV 输电线路及栗牛线清扫 2～3 年一次；燕山站出线 110kV 输电线路及闫向线清扫 3 年一次；6～10kV 配电线路 4～5 年一次。其他检修项目内容详见 2004 年中石化下发的《石油化工设备维护检修规程》中的《电力线路维护检修规程》，检修项目必须严格按相关电力行业标准要求进行检修维护。

（5）鸟窝是威胁线路安全运行的重要因素，其引起的事故时有发生，因此对鸟窝的处理特规定如下细则：凡线路上有鸟窝，在保证安全的前提下必须及时清除；需停电清除的，按计划停电办理相关手续，严重威胁线路运行安全的，可按抢修申请临时停电。

（6）6～10kV 线路上所有避雷器每年应在雷雨季节前巡视检查一遍，随线路清扫预试进行绝缘电阻测试，将可疑的避雷器拆下进行检测试验，避雷器在雷雨季节前应保持完好。

（7）玻璃绝缘子自爆后应及时进行更换，绝缘子串自爆一片的且不能停电的要加强巡视检查，并做好应急措施；绝缘子串自爆二片及以上的必须马上安排线路停电更换。

（8）合成绝缘子检修应严格遵守《合成绝缘子检修规程》（燕化公司 2005 年 3 月 31 日下发）中的细则。每批次合成绝缘子 5 年抽检一次。

（9）35kV 及以上线路避雷器随线路清扫测试绝缘电阻，每 5 年对不同批次的避雷器抽检试验一次。

3.3　在热电部所属输配电线路杆塔或保护区内施工作业

（1）在热电部所属输配电线路杆塔上和杆塔基础施工作业，施工方必须向输配电运行车间提交书面申请，由输配电运行车间领导批准，施工作业前必须办理《线路工作停电申请票》或《电气第二种工作票》，施工作业人员接受输配电车间安全教育和危害告知，施工作业必须在输配电运行车间输电专业人员监护下进行。

（2）在热电部所属输配电线路保护区内施工作业，施工方必须向输配电运行车间提交书面申请，由输配电运行车间领导批准，施工作业单位或个人必须接受危害告知，由施工作业负责人在危害告知单上签字确认，大型机具、跨越线路等可能危及线路安全的作业必须在输配电运行车间输电专业人员监护下进行，其他情况输配电运行车间定期检查。

（3）上述施工作业信息由输配电运行车间在小合署上发布；超越输配电运行车间管理权限时，上报设备科协调解决。

（4）对违反上述规定未造成事故的施工作业单位，一经发现必须停工补办手续后方可开工；对拒绝补办手续或造成事故的单位或个人，由输配电运行车间收集保存有关证据，书面材料报设备科，由设备科组织相关部门进行调查协调，并上报公司相关部门处理，直至追究其法律责任。紧急情况下保存有关证据电话上报有关部门或厂领导。超过 60m 高的塔安装线路避雷器时，应在线路安装智能监控设施。

4　为确保输电线路安全稳定运行主要开展的工作

（1）开展架空输电线路维保工作以弥补自身线路运行维护人员老化和力量不足，增加了线路巡检频次，今年 6～11 月维保人员共发现危害线路的因素 46 项，及时以劝阻、监护、修剪及危害告知等方式进行处理，保障了线路的安全运行，维保前后巡检频次变化情况见表 1。

表1　维保前后巡检频次

线路名称	电压等级(kV)	开展维保前巡检频次	开展维保后巡检频次
榆东、榆燕、房东、房燕	220	2次/月	2次/日
燕东联络线、东前线 燕南(一、二)线 东春(一、二)线 东栗(一、二)线 闫向(一、二)线 燕三(一、二)线 燕前(二、三、四)线 东胜(一、二)线 燕岗(一、二)线 燕新(一、二)线 四三(一、二)线	110	1次/月	2次/日
栗牛(一、二)线	35	1次/月	2次/日

（2）在输电线路出现单电源运行、国家或北京市重大政治活动期间、防鸟害、放风筝时期、特殊天气期间，要求维保单位对输电线路进行24h不间断驻点安保值守。"十九大""两会"和"中非论坛"期间均安排了维保单位人员在线路沿线24h驻点安保值守；12月份至次年2月份线路进行人工驱鸟；线路周边发现放风筝行为及时进行危害告知并劝离，大部分人经过劝阻后会远离线路，有少数人尤其是老年人不听劝阻，维保单位就安排人员蹲守进行监督，以确保线路安全。

（3）对4条220kV输电线路进行全面评估，主要评估新旧设计规范的差异和输电线路运行可靠性，最终形成《北京燕山石化热电厂220kV架空输电线路运行安全评估报告》，为今后输电线路隐患治理、技术改造、检维修策略及线路安全运行提供依据。

（4）开展架空输电线路防蛇、防鸟害研究，并在架空线路上采取有效的防护措施：在输电线路铁塔下部安装防蛇钉板，防止蛇类爬塔；在铁塔上部安装防鸟刺和驱鸟器，阻止鸟类在塔上栖息；直线塔或悬垂绝缘子换装防鸟害性能较好的玻璃绝缘子；鸟害严重的冬季在重点区域组织人工驱鸟。

（5）组织开展输电线路塔基加固，已完成4基，目前正在进行榆东榆燕47#等9基铁塔的塔基隐患治理工作。采用混凝土挡土墙和挡水坝加固地基的措施，能够有效阻止人为挖掘和雨水侵蚀冲刷，有效消除倒塔风险，为输电线路安全运行夯实基础。

（6）组织开展输电线路无人机试巡检工作，通过无人机巡检发现多项人工巡线无法发现的缺陷，弥补了人工巡线的不足，今年完成了70基塔的无人机试巡检，并结合输电线路清扫预试及时消除发现的设备缺陷，保障了输电线路长周期安全运行。

（7）根据我部线路较短的实际情况，在35~110kV架空线路全线加装线路避雷器，有效防止雷击跳闸造成线路停电事故。

（8）定期完成输电线路清扫检查、危险树木修剪、接地极测试和挖检、塔直测试、复合绝缘子抽检、线路塔材金具抽检、线路避雷器抽检及绝缘子零值检测等工作，保证及时发现消除设备隐患使线路处于完好状态。

5　结束语

输电线路管理是一项长期任务，需要持之以恒，不能有半点松懈，要真正做到万无一失需要上下一心，齐心协力，企业和地方协调沟通，做好宣传工作，通过法律手段对个别故意在线路保护区内盖房、种植高大树木的违法行为进行惩戒，还要加大投资力度，消除一切人为的安全隐患，防患于未然，确保4条生命线和重要的110kV线路安全、稳定、长周期运行。

事故应急电源系统在某化工企业的
优化配置及应用分析

刘爽

（中国石化镇海炼化分公司电气中心，浙江宁波 315207）

摘 要 本文介绍了某化工企业为提高事故应急电源系统运行的可靠性，结合日常运行维护工作量、经济成本及设备缺陷等问题，对企业内的应急电源系统在架构上进行了优化配置，在设备选型上进行了更新替换。将事故应急电源系统由21台分布式动力EPS、照明EPS供电调整为区域集中式事故应急柴油发电机+双电源切换模式供电，对系统的切换逻辑进行验证，并对柴油发电机的启动过程波形及最远端负荷的切换波形进行了分析。

关键词 事故应急电源；柴油发电机；双电源切换；逻辑验证；切换波形

石油化工行业是个高危行业，其装置管道、泵体、罐体内部存有大量的易燃易爆化学物质，因此对生产连续性要求非常高。一旦发生停工、火灾、爆炸等事故，都有可能造成重大经济损失与人身伤亡事故，因此各重要装置都配置了保障异常状态下安全停车的事故动力负荷及照明负荷。此类负荷极其重要，对供电可靠性也有着极高的要求。

目前，本企业原先采用分布式的动力型EPS对事故电机进行供电，但在长期的运行、维护中发现该配置存在诸多问题。为提升事故负荷供电的可靠性，对现有的应急电源系统进行了优化，取消故障率高的EPS，采用后备式柴油发电机组+双电源切换模式进行区域式集中供电，并对系统切换逻辑及波形进行分析，为日后其他装置应急电源系统配置及选型提供理论依据与支持。

1 事故应急电源的重要性

1.1 负荷的分级

根据对供电可靠性的要求及中断供电在整治、经济上造成的损失或影响程度，电力负荷分为三级：

（1）一级负荷：中断供电将造成重大政治、经济损失、人身伤亡以及将影响有重大政治、经济意义的用电单位正常工作的负荷。在一级负荷中，当中断供电将发生中毒、爆炸和火灾等情况的负荷，以及特别重要场所的不允许中断供电的负荷，应视为特别重要的负荷。

（2）二级负荷：中断供电将在政治、经济上造成较大损失，将影响重要用电单位正常工作的负荷。

（3）三级负荷：不属于一级和二级的电力负荷。

1.2 应急电源的分类

（1）独立于正常电源的发电机组：包括应急燃气轮机发电机组、应急柴油发电机组。快速自启动的发电机组适用于允许中断供电时间为15s以上的供电。

（2）UPS不间断电源：适用于允许中断供电时间为毫秒级的负荷。

（3）EPS应急电源：一种把蓄电池的直流电能逆变成交流电能的应急电源，适用于允许中断供电时间为0.25s以上的负荷。

（4）有自动投入装置的有效地独立于正常电源的专用馈电线路：适用于允许中断供电时间1.58s或0.6s以上的负荷。

（5）蓄电池：适用于容量不大的特别重要负荷，有可能采用直流电源者。

1.3 选用事故应急柴油发电机的必要性

1.3.1 EPS作为事故应急供电电源的现状

化工装置的事故负荷有动力型负荷及应急照明型负荷，原先选用EPS作为事故应急电源，存在以下问题：

（1）可靠性低：在全系统失电的事故情况下，因动力负荷采用蓄电池逆变供电，启动过程中会发生电压跌落过大致使接触器无法保持吸合状态，或逆变器因过载关断而造成动力负荷启动失败。

（2）维护工作量大、维护成本高：蓄电池每3~6个月要维护检查一次，且为保持蓄电池良好的放电特性，每3年需对几百节电池进行更换，费用高达几十万。EPS内部主要为电力电子元器件，一般可靠寿命为8~10年，后期的设备更新费用也相当可观。

（3）设备故障率高：EPS经常出现模拟量采样盒故障、通讯中短发或程序错误等软硬件问题。

上述原因严重威胁着装置大机组辅机在事故情况下的正常运行。

1.3.2 事故应急柴油发电机的优势

① 容量大。单台应急柴油发电机容量可达上千千瓦，相较于单台EPS容量要大得多，可用一台机组代替零星分布的几十台EPS。

② 设备可靠性高，寿命长。柴油发电机组与EPS相比较，除了控制器外，几乎没有电力电子元器件，因此更为可靠。且事故应急系统中柴油发电机组作为后备式电源，其寿命至少可达20年。

2 事故应急电源系统在本企业的设计优化配置

2.1 事故应急电源系统的一次架构

本项目涉及17个装置共21台EPS的整合，其中4个核心装置既有动力型负荷又有照明负荷，其余装置仅涉及照明负荷。为保障事故应急电源系统的可靠性，设置由三路电源供电的独立事故母线，常用市电电源、备用市电电源分别取自两个不同变电所，变电所上级选自35kV不同母线段，尽可能降低事故母线双路失电的可能性，如图1所示。事故母线第三路供电电源采用柴油发电机供电。其次根据变电所地理位置及负荷的性质，为节省成本及减少长距离配电电缆上的压降，除4个核心变电所外，设置了4个事故应急电源配电中心，为周边其他小装置事故电源供电。

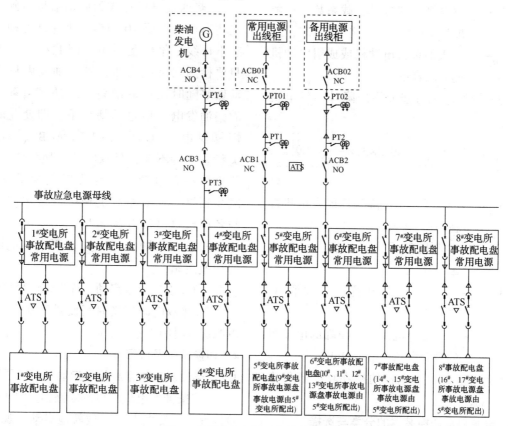

图1 事故应急电源系统架构示意图

2.2 事故应急柴油发电机容量选择

本项目中发电机所在总负荷为348.82kW，系统中最大单台电机功率为37kW。

（1）按稳定负荷计算发电机容量：

$$s_{G1} = \frac{P_{\Sigma}}{\eta_{\Sigma}\cos\varphi} = \frac{348.28}{0.82 \times 0.8} = 530.9\text{kVA} \quad (1)$$

式中 s_{G1}——按稳定负荷计算的发电机视在功率，kVA；

P_{Σ}——发电机总负荷计算功率，kW；

η_{Σ}——所带负荷的综合效率，一般取 η_{Σ} =0.82~0.88，这里取0.82；

$\cos\varphi$——发电机额定功率因数，一般取 $\cos\varphi = 0.8$。

（2）按尖峰负荷计算发电机容量：

$$S_{G2} = \frac{K_j}{K_G}S_m = \frac{0.95}{1.4} \times 37 \times \frac{7}{0.89} = 197.5\text{kVA} \quad (2)$$

式中 s_{G2}——按尖峰负荷计算的发电机视在功率，kVA；

K_j——因尖峰负荷造成电压、频率降低而导致电动机功率下降的系数，一般取 $K_j = 0.9 \sim 0.95$，这里取0.95；

K_G——发电机允许短时过载系数，一般取 $K_G = 1.4 \sim 1.6$，这里取1.4；

S_m——最大的单台电动机或成组电动机的启动容量。

（3）按发电机母线允许压降计算发电机容量：

$$S_{G3} = \frac{1-\Delta U}{\Delta U}X'_d S_{st\Delta} = \frac{1-0.2}{0.2} \times 0.2 \times 37 \times \frac{7}{0.89} = 295\text{kVA} \quad (3)$$

式中 S_{G3}——按母线运行压降计算的发电机视在功率，kVA；

ΔU——发电机母线允许压降，一般取 $\Delta U = 0.2$；

X'_d——发电机瞬态电抗，一般取 $X_d = 0.2$；

$X'_d S_{st\Delta}$——导致发电机最大电压降的电动机的最大启动容量，kVA。

因此所选柴油发电机的视在功率不得小于530.9kVA。

2.3 双电源自动切换装置的分类与选择

双电源自动切换装置可以分为PC级与CB级，二者有三方面的区别：

（1）设计理念不同：PC级采用隔离开关作为执行机构，能够接通和承载但不能分断短路电流；CB级采用断路器作为执行机构，配备过电流脱扣器，它能接通、承载和分断短路电流。

（2）触头耐受电流不同：PC级 ATSE 能承受 $20 I_e$ 及以上的过载电流，触头压力大，不易被熔焊；CB级触头压力小，当负载出现过载或短路时会断开负载。

（3）可靠性不同：PC级安全性高于CB级，爬电距离、电气间隙也优于CB级。

因此特别重要的带有事故动力型负荷的变电所需选用PC级双电源切换装置，其余装置选用CB级双电源切换装置。其次，为防止事故状态下动力型负荷由备用电源供电时，常用电源突然来电，双电源切换装置控制器需选用带有自投不自复功能，事故照明负荷可选用带自投自复功能的控制器。

3 事故应急电源系统的切换逻辑

柴油发电机在收到启动信号后到输出额定功率至少需要 10~15s，为保证各种事故状态下母线尽早恢复供电，因此在逻辑上设置只要检测到母线失压，则柴油发电机立即启动做好随时投用的准备。此外，当系统在事故柴油发电机供电的情况下，即使此时市电恢复供电，ACB1、ACB2、ACB3、ACB4 开关状态维持不变，且双电源切换装置不动作，待事故动力电源工况允许后人为手动切换，减少频繁操作对系统的影响。常用市电电源与备用市电电源互为备用，任一电源失电在逻辑控制上相同。图2为常用市电电源失电的切换逻辑。

负荷设置分批启动，优先保证事故动力负荷。PC级双电源切换时间设置为0s，CB级双电源切换时间设置为30s。

4 切换试验及波形

4.1 柴油发电机空载就地启动出口电压波形

将柴油发电机出口侧断路器 ACB4 摇至试验位置，柴油发电机空载就地启动，观察柴油发电机电压建立过程。从图3中可以看出，发电机开机至建立额定电压231V大概需要5s时间，此后发电机运行稳定。

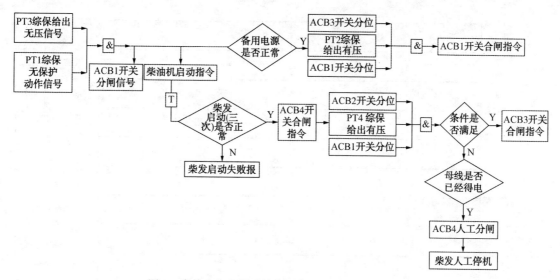

图 2　事故应急电源系统常用市电电源失电切换逻辑

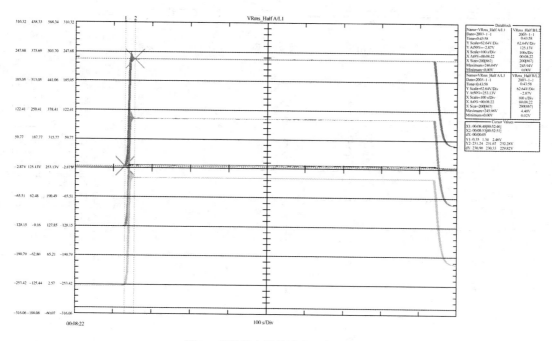

图 3　柴油发电机单试出口电压波形

4.2　两路市电失电，柴发远控启动，事故母线电压波形

事故应急电源系统由常用市电电源供电，备用市电电源在退出状态，人为拉开市电电源出线侧电源开关 ACB01，模拟系统失电状态，则柴发控制柜接收到事故母线无压信号后立即启动，当出口电压达到 95% 额定电压后，分别延时 2s，合出口断路器 ACB4、ACB3，事故母线上电压波形如图 4 所示。母线电压从跌落至恢复稳定，历时 11.7s（其中程序内部各延时总计 6s）。

4.3　两路市电失电，柴发带最远端电机启动，事故母线电压波形

电源系统由常用市电电源供电，备用市电电源在退出状态，人为拉开市电电源出线侧电源开关 ACB01，模拟系统失电状态，此时在系统最远端接一台 37kW 电机空载启动，事故母线上电压波形如图 5 所示。母线电压从跌落至恢复稳定，历时 11.8s，电机启动过程电压跌落 A 相 195V、B 相 185V、C 相 184V，电机启动电流 A 相 152A、B 相 162A、C 相 167A。

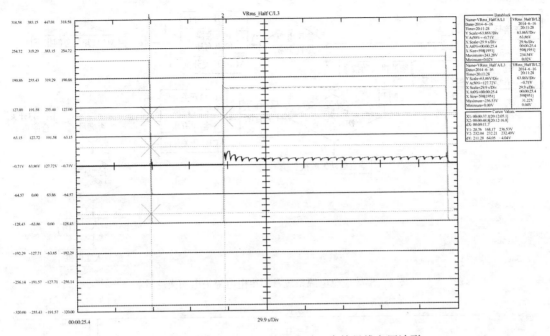

图 4　两路市电失电，柴发远控启动，事故母线电压波形

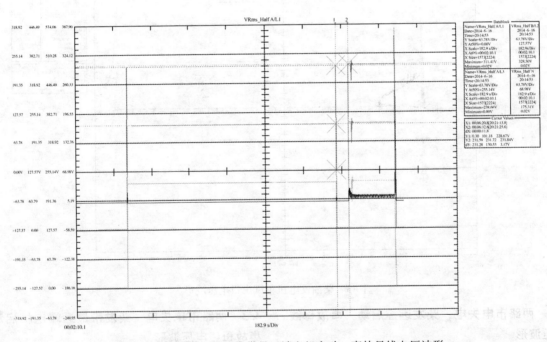

图 5　两路市电失电，柴发带最远端电机启动，事故母线电压波形

5　结论

改进后的事故应急电源系统，经过 4 年多的考验，系统运行稳定可靠。柴油发电机带事故负荷运行，启动成功率及可靠性较以往的动力 EPS 有大幅提升。集中供电的模式，相较分布式的 EPS 供电方式，在日常维护中节省了定期测试、更换蓄电池、更换电力电子器件的大量人工成本与设备成本。通过对应急电源系统的改进与完善，提升了整个应急系统的备用可靠性。

参 考 文 献

1　中国航空工业规划设计研究院 . 工业与民用配电设计手册(第 3 版). 北京：中国电力出版社，2005.

2　雷存林 . 浅谈 CB 级与 PC 级自动转换开关(ATSE)的区别及应用 . 科技传播，2011(7)：151.

通过电机带负荷群启试验对
石化企业抗晃电的研究

周敏华

（中国石化镇海炼化分公司电气中心，浙江宁波 315207）

摘　要　通过石化企业一套硫黄装置电动机带负荷群启试验，分析在多种晃电状态下快切与电动机再启动动作配合，再启动成功后冲击电流对系统的影响，继电保护配合合理性等，提出在无扰动电源切换装置与低压综保再启动结合抗晃电的基础上，合理设置各类参数，最优化企业抗晃电能力。

关键词　带负荷；群启试验；差动；快切；电动机；立即再启动；延时再启动

石化企业对供电连续性有至高要求，晃电是影响石化企业正常生产的重要因素，往往会严重影响企业电动机运行状态，造成生产流程混乱、装置非计划停工等。目前石化企业普遍利用高压快切、低压各类再启动综合利用的方式提升企业装置抗晃电能力，对于系统晃电后电机群启对系统的冲击，上级快切同电机再启动设置的配合问题，晃电后保护配合的问题实际数据论证极少。针对以上问题，本次试验利用八硫黄装置开工前水联运电机带载运行机会，模拟多种晃电工况进行试验，通过分析多种工况下的试验数据，对现有快切及再启动设置参数合理性及可行性进行分析。本次带负荷的试验条件在行业内鲜有，本文对试验数据进行了详细分析，试验结论为企业抗晃电方案及继电保护配合计算提供参考。

1　试验背景及方案

电机不带泵体单机再启动试验以及群启试验条件容易实现，本次带负荷试验前针对低压再启动做了多次单机试验，但试验数据参考意义不大。本次试验利用镇海炼化八硫黄装置开工前水联运机会，模拟实际运行工况，对八硫配6kV Ⅰ段母线及八硫黄低配Ⅰ、Ⅲ段母线配合快切模拟多种状况下晃电下电机进行再启动试验，电机均带泵运行，为模拟对系统运行最苛刻的条件，在试验过程中将试验段电机全部开启。

1.1　使切原理

快切原理说明：

从"母线残压的形成"可知，电网"晃电"

时，石化企业母线残压的幅值不是立即降到零，而是一个逐渐衰减的过程，这样就给快切装置提供了合上备用电源的机会，如图1所示，第一阶段是失电后瞬间，失电侧母线残压与备用侧母线电源电压之间的相差、角差及频差很小，满足快切装置动作设定值，此时快切装置立即合上备用电源，既保证了电动机安全连续运行，又不会使电动机转速下降太多，而且母线残压幅值还在额定电压的90%以上，这就是所谓的快速切换；第二个阶段是残压与备用电源电压相角第一次重合时合上备用电源，这时母线残压仍在额定电压的80%以上，给电动机造成的冲击也比较小，在电动机可以承受的安全范围之内，并仍然维持高压电动机连续运行，这就是所谓的同期捕捉及耐受电压切换功能；第三个阶段是当残压基本衰减完毕，及其幅值进入无压定值（25%～40%）范围后合上备用电源，此时电动机已跳停，传统的备自投就是工作在这一区域。

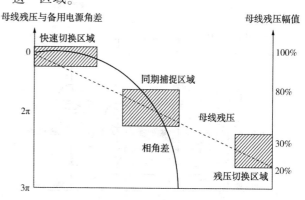

图1　快切动作原理简图

低压电动机抗"晃电"技术说明：

低压电动机抗"晃电"技术目前在国内使用的种类很多，其主要工作原理是：第一，保持接触器在失电一定时间内而不释放；第二，使已脱扣的接触器在电压恢复后自动重合。其中属于第一类技术的主要有抗"晃电"接触器、接触器延时模块、利用 UPS 或直流电源输出给接触器线圈供电等；属于第二类技术的主要有采用低压综保再启动功能和低压电动机再启动集中控制装置等。

镇海炼化根据实际情况和工艺需要，主要采取的抗"晃电"技术是采用低压综保再启动功能，使已脱扣的接触器待电压恢复后自动重合，达到低压电动机抗"晃电"的目的。

如图 2 所示，将低压综保 LM 的一对节点（X2：11，X2：12）引出，然后接入低压电动机控制回路，构成了低压电动机再启动控制系统。同时对低压综保再启动逻辑进行编程，并设定再启动参数：当系统一旦"晃电"，只要在最大掉电时间内系统电压恢复到设定电压值时，LM节点（X2：11，X2：12）即刻自动闭合，于是KM 线圈得电、主回路接触器吸合致电动机再启动，达到了低压电动机抗"晃电"的目的。

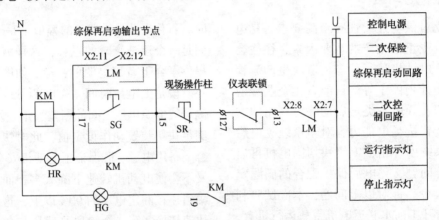

图 2 低压电动机综保再启动二次控制原理图

1.2 快切及高低压电机再启动设置概况（见图 3）

八硫配：母分设置快切，差动保护启动快切成功时间为 110ms 左右，并联切换，非正常工况启动快切成功时间为 140ms 左右，串联切换，残压切换定值无压值 30V，有压值 80V，延时定值为 1.2s，试验时高压电机低电压压板退出。

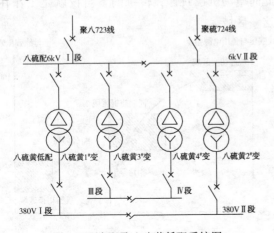

图 3 八硫配及八硫黄低配系统图

八硫黄低配：母分设置备自投，动作时间1.5s，低压电机利用电机综保再启动功能，低压电机全部设置立即再启动及延时再启动。

立即再启动：设定恢复额定电压 85%，失电电压 75%，最大掉电时间 200ms，200ms 以内来电电机全部立即再启动，超过 200ms 以后来电电动机将不再参加立即再启动。

延时在启动：设定恢复额定电压 85%，失电电压 75%，在 200ms 以外 9s 内来电进行分批再启动，超过 9s 来电不再启动。

根据试验当天工艺条件，八硫配Ⅰ段母线 3台高压电机均运行，总功率为 1620kW，187.3A，八硫黄低配Ⅰ段母线试验电机共 14台，总负荷为 189.2kW，372.5A，占配变容量16.1%，延时 0.1s 时限分批再启动电机共 5台，容量总和为 93kW，171.8A，延时 5s 时限再启动容量总和为 239.96kW，467.8A。八硫黄低配Ⅲ段母线试验电机共 6台，总负荷为 592kW，1064A，占配变容量 46.1%。

2　低压母线晃电试验及数据分析

2.1　低压母线晃电试验过程及数据记录

模拟低压Ⅰ、Ⅲ段母线晃电，晃电时间分别为 30ms、50ms、100ms、150ms、200ms、250ms，记录低压再启动动作情况及试验数据。试验前系统运行方式为：八硫配聚硫 724 线带 6kV Ⅰ/Ⅱ段母线运行，快切退出，聚硫 724 线差动保护两侧压板退出。

八硫黄低配八硫黄 2#变带低配Ⅰ/Ⅱ段母线运行、八硫黄 4#变带低配Ⅲ/Ⅳ段母线运行，低压备自投退出，八硫黄 1#变、八硫黄 3#变 6kV 开关运行，低压进线开关热备用。

试验用功率放大器控制分进线再合母分，每次试验后恢复到试验前的运行方式。

试验数据见表 1。

表 1　八硫黄低配低压再启动试验数据记录表格

序号	试验项目	分母分合进线母线失电时间间隔					
		30ms	50ms	100ms	150ms	200ms	250ms
1	Ⅰ段进线最大电流 I_{max}/A	184	1595	2402	2168	1915	278
2	最大电流/试验电机额定变比	5.33(注1)	4.28	6.45	5.82	5.14	4.06(注2)
3	最大电流/变压器额定电流变比	0.08	0.69	1.04	0.94	0.83	0.12
4	Ⅰ段进线最大电流出现时间/ms(注3)	21.4	52	68	60	66	128
5	Ⅰ段进线 $0.5I_{max}$ 出现时间/ms	30	97	86	113	113	146
6	Ⅰ段进线平稳运行出现时间/ms	42	212	290	500	547	265
7	Ⅰ段母线最低电压 U_A/V	195	22	0.6	0.5	0.5	0
8	Ⅰ段母线最低电压持续时间/ms	15.4	7	41	85	140	178
9	八硫黄 1#变 6kV 开关最大电流/A	17	101	165	142	120	18
10	6kV 侧最大电流/变压器额定变比	0.11	0.66	1.07	0.92	0.78	0.12
11	6kV 侧最大电流/试验电机额定变比	7.70	4.28	6.99	6.02	5.08	4.15
12	Ⅲ段进线最大电流 I_{max}/A	1263	2054	9472	9918	4762	7329
13	最大电流/试验电机额定电流变比	1.19	1.93	8.90	9.32	4.48	6.89
14	最大电流/变压器额定电流变比	0.55	0.89	4.10	4.29	2.06	3.17
15	Ⅲ段进线最大电流出现时间/ms	22.7	22.1	86	70	138	132
16	Ⅲ段进线 $0.5I_{max}$ 出现时间/ms	88	62.5	142	105	336	326
17	Ⅲ段进线平稳时间/ms	88	260	796	886	685	787
18	Ⅲ段母线最低电压/V	193	126	2.9	0.7	0.5	0.4
19	Ⅲ段母线最低电压持续时间/ms	14	6.4	10	47	100	152
20	八硫黄 3#变 6kV 开关最大电流/A	84	139	623	685	320	484
21	6kV 侧最大电流/变压器额定变比	0.55	0.90	4.05	4.45	2.08	3.14
22	6kV 侧最大电流/试验电机额定变比	1.25	2.06	9.24	10.16	4.75	7.18

注1：母线失电 30ms 时，低压Ⅰ段母线 7 台电机接触器释放后未再起，最大电流 184A 为运行 6 台电机(总负荷 34.52A)冲击电流。

注2：母线失电 250ms 时，低压Ⅰ段母线 2 台电机延时 0.1s 启动，12 台电机延时 5s 启动，最大电流 278A 为 2 台电机(总负荷 68.4A)冲击电流。

注3：时间记录起点为Ⅰ、Ⅲ段进线合。

2.2　试验数据分析

2.2.1　电动机再启动动作情况

在 30ms 晃电试验时：13 台电机接触器未释放，母线恢复后运行正常，Ⅰ段母线 7 台电机接触器释放后再启动功能未启动，试验后电机失电，再启动失败。

原因分析：因华建 LM5 系列综保检测任一相电压低于 75%时再启动功能启动，试验时母线电压为 87%，未达到再启动值，故再启动失败。

在 50ms、100ms、200ms、250ms 试验时，再启动动作正常，接触器全部释放后吸合，其中 250ms 试验时，低压 I 段母线 12 台电机（304.1A）延时 5s 再启动，2 台电机（68.4A）延时 0.1s 再启动，低压 III 段母线 6 台电机全部延时 0.1s 再启动，同延时再启动设定值一致。

2.2.2　冲击电流值与配变过流保护的比较

在掉电 150ms 时，III 段进线开关最大冲击电流为试验额定负荷的 9.3 倍，为变压器额定电流值的 4.29 倍，$0.5I_{max}$ 出现时间为 142ms，到平稳运行时间为 796ms，大于过流值时间为 30ms，在掉电 100ms 时为试验电机负荷值的 8.9 倍，为变压器额定值的 4.1 倍。在 III 段进线 $0.5I_{max}$ 出现时间为 142ms，到平稳运行时间为 796ms，大于过流值时间为 23ms，低压进线过流时间设定为 400ms，故过流保护电流值启动了故障录波，但是远未达到出口时间。

2.2.3　冲击电流值与变压器 6kV 侧速断保护的比较

在掉电 150ms 时，八硫黄 3# 变 6kV 侧最大电流为额定试验负荷电流的 10 倍，为变压器额定电流值的 4.45 倍，配变 6kV 开关速断保护定值：躲过变压器低压侧最大短路电流，时限 0s，八硫黄 3# 变速断保护定值为 4000/153 = 26 倍额定电流值，一般情况下保护设定值为变压器额定值的 15 ~ 30 倍。根据设计统一规定一、二级负荷的变压器的负载率不宜超过 45%，本次母线试验电机占变压器负荷比为 1064/2309.4 = 46%，已经达到了变压器满负荷配置，该试验数据表明，在变压器最大负载运行时，电动机群起再启动最大冲击电流远达不到速断保护定值。

3　6kV 系统带负荷快切试验及数据分析

3.1　快切试验过程及数据记录

试验分 4 次进行：①模拟差动保护启动快切，跳 I 段进线合母分；②拉开聚八 723 线模拟非正常工况启动快切；③拉开聚八 723 线模拟残压切换 1；④拉开聚八 723 线残压切换 2。

试验前八硫配 6kV 系统分列运行，低配四段母线分列运行，每次试验后恢复到该运行方式，试验数据详见表 2。

表 2　八硫黄快切试验记录表格

序号	试验项目	事故切换	非正常工况切换	残压切换 1	残压切换 2
1	聚硫 724 线最大电流/A	558	733.6	2292.6	2721
2	聚硫 724 线最大电流出现时间/ms	23.2	22.3	20	19
3	八硫配 I 段母线最低电压（相电压）/V（3#变）	2999	2884	1485	1377
4	八硫配 I 段母线最低电压持续时间/ms	55	74	991	1180
5	C-8102A 焚烧炉风机最大电流 I_{max}/A	61.5	91.7	415	461
6	C-8102A I_{max}/I_n 比值	1.66	2.47	11.19	12.43
7	C-8102A I_{max}/I 运行电流比值	4.52	6.74	30.51	33.90
8	P-8109A 给水泵最大电流/A	38.9	56.5	184	218
9	P-8109A I_{max}/I_n 比值	1.73	2.51	8.18	9.69
10	P-8109A I_{max}/I 运行电流比值	4.14	6.01	19.57	23.19
11	C-8101A 主风机最大电流/A	205	295	1309.9	1461
12	C-8101A I_{max}/I_n 比值	1.61	2.31	10.26	11.44
13	C-8101A I_{max}/I 运行电流比值	4.02	5.78	25.68	28.65
14	八硫黄 1# 变 6kV 开关最大电流/A	42	54	268	314
15	八硫黄 1# 变 I_{max}/I_n 比值	0.27	0.35	1.74	2.04
16	八硫黄 3# 变 6kV 开关最大电流/A	167	215.7	370	351
17	八硫黄 3# 变 I_{max}/I_n 比值	1.08	1.40	2.40	2.28

续表

序号	试验项目	事故切换	非正常工况切换	残压切换1	残压切换2
18	八硫黄照明变6kV开关最大电流/A	95V未触发	95V未触发	63	80
19	八硫黄照明变I_{max}/I_n比值	—	—	1.31	1.66
20	低配Ⅰ段进线最大电流/A	659	774.5	537	493
21	低配Ⅰ段进线I_{max}/I_n(试验电机额定电流)比值	1.77	2.08	7.85	7.21
22	低配Ⅰ段进线I_{max}/I_n(变压器额定电流)比值	0.29	0.34	0.23	0.21
23	低配Ⅰ段进线最大电流出现时间/ms	85	105	127	145
28	低配Ⅲ段进线最大电流/A	2663.9	3210.6	5322.7	4952.3
29	低配Ⅲ段进线I_{max}/I_n(试验电机额定电流)	2.50	3.02	5.00	4.65
30	低配Ⅲ段进线I_{max}/I_n(变压器额定电流)	1.15	1.39	2.30	2.14
31	低配Ⅲ段进线最大电流出现时间/ms	84	103	220	225
32	低配Ⅲ段母线最低电压(相电压)/V	195	189	85	91

注：时间记录起点为Ⅰ、Ⅲ段进线合。

3.2 试验数据分析

3.2.1 快速切换动作情况

事故切换采用模拟差动保护启动，快速切换成功，Ⅰ段进线失电到母分合闸动作完成时间为64ms，6kV母线最低电压为86%，持续时间为55ms，380V母线最低电压为83%，持续时间为44ms，低压电机接触器均未释放。

非正常工况切换采用拉聚八723线进线开关，快速切换成功，Ⅰ段进线失电到母分合闸动作完成时间为87ms，6kV母线最低电压为84%，持续时间为74ms，380V母线最低电压为86%，持续时间为65ms，低压接触器均未释放。

3.2.2 事故切换及非正常工况切换对比

事故切换比非正常工况切换动作时间要快23ms，事故切换因失电时间短，切换成功后冲击电流较小，母线电压等较非自动切换品质更优，事故切换快切分进线合母分实际完成时间为714−650＝64ms，非正常工况切换分进线合母分实际完成时间为269−182＝87ms。

事故切换方式采用的"同时切换"，且"同时切换合闸延时"设定为0s，即首先跳工作开关，在未确定工作开关是否跳闸就发合备用开关命令，通过合闸控制回路"三取二"功能确保不合环运行。

非正常工况母线失压切换方式采用的是"串联切换"，快切装置在判断进线分位置后再去合母分开关，这是以上两类切换方式存在时间差的主要原因。

3.2.3 送电前快切空载试验与本次带负荷快切试验对比

表3　送电前快切空载试验与本次带负荷快切试验对比

快切时间值对比			
送电前空载试验	启动快切到Ⅰ段进线开关分/ms	启动快切到母分开关合/ms	时间差/ms
Ⅰ段进线差动保护启动快切	45	111	66
Ⅱ段进线差动保护启动快切	45	109	64
Ⅰ段进线非正常工况启动快切	−10	75	85
Ⅱ段进线非正常工况启动快切	−10	76	86
带负荷试验	启动快切到Ⅰ段进线开关分/ms	启动快切到母分开关合/ms	时间差/ms
Ⅰ段进线差动保护启动快切	46	110	64
Ⅰ段进线非正常工况启动快切	−11	76	87

从表 3 数据中可以看出，差动保护启动快切试验送电前空载试验与带负荷试验试验值一致，在送电前试验时，通过加差流启动快切，同时试验人员将母线试验电压降低，维持在低压闭锁值 60V 以上，基本上同带负荷试验工况一致，故试验数据值一致。非正常工况启动快切试验送电前拉进线开关，同时将 I 段电压启动快切，启动快切到母分合闸时间是一致的。

3.2.4　配变带负荷冲击电流分析

在快速切换成功时（以非正常工况为例），试验失压时间为 87ms，母线电压下降到 83.2%，再次来电电压幅值变化较小，变压器铁芯磁通未发生明显变化，变压器高低压电流波形完全一致，未产生励磁涌流，详见图 4 及图 5。

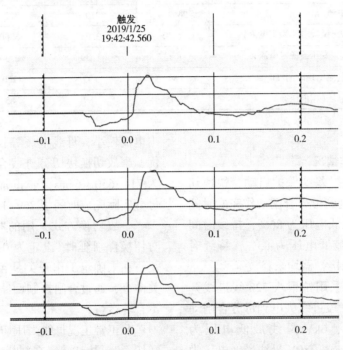

图 4　快速切换 1 八硫黄 3#变 380V 电流波形

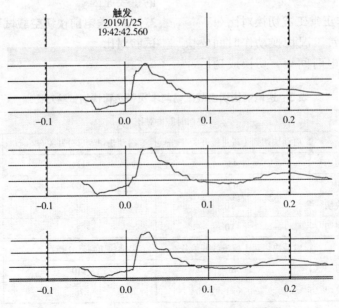

图 5　快速切换 1 八硫黄 3#变 6kV 电流波形

在残压切换时(以残压切换1为例)，系统失电1.05s，母线电压下降到40%，再次来电瞬间变压器铁芯磁通变化明显，产生了较大的励磁涌流，在八硫黄3#变6kV侧和380V电流波形不一致，在来电瞬间，变压器A、C相出现较大电流，A相最大瞬时值为3.44倍变压器额定值，详见图6及图7。

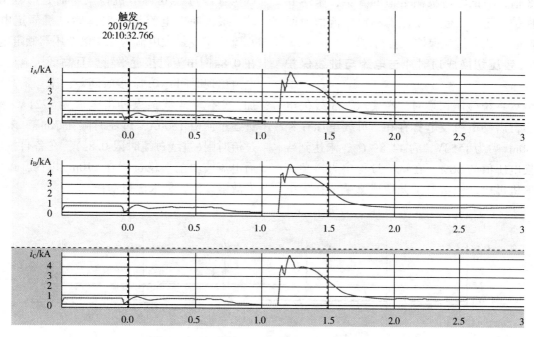

图6　残压切换1八硫黄3#变380V侧电流波形

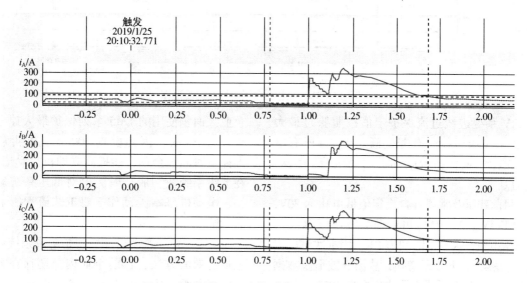

图7　残压切换1八硫黄3#变6kV侧电流波形

3.2.5　快切动作后电流值与配变保护定值对比分析

在快速切换成功时，变压器冲击电流主要是由低压再启动电机引起，且低压电机在短时失电后转速未明显下降，接触器未释放，八硫黄1#变试验负荷为额定值的16.1%，以非正常工况切换为例，冲击电流未达到变压器额定值，八硫黄3#变试验负荷为额定值的46%(变压器满负荷配置)，最大冲击电流为1.4倍额定值，达不到过流保护启动值，从时间上完全可以躲过配变过流保护(6kV侧0.5s，380V侧0.4s)，变压器速断保护定值远远达不到，低压再启动电流可以躲过过流及速断保护值。

在残压切换时(以残压切换 1 为例)，系统失电 1.05s，母线电压下降到 40%，残压切换成功后八硫黄 3#变低压侧最大冲击电流为额定值的 2.3 倍，为试验电机额定值的 5 倍，未达到过流保护设定值，超过变压器额定电流值时间在 400ms 以内，过流保护不会动作。

3.2.6 残压切换成功时冲击电流与进线保护分析

6kV 系统残压切换时，在聚八 723 线失电后，因自启动电机反电势存在，母线电压在经过 1050ms 后为 1553V，为 44.8%U_n，未达到残压切换电压值的 30%，在试验过程中为避免高低压电机再启动失败对工艺造成影响，在失电 1050ms 后将母分手动合上，低压电动机全部延

时再启动成功。三台高压电机在延时 1.05s 后再启动冲击电流较大，C8102A 最大冲击电流为额定值的 12.43 倍，为试验时负荷运行值的 33.9 倍，且在 0.8s 时电流接近平稳(见图 8)，低压Ⅲ段母线 6 台电机在来电后延时 0.1s 启动，最大冲击电流为 5 倍试验电机额定电流，八硫黄 3#变最大电流为 2.4 倍变压器额定电流，在 0.8s 时电流已接近平稳，且高低压电机最大电流出现时间有 0.1s 多时间差，未在最高点叠加，聚硫 724 线最大冲击电流为 2721A，超过进线过流值 1800A，过流时限在 30ms，未达到过流时限(进线过流时限 0.8s)，在备自投成功后电流波动至平稳过程在 110ms 以内，过流触发故障录波，但未出口动作。

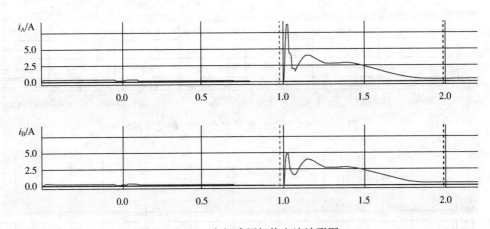

图 8　C8101A 电机残压切换电流波形图

6kV 系统进线过流保护定值按照躲过最大负荷电流(I 段母线所有配变额定电流+所有电机额定电流+最大一台电动机启动电流)计算，时限为 0.8s。

目前残压及常规备自投定值低电压为 30V，时间为 1s 或 1.2s，高压再启动电机定值为 40V，5s，低压电机最大掉电时间为 10s，因本次试验未能模拟自然状态下残压切换，从图 9 波形及数据上推理，本次试验低压极限为失电后 1050ms 后低压 41V，按照波形走势大致推测，在 3s 延时内能达到低压值 30V，并经过延时 1s，残压切换成功，高压电机不跳闸，最大失电时间少于 10s，再次来电后低压电机延时再启动成功。

4 试验总结

(1) 在 6kV 配有快切装置的变电所，多次试验验证快速切换成功时间在 100ms 左右，

企业大面积使用的 LM5 系列保护最大掉电时间步长为 100ms，因此设置 200ms 立即再启动最大掉电时间最合理，能提高立即再启动成功率。在上级系统快切成功时晃电对低压系统影响较小，电动机基本无动作，对工艺流程影响基本无影响。

(2) 光纤差动启动快切是解决系统内部晃电最有效的方法，目前企业内部还存在大部分 6kV 变电所无快切装置及电源无差动保护的情况，全面推广在 6kV 系统配置快切装置，将线路及主变差动保护作为启动快切主要判据，能大幅度提高系统抗晃电能力。

(3) 针对上级电源"晃电"问题，目前快切装置设置母线失压启动快切，但是在时间上与低压电机立即再启动不配合，失压确认延时及启动延时为 300+50 = 350ms，快切启动后跳

进线合母分的时间在 85ms 左右，从母线失压到来电总时间为 350＋85＝435ms，远远超过了低压电机立即再启动最大失电时间 200ms，所以针对外电网晃电进线失压启动快切低压电机立即再启动不会成功，可以通过调整失压确认延时，将总时间控制在 200ms 以内。也可以根据电动机特性，在系统晃电时电动机向系统反馈电流，产生一定的逆功率，可设置合理的逆功率启动快切参数，解决上级电源故障晃电时快切装置启动的问题。

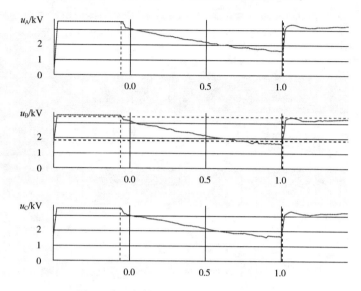

图 9　残压切换时 6kV 母线电压波形图

（4）在本次试验中低压系统晃电或者 6kV 系统晃电时，后备保护及速断保护定值及时限均能躲过晃电后电动机群启冲击电流值。差动保护或开关偷跳启动快切成功后，因电动机反电势作用，电压维持较好，最低电压下降为 83.2％，下级配变再次来电时因电压幅值变化较小，变压器铁芯磁通未发生明显变化，可忽略变压器励磁涌流的影响，但是快切失败降到备自投动作，母线电压已经快接近零，在核算备自投容量时，要充分考虑变压器在备自投合闸时的励磁涌流。

（5）近年来新建 6kV 及 35kV 全部应用了快切装置，一直以来快切设定参数合理性及可行性仅停留在变电所送电前快切装置调试阶段，无成功案例可以借鉴参考，本次装置带负荷试验成功，真实验证了快切参数合理性及试验方案的可行性，带负荷试验差动保护启动快切成功时间为 64ms，送电前空载试验为 64ms，时间基本一致，且事故切换采用的"同时切换"方式较"串联切换"切换时间上节省了 20ms 左右，提高了快切质量。

（6）本试验具有一定的局限性，只针对单个 6kV 变电所单套装置运行在晃电时带负荷试验，试验数据接近最真实的工况，试验数据对快切参数设置、快切试验、低压再启动设置、继电保护设定等都进行了验证，在多种晃电状况下再启动能启动成功，且对电力系统及装置生产运行无影响。但也存在以下问题：根据电动机转矩平衡原理，电动机再启动和系统无功量有关，系统内设置大量再启动电机时，如发生外电网晃电时，系统无功量不足，同时启动的电动机越多，每台电动机分得无功量就越少，再启动时间会较长，甚至再启动失败，且电动机再启动时间过长，存在电源进线后备保护动作的风险，造成再次失电。

5　结束语

目前镇海炼化在新建项目中 6kV、35kV 系统差动保护及快切装置已全面配置，差动保护启动快切配合低压再启动设置成为公司抗晃电的重要组成部分。

但是由于试验研究的局限性，在大面积设置再启动后大系统晃电时再启对系统电压、电流的冲击影响以及再启质量对工艺造成的影响还存在较大的疑问，对于石化企业网抗晃电全面设置低压再启动还需要深入研究。

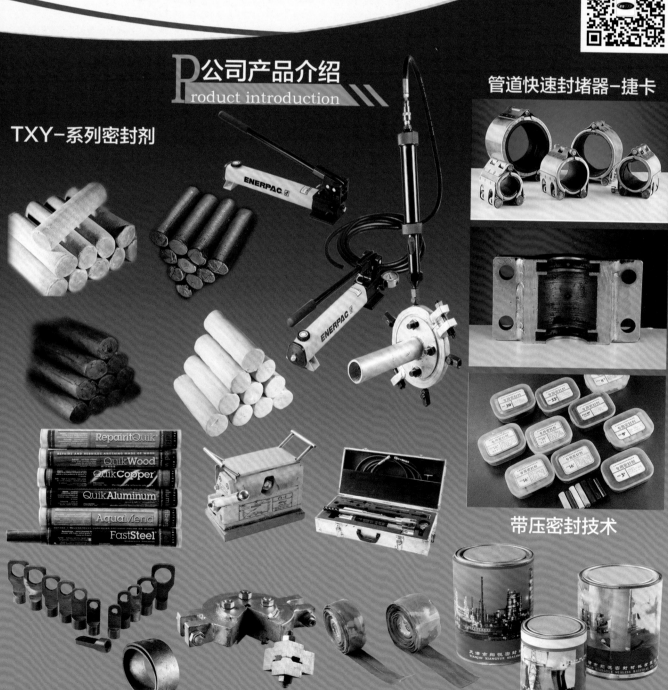

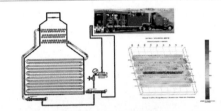

HymanNess
海曼奈斯

24小时服务热线：13022171429

诚信为先　服务至上

　　海曼奈斯是一家为高端液压系统、工具及其设备提供整体解决方案的专业设计生产型公司。HymanNess始终致力于为客户提供安全、稳定的高压液压工具、电动工具、气动工具、手动工具及各种仪器仪表、机械配件、液压高压油管等产品，并关注如何最大限度地帮助客户提高工作效率。我们的产品已成为众多客户的不二之选，几乎用在所有的工业领域，例如冶金、风电、核电、化工、建筑、煤炭矿山、造纸机械、石油化工、港口工程。

　　海曼奈斯以技术为依托，并以严格的过程控制，保证生产周期，保障质量。我们将以专业的技术支持和售后服务来全力打造适合公司发展需要，为客户提供安全、优质、高效的产品和服务。

提供安全可靠的连接，零泄漏连接一体化解决方案

★产品板块

气缸、专用多级螺栓液压拉伸器　　气动泵　　锂电池扭矩枪　　中空方驱变换更换多种套筒　　同步顶升液压缸

★工程服务板块

兰石造蜡油加氢螺纹锁紧环、安庆石化现场密封面修复　　　　法兰密封面ASME水纹线、在线修复"移动车间"

无动火在线管道冷切割坡口　　　在线带压堵漏、带压开孔及封堵　　　国内二重造首套沸腾床渣油加氢反应器贡献者

海曼奈斯机械技术（上海）有限公司
地址：上海市嘉定区华亭镇浏翔公路7035号　　电话：021-39112246　　E-mail:hymanness@sina.com　　网址：www.hymanness.com

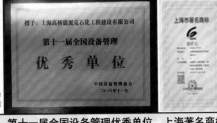

上海高桥捷派克石化工程建设有限公司是一家集石化装置运行维护、检维修、工程项目承包及管理和设备制造于一体的特大型专业公司，上海市高新技术企业。公司汇集了机械、仪表、电气、工程和设备制造各类以"上海工匠""浦东工匠"等为代表的高素质、高技能人才，公司具有丰富的检维修和项目管理经验，拥有20余项检维修、检验检测类专利技术，以先进的技术装备和雄厚的技术实力、出色的质量管理和优质服务，长期承担着各类大中型炼油、化工和热电等生产装置设施的建设、日常维护保养和特种设备的专业保养工作，在石化工程检维修行业中赢得了良好声誉。

GB/T50430—2017
GB/T24001—2016
GB/T28001—2011
Q/SHS0001.1—2001
QHSE管理体系

上海高桥捷派克石化工程建设有限公司

石油化工工程总承包　高新技术企业证书　　第十一届全国设备管理优秀单位　上海著名商标
壹级资质证书

捷派克凭借对石化用户群体和市场的长期深刻了解，确定了以装置运行维护为基础，形成装置检维修、工程项目总（分）包、项目管理、设备制造、产品研发等众多业务为一体的综合型格局。捷派克以用户的需求为第一动力，运用其长期服务于石化行业的丰富的实践经验、出色的技术和质量、完善的应急响应体系以及强大的专家资源网络，既为用户群体带来了长期稳定的高附加值的服务，又长期致力于与用户建立稳定互利的合作关系，并为用户提供及时、高质量、高附加值的服务。

近年来，捷派克坚持"以发展促管理，以管理助发展"，在以高桥石化为核心用户的基础上，"走出去"拓展了中国石化、中国石油、中国海油以及一系列外资和民营企业的运行维护和检维修市场，为了给各类用户可放心的优质服务，同步大力提升了资质品牌，建立了高科技产品研发基地、学生兵速成实训基地、漕泾运保基地、岱山运保基地，逐步形成了辐射型覆盖整个长三角地区的业务网络。

SGPEC石油化工工程检维修介绍

各类装置检修

1. 大型机组检修
2. 进口泵检修
3. 电机维护修理
4. 电试检测
5. 主变压器检修
6. 各类仪表维护
7. 仪表组态分析
8. 各类石油化工设备检修

公司主要产品

1. 密闭型采样器
2. 原油在线自动取样器
3. 蓄电池在线监测系统
4. 高压直流不间断电源系统
5. 静态转换开关
6. 智能型自动加脂器

密闭型采样器

高压直流不间断电源系

地址：上海市浦东新区大同路1250号 邮编：200137 电话：021-51786139 联系人：范伟林 13641710390 E-mail：fanweilin@sinogpc.com

广州石化建筑安装工程有限公司

广州石化建筑安装工程有限公司（以下简称建安公司）位于广州市黄埔区，毗邻广深公路、广园东路和黄埔码头，地理位置优越，水陆交通便利；其前身是原广州石油化工总厂建筑安装工程公司，成立于1978年，该公司现有资产5000多万元，拥有焊接、起重、运输机械、转子动平衡、阀门试压、机械加工以及大型机具、设备运行状态监测仪等先进设备和系统近2000台/套。公司现有职工近2000人，工种齐全，各类专业技术人员近250人，高级工程师15人，一级建造师12人、二级建造师6人，注册安全工程师7人以及经济师、会计师等中级职称的有177人，高级技师33人，技师49人。

公司主要业务范围：石油化工设备、装置维修保运；石化设备（包括压力容器及相关设备）的设计、制造、安装、修理、改造、检验；压力容器、钢结构和热交换器的制造；压力管道安装；锅炉改造维修；电气安装维修；化工石油装置安装；土建工程施工；机械加工产品；动平衡试验；设备运行状态监测；金属无损检测、化学成分分析和机械性能试验；容器现场热处理；起重机械安装、修理和检验；大型储罐现场组装；阀门试压、修理、安全阀定压和修理；容器和管道的橡胶衬里和硫化处理；设备防腐和大型物件的吊装；空调维修等。

公司长期负责中国石油化工股份有限公司广州分公司、华德石化股份公司、珠海BP、中海壳牌等单位的动、静设备、电气设备保运、检维修工作。经过不断实践和总结，已形成了一套有效的保镖保运生产管理制度，成为装置设备安稳长运行的坚实后盾。多年来，公司始终秉承"凭技术开拓市场、凭管理增创效益、凭服务树立形象"的理念，不断建立完善各项管理制度，先后取得了化工石油工程施工二级资质证书、ISO 9001质量管理体系认证证书、检维修资质、压力管道安装、压力容器设计制造、起重机械安装改造维修、防爆电气设备安装修理资格证书以及国家实验室认可证书、无损检测机构核准证、锅炉压力容器管道及特种设备检验许可证、防腐蚀施工资质证等二十多个资质证书。通过各种体系的有效运行和持续改进，为顾客提供了符合法规标准、安全可靠的产品（工程）和优质服务。在所有承担的装置和管道安装工程中，产品合格率均为100%，优良率达70%以上，开车投用均一次成功，未发生过重大的质量事故，获得用户好评。多项工程获得中国石化集团公司、中国施工企业管理协会、中国工程建设焊接协会、中国安装管理协会等单位授予的国家优质工程银质奖、优质工程奖、优秀焊接工程奖。

渤海装备兰州石油化工装备分公司

中国石油集团渤海石油装备制造有限公司兰州石油化工装备分公司是炼油化工特种装备专业制造厂，是中国石油设备故障诊断技术中心（兰州）烟气轮机分中心、中国石油烟气轮机及特殊阀门技术中心。秉承"国内领先、国际一流"的理念，为用户制造烟气轮机、特殊阀门、执行机构及炼化配件等装备，是中国石油、中国石化、中国海油、延长集团一级供应商，与中国石油、中国石化签订了烟气轮机备件框架采购协议，并建立了集中储备库。产品获国家、省部科技进步奖 29 项，其中烟气轮机和单、双动滑阀获首届国家科学大会奖，"YL 系列烟气轮机的研制及应用"获国家能源科技进步三等奖，烟气轮机荣获甘肃省名牌产品称号，冷壁单动滑阀荣获中国石油石化装备制造企业名牌产品称号。

企业能为客户提供技术咨询、技术方案、机组总成、设备制造、人员培训、设备安装、开工保运、烟气轮机远程监测诊断、设备再制造、专业化检维修、合同能源等服务与支持。建有中华烟机网（http://www.yl-online.com.cn），为用户提供全天候的支持与服务。

主要产品与服务

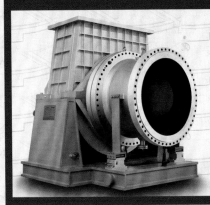

烟气轮机是能量回收透平机械，应用于炼油、化工、电力和冶金行业。工质（具有一定压力的高温烟气）通过烟气轮机膨胀输出轴功，驱动其它工作机械或发电机发电。烟机效率处于国际领先水平，节能效果显著。渤海装备兰州石油化工装备分公司可提供2000~33000 千瓦全系列烟气轮机，已累计生产烟气轮机280 余台。

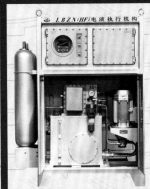

执行机构用来精确控制催化装置的滑阀、蝶阀、闸阀等设备，也可广泛用于电力、冶金、水利等行业要求高精度控制的设备上，具有技术领先、工作可靠、控制精准等显著优点。

特殊阀门主要有滑阀、蝶阀、闸阀、塞阀、止回阀、焦化阀、双闸板阀等，可以生产满足 420 万吨 / 年以下催化装置使用的全系列特殊阀门。其中双动滑阀通径可达 2360 mm，高温蝶阀通径可达 4000mm。三偏心硬密封蝶阀通径可达1600mm，具有 900℃的耐高温性能和高耐磨性能。

阀门的控制方式有气动控制、电动控制、电液控制、智能控制。可靠性和灵敏度指标均达到国际先进水平。渤海装备兰州石油化工装备分公司已为全国各大炼厂及化工企业生产了近万台特阀产品。

专家团队监测接入诊断技术中心的烟气轮机运行情况，实时分析诊断，提出操作建议，发现异常及时与用户沟通，并指导现场处理，定期为用户提供诊断报告。

专业的服务队伍装备精良、技术精湛、全天候响应。为炼化企业提供优质的技术指导、设备安装、开工保运及现场检维修等服务。

地　　址：甘肃省兰州市西固区环行东路 1111 号　　电子邮箱：lljxcjyk@163.com
联系电话：0931-7849708 7849736　　　　　　　传　　真：0931-7849888
客服电话：0931-7849803 7849744　　　　　　　邮　　编：730060

南京金炼科技有限公司
Nanjing jinlian Technology Co.,Ltd.

诚信为本、优质服务、技术创新、追求卓越！

南京金炼科技有限公司成立于2005年3月，系由"中国石化股份公司金陵分公司研究院"改制分流而成。现有加热炉节能专业、腐蚀与防护专业、纤维膜高效传质反应脱硫技术专业、低碳烃综合利用专业等。

金炼科技自成立以来，已形成健全的组织机构。公司已获防腐保温工程施工资质及安全生产许可证，建立了ISO 9001国际质量标准认证体系，加大了对公司自主知识产权项目的投入规划以及保护力度，申请注册了商标，"加热炉优化控制"专利也得到了国家专利部门的授权，2008年获得南京市民营科技企业称号，建立了包含公司日常管理、财务管理、销售管理及建设成本管理的信息化管理系统，并逐步导入CIS系统。

优质服务、良好信誉是金炼的经营理念，公司坚持以市场为导向，以客户需要为天职，推崇绿色科技为石化企业保驾护航的理念，以技术和服务赢得市场信赖。

目前，金炼科技正以科学发展为核心，努力加大公司的各项软、硬件设施建设，加强技术创新，全面提升公司实力，为社会发展作贡献。

主要项目：

一、加热炉节能（测试评价/复合衬里施工/燃烧器/优化控制系统）

二、炼油工艺与设备防腐（定点测厚/在线监测/腐蚀调查/牺牲阳极保护/中和剂/缓蚀剂/阻垢剂等）

三、纤维膜传质反应脱硫技术（液化气/汽油/C4原料精制等）

四、低碳烃综合利用（丙烷脱氢制丙烯/异丁烷脱氢制异丁烯）

山东华星石化液化气精制

中国石化加热炉测评中心　　山东昌邑汽油精制

上海赛科石化加热炉改造

南京金炼科技有限公司

地址：江苏省南京市玄武大道699-8号徐庄软件园研发一区7幢3层（210023）

电话：13905150363　13701408968　13505159385

岳阳长岭设备研究所有限公司
Yueyang Changling Equipment Research Institute (Co., Ltd.)

岳阳长岭设备研究所有限公司由中国石化长岭炼化公司设备研究所改制而成，是湖南省高新技术企业。

公司经过三十多年的发展，在设备长周期运行保障技术、环保技术、节能技术、工业与民用设备清洗技术方面，先后取得中国石化等省部级科技成果十多项，近年来获得国家发明专利近十项。现已拥有一支技术力量雄厚、装备先进且具有丰富现场经验的专业化团队。

近年来公司研发的带压开孔、剪管、封堵、碳纤维补强、堵漏等技术在中国石化、中国石油、中国海油和其他冶金、煤化工等企业得以广泛应用，获得了用户的高度评价和肯定，在延长装置开工周期、减少非计划停工、避免安全事故和环保事故的发生、提高企业经济效益和社会效益等方面发挥了巨大的作用。

▍带压开孔

该技术是在装置不停工的情况下对压力管道或者压力容器上新增接口或者支线的一种方法，可以用于：1）增加分支管道，用于输入或输出物料；2）设置温度、压力探头监测点；3）为设备（封堵设备）提供连接点。适用介质：蒸汽、水、空气、油品、碱、瓦斯、氨等除纯氧气以外所有工况介质。公司拥有最大开孔直径为DN1200mm的全套开孔设备，开孔温度最高可达350℃。

带压开孔现场施工图

▍带压剪管

通过在工业管道上安装剪管器，液压钳在液压泵的驱动下收缩，将被剪管道夹扁变形，使管内流体停止输送。公司自主研发的KT-80带压剪管器可用于直径≤DN80mm管线的单头封堵、加接盲板等施工作业，同时还可以在小管径管道发生泄漏时对事故管道进行快速、安全的抢修。

带压剪管现场施工图

▍带压封堵

该技术是在工艺输送管道的两端确定部位开孔，应用管道封堵技术封堵该段管道，让流体停止输送或改道由支路输送，从而对封堵段管线进行维修、抢修、加接旁路、更换或加设阀门、更换管道和管道局部改道等作业。带压封堵技术不影响装置正常生产。目前公司可完成最大DN1000mm的管道带压封堵施工。

带压封堵现场施工图

▍碳纤维补强

该技术利用碳纤维复合材料具有高强度的特性，在服役管道外包覆复合材料修复层，该修复层具有优良的力学性能，能够恢复和提高管道的承压能力，提高缺陷管道的服役强度。公司研发的ST-180碳纤维复合材料具有以下优点：

1）碳纤维材料具有高弹性、高抗拉强度、高抗蠕变性等优异性能；

2）免焊施工，不需要动火，可在管道带压运行状态下进行修复；

3）施工简便快捷，修复方式灵活，施工时间短；

4）耐腐蚀性能优异，与各种材质黏接性能好，使用寿命长；

5）服役温度可达200℃。

碳纤维复合材料图　　　　管线补强效果图

▍带压堵漏

该技术涵盖卡具、黏接、捆扎、钢带、撬缝、顶压、焊接注胶堵漏和设备修复等一系列多元化堵漏方法和技术，公司长期在武石化、长城能化、惠州炼化、庆阳石化等石化企业进行驻点堵漏服务，深得用户好评。

高温烟机法兰卡具堵漏　　　埋地管线接头卡具堵漏

地址：湖南·岳阳 电话：0730-8478118 8451977 传真：0730-8478568 E-mail：clsbs.clsh@sinopec.com

诚达核心技术二

CTS 纳米改性防腐新技术

装置安稳长满优运行的守护者

304

CTS-304

强防腐 | 高效能 | 可循环

利用不锈钢所含元素，通过化学方法改变不锈钢基体表面结构，可在任何复杂形状的不锈钢表面生成一种特定纳米级、氧化价态的致密新合金保护改性膜层，实现改性材料的优越抗腐蚀、抗结垢性能与低耗可循环使用，延长设备使用寿命2～5个生产周期。25年工业测试和应用，创炼厂蒸馏车间21年全周期纪录。

长岭某石化公司
800万吨/年常减压装置

惠州某石化公司
1200万吨/年常减压装置

广州某石化公司蒸馏二车间

天津某石化公司
350万吨/年常减压装置

更多信息，请访问诚达科技官网　www.candortech.com

深圳诚达科技股份有限公司
地址：深圳市南山区高新北六道16号高北十六创意园B2栋三楼
电话：0755-82915900　82915901　　　　　邮编：518057
邮箱：candor@candortech.com
网址：www.candortech.com

严苛工况阀门工程技术服务

　　上海开维喜（英文简称"SHK"）长期专注于严苛工况阀门工程技术服务，具有丰富的项目操作经验。公司整合多项型式试验平台与严苛工况阀门检维修业务，超过100人的工程技术和阀门检维修工程团队。365天、24小时为客户提供一站式、多样化流体控制检维修工程技术服务。

　　为全球石油化工、煤化工、化纤、冶金、电力、环保等工业领域过程装置提供集成化阀门工程技术服务解决方案，努力成为全球严苛工况阀门检维修工程技术服务领先者。

—— 因为专业　所以更好 ——

上海开维喜阀门有限公司

地　址：上海市奉贤区柘林镇科工路618号
电　话：+86-21-31275777
传　真：+86-21-31075577
邮　编：201416
邮　箱：sales@shkvalve.com

上海开维喜 服务号

SHK严苛工况阀门 订阅号

山东山防电磁驱动技术有限公司

　　山东山防电磁驱动技术有限公司系上海旗升电气股份有限公司与济宁能源发展集团有限公司合作成立的企业，专注于智能化电机及驱动系统研发。

　　上海旗升电气股份有限公司2009年8月创立于上海松江国家级高新园区，上海市高新技术企业，新三板挂牌企业，股票名称：旗升电气，股票代码：871002，是中国石化、中国石油等骨干行业核心供应商，在全国有60多个营销服务网点，产品及服务获得顾客广泛认可。企业还积极拓展国际市场，产品行销于俄联邦、南美、中东、东南亚等很多国家，具备良好的国际品牌影响力。公司是LED防爆照明出口量最大企业之一，是智能化自维护电机系列技术开拓者和领先者。

　　济宁能源发展集团有限公司为中国500强企业、山东省济宁市市直骨干企业，是集煤矿、电力、化工、冶金、建材、机械制造、水陆港运于一体，跨地区、跨行业、多元化经营，拥有自营进出口权的大型能源企业。截至2017年底，济宁能源发展集团有限公司资产总额228亿元，年产原煤1000余万吨，洗精煤500余万吨，年发电30余亿度；职工11500余人，拥有全资、控股、参股公司43家；2017年入选中国煤炭工业企业50强。

　　2019年7月19日，上海旗升电气股份有限公司与济宁能源发展集团成功"联姻"，共同成立了山东山防电磁驱动技术有限公司，成为新型的工业智能电磁动力系统——以集成式特种电机、分布式特种发电等创新电磁技术为核心的一流电磁动力系统卓越综合服务商。

智能电机两大功能：

　　机械性能参数自动检测、自动上传和自动化润滑，实现长周期（三年）无须人工干预自维护功能。

　　智能电机成套技术自主原创，申请七项发明、六项实用新型专利，为国内首创、具备领先水平。

智能电机成套技术三个重大突破：

◆ 共轴自取电检测技术
◆ 润滑脂自循环技术
◆ 润滑脂在线再生技术

无线传输拓补示意图：

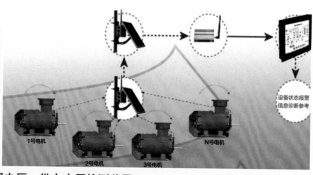

共轴自取电检测技术：

1. 电动机转轴循环油盘附加微型盘式发电装置，共轴旋转获得电压，供电内置检测装置；
2. 温度、振动等传感器集成电机本体端盖，自动检测无线实时上传数据；
3. 智能端盖是独立功能单元，可以便捷拆卸更换。

润滑脂自循环技术：

1. 传统脂润滑轴承腔室结构简单，只能在开机瞬间进行一次润滑脂分配，导致九成油脂沉积端盖不能参与持续润滑、轴承内部油脂没有后续补充，必须人工加注；
2. 创新设计增加油脂循环结构，使油脂进行多次自动循环。

润滑脂在线再生技术

1. 脂润滑机理：三大组分基础油、皂基脂、耐磨剂在运行过程中消耗比例大不相同，基础油是关键消耗项；
2. 传统加注：同比例加注，一般废脂排出不畅，导致皂基脂比例过大，脂性能变差，轴承发热；
3. 创新性实现润滑脂消耗组分精准补充技术，自动加注不同组分形成的修复液，利用电动机旋转搅拌，实现疲乏润滑脂性能再生、恢复良好润滑状态。

公司战略目标：

　　电磁驱动系统行业卓越者，创新型防爆电机一流供应商，力争行业第一梯队：前三名、智能电机细分领域排头兵；口号：三年勇蜕变、五年大跨越、八年立潮头。

广州市东山南方密封件有限公司
GUANGZHOU DONGSHAN SOUTH SEALS COMPANY LTD.

新一代高性能法兰连接密封垫片 国内外领先 专利产品 侵权必究

专利号：ZL201020594151.1
　　　　ZL201020594153.0
　　　　ZL201020594155.X
　　　　ZL201020594149.4

与众**不同**的"压力自密封"结构
确保**长期**密封
性能更**优秀**
更**可靠**

有关产品的进一步详细
资料请参阅本公司网站

www.southseals.com

双金属自密封波齿复合垫片

应用范围： 使用压力：负压～42.0MPa；
　　　　　　使用温度：-196～600℃；
　　　　　　通　径：DN15～DN3000。

应用场合： 各种高低压、高低温场合；
特别适用： (1) 高温、高压场合；
　　　　　　(2) 温度、压力波动的场合；
　　　　　　(3) 密封要求较高的重要场合。

※ 如超过此应用范围，我公司有专业的流体密封专家为您解决难题。

适用法兰： 国内外各种标准和非标准的管法兰、容器法兰、换热器法兰、阀门中盖法兰及其他非标法兰，尤其适用于大通径法兰。

应用装置： 近几年双金属自密封波齿复合垫片已在石油化工系统和工程配套的设备制造等各行业获得广泛应用，并为广大客户解决了大量过去使用其他垫片不能解决的密封难题而受到一致的高度好评。目前，选用该垫片的企业达到119家，在各石化装置的实际使用总数已超过50000件，其中650mm以上的（容器、换热器和大直径管法兰）超过13000件，双金属自密封波齿复合垫片应用的直径超过3400mm，操作温度达到800℃，公称压力达到42MPa。

该垫片已经实际应用于：常减压装置、重整装置（连续重整装置）、重油催化裂化（催化）装置、（制硫装置）硫磺回收装置、汽油吸附脱硫（S-Zorb）装置、异丙醇装置、制氢装置、焦化装置、加氢装置、加氢裂化装置、蜡油加氢装置、渣油加氢装置、干气制乙苯装置、裂解装置、（轻）柴油加氢装置、航煤加氢装置、焦化汽油加氢装置、润滑油加氢装置、聚丙烯装置、汽提装置、煤化工-水煤浆净化装置、PX装置、芳烃-正丁烷装置、轻烃回收装置、动力系统、储运装置、甲醇装置、甲醇制烯烃（MTO）装置、聚丙烯装置等，解决了这些装置大量泄漏的难题。

典型应用场合： 重整装置（连续重整装置）：反应器大法兰、人孔；
　　　　　　　重油催化裂化（催化）装置：油浆蒸汽发生器；
　　　　　　　汽油脱硫吸附装置（S-Zorb）：过滤器大法兰；
　　　　　　　焦化装置：底盖机大法兰、中盖法兰、油气管线；
　　　　　　　各加氢装置：螺纹锁紧环换热器。

※ （需要进一步了解有关各种装置的应用实例请与我公司联系）

律师声明：

广东茂文律师事务所是广州市东山南方密封件有限公司（以下简称"密封件公司"）常年法律顾问，现受其委托就该公司实施下列专利技术而研制生产的双金属自密封波齿复合垫片专利产品相关事宜，郑重声明如下：

1. 与双金属自密封波齿复合垫片系列产品相关的实用新型专利，专利号为：
　　ZL 201020594151.1　　　ZL 201020594153.0　　　ZL 201020594155.X　　　ZL 201020594149.4
　　上述专利均受《中华人民共和国专利法》保护。

2. 密封件公司是目前上述专利获授权的实施单位。

尊重和保护知识产权、侵权必究！

声明人：广东茂文律师事务所
何国瑜　律师

广州市东山南方密封件有限公司

地　址：广东省广州市高新技术产业区民营科技园科兴路9号
电　话：020-83226636 83226785 83226718　　　传　真：020-83226713
联系人：吴先生　联系电话：13609711802　　　邮　箱：jeff_wu@139.com　　　公司常年法律顾问：广东茂文律师事务所

柔性石墨金属波齿复合垫片是我公司90年代研制的产品，我公司作为主要的起草单位参与制定了相关标准。

宁波海欣石化设备有限公司
Ningbo Haixin Petrochemical Equipment CO., LTD

公司成立于1992年，注册资金1000万元整,总占地面积为20791m²，年产值约5000万元，年产量约3000吨 。

公司拥有正式职工62人，高工5名，各类技术人员12名，经验丰富。拥有完善的产品生产工艺及检验流程，并和北京泽华化学工程有限公司在国内众多大型石化项目中都有深度合作。

公司主要生产石化塔内件，常年为镇海炼化、扬子石化、烟台万华等国内大型石油化工企业提供重要石化内件装备。

装备介绍
Equipment introduction

激光切割机Fiber PLUS 6020

数控折弯机PBB-500/510

数控剪板机LGSK-8×5000-3C

等离子切割机HSD-130

厂房规模
Plant scale

公司拥有焊接车间、钣金冲压车间、综合车间等三个车间合计14000m²

发货区

完善的生产加工流程

产品及项目实例
Production examples

ADV®微分浮阀塔盘

公司拥有由清华大学北京泽华化学工程有限公司研发的多项产品专利授权。例如使用广泛的也是国内石油化工行业知名度较高的ADV®微分浮阀塔盘，与F1老式浮阀塔板相比：

■ 分离效率提高10%～20%　　■ 处理能力提高30%～50%
■ 操作弹性大幅度增加　　■ 适用于大液量、常压或高压操作

近年来国内外大型石化项目

■ 镇海炼化100万吨/年乙烯工程（共计22台塔）
■ 扬子石化800万吨/年炼油大改造工程
■ 武汉石化80万吨/年乙烯工程
■ 烟台万华老厂搬迁一体化项目（塔内件49台）
■ 2014年南京扬子石化200万吨/年高压加氢裂化装置8台
■ 2014年中煤图克化学项目低温甲醇洗装置4台
■ 2016年马来西亚国家石油公司RAPID炼油一体化项目

宁波海欣石化设备有限公司
地址：浙江宁波北仑柴桥工业园区二期　　电话：0574-86069188　　传真：0574-86062826

山东惟德再制造科技有限公司

—— 换热器高端防腐精准方案服务提供商

　　山东惟德再制造科技有限公司是石油化工装备再制造技术与换热器高端防腐相结合的军民融合企业。公司位于山东省东营市经济开发区府前大街26号，占地面积8000多平方米，建筑面积5000多平方米，年生产能力30多万平方米。公司专注于换热器高端防腐与石油化工装备再制造技术的研发、生产及销售。公司拥有先进的涂敷工艺，主要针对于石油化工、煤化工、冶金等行业的设备进行精准化防腐，特别是对各种冷换设备应用新型耐高温防腐涂料提供专业技术服务。

　　公司秉承"德行天下、品质为先"的企业宗旨，以客户需求为中心，为用户提供精准服务方案。公司建立了规范化、标准化、自动化、智能化工艺体系，建立了规范的质量管理体系，向高质量、高标准、智能化方向发展。

❈ 资质、荣誉证书

❈ 行业优势

01 同行业第一家
产品质量由中国人民财产保险公司承保

02 同行业第一家
质量保证四年

03 同行业第一家
自动化涂装、智能化温控

❈ 产品展示

公司地址：山东省东营市经济开发区府前大街26号　邮箱：sdwdzzz@126.com

联系方式：0546-8369588　18654613696　　网站：www.wdjxzzz.com

石家庄天诚特种设备有限公司

石家庄天诚特种设备有限公司是从事加氢反应器、重整反应器、各类化工反应器等内件和丝网除沫器、聚结器的研发、设计、制造、技术服务的专业公司，是中国石化、中国石油、中国海油等集团公司入网的合格供应商。公司为中国一重、二重等大型装备制造企业的成套设备提供配套服务，与中国石化大连石油化工研究院（抚研院）、中石化洛阳工程有限公司（洛阳院）、中国石油华东设计院（华东院）、雪佛龙鲁姆斯全球有限责任公司（CLG）等设计院、研究院、供应商建立起了长期的合作关系。公司占地面积5.3万平方米，组织机构健全，是国内内构件行业最优秀生产商之一。

公司注重技术创新，现拥有国家专利10项，广泛应用于各炼油装置中。

公司共生产重整反应器内构件、加氢反应器内构件、化工反应器内构件300余套，其中国内目前最大规格加氢反应器内构件大多为我公司生产，最大壳径尺寸为DN5800。

产品结构

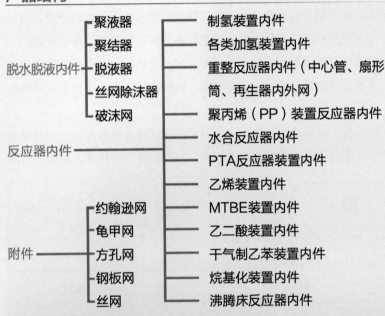

脱水脱液内件
- 聚液器
- 聚结器
- 脱液器
- 丝网除沫器
- 破沫网

反应器内件
- 制氢装置内件
- 各类加氢装置内件
- 重整反应器内件（中心管、扇形筒、再生器内外网）
- 聚丙烯（PP）装置反应器内件
- 水合反应器内件
- PTA反应器装置内件
- 乙烯装置内件
- MTBE装置内件
- 乙二酸装置内件
- 干气制乙苯装置内件
- 烷基化装置内件
- 沸腾床反应器内件

附件
- 约翰逊网
- 龟甲网
- 方孔网
- 钢板网
- 丝网

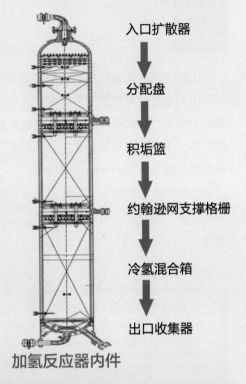

入口扩散器 → 分配盘 → 积垢篮 → 约翰逊网支撑格栅 → 冷氢混合箱 → 出口收集器

加氢反应器内件

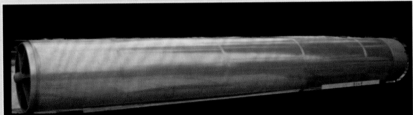

重整反应器内件—中心管（约翰逊网）

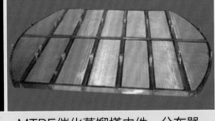

MTBE催化蒸馏塔内件—分布器

巴塞尔聚丙烯（PP）气相反应器内件—分布板

丝网除沫器

环氧乙烷反应器内件

公司地址：河北省石家庄市正定县西平乐乡G107与迎宾路口
电话：0311-86360079　传真：0311-86320636-8014
联系人：吴经理　18630189278
E-mail：xiaoshou03@sjztcse.com